Einführung in die Algebra II

Falko Lorenz

Einführung in die Algebra II

2. Auflage

Spektrum Akademischer Verlag   Heidelberg · Berlin · Oxford

Die Deutsche Bibliothek – CIP-Einheitsaufnahme

Lorenz, Falko:
Einführung in die Algebra / Lorenz Falko. – Heidelberg ; Berlin ; Oxford : Spektrum,
Akad. Verl.
    (Spektrum-Hochschultaschenbuch)
2.. - 2. Aufl. - 1997
    ISBN 3-8274-0076-7 brosch.

© 1997 Spektrum Akademischer Verlag GmbH   Heidelberg · Berlin · Oxford

Umschlaggestaltung: Eta Friedrich, Berlin

*"Weil zum didaktischen Vortrag Gewißheit ver-
langt wird, in dem der Schüler nichts Unsiche-
res überliefert haben will, so darf der Lehrer kein
Problem stehen lassen und sich etwa in einiger
Entfernung da herumbewegen. Gleich muß etwas bestimmt sein (bepaalt, sagt der Holländer),
und nun glaubt man eine Weile, den unbekannten Raum zu besitzen, bis ein anderer die Pfähle
wieder ausreißt und sogleich enger oder weiter
abermals wieder bepfählt."*

Vorwort

In dem vorliegenden zweiten Teil dieser Einführung in die Algebra bin ich
hinsichtlich der Darstellung den Leitlinien gefolgt, die ich bereits im Vorwort
des ersten Bandes dargelegt habe. Dabei durften jetzt freilich didaktische
Gesichtspunkte gegenüber inhaltlichen mehr in den Hintergrund treten.

Als Leser dieses zweiten Bandes denke ich mir Studierende, die schon über
gewisse Grundkenntnisse der Algebra verfügen und die ihre Kenntnisse in
der einen oder anderen Richtung gern erweitern und vertiefen möchten. Bei
denjenigen Abschnitten, die weitgehend unabhängig von anderen studiert
werden können, wurde darum auch eine etwas breitere Darstellung gewählt.

Mit guten Gründen, so glaube ich, hatte der Stoff des ersten Bandes seine
besondere Ausrichtung durch Hervorhebung des Körperbegriffes erfahren.
Daher lag es jetzt nahe, einmal bestimmte Klassen von Körpern mit einer
zusätzlichen Struktur vorzustellen. Den Anfang machen die angeordneten
Körper. Dies auch, um wieder mehr Interesse zu wecken für das Gebiet der
reellen Algebra, die ja in der gängigen Lehrbuchliteratur nur geringe Beachtung findet (obwohl sie, abgesehen von ihrer Wertschätzung im vorigen
Jahrhundert, in den zwanziger Jahren dieses Jahrhunderts durch die Arbeiten von Artin und Schreier einen neuen bedeutsamen Impuls erfuhr).
Erwähnenswert erschienen mir dabei auch Bezüge zur Theorie der quadratischen Formen.

Besonderes Gewicht wird dann auf die Betrachtung bewerteter Körper ge-
legt. Die lokalen Körper stellen ja heute, gut hundert Jahre nach ihrer Entdeckung durch Hensel, eine ganz selbstverständliche Grundlage in vielen
Bereichen dar.

Bei allem Bestreben, ein einmal angeschnittenes Gebiet nicht nur ober-
flächlich zu behandeln, habe ich doch auch danach getrachtet, eine gewisse

Vielfalt an Gegenständen anzusprechen. So wollte ich auch bei der Körpertheorie im engeren Sinne allein nicht stehenbleiben, sondern habe mit der Theorie der halbeinfachen Algebren nochmals ein neues Thema angeschlagen. Von selbst ergab sich dann, in diesem Rahmen auch die Grundlagen der Darstellungstheorie endlicher Gruppen abzuhandeln. Dieser Weg, der dem Leser hier anstatt des schönen und direkteren Zugangs von Schur gewiesen wird, lohnt gewiß dann der Mühe, wenn man sich auch für Rationalitätsfragen der Darstellungstheorie interessiert, wie sie am Schluß des Buches behandelt werden.

Insgesamt enthält der vorliegende Band sicherlich etwas mehr Stoff, als im zweiten Teil einer Algebra-Vorlesung gebracht werden kann. Manche Abschnitte eignen sich vielleicht auch als Material für einführende Seminarvorträge. An Themen, die sich in gängigen Lehrbüchern kaum finden und die doch mit gutem Grund hier aufgenommen werden durften, seien noch der Kalkül der Wittvektoren, die Stufentheorie von Tsen sowie die lokale Klassenkörpertheorie genannt.

Mein herzlicher Dank gilt allen, die mir bei der Abfassung dieses Bandes geholfen haben, insbesondere: den Hörerinnen und Hörern meiner Vorlesung für ihr stimulierendes Interesse; den Fachkollegen, die öfters fragten, wann das Buch fertig sei, für manchen guten Rat; Florian Pop für ein Gespräch in Heidelberg, das mich bewog, die lokale Klassenkörpertheorie in das Buch aufzunehmen; Hans Daldrop, Burkhardt Dorn und Hubert Schulze Relau dafür, daß sie große Teile des Skripts kritisch durchgesehen haben; Hubert Schulze Relau auch für die sorgfältige Arbeit am Register; Bernadette Bourscheid für die kompetente Erstellung des Typoskripts; dem B.I.-Verlag für die erneute gute Zusammenarbeit und hier besonders Hermann Engesser für viel Verständnis und geduldigen Rat.

Erfurt, im Juli 1990   Falko Lorenz

Vorwort zur 2. Auflage

Die freundliche Aufnahme und der Zuspruch, die meine Einführung in die Algebra gefunden haben, hat mich darin bestärkt, nun auch für den schon seit einiger Zeit vergriffenen zweiten Band eine Neuauflage folgen zu lassen. Dieser erscheint jetzt ebenfalls mit neuem Schriftbild, und natürlich habe ich nach gründlicher Durchsicht des Bandes die Gelegenheit zu kleinen Änderungen und einigen Ergänzungen genutzt. So enthält §26 jetzt auch die Anwendung des Kalküls der Wittvektoren auf die Theorie der höheren Artin-Schreier-Erweiterungen. Eine Ergänzung erfährt auch der Schluß von §22 mit der Erläuterung eines aktuellen Resultats, nämlich des Spurformensatzes für algebraische Zahlkörper. Am Ende von §30* komme ich einem mehrfach geäußerten Wunsch entgegen, indem ich die Beweisskizze der algebrentheoretischen Projektionsformel deutlicher gestalte.

Vielen Fachkollegen habe ich erneut für Anregungen, Lob und Kritik zu danken, speziell S. Böge, B. Huppert, J. Neukirch, P. Roquette und K. Wingberg. Ein besonderer Dank gilt Frau Susanne Bosse für die kompetente Erstellung der TEX–Vorlage. Schließlich danke ich den Studenten, die dem Buch waches und kritisches Interesse entgegenbrachten, namentlich den Hörerinnen und Hörern meiner Vorlesungen, aber auch den auswärtigen Studenten, die mir schrieben.

Münster, im Februar 1997   Falko Lorenz

Inhaltsverzeichnis

§20 *Formal reelle Körper*   1

Ordnungen und Präordnungen von Körpern   1

Fortsetzung von Ordnungen   5

Reell abgeschlossene Körper   7

Satz von Euler-Lagrange ('Fundamentalsatz der Algebra')   9

Artins Charakterisierung reell abgeschlossener Körper   10

Ein Satz von Sylvester über die Anzahl reeller Nullstellen   11

Fortsetzung ordnungstreuer Homomorphismen   13

Existenz reeller Spezialisierungen   15

§20* Aufgaben und ergänzende Bemerkungen   18

§21 *Das 17. Hilbertsche Problem und reelle Nullstellensätze*   23

Artins Lösung des 17. Hilbertschen Problems   23

Verallgemeinerung auf affine K-Varietäten   25

Reelle Nullstellensätze   27

Positiv definite Funktionen auf semi-algebraischen Mengen   32

Positiv definite symmetrische Funktionen   34

§21* Aufgaben und ergänzende Bemerkungen   37

§22 *Ordnungen und quadratische Formen*   41

Witt-Äquivalenz quadratischer Formen und Definition des
Wittringes $W(K)$ eines Körpers K 41

Das Primidealspektrum von $W(K)$ und der Zusammenhang mit
den Ordnungen von K 43

Die Torsionselemente und die Nullteiler von $W(K)$ 48

Zu den Spurformen über K 51

§23 *Absolutbeträge von Körpern*   53

Die Absolutbeträge des Körpers $\mathbb{Q}$ 53

Nicht-archimedische Absolutbeträge   60

Komplettierung von Absolutbeträgen   62

Der Körper $\mathbb{Q}_p$ der p-adischen Zahlen   66

Äquivalenz der Normen im endlich-dimensionalen kompletten Fall   69

Das Henselsche Lemma   72

Der Fortsetzungssatz im kompletten Fall   76

Allgemeiner Forsetzungssatz   78

§23* Aufgaben und ergänzende Bemerkungen   81

§24 *Restklassengrad und Verzweigungsindex*   89

Die Ungleichung $ef \le n$ 89

Diskrete Absolutbeträge   91

Die Formel $ef = n$ im kompletten diskreten Fall   93

Unverzweigte Erweiterungen   95

Rein verzweigte Erweiterungen   98

§24* Aufgaben und ergänzende Bemerkungen   100

§25 *Lokale Körper*   113

Erste Kennzeichnung lokaler Körper   113

Die Liste der lokalen Körper   115

Die lokalen Körper als komplette Hüllen globaler Körper   116

Das Lemma von Krasner   117

Der Körper $\mathbb{C}_p$ 119

Die Auflösbarkeit der Galoisgruppen von Erweiterungen
lokaler Körper   120

Zur Struktur der multiplikativen Gruppe lokaler Körper   123

Die multiplikative Gruppe von $\mathbb{Q}_p$ 132

§26 Wittvektoren 133

Das Teichmüllersche Restsystem 133

Das Lemma von Witt 137

Der Ring $\mathcal{W}(A)$ der Wittvektoren über beliebigem A 141

Die Eigenschaften von $\mathcal{W}(k)$ für vollkommene Körper k
der Charakteristik p 141

Kummertheorie der abelschen Erweiterungen
vom Exponenten p^n in Charakteristik p 146

§27 Zur Tsen-Stufe von Körpern 151

Die Problemstellung von Tsen 151

Zum Verhalten der Tsen-Stufe bei Körpererweiterungen 153

Normformen 156

Körper von vorgegebener Tsen-Stufe 159

C_i-Körper 159

Der Satz von Lang-Nagata 161

Endliche Körper haben Tsen-Stufe 1 164

Der Satz von Chevalley-Warning 165

Algebraisch abgeschlossene Körper haben Tsen-Stufe 0 168

§28 Grundbegriffe über Moduln 173

Einige Grundlagen aus der linearen Algebra 173

Einfache und halbeinfache Moduln 180

Noethersche und artinsche Moduln 188

Der Satz von Krull-Remak-Schmidt 192

Der Begriff des Radikals 193

Nilpotenz des Radikals in artinschen Ringen 197

§28* Aufgaben und ergänzende Bemerkungen 200

§29 Wedderburntheorie 203

Der Begriff einer einfachen Algebra 203

Zerlegung einer halbeinfachen Algebra in ihre einfachen Bestandteile 205

Wedderburns Hauptsatz 208

Tensorprodukte einfacher Algebren 214

Die Brauersche Gruppe eines Körpers 218

Tensorprodukte halbeinfacher Algebren 220

Zentralisatoren einfacher Teilalgebren und Zerfällungskörper 224

Der Satz von Skolem-Noether 229

Reduzierte Norm und Spur 232

§29* Aufgaben und ergänzende Bemerkungen 239

§30 Verschränkte Produkte 249

Beschreibung von $Br(L/K)$ für galoissches L/K 249

Inflation und Restriktion 257

$Br(K)$ ist Torsionsgruppe 262

Zyklische Algebren 265

Quaternionenalgebren 272

§30* Kohomologiegruppen 283

§31 Die Brauergruppe eines lokalen Körpers 295

Die Existenz unverzweigter Zerfällungskörper 295

Ergänzungen; die Formel $e = f = n$ für lokale Schiefkörper 299

Berechnung von $Br(L/K)$ für unverzweigtes L/K 301

Die Hasse-Invariante und ihr Verhalten bei Restriktion 305

Folgerungen 309

§32 Lokale Klassenkörpertheorie 315

Definition des lokalen Normrestsymbols 315

Funktorielle Eigenschaften des Normrestsymbols 318

Das lokale Reziprozitätsgesetz 320

Trivialität der Gruppe der universellen Normen 323

Der lokale Existenzsatz 327

Die lokale Version des Satzes von Kronecker-Weber 329

§*33* *Halbeinfache Darstellungstheorie endlicher Gruppen* 331

Terminologie 331

Der Satz von Maschke und Anwendung der Wedderburntheorie 339

Ganzheitseigenschaften von Charakteren und der Satz von Burnside 349

Induzierte Darstellungen 352

Die Induktionssätze von Artin und Brauer-Witt 357

§*34* *Die Schurgruppe eines Körpers* 365

Schurindizes absolut-irreduzibler Charaktere 365

Reduktion auf Kreisalgebren 371

Bestimmung der Schurgruppe eines lokalen Körpers 379

REGISTER 385

§ 20

Formal reelle Körper

1. Als einer ersten Klasse von Körpern mit einer zusätzlichen Struktur wenden wir uns nun den geordneten Körpern zu.

Definititon 1: Sei K ein Körper. Eine Relation $\leq$ auf K heißt eine _Ordnung des Körpers_ K, wenn gilt:

(1)   Als Menge ist K vermöge $\leq$ _total geordnet._

(2)   Aus $a \leq b$ folgt $a + c \leq b + c$.

(3)   Aus $a \leq b$ und $0 \leq c$ folgt $ac \leq bc$.

Liegt eine Ordnung $\leq$ auf K vor, so schreibt man $a < b$, falls $a \leq b$ und $a \neq b$. Statt $a \leq b$ bzw. $a < b$ schreiben wir auch $b \geq a$ bzw. $b > a$. Aufgrund von (2) gilt:

$$a \leq b \Longleftrightarrow b - a \geq 0$$

Also ist eine Ordnung $\leq$ eines Körpers K bereits durch Angabe der Menge

$$P = \{a \in K \mid a \geq 0\}$$

festgelegt. P heißt der _Positivbereich_ von $\leq$. Es gelten:

(4) $P + P \subseteq P, \qquad PP \subseteq P$

(5) $P \cap -P = \{0\}$

(6) $P \cup -P = K$.

Umgekehrt: Ist P eine Teilmenge eines Körpers K, welche die Eigenschaften (4), (5) und (6) besitzt, so wird durch

$$a \leq b : \Longleftrightarrow b - a \in P$$

eine Ordnung des Körpers K definiert (deren Positivbereich mit P übereinstimmt). Wir nennen daher auch eine solche Teilmenge P von K eine

Ordnung von K.

Für eine Ordnung $\leq$ bzw. P eines Körpers K gilt

$$a^2 > 0 \quad \text{für alle } a \text{ aus } K^\times$$

Daher sind auch alle Summen von Quadraten von Elementen aus $K^\times$ strikt positiv:

$$a_1^2 + a_2^2 + \cdots + a_n^2 > 0 \quad \text{für alle } a_1, \ldots, a_n \in K^\times$$

Besitzt also ein Körper K eine Ordnung, so hat K notwendig die <u>Charakteristik 0</u>.

Definition 2: Für einen *beliebigen* Körper K bezeichnen wir mit

$$QS(K)$$

die Menge aller Quadratsummen in K, d.h. die Menge aller Elemente der Form $a_1^2 + \cdots + a_n^2$ mit $a_i \in K$, $n \in \mathbb{N}$.

Die Quadrate bzw. die Quadratsummen spielen in der Theorie der Ordnungen von Körpern eine wichtige Rolle. Dies wird sich im weiteren noch zeigen. Wir wollen hier zunächst nur auf die folgenden formalen Eigenschaften hinweisen:

(7) $\qquad QS(K) + QS(K) \subseteq QS(K), \quad QS(K)\,QS(K) \subseteq QS(K).$

Man beachte dabei die Analogie von (7) und (4).

Definition 3: Eine Teilmenge T eines Körpers K nennen wir eine *(quadratische) Präordnung* von K, wenn gilt:

(8) $\qquad T + T \subseteq T, \quad TT \subseteq T$

(9) $\qquad K^2 \subseteq T.$

Hierbei ist mit $K^2 = K^{\times 2} \cup \{0\}$ die Menge aller Quadrate von Elementen aus K bezeichnet. Insbesondere ist also $0 \in T$ und $1 \in T^\times := T \setminus \{0\}$.

Speziell ist für einen beliebigen Körper K die Menge $QS(K)$ der Quadratsummen von K eine quadratische Präordnung. Sie ist in jeder quadratischen Präordnung von K enthalten (stellt also unter allen diesen die kleinste dar).

F1: *Für eine quadratische Präordnung T eines Körpers K sind folgende Aussagen äquivalent:*

(i) $T \cap -T = \{0\}$

(ii) $T^\times + T^\times \subseteq T^\times$

(iii) $-1 \notin T$

Im Falle char$(K) \neq 2$ *sind die obigen Aussagen außerdem äquivalent zu*

(iv) $T \neq K$.

Beweis: (i) $\Leftrightarrow$ (ii) sowie (i) $\Rightarrow$ (iii) sind klar. Sei (i) verletzt, d.h. es gebe ein $a \neq 0$ aus K mit $a \in T \cap -T$. Mit den Elementen a und $-a$ von T gehört auch ihr Produkt $-a^2$ zu T. Wegen (9) gilt aber $(a^{-1})^2 \in T$, also folgt $-1 = -a^2 a^{-2} \in T$, d.h. (iii) ist verletzt. (iii) $\Rightarrow$ (iv) ist klar.

Sei nun (iv) vorausgesetzt. Angenommen, (iii) sei nicht erfüllt, d.h. es gelte $-1 \in T$. Ist char $(K) \neq 2$, so ist leicht zu sehen, daß die quadratische Form

$$X_1^2 - X_2^2$$

jedes Element von K darstellt (vgl. auch LA II, S. 47). Es folgt $T = K$, im Widerspruch zu (iv).

Bemerkung 1: Ist char $(K) = 2$, so sind die quadratischen Präordnungen T von K genau die Zwischenkörper der Körpererweiterung K/K^2.

Bemerkung 2: Sei T eine quadratische Präordnung von K mit der Eigenschaft (i). Dann wird die Menge K vermöge

$$a \leq b : \Longleftrightarrow b - a \in T$$

teilweise geordnet, und es gelten außerdem die Eigenschaften (2) und (3) in Def. 1. Ferner ist $a^2 \geq 0$ für jedes $a \in K$.

Wir wollen jetzt untersuchen, wann eine quadratische Präordnung eines Körpers K zu einer Ordnung des Körpers K erweitert werden kann. Dazu zeigen wir zunächst

Lemma 1: *Gegeben sei eine quadratische Präordnung T des Körpers K mit $-1 \notin T$. Sei a ein Element von K mit $a \notin -T$ Dann ist*

$$T' := T + aT$$

eine quadratische Präordnung von K, die ebenfalls die Eigenschaft $-1 \notin T'$ besitzt. (Beachte: Es ist $T \subseteq T'$ und $a \in T'$.)

Beweis: Offensichtlich gelten $T' + T' \subseteq T', T'T' \subseteq T', K^2 \subseteq T \subseteq T'$, also ist T' eine quadratische Präordnung von K. Angenommen, es gelte $-1 \in T'$, d.h. es gebe Elemente b, c aus T mit $-1 = b + ac$. Wegen $-1 \notin T$ ist $c \neq 0$. Es folgt

$$-a = \frac{1+b}{c} = \frac{1}{c^2}(1+b)c \in T,$$

im Widerspruch zur Voraussetzung $-a \notin T$.

SATZ 1: *Eine beliebige quadratische Präordnung T eines Körpers K, die die Bedingung $-1 \notin T$ erfüllt, ist der Durchschnitt aller Ordnungen P des Körpers K, welche T umfassen:*

(10) $$T = \bigcap_{T \subseteq P} P$$

Insbesondere gibt es also zu jeder quadratischen Präordnung T von K mit $-1 \notin T$ eine Ordnung P des Körpers K mit $T \subseteq P$.

Beweis: Nach dem Zornschen Lemma liegt T in einer maximalen Präordnung P von K mit $-1 \notin P$. Wir behaupten, daß P eine *Ordnung* von K ist. Hierzu haben wir lediglich zu zeigen (vgl. F1), daß

$$P \cup -P = K$$

gilt. Sei a ein Element aus K und gelte $a \notin -P$. Es ist $a \in P$ zu zeigen. Nach obigen Lemma 1 ist $T' = P + aP$ eine Präordnung von K mit $-1 \notin T'$. Wegen der Maximalität von P folgt dann $P + aP = P$, also insbesondere $a \in P$.

Sei jetzt b ein beliebiges Element von K mit $b \notin T$. Wir haben noch zu zeigen, daß es eine Ordnung P von K gibt mit $T \subseteq P$ und $b \notin P$. Hierzu wenden wir Lemma 1 auf T und $a := -b$ an. Danach ist $T' = T - bT$ eine Präordnung von K mit $-1 \notin T'$. Nach dem schon bewiesenen Teil des Satzes gibt es eine Ordnung P von K mit $T' \subseteq P$. Insbesondere ist $-b \in P$ und wegen $b \neq 0$ folglich $b \notin P$.

Definition 4: a) Ein Körper K zusammen mit einer Ordnung $\leq$ bzw. P von K heißt ein *geordneter Körper.*

b) Ein Körper K heißt *formal reell* (oder kurz: **reell**), wenn -1 nicht Summe von Quadraten in K ist: $-1 \notin QS(K)$.

Ist $(K, \leq)$ ein *geordneter Körper,* so ist K offenbar *reell.* Umgekehrt gilt nach dem folgenden Satz: Ist K *reell,* so gibt es auf K mindestens eine *Ordnung.*

SATZ 2 (Artin-Schreier): *Für einen Körper K sind die beiden folgenden Aussagen äquivalent:*

(i) K *ist formal reell, d.h.* -1 *ist nicht Summe von Quadraten in* K.

(ii) *Es existiert eine Ordnung des Körpers* K.

Allgemeiner gilt:

SATZ 3: *Sei K ein Körper mit* char$(K) \neq 2$. *Für ein beliebiges $b \in K$ sind dann die beiden folgenden Aussagen äquivalent:*

(i) b *ist Quadratsumme in* K.

(ii) b *ist totalpositives Element von K (d.h. für jede Ordnung $\leq$ von K gilt $b \geq 0$).*

Insbesondere: Gibt es keine Ordnung von K, so ist jedes Element von K eine Quadratsumme in K. Ist also K formal reell, d.h. ist -1 keine Quadratsumme in K, so besitzt K eine Ordnung.

Beweis: Wir betrachten die quadratische Präordnung $T = QS(K)$ und nehmen $b \notin T$ an. Dann ist insbesondere $T \neq K$, woraus nach F1 folgt, daß $-1 \notin T$ gilt. Nach Satz 1 gibt es dann aber eine Ordnung P des Körpers K mit $b \notin P$. Dies beweist die Gültigkeit der Implikation (ii) $\Rightarrow$ (i).
Die umgekehrte Richtung (i) $\Rightarrow$ (ii) ist klar.

SATZ 4: *Sei $(K, \leq)$ ein geordneter Körper. Für eine beliebige Körpererweiterung E/K sind dann folgende Aussagen äquivalent:*

(i) *Die Ordnung $\leq$ von K läßt sich zu einer Ordnung des Körpers E fortsetzen.*

(ii) -1 *ist keine Summe von Elementen der Form $a\alpha^2$ mit $a \geq 0$ aus K und α aus E.*

(iii) *Für jedes System $a_1, \ldots, a_m$ von Elementen $a_i > 0$ aus K ist die quadratische Form*

$$a_1 X_1^2 + \cdots + a_m X_m^2$$

anisotrop über E (d.h. sie besitzt in E^m nur die triviale Nullstelle $(0, \ldots, 0)$).

Bei (iii) handelt es sich offenbar nur um eine leichte Umformulierung von (ii). Die Äquivalenz von (i) und (ii) ergibt sich unmittelbar aus dem folgenden, allgemeineren

SATZ 5: *Seien* $(K, \leq)$ *ein geordneter Körper, E ein beliebiger Erweiterungskörper von K und* $\beta \in E$. *Dann sind äquivalent:*

(i) β *ist von der Gestalt*

$$\beta = \sum_i a_i \alpha_i^2 \quad \text{mit } a_i \geq 0 \text{ aus } K \text{ und } \alpha_i \in E.$$

(ii) β *ist bei jeder Ordnung des Körpers E, die eine Fortsetzung der Ordnung* $\leq$ *von K ist, positiv.*

Beweis: Die Implikation (i) $\Rightarrow$ (ii) ist trivial. Sei T die Menge aller Summen von Elementen der Form $a\alpha^2$ mit $a \geq 0$ aus K und α aus E. Offenbar ist T eine quadratische Präordnung des Körpers E. Wir nehmen $\beta \notin T$ an, d.h. (i) gelte nicht. Dann ist insbesondere $T \neq E$, woraus nach F1 folgt, daß $-1 \notin T$ gilt. Nach Satz 1 gibt es dann aber eine Ordnung P von E mit $P \supseteq T$ und $\beta \notin P$. Also ist (ii) nicht erfüllt.

F2: *Sei* $(K, \leq)$ *ein geordneter Körper. Ist E/K eine endliche Körpererweiterung von* <u>*ungeradem Grad*</u>, *so läßt sich die Ordnung* $\leq$ *von K zu einer Ordnung des Körpers E fortsetzen.*

Dies folgt aufgrund von Satz 4 aus

F3: *Für eine endliche Körpererweiterung E/K von* <u>*ungeradem Grad*</u> *gilt: Jede anisotrope quadratische Form*

$$a_1 X_1^2 + \cdots + a_m X_m^2$$

über K ist auch anisotrop über E.

Beweis: Wir führen Induktion nach dem Grad $n = E : K$. Wir können dann annehmen, daß $E = K(\beta)$ gilt mit einem $\beta \in E$. Sei $f(X)$ das Minimalpolynom von β über K. Angenommen, es gelte

$$a_1 \alpha_1^2 + \cdots + a_m \alpha_m^2 = 0$$

mit Elementen $\alpha_1, \ldots, \alpha_m$ aus E, die nicht alle gleich 0 sind. Wir können o.E. voraussetzen, daß $\alpha_1 = 1 = a_1$ ist. Wegen $E = K(\beta)$ gibt es nun Polynome $g_2(X), \ldots, g_m(X) \in K[X]$ vom Grade $\leq n - 1$ mit

$$1 + \sum_{i=2}^{m} a_i g_i(X)^2 \equiv 0 \bmod f(X).$$

Es gibt demnach ein Polynom $h(X) \in K[X]$ mit

$$(11) \qquad 1 + \sum_{i=2}^{m} a_i g_i(X)^2 = h(X) f(X).$$

Hier ist nun die linksstehende Summe ein Polynom von geradem Grad > 0, denn nach Voraussetzung ist die Form $X_1^2 + a_2 X_2^2 + \cdots + a_m X_m^2$ anisotrop über K. Andrerseits ist sein Grad $\leq 2(n-1) = 2n-2$. Somit folgt aus der Relation (11), daß $h(X)$ ungeraden Grad $\leq n-2$ besitzt. Dann hat $h(X)$ auch einen *irreduziblen* Teiler $f_1(X)$ von ungeradem Grad $< n$. Sei $K(\beta_1)$ ein Erweiterungskörper mit einer Nullstelle β_1 von f_1. Es ist dann $E_1 : K$ ungerade und $< n$. Ersetzen wir X in (11) durch β_1, so erhalten wir

$$1 + \sum_{i=2}^{m} a_i g_i(\beta_1)^2 = 0$$

und damit einen Widerspruch zur Induktionsannahme.

F4: *Sei $(K, \leq)$ ein geordneter Körper. In einem algebraischen Abschluß C von K sei E der Teilkörper von C, der aus K durch Adjunktion der Quadratwurzeln aus allen positiven Elementen von $(K, \leq)$ entsteht. Dann läßt sich die Ordnung $\leq$ von K zu einer Ordnung des Körpers E fortsetzen.*

Beweis: Wieder berufen wir uns auf Satz 4. Nehmen wir an, es gebe eine Relation der Gestalt

$$-1 = \sum_{i=1}^{m} a_i \alpha_i^2 \quad \text{mit } a_i \geq 0 \text{ aus } K \text{ und } \alpha_i \text{ aus } E.$$

Die $\alpha_1, \ldots, \alpha_m$ liegen in einem Teilkörper $K(w_1, \ldots, w_r)$ von E mit $w_i^2 \in K$ und $w_i^2 \geq 0$. Insgesamt sei r dabei so klein als möglich. Insbesondere ist dann

$$(12) \qquad w_r \notin K(w_1, \ldots, w_{r-1}).$$

Man hat $\alpha_i = x_i + y_i w_r$ mit $x_i, y_i \in K(w_1, \ldots, w_{r-1})$ für $1 \leq i \leq m$. Es folgt

$$-1 = \sum_{i=1}^{m} a_i \left(x_i^2 + y_i^2 w_r^2 \right) + 2 \left(\sum_{i=1}^{m} a_i x_i y_i \right) w_r.$$

Wegen (12) muß dann gelten:

$$-1 = \sum_{i=1}^{m} a_i \left(x_i^2 + y_i^2 w_r^2 \right) = \sum_{i=1}^{m} a_i x_i^2 + \sum_{i=1}^{m} \left(a_i w_r^2 \right) y_i^2.$$

Dies aber steht im Widerspruch zur Minimalität von r.

Definition 5: Ein reeller Körper R heißt *reell abgeschlossen*, wenn gilt: Ist E/R eine *algebraische* Körpererweiterung und E reell, so folgt $E = R$.

F5: *Sei R ein reell abgeschlossener Körper. Dann gilt:*
(a) *Jedes Polynom ungeraden Grades über R hat eine Nullstelle in R.*
(b) *R besitzt genau eine Ordnung.*
(c) *Die Menge R^2 aller Quadrate von R ist eine Ordnung von R.*

Beweis: (a): Sei $f \in R[X]$ von ungeradem Grad. Wir können f o.E. als irreduzibel voraussetzen. Sei $E = R(\alpha)$ ein Erweiterungskörper von R mit einer Nullstelle α von f. Nach F2 (und Satz 2) ist E reell. Es folgt $E = R$, d.h. $\alpha \in R$.

(b) und (c): Weil R reell ist, besitzt R nach Satz 2 eine Ordnung P. Sei $\alpha \in P$ und $E = R(\beta)$ ein Erweiterungskörper von R mit $\beta^2 = \alpha$. Nach F4 ist E reell. Somit ist $E = R$ und folglich α ein Quadrat in R. Wir erhalten also $P \subseteq R^2$ und daher $P = R^2$. Damit ist alles gezeigt.

Bemerkung: Sei R ein *reell abgeschlossener* Körper und α ein positives Element von R. Nach F5 gibt es dann genau eine positive Quadratwurzel von α in R. Wir bezeichnen diese mit $\sqrt{\alpha}$.

F6: *Sei K ein reeller Körper. Dann gibt es einen Erweiterungskörper R von K mit folgenden beiden Eigenschaften:*
(i)   *R ist ein reell abgeschlossener Körper.*
(ii) *R/K ist eine algebraische Körpererweiterung.*

Einen solchen Körper R nennen wir einen *reellen Abschluß* (oder eine *reell abgeschlossene Hülle*) *des reellen Körpers K.*

Beweis: In einem algebraischen Abschluß C von K betrachte man alle *reellen* Teilkörper von C, die K enthalten. Nach *Zorns Lemma* existiert unter ihnen ein maximaler. Dieser ist reell abgeschlossen.   □

Sind R und R' reell abgeschlossene Hüllen des reellen Körpers K, so brauchen R/K und R'/K keineswegs isomorph zu sein. Wie aus Teil (I) des folgenden Satzes hervorgeht, braucht man dazu nur einen Körper K zu betrachten, der mindestens zwei verschiedene Ordnungen besitzt. Es ist klar, daß dies zum Beispiel auf den Teilkörper $K = \mathbb{Q}(\sqrt{2})$ von $\mathbb{R}$ zutrifft (der im übrigen auch nicht mehr als zwei Ordnungen besitzt, vgl. Aufgabe 20.2).

SATZ 6: *Sei $(K, \leq)$ ein geordneter Körper. Dann gilt:*
(I) *Es gibt einen reellen Abschluß R von K, dessen (eindeutig bestimmte) Ordnung auf K die gegebene Ordnung $\leq$ von K vermittelt.*
Einen solchen Körper R nennen wir einen *reellen Abschluß* (oder eine *reell abgeschlossene Hülle*) *des geordneten Körpers $(K, \leq)$.*

(II) *Sind R_1 und R_2 reelle Abschließungen des geordneten Körpers $(K, \leq)$, so ist R_1/K isomorph zu R_2/K, mehr noch: Es gibt genau einen K-Isomorphismus von R_1 auf R_2 (und dieser ist ordnungstreu).*

Beweis: In einem algebraischen Abschluß C von K sei E der Teilkörper von C, der aus K durch Adjunktion der Qudratwurzeln aus sämtlichen positiven Elementen von $(K, \leq)$ entsteht. Nach F4 ist E insbesondere *reell*. Nach F6 besitzt der reelle Körper E einen reellen Abschluß R (den wir übrigens als Teilkörper von C annehmen dürfen). Da jedes $a \geq 0$ aus K ein Quadrat in E und somit erst recht in R ist, muß a auch positiv bzgl. der eindeutig bestimmten Ordnung von R sein. Damit ist die Behauptung (I) bewiesen. Den Beweis der nicht auf der Hand liegenden Eindeutigkeitsaussage (II) verschieben wir auf später (vgl. S. 14).

SATZ 7 (Euler, Lagrange):
Sei $(R, \leq)$ ein geordneter Körper mit folgenden Eigenschaften:
(a) *Jedes Polynom ungeraden Grades über R besitzt eine Nullstelle in R.*
(b) *Jedes positive Element von R ist ein Quadrat in R.*

Ist dann $C = R(i)$ ein Erweiterungskörper von R mit $i^2 + 1 = 0$, so ist C algebraisch abgeschlossen. Natürlich ist dann R selbst reell abgeschlossen.

Bemerkung: Da der Körper $\mathbb{R}$ der reellen Zahlen ein geordneter Körper ist, welcher die beiden Eigenschaften (a) und (b) erfüllt, ist nach Satz 7 der Körper $\mathbb{C} = \mathbb{R}(i)$ der komplexen Zahlen algebraisch abgeschlossen (*"Fundamentalsatz der Algebra"*).

Beweis von Satz 7: Sei E/C eine endliche Körpererweiterung. Wir haben $E = C$ zu zeigen. Dabei können wir o.E. voraussetzen, daß E/R galoissch ist (sonst gehen wir zu einer normalen Hülle von E/R über). Sei H eine 2-Sylowgruppe der Galoisgruppe $G(E/R)$ von E/R und bezeichne R' den zugehörigen Fixkörper. Nach Wahl von H ist dann $R' : R$ *ungerade*; daher folgt aus der Voraussetzung (a) sofort, daß $R' = R$ gelten muß. Also ist $G(E/R)$ eine 2-Gruppe. Dann ist auch $G(E/C)$ eine 2-Gruppe. Im Gegensatz zur Behauptung sei nun $E \neq C$. Damit ist $G(E/C) \neq 1$, und daher enthält $G(E/C)$ als 2-Gruppe (nach Band I, Seite 122, F8) eine Untergruppe vom Index 2 in $G(E/C)$. Folglich gibt es einen Zwischenkörper F von E/C mit $F : C = 2$. Es ist dann $F = C(w)$ mit $w^2 \in C$, aber $w \notin C$. Doch dies ist unmöglich (vgl. dazu auch Aufgabe 20.5), denn in C lassen sich alle Quadratwurzeln ziehen: Ist nämlich

$$z = a + bi \quad \text{mit} \quad a, b \in R$$

ein beliebiges Element von C, so ist das Element

$$(13) \qquad w = \sqrt{\frac{|z|+a}{2}} + i\varepsilon \sqrt{\frac{|z|-a}{2}}$$

– mit $\varepsilon = 1$ für $b \geq 0$ und $\varepsilon = -1$ für $b < 0$ – eine Quadratwurzel von z in C. Hierbei ist zur Abkürzung $|z| = \sqrt{a^2 + b^2} \in R$ gesetzt. Wegen $|a| \leq |z|$ existieren die in (13) vorkommenden Quadratwurzeln wirklich in R, und es gilt in der Tat

$$\begin{aligned} w^2 &= \frac{|z|+a}{2} - \frac{|z|-a}{2} + 2i\varepsilon \sqrt{\frac{|z|^2 - a^2}{4}} \\ &= a + i\varepsilon \mid b \mid = a + ib = z. \end{aligned} \qquad \square$$

Eine sehr bemerkenswerte Ergänzung findet der eben bewiesene Satz in dem folgenden

SATZ 8 (Artin): *Sei C ein algebraisch abgeschlossener Körper. Ist dann K ein Teilkörper von C mit $C : K < \infty$ und $C \neq K$, so gilt $C = K(i)$ mit $i^2 + 1 = 0$, und K ist ein reell abgeschlossener Körper.*

Beweis: 1) C ist als algebraisch abgeschlossener Körper vollkommen. Weil C/K eine endliche Körpererweiterung ist, muß daher auch K vollkommen sein. Ist nämlich $p := \operatorname{char}(K) > 0$, so gilt $C : K^p = C^p : K^p \leq C : K$, also $K = K^p$ (vgl. §7, F14 und F19). Somit ist C/K *galoissch*.

2) Sei i ein Element von C mit $i^2 + 1 = 0$. Wir setzen $K' = K(i)$ und nehmen an, daß $K' \neq C$ gelte. Dann gibt es eine Primzahl q, welche die Ordnung der Galoisgruppe G von C/K' teilt. Nach dem ersten *Sylowsatz* folgt, daß G ein Element der Ordnung q enthält. Somit existiert ein Zwischenkörper L von C/K' mit

$$C : L = q \,.$$

a)   Angenommen, es wäre $q = \operatorname{char}(K)$. Dann liefert Aufgabe 14.4 b) in Band I sofort einen Widerspruch zur algebraischen Abgeschlossenheit von C. Es ist also

$$\operatorname{char}(K) \neq q \,.$$

Dafür geben wir jetzt nochmals einen direkten Beweis. Angenommen also, es gelte $\operatorname{char}(K) = q$. Wir betrachten dann die Abbildung $\wp : C \longrightarrow C$ mit $\wp(x) = x^q - x$ (vgl. §14, Bemerkungen zu Satz 3). Bezeichnet $S = S_{C/L}$ die Spur der zyklischen Erweiterung C/L vom Grade q, so gilt offenbar $S\wp(x) = S(x^q - x) = S(x^q) - Sx = S(x)^q - Sx = \wp(Sx)$, also

$$(14) \qquad S\wp = \wp S$$

Wegen der algebraischen Abgeschlossenheit von C ist $\wp$ surjektiv; ebenso ist S surjektiv, denn C/L ist separabel. Aus (14) folgt damit $\wp(L) = L$. Doch dies ist unmöglich, denn (nach §14, Satz 3) entsteht C aus L durch Adjunktion der Nullstellen eines Polynoms der Gestalt $X^q - X - a$ über L und keiner dieser Nullstellen liegt in L.

b) Wegen $\operatorname{char}(K) \neq q$ enthält C eine primitive q-te Einheitswurzel ζ. Nun ist aber $L(\zeta) : L$ einerseits $\leq q - 1$, andererseits aber ein Teiler von $C : L = q$, also muß ζ in L enthalten sein. Aus §14, Satz 1 folgt dann, daß C Zerfällungskörper eines Polynoms der Gestalt $X^q - \gamma$ über L ist, wobei das Element γ aus L *keine q-te Potenz* in L ist. Wegen $C : L = q$ und der algebraischen Abgeschlossenheit von C kann das Polynom $X^{q^2} - \gamma$ über L *nicht irreduzibel* sein. Dann läßt aber Satz 2, §14 nur die Möglichkeit offen, daß $q = 2$ ist und γ die Form $\gamma = -4\lambda^4$ mit einem $\lambda \in L$ besitzt. Wegen $i \in L$ ist dann aber γ ein Quadrat in L. Widerspruch!

Insgesamt haben wir also gezeigt, daß in der Tat $C = K(i)$ gilt und außerdem K nicht die Charakteristik 2 haben kann.

3) Wegen $C \neq K$ ist $i \notin K$. Ferner ist C/K galoissch. Seien a und b beliebige Elemente von K. Weil $C = K(i)$ algebraisch abgeschlossen ist, existiert eine Quadratwurzel von $a + ib$ in C, d.h. es gibt Elemente x, y in K mit

$$(x + iy)^2 = a + ib.$$

Anwendung der Norm $N_{C/K} : C \longrightarrow K$ liefert $(x^2 + y^2)^2 = a^2 + b^2$. Somit ist $a^2 + b^2$ ein Quadrat *in K*. Daraus ergibt sich, daß jede Quadratsumme in K schon ein Quadrat in K ist: $QS(K) = K^2$. Nun ist $-1 \notin K^2$, also folgt, daß K ein *reeller* Körper ist. Der Erweiterungskörper $C = K(i)$ von K ist algebraisch abgeschlossen und selbst nicht reell, folglich ist K *reell abgeschlossen*. Damit ist der Satz von Artin in allen Teilen bewiesen.

Bemerkung: Damit in Hinsicht auf Satz 8 nicht etwa ein falsches Bild entsteht, bemerken wir, daß z.B. der Körper $\mathbb{C}$ der komplexen Zahlen außer $\mathbb{R}$ noch weitere Teilkörper $K \neq \mathbb{R}$ mit $\mathbb{C} : K = 2$ enthält (vgl. Aufgabe 18.3 (iv) in Band I).

2. In der Theorie formal reeller Körper treten - wie wir oben schon gesehen haben - *quadratische Formen* in natürlicher Weise auf; wir wollen jetzt auf eine weitere interessante Beziehung zwischen Ordnungen von Körpern und quadratischen Formen eingehen, die auf *Sylvester* zurückgeht und welche sich in verschiedener Hinsicht als sehr nützliches Hilfsmittel erweist.

Sei (K, P) ein geordneter Körper und R ein reell abgeschlossener Erweiterungskörper von K, dessen Ordnung auf K die gegebene Ordnung P induziert. Wir bezeichnen mit sgn_P die zugehörige Vorzeichenabbildung; für $a \in K$ ist also $\text{sgn}_P(a) = 1, -1$ oder 0, je nachdem ob $a > 0$, $a < 0$ oder $a = 0$.

Für eine quadratische Form b mit Koeffizienten aus K ist die *Signatur* $\text{sgn}_P(b)$ von b bezüglich der Ordnung P von K wie folgt definiert: Bekanntlich ist b äquivalent zu einer Diagonalform:

$$(15) \qquad b \simeq [b_1, \ldots, b_n], \quad b_i \in K$$

(vgl. LA II, S. 37 ff). Mit $b \otimes R$ bezeichnen wir die durch b bestimmte quadratische Form über R. Dann ist

$$(16) \qquad \text{sgn}_P(b) = \sum_{i=1}^{n} \text{sgn}_P(b_i) = \text{sgn}(b \otimes R).$$

Aufgrund des *Satzes von Sylvester* ist $\text{sgn}_P(b)$ *wohldefiniert* (vgl. LA II, S. 63 ff).

SATZ 9 (Sylvester): *Sei (K, P) ein geordneter Körper und R ein reell abgeschlossener Erweiterungskörper von K, dessen Ordnung auf K die gegebene Ordnung P induziert. Man betrachte zu einem gegebenen Polynom $f \neq 0$ aus $K[X]$ die K-Algebra $A = K[X]/f$ und auf ihr die durch die Spur $S_{A/K}$ von A vermittelte symmetrische Bilinearform (quadratische Form)*

$$(17) \qquad s_{f/K} : (x, y) \longmapsto S_{A/K}(xy).$$

Es sei C ein algebraischer Abschluß von R. Dann gilt:

(a) Die Anzahl der verschiedenen Nullstellen von f in R ist gleich der Signatur von $s_{f/K}$:

$$(18) \qquad \#\{\alpha \in R \mid f(\alpha) = 0\} = \text{sgn}_P(s_{f/K}).$$

Insbesondere ist also stets $\text{sgn}_P(s_{f/k}) \geq 0$.

(b) Die halbe Anzahl der Nullstellen von f in C, welche nicht in R liegen, ist gleich dem Trägheitsindex von $s_{f/K}$ (vgl. LA II, S. 66). Insbesondere liegen also genau dann sämtliche Nullstelllen von f in R, wenn $s_{f/K}$ positiv semidefinit ist.

Beweis: Aus Bequemlichkeitsgründen führen wir den Beweis nur für den Fall, daß f keine mehrfachen Nullstellen hat (vgl. aber Aufgabe 20.11). Nach *Euler-Lagrange* (vgl. Satz 7) ist $C = R(i)$ mit $i^2 + 1 = 0$. Ist also

$$f(X) = f_1(X) f_2(X) \ldots f_r(X)$$

die Primfaktorzerlegung von f in $R[X]$, so gilt

$$\operatorname{grad} f_i \leq 2 \quad \text{für } 1 \leq i \leq r.$$

Aufgrund der natürlichen Isomorphie

$$R[X]/f \simeq K[X]/f \otimes R$$

gilt offenbar $s_{f/R} = s_{f/K} \otimes R$. Somit haben wir

$$\operatorname{sgn}_P \left(s_{f/K} \right) = \operatorname{sgn} \left(s_{f/R} \right).$$

Nach dem *Chinesischen Restsatz* hat man die kanonische Isomorphie

$$R[X]/f \simeq R[X]/f_1 \times \ldots \times R[X]/f_r$$

von R-Algebren. Daher ist $s_{f/R}$ zur orthogonalen Summe der $s_{f_i/R}$ äquivalent. Es gilt also

$$\operatorname{sgn} \left(s_{f/R} \right) = \sum_{j=1}^{r} \operatorname{sgn} \left(s_{f_i/R} \right),$$

und eine entsprechende Relation besteht für die Trägheitsindizes.

Nun ist aber $R[X]/f_i \simeq R$ oder C, je nachdem ob f_i den Grad 1 oder 2 besitzt; im ersten Fall ist $s_{f_i/R}$ zur Form x^2 und im zweiten zur Form $x^2 - y^2$ äquivalent. Insgesamt ist also die Signatur von $s_{f/K}$ gleich der Anzahl der f_i vom Grade 1, und der Trägheitsindex von $s_{f/K}$ ist die Anzahl der f_i vom Grade 2. Damit ist alles schon bewiesen. □

Satz 9 stellt für sich genommen schon einen bemerkenswerten Sachverhalt dar; es zeigt sich aber auch, daß aus ihm wichtige Konsequenzen gezogen werden können. Zum Beispiel läßt sich mit Satz 9 die Eindeutigkeitsaussage von Satz 6 beweisen. Wir zeigen zuerst:

F7: *Sei* $(E, \leq)$ *ein geordneter Körper und* K *ein Teilkörper von* E, *für den* E/K *algebraisch ist. Wir betrachten* K *als geordneten Körper vermöge der von* $\leq$ *auf* K *induzierten Ordnung* P. *Ist dann* R *ein reell abgeschlossener Körper und*

$$\sigma : K \longrightarrow R$$

ein <u>*ordnungstreuer*</u> *Homomorphismus von* K *in* R, *so besitzt* σ *genau eine Fortsetzung*

$$\varrho : E \longrightarrow R$$

zu einem <u>*ordnungstreuen*</u> *Homomorphismus von* E *in* R.

Beweis: 1) Zunächst sei $E : K < \infty$ vorausgesetzt. Dann ist $E = K(\alpha)$ mit einem $\alpha \in E$. Setze $f = Mipo_K(\alpha)$, und sei R_1 ein reeller Abschluß des geordneten Körpers $(E, \leq)$ und damit auch von (K, P). Mit dem Satz 9 folgt dann wegen

$$\mathrm{sgn}_{\sigma P}\left(s_{\sigma f / \sigma K}\right) = \mathrm{sgn}_P\left(s_{f/K}\right) \, ,$$

daß σf eine Nullstelle β in R besitzt. Somit hat σ eine Fortsetzung

$$\varrho : E = K(\alpha) \longrightarrow R$$

zu einem Körperhomomorphismus von E in R. Seien $\varrho_1, \ldots, \varrho_n$ die sämtlichen Fortsetzungen von σ zu Homomorphismen $E \longrightarrow R$. Wir behaupten, daß unter diesen wenigstens eine *ordnungstreu* ist. Andernfalls gibt es nämlich Elemente $\gamma_1, \ldots, \gamma_n$ mit $\gamma_i > 0$ in E, aber $\varrho_i(\gamma_i) < 0$ in R für jedes i. Aufgrund des schon Bewiesenen können wir σ zu einem Homomorphismus $\varrho : E\left(\sqrt{\gamma_1}, \ldots, \sqrt{\gamma_n}\right) \longrightarrow R$ fortsetzen. Sei ϱ_i die Einschränkung von ϱ auf E. Dann ist $\varrho_i(\gamma_i) = \varrho(\gamma_i) = \varrho\left(\sqrt{\gamma_i}\right)^2 > 0$. Widerspruch.

2) Sei E/K nun eine beliebige algebraische Erweiterung. Nach dem *Lemma von Zorn* besitzt σ eine *maximale* Fortsetzung

$$\sigma' : K' \longrightarrow R$$

zu einem ordnungstreuen Homomorphismus eines Zwischenkörpers K' von E/K mit Werten in R. Mit E/K ist auch E/K' algebraisch, so daß sich nach 1) sofort $K' = E$ ergibt.

3) Es bleibt die Eindeutigkeit von ϱ zu zeigen. Für ein beliebiges $\alpha \in E$ mit $f = Mipo_K(\alpha)$ seien

$$\alpha_1 < \alpha_2 < \ldots < \alpha_r$$

die sämtlichen, der Größe nach geordneten Nullstellen von f in E, und ensprechend seien

$$\alpha'_1 < \alpha'_2 < \ldots < \alpha'_s$$

die Nullstellen von σf in $E' := \varrho E$. Offenbar ist $s = r$. Nun gibt es genau ein k mit $\alpha = \alpha_k$. Da ϱ ordnungstreu ist, muß dann $\varrho\alpha = \alpha'_k$ gelten. Also ist ϱ eindeutig bestimmt.

Beweis der Eindeutigkeitsaussage (II) von Satz 6:
Seien R_1 und R_2 reelle Abschließungen von $(K, \leq)$. Anwendung von F7 (mit $E = R_1$, $R = R_2$ und $\sigma = id_K$) liefert dann einen eindeutig bestimmten ordnungstreuen K-Homomorphismus $\varrho : R_1 \longrightarrow R_2$. Mit R_1 ist auch ϱR_1

reell abgeschlossen, also ist $\varrho R_1 = R_2$ (denn $R_2/\varrho R_1$ ist algebraisch), und somit ist $\varrho : R_1 \longrightarrow R_2$ ein Isomorphismus. Sei jetzt $\tau : R_1 \longrightarrow R_2$ ein beliebiger K-Homomorphismus. Für jedes $\alpha \in R_1$ mit $\alpha > 0$ gilt

$$\tau(\alpha) = \tau\left(\sqrt{\alpha}\right)^2 > 0,$$

also ist τ notwendig ordnungstreu und daher $\tau = \varrho$.

$\square$

Ein weiterer grundlegender Sachverhalt, dessen Beweis auf Satz 9 gestützt werden kann, ist der folgende

SATZ 10: *Sei K ein reell abgeschlossener Körper, und $E = K(x_1, \ldots, x_m)$ sei ein endlich erzeugter Erweiterungskörper von K. Ist dann E reell, so existiert ein Homomorphismus*

$$K[x_1, \ldots, x_m] \longrightarrow K$$

von K-Algebren.

Beweis: 1) Wir wollen uns zunächst davon überzeugen, daß wir o.E.

$$\mathrm{Trgd}\,(E/K) = 1$$

annehmen dürfen. Sei nämlich E' ein Zwischenkörper von E/K mit $\mathrm{Trgd}\,(E/E') = 1$ (o.E. ist $\mathrm{Trgd}\,(E/K) > 1$, sonst ist $E = K$ und nichts zu beweisen). Sei R ein reeller Abschluß des reellen Körpers E, und R' sei algebraischer Abschluß von E' in R. Mit Satz 7 sieht man leicht, daß R' *reell abgeschlossen* ist. Wenn nun unsere Behauptung für Erweiterungen vom Transzendenzgrad 1 richtig ist, gibt es einen Homomorphismus

$$\varphi : R'[x_1, \ldots, x_m] \longrightarrow R'$$

von R'-Algebren. Nun ist aber $\mathrm{Trgd}\,(K(\varphi x_1, \ldots, \varphi x_m)/K) \leq \mathrm{Trgd}\,(R'/K)$ $= \mathrm{Trgd}\,(E'/K) = \mathrm{Trgd}\,(E/K) - 1$. Per Induktion können wir daher von der Existenz eines K-Algebrenhomomorphismus $K[\varphi x_1, \ldots, \varphi x_m] \longrightarrow K$ ausgehen. Zusammensetzung mit der Einschränkung von φ auf $K[x_1, \ldots, x_m]$ liefert dann, was wir wünschen.

2) Sei jetzt also $E = K(x, y_1, \ldots, y_r)$, wobei x transzendent über K ist und die y_i algebraisch über $K(x)$ sind. Gesucht ist ein K-Algebrenhomomorphismus

$$K[x, y_1, \ldots, y_r] \longrightarrow K.$$

Nun gibt es aber nach dem Satz vom primitiven Element ein y aus E mit $E = K(x,y) = K(x)[y]$, wobei man y noch *ganz* über $K[x]$ annehmen darf. Für die y_i gilt dann

$$y_i = \frac{g_i(x,y)}{h(x)} \qquad \text{für } 1 \le i \le r$$

mit Polynomen $g_i(X,Y) \in K[X,Y]$ und $0 \ne h \in K[X]$. Jeder K-Algebrenhomomorphismus

$$(19) \qquad \varphi : K[x,y] \longrightarrow K,$$

der mit $a := \varphi x$ die Bedingung $h(a) \ne 0$ erfüllt, definiert dann einen wohlbestimmten K-Algebrenhomomorphismus $K[x, y_1, \ldots, y_r] \longrightarrow K$. Da nun h nur endlich viele Nullstellen in K besitzt und für festes $a = \varphi x$ nur endlich viele Werte für φy in Frage kommen, genügt es also zu zeigen, daß es unendlich viele K-Algebrenhomomorphismen $K[x,y] \longrightarrow K$ gibt. Sei nun

$$f = f(x,Y) = Y^n + c_1(x)Y^{n-1} + \cdots + c_n(x)$$

das Minimalpolynom von y über $K(x)$. Wegen der Ganzheit von y über $K[x]$ liegen alle $c_i(x)$ in $K[x]$. Sei $a \in K$. Wir fragen dann nach Nullstellen des Polynoms

$$f_a(Y) := f(a,Y) \in K[Y]$$

in K. Ist nämlich b eine solche Nullstelle, so gibt es einen wohlbestimmten K-Algebrenhomomorphismus (19) mit $\varphi x = a$ und $\varphi y = b$. (Zum Beweis überzeuge man sich davon, daß der Kern des Einsetzungshomomorphismus $K[x,Y] \to K[x,y]$ mit $x \mapsto x, Y \mapsto y$ gleich dem von $f(x,Y)$ erzeugten Hauptideal in $K[x,Y]$ ist.) Es kommt also darauf an, zu zeigen, daß zu unendlich vielen $a \in K$ ein $b \in K$ existiert mit

$$(20) \qquad f_a(b) = f(a,b) = 0.$$

3) Nach Voraussetzung ist der Körper $E = K(x,y)$ *reell*, besitzt also eine Ordnung $\le$. Sei R ein reeller Abschluß des geordneten Körpers $(E, \le)$. Wir wissen, daß das Polynom

$$f = f(x,Y) \in K[x][Y]$$

eine Nullstelle in R hat, nämlich das Element y aus $E \subseteq R$. Folglich ist nach Satz 9

$$(21) \qquad \operatorname{sgn}\big(s_{f/K(x)}\big) > 0.$$

Hierbei ist auf $K(x)$ natürlich die Ordnung zugrundegelegt, welche von der Ordnung $\le$ von E auf $K(x)$ induziert wird. Wir wollen nun zeigen, daß für unendlich viele $a \in K$ auch gilt:

$$(22) \qquad \operatorname{sgn}\big(s_{f_a/K}\big) > 0.$$

Zu jedem dieser a gibt es dann nach Satz 9 ein $b \in K$ mit (20), womit der Satz bewiesen wäre.

Die quadratische Form $s_{f/K[x]}$ ist äquivalent zu einer Diagonalform

$$(23) \qquad [h_1(x), \ldots, h_n(x)] \quad h_i(x) \in K[x].$$

Aus dem nachstehenden Lemma 2 folgt die Existenz von unendlich vielen $a \in K$ mit

$$(24) \qquad \operatorname{sgn} h_i(x) = \operatorname{sgn} h_i(a) \quad \text{für alle } 1 \leq i \leq n.$$

Für alle diese a hat die quadratische Form

$$(25) \qquad [h_1(a), \ldots, h_n(a)]$$

über K die gleiche Signatur wie (23). Man kann sich aber leicht davon überzeugen, daß für *fast alle* $a \in K$ die quadratische Form $s_{f_a/K}$ äquivalent zur Form (25) ist. Wegen (21) ist folglich für unendlich viele $a \in K$ die Bedingung (22) erfüllt.

Lemma 2: *Sei K ein reell abgeschlossener Körper, und $h_1(x), \ldots, h_n(x)$ seien endlich viele Polynome einer Variablen x über K. Sei $\leq$ eine Ordnung des Körpers $K(x)$ und sgn die zugehörige Vorzeichenabbildung. Es gibt dann unendlich viele a aus K, für die die obige Bedingung (24) erfüllt ist.*

Beweis: Sei zunächst $h(x) \in K[x]$ ein beliebiges Polynom. Da K reell abgeschlossen ist, hat die Primfaktorzerlegung von h die Gestalt

$$h(x) = u(x - c_1) \ldots (x - c_r)q_1(x) \ldots q_s(x)$$

mit normierten quadratischen Polynomen $q_1(x), \ldots, q_s(x)$. Sei $q(x) = q_i(x)$ eines von den letzteren. Es ist

$$q(x) = x^2 + bx + c = \left(x + \frac{b}{2}\right)^2 + \left(c - \frac{b^2}{4}\right).$$

Da $q(x)$ irreduzibel ist, gilt $c - \frac{b^2}{4} > 0$. Somit ist sowohl $q(x) > 0$ als auch $q(a) > 0$ für alle $a \in K$. Folglich gilt

$$\operatorname{sgn} h(x) = \operatorname{sgn}(u) \prod_{i=1}^{r} \operatorname{sgn}(x - c_i)$$

$$\operatorname{sgn} h(a) = \operatorname{sgn}(u) \prod_{i=1}^{r} \operatorname{sgn}(a - c_i) \quad \text{für alle } a \in K.$$

Wir erkennen somit, daß die Behauptung des Lemmas nur für ein System von endlich vielen linearen Polynomen

$$x - c_1, x - c_2, \ldots, x - c_m$$

zu zeigen ist, wobei o.E. die c_i noch paarweise verschieden angenommen werden können. Wir notieren nun die Elemente $c_1, \ldots, c_m, x$ von $K(x)$ in ihrer vermöge $\leq$ geordneten Reihenfolge

$$(26) \qquad\qquad t_1 < t_2 < \ldots < t_{m+1},$$

wobei $x = t_i$ an i-ter Stelle stehen möge (und die Menge der übrigen t_j mit der Menge der c_j übereinstimmt). Jetzt ist die Behauptung aber klar, da wir in der Kette (26) offenbar $x = t_i$ durch unendlich viele Elemente a aus K ersetzen können, ohne die Anordnung zu zerstören.

§ 20* Aufgaben und ergänzende Bemerkungen

20.1 Sei K ein *reell abgeschlossener* Körper.

a) Man zeige: Die normierten Primpolynome q vom Grade > 1 in $K[X]$ sind genau die Polynome der Gestalt $X^2 + bX + c$ mit $b^2 - 4c < 0$. Für jedes solche q gilt $q(x) > 0$ für alle $x \in K$.

b) Man beschreibe die $f \in K[X]$ mit $f(x) > 0$ für alle $x \in K$ (bzw. $f(x) \geq 0$ für alle $x \in K$). Zeige, daß jedes solche f eine Summe von Quadraten in $K[X]$ ist. Wieso kommt man sogar mit *zwei* Quadraten aus?

c) Seien $a < b$ Elemente von K, und $f \in K[X]$ habe in a und b verschiedene Vorzeichen, d.h. es gelte $f(a)f(b) < 0$. Zeige: Es gibt ein $c \in K$ mit $f(c) = 0$ und $a < c < b$ ('*Zwischenwertsatz*'). Hinweis: O.E. ist f normiert, irreduzibel und folglich linear.

d) Seien $a < b$ Nullstellen von $f \in K[X]$ in K. Zeige: Es gibt $a < c < b$ mit $f'(c) = 0$ ('*Satz von Rolle*'). Hinweis: O.E. hat f in $]a, b[$ keine Nullstelle. Es gilt $f(X) = (X - a)^m (X - b)^n g(X)$. Man wende nun c) auf einen geeigneten Teiler von f' sowie g an.

20.2 Zeige, daß der Teilkörper $E = \mathbb{Q}(\sqrt{2})$ von $\mathbb{R}$ genau zwei verschiedene Ordnungen besitzt. (Dies ist ein Spezialfall der allgemeinen Aussage 20.10 weiter unten, deren Beweis aber methodisch tiefer liegt.)

20.3 Sei K ein *reeller* Körper und C ein algebraisch abgeschlossener Erweiterungskörper von K. Zeige, daß ein *reell abgeschlossener* Zwischenkörper R von C/K existiert mit $C = R(\sqrt{-1})$.

20.4 Sei $(K, \leq)$ ein geordneter Körper und f ein irreduzibles Polynom in $K[X]$ mit $f(a)f(b) \prec 0$ für gewisse $a, b \in K$. Zeige: Ist $K(\alpha)$ ein Erweiterungskörper von K mit $f(\alpha) = 0$, so kann $\leq$ zu einer Ordnung von $K(\alpha)$ fortgesetzt werden.

20.5 Man modifiziere den Schlußteil des Beweises von Satz 7, indem man zunächst zeigt, daß für jedes $\sigma \in G(E/R)$ mit $\sigma \notin G(E/C)$ gilt:

$$(1) \qquad w\sigma(w) \in R$$

Es folgt, daß $C(w)/R$ galoissch (vom Grade 4) ist. Wegen $R = R^2 \cup -R^2$ ist $C(w)/R$ dann sogar *zyklisch*, und für ein erzeugendes Element σ der Galoisgruppe gilt (1). Anwendung von σ auf (1) liefert $\sigma^2(w) = w$, also den Widerspruch $w \in C$.

20.6 Sei $(K, \leq)$ ein geordneter Körper. Wegen $char(K) = 0$ können wir $\mathbb{Q}$ als Teilkörper von K auffassen. Wir nennen die Ordnung $\leq$ bzw. den geordneten Körper $(K, \leq)$ *archimedisch*, wenn für jedes $a \in K$ ein $n \in \mathbb{N}$ mit $a < n$ existiert. Zeige:

a) $(K, \leq)$ ist genau dann archimedisch, wenn $\mathbb{Q}$ *dicht* in K ist (d.h. zu $a < b$ aus K gibt es $x \in \mathbb{Q}$ mit $a < x < b$).

b) Ist $K : \mathbb{Q} < \infty$, so ist $(K, \leq)$ archimedisch. (Hinweis: Die Behauptung folgt sofort aus F7, läßt sich aber auch leicht direkt beweisen.)

c) Der Körper $\mathbb{Q}(X)$ der rationalen Funktionen einer Variablen über $\mathbb{Q}$ hat sowohl nicht-archimedische als auch archimedische Ordnungen.

20.7 Sei $(K, \leq)$ ein geordneter Körper. Für $a \in K$ bezeichne $|a| \in K$ wie üblich dasjenige Element $|a|$ von K mit $|a| \geq 0$ und $|a|^2 = a^2$. Wie gewohnt gelten dann: $|ab| = |a||b|$ und $|a + b| \leq |a| + |b|$. Es ist klar, wie man die Begriffe *Nullfolge* und *Cauchyfolge* in $(K, \leq)$ definiert; desgleichen Begriffe wie konvergente Folge, Grenzwert einer konvergenten Folge etc. Man beachte aber, daß $|\ |$ seine Werte in K hat, also i.a. kein metrischer Raum im üblichen Sinne zugrundeliegt. Im allgemeinen besitzt 0 keine *abzählbare* Umgebungsbasis. Für topologische Betrachtungen in $(K, \leq)$ ist daher der gewohnte Begriff der Folgenkonvergenz nicht angemessen. Nun ist hier nicht der Platz für eine adäquate Behandlung der topologischen Grundaspekte geordneter Körper. Wenn wir also im folgenden die Gewohnheit, mit Folgen zu arbeiten, nicht verlassen wollen, müssen wir uns der Beschränkung des Horizontes bewußt bleiben. Wir nennen $(K, \leq)$ *ω-komplett*, wenn jede Cauchyfolge in $(K, \leq)$ konvergiert. Im Falle eines *archimedischen* $(K, \leq)$ haben wir abzählbare Umgebungsbasen und gebrauchen daher den Ausdruck *komplett*.

Man zeige: $(K, \leq)$ *ist genau dann archimedisch und komplett, wenn jede* (nach oben) beschränkte Teilmenge $\neq \emptyset$ von K eine kleinste obere Schranke besitzt. (Beide Eigenschaften hat bekanntlich der Körper $\mathbb{R}$ der reellen Zahlen, doch soll hier und im folgenden auf Existenz und Eindeutigkeit von $\mathbb{R}$ nicht zurückgegriffen werden.) – Sei $(K, \leq)$ jetzt als archimedisch und komplett vorausgesetzt. Zeige: Ein beliebiger <u>archimedisch</u> geordneter Körper $(F, \leq)$ läßt sich ordnungstreu in $(K, \leq)$ einbetten, d.h. es gibt einen ordnungstreuen Homomorphismus $\sigma : F \longrightarrow K$. Genau dann ist σ ein Isomorphismus, wenn $(F, \leq)$ komplett ist. Insbesondere kann es also bis auf ordnungstreue Isomorphie höchstens einen archimedisch geordneten kompletten Körper geben.

20.8 Für einen beliebigen geordneten Körper $(K, \leq)$ soll gezeigt werden: *Es existiert ein ω-kompletter geordneter Erweiterungskörper $(\widetilde{K}, \leq)$ von $(K, \leq)$ mit der Eigenschaft, daß jedes $\alpha \in \widetilde{K}$ Grenzwert einer Folge $(a_n)_n$ von Elementen aus K ist. Bis auf ordnungstreue K-Isomorphie ist $(\widetilde{K}, \leq)$ eindeutig bestimmt.* Wir nennen $(\widetilde{K}, \leq)$ die <u>ω-komplette Hülle</u> von $(K, \leq)$.

Zum Beweis betrachte man den Ring R aller Cauchyfolgen in $(K, \leq)$ und darin das Ideal I aller Nullfolgen. Es sei dann $\widetilde{K} = R/I$ der zugehörige Restklassenring, und $\iota : K \longrightarrow \widetilde{K}$ bezeichne die Abbildung, welche jedem $a \in K$ die Restklasse der konstanten Folge $(a, a, \dots)$ zuordnet. Offenbar ist ι injektiv. Im folgenden werde K mit seinem Bild $\iota(K)$ in $\widetilde{K}$ identifiziert.

a) Man zeige nun zunächst: I ist ein maximales Ideal von R, d.h. $\widetilde{K}$ ist ein Körper.

b) Ein Element $(a_n)_n$ aus R heiße *strikt positiv*, wenn ein $\varepsilon > 0$ aus K und ein $N \in \mathbb{N}$ existieren, so daß $a_n \geq \varepsilon$ für alle $n \geq N$ gilt. Zeige: Ist für ein Element $(a_n)_n$ aus R weder $(a_n)_n$ noch $(-a_n)_n$ strikt positiv, so ist $(a_n)_n$ eine Nullfolge.

Es folgt nun leicht, daß man die Ordnung $\leq$ von K zu einer - wieder mit $\leq$ bezeichneten - Ordnung des Körpers $\widetilde{K}$ fortsetzen kann, so daß gilt: Für ein $\alpha \in \widetilde{K}$ ist genau dann $\alpha > 0$, wenn eine (und damit jede) Cauchyfolge, die α repräsentiert, strikt positiv ist.

Da jede Cauchyfolge beschränkt ist, sieht man leicht, daß zu jedem $\alpha \in \widetilde{K}$ ein $a > 0$ aus K mit $\alpha \leq a$ existiert.

c) Sei $\alpha \in \widetilde{K}$ und sei $(a_n)_n$ eine beliebige Cauchyfolge aus der Restklasse α. Zeige: Aufgefaßt als Folge in $\widetilde{K}$ konvergiert $(a_n)_n$ in $(\widetilde{K}, \leq)$ gegen das Element α:

$$\alpha = \lim a_n.$$

Insbesondere ist K *dicht* in $\widetilde{K}$. Hinweis: Sei $\varepsilon > 0$ gegeben und dabei o.E. $\varepsilon \in K$, vgl. b). Da $(a_n)_n$ Cauchyfolge ist, gilt

$$a_n - a_m + \varepsilon > \frac{\varepsilon}{2} \quad \text{für fast alle } m, n \in \mathbb{N}.$$

Nach Definition der Ordnung $\leq$ auf $\tilde{K}$ folgt daraus

$$a_n - \alpha + \varepsilon > 0 \quad \text{für fast alle } n \in \mathbb{N}.$$

d) Sei jetzt $(\alpha_n)_n$ eine beliebige Cauchyfolge in $(\tilde{K}, \leq)$. Wir wollen zeigen, daß sie in $(\tilde{K}, \leq)$ konvergiert. Zuerst überlege man sich, daß o.E. $\alpha_{n+1} \neq \alpha_n$ für alle n angenommen werden kann. Nach c) gibt es dann zu jedem n ein $a_n \in K$ mit

$$|\alpha_n - a_n| \leq |\alpha_{n+1} - \alpha_n|.$$

Insbesondere ist $(\alpha_n - a_n)_n$ eine Nullfolge in $(\tilde{K}, \leq)$. $(a_n)_n$ ist daher wegen $a_n = (a_n - \alpha_n) + \alpha_n$ Cauchyfolge (mit Werten in K). Sei $\alpha \in \tilde{K}$ das von ihr bestimmte Element. Aus $\alpha - \alpha_n = (\alpha - a_n) + (a_n - \alpha_n)$ ergibt sich jetzt mit c) die Behauptung.

e) Es bereitet nun keine größere Mühe mehr, auch die eingangs behauptete Eindeutigkeitseigenschaft von $(\tilde{K}, \leq)$ nachzuweisen.

20.9 Sei $(K, \leq)$ ein geordneter Körper, und $\tilde{K}$ sei die ω-komplette Hülle von K im Sinne von 20.8. Ist $(K, \leq)$ archimedisch, so offenbar auch $(\tilde{K}, \leq)$. Die komplette Hülle von $K = \mathbb{Q}$ (mit der eindeutig bestimmten Ordnung auf $\mathbb{Q}$) wird wie üblich mit $\mathbb{R}$ bezeichnet. Nach 20.7 gilt: *Jeder archimedisch geordnete Körper $(K, \leq)$ ist ordnungs-isomorph zu einem Teilkörper von $\mathbb{R}$* (und umgekehrt ist jeder Teilkörper von $\mathbb{R}$ archimedisch geordnet).

Ist $(K, \leq)$ hingegen nicht archimedisch, so stellt die ω-komplette Hülle $\tilde{K}$ von K aus den in 20.7 genannten Gründen i.a. keine tragfähige Begriffsbildung dar. Man kann sie wie folgt ersetzen: *Zu $(K, \leq)$ existiert ein geordneter Erweiterungskörper $(\hat{K}, \leq)$ von $(K, \leq)$ mit folgenden Eigenschaften:* (a) *K ist dicht in $\hat{K}$.* (b) *Ist $(L, \leq)$ ein geordneter Erweiterungskörper von $(K, \leq)$ und K dicht in L, so gibt es genau einen ordnungtreuen K-Homomorphismus von L in $\hat{K}$.* (c) *$\hat{K}$ ist hinsichtlich der von $\leq$ vermittelten uniformen Struktur komplett.*

Bereits aufgrund der Eigenschaften (a) und (b) ist $\hat{K}$ bis auf ordnungstreue K-Isomorphie eindeutig bestimmt. Was die Existenz von $\hat{K}$ angeht, so kann man im Prinzip wie in 20.8 vorgehn, wenn man *verallgemeinerte Cauchyfolgen* heranzieht (indiziert über die Ordinalzahlen unterhalb einer festen hinreichend großen Ordinalzahl). Man könnte auch mit *Cauchyfiltern* arbeiten (vgl. Bourbaki, Topologie Generale, Chap. 3) oder auch die Methode der *Dedekindschen Schnitte* verwenden.

Die Existenz der kompletten Hülle $\hat{K}$ von $(K, \leq)$ vorausgesetzt, zeige man: *Ist K reell abgeschlossen, so ist auch $\hat{K}$ reell abgeschlossen.* Der Beweis dieser Aussage macht vielleicht einige Mühe. Ist sie aber bewiesen, so läßt sie sich wie folgt verallgemeinern: *Genau dann ist ein beliebiges $(K, \leq)$ dicht in seinem reellen Abschluß, wenn $\hat{K}$ reell abgeschlossen ist.*

20.10 Sei (k, P) ein geordneter Körper und R ein reeller Abschluß des geordneten Körpers (k, P). Für eine algebraische Körpererweiterung K/k setze $M := G(K/k, R/k)$ und zeige:

a) Die Abbildung $\sigma \longrightarrow \sigma^{-1}(R^2)$ ist eine Bijektion von M auf die Menge aller Ordnungen Q von K, welche P fortsetzen.

b) Ist K/k endlich, so gilt mit $s_{K/k}(x, y) = S_{K/k}(xy)$

$$\mathrm{sgn}_P(s_{K/k}) = \#\{Q \mid Q \text{ Ordnung von } K \text{ mit } Q \supseteq P\}.$$

Insbesondere gilt also für jeden *algebraischen Zahlkörper* (d.h. für jeden Erweiterungskörper K von $\mathbb{Q}$ mit $[K : \mathbb{Q}] < \infty$) : K *besitzt höchstens* $K : \mathbb{Q}$ *verschiedene Ordnungen, und die Signatur seiner Spurform* $s_{K/\mathbb{Q}}$ *ist notwendig* ≥ 0.

c) Ist K/k endlich und besitzt P genau eine Fortsetzung zu einer Ordnung von K, so ist $K : k$ *ungerade* und folglich jede Ordnung von k fortsetzbar auf K.

20.11 Sei $f \in K[X]$ ein Polynom vom Grade $n > 1$ über dem Körper K, und sei e eine natürliche Zahl. Zeige: Die Spurform $s_{f^e/K}$ der Algebra $A := K[X]/f^e$ ist äquivalent zur orthogonalen Summe des e-fachen $es_{f/K}$ der Spurform $s_{f/K}$ von $\overline{A} := K[X]/f$ sowie einer Nullform entsprechender Dimension. Hinweis:

Es ist $A = K[x] = (Kx^0 + Kx^1 + \cdots + Kx^{n-1}) \oplus f(x)K[x]$, und jedes Element des Ideals $f(x)K[x]$ von A ist *nilpotent*. Ferner gilt $S_{A/K}(a) = eS_{\overline{A}/K}(\overline{a})$, wie man an der Kette $A \supseteq f(x)A \supseteq f(x)^2A \supseteq \ldots \supseteq f(x)^eA = 0$ von A-Moduln ablesen kann, denn deren Faktoren $f(x)^iA/f(x)^{i+1}A$ sind alle isomorph zu $K[X]/f = \overline{A}$.

20.12 Sei K/k eine endliche Körpererweiterung. Für jede symmetrische Bilinearform q über K vermittelt $s_{K/k}(q) := S_{K/k} \circ q$ eine symmetrische Bilinearform über k. Zeige: Ist (k, P) ein geordneter Körper, so gilt in Verschärfung von (b) in 20.10 die folgende Formel von *M. Knebusch*:

$$\mathrm{sgn}_P \left(s_{K/k}(q) \right) = \sum_{Q \supseteq P} \mathrm{sgn}_Q(q),$$

wobei über alle Ordnungen Q von K, die P fortsetzen, summiert wird. Hinweis: Zunächst können wir o.E. voraussetzen, daß q eindimensional ist: $q = [\alpha]$ mit $\alpha \in K^\times$. Per Induktion und mit Blick auf 20.10(b) erkennt man, daß man ferner $K = k(\alpha)$ annehmen darf. Es ist dann $K \simeq k[X]/f$ mit $f = Mipo_k(\alpha)$. Nun gehe man genauso vor wie im Beweis von Satz 9; man findet $\mathrm{sgn}_P \left(s_{K/k}(q) \right) = \sum_{i=1}^{r} \mathrm{sgn}(\alpha_i)$, wenn $\alpha_1, \alpha_2, \ldots, \alpha_r$ die sämtlichen Nullstellen von f in R sind.

§ 21

Das 17. Hilbertsche Problem und reelle Nullstellensätze

1. Die Theorie der formal reellen Körper, deren Grundzüge wir im vorigen Paragraphen dargestellt haben, ist aus der folgenden Fragestellung entstanden (17. Hilbertsches Problem):

Es sei $f \in \mathbb{R}[X_1, \ldots, X_n]$ ein Polynom in n Variablen über dem Körper $\mathbb{R}$ der reellen Zahlen, welches *positiv definit* sei, d.h. es gelte $f(a_1, \ldots, a_n) \geq 0$ für alle $a_1, \ldots, a_n \in \mathbb{R}$. Ist dann f *Summe von Quadraten rationaler Funktionen* aus $\mathbb{R}(X_1, \ldots, X_n)$? (Daß man hier jedenfalls *rationale* Funktionen zulassen muß und nicht mit Polynomen auskommt, hatte *Hilbert* im Falle $n = 2$ schon gezeigt.)

Zur Behandlung der von Hilbert aufgeworfenen Frage haben *Artin und Schreier* die Theorie der formal reellen Körper entwickelt, und darauf aufbauend hat *Artin* das Problem dann in der Tat gelöst. Es gilt allgemein der folgende

SATZ 1 (Artin): *Sei K ein reeller Körper, der genau eine Ordnung besitzt, und sei R ein reeller Abschluß von K. Ist dann $f \in K[X_1, \ldots, X_n]$ ein Polynom in n Variablen über K, für das gilt :*

(1) $\qquad f(a_1, \ldots, a_n) \geq 0 \quad f\ddot{u}r \ alle \ a_1, \ldots, a_n \ aus \ R,$

so ist f Summe von Quadraten rationaler Funktionen aus $K(X_1, \ldots, X_n)$.

Beweis: Wir nehmen an, f sei *keine* Quadratsumme in $K(X_1, \ldots, X_n)$. Nach Satz 3, §20 gibt es dann eine Ordnung $\leq$ des Körpers

$$F := K(X_1, \ldots, X_n)$$

mit

(2) $\qquad f = f(X_1, \ldots, X_n) < 0.$

Es genügt dann zu zeigen, daß aus (2) die Existenz von Elementen $a_1, \ldots, a_n$ aus R folgt mit

$$f(a_1, \ldots, a_n) < 0.$$

Sei R_F ein reeller Abschluß des geordneten Körpers $(F, \leq)$. In R_F gilt $f < 0$, also gibt es ein w in R_F mit

$$w^2 = -f.$$

Wir betrachten den algebraischen Abschluß R_0 von K in R_F. Man erkennt leicht (vgl. Satz 7, §20), daß R_0 reell abgeschlossen und somit ein reeller Abschluß des *geordneten* Körpers K ist (K besitzt nach Voraussetzung nur eine Ordnung !). Aufgrund der Eindeutigkeitsaussage von Satz 6, §20 sind wir daher berechtigt, $R = R_0$ vorauszusetzen. Wir wenden nun Satz 10, §20 auf den Erweiterungskörper $R(X_1, \ldots, X_n, w)$ von R an, der als Teilkörper von R_F *reell* ist. Wir erhalten einen R-Algebrenhomomorphismus

$$\varphi : R[X_1, \ldots, X_n, w, 1/w] \longrightarrow R.$$

Sind dann $a_1, \ldots, a_n$ der Reihe nach die Bilder von $X_1, \ldots, X_n$ unter φ, so folgt in der Tat

$$f(a_1, \ldots, a_n) = \varphi(f) = -\varphi(w)^2 < 0,$$

denn wegen $\varphi(w)\varphi(1/w) = \varphi(1) = 1$ ist $\varphi(w) \neq 0$.   □

Bemerkung 1: Im Falle $K = \mathbb{Q}$ kann man die Voraussetzung (1) in Satz 1 durch die folgende ersetzen:

(1') $f(a_1, \ldots, a_n) \geq 0$ für alle $a_1, \ldots, a_n$ <u>aus K</u>.

Da nämlich $K = \mathbb{Q}$ in $\mathbb{R}$ dicht liegt (und damit erst recht im Körper R der reellen algebraischen Zahlen), ist mit (1') aus Stetigkeitsgründen auch die Bedingung (1) erfüllt.

Bemerkung 2: Was geschieht, wenn wir in Satz 1 nicht von der Voraussetzung, der reelle Körper K habe nur eine einzige Ordnung, sondern stattdessen von einem beliebigen geordneten Körper (K, P) ausgehen und R dann dessen reeller Abschluß bedeute? Die Antwort ist einfach: Aus der Voraussetzung (1) folgt dann nur noch

(3) $f \in QS_P(K(X_1, \ldots, X_n))$

wobei $QS_P(K(X_1, \ldots, X_n))$ die Menge aller endlichen Summen der Form

(4) $\sum_i p_i f_i^2$ mit $p_i \in P,\ f_i \in K(X_1, \ldots, X_n)$

bezeichne. Der Beweis verläuft analog wie oben; am Anfang hat man lediglich aus §20 den Satz 5 (anstelle von Satz 3) heranzuziehen. Entsprechend wie hier Satz 1 lassen sich auch die nachfolgenden Resultate modifizieren. Ferner ist im Falle eines Teilkörpers K von $\mathbb{R}$ klar, daß schon die Voraussetzung $(1')$ die Aussage (3) nach sich zieht. □

Wir wollen nun den Satz 1 in einem etwas allgemeineren Rahmen formulieren (und ihm dabei auch eine etwas geometrischere Fassung geben). Im folgenden seien K ein reeller Körper und R ein fester reeller Abschluß von K. Wir greifen auf die Terminologie von §19 (Band I) zurück; die Rolle der dort zugrundegelegten (beliebigen) Körpererweiterungen C/K übernehme hier die Erweiterung R/K. Für ein Ideal $\mathfrak{a}$ in $K[X_1, \dots, X_n]$ bezeichne also

$$\mathcal{N}(\mathfrak{a}) = \mathcal{N}_R(\mathfrak{a}) = \{(a_1, \dots, a_n) \in R^n \mid f(a_1, \dots, a_n) = 0 \text{ für alle } f \in \mathfrak{a}\}$$

die Nullstellenmenge von $\mathfrak{a}$ in R^n. Jede solche Teilmenge V von R^n heiße eine *algebraische K-Menge* von R^n. Das Ideal

$$\mathcal{I}(V) = \mathcal{I}_K(V) = \{g \in K[X_1, \dots, X_n] \mid g(a) = 0 \text{ für alle } a \in V\}$$

nennt man das *Verschwindungsideal* von V, die Restklassenalgebra

$$K[V] = K[X_1, \dots, X_n]/\mathcal{I}(V)$$

den *affinen Koordinatenring* von V. Die Elemente von $K[V]$ können wir als Funktionen auf V mit Werten in R auffassen. Als homomorphes Bild von $K[X_1, \dots, X_n]$ hat $K[V]$ die Gestalt

$$(5) \qquad K[V] = K[x_1, \dots, x_n],$$

ist also eine *affine K-Algebra* (vgl. Band I, S. 272, Def. 4). Ist die algebraische K-Menge V *irreduzibel*, so ist $K[V]$ ein Integritätsring (vgl. Band I, S. 270, F3); wir bezeichnen dann mit

$$K(V) := \operatorname{Quot} K[V]$$

den Quotientenkörper von $K[V]$ und nennen $K(V)$ den *Körper der rationalen Funktionen auf V*. Wir sagen, ein f aus $K(V)$ sei definiert in $a \in V$, wenn es eine (i.a. von a abhängige) Darstellung $f = g/h$ mit $g, h \in K[V]$ gibt, für die $h(a) \neq 0$ ist. Durch

$$f(a) := g(a)/h(a)$$

ist dann der Wert von f in a wohldefiniert. Wir sagen, f aus $K(V)$ ist *positiv definit*, wenn für alle $a \in V$, in denen f definiert ist, $f(a) \geq 0$ gilt. Ist hier sogar stets $f(a) > 0$, so nennen wir f *strikt positiv definit.* – Wir können nun folgende allgemeinere Version von Satz 1 formulieren:

SATZ 2: *Sei K ein reeller Körper, der genau eine Ordnung besitzt, und sei R ein reeller Abschluß von K. Gegeben sei eine affine K-Varietät V von R^n, d.h. eine irreduzible algebraische K-Menge V von R^n. Dann gilt für $f \in K(V)$:*

(6) f *positiv definit* $\Rightarrow$ $f \in QS(K(V))$.

Beweis: Im wesentlichen können wir so wie im Beweis von Satz 1 vorgehen. Es sei

$$f = g/h \quad \text{mit } g, h \in K[V], \ h \neq 0$$

Wir nehmen $f \notin QS(K(V))$ an. Dann gibt es eine Ordnung $\leq$ des Körpers $F := K(V)$ mit $f < 0$. Sei R_F ein reeller Abschluß des geordneten Körpers $(F, \leq)$; wir können R_F so wählen, daß R_F den gegebenen reellen Abschluß R von K als Teilkörper enthält.

Sei $K[V] = K[x_1, \ldots, x_n]$ wie in (5). Wegen $f < 0$ hat man $\sqrt{-f} \in R_F$. Wir wenden nun Satz 10, §20 auf den Erweiterungskörper $R(x_1, \ldots, x_n, \sqrt{-f})$ von R an (der als Teilkörper von R_F *reell* ist) und erhalten einen R-Algebrenhomomorphismus

$$\varphi : R[x_1, \ldots, x_n, \sqrt{-f}, 1/gh] \longrightarrow R.$$

Sind dabei $a_1, \ldots, a_n$ der Reihe nach die Bilder von $x_1, \ldots, x_n$, so ist zunächst $a := (a_1, \ldots, a_n)$ ein Element von V. Ferner gilt $g(a), h(a) \neq 0$, so daß f in $a \in V$ definiert ist mit $f(a) = g(a)/h(a) \neq 0$. Aber $-f$ wird bei φ auf ein Quadrat in R abgebildet, also gilt

$$f(a) = g(a)/h(a) = \varphi(f) < 0,$$

womit der Satz schon bewiesen ist.

Bemerkung: (i) Für $V = R^n$ ist (aus Stetigkeitsgründen) auch die Umkehrung von (6) richtig.

(ii) Allgemein ist die Umkehrung von (6) jedoch nicht richtig. Wir geben hierfür folgendes Beispiel:

Für $K = \mathbb{R}$ sei V die zu dem *Primpolynom*

$$f(X, Y) = Y^2 - (X^3 - X^2)$$

aus $K[X, Y]$ gehörige algebraische K-Menge in K^2. Wir wollen zeigen, daß V eine K-Varietät, also *irreduzibel* ist. (Beachte: Wegen der Irreduzibilität von f ist zwar die algebraische K-Menge $\mathcal{N}_{\mathbb{C}}(f)$ von $\mathbb{C}^2$ irreduzibel, aber daraus allein ergibt sich noch nicht, daß auch $V = \mathcal{N}_{\mathbb{R}}(f)$ irreduzibel sein muß). Sei $g(X,Y) \in K[X,Y]$ ein Polynom, welches auf V verschwindet. Division mit Rest liefert

$$(7) \qquad g(X,Y) = h(X,Y)\,f(X,Y) + u(X)Y + v(X)$$

mit $h(X,Y)$ aus $K[X,Y]$ und $u(X), v(X)$ aus $K[X]$. Nun überlegt man sich aber leicht, daß man alle von $(0,0)$ verschiedenen Punkte von V durch

$$(8) \qquad x = t^2 + 1,\ y = t(t^2 + 1)$$

mittels eines Parameters $t \in K$ erhält. Setzt man (8) in (7) ein, so folgt

$$t(t^2 + 1)\,u(t^2 + 1) + v(t^2 + 1) = 0 \quad \text{für alle } t \in K$$

Aus Gradgründen muß dann $u(X) = v(X) = 0$ sein. Insgesamt folgt damit

$$\mathcal{I}_K(V) = (f)$$

Also ist $\mathcal{I}_K(V)$ ein Primideal und deshalb V in der Tat irreduzibel. Es gilt

$$K[V] = K[x,y] \quad \text{mit } y^2 = x^3 - x^2,$$

und es ist $x \neq 0$ in $K[V]$. *Also ist*

$$x - 1 = y^2/x^2$$

ein Quadrat in $K(V)$, aber die (ganze!) Funktion $x - 1$ hat im Punkt $(0,0)$ von V den Wert $-1 < 0$. – Es sei bemerkt, daß dieses – auf den ersten Blick einigermaßen überraschende – Phänomen damit zusammenhängt, daß $(0,0)$ ein *singulärer* Punkt von V ist; es gilt nämlich $\frac{\partial f}{\partial X}(0,0) = 0 = \frac{\partial f}{\partial Y}(0,0)$.

2. Was *relle Nullstellensätze* angeht, so stellen wir dem *Hilbertschen Nullstellensatz* (in seiner Fassung von Satz 2 auf Seite 266 in Band I) zunächst nur die folgende Aussage zur Seite. Dabei heiße ein *Primideal* eines kommutativen Ringes mit Eins *reell*, wenn der Quotientenkörper seines Restklassenringes ein reeller Körper ist.

SATZ 3: *Sei K ein reeller Körper, der genau eine Ordnung besitzt, und R sei ein reeller Abschluß von K. Gegeben sei ein <u>Primideal</u> $\mathfrak{p}$ des Polynomringes $K[X_1,\ldots,X_n]$ in n Variablen über K. Ist dann $\mathfrak{p}$ <u>reell</u>, so gilt*

$$\mathcal{N}_R(\mathfrak{p}) \neq \emptyset,$$

d.h. es gibt ein $(a_1,\ldots,a_n)$ aus R^n, welches gemeinsame Nullstelle aller f aus $\mathfrak{p}$ ist.

Beweis: Sind $x_1, \ldots, x_n$ die Bilder von $X_1, \ldots, X_n$ bei der Restklassenabbildung zu $\mathfrak{p}$, so gilt

$$(9) \qquad K[X_1, \ldots, X_n]/\mathfrak{p} = K[x_1, \ldots, x_n]$$

Da $\mathfrak{p}$ als Primideal vorausgesetzt wird, ist $K[x_1, \ldots, x_n]$ ein Integritätsring. Da $\mathfrak{p}$ außerdem *reell* sein soll, ist der zugehörige Quotientenkörper $F :=$ $K(x_1, \ldots, x_n)$ ein reeller Körper. Sei R_F ein reeller Abschluß von F. Wir können annehmen, daß R_F den gegebenen reellen Abschluß R von K als Teilkörper enthält. Wenden wir nun Satz 10, §20 auf den Erweiterungskörper $R(x_1, \ldots, x_n)$ von R an (der als Teilkörper von R_F reell ist), so erhalten wir einen R-Algebrenhomomorphismus

$$R[x_1, \ldots, x_n] \longrightarrow R$$

Sind hierbei $a_1, \ldots, a_n$ die Bilder von $x_1, \ldots, x_n$, so ist $a = (a_1, \ldots, a_n) \in R^n$ offenbar ein Element von $\mathcal{N}_R(\mathfrak{p})$. - Den eben bewiesenen Satz 3 können wir leicht folgendermaßen verschärfen:

SATZ 4: *Voraussetzungen und Bezeichnungen seien wie in Satz 3; wie in* (9) *bezeichne ferner* $K[x_1, \ldots, x_n]$ *die Restklassenalgebra zu* $\mathfrak{p}$, *und es sei* $F = K(x_1, \ldots, x_n)$ *der zugehörige Quotientenkörper. Sei* $\leq$ *eine Ordnung des Körpers* F. *Dann existiert zu jedem g aus* $K[x_1, \ldots, x_n]$ *mit* $g < 0$ *ein* $a \in \mathcal{N}_R(\mathfrak{p})$ *mit*

$$(10) \qquad g(a) < 0$$

Beweis: Wir haben jetzt nur R_F als reellen Abschluß des *geordneten* Körpers $(F, \leq)$ zu wählen und den Satz 10, §20 auf den Zwischenkörper

$$R(x_1, \ldots, x_n, \sqrt{-g})$$

von R_F/R anzuwenden. Wir erhalten einen R-Algebrenhomomorphismus

$$R[x_1, \ldots, x_n, \sqrt{-g}, 1/g] \longrightarrow R$$

Sind dann wieder $a_1, \ldots, a_n$ die Bilder von $x_1, \ldots, x_n$, so ist $a = (a_1, \ldots, a_n)$ ein Element von $\mathcal{N}_R(\mathfrak{p})$, welches außerdem die Bedingung (10) erfüllt. $\square$

Um nun auch dem Hilbertschen Nullstellensatz in seiner Form $\mathcal{IN}(\mathfrak{a}) = \sqrt{\mathfrak{a}}$ (vgl. Satz 1 auf Seite 266 von Band I) ein passendes reelles Gegenstück an die Seite zu stellen, sind erst einige Vorbereitungen zu treffen. Sei dazu zunächst

A ein beliebiger kommutativer Ring mit $1 \neq 0$.

Wie im Falle eines Körpers bezeichnen wir mit

$$QS(A) = \left\{ \sum_i a_i^2 \mid a_i \in A \right\}$$

die Menge aller Quadratsummen in A, und unter einer *quadratischen Präordnung* T von A verstehen wir eine additiv und multiplikativ abgeschlossene Teilmenge von A, welche alle Quadrate von A enthält:

(11) $T + T \subseteq T$, $TT \subseteq T$, $QS(A) \subseteq T$

Ist T eine quadratische Präordnung von A und $a \in A$, so ist $T + aT$ eine quadratische Präordnung von A, die a enthält. In Verallgemeinerung von Lemma 1 in §20 gilt nun

Lemma 1: *Sei T eine quadratische Präordnung von A mit $-1 \notin T$. Seien a, b Elemente aus A mit $ab \in T$. Dann ist $T + aT$ oder $T - bT$ eine quadratische Präordnung T' von A mit $-1 \notin T'$.*

Beweis: Im Widerspruch zur Behauptung gelte

$$-1 = t_1 + at_2 = t_3 - bt_4 \quad \text{mit } t_1, t_2, t_3, t_4 \in T$$

Multiplikation von $-at_2 = 1 + t_1$ mit $bt_4 = 1 + t_3$ ergibt dann $-abt_2t_4 = 1 + t_5$ mit einem $t_5 \in T$. Somit folgt $-1 = t_5 + abt_2t_4 \in T$, im Widerspruch zur Voraussetzung $-1 \notin T$.

Lemma 2: *Unter den quadratischen Präordnungen von A, die -1 nicht enthalten, sei T ein maximales Element. Dann hat T folgende Eigenschaften:*
(a) $T \cup -T = A$
(b) $T \cap -T$ *ist ein Primideal von A.*
(Im Falle eines *Körpers* $A = K$ ist T also eine *Ordnung* des Körpers K.)

Beweis: (a) Sei $a \in A$. Anwendung von Lemma 1 mit $a = b$ ergibt wegen der Maximalität von T, daß a oder $-a$ in T enthalten ist.
(b) Wegen (a) ist $T \cap -T$ ein Ideal von A. Aus Lemma 1 und (a) folgt, daß es ein Primideal sein muß.

Lemma 3: *Sei T_0 eine quadratische Präordnung von A mit $-1 \notin T_0$. Dann existiert eine quadratische Präordnung T von A mit folgenden Eigenschaften:*

$$T_0 \subseteq T, \quad T \cup -T = A, \quad T \cap -T \text{ ist ein Primideal von } A.$$

Beweis: Mit dem Lemma von Zorn ergibt sich die Behauptung sofort aus Lemma 2.

Lemma 4 (Prestel): *Sei f ein Element von A mit*

$$(12) \qquad\qquad tf \neq 1 + s \quad \text{für alle } s, t \in QS(A).$$

Dann gibt es ein Primideal $\mathfrak{p}$ von A und eine Ordnung $\leq$ des Quotientenkörpers von $A/\mathfrak{p}$, so daß

$$(13) \qquad\qquad \overline{f} \leq 0$$

gilt (wobei $\overline{f}$ das Bild von f in $A/\mathfrak{p}$ bezeichne).

Beweis: Die Voraussetzung (12) bedeutet, daß die quadratische Präordnung $T_0 = QS(A) - fQS(A)$ das Element -1 nicht enthält. Die Behauptung folgt damit leicht aus Lemma 3: Für ein T, wie es Lemma 3 liefert, betrachte das Bild $\overline{T}$ von T in $\overline{A} = A/\mathfrak{p}$ mit dem Primideal $\mathfrak{p} = T \cap -T$. Dann ist $\overline{T}$ eine quadratische Präordnung von $\overline{A}$ mit $\overline{T} \cup -\overline{T} = \overline{A}$, $\overline{T} \cap -\overline{T} = \{0\}$. In offensichtlicher Weise läßt sich daher $\overline{T}$ zu einer Ordnung $\overline{P}$ von $Quot(\overline{A})$ fortsetzen, und wegen $-f \in T_0 \subseteq T$ gilt dann $-\overline{f} \in \overline{P}$, also (13). – Mit Lemma 4 können wir die folgende Ergänzung von Satz 2 zeigen:

SATZ 5: *Voraussetzungen und Bezeichnungen seien wie in Satz 2. Ist dann die (ganze) Funktion $f \in K[V]$ strikt positiv definit, d.h. gilt*

$$f(a) > 0 \quad \text{für alle } a \in V,$$

so gibt es Quadratsummen s und t im Ring $K[V]$, so daß f sich in der Gestalt

$$f = \frac{1 + s}{t}$$

darstellen läßt.

Beweis: Wir nehmen das Gegenteil an. Weil $K(V)$ *reell* ist, können wir dann Lemma 4 auf $A = K[V]$ und $f \in A$ anwenden. Wir erhalten ein Primideal $\mathfrak{P}$ von $K[X_1, \ldots, X_n]$ mit $\mathfrak{P} \supseteq \mathcal{I}(V)$ sowie eine Ordnung $\leq$ des Quotientenkörpers F von $K[X_1, \ldots, X_n]/\mathfrak{P}$, so daß $g \leq 0$ gilt, wobei g das Bild von f in $K[X_1, \ldots, X_n]/\mathfrak{P}$ bezeichne. Nach Satz 4 gibt es dann aber ein $a \in \mathcal{N}(\mathfrak{P}) \subseteq V$ mit $g(a) = f(a) \leq 0$. Widerspruch!

SATZ 6 ('Reeller Nullstellensatz' von Dubois): *Sei K ein reeller Körper, der genau eine Ordnung besitzt, und sei R ein reeller Abschluß von K. Gegeben sei ein Ideal $\mathfrak{a}$ des Polynomringes $K[X_1, \ldots, X_n]$ in n Variablen über K. Unter dem reellen Radikal $r(\mathfrak{a})$ von $\mathfrak{a}$ verstehen wir die Menge* *aller* $f \in K[X_1, \ldots, X_n]$, *zu denen es jeweils eine natürliche Zahl* m *sowie eine Quadratsumme* s *von* $K[X_1, \ldots, X_n]$ *gibt mit*

(14) $$f^{2m} + s \in \mathfrak{a}$$

Für das Verschwindungsideal der Nullstellenmenge $\mathcal{N}(\mathfrak{a})$ *von* $\mathfrak{a}$ *in* R^n *gilt dann*

(15) $$\mathcal{IN}(\mathfrak{a}) = r(\mathfrak{a})$$

Beweis: 1) Sei $W = \mathcal{N}(\mathfrak{a})$. Ist (14) erfüllt, so verschwindet $f^{2m} + s$ auf W. Da alle Werte in R liegen, muß dann auch f auf W verschwinden, d.h. es gilt $f \in \mathcal{I}(W)$. Die Inklusion $\supseteq$ in (15) ist also klar.

2) Wir nehmen zunächst $W = \mathcal{N}(\mathfrak{a}) = \emptyset$ an. Wir haben dann zu zeigen, daß es eine Quadratsumme s von $K[X_1, \ldots, X_n]$ gibt mit

(16) $$1 + s \in \mathfrak{a}$$

Sei $\mathfrak{a}$ von $f_1, \ldots, f_r$ erzeugt (vgl. Band I, S. 268, Satz 3). Wir betrachten die K-Varietät $V = R^n$ und in $K[V] = K[X_1, \ldots, X_n]$ die Funktion $f := f_1^2 + \ldots + f_r^2 \in \mathfrak{a}$. Wegen $\mathcal{N}(\mathfrak{a}) = \emptyset$ ist dann $f(a) > 0$ für alle $a \in R^n = V$. Anwendung von Satz 5 liefert dann Quadratsummen s, t von $K[V] = K[X_1, \ldots, X_n]$ mit $1 + s = tf$. Es folgt (16) und damit die Behauptung.

3) Nach Behandlung des Falles $\mathcal{N}(\mathfrak{a}) = \emptyset$ erledigen wir nun den allgemeinen Fall mit dem *Trick* von *Rabinowitsch* (vgl. Band I, S. 267): Sei also f ein Polynom von $K[X_1, \ldots, X_n]$, welches auf der Nullstellenmenge $\mathcal{N}_R(\mathfrak{a})$ eines beliebigen Ideals $\mathfrak{a}$ von $K[X_1, \ldots, X_n]$ verschwindet. Im Polynomring $K[X_1, \ldots, X_n, X_{n+1}]$ in $n + 1$ Variablen über K betrachten wir das Ideal

$$\mathfrak{A} = (\mathfrak{a}, 1 - X_{n+1}f)$$

Da die Nullstellenmenge von $\mathfrak{A}$ in R^{n+1} offenbar *leer* ist, gilt nach dem schon bewiesenen Teil 2) jedenfalls $1 \in r(\mathfrak{A})$. Es besteht also eine Relation der Gestalt

$$1 + s = \sum_i h_i g_i + h(1 - X_{n+1}f)$$

mit gewissen Polynomen $g_i \in \mathfrak{a}$ sowie s, h_i, h aus $K[X_1, \ldots, X_n, X_{n+1}]$, wobei s eine Summe von Quadraten ist. Einsetzung $X_{n+1} \mapsto 1/f$ liefert

$$1 + s(X_1, \ldots, X_n, 1/f) = \sum_i h_i(X_1, \ldots, X_n, 1/f)g_i(X_1, \ldots, X_n).$$

Durch Multiplikation mit einer geeigneten (geraden!) Potenz f^{2m} erhält man dann

$$f^{2m} + \widetilde{s}(X_1, \ldots, X_n) = \sum_i \widetilde{h}_i(X_1, \ldots, X_n)g_i(X_1, \ldots, X_n)$$

mit gewissen Polynomen $\tilde{h}_i, \tilde{s} \in K[X_1, \ldots, X_n]$, wobei $\tilde{s}$ eine Summe von Quadraten aus $K[X_1, \ldots, X_n]$ ist. Wegen $g_i \in \mathfrak{a}$ folgt damit $f \in r(\mathfrak{a})$, und der Satz 6 ist bewiesen.

Bemerkung: Aus (15) geht insbesondere hervor, daß mit $\mathfrak{a}$ auch das reelle Radikal $r(\mathfrak{a})$ ein *Ideal* von $K[X_1, \ldots, X_n]$ ist. Genauer läßt sich aus Satz 6 leicht folgern, daß $r(\mathfrak{a})$ mit dem Durchschnitt aller *reellen* Primideale $\mathfrak{p}$ von $K[X_1, \ldots, X_n]$, die das Ideal $\mathfrak{a}$ umfassen, übereinstimmt (vgl. Aufgabe 21.4). – Für einen anderen Beweis von Satz 6 vgl. Aufgabe 21.5.

3. Wir wollen nun den Satz von Artin auch auf gewisse *semialgebraische* Mengen ausdehnen (d.h. solche Mengen, die durch endlich viele Gleichungen und Ungleichungen beschrieben werden können). Dazu zunächst noch eine Bezeichnung: Sei A ein kommutativer Ring mit $1 \neq 0$. Ist M ein beliebige Teilmenge von A, so bezeichnen wir mit $QS_M(A)$ die *von M erzeugte quadratische Präordnung* von A. Ist $M = \{d_1, \ldots, d_r\}$ endlich, so gilt offenbar

$$QS_M(A) = \left\{ \sum_\varepsilon q_\varepsilon d_1^{\varepsilon_1} \ldots d_r^{\varepsilon_r} \mid q_\varepsilon \in QS(A) \right\},$$

wobei jeweils über alle $\varepsilon = (\varepsilon_1, \ldots, \varepsilon_r) \in \{0,1\}^r$ summiert wird. – In Verallgemeinerung von Satz 2 gilt nun

SATZ 7: *Sei K ein reeller Körper, der genau eine Ordnung besitzt, und sei R ein reeller Abschluß von K. Gegeben sei eine affine K-Varietät W von R^n sowie endlich viele, von Null verschiedene Funktionen $d_1, \ldots, d_r$ aus $K(W)$. Ist dann die Funktion $f \in K(W)$ positiv definit auf der Menge*

(17) $\{b \in W \mid d_i(b) > 0 \text{ für } 1 \leq i \leq r\},$

so ist f in der Menge $QS_{\{d_1, \ldots, d_r\}}(K(W)) =$

(18) $\left\{ \sum_\varepsilon q_\varepsilon d_1^{\varepsilon_1} \ldots d_r^{\varepsilon_r} \mid q_\varepsilon \in QS(K(W)) \right\}$

enthalten, wobei jeweils über alle $\varepsilon = (\varepsilon_1, \ldots, \varepsilon_r) \in \{0,1\}^r$ summiert wird.

Beweis: Wir betrachten den Erweiterungskörper

$$F := K(W)\left(\sqrt{d_1}, \ldots, \sqrt{d_r}\right),$$

der aus $K(W)$ durch Adjunktion von Quadratwurzeln aus $d_1, \ldots, d_r$ entsteht, und behaupten, daß f eine Quadratsumme in F ist:

$$(19) \qquad f \in QS(F)$$

Ist (19) nachgewiesen, so überzeugt man sich leicht davon, daß f dann in der Tat zu der durch (18) beschriebenen Teilmenge von $K(W)$ gehören muß. Nehmen wir also an, (19) gelte nicht. Dann gibt es eine Ordnung $\leq$ des Körpers F mit $f < 0$. Im reellen Abschluß R_F des geordneten Körpers $(F, \leq)$ existiert dann $\sqrt{-f}$. Wie oben können wir davon ausgehen, daß R_F den gegebenen reellen Abschluß R von K als Teilkörper enthält. Sei $K[W] = K[x_1, \ldots, x_n]$, und sei h das Produkt aller Zähler und Nenner, die in fest gewählten Darstellungen von f und den d_i als Quotienten von Elementen aus $K[W]$ auftreten. Wir wenden nun Satz 10, §20 auf den Zwischenkörper

$$E := R\left(x_1, \ldots, x_n, \sqrt{d_1}, \ldots, \sqrt{d_r}, \sqrt{-f}\right)$$

von R_F/R an. Dies liefert einen R-Algebrenhomomorphismus

$$R\left[x_1, \ldots, x_n, \sqrt{d_1}, \ldots, \sqrt{d_r}, \sqrt{-f}, 1/h\right] \longrightarrow R\,.$$

Wir erhalten so ein $a = (a_1, \ldots, a_n) \in W$ mit

$$f(a) < 0 \text{ und } d_i(a) > 0 \quad \text{für } 1 \leq i \leq r\,.$$

Dies steht aber im Widerspruch zu unserer Voraussetzung, daß f in allen Punkten von (17), in denen es definiert ist, nur Werte ≥ 0 annehmen soll.

F1: *Mit K und R wie in Satz 7 seien V bzw. W affine K-Varietäten von R^n bzw. R^m. Wir setzen voraus, daß $K[W]$ eine Teilalgebra von $K[V]$ ist. Es gibt dann $d_1, \ldots, d_r$ aus $K[W]$, so daß für jede Funktion f aus $K(W)$ gilt: Ist f positiv definit als Funktion auf V, so folgt*

$$(20) \qquad f \in QS_{\{d_1, \ldots, d_r\}}(K(W))\,.$$

Beweis: Sei $K[V] = K[x_1, \ldots, x_n]$, $K[W] = K[y_1, \ldots, y_m]$. Wegen $K[W] \subseteq K[V]$ gilt $y_i = s_i(x_1, \ldots, x_n)$ mit Polynomen $s_1, \ldots, s_m \in K[X_1, \ldots, X_n]$. Wir erhalten so eine Abbildung

$$s : V \longrightarrow W\,,$$

die jedem $a = (a_1, \ldots, a_n)$ aus V das Element

$$s(a) = (s_1(a), \ldots, s_m(a))$$

zuordnet, von welchem man sofort nachweist, daß es zu W gehört. Nun gibt es sicherlich Funktionen $d_1, \ldots, d_r \in K[W]$, so daß für jedes $b \in W$ gilt:

$$(21) \qquad d_i(b) > 0 \quad \text{für } 1 \leq i \leq r \quad \Longrightarrow \quad b \in \text{Bild } s.$$

Notfalls wähle nämlich $d_1 = -1$. Für jedes System $d_1, \ldots, d_r$ von Funktionen aus $K[W]$ aber, welches die Eigenschaft (21) besitzt, liefert Satz 7 sofort: Ist $f \in K(W)$ als Funktion auf V positiv definit, so folgt (20).

Bemerkung: Da man in F1 immer $d_1 = -1$ wählen kann, ist die Aussage von F1 eigentlich leer; in konkreten Situationen kommt es aber auf eine nicht-triviale Auswahl von Funktionen $d_1, \ldots, d_r$ mit der Eigenschaft (21) an. Wir wollen dies an dem folgenden Beispiel illustrieren:

Beispiel: Mit K und R wie oben (in Satz 7) betrachten wir $V = R^n$. Es ist also

$$K[V] = K[x_1, \ldots, x_n]$$

mit algebraisch unabhängigen Elementen $x_1, \ldots, x_n$. Über $K[V]$ betrachten wir das Polynom

$$u(X) = \prod_{i=1}^{n} (X - x_i) = X^n - s_1 X^{n-1} + \ldots \pm s_n$$

mit den *elementarsymmetrischen Funktionen* $s_1, \ldots, s_n$ als Koeffizienten (vgl. Band I, S. 212). Wir setzen

$$K[W] = K[s_1, \ldots, s_n].$$

Sei $f \in K(W)$. Wir setzen voraus, daß f als Funktion auf $V = R^n$ positiv definit sei, d.h. es gelte

$$f(b) \geq 0$$

für alle $b = (b_1, \ldots, b_n)$ aus $s(R^n) := \{b \in R^n \mid \exists a \in R^n \text{ mit } b_i = s_i(a)\}$, in denen f definiert ist. Offenbar sind die folgenden Aussagen äquivalent:

(i) $b \in s(R^n)$

(ii) Alle Nullstellen von $u_b(X) := X^n - b_1 X^{n-1} + \ldots \pm b_n$ sind in R.

Aufgrund des *Satzes von Sylvester* (vgl. §20, Satz 9) ist nun (ii) äquivalent zu

(iii) Die quadratische Form $s_{u_b/R}$ ist positiv semidefinit.

Sei B die Matrix der quadratischen Form $s_{u/K(W)}$ bezüglich der Basis $\overline{1}, \overline{X}, \ldots, \overline{X}^{n-1}$ von $K(W)[X]/u$. Es ist

$$(22) \qquad B = \left(Spur\left(\overline{X}^{i+j} \right) \right)_{0 \leq i,j \leq n-1} = \left(\sum_{k=1}^{n} x_k^{i+j} \right)_{0 \leq i,j \leq n-1}$$

Mit d_j bezeichnen wir den Hauptminor des Typs $\{1, 2, \ldots, j\} \times \{1, 2, \ldots, j\}$ von B. Wie alle Koeffizienten von B sind dann auch

$$d_1 = n, \quad d_2 = (n-1)s_1^2 - 2ns_2, \quad \ldots\ldots, \quad d_n = det(B)$$

als Elemente von $K(W)$ Polynome in $s_1, \ldots, s_n$. Ist nun für ein $b \in W$ die Bedingung

$$(23) \qquad\qquad d_i(b) > 0 \quad \text{für alle } 2 \le i \le n$$

erfüllt, so ist $s_{u_b/R}$ positiv definit (vgl. LA II, S. 69). Also zieht die Bedingung (23) die Aussage (i) nach sich (vgl. Satz 9, §20), und wir können Satz 7 anwenden. Das Ergebnis fassen wir in der folgenden Feststellung zusammen; man beachte dabei, daß die Elemente f aus $K(W) = K(s_1, \ldots, s_n)$ gerade die *symmetrischen Funktionen* aus $K(x_1, \ldots, x_n)$ sind (vgl. Band I, S. 215, F3).

F2 (Procesi, Lorenz): *Sind K und R wie oben (vgl. Satz 7), so hat jede positiv definite symmetrische Funktion f in n Variablen $x_1, \ldots, x_n$ über K die Gestalt*

$$f = \sum_{\varepsilon} q_\varepsilon d_2^{\varepsilon_2} \ldots d_n^{\varepsilon_n},$$

wobei über alle $\varepsilon = (\varepsilon_2, \ldots, \varepsilon_n)$ mit $\varepsilon_i \in \{0, 1\}$ summiert wird, die q_ε Quadratsummen symmetrischer Funktionen in n Variablen über K bedeuten und $d_1, d_2, \ldots, d_n$ die Hauptabschnittsdeterminanten der Potenzsummenmatrix B in (22) bezeichnen.

Den allgemeinen Satz 7 wollen wir nun noch in der folgenden Weise ergänzen.

SATZ 8: *Sei K ein reeller Körper, der genau eine Ordnung besitzt, und sei R ein reeller Abschluß von K. Gegeben sei eine affine K-Varietät W von R^n sowie endlich viele, von Null verschiedene Funktionen $d_1, \ldots, d_r$ aus $K[W]$. Ist dann die (ganze) Funktion $f \in K[W]$* <u>*strikt positiv definit*</u> *auf der Menge*

$$(24) \qquad\qquad \{b \in W \mid d_i(b) > 0 \text{ für } 1 \le i \le r\},$$

so ist f von der Gestalt

$$(25) \qquad f = \frac{1+s}{t} \quad \text{mit } s, t \in QS_M(K[W][1/d_1, \ldots, 1/d_r]),$$

wobei $M = \{d_1, \ldots, d_r\}$ gesetzt ist.

Beweis: Zur Abkürzung setzen wir

$$A := K[W][1/d_1, \ldots, 1/d_r] \quad \text{und} \quad T := QS_M(A).$$

Ist $-1 \in T$, so ist $f - 1 = \left(\frac{f}{2}\right)^2 - \left(1 - \frac{f}{2}\right)^2 \in T$, also (25) mit $t = 1$ erfüllbar. Sei also im weiteren $-1 \notin T$ vorausgesetzt. Angenommen, (25) gelte nicht, d.h. es sei

$$tf \neq 1 + s \quad \text{für alle } s, t \in T.$$

Anders ausgedrückt besagt dies

$$-1 \notin T - fT.$$

Nun ist $T - fT$ eine quadratische Präordnung von A. Wir benutzen dann Lemma 3; danach existiert eine $T - fT$ enthaltende quadratische Präordnung P von A mit den Eigenschaften

$$P \cup -P = A, \quad P \cap -P \text{ ist ein Primideal von } A.$$

Auf dem Quotientenkörper F des Integritätsringes $\overline{A} = A/P \cap -P$ vermittelt dann P eine Ordnung $\leq$. Für diese Ordnung sind dann wegen $-f \in P$, $d_1, \ldots, d_r \in P$ und $d_1, \ldots, d_r \in A^\times$ die Ungleichungen

$$\overline{f} \leq 0 \text{ und } \overline{d_i} > 0 \quad \text{für } 1 \leq i \leq r$$

erfüllt, in denen der Querstrich Übergang zum Restklassenring bedeute. Wie oben wählen wir nun wieder einen reellen Abschluß R_F von F, der den gegebenen reellen Abschluß R von K als Teilkörper enthält. Sei $K[W] = K[x_1, \ldots, x_n]$. Anwendung von Satz 10, §20 auf den Zwischenkörper

$$R\left(\overline{x}_1, \ldots, \overline{x}_n, \sqrt{\overline{d_1}}, \ldots, \sqrt{\overline{d_r}}, \sqrt{-\overline{f}}\right)$$

von R_F/R liefert einen R-Algebrenhomomorphismus

$$R\left[\overline{x}_1, \ldots, \overline{x}_n, 1/\sqrt{\overline{d_1}}, \ldots, 1/\sqrt{\overline{d_r}}, \sqrt{-\overline{f}}\right] \longrightarrow R.$$

Damit erhalten wir ein $a = (a_1, \ldots, a_n) \in R^n$, welches in W liegt und für das die Ungleichungen

$$f(a) \leq 0 \text{ und } d_i(a) > 0 \quad \text{für } 1 \leq i \leq r$$

gelten. Dies steht aber im Widerspruch zu unserer Voraussetzung, daß f in allen Punkten von (24) nur Werte > 0 annimmt. □

Aufgrund des eben bewiesenen Satzes können wir das in F2 ausgesprochene Resultat über symmetrische Funktionen wie folgt ergänzen:

F3: *Seien K und R wie oben (vgl. Satz 7), und sei $f \in K[x_1, \ldots, x_n]$ ein symmetrisches Polynom in n Variablen über K. Ist dann f strikt positiv definit, so hat f die Gestalt*

$$f = \frac{1+s}{t},$$

wobei s und t Summen der Form

$$\sum_\mu q_\mu d_2^{-\mu_2} \ldots d_n^{-\mu_n}$$

sind, in denen über alle $(n-1)$-Tupel $\mu = (\mu_2, \ldots, \mu_n)$ ganzer Zahlen mit

$$\mu_i \geq -1 \quad \text{für } 2 \leq i \leq n$$

summiert wird, die q_μ Quadratsummen symmetrischer Polynome in n Variablen über K bezeichnen, und $d_2, \ldots, d_n$ wie in F2 definiert sind.

§ 21* Aufgaben und ergänzende Bemerkungen

21.1 Sei (K, P) ein geordneter Körper und R der reelle Abschluß von (K, P). Nach *Artin* (vgl. Bem. 2 zu Satz 1) gilt: Ist ein Polynom $f \in K[X_1, \ldots, X_n]$ *positiv definit* auf R^n, so hat f die Gestalt $f = c_1 f_1^2 + \ldots + c_r f_r^2$ mit $c_i \in P$ und $f_i \in K(X_1, \ldots, X_n)$. In manchen Fällen (z.B. für $K = \mathbb{Q}$, vgl. Bem. 1 zu Satz 1) genügt es, f nur auf K^n als positivwertig vorauszusetzen. Allgemein ist dies nicht richtig. Der Grund dafür ist, daß K nicht dicht in R liegen muß. In den 'Lücken', die K in R läßt, kann dann ein über K positives f durchaus auch negative Werte annehmen. Hierzu vgl. die folgende Aufgabe.

21.2 Sei $K = \mathbb{Q}(t)$ der rationale Funktionenkörper in der Variablen t über $\mathbb{Q}$. Zeige: a) Es gibt genau eine Ordnung $\leq$ auf K, in der t positiv, aber *unendlich klein* gegenüber allen Elementen $\neq 0$ aus $\mathbb{Q}$ ist, d.h. $0 < t < |a|$ für alle $a \in \mathbb{Q}$. Strikt positiv sind dann genau alle $t^n f(t)$ mit $n \in \mathbb{Z}$ und $f(0) > 0$ (wobei f in 0 keinen Pol habe). – Im folgenden sei R der reelle Abschluß von $(K, \leq)$.
b) K ist nicht dicht in R, denn das Intervall $]\sqrt{t}, 2\sqrt{t}[$ enthält kein Element aus K.

c) Das Polynom $f(X) = X^4 - 5tX^2 + 4t^2$ über $K = \mathbb{Q}(t)$ ist auf K positiv definit, während es auf R auch Werte < 0 annimmt.

21.3 Sei A ein kommutativer Ring mit 1, und $\mathfrak{a}$ sei ein Ideal von A. Das *reelle Radikal* $r(\mathfrak{a})$ von $\mathfrak{a}$ sei (analog wie in Satz 6) definiert als die Menge aller $f \in A$, zu denen es jeweils ein $m \in \mathbb{N}$ sowie ein $s \in QS(A)$ gibt mit $f^{2m} + s \in \mathfrak{a}$. Man überzeuge sich davon, daß man dieselbe Menge erhält, wenn man dabei $m \in \mathbb{N}_0$ zuläßt. Ferner zeige man, daß $r(\mathfrak{a})$ mit der Menge aller $f \in A$ übereinstimmt, zu denen es jeweils ein $n \in \mathbb{N}$ sowie ein $s \in QS(A)$ gibt mit

$$f^{2^n} + s \in \mathfrak{a}$$

21.4 In der Situation von 21.3 bezeichne $r_0(\mathfrak{a})$ den *Durchschnitt aller reellen Primideale* $\mathfrak{p}$ *von A, die $\mathfrak{a}$ umfassen*. Wie leicht zu sehen ist, gilt

(1) $$r(\mathfrak{a}) \subseteq r_0(\mathfrak{a}) .$$

Jetzt liege die Situation von Satz 6 vor. Setze $V := \mathcal{N}_R(\mathfrak{a})$ sowie $A := K[X_1, \ldots, X_n]$. Aus den Definitionen ergibt sich dann ohne Mühe, daß die Inklusion

(2) $$r_0(\mathfrak{a}) \subseteq \mathcal{I}(V)$$

besteht. Durch geeignete Anwendung von Satz 10. §20 beweise man, daß auch

(3) $$\mathcal{I}(V) \subseteq r_0(\mathfrak{a})$$

gilt. Setzt man die Aussage (15) des *reellen Nullstellensatzes* als bekannt voraus, so ergibt sich bereits aus den einfachen Beziehungen (1) und (2) die Gleichheit

(4) $$r(\mathfrak{a}) = r_0(\mathfrak{a}) .$$

21.5 Einen zweiten Beweis des *reellen Nullstellensatzes* (Satz 6) erhält man mit Blick auf die Relation (3) von 21.4, indem man zeigt, daß für jedes Ideal $\mathfrak{a}$ eines kommutativen Ringes A mit 1 auch

$$r_0(\mathfrak{a}) \subseteq r(\mathfrak{a})$$

gilt. Hinweis: Sei $f \notin r(\mathfrak{a})$. Für die Menge

$$S = \left\{ f^{2m} + t \mid m \in \mathbb{N}_0, t \in QS(A) \right\}$$

gilt dann $S \cap \mathfrak{a} = \emptyset$. Unter allen Idealen, die $\mathfrak{a}$ umfassen, aber ebenfalls zu S disjunkt sind, sei $\mathfrak{p}$ maximal. Dann ist $\mathfrak{p}$ ein *Primideal* (vgl. dazu auch

Aufgabe 4.12, Band I). Es folgt $f \notin \mathfrak{p}$. Man ist fertig, wenn $\mathfrak{p}$ noch als *reell* nachgewiesen werden kann. Angenommen, es gebe $f_1, \ldots, f_r$ aus A mit

$$f_1^2 + f_2^2 + \ldots + f_r^2 \in \mathfrak{p}, \text{ aber } f_1 \notin \mathfrak{p}.$$

Wegen $(\mathfrak{p}, f_1) \cap S \neq \emptyset$ gilt $f^{2m} + t = gf_1 + p$; durch Quadrieren erhält man

$$f^{4m} + \tilde{t} = g^2 f_1^2 + \tilde{p}.$$

Addition von $g^2(f_2^2 + \ldots + f_r^2)$ liefert den Widerspruch $S \cap \mathfrak{p} \neq \emptyset$.

21.6 Über $K = \mathbb{R}$ betrachte das Polynom

$$f(X, Y, Z) = X^4 - (Z^2 - 1)(X^2 + Y^2)$$

und die zu diesem gehörige algebraische K-Menge V in K^3. Zeige:

a) f ist *irreduzibel* in $K[X, Y, Z]$.

b) Das Verschwindungsideal von V ist (f); insbesondere also ist V eine K-*Varietät*. Hinweis: Am schnellsten kommt man wohl zum Ziel, wenn man (4) aus 21.4 heranzieht. Es ist dann zu zeigen, daß das Primideal (f) *reell* ist, d.h. der Quotientenkörper von

$$K[X, Y, Z]/f = K[x, y, z]$$

formal reell ist. Dazu weise man mittels der Relation

$$z^2 - 1 = \frac{x^4}{x^2 + y^2}$$

nach, daß $K(x, y, z)$ eine *Ordnung* besitzt.

c) Die Funktion $z^2 - 1 \in K[V]$ ist eine Quadratsumme in $K(V)$, aber im Punkt $(0, 0, 0)$ von V nimmt sie den Wert $-1 < 0$ an. – Vgl. im übrigen das Beispiel, das in Bemerkung (ii) zu Satz 2 diskutiert wurde. Dort konnte der dem Teil b) entsprechende Punkt durch explizite Rechnung erledigt werden.

§ 22

Ordnungen und quadratische Formen

Wie wir in §20 gesehen haben, treten quadratische Formen bei der Theorie der formal reellen Körper in ganz natürlicher Weise auf. Es besteht hier offenbar ein enger innerer Zusammenhang, auf den wir jetzt noch etwas systematischer eingehen wollen. Im folgenden bezeichne dabei K stets einen Körper mit

$$(1) \qquad char(K) \neq 2 \, .$$

Zunächst wollen wir einige Grundbegriffe über quadratische Formen zusammenstellen (vgl. LA II, S. 31 ff). Sei (V, q) ein *quadratischer Raum über* K, d.h. q sei eine quadratische Form auf dem K-Vektorraum V.[1] Mit q bezeichnen wir dann auch die eindeutig bestimmte *symmetrische Bilinearform* $V \times V \longrightarrow K$, für die

$$(2) \qquad q(x, x) = q(x) \, .$$

Wenn keine Mißverständnisse zu befürchten sind, werden wir auch den quadratischen Raum (V, q) einfach mit q bezeichnen: $q = (V, q)$. Jede quadratische Form q ist äquivalent zu einer Diagonalform:

$$(3) \qquad q \simeq [a_1, \dots, a_m]$$

Im folgenden setzen wir stillschweigend alle quadratischen Formen als *nicht-ausgeartet* voraus. In (3) sind dann die a_i alle aus $K^\times$. Die *orthogonale Summe* von quadratischen Räumen (V, q) und (V', q') über K wird durch $(V, q) \perp (V', q') = (V \oplus V', q \perp q')$ mit

$$(4) \qquad (q \perp q')(x \oplus x') = q(x) + q'(x')$$

definiert. Entsprechend definiert man ihr *Tensorprodukt* durch $(V, q) \otimes (V', q') = (V \otimes V', q \otimes q')$, wobei $q \otimes q'$ die eindeutig bestimmte

---

[1]Dabei werde V hier stets als endlich-dimensional vorausgesetzt.

Bilinearform bezeichnet, welche

$$(5) \qquad (q \otimes q')(x \otimes x', y \otimes y') = q(x,y) \cdot q'(x',y')$$

erfüllt. Identifiziert man $K^m \oplus K^n = K^{m+n}$ und $K^m \otimes K^n = K^{mn}$, so hat man also

$$(6) \qquad [a_1,\ldots,a_m] \perp [b_1,\ldots,b_n] = [a_1,\ldots,a_m,b_1,\ldots,b_n]$$

$$(7) \qquad [a_1,\ldots,a_m] \otimes [b_1,\ldots,b_n] = [a_1b_1, a_1b_2,\ldots,a_mb_n]$$

Die *k-fache orthogonale Summe* eines quadratischen Raumes $q = (V,q)$ werde mit $k \times q$ bezeichnet.
Jedes q besitzt eine orthogonale Zerlegung

$$(8) \qquad q = q_0 \perp q_1$$

mit einem *anisotropen* q_0 und einem *hyperbolischen* $q_1 \simeq k \times H = k \times [1,-1]$. Hat man für ein $q' \simeq q$ eine entsprechende Zerlegung $q' = q_0' \perp q_1'$, so folgt (mit dem *Wittschen Kürzungssatz*) sofort $k = k'$ und $q_0 \simeq q_0'$. Man nennt k den *Wittindex* von q und q_0 eine <u>Kernform</u> von q. Wie gesagt, sind alle Kernformen von q zueinander äquivalent.

Definition 1: Zwei quadratische Räume q und q' über K heißen <u>ähnlich</u> (oder auch *Witt-äquivalent*), in Zeichen

$$(9) \qquad q \sim q',$$

wenn sie zueinander äquivalente Kernformen besitzen. Wir bezeichnen mit $<q>$ die Klasse der zu q ähnlichen q' und nennen $<q>$ die <u>Wittklasse</u> von q. Es ist dann sinnvoll, von der *Menge* aller Wittklassen von quadratischen Formen über dem gegebenen Körper K zu sprechen. Diese Menge bezeichnen wir mit $W(K)$ und nennen sie (aus gleich ersichtlichen Gründen) den <u>Wittring von K</u>. Die Wittklasse der Diagonalform $[a_1,\ldots,a_n]$ bezeichnen wir mit

$$(10) \qquad <a_1,\ldots,a_n>$$

Aus $q \simeq q'$ folgt $q \sim q'$; daher hat jedes Element von $W(K)$ die Gestalt (10). Da Kernformen bis auf Äquivalenz eindeutig sind, ist (9) zur Existenz ganzer Zahlen $m, n \geq 0$ mit

$$(11) \qquad q \perp (m \times H) \simeq q' \perp (n \times H)$$

äquivalent. Für jedes q gilt

$$(12) \qquad q \otimes H \simeq q \perp (-q) \sim 0,$$

denn für $q \simeq [a_1, \ldots, a_m]$ ist nach (7) ja $q \otimes H \simeq [a_1, \ldots, a_m] \otimes [1, -1] \simeq [a_1, -a_1, \ldots, a_m, -a_m] \simeq [a_1, -a_1] \perp \ldots \perp [a_m, -a_m] \simeq H \perp \ldots \perp H \sim 0$, vgl. (7), (6). – Damit folgt nun leicht:

F1: *Durch* $<q> + <q'> = <q \perp q'>$ *und* $<q> \cdot <q'> = <q \otimes q'>$ *werden auf $W(K)$ wohldefinierte Verknüpfungen $+$ und $\cdot$ erklärt, die $W(K)$ zu einem kommutativen Ring mit Einselement machen. Das Nullelement von $W(K)$ ist die Wittklasse der hyperbolischen Ebene $H = [1, -1]$ (oder auch des Nullraumes 0), und das additive Inverse eines beliebigen Elements $<q> = <a_1, \ldots, a_n>$ ist $<-q> = <-a_1, \ldots, -a_n>$; das Einselement von $W(K)$ ist die Wittklasse $<1>$.*

Ist nun P eine *Ordnung* des Körpers K, so ist die *Signatur* $\operatorname{sgn}_P(q)$ *eines quadratischen Raumes* q bzgl. P wie folgt definiert: Man hat $q \simeq [a_1, \ldots, a_m]$ und setzt dann

$$(13) \qquad \operatorname{sgn}_P(q) = \sum_{i=1}^{m} \operatorname{sgn}_P(a_i),$$

wobei sgn_P auf der rechten Seite die zu P gehörige Vorzeichenfunktion von K bezeichne. Durch (13) ist $\operatorname{sgn}_P(q)$ wohldefiniert, vgl. (16) in §20. Offenbar gilt $\operatorname{sgn}_P(q \perp q') = \operatorname{sgn}_P(q) + \operatorname{sgn}_P(q')$, $\operatorname{sgn}_P(q \otimes q') = \operatorname{sgn}_P(q)\operatorname{sgn}_P(q')$ sowie $\operatorname{sgn}_P(H) = 0$. Daher vermittelt sgn_P einen – mit dem gleichen Symbol bezeichneten – Homomorphismus

$$(14) \qquad \operatorname{sgn}_P : W(K) \longrightarrow \mathbb{Z}$$

des Wittringes $W(K)$ in den Ring $\mathbb{Z}$. Dieser ist offenbar surjektiv.

SATZ 1: *Die Zuordnung $P \longmapsto \operatorname{sgn}_P$ ist eine Bijektion zwischen der Menge aller Ordnungen P von K und der Menge aller Ringhomomorphismen $s : W(K) \longrightarrow \mathbb{Z}$.*

Der Inhalt von Satz 1 ist Teil eines Sachverhaltes, der trotz seiner Einfachheit erst 1970 in einer gemeinsamen Arbeit von *J. Leicht und F. Lorenz* (sowie unabhängig davon durch *D. Harrison*) formuliert wurde. Es geht dabei um die Beschreibung der *Primideale* des Ringes $W(K)$. Vorab stellen wir fest, daß die Zuordnung $q \longmapsto \dim q$ einen wohldefinierten Ringhomomorphismus $W(K) \longrightarrow \mathbb{Z}/2$ vermittelt; sein Kern

$$(15) \qquad I(K) = \{<q> \mid \dim \ q \equiv 0 \bmod 2\}$$

heißt das <u>*Fundamentalideal*</u> von $W(K)$. Nach seiner Definition besteht $I(K)$ aus den Wittklassen aller quadratischen Räume von *gerader Dimension*.

Das Fundamentalideal $I(K)$ trägt seinen Namen übrigens zu Recht, denn es spielt in der Theorie der quadratischen Formen eine grundlegende Rolle (auf die wir hier freilich nicht eingehen werden). Wegen $W(K)/I(K) \simeq \mathbb{Z}/2$ ist $I(K)$ jedenfalls ein *maximales Ideal* von $W(K)$.

Sei nun $\mathfrak{p}$ ein *beliebiges Primideal* von $W(K)$. Für jedes $a \in K^\times$ gilt

$$(16) \qquad (1+ <a>)(1- <a>) = 1- <a^2> = 0 \text{ in } W(K)$$

Daher liegt einer der beiden Faktoren auf der linken Seite in $\mathfrak{p}$, also gilt

$$(17) \qquad\qquad <a> \equiv \pm 1 \bmod \mathfrak{p}$$

Da $W(K)$ von den $<a>$ erzeugt wird, ist somit der kanonische Homomorphismus

$$(18) \qquad\qquad \mathbb{Z} \longrightarrow W(K)/\mathfrak{p}$$

surjektiv. Nun ist $W(K)/\mathfrak{p}$ ein Integritätsring, also gilt entweder

$$(19) \qquad W(K)/\mathfrak{p} \simeq \mathbb{Z} \quad \text{oder} \quad W(K)/\mathfrak{p} \simeq \mathbb{Z}/p$$

mit eindeutig bestimmter Primzahl p. Im ersten Fall ist $\mathfrak{p}$ ein *minimales Primideal* von $W = W(K)$. Denn für ein Primideal $\mathfrak{q} \subseteq \mathfrak{p}$ hat der natürliche Epimorphismus $W/\mathfrak{q} \longrightarrow W/\mathfrak{p}$ trivialen Kern, da auch $W/\mathfrak{q}$ homomorphes Bild von $\mathbb{Z}$ ist.

Sei nun $\mathfrak{p}$ ein Primideal mit $W/\mathfrak{p} \simeq \mathbb{Z}$ und p eine beliebige Primzahl. Dann gibt es genau ein Primideal $\mathfrak{p}_p$ mit

$$(20) \qquad\qquad W/\mathfrak{p}_p \simeq \mathbb{Z}/p \,,$$

nämlich das Ideal $\mathfrak{p}_p = \mathfrak{p} + (p \times W)$.

Ist $\mathfrak{p}$ ein Primideal mit $W(K)/\mathfrak{p} \simeq \mathbb{Z}/2$, so ist notwendig $\mathfrak{p} = I(K)$. Da nämlich die Erzeugenden $<a>$ von $W(K)$ sämtlich Einheiten in $W(K)$ sind, kann es nur einen einzigen Ringhomomorphismus $W(K) \longrightarrow \mathbb{Z}/2$ geben.

Nach diesen Vorüberlegungen betrachten wir nun ein beliebiges Primideal $\mathfrak{p}$ von $W(K)$ mit $\mathfrak{p} \neq I(K)$. Wir wollen zeigen, daß dann die Menge

$$(21) \qquad P := \big\{ a \in K^\times \,|\, <a> \equiv 1 \bmod \mathfrak{p} \big\} \cup \{0\}$$

eine *Ordnung* von K ist (vgl. §20, Def. 1). Zunächst ist $P \cup -P = K$, denn jedes $a \in K^\times$ erfüllt (17). Ferner ist sofort klar, daß $PP \subseteq P$ gilt. – Wir behaupten, daß für $a, b \in P$ auch $a + b$ in P liegt. Dabei können wir alle betrachteten Elemente als verschieden von 0 annehmen. Aufgrund der *Wittschen Relation* (vgl. LA II, S. 43) gilt nun

$$(22) \qquad <a> + <b> = <a + b> \, (1+ <ab>)$$

Aus $<a> \equiv <b> \equiv 1 \mod \mathfrak{p}$ folgt damit

$$(23) \qquad 1 + 1 \equiv <a + b> (1 + 1) \mod \mathfrak{p}$$

Wegen $\mathfrak{p} \neq I(K)$ ist aber $1 + 1 \not\equiv 0 \mod \mathfrak{p}$, so daß aus (23) sich notwendig $<a + b> \equiv 1 \mod \mathfrak{p}$ ergibt, also $a + b \in P$. – Schließlich gilt $-1 \notin P$, denn wegen $\mathfrak{p} \neq I(K)$ ist $1 \not\equiv -1 \mod \mathfrak{p}$.

Wir haben gezeigt, daß für ein beliebiges Primideal $\mathfrak{p} \neq I(K)$ von $W(K)$ die durch (21) definierte Menge P eine Ordnung von K ist. Sei nun $\mathrm{sgn}_P : W(K) \longrightarrow \mathbb{Z}$ die zugehörige Signaturabildung. Für jedes $f \in W(K)$ gilt

$$(24) \qquad f \equiv \mathrm{sgn}_P(f) \times 1 \mod \mathfrak{p},$$

denn definitionsgemäß ist (24) für die Erzeuger $f = <a>$ von $W(K)$ erfüllt. Sei $\mathfrak{q}$ der *Kern* von sgn_P. Aufgrund von (24) ist $\mathfrak{q}$ in $\mathfrak{p}$ enthalten. Ist $\mathfrak{p}$ ein *minimales* Primideal, so folgt $\mathfrak{q} = \mathfrak{p}$. Ist $\mathfrak{p}$ hingegen nicht minimal, so folgt mit Blick auf $W(K)/\mathfrak{q} \simeq \mathbb{Z}$ und die obigen Vorüberlegungen $\mathfrak{p} = \mathfrak{q}_p$ mit einer Primzahl $p \neq 2$. Außerdem ist $\mathfrak{q}$ das einzige in $\mathfrak{p}$ enthaltene minimale Primideal. Ein minimales Primideal $\mathfrak{q}'$ in $\mathfrak{p}$ definiert nämlich wie oben eine Ordnung von K. Diese stimmt aber in Hinblick auf (21) mit der von $\mathfrak{p}$ vermittelten Ordnung überein. Daher ist $\mathfrak{q}' = \mathfrak{q}$.

Zusammenfassend ergibt sich folgender

SATZ 2: A) *Ist K nicht-reell, so ist das Ideal $I(K)$ in (15) das einzige Primideal von $W(K)$.*

B) *Im weiteren sei K reell. Dann gibt es zwei Arten von Primidealen in $W(K)$:*

a) *Minimale Primideale $\mathfrak{p}$ mit $W(K)/\mathfrak{p} \simeq \mathbb{Z}$.*

b) *Maximale Primideale $\mathfrak{p}$ mit $W(K)/\mathfrak{p} \simeq \mathbb{Z}/p$ (p Primzahl)*

Zu a): *Die minimalen Primideale entsprechen umkehrbar eindeutig den Ordnungen von K, und zwar wie folgt: Ist P eine Ordnung von K, so ist der Kern der zugehörigen Signaturabbildung $\mathrm{sgn}_P : W(K) \longrightarrow \mathbb{Z}$ ein minimales Primideal $\mathfrak{p}$ von $W(K)$, und es gilt*

$$(25) \qquad f \equiv \mathrm{sgn}_P(f) \times 1 \mod \mathfrak{p} \quad \text{für alle} \quad f \in W(K).$$

Ist umgekehrt $\mathfrak{p}$ ein minimales Primideal von $W(K)$, so ist die aus allen $a \in K^\times$ mit $<a> \equiv 1 \mod \mathfrak{p}$ sowie 0 bestehende Teilmenge P eine Ordnung von K, für die (25) erfüllt ist.

Zu b): *Zu jedem minimalen Primideal $\mathfrak{p}$ von $W(K)$ und jeder Primzahl p gibt es genau ein Primideal $\mathfrak{p}_p$ oberhalb $\mathfrak{p}$ mit $W(K)/\mathfrak{p}_p \simeq \mathbb{Z}/p$, nämlich das maximale Ideal $\mathfrak{p}_p = \mathfrak{p} + p \times W(K) = \{f \mid \mathrm{sgn}_P(f) \equiv 0 \mod p\}$, wobei P die* *zu* $\mathfrak{p}$ *gehörige Ordnung bezeichne. Die Ideale* $\mathfrak{p}_p$ *sind die sämtlichen maximalen Ideale von* $W(K)$. *Ist* $p \neq 2$, *so enthält jedes* $\mathfrak{p}_p$ *genau ein minimales Primideal, nämlich* $\mathfrak{p}$. *Ist dagegen* $p = 2$, *so gilt* $\mathfrak{p}_2 = I(K)$ *für alle* $\mathfrak{p}$.

Es ist klar, daß Satz 1 in Satz 2 eingeschlossen ist. Ist $s : W(K) \longrightarrow \mathbb{Z}$ nämlich ein beliebiger Ringhomomorphismus (von Ringen mit Eins), so ist $\mathfrak{p} := \mathrm{Kern}\ s$ ein Primideal von $W(K)$ mit $W(K)/\mathfrak{p} \simeq \mathbb{Z}$. Nach Satz 2 gehört zu $\mathfrak{p}$ eine Ordnung P von K mit (25). Anwendung von s auf (25) liefert dann $s(f) = \mathrm{sgn}_P(f)$ für alle $f \in W(K)$. – Wir nehmen Satz 1 zum Anlaß für folgende

Definition 2: Jeder Ringhomomorphismus $s : W(K) \longrightarrow \mathbb{Z}$ heißt eine *Signatur* des Körpers K. Mit *Sign*(K) bezeichnen wir die Menge aller Signaturen von K. □

Mit Rücksicht auf eine genaue Beschreibung des Primidealspektrums von $W(K)$ haben wir Satz 2 sehr ausführlich formuliert. Als Auszug von Satz 2 sei jetzt noch einmal ausdrücklich festgehalten:

SATZ 3: *Der Körper* K *ist genau dann reell, wenn Sign*$(K) \neq \emptyset$. *Für reelles* K *liefern die Zuordnungen* $P \longmapsto \mathrm{sgn}_P$ *und* $s \longmapsto \mathrm{Kern}(s)$ *natürliche Bijektionen zwischen der Menge der Ordnungen von* K, *der Menge Sign*(K) *der Signaturen von* K *und der Menge der minimalen Primideale von* $W(K)$.

Aufgrund von Satz 3 kann man statt der Ordnungen eines Körpers K die Signaturen von K betrachten. Diese Umformulierungsmöglichkeit wollen wir an einigen Beispielen demonstrieren. An die Stelle von Satz 2 in §20 etwa tritt die Aussage : K reell $\Longleftrightarrow$ *Sign*$(K) \neq \emptyset$.
Sei L/K eine Körpererweiterung. Dann erscheint die Frage, unter welchen Umständen eine Ordnung von K zu einer solchen von L fortgesetzt werden kann, in einem neuen Licht. Eine Signatur t von L heiße eine *Fortsetzung der Signatur* s von K, wenn das Diagramm

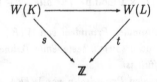

kommutativ ist; dabei bezeichne die obere Zeile den per Konstantenerweiterung vermittelten natürlichen Homomorphismus $r_{L/K} : W(K) \longrightarrow W(L)$.

Man überzeugt sich sofort davon, daß für Ordnungen P von K und Q von L gilt: *Genau dann ist Q eine Fortsetzung von P, wenn* sgn_Q *eine Fortsetzung von* sgn_P *ist.* Damit liefert die folgende Feststellung ein weiteres Kriterium für die Fortsetzbarkeit von Ordnungen:

F2: *Sei L/K eine Körpererweiterung. Ein gegebenes $s \in Sign(K)$ läßt sich genau dann zu einem $t \in Sign(L)$ fortsetzen, wenn s auf dem Kern von $r_{L/K} : W(K) \longrightarrow W(L)$ verschwindet.*

Beweis: Die Notwendigkeit der angegebenen Bedingung ist klar. Wir wollen zeigen, daß sie auch hinreichend ist. Sei B das Bild von $r_{L/K}$, und $\bar{s}$ sei der nach Voraussetzung existierende Ringmorphismus $B \longrightarrow \mathbb{Z}$, so daß

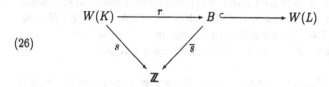

(26)

kommutativ ist. Der Kern von $\bar{s}$ ist ein Primideal $\mathfrak{q}$ von B mit $B/\mathfrak{q} \simeq \mathbb{Z}$. Aus Satz 2 folgt mit Blick auf (26), daß $\mathfrak{q}$ ein *minimales* Primideal von B sein muß. Deshalb gibt es ein Primideal $\mathfrak{p}$ von $W(L)$ mit $\mathfrak{p} \cap B = \mathfrak{q}$. Zur Existenz von $\mathfrak{p}$ wende man 4.12 (Band I) auf die multiplikative Teilmenge $S = B \setminus \mathfrak{q}$ des Ringes $R = W(L)$ an; ein maximales Ideal von $S^{-1}R$ liefert dann ein Primideal $\mathfrak{p}$ von R mit $\mathfrak{p} \cap B \subseteq \mathfrak{q}$. Es folgt $\mathfrak{p} \cap B = \mathfrak{q}$, denn $\mathfrak{q}$ ist minimal. Wir haben $\mathbb{Z} \simeq B/\mathfrak{q} \longrightarrow W(L)/\mathfrak{p}$. Nach Satz 2 muß daher $B/\mathfrak{q} \longrightarrow W(L)/\mathfrak{p}$ ein Isomorphismus sein. Dann ist aber klar, daß wir (26) durch ein $t : W(L) \longrightarrow \mathbb{Z}$ kommutativ ergänzen können. ☐

Wir wollen jetzt noch weitere Konsequenzen aus Satz 2 ziehen:

F3: *Der Wittring $W(K)$ ist ein Jacobsonring, d.h. jedes Primideal $\mathfrak{p}$ von $W(K)$ ist der Durchschnitt der maximalen Ideale oberhalb $\mathfrak{p}$. Daher stimmen Jacobson-Radikal und Nilradikal von $W(K)$ überein.*

Beweis: Sei R ein kommutativer Ring mit 1. Das *Nilradikal* von R besteht definitionsgemäß aus allen nilpotenten Elementen von R. Es ist auch der Durchschnitt aller Primideale von R (vgl. Band I, 4.14). Das *Jacobson-Radikal* von R ist der Durchschnitt aller maximalen Ideale von R. Die zweite Aussage von F3 folgt also aus der ersten. Zum Beweis dieser ist zu zeigen, daß $W(K)/\mathfrak{p}$ das Jacobson-Radikal 0 besitzt. Wegen (19) ist dies aber klar. ☐

Die folgenden bemerkenswerten Tatsachen über quadratische Formen wurden von *A. Pfister* um 1965 entdeckt. Wir behandeln sie hier als Beispiele der Anwendbarkeit unseres Satzes 2.

SATZ 4: *Ist K nicht-reell, so ist $I(K)$ die Menge aller nilpotenten Elemente in $W(K)$, und es gibt ein $n \in \mathbb{N}$ mit*

$$2^n \times f = 0 \quad \text{für alle } f \in W(K).$$

Für nicht-reelles K ist die additive Gruppe von $W(K)$ also eine 2-Torsionsgruppe mit endlichem Exponenten.

Beweis: Sei K nicht-reell. Dann ist $I(K)$ nach Satz 2 das einzige Primideal von $W(K)$; daher stimmt $I(K)$ mit dem Nilradikal von $W(K)$ überein. Wegen $1 + 1 = <1,1> \in I(K)$ gibt es also ein $n \in \mathbb{N}$ mit $(1 + 1)^n = 0$ in $W(K)$. Es folgt $2^n \times f = (1 + 1)^n f = 0$ für alle $f \in W(K)$.

Lemma 1: *Sei L/K eine quadratische Körpererweiterung, also $L = K(\sqrt{d})$ mit $d \in K^\times \setminus K^{\times 2}$. Dann ist der Kern von $r_{L/K} : W(K) \longrightarrow W(L)$ das von $<1,-d>$ erzeugte Hauptideal von $W(K)$.*

Beweis: Wegen $r_{L/K} <1,-d> = <1,-d>_L = <1,-1>_L = 0$ ist das von $<1,-d>$ erzeugte Ideal im Kern von $r_{L/K}$ enthalten. Sei nun q ein *anisotroper* quadratischer Raum über K. Wir nehmen an, daß q_L isotrop ist. Es gibt also Vektoren x, y über K mit $q_L(x+y\sqrt{d}) = 0$, wobei x, y nicht beide gleich 0 sind. Es folgt

(27) $$q(x) + dq(y) = 0 \quad \text{und} \quad q(x,y) = 0$$

Die Vektoren x, y sind also orthogonal bezüglich q. Wir setzen $a = q(x)$ und $b = q(y)$. Weil q anisotrop ist, sind wegen der ersten Gleichung von (27) sowohl a als auch b verschieden von 0. Daher enthält q den Teilraum $[a, b] \simeq [a, -ad] = [a] \otimes [1, -d]$. Die Behauptung ergibt sich nun leicht per Induktion nach $\dim q$.

SATZ 5: *Ist K reell, so sind für ein $f \in W(K)$ die folgenden Aussagen gleichwertig:*
  (i)   *Es ist $r_{L/K}(f) = 0$ für jeden reellen Abschluß L von K.*
  (ii) *Es ist $\mathrm{sgn}_P(f) = 0$ für jede Ordnung P von K.*
  (iii) *f ist nilpotent.*
  (iv) *f ist ein Torsionselement der additiven Gruppe von $W(K)$.*
  (v)   *Es gibt ein $n \in \mathbb{N}$ mit $2^n \times f = 0$.*

Beweis: Ist L ein reell abgeschlossener Körper, so besteht $Sign(L)$ nur aus einem einzigen Element, welches wir mit sgn^L bezeichnen; offenbar ist $\mathrm{sgn}^L : W(L) \longrightarrow \mathbb{Z}$ ein Isomorphismus. Nun entsprechen die Ordnungen P von K den reellen Abschlüssen L von K, wobei

(28)

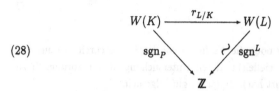

kommutativ ist. Daraus erhält man (i) $\Longleftrightarrow$ (ii). Ein Element eines kommutativen Ringes mit 1 ist genau dann nilpotent, wenn es in jedem Primideal enthalten ist. Aus Satz 2 ergibt sich damit die Äquivalenz (ii) $\Longleftrightarrow$ (iii). Die Implikationen (v) $\Longrightarrow$ (iv) $\Longrightarrow$ (ii) sind trivial.

Es bleibt also (iii) $\Longrightarrow$ (v) zu zeigen. Nehmen wir an, dies sei falsch, d.h. für ein *nilpotentes* $f \in W(K)$ gelte

$$(29) \qquad 2^i \times f \neq 0 \quad \text{für } i = 0,1,2,3,\ldots$$

In einem algebraischen Abschluß von K gibt es (nach Zorns Lemma) einen *maximalen* Erweiterungskörper E, über dem (29) ebenfalls noch gilt (mit $r_{E/K}f$ anstelle von f). Nach Satz 4 ist E reell. Nach Bezeichnungsänderung können wir also K selbst als *maximal* in dem Sinne voraussetzen, daß (29) bei keiner endlichen Erweiterung vom Grade > 1 erhalten bleibt. K muß mehr als zwei Quadratklassen besitzen, denn für einen reellen Körper K mit nur den Quadratklassen $[1]$ und $[-1]$ ist $W(K) \simeq \mathbb{Z}$, und daher enthält $W(K)$ kein nilpotentes Element $\neq 0$. Es gibt also $a, b \in K^\times$, so daß die Elemente $1, a, b, ab$ vier verschiedene Quadratklassen von K vertreten. Ist allgemein $d \in K^\times$ kein Quadrat in K, so gibt es wegen der Maximalität von K ein i mit

$$(30) \qquad 2^i \times f = 0 \quad \text{über } K(\sqrt{d}).$$

Wir können i so wählen, daß (30) für $d = a, b, ab$ gleichzeitig erfüllt ist. Wir betrachten nun das Element $g = 2^i \times f$ von $W(K)$. Gilt (30), so ist nach dem vorausgeschickten Lemma $g = (1- <d>) \cdot h$ mit einem $h \in W(K)$. Hierbei hängt h von d ab, in jedem Fall folgt aber $<d> \, g = -g$. Es gilt also

$$- <a> g = g, \quad - <b> g = g, \quad - <ab> g = g\,.$$

Multipliziert man die erste dieser Gleichungen mit $<b>$, so erhält man mittels der anderen $g = - <ab> g = <b> g = -g$. Also ist $2 \times g = 0$ und damit $2^{i+1} \times f = 0$ in $W(K)$. Widerspruch!

SATZ 6: *Ist $f \in W(K)$ ein Torsionselement, d.h. ein Element mit endlicher Ordnung in der additiven Gruppe von $W(K)$, so ist die Ordnung von f eine Potenz von 2.*

Beweis: Dies folgt für reelles K aus Satz 5, für nicht-reelles K aus Satz 4. □

Wir wollen nun auch noch die *Nullteiler* von $W(K)$ beschreiben (eine weniger wichtige Frage vielleicht, deren Untersuchung aber ursprünglich zu unserem Satz 2 geführt hat). Zunächst gilt allgemein:

Lemma 2: *Sei R ein kommutativer Ring mit $1 \neq 0$, und N sei die Menge der Nullteiler von R (unter Einschluß der 0). Dann ist*

$$(31) \qquad N = \bigcup \mathfrak{p}_i$$

Vereinigung gewisser Primideale $\mathfrak{p}_i$ von R.

Beweis: Es sei $S = R \setminus N$ die multiplikative Teilmenge der Nichtnullteiler von R. Jedes $x \in N$ liegt in einem maximalen Ideal $\mathfrak{P}$ von $S^{-1}R$. Dann ist $\mathfrak{p} = \mathfrak{P} \cap R$ ein Primideal von R mit $x \in \mathfrak{p}$ und $\mathfrak{p} \cap S = \emptyset$ (vgl. wieder 4.12 in Band I). Wegen $\mathfrak{p} \cap S = \emptyset$ besteht $\mathfrak{p}$ nur aus Nullteilern von R. □

Wir betrachten nun den Fall $R = W(K)$. Zuerst zeigen wir, daß jedes *minimale* Primideal $\mathfrak{p}$ nur aus Nullteilern besteht: Ist $f \in \mathfrak{p}$, so gilt $\mathrm{sgn}_P(f) = 0$ für die zugehörige Ordnung P, und daher ist $f = \sum_{i=1}^{n} (<a_i> + <-b_i>)$ mit $a_i, b_i \in P$. Setzen wir nun $g = \prod_{i=1}^{n} (<a_i> + <b_i>)$, so gilt $fg = 0$, aber $g \neq 0$ wegen $\mathrm{sgn}_P(g) > 0$.

Wir können somit davon ausgehen, daß alle minimalen Primideale in der Vereinigung (31) vorkommen. Andererseits kann ein maximales Ideal $\mathfrak{p}_p$ mit $p \neq 2$ in (31) nicht auftreten. Denn die Form $p \times 1 \in \mathfrak{p}_p$ ist kein Nullteiler, da es in $W(K)$ keine Elemente der ungeraden Ordnung p gibt (vgl. Satz 6). Das Ideal $I(K)$ schließlich tritt in der Vereinigung (31) genau dann auf, wenn das Element $2 \times 1 = 1 + 1$ von $W(K)$ ein Nullteiler ist. Wir behaupten nun, daß 2×1 genau dann *kein Nullteiler* von $W(K)$ ist, wenn K reell und pythagoräisch ist. (Ein Körper heißt *pythagoräisch*, wenn in ihm jede Quadratsumme bereits ein Quadrat ist.) Ist nämlich K reell und pythagoräisch und q eine anisotrope Form über K, so ist offenbar auch $[1,1] \otimes q \simeq q \perp q$ anisotrop. Ist umgekehrt 2×1 kein Nullteiler in $W(K)$, so ist K reell nach Satz 4. Sei ferner $d = a^2 + b^2$ mit $a, b \in K^\times$. Mit der

Wittschen Relation folgt dann $[1,1] \simeq [a^2, b^2] \simeq [a^2 + b^2, (a^2 + b^2)a^2b^2] \simeq$
$[a^2 + b^2, a^2 + b^2] \simeq [d, d] = [d] \otimes [1,1]$, also

$$<d> (2 \times 1) = 2 \times 1 \quad \text{in } W(K).$$

Ist nun 2×1 kein Nullteiler, so folgt, daß d ein Quadrat in K sein muß.
Somit ist K auch *pythagoräisch.* – Zusammenfassend ergibt sich

SATZ 7: *Ist K reell und pythagoräisch, so ist die Menge N der Nullteiler
in $W(K)$ die Vereinigung aller minimalen Primideale von $W(K)$; in diesem
Fall ist also ein f aus $W(K)$ genau dann ein Nullteiler von $W(K)$, wenn
es zu f eine Ordnung P gibt mit $\mathrm{sgn}_P(f) = 0$. In allen anderen Fällen ist
$N = I(K)$, d.h. die Nullteiler von $W(K)$ sind genau die Wittklassen der
Formen gerader Dimension.*

Am Schluß dieses Paragraphen erwähnen wir noch eine Fragestellung, die
einen gewissen Bezug zu Satz 5 hat. Nahegelegt wird sie durch den Satz 9
in §20 (vgl. auch Aufgabe 20.10); danach hat für jede endliche Körpererweiterung L/K die zugehörige Spurform $q = s_{L/K}$ die folgende Eigenschaft:

(32) $\qquad\qquad \mathrm{sgn}_p(q) \geq 0 \quad$ für jede Ordnung P von K.

Sei nun umgekehrt q eine beliebige (nicht-ausgeartete) quadratische Form
über K, die die Bedingung (32) erfüllt, und sei $f \in W(K)$ die Wittklasse
von q. Man kann dann fragen, ob f durch eine *Spurform* repräsentiert wird,
ob es also eine endliche Erweiterung L/K gibt, so daß q Witt-äquivalent
zu $s_{L/K}$ ist. Diese Frage wurde zuerst von *P.E. Conner* und *R. Perlis* für
den Körper $K = \mathbb{Q}$ positiv beantwortet und dann von *W. Scharlau* und
W. Krüskemper für einen beliebigen *algebraischen Zahlkörper K.* Viel schärfer gilt nun sogar der folgende schöne Satz, der von *M. Epkenhans* bewiesen
wurde (vgl. *Arch. Math.* 60, 527-529, 1993):

SATZ 8: *Sei K ein algebraischer Zahlkörper. Dann ist jede (nicht-ausgeartete) quadratische Form q über K, die die Bedingung (32) erfüllt und die
Dimension $n \geq 4$ besitzt, äquivalent zu einer Spurform $s_{L/K}$.*

Was die entsprechenden Formen q der Dimension $n \leq 3$ über K betrifft, so
sind diese aufgrund des Satzes wenigstens Witt-äquivalent zu Spurformen
über K (denn man kann ja zu q noch $[1, -1]$ hinzufügen). Wie man sich
übrigens leicht überlegt, sind die Spurformen der Dimension ≤ 3 genau
durch die Formen $[1]$, $[2, 2d]$ mit $d \in K^\times \setminus K^{\times 2}$, sowie durch $[1, 2, 2d]$ mit
$d \in K^\times$ gegeben.

Die Skizzierung eines Beweises von Satz 8 müssen wir uns leider versagen, da dies den hier gesteckten Rahmen doch etwas sprengen würde. Bei der Begründung von Satz 8 spielen jedenfalls gewisse Methoden eine Rolle, die im Zusammenhang mit dem 'Umkehrproblem der Galoistheorie' stehen, namentlich der *Hilbertsche Irreduzibilitätssatz* (vgl. Band I, S. 231f). In arithmetischer Hinsicht beruht ferner alles auf dem folgenden

Satz von Meyer: *Ist q eine quadratische Form der Dimension ≥ 5 über dem algebraischen Zahlkörper K und ist q indefinit bezüglich jeder Ordnung P von K, so ist q isotrop über K.*

Dieser Satz wiederum ergibt sich leicht aus einem für jeden algebraischen Zahlkörper K gültigem Lokal-Global-Prinzip, nämlich dem berühmten

Satz von Hasse-Minkowski: *Eine quadratische Form q über dem algebraischen Zahlkörper K ist genau dann isotrop über K, wenn q über jeder der kompletten Hüllen von K isotrop ist.* (Vgl. etwa W. Scharlau, Quadratic and Hermitian Forms, S. 223.)

§ 23

Absolutbeträge von Körpern

1. Im Körper $\mathbb{R}$ der reellen Zahlen wird die übliche Betragsfunktion $|\ |$ mittels der *Ordnung* $\leq$ von $\mathbb{R}$ definiert; bei vielen Betrachtungen wird nun ausschließlich auf diese *Betragsfunktion* (auch Absolutbetrag oder kurz Betrag genannt) Bezug genommen, nicht aber auf die ihr zugrundeliegende Ordnung. Im Gegensatz zur Ordnung von $\mathbb{R}$ läßt sich die Betragsfunktion von $\mathbb{R}$ auch zu einer Betragsfunktion auf $\mathbb{C}$ fortsetzen, – ein grundlegender Sachverhalt. Es ist daher naheliegend, den Begriff Betragsfunktion (Absolutbetrag) in geeigneter Weise auf beliebige Körper zu übertragen, und es hat sich erwiesen, daß dies zu einer fruchtbaren Begriffsbildung führt. Wir wollen uns dabei nur auf den Fall beschränken, bei dem die *Werte* solcher Betragsfunktionen auf Körpern weiterhin im Körper $\mathbb{R}$ liegen (so daß die Betragsfunktion eines beliebigen geordneten Körpers K also nicht unter den hier behandelten Begriff fällt, vgl. 20.7).

Definition 1: Unter einem *Absolutbetrag* (oder kurz: *Betrag*) eines Körpers K versteht man eine Abbildung

$$|\ | : K \longrightarrow \mathbb{R}_{\geq 0}$$

von K in die Menge $\mathbb{R}_{\geq 0}$ der positiven reellen Zahlen, die folgende Eigenschaften erfüllt:

    (i) $|a| = 0 \iff a = 0$

    (ii) $|ab| = |a|\,|b|$

    (iii) $|a + b| \leq |a| + |b|$ (*'Dreiecksungleichung'*)

Bemerkung: 1) Auf dem Körper $\mathbb{C}$ der komplexen Zahlen hat man den *gewöhnlichen Absolutbetrag*. Zur Unterscheidung verwenden wir für ihn die Bezeichnung

$$|\ |_\infty \, .$$

Er vermittelt auch auf jedem Teilkörper K von $\mathbb{C}$ einen Absolutbetrag, den wir im Falle $K = \mathbb{Q}$ und $K = \mathbb{R}$ ebenfalls mit $|\ |_\infty$ bezeichnen.

2) Jeder Betrag $|\ |$ eines Körpers K liefert insbesondere einen Homomorphismus der multiplikativen Gruppe $K^\times$ von K in die Gruppe $\mathbb{R}_{>0}$ aller reellen Zahlen > 0; speziell gilt $|1| = 1$. Das Bild $|K^\times|$ dieses Homomorphismus heißt die *Wertegruppe* von $|\ |$.

3) Auf jedem Körper K existiert der *triviale Absolutbetrag* $|\ |$, definiert durch $|0| = 0$ und $|a| = 1$ für alle $a \in K^\times$. Wie aus 2) leicht hervorgeht, besitzt ein *endlicher Körper* außer dem trivialen keinen weiteren Absolutbetrag.

4) Ist $|\ |$ ein Betrag von K und ϱ eine reelle Zahl mit $0 < \varrho \leq 1$, so ist auch die Abbldung $|\ |^\varrho : a \longmapsto |a|^\varrho$ ein Betrag von K (vgl. Aufgabe 23.1).

5) Wie aus (i), (ii), (iii) unmittelbar hervorgeht, gelten für jeden Betrag $|\ |$ auch: $|-1| = 1$, $|-a| = |a|$, $|a| - |b| \leq |a - b|$; aus letzterem folgt im übrigen

(1) $$\big|\,|a| - |b|\,\big|_\infty \leq |a - b|$$

6) Auf dem Teilkörper $K = \mathbb{Q}\,(\sqrt{2})$ von $\mathbb{R}$ wird durch die Festsetzung $|a + b\sqrt{2}|_\sigma = |a - b\sqrt{2}|_\infty$ ein Absolutbetrag $|\ |_\sigma$ definiert (der vom gewöhnlichen Absolutbetrag auf $\mathbb{Q}(\sqrt{2})$ wesentlich verschieden ist). □

Schon das in der letzten Bemerkung angegebene Beispiel deutet die Nützlichkeit der in Def. 1 eingeführten Begriffsbildung an; von ganz grundlegender Bedeutung ist nun das folgende

Beispiel: Es sei $K = \mathbb{Q}$, und p sei eine feste *Primzahl*. Für jede ganze Zahl $a \neq 0$ bezeichne $w_p(a)$ den Exponenten von p in der Primfaktorzerlegung von a. Setzt man noch $w_p(0) = \infty$, so gelten:

(2) $$w_p(ab) = w_p(a) + w_p(b)$$

(3) $$w_p(a + b) \geq \mathrm{Min}\,(w_p(a), w_p(b)).$$

Die Funktion $w_p : \mathbb{Z} \longrightarrow \mathbb{Z} \cup \{\infty\}$ läßt sich vermöge $w_p(a/b) = w_p(a) - w_p(b)$ zu einer wohldefinierten Funktion $w_p : \mathbb{Q} \longrightarrow \mathbb{Z} \cup \{\infty\}$ fortsetzen, und (2), (3) gelten dann für alle $a, b \in \mathbb{Q}$ (vgl. Band I, §4, S. 51 f.).
Wir definieren nun eine Funktion $|\ |_p : \mathbb{Q} \longrightarrow \mathbb{R}_{\geq 0}$ durch

(4) $$|a|_p = \left(\frac{1}{p}\right)^{w_p(a)}$$

wobei $|0|_p = 0$ gelten soll. Man prüft sofort nach, daß $|\ |_p$ die Eigenschaften (i), (ii) und (iii) eines Absolutbetrages erfüllt: (i) ist klar, (ii) ergibt sich unmittelbar aus (2), und was (iii) betrifft, so folgt aus (3) die viel schärfere Ungleichung

(5) $$|a + b|_p \leq \text{Max}\,(|a|_p, |b|_p)\,.$$

Man nennt $|\;|_p$ den *p-adischen Absolutbetrag* oder kurz den *p-Betrag* von ℚ. □

Der Körper ℚ der rationalen Zahlen besitzt somit eine ganze Serie von Absolutbeträgen: Neben $|\;|_\infty$ hat man für jede Primzahl p den zugehörigen p-Betrag $|\;|_p$. Wir werden später sehen (Satz 1), daß mit den genannten Absolutbeträgen im wesentlichen alle nicht-trivialen Absolutbeträge von ℚ aufgezählt sind. Was hier mit 'im wesentlichen' gemeint ist, werden wir gleich präzisieren.

Dazu stellen wir einleitend fest, daß eine grundsätzliche Bedeutung eines Absolutbetrages $|\;|$ eines Körpers K darin liegt, daß er es möglich macht, Konvergenzbetrachtungen in K anzustellen. Setzt man nämlich für beliebige x, y aus K

$$d(x, y) := |x - y|\,,$$

so folgt aus den Eigenschaften von $|\;|$ unmittelbar, daß $d : K \times K \longrightarrow \mathbb{R}_{\geq 0}$ eine *Metrik* auf K ist, also die folgenden Eigenschaften besitzt:

$$d(x, y) = 0 \Longleftrightarrow x = y$$
$$d(x, y) \leq d(x, z) + d(y, z)\,.$$

(K, d) ist demnach ein *metrischer Raum*, und wir können daher – wie in jedem metrischen Raum – von topologischen Grundbegriffen wie *offen, abgeschlossen, Folgenkonvergenz* etc. Gebrauch machen. Von einer Folge $(x_n)_n$ von Elementen aus K sagen wir also, sie konvergiere gegen ein Element a aus K, wenn $d(x_n, a) = |x_n - a|$ in $\mathbb{R}$ gegen 0 konvergiert. Wir schreiben dann $a = \lim x_n$ oder genauer – um die Abhängigkeit von dem zugrundegelegten Betrag $|\;|$ zum Ausdruck zu bringen –

(6) $$|\;|\text{-}\lim x_n = a\,.$$

Gilt (6) mit $a = 0$, so heißt $(x_n)_n$ eine *Nullfolge* bzgl. $|\;|$ oder auch $|\;|$-Nullfolge. Definitionsgemäß gilt (6) genau dann, wenn $(x_n - a)_n$ eine Nullfolge bzgl. $|\;|$ ist. Ferner ist $(x_n)_n$ genau dann eine $|\;|$-Nullfolge, wenn $(|x_n|)_n$ eine Nullfolge in $\mathbb{R}$ ist (wobei in $\mathbb{R}$ stets der gewöhnliche Betrag zugrundegelegt ist). Zur Übung mache man sich klar, daß die Abbildung $|\;| : K \longrightarrow \mathbb{R}$ *stetig* ist; vgl. dazu einfach (1).

Genau wie im Falle des gewöhnlichen Absolutbetrages zeigt man die *Stetigkeit* der durch *Addition, Subtraktion, Multiplikation* und *Division* vermittelten Abbildungen $K \times K \longrightarrow K$ bzw. $K \times K^{\times} \longrightarrow K$. Auf andere Weise ausgesprochen, besagt dies: Sind $(a_n)_n$ und $(b_n)_n$ | |-konvergente Folgen in K und a bzw. b ihre | |-Grenzwerte in K, so gelten $\lim(a_n \pm b_n) = a \pm b$ sowie $\lim(a_n b_n) = ab$; ist ferner $b \neq 0$ (und damit $b_n \neq 0$ für fast alle n), so gilt $\lim(a_n/b_n) = a/b$.

Wir werden nun zwei Absolutbeträge eines Körpers K dann als nicht wesentlich verschieden ansehen, wenn sie zum selben Konvergenzbegriff in K führen:

Definition 2: Die Absolutbeträge | $|_1$ und | $|_2$ eines Körpers K heißen *äquivalent*, in Zeichen

$$| \;|_1 \sim |\;|_2$$

wenn jede | $|_1$-Nullfolge auch eine | $|_2$-Nullfolge ist und umgekehrt.

Bemerkung: Es sei $K = \mathbb{Q}$, und p sei eine Primzahl. Wir betrachten die Folge $(p^n)_n$ in $\mathbb{Q}$. Mit Blick auf (4) gilt

$$|p^n|_p = \left(\frac{1}{p}\right)^n$$

Also ist $(p^n)_n$ eine *Nullfolge* bzgl. | $|_p$. Dagegen ist $(p^n)_n$ bzgl. | $|_{\infty}$ nicht konvergent, also sind | $|_p$ und | $|_{\infty}$ nicht äquivalent. Für eine beliebige Primzahl $q \neq p$ gilt $|p^n|_q = 1$ für alle n, folglich ist | $|_p$ auch nicht äquivalent zu | $|_q$. – Allgemein gilt folgendes, einigermaßen überraschendes Kriterium für die Äquivalenz von Absolutbeträgen:

F1: *Für Beträge* | $|_1$ *und* | $|_2$ *eines Körpers K sind die folgenden Aussagen äquivalent:*

(i) | $|_1 \sim |\;|_2$.

(ii) *Es gibt ein $\varrho > 0$ aus $\mathbb{R}$ mit* | $|_2 = |\;|_1^{\varrho}$.

Ist | $|_1$ *nicht-trivial, so ist* (i) *auch äquivalent zu*

(iii) *Für alle $a \in K$ gilt:* $|a|_1 < 1 \implies |a|_2 < 1$.

Beweis: Gelte (i) mit trivialem | $|_1$. Wir behaupten, daß dann auch | $|_2$ trivial sein muß (und damit (ii) gilt). Andernfalls gibt es ein $a \in K^{\times}$ mit $|a|_2 \neq 1$; indem man notfalls zu $1/a$ übergeht, können wir $|a|_2 < 1$ annehmen. Dann ist $(a^n)_n$ eine Nullfolge bzgl. | $|_2$, aber keine bzgl. | $|_1$.

Offenbar gilt (ii) $\Rightarrow$ (i). Auch (i) $\implies$ (iii) ist klar: Ist $|a|_1 < 1$, so ist $(a^n)_n$ eine Nullfolge bzgl. | $|_1$. Nach Voraussetzung (i) ist dann $(a^n)_n$ auch eine Nullfolge bzgl. | $|_2$ Dies schließt $|a|_2 \geq 1$ aus, also ist $|a|_2 < 1$.

Nach diesen Vorbemerkungen dürfen wir $|\ |_1$ als *nicht-trivial* voraussetzen und haben (iii) $\Rightarrow$ (ii) zu zeigen. Gelte also (iii). Dann ist für alle $b \in K$ auch

$$(7) \qquad\qquad |b|_1 > 1 \implies |b|_2 > 1$$

erfüllt. Man hat dazu (i) nur auf $a = b^{-1}$ anzuwenden. Da $|\ |_1$ nicht-trivial sein soll, gibt es ein $c \in K$ mit $|c|_1 > 1$. Wegen (7) ist dann auch $|c|_2 > 1$. Für beliebiges $a \in K^\times$ ist nun

$$(8) \qquad\qquad |a|_1 = |c|_1^\alpha \quad \text{mit } \alpha \in \mathbb{R}.$$

Für $m \in \mathbb{Z}$ und $n \in \mathbb{N}$ gelte $m/n < \alpha$. Dann ist $|a|_1 = |c|_1^\alpha > |c|_1^{m/n}$, also $|a|_1^n > |c|_1^m$ und somit $|a^n/c^m|_1 > 1$. Mit (7) folgt hieraus auch $|a^n/c^m|_2 > 1$, also

$$|a|_2 > |c|_2^{m/n}.$$

Aus Stetigkeitsgründen ist dann aber

$$|a|_2 \geq |c|_2^\alpha.$$

Analog zeigt man: Aus $m/n > \alpha$ folgt $|a|_2 < |c|_2^{m/n}$, woraus sich wieder aus Stetigkeitsgründen die Ungleichung

$$|a|_2 \leq |c|_2^\alpha$$

ergibt. Zusammengenommen hat also (8) die Gleichung

$$(9) \qquad\qquad |a|_2 = |c|_2^\alpha$$

zur Folge. Nun ist aber $|c|_2 = |c|_1^\varrho$ mit einem $\varrho > 0$ aus $\mathbb{R}$. Damit erhält man aus (9) und (8) für alle $a \in K^\times$ die Gleichung

$$|a|_2 = |a|_1^\varrho,$$

d.h. es gilt (ii).   □

Um einen Absolutbetrag $|\ |$ eines Körpers zu studieren, ist es naheliegend, zunächst das Verhalten von $|\ |$ auf den natürlichen Vielfachen $n1_K$ des Einselements 1_K von K zu untersuchen. Wie gewohnt bezeichnen wir dabei im folgenden $n1_K$ einfach mit n (wobei jedoch im Falle $\mathrm{char}\,(K) > 0$ stets im Auge zu behalten ist, ob n als natürliche Zahl oder als Element von K aufgefaßt wird).

Definition 3 und F2: Ein Betrag $|\ |$ eines Körpers K heißt <u>archimedisch</u>, falls die Menge $\{|n|;\ n \in \mathbb{N}\}$ nicht beschränkt ist. Im anderen Falle heißt $|\ |$ <u>nicht-archimedisch</u>. *Die folgenden Aussagen sind äquivalent:*

  (i) *$|n| \leq 1$ für alle $n \in \mathbb{N}$.*

  (ii) *$|\ |$ ist nicht-archimedisch.*

  (iii) *$|\ |$ genügt der starken Dreiecksungleichung, d.h. es gilt stets $|a + b| \leq \text{Max}\,(|a|, |b|)$.*

  (iv) *Für jede reelle Zahl $\varrho > 0$ ist $|\ |^\varrho$ ein Absolutbetrag von K.*

Beweis: (i) $\Rightarrow$ (ii) ist klar nach Definition. Gelte (ii), d.h. es gebe ein $C > 0$ aus $\mathbb{R}$ mit

(10) $\qquad\qquad\qquad |n| \leq C \quad$ für alle $n \in \mathbb{N}$.

Seien a, b aus K und etwa $|a| \geq |b|$. Für jedes $m \in \mathbb{N}$ folgt aus $(a + b)^m = \sum \binom{m}{i} a^i b^{m-i}$ mittels der Dreiecksungleichung und unter Benutzung von (10)

$$|a + b|^m \leq C(m + 1)|a|^m .$$

Zieht man die m-te Wurzel und läßt anschließend m gegen ∞ gehen, so erhält man

$$|a + b| \leq |a| = \text{Max}\,(|a|, |b|) .$$

Also gilt (iii). – Für jedes $\varrho > 0$ aus $\mathbb{R}$ erfüllt $|\ |^\varrho$ offenbar die ersten beiden Eigenschaften eines Absolutbetrages. Hat nun $|\ |$ die Eigenschaft (iii), so gilt $|a + b|^\varrho \leq \text{Max}\,(|a|, |b|)^\varrho = \text{Max}(|a|^\varrho, |b|^\varrho)$, also ist für $|\ |^\varrho$ ebenfalls die starke Dreiecksungleichung erfüllt. – Gelte (iv) und sei $n \in \mathbb{N}$. Nach Voraussetzung ist $|\ |^m$ für jedes $m \in \mathbb{N}$ ein Betrag. Folglich gilt $|n|^m \leq n$. Somit ist $|n| \leq n^{1/m}$, und mit $m \longrightarrow \infty$ ergibt sich $|n| \leq 1$. Also gilt (i). $\square$

Bemerkung: Sei p eine Primzahl. Dann ist der p-Betrag $|\ |_p$ ein nicht-archimedischer Betrag von $\mathbb{Q}$, vgl. (5). Für jede reelle Zahl $0 < c < 1$ wird durch

(11) $\qquad\qquad\qquad |a| = c^{w_p(a)}$

eine zu $|\ |_p$ äquivalenter Betrag definiert. Denn zu c gibt es ein $\varrho > 0$ mit $c = p^{-\varrho}$; es ist dann $|\ | = |\ |_p^\varrho$. In vieler Hinsicht, namentlich was Konvergenzbetrachtungen angeht, ist es gleichgültig, welche Konstante $0 < c < 1$ in (11) gewählt wird. Dennoch gibt es gute Gründe, den bei der Definition von $|\ |_p$ gewählten Wert $c = 1/p$ vor allen anderen zu bevorzugen, vgl. z.B. die Formel (15) weiter unten. $\square$

Ehe wir weiter auf die besonderen Eigenschaften von nicht-archimedischen Absolutbeträgen eingehen, wenden wir uns jetzt der Behandlung des oben bereits angekündigten fundamentalen Sachverhaltes zu:

SATZ 1: *Jeder nicht-triviale Absolutbetrag* $|\ |$ *des Körpers* $\mathbb{Q}$ *ist entweder zu* $|\ |_\infty$ *oder zu einem p-Betrag* $|\ |_p$ *äquivalent.*

Beweis: 1) Wir nehmen zuerst an, der gegebene Betrag $|\ |$ auf $\mathbb{Q}$ sei *nicht-archimedisch.* Es gilt dann $|m| \leq 1$ für alle $m \in \mathbb{N}$. Da $|\ |$ als nicht-trivial vorausgesetzt ist, muß es dann aber auch ein $n \in \mathbb{N}$ mit $|n| < 1$ geben. Es sei nun p die kleinste natürliche Zahl mit $|p| < 1$. Offenbar ist p eine *Primzahl.* Wir behaupten, daß

$$(12) \qquad |a| < 1, \quad a \in \mathbb{Z} \implies p|a$$

gilt. In der Tat: Division mit Rest liefert $a = mp + r$ mit $0 \leq r < p$. Aus $r = a - mp$ folgt aber mit der starken Dreiecksungleichung $|r| \leq$ Max $(|a|, |m| \cdot |p|) < 1$, was wegen der Minimalität von p nur für $r = 0$ gelten kann.

Es sei nun ein beliebiges $a \neq 0$ aus $\mathbb{Z}$ gegeben. Dann gilt

$$(13) \qquad a = p^{w_p(a)} a_1 \quad \text{mit } p \nmid a_1 \,.$$

Wegen $a_1 \in \mathbb{Z}$ ist $|a_1| \leq 1$; es kann aber nicht $|a_1| < 1$ gelten, da sonst a_1 nach (12) durch p teilbar wäre. Also ist $|a_1| = 1$, und aus (13) folgt somit

$$(14) \qquad |a| = |p|^{w_p(a)}$$

Diese Gleichung ist für alle $a \in \mathbb{Z}$ erfüllt; da beide Seiten sich aber multiplikativ verhalten, gilt sie auch für alle $a \in \mathbb{Q}$. Also ist $|\ | = |\ |_p^\varrho$, wobei ϱ die reelle Zahl > 0 mit $|p| = p^{-\varrho}$ bezeichne.

2) Wir nehmen jetzt an, daß $|\ |$ ein *archimedischer* Betrag von $\mathbb{Q}$ ist, und haben dann zu zeigen, daß $|\ |$ zum gewöhnlichen Absolutbetrag $|\ |_\infty$ von $\mathbb{Q}$ äquivalent ist. Angenommen, dies sei nicht der Fall. Nach F1 gibt es dann ein $q \in \mathbb{Q}$ mit $|q| < 1$ und $|q|_\infty \geq 1$. Offenbar können wir $q > 0$ annehmen und damit von

$$|q| < 1 \quad \text{und} \quad q > 1$$

ausgehen. Es sei $q = c/d$ mit natürlichen Zahlen $c > d$. Wie man durch Induktion leicht zeigt, besitzt nun jede natürliche Zahl n eine q-adische Darstellung der Gestalt

$$n = a_0 + a_1 q + \ldots + a_r q^r \quad \text{mit } a_i \in \{0, 1, \ldots, c-1\}$$

(vgl. 23.16). Anwendung der Dreiecksungleichung liefert dann

$$|n| \leq c(1 + |q| + \ldots + |q|^r) \leq \frac{c}{1 - |q|}$$

Somit ist $|\ |$ auf $\mathbb{N}$ beschränkt. Doch dies ist unmöglich, da $|\ |$ als *archimedisch* vorausgesetzt wurde. $\qquad \square$

Bemerkung: Bis auf Äquivalenz besitzt $\mathbb{Q}$ also nur einen einzigen archimedischen Betrag, nämlich $|\ |_\infty$. An dessen Seite tritt nun – vom Standpunkt der Definition 1 völlig gleichberechtigt – die Serie der nicht-archimedischen p-Beträge $|\ |_p$, wobei p alle Primzahlen durchläuft. Wie wir gesehen haben (vgl. z.B. F1), sind alle diese Absolutbeträge *paarweise inäquivalent*. Dennoch besteht zwischen ihnen eine gewisse Abhängigkeitsrelation in Gestalt der sogenannten *'Produktformel für $\mathbb{Q}$ '*; für alle $a \in \mathbb{Q}^\times$ gilt nämlich

$$(15) \qquad \prod_v |a|_v = 1,$$

wobei v alle Primzahlen p sowie das Element ∞ durchläuft. Zum Beweis haben wir nur darauf zu verweisen, daß jede ganze (und damit auch jede rationale) Zahl $a \neq 0$ die Darstellung

$$(16) \qquad a = \mathrm{sgn}(a) \cdot \prod_p p^{w_p(a)}$$

besitzt (Primfaktorzerlegung von a, vgl. Band I, S. 51, F10). Wegen $|a|_p = p^{-w_p(a)}$ und $a = \mathrm{sgn}(a)|a|_\infty$ besagt nun aber (16) genau das gleiche wie (15).

Wir wollen jetzt noch näher auf die Eigenschaften *nicht-archimedischer* Beträge eingehen.

F3: *Ist $|\ |$ ein nicht-archimedischer Absolutbetrag des Körpers K, so gilt folgender 'Zusatz zur starken Dreiecksungleichung':*

$$\text{Aus} \quad |a| \neq |b| \quad \text{folgt} \quad |a+b| = \mathrm{Max}\,(|a|,|b|).$$

Beweis: Sei etwa $|b| < |a|$. Wir nehmen an, die Behauptung gelte nicht. Es ist dann also $|a+b| < |a|$. Wieder aufgrund der starken Dreiecksungleichung erhalten wir dann mit $|a| = |a + b - b| \leq \mathrm{Max}(|a+b|,|b|)$ den Widerspruch $|a| < |a|$. □

Welche einschneidenden Konsequenzen die starke Dreiecksungleichung hat, zeigt die folgende Feststellung.

F4 und Definition 4: *Sei $|\ |$ ein nicht-archimedischer Betrag des Körpers K. Dann gelten:*

(i) $R := \{a \in K;\ |a| \leq 1\}$ *ist ein Teilring von K; er heißt der* <u>*Bewertungsring*</u> *von K bzgl. $|\ |$.*

(ii) *K ist der Quotientenkörper von R.*

(iii) $\mathfrak{p} := \{a \in K;\ |a| < 1\}$ *ist ein Ideal von R; es heißt das* <u>*Bewertungsideal*</u> *von K bzgl. $|\ |$.*

(iv) *Genau dann ist a eine Einheit von R, wenn $|a| = 1$; es gilt also $R^\times = R \setminus \mathfrak{p}$. Folglich ist $\mathfrak{p}$ ein maximales Ideal von R, und jedes von R verschiedene Ideal von R ist in $\mathfrak{p}$ enthalten.*

(v) *$R/\mathfrak{p}$ ist ein Körper; er heißt der __Restklassenkörper__ von K bzgl. $|\ |$.*

(vi) *Die Teilbarkeitsaussage $a|b$ in R ist gleichwertig mit $|b| \leq |a|$.*

Beweis: Direkte Verifikation, die dem Leser überlassen sei. – Im übrigen sei noch hervorgehoben, daß der Bewertungsring R zu $|\ |$ nach (iv) ein *lokaler Ring* ist, dessen maximales Ideal mit dem Bewertungsideal $\mathfrak{p}$ von $|\ |$ übereinstimmt (vgl. Band I, 4.13 auf S. 288).– Schauen wir uns die Situation speziell im Falle des nicht-archimedischen Betrages $|\ |_p$ von $\mathbb{Q}$ an:

F5: *Der Bewertungsring R von $\mathbb{Q}$ bzgl. $|\ |_p$ besteht aus den Elementen a/s mit $a, s \in \mathbb{Z}$ und $s \not\equiv 0$ mod p. Das zugehörige Bewertungsideal ist das Hauptideal pR von R. Der Restklassenkörper von $\mathbb{Q}$ bzgl. $|\ |_p$ ist kanonisch zum Körper $\mathbb{F}_p = \mathbb{Z}/p\mathbb{Z}$ isomorph.*

Beweis: Aufgrund der Definition von $|\ |_p$ hat jedes $x \in \mathbb{Q}^\times$ eine eindeutige Darstellung

$$(17) \qquad x = p^{w_p(x)} u \quad \text{mit } |u|_p = 1.$$

Wegen $w_p(u) = 0$ haben wir für u eine Darstellung $u = r/s$ mit ganzen Zahlen $r, s \not\equiv 0$ mod p. Damit ergeben sich die ersten beiden Behauptungen. Was den Restklassenkörper R/pR betrifft, so vermittelt die Inklusion $\mathbb{Z} \subseteq R$ einen kanonischen Homomorphismus

$$(18) \qquad \mathbb{Z}/p\mathbb{Z} \longrightarrow R/pR$$

(der Restklassenkörper), und es bleibt daher nur zu zeigen, daß dieser surjektiv ist. Sei a/s wie oben ein beliebiges Element von R. Wegen $s \not\equiv 0$ mod $p\mathbb{Z}$ existiert dann ein $b \in \mathbb{Z}$ mit $sb \equiv a$ mod $p\mathbb{Z}$. Da s eine Einheit in R ist, folgt hieraus aber $b \equiv a/s$ mod pR.

Bemerkung: Sei $|\ |$ ein nicht-archimedischer Betrag von K. Es ist dann oft zweckmäßig, von der multiplikativen Funktion $|\ |$ zu einer additiven Funktion überzugehen: Man wähle eine reelle Konstante $0 < c < 1$ und betrachte die Funktion $w : K \longrightarrow \mathbb{R} \cup \{\infty\}$, welche

$$(19) \qquad |x| = c^{w(x)} \quad \text{für alle } x \in K$$

erfüllt, wobei sinngemäß $w(0) = \infty$ gesetzt wird. Dann besitzt w die Eigenschaften:

(i) $w(a) = \infty \iff a = 0$

(ii) $w(ab) = w(a) + w(b)$

(iii) $w(a + b) \geq \text{Min}\,(w(a), w(b))$

Umgekehrt: Hat man eine Funktion $w : K \longrightarrow \mathbb{R} \cup \{\infty\}$ mit den Eigenschaften (i) – (iii) und definiert man bei beliebiger Wahl von $0 < c < 1$ eine Funktion $| \ | : K \longrightarrow \mathbb{R}$ durch (19), so ist $| \ |$ ein nicht-archimedischer Betrag. Abänderung von c führt dabei zu einem äquivalenten Betrag.

Definition 5: Eine Funktion $w : K \longrightarrow \mathbb{R} \cup \{\infty\}$ mit den Eigenschaften (i), (ii), (iii) nennen wir eine *Exponentenbewertung* des Körpers K. Die Untergruppe $w(K^\times)$ der addditiven Gruppe von R heißt die *Wertegruppe* von w.

□

Gehört eine Exponentenbewertung w von K in der obengenannten Weise zu einem Absolutbetrag $| \ |$ von K, so kann man die sich auf $| \ |$ beziehenden Aussagen in solche für w übersetzen und umgekehrt. Mit den Bezeichnungen von F4 gilt beispielsweise

$$R = \{x \in K \mid w(x) \geq 0\}, \quad \mathfrak{p} = \{x \in K \mid w(x) > 0\}.$$

Ferner ist eine Folge $(x_n)_n$ in K genau dann eine *Nullfolge* bzgl. $| \ |$, wenn $w(x_n) \to \infty$ für $n \longrightarrow \infty$ gilt. Dem Leser sei empfohlen, sich solche Zusammenhänge insbesondere im Fall des p-Betrages $| \ |_p$ und der zugehörigen Exponentenbewertung w_p vor Augen zu halten. In diesem Fall ist übrigens $\mathbb{Z}$ die Wertegruppe von w_p.

2. Im folgenden bezeichne stets K einen Körper und $| \ |$ einen Absolutbetrag von K.

Definition 6: Eine Folge $(a_n)_n$ in K heißt eine *Cauchyfolge bzgl.* $| \ |$ (oder auch $| \ |$-Cauchyfolge), wenn gilt: Zu jedem reellen $\varepsilon > 0$ gibt es ein $N \in \mathbb{N}$ mit

$$|a_n - a_m| < \varepsilon \quad \text{für alle } m, n > N.$$

Konvergiert jede $| \ |$-Cauchyfolge in K bzgl. $| \ |$ gegen ein Element von K, so sagt man, K sei *komplett bzgl.* $| \ |$. Man nennt dann $| \ |$ einen *kompletten Absolutbetrag*.

Bemerkungen: Wie in der reellen Analysis beweist man:
   (i)   Jede $| \ |$-konvergente Folge in K ist auch eine $| \ |$-Cauchyfolge.
   (ii) Ist $(a_n)_n$ eine $| \ |$-Cauchyfolge in K, so ist $(|a_n|)_n$ eine Cauchyfolge in $\mathbb{R}$.
   (iii) Jede $| \ |$-Cauchyfolge in K ist beschränkt.
   (iv) Besitzt eine $| \ |$-Cauchyfolge $(a_n)_n$ eine Teilfolge $(a_{n_k})_k$, welche eine $| \ |$-Nullfolge ist, so ist $(a_n)_n$ selbst eine $| \ |$-Nullfolge.

(v)   Die Menge $\mathfrak{C}$ aller $|\,|$-Cauchyfolgen in K ist ein kommutativer Ring mit Eins.

(vi) Die Menge $\mathfrak{N}$ aller $|\,|$-Nullfolgen in K ist ein Ideal des kommutativen Ringes $\mathfrak{C}$. □

Bekanntlich ist der Körper $\mathbb{Q}$ nicht komplett bezüglich des gewöhnlichen Absolutbetrages, und es ist gerade dieser Sachverhalt, der zur Erweiterung von $\mathbb{Q}$ zum Körper $\mathbb{R}$ der reellen Zahlen Veranlassung gibt. Wir wollen nun zeigen, daß eine entsprechende Erweiterung auch im Falle eines beliebigen Absolutbetrages $|\,|$ eines Körpers K möglich ist. (Dabei werden wir uns freilich auf schon bekannte Eigenschaften von $\mathbb{R}$ stützen, so daß wir es etwas leichter haben als bei der Konstruktion von $\mathbb{R}$, vgl. dazu Aufgabe 20.8.) Zunächst legen wir fest:

Definition 7: Unter einer **kompletten Hülle** von K bzgl. des Betrages $|\,|$ von K verstehen wir ein Paar $(\widehat{K}, |\, \widehat{} \,)$, bestehend aus einem Erweiterungskörper $\widehat{K}$ von K und einem Betrag $|\, \widehat{}$ von $\widehat{K}$, so daß gelten:

(i) $|\, \widehat{}$ ist eine *Fortsetzung* von $|\,|$.

(ii) K ist *dicht* in $\widehat{K}$ bzgl. $|\, \widehat{}$.

(iii) $\widehat{K}$ ist *komplett* bzgl. $|\, \widehat{}$.

SATZ 2: (I) *Es existiert eine komplette Hülle* $(\widehat{K}, |\, \widehat{})$ *von* K *bzgl.* $|\,|$.

(II) *Sind* $(K_1, |\,|_1)$ *und* $(K_2, |\,|_2)$ *komplette Hüllen von* K *bzgl.* $|\,|$, *so gibt es genau einen* K-*Isomorphismus* $\sigma : K_1 \longrightarrow K_2$ *mit* $|\sigma x|_2 = |x|_1$ *für alle* $x \in K_1$.

Beweis: a) Wir betrachten den Restklassenring

$$\widehat{K} := \mathfrak{C}/\mathfrak{N}$$

des Ringes $\mathfrak{C}$ aller $|\,|$-Cauchyfolgen in K modulo dem Ideal $\mathfrak{N}$ aller $|\,|$-Nullfolgen in K. Dann ist $\widehat{K}$ ein kommutativer Ring mit Eins. Offenbar ist $\widehat{K}$ nicht der Nullring. Wir zeigen, daß $\widehat{K}$ ein *Körper* ist:

Sei α ein Element aus $\widehat{K}$ mit $\alpha \neq 0$, und sei $(a_n)_n \in \mathfrak{C}$ ein Vertreter von α. Nach Voraussetzung ist $(a_n)_n$ keine Nullfolge, also gibt es ein $\varepsilon > 0$ und ein $N \in \mathbb{N}$ mit

(20) $$|a_n| \geq \varepsilon \quad \text{für alle } n > N.$$

Andernfalls gäbe es nämlich eine gegen 0 konvergierende Teilfolge von $(a_n)_n$, und daher wäre $(a_n)_n$ nach Bemerkung (iv) zu Def. 6 selbst eine Nullfolge. Wegen (20) ist insbesondere $a_n \neq 0$ für alle $n > N$. Es gibt daher eine Folge $(b_n)_n$ in K mit

(21) $$b_n = \frac{1}{a_n} \quad \text{für alle } n > N.$$

Wir behaupten, daß $(b_n)_n$ eine Cauchyfolge ist: Für alle $m, n > N$ gilt nämlich

$$|b_m - b_n| = \left| \frac{a_n - a_m}{a_n a_m} \right| = \frac{|a_n - a_m|}{|a_n| \, |a_m|} \leq \frac{|a_n - a_m|}{\varepsilon^2},$$

wobei wir zuletzt (20) benutzt haben. Bezeichnet nun β die Restklasse von $(b_n)_n$ in $\widehat{K}$, so gilt $\alpha\beta = 1$, denn $(a_n b_n - 1)_n$ ist wegen (21) sicherlich eine Nullfolge.

b) Wir betrachten die Abbildung $\iota : K \longrightarrow \widehat{K}$, welche jedem $a \in K$ die Restklasse der konstanten Folge $(a, a, \ldots)$ zuordnet. Offenbar ist ι ein Körperhomomorphismus und daher insbesondere injektiv.

c) Auf $\widehat{K}$ wollen wir nun einen Absolutbetrag $|\ \ |\widehat{}$ definieren. Zu gegebenem $\alpha \in \widehat{K}$ wählen wir einen Vertreter $(a_n)_n$ aus $\mathfrak{C}$. Nach Bem. (ii) zu Def. 6 ist $(|a_n|)_n$ eine Cauchyfolge in $\mathbb{R}$ und besitzt daher in $\mathbb{R}$ einen Grenzwert. Wir setzen dann

$$(22) \qquad |\alpha|\widehat{} = \lim |a_n|.$$

Für einen anderen Vertreter $(b_n)_n$ von α ist $(a_n - b_n)_n$ eine Nullfolge bzgl. $|\ |$; folglich ist $(|a_n - b_n|)_n$ eine Nullfolge in $\mathbb{R}$ und wegen (1) auch $(|a_n| - |b_n|)_n$. Es gilt also $\lim |a_n| = \lim |b_n|$, und somit ist $|\alpha|\widehat{}$ durch (22) wohldefiniert. Man überzeugt sich nun sofort davon, daß die Abbildung $|\ |\widehat{} : \widehat{K} \longrightarrow \mathbb{R}$ alle Eigenschaften eines Betrages erfüllt. Ferner ist klar, daß gilt

$$(23) \qquad |\iota a|\widehat{} = |a| \quad \text{für alle } a \in K.$$

Im Hinblick auf b) und (23) können wir nach 'Austauschen' der Elemente von ιK gegen die von K o.E. annehmen, daß K ein Teilkörper von $\widehat{K}$ und $|\ |\widehat{}$ eine Fortsetzung von $|\ |$ ist.

d) Wir zeigen jetzt, daß K *dicht* in $\widehat{K}$ bzgl. $|\ |\widehat{}$ ist. Sei also $\alpha \in \widehat{K}$, und sei $(a_n)_n$ ein Vertreter von α. Wir zeigen, daß dann

$$(24) \qquad \alpha = \lim a_m$$

gilt. Für beliebiges m ist nach (22) zunächst

$$(25) \qquad |\alpha - a_m|\widehat{} = \lim_{n \to \infty} |a_n - a_m|.$$

Da aber $(a_n)_n$ eine Cauchyfolge ist, strebt die rechte Seite von (25) für $m \longrightarrow \infty$ gegen 0.

e) Nun werden wir zeigen, daß $\widehat{K}$ *komplett* bzgl. $|\ |\widehat{}$ ist. Sei $(\alpha_n)_n$ eine beliebige Cauchyfolge in $(\widehat{K}, |\ |\widehat{})$. Wir haben zu zeigen, daß sie in $(\widehat{K}, |\ |\widehat{})$ konvergiert. Nach d) gibt es zu jedem n ein $a_n \in K$ mit $|\alpha_n - a_n|\widehat{} < \frac{1}{n}$. Insbesondere ist dann $(\alpha_n - a_n)_n$ eine Nullfolge in $\widehat{K}$ bzgl. $|\ |\widehat{}$. Wegen

$a_n = (a_n - \alpha_n) + \alpha_n$ ist daher $(a_n)_n$ eine Cauchyfolge in $(\widehat{K}, |\ \widehat{\ })$, also auch in $(K, |\ |)$. Sei dann α die Restklasse von $(a_n)_n$ in $\widehat{K}$. Aus

$$\alpha - \alpha_n = (\alpha - a_n) + (a_n - \alpha_n)$$

ergibt sich jetzt mit (24), daß $(\alpha_n)_n$ bzgl. $|\ \widehat{\ }$ gegen das Element α von $\widehat{K}$ konvergiert.

Damit ist die Existenzaussage (I) des Satzes bewiesen. Wir bemerken noch, daß die obige Konstruktion für einen zu $|\ |$ äquivalenten Betrag offensichtlich zu genau demselben $\widehat{K}$ mit einem zu $|\ \widehat{\ }$ äquivalenten Betrag führt.

Was die Eindeutigkeitsaussage (II) angeht, so folgt diese leicht aus der nachstehenden Feststellung.

F6: *Sei* $(K_1, |\ |_1)$ *eine komplette Hülle von* K *bzgl.* $|\ |$. *Ferner sei* K_2 *ein weiterer Körper und* $|\ |_2$ *ein Betrag von* K_2. *Ist dann* K_2 *komplett bzgl.* $|\ |_2$, *so gilt: Jeder Homomorphismus*

$$\varrho : K \longrightarrow K_2 \quad mit \quad |\varrho x|_2 = |x| \quad f\ddot{u}r \ alle \quad x \in K$$

besitzt genau eine Fortsetzung zu einem Homomorphismus

$$\sigma : K_1 \longrightarrow K_2 \quad mit \quad |\sigma x|_2 = |x|_1 \quad f\ddot{u}r \ alle \quad x \in K_1.$$

Beweis: Zu jedem gegebenen $\alpha \in K_1$ gibt es eine Folge $(a_n)_n$ in K mit $\alpha = |\ |_1\text{-}\lim a_n$. Nun ist $(a_n)_n$ jedenfalls eine $|\ |_1$-Cauchyfolge. Aufgrund der Voraussetzung ist dann $(\varrho a_n)_n$ eine $|\ |_2$-Cauchyfolge in K_2. Doch K_2 ist komplett bzgl. $|\ |_2$, also besitzt $(\varrho a_n)_n$ einen (eindeutig bestimmten) Grenzwert in K_2. Wir setzen dann

$$\sigma\alpha = \lim \varrho a_n \,,$$

wobei man sofort nachweist, daß hierdurch $\sigma\alpha$ wohldefiniert ist. Man prüft nun leicht nach, daß die so erhaltene Abbildung $\sigma : K_1 \longrightarrow K_2$ die verlangten Eigenschaften besitzt. Ebenso leicht bestätigt man die behauptete Eindeutigkeit.

Bemerkung: Zu gegebenem Körper K mit Betrag $|\ |$ existiert nach Satz 2 also stets eine komplette Hülle $(\widehat{K}, |\ \widehat{\ })$, und eine solche ist (bis auf isometrische Isomorphie) eindeutig bestimmt. Wir werden daher im folgenden von *der* kompletten Hülle $(\widehat{K}, |\ \widehat{\ })$ von $(K, |\ |)$ sprechen. Da der Betrag $|\ \widehat{\ }$ auf $\widehat{K}$ durch $|\ |$ eindeutig festgelegt ist, sagen wir in Zukunft auch einfach, $\widehat{K}$ sei die *komplette Hülle* von K bzgl. $|\ |$ und bezeichnen die eindeutige Fortsetzung von $|\ |$ zu einem Betrag von $\widehat{K}$ ebenfalls mit $|\ |$.

Definition 8: Steht p für eine Primzahl oder das Symbol ∞, so bezeichne

$$\mathbb{Q}_p$$

die komplette Hülle von $\mathbb{Q}$ bzgl. des Betrages $|\ |_p$. Mit $|\ |_p$ bezeichnen wir auch den entsprechenden Absolutbetrag von $\mathbb{Q}_p$. Für eine *Primzahl p* nennen wir $\mathbb{Q}_p$ den _Körper der p-adischen Zahlen_.

Bemerkungen: Mit den obigen Bezeichnungen ist also

$$\mathbb{R} = \mathbb{Q}_\infty$$

der Körper der reellen Zahlen und $|\ |_\infty$ der gewöhnliche Absolutbetrag auf $\mathbb{R}$. Unsere Betrachtungen haben nun gerade dazu geführt, dem Körper $\mathbb{R}$ für alle Primzahlen p die Körper $\mathbb{Q}_p$ mit ihren nicht-archimedischen Absolutbeträgen $|\ |_p$ an die Seite zu stellen[1]. Unsere Aufgabe wird im Studium dieser 'nicht-archimedischen Welt' bestehen, wobei algebraische Gesichtspunkte gegenüber analytischen im Vordergrund stehen sollen und wir uns im übrigen ziemlich bescheidene Ziele setzen; zwar ist manches leichter als im Falle $\mathbb{R}$, doch können wir uns nicht wie bei $\mathbb{R}$ auf schon Gewohntes stützen. – Es sei auch darauf hingewiesen, daß die oben zum Beweis von Satz 2 durchgeführte Konstruktion keine Rolle mehr spielen wird und wir allein davon ausgehen wollen, daß $\mathbb{Q}_p$ die komplette Hülle von $\mathbb{Q}$ bzgl. $|\ |_p$ im Sinne von Definition 7 ist (vgl. auch die Bemerkung vor Def. 8). Im übrigen wird später klar werden, daß wirklich $\mathbb{Q}_p \neq \mathbb{Q}$ ist.

F7: *Sei $\widehat{K}$ komplette Hülle von K bzgl. $|\ |$. Ist $|\ |$ nicht-archimedisch, so haben K und $\widehat{K}$ bzgl. $|\ |$ die gleiche Wertegruppe sowie kanonisch isomorphe Restklassenkörper.*

Beweis: Sei $\alpha \in \widehat{K}$. Da K in $\widehat{K}$ dicht liegt, ist α Grenzwert einer Folge $(a_n)_n$ von Elementen aus K. Im Falle $\alpha \neq 0$ ist dann insbesondere $|a_n - \alpha| < |\alpha|$ für hinreichend große n. Für diese n gilt nun wegen $a_n = (a_n - \alpha) + \alpha$ aufgrund von F3 (*Zusatz zur starken Dreiecksungleichung*) die Gleichheit $|a_n| = |\alpha|$. Somit ist in der Tat $|\widehat{K}^\times| = |K^\times|$.

Sind R bzw. $\widehat{R}$ die Bewertungsringe von K bzw. $\widehat{K}$ bzgl. $|\ |$ und $\mathfrak{p}$ bzw. $\widehat{\mathfrak{p}}$ die zugehörigen Bewertungsideale, so vermittelt die Inklusion $R \subseteq \widehat{R}$ einen kanonischen Homomorphismus

$$R/\mathfrak{p} \longrightarrow \widehat{R}/\widehat{\mathfrak{p}}$$

---

[1] Die Einführung dieser Sichtweise verdankt man $K.$ *Hensel*

der Restklassenkörper, und es bleibt daher nur zu zeigen, daß dieser surjektiv ist. Zu $\alpha \in \hat{R} \setminus \{0\}$ gibt es, wie wir oben zeigten, ein $a \in K$ mit $|a - \alpha| < |\alpha| \leq 1$ sowie $|a| = |\alpha| \leq 1$. Es folgt $a \in R$ und $\alpha \equiv a$ mod $\hat{\mathfrak{p}}$.

Bemerkung: Die Funktion $w_p : \mathbb{Q}^\times \longrightarrow \mathbb{Z}$ läßt sich offenbar eindeutig so auf $\mathbb{Q}_p$ fortsetzen, daß

$$(26) \qquad |\alpha|_p = \left(\frac{1}{p}\right)^{w_p(\alpha)}$$

für alle $\alpha \in \mathbb{Q}_p^\times$ gilt. Nach F7 vergrößert sich dabei der Wertebereich von w_p nicht; künftig schreiben wir also $w_p : \mathbb{Q}_p^\times \longrightarrow \mathbb{Z}$. - Analog läßt sich eine beliebige Exponentenbewertung w eines Körpers K eindeutig auf die komplette Hülle $\hat{K}$ von K bzgl. w fortsetzen, und dabei gilt $w(\hat{K}) = w(K)$, vgl. die Bemerkung vor Def. 5. □

Die folgende Feststellung zeigt, daß man sich bei der Konvergenz *unendlicher Reihen* in der nicht-archimedischen Analysis oft weniger Kopfzerbrechen machen muß als in der reellen Analysis; insbesondere tritt das einigermaßen subtile Phänomen der *bedingten Konvergenz* im Nicht-archimedischen überhaupt nicht auf.

F8: *Ist $|\ |$ nicht-archimedisch und K komplett bzgl. $|\ |$, so gilt: Eine unendliche Reihe*

$$(27) \qquad \sum_{n=1}^{\infty} a_n$$

in K ist genau dann konvergent bzgl. $|\ |$, wenn $(a_n)_n$ eine Nullfolge bzgl. $|\ |$ ist. Anders ausgedrückt: Eine Folge $(b_n)_n$ in K ist genau dann konvergent bzgl. $|\ |$, wenn $(b_{n+1} - b_n)_n$ eine Nullfolge bzgl. $|\ |$ ist.

Beweis: Sei b_n die n-te Partialsumme von (27). Für alle $n > m$ gilt dann

$$b_n - b_m = a_{m+1} + a_{m+2} + \ldots + a_n \,.$$

Aufgrund der *starken Dreiecksungleichung* ist daher $(b_n)_n$ genau dann eine $|\ |$-Cauchyfolge, wenn $(a_n)_n$ eine $|\ |$-Nullfolge ist. Da K komplett bzgl. $|\ |$ ist, ist damit alles gezeigt.

Bemerkung: *Unter den Voraussetzungen von F8 gilt: Jede Potenzreihe $\sum_{n=0}^{\infty} a_n x^n$, deren Koeffizienten a_n im Bewertungsring R von $(K, |\ |)$ liegen, konvergiert für alle $x \in K$ mit $|x| < 1$, und zwar gegen ein Element von R.*

Beweis: Wegen $|a_n x^n| \leq |a_n||x|^n \leq |x|^n$ konvergiert die Reihe für $|x| < 1$ nach F8. Da $R = \{y; |y| \leq 1\}$ *abgeschlossen* ist bzgl. $|\ |$, liegt der Grenzwert in R.

Definition 9: Für den Körper $\mathbb{Q}_p$ der p-adischen Zahlen bezeichne

$$\mathbb{Z}_p$$

den Bewertungsring von $\mathbb{Q}_p$, d.h. die Menge aller $a \in \mathbb{Q}_p$ mit $|a|_p \leq 1$. Die Elemente von $\mathbb{Z}_p$ heißen *ganze p-adische Zahlen.*

Bemerkung: Die Inklusion von $\mathbb{Z}$ in $\mathbb{Z}_p$ vermittelt für jedes $n \in \mathbb{N}$ einen Homomorphismus $\mathbb{Z}/p^n\mathbb{Z} \longrightarrow \mathbb{Z}_p/p^n\mathbb{Z}_p$, welcher offenbar injektiv ist. Man zeigt leicht, daß er auch surjektiv ist, vgl. F5. Damit ist dann sofort ersichtlich, daß $\mathbb{Z}$ dicht in $\mathbb{Z}_p$ ist, also jede p-adische Zahl a vom Betrag $|a|_p \leq 1$ beliebig genau durch (gewöhnliche) ganze Zahlen approximiert werden kann. All dies läßt sich auch sofort aus der folgenden Feststellung ablesen:

F9: *Jedes $a \in \mathbb{Z}_p$ besitzt genau eine Darstellung*

$$(28) \qquad a = \sum_{i=0}^{\infty} a_i p^i \quad \text{mit } a_i \in \{0, 1, \ldots, p-1\}.$$

Jedes $a \in \mathbb{Q}_p$ hat genau eine Darstellung

$$(29) \qquad a = \sum_{-\infty \ll i} a_i p^i \quad \text{mit } a_i \in \{0, 1, \ldots, p-1\},$$

wobei die verwendete Schreibweise besagen soll, daß über alle $i \in \mathbb{Z}$ summiert wird, aber $a_i = 0$ für fast alle $i < 0$ gelten soll. Es ist dann $w_p(a) = \text{Min}\,\{i \mid a_i \neq 0\}$.

Beweis: 1) Die Menge $S = \{0, 1, \ldots, p-1\}$ ist ein vollständiges Vertretersystem von $\mathbb{Z}_p/p\mathbb{Z}_p = \mathbb{Z}/p\mathbb{Z}$ (vgl. F7 und F5). Zu jedem $a \in \mathbb{Z}_p$ gibt es daher genau ein $a_0 \in S$ mit

$$(30) \qquad a \equiv a_0 \bmod p.$$

Rekursiv konstruieren wir uns jetzt eine wohlbestimmte Folge $a_0, a_1, a_2, \ldots$ von Elementen aus S, so daß für jedes $n = 0, 1, 2, \ldots$ die Kongruenz

$$(31) \qquad a \equiv a_0 + a_1 p + \ldots + a_n p^n \bmod p^{n+1}$$

erfüllt ist. Der Induktionsanfang ist mit (30) schon gemacht. Gilt (31), so ist

$$a = a_0 + a_1 p + \ldots + a_n p^n + a' p^{n+1}$$

mit wohlbestimmten a' aus $\mathbb{Z}_p$. Zu a' gibt es aber genau ein $a_{n+1} \in S$ mit $a' \equiv a_{n+1} \bmod p$. Es folgt

$$(32) \qquad a \equiv a_0 + a_1 p + \ldots + a_n p^n + a_{n+1} p^{n+1} \bmod p^{n+2}$$

Aus (32) folgt (31) und damit die eindeutige Bestimmtheit von $a_0, a_1, \ldots, a_n$. Wie man sich sofort überlegt, ist dann auch a_{n+1} eindeutig festgelegt. – Durch Grenzübergang $n \longrightarrow \infty$ folgt aus (31) nun die Darstellung (28) von a als unendliche Summe der verlangten Art. Ist umgekehrt eine solche Darstellung vorgelegt, so gilt (31) für jedes n, also sind die a_i durch (28) eindeutig bestimmt.

2) Jedes $a \in \mathbb{Q}_p^\times$ besitzt genau eine Darstellung

$$a = p^n a' \quad \text{mit } n \in \mathbb{Z} \text{ und } |a'|_p = 1,$$

und es ist dann $n = w_p(a)$. Teil 1) des Beweises liefert für a' eine Darstellung

$$a' = \sum_{i=0}^{\infty} a_i' p^i \quad \text{mit } a_i' \in S.$$

Für a erhalten wir dann

$$a = p^n a' = \sum_{i=0}^{\infty} a_i' p^{n+i} = \sum_{i=n}^{\infty} a_{i-n}' p^i = \sum_{i=n}^{\infty} a_i p^i$$

mit $a_i := a_{i-n}'$. Somit besitzt jedes $a \in \mathbb{Q}_p$ eine Darstellung der verlangten Art (29). Ist umgekehrt eine Darstellung der bewußten Art vorgelegt und $n := \text{Min}\{i \mid a_i \neq 0\}$, so gilt im Falle $n \neq \infty$

$$a = p^n \sum_{i=n}^{\infty} a_i p^{i-n} = p^n \sum_{i=0}^{\infty} a_{n+i} p^i = p^n \sum_{i=0}^{\infty} a_i' p^i = p^n a'$$

mit $a_0' \neq 0$. Es folgt $|a'|_p = 1$ und damit $w_p(a) = n$. Aus Teil 1) des Beweises ergibt sich die Eindeutigkeit der a_i', also auch der a_i.

3. Auch im weiteren bezeichne stets K einen Körper und $|\ |$ einen Absolutbetrag von K. Wir wollen uns jetzt mit Fragen der Fortsetzbarkeit von $|\ |$ auf algebraische Erweiterungskörper von K beschäftigen.

Definition 10: Es sei V ein Vektorraum über K. Unter einer *Norm* von V über $|\ |$ verstehen wir eine Abbildung $\|\ \| : V \longrightarrow \mathbb{R}_{\geq 0}$ mit folgenden Eigenschaften:

(i) $\|x\| = 0 \iff x = 0$

(ii) $\|\alpha x\| = |\alpha|\,\|x\|$ (für $\alpha \in K, x \in V$)

(iii) $\|x + y\| \leq \|x\| + \|y\|$

Wir nennen dann $V = (V, \|\ \|)$ einen *normierten Raum* über $(K, |\ |)$.

Bemerkungen: 1) Ist $(V, \| \; \|)$ ein normierter Raum, so ist die Abbildung $(x, y) \longmapsto \|x-y\|$ eine *Metrik* auf V, und es stehen daher die entsprechenden topologischen Begriffe zur Verfügung. Insbesondere ist klar, was unter einer *Cauchyfolge* in $(V, \| \; \|)$ zu verstehen ist.

2) Es sei V ein n-dimensionaler K-Vektorraum, und $b_1, \ldots, b_n$ sei eine Basis von V. Für $x = \sum x_i b_i$ setze man

$$\|x\| = \mathrm{Max}\,(|x_1|, \ldots, |x_n|).$$

Dann erhält man eine Norm über $| \; |$. Sie heißt die *Maximumnorm* (bzgl. der gegebenen Basis) von V. Eine Folge $\left(x^{(k)}\right)_k$ in V ist bzgl. dieser Norm genau dann eine Nullfolge, wenn alle Koordinatenfolgen $(x_i^{(k)})_k$ Nullfolgen bzgl. $| \; |$ sind. Die Konvergenz in $(V, \| \; \|)$ ist damit vollständig auf die in $(K, | \; |)$ zurückgeführt. Entsprechendes gilt hinsichtlich Cauchyfolgen. Also ist V genau dann komplett bzgl. $\| \; \|$, wenn K komplett bzgl. $| \; |$ ist.

3) Es sei $K[X]$ der Polynomring einer Variablen über K. Für jedes Polynom $f = a_0 + a_1 X + \ldots + a_n X^n$ aus $K[X]$ setzen wir

$$(33) \qquad \|f\| = \mathrm{Max}\,(|a_0|, \ldots, |a_n|)$$

und erhalten eine *Norm* von $K[X]$ über $| \; |$. Ist V der Teilraum der Polynome vom Grade $< m$, so ist V ein m-dimensionaler K-Vektorraum; im Falle eines kompletten $| \; |$ ist V daher *komplett* bzgl. $\| \; \|$. Ist $| \; |$ *nicht-archimedisch*, so ist $\| \; \|$ *ultrametrisch*, d.h. es gilt stets $\|f + g\| \le \mathrm{Max}\,(\|f\|, \|g\|)$. Übrigens gilt dann auch $\|fg\| = \|f\| \cdot \|g\|$, so daß wir durch Fortsetzung von $\| \; \|$ auf den Quotientenkörper $K(X)$ von $K[X]$ einen (nicht-archimedischen) *Absolutbetrag* von $K(X)$ erhalten. Da $\| \; \|$ eine natürliche Fortsetzung von $| \; |$ ist, bezeichnet man $\| \; \|$ auch einfach mit $| \; |$.

4) Ist E/K eine Körpererweiterung, und ist $\| \; \|$ ein Absolutbetrag von E, der $| \; |$ fortsetzt, so ist $\| \; \|$ insbesondere eine Norm des K-Vektorraumes E. □

Von grundsätzlicher Bedeutung (auch in der reellen Analysis) ist folgender Sachverhalt:

F10: *Sei $(V, \| \; \|_0)$ ein normierter Raum über $(K, | \; |)$. Der K-Vektorraum V sei endlich-dimensional, und K sei komplett bzgl. $| \; |$. Ist dann $\| \; \|$ eine beliebige Norm von V über $| \; |$, so gibt es reelle Konstanten $a > 0$ und $b > 0$ mit*

$$(34) \qquad a\|x\|_0 \le \|x\| \le b\|x\|_0 \quad \text{für alle } x \in V;$$

ferner ist $(V, \| \; \|)$ komplett. [2]

---

[2] Gilt (34), so heißen die *Normen* $\| \; \|$ und $\| \; \|_0$ *äquivalent*; im Falle von *Beträgen* entspricht dies allerdings nicht genau dem Äquivalenzbegriff von Beträgen.

Beweis: Die letzte Behauptung ergibt sich aus (34), da V ja komplett bzgl. jeder Maximumnorm $\| \ \|_0$ ist. Für den Beweis der Existenz von a und b mit (34) können wir o.E. annehmen, daß $\| \ \|_0$ die Maximumnorm in bezug auf eine Basis $e_1, \ldots, e_n$ von V ist. Wir führen Induktion nach n. Der Fall $n = 1$ ist klar. Sei also $n > 1$. Aus

$$x = x_1 e_1 + \ldots + x_n e_n$$

folgt $\|x\| \leq |x_1| \|e_1\| + \ldots + |x_n| \|e_n\|$, also gilt $\|x\| \leq b\|x\|_0$ mit $b := \|e_1\| + \ldots + \|e_n\|$. Die Existenz von a zu zeigen, ist schwieriger: Wir betrachten für jedes $1 \leq i \leq n$ den von allen e_j mit $j \neq i$ erzeugten Teilraum U_i von V. Nach Induktionsannahme ist U_i komplett bzgl. $\| \ \|$, also auch *abgeschlossen*. Also ist auch $e_i + U_i$ für jedes i eine abgeschlossene Menge von $(V, \| \ \|)$. Es gibt folglich eine offene $\| \ \|$-Kugel um 0 mit Radius $\varepsilon > 0$, welche *kein* x aus einem $e_i + U_i$ enthält. Sei jetzt $x \in V \setminus \{0\}$ beliebig, und sei x_i eine Koordinate von x mit $\|x\|_0 = |x_i|$. Dann ist die i-te Koordinate von $x_i^{-1} x$ gleich 1, d.h. $x_i^{-1} x \in e_i + U_i$, und daher gilt $\|x_i^{-1} x\| \geq \varepsilon$. Es folgt $\|x\| \geq \varepsilon |x_i| = \varepsilon \|x\|_0$, und somit ist (34) mit $a = \varepsilon$ erfüllt.

F11: *Sei E/K eine Körpererweiterung, und $| \ |_1$, $| \ |_2$ seien Beträge von E, die auf K denselben Betrag $| \ |$ vermitteln. Dann gilt:*

a) *Ist $| \ |$ nicht-trivial, so folgt aus $| \ |_1 \sim | \ |_2$ schon $| \ |_1 = | \ |_2$.*

b) *Ist E/K endlich und K komplett bzgl. $| \ |$, so ist stets $| \ |_1 = | \ |_2$. Ferner ist E komplett bzgl. $| \ |_1$.*

Beweis: a) Gelte $| \ |_1 \sim | \ |_2$. Nach F1 ist dann $| \ |_2 = | \ |_1^\varrho$ mit einem $\varrho > 0$. Ist $| \ |$ nicht-trivial, so gibt es ein $a \in K^\times$ mit $|a|_2 = |a|_1 = |a| \neq 1$. Es folgt $\varrho = 1$, also $| \ |_2 = | \ |_1$.

b) Nach F10 muß $| \ |_1 \sim | \ |_2$ gelten. Falls $| \ |$ nicht-trivial ist, folgt dann mit a) sofort $| \ |_1 = | \ |_2$. Ist $| \ |$ aber trivial, so sind $| \ |_1$, $| \ |_2$ nach F10 beide äquivalent zum trivialen Betrag von E, stimmen also notwendig mit ihm überein. – Die letzte Behauptung ergibt sich wieder aus F10.

Bemerkung: Sei $| \ |$ ein *archimedischer* Betrag auf K. Dann ist notwendig $\text{char}(K) = 0$, und wir können daher $\mathbb{Q}$ als Teilkörper von K auffassen. Von $| \ |$ wird dann nach Satz 1 auf $\mathbb{Q}$ notwendig ein zu $| \ |_\infty$ äquivalenter Betrag vermittelt. Indem wir von $| \ |$ zu einem geeigneten $| \ |^\varrho$ übergehen, können wir annehmen, daß $| \ |$ auf $\mathbb{Q}$ mit $| \ |_\infty$ übereinstimmt (vgl. Aufgabe 23.2). Ist nun K noch komplett bzgl. $| \ |$, so können wir nach F6 auch die komplette Hülle $\mathbb{R} = \mathbb{Q}_\infty$ von $\mathbb{Q}$ bzgl. $| \ |_\infty$ als Teilkörper von K annehmen. Wie man zeigen kann (vgl. Aufgabe 23.11), sind dann nur noch die Fälle $K = \mathbb{R}$ oder $K = \mathbb{C}$ möglich. Man erhält damit den folgenden

'Satz von Ostrowski':
Ist K komplett bzgl. eines archimedischen Betrages $|\ |$ von K, so ist $K = \mathbb{R}$ oder $K = \mathbb{C}$, und $|\ |$ ist zum gewöhnlichen Absolutbetrag äquivalent.

Ist K nicht als komplett vorausgesetzt, so gehe man zur kompletten Hülle über und erhält:

Ist K ein Körper mit einem archimedischen Betrag $|\ |$, so kann man K als Teilkörper von $\mathbb{C}$ auffassen, und $|\ |$ ist äquivalent zur Einschränkung des gewöhnlichen Absolutbetrages von $\mathbb{C}$ auf K. $\square$

Wir behandeln nun ein Resultat, welches für die Arithmetik von Körpern, die bezüglich eines nicht-archimedischen Betrages komplett sind, von fundamentaler Bedeutung ist. Zunächst einige Vorbetrachtungen zur Terminologie; wir legen dabei die Situation von F4 zugrunde. Wir bezeichnen mit $\overline{R} := R/\mathfrak{p}$ den Restklassenkörper von K bzgl. $|\ |$ und mit

$$(35) \qquad R \longrightarrow \overline{R}, \quad a \longmapsto \overline{a}$$

den zugehörigen Restklassenhomomorphismus. Diesen setzen wir in der üblichen Weise zu einem Homomorphismus

$$(36) \qquad R[X] \longrightarrow \overline{R}[X], \quad f \longmapsto \overline{f}$$

der Polynomringe fort. Der Kern von (36) ist das Ideal $\mathfrak{p}R[X]$ von $R[X]$; für $\overline{f} = \overline{g}$ schreiben wir aber auch einfach

$$(37) \qquad f \equiv g \bmod \mathfrak{p}.$$

Für $c \in R$ ist mit
$$(38) \qquad f \equiv g \bmod c$$

entsprechend die Kongruenz nach dem Ideal $cR[X]$ gemeint. Mittels $|\ |$ ausgedrückt bedeutet (38) also, daß für alle Koeffizienten c_i von $f - g$ die Ungleichung $|c_i| \le |c|$ erfüllt ist. Mit der Terminologie von Bemerkung 3 zu Def. 10 ist (38) dann auch gleichwertig mit $|f - g| \le |c|$.

SATZ 3 ('Henselsches Lemma'): In bezug auf den nicht-archimedischen Absolutbetrag $|\ |$ sei K komplett. Es sei $f \in R[X]$ ein Polynom mit Koeffizienten aus dem Bewertungsring R zu $|\ |$, und über dem Restklassenkörper $\overline{R} = R/\mathfrak{p}$ gebe es eine Zerlegung $\overline{f} = \varphi\psi$ mit zueinander teilerfremden Polynomen φ, ψ aus $\overline{R}[X]$. Dann gibt es Polynome g und h aus $R[X]$ mit

$$f = gh, \quad \overline{g} = \varphi, \quad \overline{h} = \psi, \quad \operatorname{grad} g = \operatorname{grad} \varphi.$$

Beweis: Zur Abkürzung setzen wir

(39) $$m = \operatorname{grad} f, \quad r = \operatorname{grad} \varphi.$$

Wegen $\overline{f} = \varphi\psi$ gibt es Polynome g_0, h_0 aus $R[X]$ mit

(40) $$\overline{g}_0 = \varphi, \quad \overline{h}_0 = \psi, \quad \operatorname{grad} g_0 = r, \quad \operatorname{grad} h_0 \leq m - r$$

(41) $$f \equiv g_0 h_0 \bmod \mathfrak{p}.$$

Aufgrund der Teilerfremdheit von φ, ψ gibt es Polynome $a, b \in R[X]$ mit

(42) $$a h_0 + b g_0 \equiv 1 \bmod \mathfrak{p}.$$

Wegen (41) und (42) existiert sicherlich ein $\pi \in \mathfrak{p}$ mit

(43) $$f \equiv g_0 h_0 \bmod \pi$$

(44) $$a h_0 + b g_0 \equiv 1 \bmod \pi.$$

Wir versuchen nun, die Approximation (43) schrittweise so zu verbessern, daß sie schließlich zu einer Gleichheit $f = gh$ führt. Für g und h machen wir den Ansatz

$$g = g_0 + a_1 \pi + a_2 \pi^2 + \dots$$
$$h = h_0 + b_1 \pi + b_2 \pi^2 + \dots$$

mit Polynomen $a_i, b_i \in R[X]$ vom Grade

(45) $$\operatorname{grad} a_i < r, \quad \operatorname{grad} b_i \leq m - r.$$

Wegen der Gradbeschränkungen sind g und h wirklich wohlbestimmte Grenzwerte aus $R[X]$. Außerdem sind die Bedingungen $g \equiv g_0 \bmod \pi$, $h \equiv h_0 \bmod \pi$ - also auch $\overline{g} = \varphi$, $\overline{h} = \psi$ - erfüllt, und es gelten für die Grade: $\operatorname{grad} g = r$, $\operatorname{grad} h \leq m - r$. Mit g_n bzw. h_n bezeichnen wir die n-ten Teilsummen von g bzw. h. Seien nun a_i, b_i für $1 \leq i \leq n - 1$ schon so bestimmt, daß

(46) $$f \equiv g_{n-1} h_{n-1} \bmod \pi^n$$

gilt; für $n = 1$ ist dies nach (43) schon klar. Wir suchen nun a_n, b_n so, daß

(47) $$f \equiv g_n h_n \bmod \pi^{n+1}.$$

Ist dies für alle n möglich, so erhalten wir durch Grenzübergang in (47) schließlich $f = gh$ und sind fertig. Wegen $g_n = g_{n-1} + a_n \pi^n$, $h_n = h_{n-1} + b_n \pi^n$ ist nun (47) gleichwertig mit

$$f \equiv g_{n-1} h_{n-1} + (a_n h_{n-1} + b_n g_{n-1}) \pi^n \bmod \pi^{n+1}.$$

Nach Division durch π^n läuft dies hinaus auf

$$(48) \qquad a_n h_{n-1} + b_n g_{n-1} \equiv d_n \bmod \pi,$$

wobei d_n das Polynom

$$d_n = (f - g_{n-1} h_{n-1})/\pi^n$$

bezeichnet, welches nach (46) wirklich Koeffizienten aus R besitzt. Offenbar ist $\mathrm{grad}\,(d_n) \leq m$. Indem wir die Kongruenz (44) einfach mit d_n multiplizieren, erhalten wir wegen $g_{n-1} \equiv g_0 \bmod \pi$ und $h_{n-1} \equiv h_0 \bmod \pi$ in der Tat eine Lösung a_n, b_n der Kongruenz (48). Allerdings sind auch die Gradbedingungen (45) noch zu befriedigen. Nun darf man aber offenbar a_n in (48) durch seinen kleinsten Rest mod g_{n-1} ersetzen; folglich darf $\mathrm{grad}\,a_n < \mathrm{grad}\,g_{n-1} = r$ angenommen werden. Mit Blick auf (48) ist dann $\mathrm{grad}\,(\bar{b}_n \bar{g}_{n-1}) \leq m$, also $\mathrm{grad}\,(\bar{b}_n) \leq m - r$. Da wir b_n aber modulo π noch abändern können, dürfen wir $\mathrm{grad}\,(b_n) = \mathrm{grad}\,(\bar{b}_n)$ annehmen und haben dann auch $\mathrm{grad}\,(b_n) \leq m - r$. $\qquad\square$

Aus dem *Henselschen Lemma* ziehen wir nun eine Reihe wichtiger Folgerungen:

F12: *In bezug auf den nicht-archimedischen Betrag $|\ |$ sei K komplett, und es sei*

$$f(X) = a_n X^n + \ldots + a_1 X + a_0$$

ein Polynom vom Grade n über K. Gilt dann

$$|a_n| < |f| = |a_i| \quad \text{für ein } i > 0,$$

so ist f reduzibel in $K[X]$.

Beweis: Indem man mit einem passenden Faktor multipliziert, darf man $|f| = 1$ annehmen. Es ist dann $f \in R[X]$. Sei r das größte i mit $|a_i| = |f| = 1$. Nach Voraussetzung ist dann $0 < r < n$, und es gilt

$$\overline{f}(X) = (\bar{a}_r X^r + \ldots + \bar{a}_0) \cdot \overline{1}$$

mit $\bar{a}_r \neq 0$. Aus Satz 3 folgt die Behauptung. – Die Relevanz der in F12 ausgesprochenen Gesetzmäßigkeit ist auf den ersten Blick vielleicht nicht ganz klar. Auf sie werden wir aber später den Beweis des grundlegenden *Fortsetzungssatzes* stützen (vgl. Satz 4 und Satz 4' weiter unten).

F13: *In bezug auf den nicht-archimedischen Betrag $|\ |$ sei K komplett. Es sei $f \in R[X]$ ein Polynom mit Koeffizienten aus dem Bewertungsring R zu $|\ |$. Gibt es dann ein $a \in R$ mit*

$$(49) \qquad f(a) \equiv 0 \bmod \mathfrak{p}, \quad f'(a) \not\equiv 0 \bmod \mathfrak{p},$$

so existiert genau ein $b \in R$ mit

$$(50) \qquad f(b) = 0 \quad und \quad b \equiv a \bmod \mathfrak{p}.$$

Beweis: (49) besagt nichts anderes, als daß $\overline{f}(X) \in \overline{R}[X]$ das Element $\overline{a}$ aus $\overline{R} = R/\mathfrak{p}$ als *einfache* Nullstelle besitzt. Mit $\varphi(X) := X - \overline{a}$ liefert daher Satz 3 die Behauptung.

F14: *Gleiche Ausgangssituation wie in F13. Gibt es dann ein $a \in R$ mit*

$$(51) \qquad\qquad |f(a)| < |f'(a)|^2,$$

so gibt es genau ein $b \in R$ mit

$$(52) \qquad f(b) = 0 \quad und \quad |b - a| < |f'(a)|.$$

Beweis: Die Behauptung stellt eine nützliche Verschärfung von F13 dar. Andererseits kann man sie aber wie folgt daraus herleiten: Entwicklung nach Potenzen von $f'(a)X$ liefert zunächst

$$(53) \qquad f(a + f'(a)X) = f(a) + f'(a)f'(a)X + f'(a)^2 X^2 h(X)$$

mit einem $h(X) \in R[X]$. Setze $c = f(a)/f'(a)^2$ und betrachte das Polynom

$$g(X) = c + X + X^2 h(X),$$

welches durch Division von (53) durch $f'(a)^2$ entsteht. Nach Voraussetzung ist $|c| < 1$. Also ist $g \in R[X]$, und es gilt $g(0) = c \equiv 0 \bmod \mathfrak{p}$ sowie $g'(0) = 1 \not\equiv 0 \bmod \mathfrak{p}$. Nach F13 besitzt daher g genau eine Nullstelle x mit $|x| < 1$. Dann ist $b := a + f'(a)x$ eine Nullstelle von f; sie erfüllt $|b - a| < |f'(a)|$ und ist hierdurch eindeutig bestimmt.

Bemerkung: Bei F14 liegt der Gedanke an das *Newtonsche Tangentenverfahren* der reellen Analysis nahe. In der Tat liefert dieses auch im 'Nichtarchimedischen' eine Folge approximativer Nullstellen des Polynoms f, die gegen die Nullstelle b von f konvergiert. Im Gegensatz zum Reellen kann dabei bei beliebigem Anfangswert a mit (51) nie etwas schiefgehen.

F15: *Sei* $a = p^{w_p(a)} a_1$ *ein beliebiges Element aus* $\mathbb{Q}_p^\times$ *und* $c \in \mathbb{Z}$ *so gewählt, daß* $a_1 \equiv c \bmod p$. *Genau dann besitzt* a *eine Quadratwurzel in* $\mathbb{Q}_p$, *wenn* $w_p(a)$ *gerade ist und die folgende Bedingung erfüllt ist: Im Falle* $p \neq 2$ *ist die Kongruenz*

$$(54) \qquad\qquad X^2 \equiv c \bmod p$$

lösbar in $\mathbb{Z}$, *im Falle* $p = 2$ *gilt*

$$(55) \qquad\qquad a_1 \equiv 1 \bmod 8 \, .$$

Beweis: Alles ergibt sich leicht durch Anwendung von F13 bzw. F14 auf das Polynom $f(X) = X^2 - a_1$. – Im Falle $p \neq 2$ läuft die Frage nach der Existenz einer Quadratwurzel von a in $\mathbb{Q}_p$ auf die Lösbarkeit der Kongruenz (54) in $\mathbb{Z}$ hinaus. Ob nun c ein quadratischer Rest modulo p ist oder nicht, läßt sich rechnerisch bequem mittels des *quadratischen Reziprozitätsgesetzes* entscheiden (vgl. Band I, S.138). □

Wir kommen nun zum eigentlichen Ziel dieses Abschnittes:

SATZ 4: *Es sei* K *komplett bzgl. des Betrages* $|\ |$. *Für eine beliebige endliche Körpererweiterung* E/K *vom Grade* n *läßt sich* $|\ |$ *zu genau einem Betrag von* E *fortsetzen; bezeichnet man diesen ebenfalls mit* $|\ |$, *so gilt für alle* α *aus* E *die Formel*

$$(56) \qquad\qquad |\alpha| = \left| N_{E/K}(\alpha) \right|^{1/n} \, ,$$

und E *ist komplett bzgl.* $|\ |$.

Beweis: 1) Die Eindeutigkeitsaussage sowie die letzte Behauptung des Satzes ergeben sich aus F11.

2) Ist $|\ |$ *archimedisch*, so ist unter Berufung auf den *Satz von Ostrowski* nichts weiter zu zeigen (vgl. die Bemerkung zu F11).

3) Sei $|\ |$ *nicht-archimedisch*. Durch (56) definieren wir dann eine Funktion $|\ | : E \longrightarrow \mathbb{R}_{\geq 0}$. Für $\alpha \in K$ ist $N_{E/K}(\alpha) = \alpha^n$, also erhalten wir wirklich eine Fortsetzung des gegebenen Betrages $|\ |$ von K. Wir haben zu zeigen, daß die Funktion $|\ | : E \longrightarrow \mathbb{R}$ die Eigenschaften (i), (ii), (iii) eines Absolutbetrages erfüllt (vgl. Def. 1). Für (i) und (ii) ist dies aufgrund der Eigenschaften der Norm $N_{E/K}$ klar. Es bleibt zu zeigen, daß $|\ |$ auf E die (*starke*) *Dreiecksungleichung* erfüllt. Hierfür genügt es offenbar zu zeigen, daß für jedes $\alpha \in E$ gilt:

$$(57) \qquad\qquad |\alpha| \leq 1 \implies |\alpha + 1| \leq 1 \, .$$

Wegen $N_{E/K}(x) = N_{K(\alpha)/K}(x)^{E:K(\alpha)}$ für alle $x \in K(\alpha)$ dürfen wir dabei gleich $E = K(\alpha)$ annehmen. Sei nun

$$f(X) = a_n X^n + a_{n-1} X^{n-1} + \ldots a_0 \quad \text{mit } a_n = 1$$

das *Minimalpolynom* von α über K. Wegen $a_0 = \pm N_{E/K}(\alpha)$ ist $|\alpha| \leq 1$ gleichbedeutend mit $|a_0| \leq 1$. Da f *irreduzibel* und $a_n = 1$ ist, muß dann nach der Folgerung F12 des *Henselschen Lemmas*

$$|a_i| \leq 1 \quad \text{für alle } i$$

gelten. Somit hat f nur Koeffizienten aus dem Bewertungsring R von K zu $|\,|$. Das gleiche gilt dann auch für das Minimalpolynom $f(X - 1)$ von $\alpha + 1$ über K. Insbesondere hat also der Absolutkoeffizient b_0 dieses Polynoms einen Betrag $|b_0| \leq 1$. Nach Definition ist nun aber $|\alpha + 1| = |b_0|^{1/n}$, also folgt in der Tat $|\alpha + 1| \leq 1$.

SATZ 4': *Sei K komplett bzgl. des nicht-archimedischen Betrages $|\,|$, und sei C ein algebraischer Abschluß von K. Dann läßt sich $|\,|$ eindeutig zu einem Betrag $|\,|$ von C fortsetzen, und für jedes $\alpha \in C$ gilt dann*

$$(58) \qquad |\alpha| = \left| N_{K(\alpha)/K}(\alpha) \right|^{1/K(\alpha):K}.$$

Sei R der Bewertungsring von K zu $|\,|$. Für $\alpha \in C$ sind folgende Aussagen äquivalent: (i) $|\alpha| \leq 1$. (ii) *Das Minimalpolynom f von α über K hat nur Koeffizienten aus R.* (iii) α *ist ganz über R.*

Beweis: Der erste Teil folgt unmittelbar aus Satz 4. Daß (i) $\Rightarrow$ (ii) gilt, haben wir im Beweis von Satz 4 bereits gesehen. Nachdem Satz 4 bewiesen ist, können wir jetzt auch wie folgt schließen: Sind $\alpha_1 = \alpha$, $\alpha_2, \ldots, \alpha_n$ die K-Konjugierten von α in C, so gilt $|\alpha| = |\alpha_i|$ aufgrund von (58). Mit $|\alpha| \leq 1$ ist also auch $|\alpha_i| \leq 1$. Die Koeffizienten von f sind aber Polynomausdrücke in $\alpha_1, \ldots, \alpha_n$, also sind auch sie vom Betrage ≤ 1. – Da (ii) $\Rightarrow$ (iii) trivialerweise gilt, bleibt noch (iii) $\Rightarrow$ (i) zu zeigen. Gelte also $\alpha^m + a_{m-1}\alpha^{m-1} + \ldots + a_0 = 0$ mit $a_i \in R$. Wäre $|\alpha| > 1$, so hätte man $|a_i \alpha^i| \leq |\alpha|^i < |\alpha|^m$ für $i < m$; hieraus erhielte man mit F3 den Widerspruch $|\alpha|^m = |\alpha^m + a_{m-1}\alpha^{m-1} + \ldots + a_0| = 0$. $\qquad \square$

Mit Satz 4 bzw. Satz 4' läßt sich nun auch im nicht kompletten Fall eine Übersicht über die Fortsetzungsmöglichkeiten eines Betrages bei einer endlichen Körpererweiterung gewinnen:

SATZ 5: *Es sei E/K eine endliche Körpererweiterung vom Grade n, und $|\ |$ sei ein Betrag auf K. Dann gelten:*

(a) *Es gibt eine Fortsetzung von $|\ |$ zu einem Betrag von E.*

(b) *Es gibt höchstens n verschiedene Fortsetzungen von $|\ |$ zu Beträgen von E.*

(c) *Seien $|\ |_1, \ldots, |\ |_r$ die sämtlichen, paarweise verschiedenen Fortsetzungen von $|\ |$ zu Beträgen von E. Für jedes $1 \le i \le r$ sei $\widehat{E}_i$ eine komplette Hülle von E bzgl. $|\ |_i$. Bezeichne ferner $(\widehat{K}, |\ |)$ eine feste komplette Hülle von K bzgl. $|\ |$. Dann ist der kanonische $\widehat{K}$-Algebrenhomomorphismus*

$$(59) \qquad E \otimes_K \widehat{K} \longrightarrow \prod_{i=1}^r \widehat{E}_i$$

surjektiv, insbesondere gilt also $\sum_{i=1}^r \widehat{E}_i : \widehat{K} \le E : K$. Ist E/K *separabel,* *so ist (59) ein Isomorphismus und folglich*

$$(60) \qquad E : K = \sum_{i=1}^r \widehat{E}_i : \widehat{K}.$$

Beweis: 1) Sei C ein algebraischer Abschluß von $\widehat{K}$. Nach Satz 4 bzw. Satz 4' besitzt $|\ |$ eine eindeutige Fortsetzung zu einem Betrag von C, welche wir ebenfalls mit $|\ |$ bezeichnen. Seien $\sigma_1, \ldots, \sigma_m$ die sämtlichen verschiedenen K-Homomorphismen von E in C. (Es ist $m \le n$, und für separables E/K ist $m = n$.) Jedes σ_i definiert einen Betrag $|\ |_i$ auf E vermöge

$$(61) \qquad |x|_i = |\sigma_i x| \quad \text{für alle } x \in E.$$

Offenbar stimmt jedes $|\ |_i$ auf K mit $|\ |$ überein. (Es kann aber durchaus $|\ |_i = |\ |_j$ für $i \ne j$ gelten.) Sei nun $|\ |'$ ein beliebiger Betrag von E, der auf K mit $|\ |$ übereinstimmt, und sei $(E', |\ |')$ eine komplette Hülle von E bzgl. $|\ |'$. Mit K' bezeichnen wir die komplette Hülle von K bzgl. $|\ |$ in E'. Die Erweiterung EK'/K' ist endlich, also ist EK' komplett bzgl. $|\ |'$, und folglich gilt

$$(62) \qquad E' = EK'.$$

Da $\widehat{K}$ und K' beides komplette Hüllen von K bzgl. $|\ |$ sind, haben wir (nach Satz 2) einen wohlbestimmten K-Isomorphismus

$$\varrho : K' \longrightarrow \widehat{K} \quad \text{mit } |\varrho x| = |x|'.$$

Diesen kann man zu einem K-Homomorphismus

$$\sigma : E' \longrightarrow C$$

fortsetzen. Wegen der Eindeutigkeit der Betragsfortsetzung im kompletten Fall ist nun aber

$$|x|' = |\sigma x| \quad \text{für alle } x \in E'.$$

Dies gilt insbesondere für alle $x \in E$; da aber σ auf E eines der σ_i vermittelt, folgt $|\ |' = |\ |_i$. Damit sind die Behauptungen (a) und (b) des Satzes bereits bewiesen. – Darüber hinaus haben wir gesehen, daß die gesuchten Betragsfortsetzungen alle durch (61) gegeben werden. (Im Falle eines *rein inseparablen* E/K existiert also genau eine.) Wenn wir wollen, können wir uns $\sigma_1, \sigma_2, \ldots, \sigma_m$ so nummeriert denken, daß (61) bereits für $i = 1, 2, \ldots, r$ die sämtlichen, paarweise verschiedenen Betragsfortsetzungen von $|\ |$ auf E liefert.

2) Seien jetzt $(\widehat{E}_1, |\ |_1), \ldots, (\widehat{E}_r, |\ |_r)$ wie oben in (c) gewählt. Da $\widehat{E}_i$ komplett bzgl. $|\ |_i$ ist, hat man (nach F6) einen wohlbestimmten betragstreuen Homomorphismus $\widehat{K} \longrightarrow \widehat{E}_i$. Vermöge desselben kann man jedes $\widehat{E}_i$ in kanonischer Weise als $\widehat{K}$-Algebra ansehen (bei gebotener Vorsicht auch als Erweiterungskörper von $\widehat{K}$). Die Diagonalabbildung $E \longrightarrow \prod_{i=1}^{r} \widehat{E}_i$ vermittelt so den kanonischen $\widehat{K}$-Algebrenhommorphismus (59). Das Bild von $\widehat{K} \longrightarrow \widehat{E}_i$ ist die komplette Hülle von K bzgl. $|\ |$ in $\widehat{E}_i$. Im Fall eines *rein inseparablen* E/K ist damit die Behauptung (c) mit Blick auf (62) schon gezeigt.

3) Ist F ein Zwischenkörper von E/K, so gilt

$$E \otimes_K \widehat{K} = E \otimes_F (F \otimes \widehat{K}).$$

Mit Blick darauf erkennt man leicht, daß es genügt, die Behauptung (c) des Satzes für den Fall einer *separablen Erweiterung* E/K zu beweisen. Dann ist $E = K(\alpha)$, und die Primfaktorzerlegung

$$(63) \qquad f = f_1 f_2 \cdots f_s$$

von $f = Mipo_K(\alpha)$ über $\widehat{K}$ hat keine mehrfachen Faktoren. Wir wählen zu jedem f_i eine Nullstelle α_i von f_i in C. Die Nummerierung der obigen $\sigma_1, \ldots, \sigma_m$ richten wir jetzt so ein, daß

$$\sigma_i \alpha = \alpha_i \quad \text{für } 1 \leq i \leq s$$

gilt. Für $j > s$ ist $\sigma_j \alpha$ über $\widehat{K}$ zu genau einem α_i mit $1 \leq i \leq s$ konjugiert, es gibt also ein $\tau \in G(C/\widehat{K})$ mit $\sigma_j = \tau \sigma_i$. Für alle $x \in E$ ist dann aber $|\sigma_j x| = |\tau \sigma_i x| \overset{!}{=} |\sigma_i x|$, also $|\ |_j = |\ |_i$. Die Zahl r der verschiedenen Betragsfortsetzungen von $|\ |$ auf E ist also höchstens gleich s. Sei jetzt $1 \leq i \leq s$. Den K-Homomorphismus $\sigma_i : E = K(\alpha) \longrightarrow \widehat{K}(\alpha_i)$ können wir – wegen $|\sigma_i x| = |x|_i$ für alle $x \in E$ – in natürlicher Weise zu einem

K-Homomorphismus $\widehat{\sigma}_i : \widehat{E}_i \longrightarrow \widehat{K}(\alpha_i)$ auf die komplette Hülle $\widehat{E}_i$ von E bzgl. $| \ |_i$ fortsetzen (denn $\widehat{K}(\alpha_i)$ ist *komplett*, da endlich über $\widehat{K}$). Wir zeigen jetzt, daß $r = s$ gilt, d.h. die Beträge $| \ |_1, \ldots, | \ |_s$ paarweise verschieden sind. Ist $| \ |_i = | \ |_j$ für $1 \leq i, j \leq s$, so betrachten wir den K-Homomorphismus $\widehat{\sigma}_j \widehat{\sigma}_i^{-1} : \widehat{K}(\alpha_i) \longrightarrow \widehat{E}_i = \widehat{E}_j \longrightarrow \widehat{K}(\alpha_j)$. Dieser ist *isometrisch* bzgl. $| \ |$ und folglich ein $\widehat{K}$-Homomorphismus. Somit sind α_i und α_j konjugiert über $\widehat{K}$, was nur $i = j$ übrig läßt.

4) Nun sind wir fertig, denn unsere Betrachtungen liefern unter Verwendung des *Chinesischen Restsatzes* das kommutative Diagramm

(64)

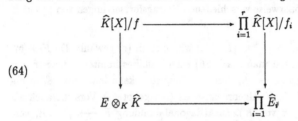

kanonischer Abbildungen, von denen die obere horizontale sowie die beiden vertikalen bereits als Isomorphismen feststehen.

Bemerkung: Es liege die Situation von Satz 5 vor. Die Isomorphie $E \otimes_K \widehat{K} \simeq \prod_{i=1}^{r} \widehat{E}_i$ oder – was nach Satz 5 auf das gleiche hinausläuft – die Gleichheit (60) besteht in vielen Fällen auch, wenn E/K nicht separabel ist. – Daß (60) jedoch nicht in allen Fällen gilt, zeigt die Aufgabe 24.2. Wie man sich überlegen kann, stimmt übrigens der Kern von (59) mit dem *Nilradikal* von $E \otimes_K K$ überein. (vgl. Aufgabe 23.15).

F16: *In der Situation von Satz 5 sei der kanonische $\widehat{K}$-Algebrenhomomorphismus* (59) *jetzt als* Isomorphismus *vorausgesetzt (was jedenfalls dann erfüllt ist, wenn E/K separabel ist). Für jedes $\alpha \in E$ ist dann das charakteristische Polynom $P_{E/K}(\alpha; X)$ gleich dem Produkt der charakteristischen Polynome $P_{\widehat{E}_i/\widehat{K}}(\alpha; X)$. Insbesondere hat man also*

(65)
$$S_{E/K}(\alpha) = \sum_{i=1}^{r} S_{\widehat{E}_i/\widehat{K}}(\alpha)$$

(66)
$$N_{E/K}(\alpha) = \prod_{i=1}^{r} N_{\widehat{E}_i/\widehat{K}}(\alpha)$$

Setzt man $n_i := \widehat{E}_i : \widehat{K}$ für $1 \leq i \leq r$, so gilt die Formel

(67)
$$|N_{E/K}(\alpha)| = \prod_{i=1}^{r} |\alpha|_i^{n_i}.$$

Beweis: Wegen $P_{E/K}(\alpha; X) = P_{E \otimes_K \hat{K}/\hat{K}}(\alpha; X)$ folgt die erste Behauptung sofort aus der $\hat{K}$-Algebrenisomorphie $E \otimes_K \hat{K} \simeq \prod_{i=1}^{r} \hat{E}_i$ (vgl. Band I, S. 165). Bezeichne $\hat{K}_i$ das kanonische Bild von $\hat{K}$ in $\hat{E}_i$. Dann gilt $|N_{\hat{E}_i/\hat{K}}(\alpha)| = |N_{\hat{E}_i/\hat{K}_i}(\alpha)|_i = |\alpha|_i^{n_i}$, wobei wir zuletzt Satz 4 herangezogen haben. Damit ergibt sich die letzte Behauptung (67) jetzt aus (66).

§23* Aufgaben und ergänzende Bemerkungen

23.1 Zeige: Ist $|\ |$ ein Betrag von K, so für jede reelle Zahl $0 < \varrho \leq 1$ auch $|\ |^\varrho$.

Hinweis: Es genügt, $(x+y)^\varrho \leq x^\varrho + y^\varrho$ für reelle $x, y > 0$ zu zeigen. Dividiere durch $(x + y)^\varrho$.

23.2 Unter einem *Quasibetrag* eines Körpers K verstehen wir eine Abbildung $|\ |$ von K in $\mathbb{R}_{\geq 0}$, welche die Eigenschaften (i) und (ii) eines Betrages besitzt und für die es eine reelle Konstante $C > 0$ gibt mit

$$(1) \qquad |a + b| \leq C \, \text{Max}(|a|, |b|).$$

Für jedes reelle $\varrho > 0$ ist mit $|\ |$ offenbar auch $|\ |^\varrho$ ein Quasibetrag von K. Als besonders wichtig erweist sich der Quasibetrag $|\ |_\infty^2$ von $\mathbb{C}$. Zeige: *Für einen Quasibetrag $|\ |$ auf K sind äquivalent:*

(i) $|\ |$ *ist ein Betrag.* (ii) *Es ist (1) mit $C = 2$ erfüllt.*
(iii) *Für alle $n \in \mathbb{N}$ gilt $|n| \leq n$.* (iv) *Die Einschränkung von $|\ |$ auf den Primkörper von K ist ein Betrag.*

Hinweis: Es ist $C = 2^\lambda$ mit $\lambda \geq 0$. Man zeige, daß gilt:

$$(2) \qquad |a_1 + \ldots + a_n| \leq (2n)^\lambda \, \text{Max}(|a_1|, \ldots, |a_n|)$$

Dazu beachte man, daß (2) im Falle einer 2-Potenz $n = 2^m$ sogar mit n^λ erfüllt ist. Für $2^m \leq n < 2^{m+1}$ ergänze $a_{n+1} = \ldots = a_{2^{m+1}} = 0$. Sei jetzt (iii) erfüllt. Dann ergibt sich aus der binomischen Formel mit (2) für alle m die Ungleichung

$$|a + b|^m \leq (2(m + 1))^\lambda (|a| + |b|)^m.$$

Ziehen der m-ten Wurzel und $m \longrightarrow \infty$ liefert $|a+b| \leq |a| + |b|$, also (i).
Die Implikationen (i) $\Rightarrow$ (iv) $\Rightarrow$ (iii) sowie (i) $\Rightarrow$ (ii) sind klar. Bleibt noch
(ii) $\Rightarrow$ (i) zu zeigen: Für $C = 2$ ist $\lambda \stackrel{.}{=} 1$, und somit gilt nach (2)

$$|n| \leq 2n.$$

Aus der binomischen Formel folgt damit wieder nach (2)

$$|a+b|^m \leq (2(m+1)) \cdot 2 \cdot (|a| + |b|)^m,$$

woraus sich wie oben $|a+b| \leq |a| + |b|$ ergibt. – Im übrigen folgt: Zu jedem
Quasibetrag $|\ |$ gibt es ein $\varrho > 0$, so daß $|\ |^\varrho$ ein Betrag ist.

23.3 Es sei $|\ |$ ein *nicht-archimedischer* Betrag von K, und d bezeichne die
zugehörige Metrik auf K. Für beliebige x, y, z aus K gilt dann

$$d(x,y) \leq \text{Max}\,(d(x,z), d(z,y)).$$

'Jedes Dreieck mit Eckpunkten x, y, z ist gleichschenklig': Ist $d(x,z) <$
$d(y,z)$, so folgt $d(y,z) = d(x,y)$.
Für $a \in K$ und $r > 0$ aus $\mathbb{R}$ setze $D(a,r) = \{x \mid d(x,a) < r\}$ und
$S(a,r) = \{x \mid d(x,a) = r\}$. Zeige: jedes $b \in D(a,r)$ ist Mittelpunkt
von $D(a,r)$, d.h. es gilt $D(a,r) = D(b,r)$. Für jedes $x \in S(a,r)$ gilt
$D(x,r) \subseteq S(a,r)$. Insbesondere ist $S(a,r)$ *offen!* Also ist jedes $D(a,r)$ *abgeschlossen.*
Folgerung: K ist *total zusammenhängend*, d.h. ist $M \neq \emptyset$ eine zusam-
menhängende Teilmenge von K, so ist M einelementig. Angenommen nämlich, es gebe $a, b \in M$ mit $r := d(a,b) > 0$. Dann ist $M \cap D(a,r)$ sowohl
offen als auch abgeschlossen in M, aber weder leer noch gleich M.

23.4 Man beachte, daß der Bewertungsring R zum p-Betrag $|\ |_p$ von $\mathbb{Q}$
nach F5 mit der *Lokalisierung* $\mathbb{Z}_{(p)}$ des Ringes $\mathbb{Z}$ nach dem Primideal (p)
übereinstimmt (vgl. Band I, Aufgabe 4.13). Die Bezeichnung $\mathbb{Z}_{(p)}$ wollen wir
allerdings nach Möglichkeit vermeiden, um Verwechslungen mit dem Ring
$\mathbb{Z}_p$ der ganzen p-adischen Zahlen auszuschließen. $\mathbb{Z}_p$ ist die abgeschlossene
Hülle von $\mathbb{Z}_{(p)}$ in $\mathbb{Q}_p$ (vgl. Def. 9 und anschl. Bem.). Sei R ein beliebiger
Integritätsring und $\mathfrak{p}$ ein *Primideal* von R. In Verallgemeinerung der letzten Aussage von F5 zeige man, daß die Inklusion $R \subset R_\mathfrak{p}$ die kanonische
Isomorphie
(1) $\text{Quot}(R/\mathfrak{p}) \simeq R_\mathfrak{p}/\mathfrak{p}R_\mathfrak{p}$

vermittelt. Im Falle eines *maximalen Ideals* $\mathfrak{p}$ ist also $R_\mathfrak{p}/\mathfrak{p}R_\mathfrak{p} \simeq R/\mathfrak{p}$.

23.5 Es sei $K = k(X)$ der rationale Funktionenkörper in einer Variablen
über dem Körper k. Für jedes normierte Primpolynom π von $k[X]$ hat man

die Abbildung $w_\pi : K \longrightarrow \mathbb{Z} \cup \{\infty\}$, vgl. Band I, Seite 52. Dann ist w_π eine *Exponentenbewertung* von $K = k(X)$ im Sinne von Def. 5, und zwar mit Wertegruppe $\mathbb{Z}$. Auf $K = k(X)$ hat man ferner die Exponentenbewertung w_∞, definiert durch

(1) $$w_\infty(f) = -\operatorname{grad} f.$$

Dabei ist der Grad einer rationalen Funktion $f = g/h$ mit $g, h \in k[X]$ durch $\operatorname{grad} f = \operatorname{grad} g - \operatorname{grad} h$ definiert.

Sei nun $|\ |$ ein beliebiger Betrag von $K = k(X)$, der *auf dem Konstantenkörper k von K trivial* ist. Wegen $|n| = 1$ für alle $n \in \mathbb{N}$ ist dann $|\ |$ notwendig *nicht-archimedisch*, so daß $|\ |$ durch eine Exponentenbewertung w gegeben ist (vgl. Bem. vor Def. 5). Man zeige jetzt:

Ist w nicht-trivial, so ist w entweder zu genau einem w_π oder zu w_∞ äquivalent. Man vergleiche dieses Ergebnis mit Satz 1, welcher eine Übersicht über alle Beträge des rationalen Zahlkörpers $\mathbb{Q}$ gibt. Bei der augenscheinlichen Analogie ist jedoch auf zwei wesentliche Abweichungen zu achten: Erstens haben wir im Falle $K = k(X)$ nicht alle Beträge betrachtet, sondern nur solche, die auf k *trivial* sind; und zweitens sind alle diese Beträge *nicht-archimedisch* – im Gegensatz zum Fall $K = \mathbb{Q}$, wo den p-Beträgen der archimedische Betrag $|\ |_\infty$ gegenübersteht. Dem Betrag w von $K = k(X)$ kommt hingegen keine Sonderrolle zu, er entspricht einfach dem Primelement X^{-1} des Polynomringes $k[X^{-1}]$. Im übrigen entfällt die erstgenannte Abweichung für $k(X)$, wenn k ein *endlicher Körper* ist.

Hinweis: Entweder ist $w(X) \geq 0$ oder $w(X) < 0$. Im ersten Fall ist $k[X]$ im Bewertungsring von w enthalten, im zweiten trifft dies auf $k[X^{-1}]$ zu. Im ersten Fall gibt es dann genau ein π mit $w \sim w_\pi$, und im zweiten folgt daraus $w \sim w_{X^{-1}} = w_\infty$.

Man zeige ferner: Der Restklassenkörper kw zu w ist im Falle $w = w_\pi$ kanonisch isomorph zum Erweiterungskörper $k[X]/\pi$ von k und im Falle $w = w_\infty$ zu k. Wir setzen $\operatorname{grad}(w) := kw : k$. Der *Produktformel* (15) für $\mathbb{Q}$ entspricht dann die Formel

(2) $$\sum_w w(f)\operatorname{grad}(w) = 0.$$

23.6 Ein Teilring R eines Körpers K heißt ein <u>*Bewertungsring*</u> von K, wenn gilt: Für jedes $a \in K$ ist $a \in R$ oder $a^{-1} \in R$. Man betrachte dann die abelsche Gruppe $\Gamma := K^\times / R^\times$ und zeige, daß sie zu einer *geordneten Gruppe* wird, wenn man (nach Übergang zur additiven Schreibweise) definiert:

(1) $$v(a) \geq 0 \iff a \in R.$$

Hierbei bezeichne $v : K^\times \longrightarrow \Gamma$ den Restklassenhomomorphismus. Man verifiziere, daß für alle $a, b \in K^\times$ mit $a + b \neq 0$ gilt:

$$(2) \qquad v(a + b) \geq \mathrm{Min}\,(v(a), v(b)).$$

Umgekehrt: Sei K ein Körper und $v : K^\times \longrightarrow \Gamma$ ein surjektiver Homomorphismus der multiplikativen Gruppe von K in eine geordnete abelsche Gruppe Γ, und besitze v die Eigenschaft (2). Man nennt dann v eine *allgemeine Exponentenbewertung* (kurz: <u>Bewertung</u>) von K. Für eine solche ist $R := \{a \in K \mid v(a) \geq 0\}$ ein *Bewertungsring* von K. Offenbar ist R ein lokaler Ring mit *größtem Ideal* $\mathfrak{p} := \{a \in K \mid v(a) > 0\}$. Zwei Bewertungen $v_1 : K^\times \longrightarrow \Gamma_1$ und $v_2 : K^\times \longrightarrow \Gamma_2$ von K heißen *äquivalent*, wenn ein ordnungstreuer Isomorphismus $\lambda : \Gamma_1 \longrightarrow \Gamma_2$ besteht mit $v_2 = \lambda \circ v_1$. Offenbar gilt nun: *Die Bewertungsringe R eines Körpers K entsprechen umkehrbar eindeutig den Klassen äquivalenter Bewertungen von K.* Sei $v : K^\times \longrightarrow \Gamma$ eine Bewertung von K. Wir setzen dann $v(0) = \infty$ und erhalten eine Abbildung $v : K \longrightarrow \Gamma \cup \{\infty\}$, die bei sinngemäßer Verwendung des hinzugefügten Zeichens ∞ nunmehr für *alle* a, b aus K die Eigenschaft $v(ab) = v(a) + v(b)$ sowie (2) erfüllt. Im Falle einer Untergruppe Γ der geordneten Gruppe $\mathbb{R}$ ist v eine Exponentenbewertung im Sinne von Def. 5. Man überzeuge sich davon, daß der oben eingeführte Äquivalenzbegriff mit unserer früheren Definition verträglich ist.

Man prüfe ferner nach, daß für den Körper $K = \mathbb{Q}$ mit den p-adischen Bewertungen w_p bis auf Äquivalenz bereits sämtliche allgemeine Bewertungen erfaßt sind. Entsprechendes gilt für die Körper $K = k(X)$, sofern man nur solche Bewertungen zuläßt, die auf k trivial sind. Läßt man diese Bedingung jedoch fallen, kann man z.B. für den Körper $\mathbb{Q}(X)$ sofort Bewertungen mit Wertegruppe $\mathbb{Z} \times \mathbb{Z}$ angeben; man beachte dazu Bem. 3 zu Def. 10. (Außerdem gibt es auf $\mathbb{Q}(X)$ natürlich auch *archimedische Beträge*.)

Ist $(K, \leq)$ ein *nicht-archimedischer geordneter* Körper, so ist die Menge R der $a \in K$ mit $n\,|a| \leq 1$ für alle natürlichen Zahlen n ein *Bewertungsring* von K.

23.7 Zeige: Für Primzahlen $p \neq q$ ist $(p^n)_n$ keine Cauchyfolge bzgl. $|\ |_q$. Hinweis: Aus $x \equiv 1 \bmod q^i$ folgt $x^q \equiv 1 \bmod q^{i+1}$. Oder einfacher: Betrachte die Folge $(p^{n+1} - p^n)_n$.

23.8 Es seien $|\ |_1, |\ |_2, \dots, |\ |_r$ paarweise inäquivalente nicht-triviale Beträge eines Körpers K. Per Induktion zeige man, daß ein $z \in K$ existiert mit

$$(1) \qquad |z|_1 > 1, \quad |z|_j < 1 \qquad \text{für } 2 \leq j \leq r.$$

Hinweis: Definitionsgemäß gibt es ein x mit $|x|_1 < 1$, $|x|_2 \geq 1$ sowie ein y mit $|y|_2 < 1$ und $|y|_1 \geq 1$. Dann erledigt $z = y/x$ den Fall $r = 2$. Sei jetzt

$r > 2$ und gelte schon $|x|_1 > 1$, $|x|_j < 1$ für $2 \leq j \leq r - 1$. Wähle ein y mit $|y|_1 > 1$ und $|y|_r < 1$. Falls $|x|_r \leq 1$, betrachte man $z = x^n y$. Falls $|x|_r > 1$, betrachte $z = y \frac{x^n}{1+x^n}$.

Man folgere den $\underline{Unabhängigkeitssatz\ von\ Artin}$ (auch *Approximationssatz* genannt): *Sind* $|\ |_1, \ldots, |\ |_r$ *paarweise inäquivalente nicht-triviale Beträge von K und $a_1, \ldots, a_r$ beliebige Elemente aus K, so gibt es zu jedem $\varepsilon > 0$ ein $x \in K$ mit*

(2) $\qquad |a_i - x|_i < \varepsilon$ für alle $1 \leq i \leq r$.

Hinweis: Sei z wie in (1). Dann erhält man mit $\frac{x^n}{1+x^n}$ eine Folge, die bzgl. $|\ |_1$ gegen 1, bzgl. der übrigen $|\ |_j$ aber gegen 0 konvergiert. Entsprechend erhält man zu *jedem* i ein Element e_i, welches nahe bei 1 liegt für $|\ |_i$ und nahe bei 0 für alle $|\ |_j$ mit $i \neq j$. Dann löst $x = a_1 e_1 + \ldots + a_r e_r$ die Aufgabe.

23.9 Es sei K ein Erweiterungskörper von $\mathbb{C}$, und $|\ |$ sei ein Betrag von K, der auf $\mathbb{C}$ mit $|\ |_\infty$ übereinstimmt. Zeige: Zu $a \in K \setminus \mathbb{C}$ gibt es ein $z_0 \in \mathbb{C}$ mit minimalem Abstand von a, also

$$|a - z| \geq |a - z_0| \quad \text{für alle } z \in \mathbb{C}.$$

Indem wir a durch ein geeignetes natürliches Vielfaches von $a - z_0$ ersetzen, erhalten wir ein $a \in K$ mit

(1) $\qquad |a - z| \geq |a| > 1 \quad$ für alle $z \in \mathbb{C}$.

Durch Betrachtung von $a^n - 1 = \prod_{k=1}^n (a - z_k)$ für beliebiges $n \in \mathbb{N}$ zeige man mit (1), daß $|a - 1| \leq |a|$ gilt und man folglich a in (1) durch $a - 1$ ersetzen kann. Induktiv folgt $|a - n| = |a|$. Hieraus ergibt sich der Widerspruch $n = |n| \leq 2|a|$ für alle n. Widerspruch wozu? Zur Existenz eines $a \in K$, welches nicht in $\mathbb{C}$ liegt. *Also muß $K = \mathbb{C}$ gelten.*

23.10 Es sei K komplett bzgl. eines *archimedischen* Betrages $|\ |$. Auf dem Teilkörper $\mathbb{Q}$ von K stimme $|\ |$ mit $|\ |_\infty$ überein.

a) Sei $c \in K$ mit $|c| < 1$. Rekursiv definiere man eine Folge $(x_n)_n$ in K durch

$$x_{n+1} = \frac{c}{x_n} - 2, \quad x_0 = 1.$$

Zeige zuerst $|x_n| \geq 1$ und dann

$$|x_{n+2} - x_{n+1}| \leq |c|\, |x_{n+1} - x_n|.$$

Es folgt, daß $(x_n)_n$ eine Cauchyfolge ist; ihr Limes x genügt der Gleichung $x^2 + 2x - c = 0$. Somit gilt:

b) Jedes Element der Form $1 + c$ mit $|c| < 1$ ist ein Quadrat in K.

c) Sei -1 *kein* Quadrat in K, und sei $L = K(i)$ ein Erweiterungskörper von K mit $i^2 + 1 = 0$. Setzt man $\|a + bi\| = |a^2 + b^2|^{\frac{1}{2}}$, so ist $\|\ \|$ eine Fortsetzung von $|\ |$ zu einem *Betrag* von L.

Hinweis: Es genügt, $\|\ \|^2$ als *Quasibetrag* zu erweisen (vgl. 23.2). Hierzu reicht es offenbar, $\|z + 1\|^2 \le 4$ für $\|z\|^2 \le 1$ zu zeigen. Für $z = a + bi$ gelte also

(1) $\qquad\qquad\qquad |a^2 + b^2| \le 1$.

Nun ist aber $\|z + 1\|^2 = |a^2 + 2a + 1 + b^2| \le 2 + 2|a|$, also genügt es zu zeigen, daß (1) notwendig $|a| \le 1$ nach sich zieht. Dazu überlege man sich, daß für *kein* $x \in K$ die Ungleichung

$$|1 + x^2| < 1$$

besteht. Andernfalls wäre nämlich nach b) das Element $1 - (1 + x^2) = -x^2$ ein Quadrat in K, also auch -1.

23.11 *Sei K ein Erweiterungskörper von $\mathbb{R}$, und $|\ |$ sei ein Betrag von K, der auf $\mathbb{R}$ mit $|\ |_\infty$ übereinstimmt. Zeige: Ist -1 ein Quadrat in K, so ist $K = \mathbb{C}$. Ist -1 kein Quadrat in K, so ist $K = \mathbb{R}$.*
Hinweis: Die wesentliche Arbeit ist mit F11 b), 23.9 und 23.10c) schon getan.

23.12 Aufgrund von F9 besteht eine *Bijektion*

$$\mathbb{Z}_p \longrightarrow (\mathbb{Z}/p)^{\mathbb{N}}.$$

Aus Mächtigkeitsgründen folgt daraus $\mathbb{Q}_p \ne \mathbb{Q}$. Man begründe dies weniger spitzfindig, indem man mit F15 zeigt: Für $p \equiv 1 \bmod 4$ ist $\sqrt{-1} \in \mathbb{Q}_p$; für $p \equiv 7 \bmod 8$ ist $\sqrt{2} \in \mathbb{Q}_p$; für $p \equiv 3 \bmod 8$ ist $\sqrt{-2} \in \mathbb{Q}_p$. Für $p = 2$ schließlich gilt $\sqrt{-7} \in \mathbb{Q}_2$.
Besser noch, zeige man: Für eine Zahl a aus $\mathbb{Q}_p$ ist die p-adische Entwicklung (29) von a genau dann *periodisch* (mit zugelassener Vorperiode), wenn a in $\mathbb{Q}$ liegt.

23.13 Der Körper F sei komplett bzgl. des nicht-archimedischen Betrages $|\ |$, und es bezeichne $\overline{F} = R/\mathfrak{p}$ den zugehörigen Restklassenkörper.
Zeige: *Ist u ein Element von R mit $u \equiv 1 \bmod \mathfrak{p}$, so ist u für jede nicht durch $\mathrm{char}\,(\overline{F})$ teilbare natürliche Zahl m eine m-te Potenz in F.*
Hinweis: F13.

23.14 Sei E/K eine *algebraische* Körpererweiterung.

(i) Aus F11 b) folgt, daß der *triviale Betrag* nur eine Betragsfortsetzung auf E besitzt, nämlich den trivialen Betrag von E. Man beweise dies auch direkt, indem man die Minimalgleichung eines $\alpha \in E$ betrachtet und $|\alpha| > 1$ annimmt.

(ii) Ist E/K *rein inseparabel*, so geht aus dem Beweis von Satz 5 hervor, daß jeder Betrag von K nur eine Betragsfortsetzung auf E besitzt. Man beweise dies auch direkt, indem man benutzt, daß jedes $x \in E$ eine Gleichung der folgenden Form erfüllt:

$$x^{p^m} = a \quad \text{mit } a \in K.$$

23.15 Sei E/K eine *endliche* Körpererweiterung, und seien $|\ |_1, \ldots, |\ |_r$ paarweise verschiedene Betragsfortsetzungen eines Betrages $|\ |$ von K auf E. Mit entsprechenden Bezeichnungen wie in Satz 5 betrachte man den kanonischen $\widehat{K}$-Algebrenhomomorphismus

$$(1) \qquad \widehat{d} : E \otimes_K \widehat{K} \longrightarrow \prod_{i=1}^{r} \widehat{E}_i.$$

Aufgrund von F11 sind die $|\ |_1, \ldots, |\ |_r$ paarweise inäquivalent. Daher liefert der *Unabhängigkeitssatz von Artin* (vgl. 23.8), daß die Diagonalabbildung

$$d : E \longrightarrow \prod_{i=1}^{r} \widehat{E}_i$$

E auf eine in $\prod_{i=1}^{r} \widehat{E}_i$ *dichte* Teilmenge abbildet. Hieraus folgt nun mit F10 sofort die *Surjektivität* der Abbildung (1), denn deren Bild ist ein $\widehat{K}$-Teilvektorraum. – Insgesamt erhalten wir so eine wesentlich abgekürzte Begründung für die Gültigkeit von Satz 5, allerdings mit Ausnahme der letzten Aussage, wonach (1) für *separables* E/K ein Isomorphismus ist, wenn es sich bei $|\ |_1, \ldots, |\ |_r$ um die *sämtlichen* Betragsfortsetzungen von $|\ |$ handelt. Dazu zeige nun allgemeiner:

Sind $|\ |_1, \ldots, |\ |_r$ *die sämtlichen, paarweise verschiedenen Betragsfortsetzungen von* $|\ |$, *so ist der Kern von* (1) *das Nilradikal der* $\widehat{K}$-*Algebra* $E \otimes_K \widehat{K}$.

Hinweis: Es ist nur Kern $\widehat{d} \subseteq \sqrt{0}$ zu zeigen. Da es sich bei $E \otimes_K \widehat{K}$ jedenfalls um eine endlich-dimensionale $\widehat{K}$-Algebra handelt, genügt es (nach Band I, Aufgabe 4.14 sowie §1, F2) zu zeigen, daß Kern $\widehat{d}$ in jedem maximalen Ideal $\mathfrak{m}$ von $E \otimes_K \widehat{K}$ enthalten ist. Dazu beachte man, daß der Restklassenkörper $E \otimes_K \widehat{K}/\mathfrak{m}$ als endlicher Erweiterungskörper von $\widehat{K}$ angesehen werden kann und daher eine Betragsfortsetzung $|\ |_i$ von E vermittelt. Es folgt $E \otimes_K \widehat{K}/\mathfrak{m} \simeq \widehat{E}_i$. – Ist E/K *separabel*, so ist $E \otimes_K \widehat{K} \simeq \widehat{K}[X]/f$ mit einem *separablem* irreduziblen $f \in K[X]$, also hat $E \otimes_K \widehat{K}$ in der Tat keine nilpotenten Elemente $\neq 0$.

23.16 Es sei $q = c/d$ mit natürlichen Zahlen $c > d$. Dann hat jede natürliche Zahl n eine q-adische Darstellung der Gestalt

$$(1) \qquad n = a_0 + a_1 q + \ldots + a_r q^r \quad \text{mit} \quad a_i \in \{0, 1, \ldots, c-1\}.$$

Beweis: Division mit Rest liefert zunächst

$$n = yc + a_0 \quad \text{mit} \quad 0 \le a_0 < c \quad \text{und} \quad y \le n/c.$$

Es folgt $dn = (dy)\,c + a_0 d$ mit $dy \le dn/c < n$. Ist $y \ne 0$, so hat man per Induktion $dy = a_1 + \ldots + a_r q^{r-1}$ mit a_i wie in (1). Dann gilt

$$dn = (a_1 + \ldots + a_r q^{r-1})\,c + a_0 d,$$

und Division durch d ergibt die Behauptung. – Im übrigen kann man auch zeigen: Sind c, d teilerfremd, so ist die Darstellung (1) eindeutig.

§ 24

Restklassengrad und Verzweigungsindex

Im folgenden seien E/K eine Körpererweiterung und $|\ |$ ein *nicht-archimedischer* Betrag von E. Mit A bzw. R bezeichnen wir den *Bewertungsring* von E bzw. K bzgl. $|\ |$, mit $\mathfrak{P}$ bzw. $\mathfrak{p}$ die zugehörigen *Bewertungsideale*. Für die Restklassenkörper verwenden wir (unter 'Bezeichnungsmißbrauch' im Vergleich etwa zu Satz 3 in §23) auch die Bezeichnungen

$$\overline{K} = R/\mathfrak{p}, \qquad \overline{E} = A/\mathfrak{P}.$$

Der natürliche Homomorphismus $R/\mathfrak{p} \longrightarrow A/\mathfrak{P}$ ist wegen $R \cap \mathfrak{P} = \mathfrak{p}$ injektiv; wir können und wollen daher $\overline{K}$ stets als Teilkörper von $\overline{E}$ auffassen.

Definition 1: Es liege die obige Situation vor. Der Grad

$$f = \overline{E} : \overline{K}$$

der Körpererweiterung $\overline{E}/\overline{K}$ heißt der *Restklassengrad* von E/K (bzgl. $|\ |$). Der Index

$$e = |E^{\times}| : |K^{\times}|$$

der Wertegruppen heißt der *Verzweigungsindex* von E/K (bzgl. $|\ |$). Für e und f werden wir auch die Bezeichnungen $e = e(E/K)$ und $f = f(E/K)$ verwenden (wobei $|\ |$ natürlich als festgehalten zu denken ist).

Bemerkungen: a) Für einen Zwischenkörper F von E/K gelten offenbar

$$e(E/K) = e(E/F) \cdot e(F/K), \quad f(E/K) = f(E/F) \cdot f(F/K).$$

b) Ist $\widehat{E}$ eine komplette Hülle von E bzgl. $|\ |$ und $\widehat{K}$ die komplette Hülle von K bzgl. $|\ |$ innerhalb $\widehat{E}$, so folgt aus F7, §23 sofort

$$e(\widehat{E}/\widehat{K}) = e(E/K), \quad f(\widehat{E}/\widehat{K}) = f(E/K).$$

Bei Übergang zur Komplettierung bleiben also Restklassengrad und Verzweigungsindex ungeändert.

c) Sei E/K endlich. Dann ist (mit den obigen Bezeichnungen) auch $\widehat{E}/\widehat{K}$ endlich, und es gilt $\widehat{E} : \widehat{K} \leq E : K$ (vgl. §23, Satz 5). Man nennt $\widehat{E} : \widehat{K}$ den *lokalen Grad* von E/K bzgl. $|\ |$.

F1: *Unter den Voraussetzungen und Bezeichnungen von Def. 1 gilt: Ist E/K endlich vom Grade n, so besteht die Ungleichung*

(1) $$ef \leq n.$$

Insbesondere sind dann also e und f endlich.

Beweis: Seien $\alpha_1, \ldots, \alpha_r$ Elemente aus A, deren Bilder $\overline{\alpha_1}, \ldots, \overline{\alpha_r}$ in $\overline{E}$ linear unabhängig über $\overline{K}$ sind; ferner seien $\pi_1, \ldots, \pi_s$ Elemente aus $E^\times$, deren Beträge modulo $|K^\times|$ paarweise verschieden sind. Wir behaupten, daß dann das System der Elemente $\alpha_i \pi_j$ stets linear unabhängig über K ist. Hieraus folgt $rs \leq n$, und somit muß auch (1) gelten. – Zunächst stellen wir fest, daß für beliebige $a_1, \ldots, a_r \in K$

(2) $$\left| \sum_{i=1}^{r} a_i \alpha_i \right| = \mathrm{Max}\,(|a_1|, \ldots, |a_r|)$$

gilt. Zum Beweis kann man voraussetzen, daß nicht alle $a_i = 0$ sind. Nach Multiplikation mit einem entsprechenden Faktor können wir dann von $\mathrm{Max}\,(|a_1|, \ldots, |a_r|) = 1$ ausgehen. Wäre nun (2) nicht richtig, so wäre die linke Seite notwendig < 1, also müßte $\sum \overline{a_i}\overline{\alpha_i} = 0$ gelten. Da aber wenigstens einmal $|a_i| = 1$ gilt, stünde dies im Widerspruch zur linearen Unabhängigkeit der $\overline{\alpha_i}$. – Sei nun

(3) $$\sum_{i,j} a_{ij} \alpha_i \pi_j = 0 \quad \text{mit } a_{ij} \in K.$$

Wir schreiben dies in der Form

(4) $$\sum_{j} c_j \pi_j = 0 \quad \text{mit } c_j = \sum_{i} a_{ij} \alpha_i.$$

Wegen (2) hat jedes $c_j \neq 0$ einen Betragswert in $|K^\times|$. Nach Wahl der π_j gilt folglich $|c_i \pi_i| \neq |c_j \pi_j|$ für $i \neq j$. Aus dem Zusatz zur starken Dreiecksungleichung (§23, F3) ergibt sich daher

$$\left| \sum c_j \pi_j \right| = \mathrm{Max}\,(|c_1 \pi_1|, \ldots, |c_s \pi_s|).$$

Doch dies ist nur dann mit (4) verträglich, wenn alle $c_j = 0$ sind. Wegen (2) sind dann aber auch alle $a_{ij} = 0$, was zu beweisen war.

Bemerkung: Sei E/K endlich vom Grade n. Hat ein Betrag $|\ |$ von K die paarweise verschiedenen Fortsetzungen $|\ |_1, |\ |_2, \ldots, |\ |_r$ zu Beträgen von E, so gilt

$$(5) \qquad \sum_{i=1}^{r} e_i f_i \leq n,$$

wobei e_i bzw. f_i Verzweigungsindex bzw. Restklassengrad von E/K bzgl. $|\ |_i$ bezeichnen. Dies folgt im Hinblick auf $\sum n_i \leq n$ (§23, Satz 5) sofort aus F1, wenn man noch Bemerkung b) zu Def. 1 beachtet. – Ist K *komplett* bzgl. $|\ |$, so gibt es nur *eine* Fortsetzung von $|\ |$ zu einem Betrag von E. Doch nicht in allen Fällen steht dann in (1) das Gleichheitszeichen (ein Gegenbeispiel wird in Aufgabe 24.3 angegeben). Setzt man jedoch zusätzlich voraus, daß es sich bei $|\ |$ um einen sogenannten *diskreten* Betrag handelt, gilt stets $ef = n$; dies zu zeigen, ist unser nächstes Ziel.

Definition 2: Ein Absolutbetrag $|\ |$ von K heißt <u>*diskret*</u>, wenn $|K^\times|$ eine diskrete Untergruppe $\neq \{1\}$ von $\mathbb{R}_{>0}$ ist.

Bemerkungen: a) Ist $|\ |$ diskret, so ist $|\ |$ nicht-archimedisch. Wäre $|\ |$ nämlich archimedisch, so wäre $\mathbb{Q}$ ein Teilkörper von K. Aber ein archimedischer Betrag auf $\mathbb{Q}$ besitzt bereits eine in $\mathbb{R}_{>0}$ dichte Wertegruppe (vgl. §23, Satz 1).

b) Sei $|\ |$ ein *diskreter Betrag* von K. Als diskrete Untergruppe von $\mathbb{R}_{>0}$ ist $|K^\times|$ *zyklisch*, also von der Gestalt $|K^\times| = \{c^n \mid n \in \mathbb{Z}\}$ mit einem $c > 0$ (vgl. Aufgabe 24.1). Wegen $|K^\times| \neq \{1\}$ ist $c \neq 1$. Man kann dann auch $c < 1$ annehmen. Betrachtet man die zugehörige *Exponentenbewertung* $w : K \longrightarrow \mathbb{R} \cup \{\infty\}$, definiert durch

$$(6) \qquad |x| = c^{w(x)},$$

so gilt $w(K^\times) = \mathbb{Z}$. Eine solche Exponentenbewertung (zu einem diskreten Betrag) wollen wir *normiert* nennen. Wir wählen nun ein $\pi \in K^\times$ mit $|\pi| = c$, also $w(\pi) = 1$; ein solches π heißt ein *Primelement* von K bzgl. $|\ |$ (bzw. w). Für jedes $x \in K^\times$ hat man nämlich die Darstellung

$$(7) \qquad x = \pi^{w(x)} u \quad \text{mit} \quad w(u) = 0,$$

und es gibt überhaupt nur eine Darstellung der Gestalt $x = \pi^i u$ mit $w(u) = 0$, da Anwendung von w sofort $w(x) = i$ liefert. Insbesondere ist also der Bewertungsring R *faktoriell*, und bis auf Multiplikation mit Einheiten $u \in R^\times$ ist π das einzige Primelement des Ringes R. Darüber hinaus überzeugt man sich sofort, daß gilt: R ist ein *Hauptidealring*, und jedes Ideal $\neq 0$ von R hat die Gestalt $\pi^i R = (\pi^i)$ mit eindeutig bestimmtem $i \geq 0$.

c) Ist E/K eine Körpererweiterung, so ist ein Betrag von E mit *endlichem* $e = e(E/K)$ genau dann diskret, wenn seine Einschränkung auf K diskret ist. Ist nämlich w eine zugehörige Exponentenbewertung, so gilt $ew(E^\times) \subseteq w(K^\times) \subseteq w(E^\times)$; also ist $w(K^\times)$ genau dann isomorph zu $\mathbb{Z}$, wenn $w(E^\times)$ isomorph zu $\mathbb{Z}$ ist.

F2: *Es sei K komplett bzgl. des diskreten Betrages $|\ |$, und es sei w die zugehörige normierte Exponentenbewertung. Die Teilmenge S von K mit $0 \in S$ sei ein vollständiges Vertretersystem für $\overline{K}$. Für jedes $i \geq 0$ aus $\mathbb{Z}$ wähle man ein π_i mit $w(\pi_i) = i$. (Ist π ein Primelement für w, so kann man z.B. $\pi_i = \pi^i$ nehmen.) Dann hat jedes $a \in K$ eine eindeutige Darstellung*

$$(8) \qquad a = \sum_{-\infty \ll i} a_i \pi_i \quad \text{mit } a_i \in S.$$

Ist n das kleinste i in (8) mit $a_i \neq 0$, so ist $w(a) = n$.

Beweis: Den Beweis für Existenz und Eindeutigkeit der Darstellung (8) für a aus dem Bewertungsring R von K führt man völlig analog wie im Fall $K = \mathbb{Q}_p$ und $\pi_i = p^i$, vgl. §23, F9. Sei nun $a = \pi^m a'$ ein beliebiges Element aus K mit $m = w_\pi(a)$. Für $\pi'_i = \pi_{i+m}\pi^{-m}$ gilt ebenfalls $w(\pi'_i) = i$. Es gibt dann eine eindeutige Darstellung

$$a' = \sum_{i=0}^{\infty} a'_i \pi'_i \quad \text{mit } a'_i \in S.$$

Daher erhält man mit

$$a = \pi^m a' = \sum_{i=0}^{\infty} a'_i \pi'_{i+m} = \sum_{i=m}^{\infty} a'_{i-m} \pi_i$$

die gewünschte Darstellung von a. Der Rest geht nun entsprechend wie in §23, F9. – Es sei noch folgendes bemerkt: Im Falle $\pi_i = \pi^i$ für alle i besitzt also jedes $a \in K$ eine eindeutige Darstellung als *'Laurentreihe mit endlichem Hauptteil'* in π und Koeffizienten in S. Der Addition bzw. Multiplikation von Elementen aus K entspricht dann offenbar die Addition bzw. Multiplikation der zugehörigen Laurentreihen; da aber S im allgemeinen nicht additiv und multiplikativ abgeschlossen gewählt werden kann, haben die entstehenden Laurentreihen nicht notwendig Koeffizienten in S, sind also von selbst i.a. noch keine π-adischen Entwicklungen gemäß (8). Man beachte aber das folgende

Beispiel: Es sei $F(X)$ der Körper der rationalen Funktionen in der Variablen X über dem Körper F. Zunächst für ein *Polynom* $f \in F[X]$ sei

$w(f)$ der Exponent der höchsten in f aufgehenden Potenz von X, wobei $w(0) = \infty$ zu setzen ist. In offenkundiger Weise läßt sich w sich zu einer (normierten) *Exponentenbewertung* w von $F(X)$ fortsetzen. Wie man sich leicht überlegt, ist der Teilkörper F von $F(X)$ unter der Restklassenabbildung zum Restklassenkörper von $F(X)$ bzgl. w isomorph.

Bezeichnet nun $F((X))$ die *komplette Hülle* von $F(X)$ bzgl. w, so besitzt nach F2 jedes $f \in F((X))$ eine eindeutige Darstellung

$$(9) \qquad f = \sum_{-\infty \ll i} a_i X^i \quad \text{mit } a_i \in F.$$

Der Bewertungsring $F[[X]]$ von $F((X))$ bzgl. w ist der *Ring der formalen Potenzreihen in X über F*, bestehend aus allen f mit $a_i = 0$ für $i < 0$. Wir nennen daher $F((X))$ den *Körper der formalen Laurentreihen mit endlichem Hauptteil in der Variablen X über dem Körper F*. - Im vorliegenden Falle erhalten wir also mit dem Teilkörper F ein 'multiplikations- und additionstreues' Restsystem. Zum Vergleich: Der Körper $\mathbb{Q}_p$ der p-adischen Zahlen besitzt zwar ein multiplikationstreues Restsystem (wie aus Satz 4 weiter unten hervorgeht), aber kein Restsystem von $\mathbb{Q}_p$ ist additionstreu, da $\mathbb{Q}_p$ und $\overline{\mathbb{Q}}_p$ verschiedene Charakteristik haben. $\square$

Wenden wir uns jetzt dem Beweis der oben schon angekündigten Formel $n = ef$ im Falle eines *kompletten* und *diskreten* Betrages zu. Wir beginnen mit dem folgenden

Lemma: *Es liege die allgemeine Situation von Def. 1 vor, und π sei ein Element von K mit $|\pi| < 1$. Ist K komplett bzgl. $|\ |$, so gilt: Sind $\beta_1, \ldots, \beta_r \in A$ Vertreter eines Erzeugendensystems von $A/\pi A$ über $R/\pi R$, so ist $\beta_1, \ldots, \beta_r$ ein Erzeugendensystem von A über R.*

Beweis: Setze $M = R\beta_1' + \ldots + R\beta_r$. Nach Voraussetzung gilt dann

$$(10) \qquad A = M + \pi A.$$

Sei $x \in A$. Mit (10) erhält man rekursiv Folgen $(x_i^{(n)})_n$ von Elementen aus R mit

$$(11) \qquad x \equiv x_1^{(n)}\beta_1 + \ldots + x_r^{(n)}\beta_r \mod \pi^n A$$

$$(12) \qquad x_i^{(n+1)} \equiv x_i^{(n)} \mod \pi^n R.$$

Wegen (12) konvergiert jede Folge $\left(x_i^{(n)}\right)_n$ gegen ein Element x_i aus R (vgl. §23, F8), und aus (11) ergibt sich dann durch Grenzübergang $x = x_1\beta_1 + \ldots + x_r\beta_r$.

SATZ 1: *Es sei E/K eine Körpererweiterung, und $|\;|$ sei ein <u>diskreter</u> Betrag von E. Wir setzen voraus, daß E/K bzgl. $|\;|$ endlichen Verzweigungsindex e und <u>endlichen</u> Restklassengrad f besitzt. Ist dann K komplett bzgl. $|\;|$, so ist die Erweiterung E/K endlich, und für ihren Grad n gilt*

$$(13) \qquad n = ef\,.$$

Beweis: Seien π bzw. Π Primelemente von K bzw. E bzgl. $|\;|$. Das Ideal πA von A hat dann die Gestalt $\pi A = \Pi^m A$ mit einer natürlichen Zahl m (vgl. Bem. b) zu Def. 2). Nun ist $|E^\times| : |K^\times| = \,<|\Pi|> \,:\, <|\Pi^m|> = m$; also folgt $m = e$ und wir haben

$$(14) \qquad \pi A = \Pi^e A\,.$$

Seien jetzt $\alpha_1, \ldots, \alpha_f$ Vertreter einer Basis von $\overline{E} = A/\Pi A$ über $\overline{K} = R/\pi R$. Wir betrachten die Elemente

$$(15) \qquad \alpha_i \Pi^j \quad \text{für } 1 \leq i \leq f,\ 0 \leq j < e,$$

und behaupten, daß sie ein Erzeugendensystem von A über R bilden (und damit auch eines von E über K). Dies aber folgt sofort aus dem vorausgeschickten Lemma, denn mit $M := R\alpha_1 + \ldots + R\alpha_f$ gilt $A = M + \Pi A = M + \Pi(M + \Pi A) = \ldots = M + \Pi M + \ldots + \Pi^{e-1}M + \Pi^e A$, also bilden die Elemente (15) ein Erzeugendensystem von A modulo $\Pi^e A = \pi A$. Somit haben wir gezeigt, daß die Erweiterung E/K endlich ist und ihr Grad n die Ungleichung $n \leq ef$ erfüllt. Nach F1 gilt andererseits $ef \leq n$, womit (13) bewiesen ist. – Wir können außerdem festhalten, daß die Elemente in (15) eine <u>*Basis*</u> von E/K bilden.

SATZ 2: *Sei E/K endlich vom Grade n. Seien $|\;|_1, \ldots, |\;|_r$ die sämtlichen, paarweise verschiedenen Fortsetzungen eines Betrages $|\;|$ von K zu Beträgen von E. Werden in dieser Situation der Betrag $|\;|$ als diskret und die Erweiterung E/K als separabel vorausgesetzt, so gilt die Formel*

$$(16) \qquad n = \sum_{i=1}^{r} e_i f_i\,.$$

Beweis: Nach (60) in §23 gilt $n = \sum_{i=1}^{r} n_i$, und Satz 1 liefert $n_i = e_i f_i$. Unter Beachtung von Bem. b) zu Def. 1 ist damit die Behauptung bewiesen (vgl. auch die Bem. vor Def. 2).   □

Von großer Bedeutung ist der nachfolgend eingeführte Begriff:

Definition 3: Es liege wieder die Situation von Def. 1 vor. Ferner sei E/K endlich, und $\widehat{E}$ bezeichne die komplette Hülle von E bzgl. $|\ |$ und $\widehat{K}$ die von K innerhalb $\widehat{E}$. Man nennt E/K *unverzweigt bzgl.* $|\ |$, wenn

$$\overline{E} : \overline{K} = \widehat{E} : \widehat{K}$$

gilt und außerdem $\overline{E}/\overline{K}$ *separabel* ist.

Bemerkungen: In der obigen Situation habe E/K bzgl. $|\ |$ den Verzweigungsindex e und den Restklassengrad f. Wegen $ef \leq \widehat{E} : \widehat{K}$ gilt: Ist E/K unverzweigt bzgl. $|\ |$, so ist $e = 1$. Nach Satz 1 gilt: *Ist* $|\ |$ *diskret, so ist* E/K *genau dann unverzweigt bzgl.* $|\ |$, *wenn* $e = 1$ *ist und* $\overline{E}/\overline{K}$ *separabel.* Für einen Zwischenkörper L von E/K gilt offenbar: E/K ist bzgl. $|\ |$ genau dann unverzweigt, wenn E/L und L/K es sind.

Im *kompletten* Fall stimmt der Grad einer unverzweigten Erweiterung E/K mit dem Grad ihrer Restklassenkörpererweiterung $\overline{E}/\overline{K}$ überein. Der folgende Satz zeigt nun, daß dann sogar die ganze Erweiterung E/K durch die Erweiterung $\overline{E}/\overline{K}$ im Prinzip vollständig festgelegt ist.

SATZ 3: *Sei K komplett bzgl. des nicht-archimedischen Betrages $|\ |$. Die eindeutige Fortsetzung von $|\ |$ auf den algebraischen Abschluß C von K werde auch mit $|\ |$ bezeichnet. Dann gelten:*

(i) *Der Restklassenkörper $\overline{C}$ von C ist algebraischer Abschluß von $\overline{K}$.*

(ii) *Zu jeder endlichen Erweiterung $F/\overline{K}$ in $\overline{C}/\overline{K}$ gibt es eine Erweiterung L/K in C/K mit $\overline{L} = F$ und $L : K = \overline{L} : \overline{K}$.*

(iii) *Die Abbildung, welche jedem Zwischenkörper von C/K seinen Restklassenkörper zuordnet, vermittelt eine Bijektion zwischen der Menge aller endlichen unverzweigten Erweiterungen L/K in C/K und der Menge aller endlichen separablen Erweiterungen $F/\overline{K}$ in $\overline{C}/\overline{K}$. Diese Bijektion ist (in beiden Richtungen) inklusionstreu. Jedes unverzweigte L/K ist separabel.*

(iv) *Jede endliche Erweiterung E/K in C/K besitzt eine größte unverzweigte Teilerweiterung L/K. Falls $\overline{E}/\overline{K}$ separabel ist, gilt für diese $\overline{E} = \overline{L}$ bzw. $L : K = \overline{E} : \overline{K}$.*

(v) *Ist L/K unverzweigt, so ist L/K genau dann galoissch, wenn $\overline{L}/\overline{K}$ galoissch ist, und in dem Fall hat man einen natürlichen Isomorphismus $G(L/K) \longrightarrow G(\overline{L}/\overline{K})$ der zugehörigen Galoisgruppen.*

Beweis: a) Sei $\overline{\alpha}$ mit $\alpha \in C$, $|\alpha| \leq 1$ ein beliebiges Element von $\overline{C}$. Das Minimalpolynom f von α über K hat nur Koeffizienten im Bewertungsring R von K (vgl. §23, Satz 4'). Also können wir $\overline{f} \in \overline{K}[X]$ betrachten; es gilt $\overline{f}(\overline{\alpha}) = 0$, und $\overline{f}$ ist normiert. Also ist $\overline{\alpha}$ algebraisch über $\overline{K}$.

b) Ein beliebiges normiertes Polynom aus $\overline{K}[X]$ ist von der Form $\overline{f}$ mit normiertem $f \in R[X]$. Da C algebraisch abgeschlossen ist, gilt $f(X) = \prod_i (X - \alpha_i)$ mit α_i aus C. Wegen Satz 4', §23 liegen alle α_i im Bewertungsring von C. Es folgt $\overline{f}(X) = \prod_i (X - \overline{\alpha}_i)$, also zerfällt $\overline{f}$ vollständig über $\overline{C}$. Somit ist $\overline{C}$ auch algebraisch abgeschlossen.

c) Sei $\overline{\alpha} \in \overline{C}$ und $\overline{f}$ das Minimalpolynom von $\overline{\alpha}$ über $\overline{K}$; dabei kann f als normiert vorausgesetzt werden. Da $f \in R[X]$ über C vollständig zerfällt, ist α so wählbar, daß $f(\alpha) = 0$ gilt. Sei $L = K(\alpha)$. Nun ist $R[\alpha]$ im Bewertungsring von L enthalten, also gilt $\overline{K}[\overline{\alpha}] \subseteq \overline{L}$. Wegen F1 haben wir dann $\overline{L} : \overline{K} \leq L : K \leq \mathrm{grad}\, f = \mathrm{grad}\, \overline{f} = \overline{K}(\overline{\alpha}) : \overline{K} \leq \overline{L} : \overline{K}$; in dieser Ungleichungskette steht somit überall das Gleichheitszeichen. Es folgt $\overline{L} = \overline{K}(\overline{\alpha})$ und $L : K = \overline{L} : \overline{K}$. Außerdem ist $K(\alpha) : K = \mathrm{grad}\, f$, also f *irreduzibel* über K. Damit ist (ii) im Falle einer *einfachen* Erweiterung $F = \overline{K}(\overline{\alpha})$ bereits bewiesen. Der allgemeine Fall läßt sich aber hierauf per Induktion leicht zurückführen.

d) Sei jetzt $F/\overline{K}$ eine endliche separable Erweiterung in $\overline{C}/\overline{K}$. Nach dem Satz vom primitiven Element ist dann $F = \overline{K}(\overline{\alpha})$. Teil c) liefert dann ein *unverzweigtes* L/K mit $\overline{L} = F$. Außerdem: Hat man über C die Zerlegung $f(X) = \prod(X - \alpha_i)$ mit $\alpha_1 = \alpha$, so folgt $\overline{f}(X) = \prod(X - \overline{\alpha}_i)$. Mit $\overline{f}$ ist daher auch f separabel.

e) Sei jetzt E/K eine beliebige endliche Erweiterung in C/K, und sei F ein Zwischenkörper der größten separablen Erweiterung $(\overline{E})_s/\overline{K}$ in $\overline{E}/\overline{K}$. Zu F sei $L = K(\alpha)$ ein wie oben konstruierter unverzweigter Erweiterungskörper von K mit $\overline{L} = F$. Wir behaupten, daß dann notwendig $L \subseteq E$ gilt. Dies vollendet den Beweis von (iii). Ist nämlich E/K selbst *unverzweigt* und $F = \overline{E}$, so zieht $L \subseteq E$ aus Gradgründen $E = L$ nach sich. Auch die behauptete Inklusionstreue ist jetzt klar. Schließlich ergibt sich daraus (iv); man betrachte dazu die unverzweigte Erweiterung L/K mit $\overline{L} = (\overline{E})_s$. Zurück zu unserer Behauptung: Zum Beweis von $L \subseteq E$ ist $\alpha \in E$ zu zeigen. Hierzu fasse man f als Polynom über E auf. Nun hat $\overline{f}$ in $F \subseteq \overline{E}$ die *einfache* Nullstelle $\overline{\alpha}$. Da E komplett ist, hat f nach F13, §23 eine Nullstelle β in E mit $\overline{\beta} = \overline{\alpha}$. Nun ist das Polynom f aber so beschaffen, daß für alle Nullstellen $\alpha_i \neq \alpha_j$ von f in C auch $\overline{\alpha}_i \neq \overline{\alpha}_j$ gilt, vgl. d). Es folgt $\beta = \alpha$, also $\alpha \in E$.

f) Nach Voraussetzung ist $\overline{L}/\overline{K}$ separabel, also $\overline{L}$ von der Form $\overline{L} = \overline{K}(\overline{\alpha})$. Mit f und α wie oben ist $L = K(\alpha)$ und $f = Mipo_K(\alpha)$. Außerdem ist L/K separabel. Sei jetzt L/K normal, d.h. zerfalle f vollständig über L. Dann zerfällt $\overline{f}$ vollständig über $\overline{L}$, also ist $\overline{L}/\overline{K}$ ebenfalls normal. Sei umgekehrt $\overline{L}/\overline{K}$ als normal vorausgesetzt. Für f haben wir jedenfalls über C eine Zerlegung $f = \prod(X - \alpha_i)$. Setze $L_i = K(\alpha_i)$. Nach c) gilt $\overline{L}_i = \overline{K}(\overline{\alpha}_i)$. Aufgrund der Voraussetzung ist nun aber $\overline{L} = \overline{K}(\overline{\alpha}) = \overline{K}(\overline{\alpha}_i)$, also $\overline{L} = \overline{L}_i$. Es folgt $L_i = L$ nach (iii). Also ist L/K normal.

g) Sei $\sigma \in G(L/K)$. Dann gilt $|\sigma x| = |x|$ für alle $x \in L$ (vgl. §23, Satz 4′). Hieraus folgt, daß σ einen Automorphismus $\overline{\sigma}$ des Restklassenkörpers $\overline{L}$ vermittel; für alle x aus dem Bewertungsring von L gilt dann

$$\overline{\sigma}(\overline{x}) = \overline{\sigma(x)}.$$

Offenbar ist $\overline{\sigma} \in G(\overline{L}/\overline{K})$. Mit $\sigma \longmapsto \overline{\sigma}$ erhalten wir einen natürlichen Homomorphismus $G(L/K) \longrightarrow G(\overline{L}/\overline{K})$. Um zu beweisen, daß es sich dabei um einen Isomorphismus handelt, genügt es wegen $L : K = \overline{L} : \overline{K}$ zu zeigen, daß $\overline{\sigma} = 1$ nur für $\sigma = 1$ gilt. Nun gibt es α, f wie oben mit $L = K(\alpha)$. Für $\sigma \in G(L/K)$ ist $\sigma\alpha$ eine der Nullstellen $\alpha_1 = \alpha, \alpha_2, \ldots, \alpha_n$ von f. Sei dann $\sigma\alpha = \alpha_i$. Ist nun $\overline{\sigma} = 1$, so gilt $\overline{\alpha} = \overline{\sigma}\,\overline{\alpha} = \overline{\sigma\alpha} = \overline{\alpha}_i$. Es folgt $i = 1$, also $\sigma\alpha = \alpha$ und damit $\sigma = 1$.

SATZ 4: *K sei komplett bzgl. des nicht-archimedischen Betrages $|\ |$, und der zugehörige Restklassenkörper $\overline{K}$ sei ein <u>endlicher Körper</u> mit q Elementen. Dann gelten (mit den Bezeichnungen von Satz 3):*

(i) *Zu jedem $n \in \mathbb{N}$ gibt es <u>genau eine</u> unverzweigte Erweiterung vom Grade n in C/K, nämlich die Erweiterung $K(\zeta)/K$, die aus K durch Adjunktion einer primitiven $(q^n - 1)$-ten Einheitswurzel ζ entsteht.*

(ii) *Ist $m \in \mathbb{N}$ zu $p = \text{char}(\overline{K})$ teilerfremd und bezeichnet ζ_m eine primitive m-te Einheitswurzel in C, so ist die Erweiterung $K(\zeta_m)/K$ unverzweigt; ihr Grad ist die Ordnung n von q mod m. Insbesondere gilt also: Die Gruppe $W(K)_{p'}$ aller Einheitswurzeln von K mit zu p teilerfremder Ordnung hat die Ordnung $q - 1$. Sie bildet ein vollständiges Vertretersystem für die multiplikative Gruppe von $\overline{K}$.*

(iii) *Jede endliche unverzweigte Erweiterung L/K ist galoissch, und die Galoisgruppe $G(L/K)$ besitzt genau ein Element φ, welches auf $\overline{L}$ die Abbildung $x \longrightarrow x^q$ vermittelt. Man nennt $\varphi = \varphi_{L/K}$ den <u>Frobeniusautomorphismus</u> von L/K. Er hat die Ordnung $L : K$. Also ist $G(L/K)$ <u>zyklisch</u> mit $\varphi_{L/K}$ als kanonischem Erzeuger.*

Beweis: a) $\overline{K}$ besitzt in $\overline{C}$ genau einen Erweiterungskörper F vom Grade n, nämlich den Körper $F = \mathbb{F}_{q^n}$ mit q^n Elementen (vgl. Band I, S. 107). Da jede Erweiterung endlicher Körper separabel ist, gibt es nach Satz 3 (iii) also genau ein unverzweigtes L/K vom Grade n in C/K. Über L betrachten wir nun das Polynom $g(X) = X^m - 1$ mit $m = q^n - 1$. Die multiplikative Gruppe von $\overline{L} = \mathbb{F}_{q^n}$ ist zyklisch (Band I, S. 109, Satz 2). Sei ω ein erzeugendes Element. Über $\overline{L}$ ist dann $\overline{g}(X)$ das Produkt der verschiedenen Linearfaktoren $X - \omega^i$ mit $0 \le i < q^n - 1$. Nach F13, §23 gibt es daher zu ω eine Nullstelle $\zeta \in L$ von $g(X)$ mit $\overline{\zeta} = \omega$. Es ist dann ζ eine *primitive* $(q^n - 1)$-te Einheitswurzel, denn aus $\zeta^i = 1$ folgt $\omega^i = \overline{\zeta}^i = 1$. Somit bilden die Potenzen ζ^i mit $0 \le i < q^n - 1$ ein vollständiges Vertretersystem von $\overline{L}^{\times}$ in L.

b) Für ein gegebenes $m \in \mathbb{N}$ mit $(m, q) = 1$ sei n die kleinste natürliche Zahl mit $q^n \equiv 1 \bmod m$. Dann ist jedenfalls ζ_m auch eine $(q^n - 1)$-te Einheitswurzel, also gilt $K(\zeta_m) \subseteq K(\zeta)$ wobei ζ wie in a) eine primitive $(q^n - 1)$-te Einheitswurzel bezeichne. Da ζ_m eine Potenz von ζ ist, gilt nach a) auch $\mathrm{ord}(\overline{\zeta}_m) = m$; nach Wahl von n ist daher $\mathbb{F}_{q^n}$ der kleinste Erweiterungskörper von $\overline{K} = \mathbb{F}_q$, der $\overline{\zeta}_m$ enthält. Somit gilt $\overline{K}(\overline{\zeta}_m) = \mathbb{F}_{q^n} = \overline{K(\zeta)}$. Wegen $K(\zeta_m) \subseteq K(\zeta)$ folgt daraus $K(\zeta_m) = K(\zeta)$. Damit ist auch (ii) bewiesen.

c) Bekanntlich (vgl. Band I, S. 115, Satz 4) ist eine beliebige Erweiterung endlicher Körper galoissch mit zyklischer Galoisgruppe, erzeugt von dem Automorphismus $x \longmapsto x^q$, wobei q die Elementezahl des Grundkörpers bezeichnet. Somit folgt (iii) aus Teil (v) von Satz 3. Übrigens: Ist $n = L : K$ und ζ wie in (i), so gilt

(17) $$\varphi_{L/K}(\zeta) = \zeta^q.$$

Denn mit ζ ist auch $\varphi(\zeta)$ eine $(q^n - 1)$-te Einheitswurzel, und daher zieht $\overline{\varphi(\zeta)} = \overline{\zeta}^q$ wegen a) die Gleichung (17) nach sich.   □

Der Begriff der *Unverzweigtheit* ist wie gesagt von großer Wichtigkeit, und der eben bewiesene Satz 4 spielt in der Arithmetik eine grundlegende Rolle. – Am Schluß des Paragraphen nun noch ganz kurz etwas zu *rein verzweigten* Erweiterungen:

F3: *Sei $|\ |$ ein diskreter Betrag von K mit zugehöriger normierter Exponentenbewertung w.*

a) *Sei $f(X) = X^n + a_{n-1}X^{n-1} + \ldots + a_0 \in K[X]$ ein Eisensteinpolynom, d.h. es gelte $w(a_i) \ge 1 = w(a_0)$, und Π sei eine Nullstelle von f. Dann hat $|\ |$ genau eine Betragsfortsetzung $|\ |$ auf $E = K(\Pi)$, die Erweiterung E/K ist rein verzweigt, d.h. es gilt $e(E/K) = E : K$, f ist irreduzibel, und Π ist* *ein Primelement von E.*

b) *Umgekehrt: Sei E/K rein verzweigt bzgl. einer Betragsfortsetzung | |
von | | auf E, und es sei Π ein Primelement von E. Dann gilt $E = K(\Pi)$,
und das Minimalpolynom f von Π über K ist ein Eisensteinpolynom.*

Beweis: a) Aus $\Pi^n + a_{n-1}\Pi^{n-1} + \ldots + a_0 = 0$ erkennt man in Hinblick auf die
Voraussetzung, daß $|\Pi| < 1$ gelten muß (wobei wir uns $|\ |$ zu einem Betrag
$|\ |$ auf E fortgesetzt denken können, vgl. §23, Satz 5). Wegen $|a_0| > |a_i|\,|\Pi^i|$
für $i > 0$ folgt nun

$$|a_0| = |\Pi^n| = |\Pi|^n .$$

Folglich ist $e(E/K) \geq n$, denn a_0 ist wegen $w(a_0) = 1$ ein Primelement von
K. Aus $E : K \geq e(E/K) \geq n \geq E : K$ ergeben sich dann mit Blick auf (5)
alle Behauptungen von a). – Die Irreduzibilität von f ergibt sich natürlich
auch aus dem *Kriterium von Eisenstein* (vgl. Band I, S. 63).

b) Aufgrund der Voraussetzung ist $K(\Pi) : K \geq e(K(\Pi)/K) \geq e(E/K) =
E : K$, woraus sich zunächst $E = K(\Pi)$ ergibt. Sei $\widehat{E}/\widehat{K}$ die Erweiterung
der zugehörigen kompletten Hüllen. Wegen $\widehat{E} : \widehat{K} \geq e(\widehat{E}/\widehat{K}) = e(E/K) =
E : K \geq \widehat{E} : \widehat{K}$ und $\widehat{E} = \widehat{K}(\Pi)$ ist f auch irreduzibel über $\widehat{K}$. Über einem
algebraischen Abschluß C von $\widehat{E}$ gilt daher

$$f(X) = \prod_i (X - \Pi_i) \quad \text{mit } |\Pi_i| = |\Pi| ,$$

folglich sind die Koeffizienten a_i von f mit Ausnahme des höchsten vom
Betrage < 1, und für a_0 ist $|a_0| = |\Pi|^n$, also a_0 ein Primelement von K.

Beispiel: *Sei p^k eine Primzahlpotenz > 1 und ζ eine primitive p^k-te Einheitswurzel. Dann ist die Erweiterung $\mathbb{Q}_p(\zeta)/\mathbb{Q}_p$ rein verzweigt vom Grade
$n = (p-1)p^{k-1}$, und $1 - \zeta$ ist ein Primelement von $\mathbb{Q}_p(\zeta)$.*

Beweis: Wir betrachten das p^k-te Kreisteilungspolynom

$$g(X) = (X^{p^k} - 1)/(X^{p^{k-1}} - 1) = 1 + X^{p^{k-1}} + \ldots + X^{(p-1)p^{k-1}} ,$$

welches genau die primitiven p^k-ten Einheitswurzeln als Nullstellen besitzt:

$$g(X) = \prod_i{}' (X - \zeta^i) ,$$

wobei das Produkt über alle zu p teilerfremden $1 \leq i \leq p^k$ zu bilden ist.
Nun ist $\zeta - 1$ Nullstelle des Polynoms $f(X) := g(X + 1)$; man erkennt aber
sofort, daß f ein Eisensteinpolynom ist, womit nach F3 alles bewiesen ist.
– Ohne Verwendung von F3 kann man auch wie folgt schließen:

Es ist $g(1) = p = \prod'_i(1 - \zeta^i)$; da aber für die in Rede stehenden i jedes $1 - \zeta^i$ sich nur um eine Einheit von $1 - \zeta$ unterscheidet, ist $(1 - \zeta)^n$ assoziiert zu p und folglich der Verzweigungsindex $\geq n$. $\square$

Im Falle $k = 1$, also einer primitiven p-ten Einheitswurzel $\zeta = \zeta_p$, können wir noch etwas mehr sagen. Da $\mathbb{Q}_p$ nämlich die $(p-1)$-ten Einheitswurzeln enthält, muß die zyklische Erweiterung $\mathbb{Q}_p(\zeta_p)/\mathbb{Q}_p$ durch Adjunktion einer $(p-1)$-ten Wurzel eines Elements aus $\mathbb{Q}_p$ entstehen. In der Tat gilt nun

$$(18) \qquad \mathbb{Q}_p(\zeta_p) = \mathbb{Q}_p\left(\sqrt[p-1]{-p} \right) .$$

Zum Beweis gehen wir wie oben aus von

$$(19) \qquad p = \prod_{i=1}^{p-1}\left(1 - \zeta^i\right) = \left(1 - \zeta^i\right)^{p-1}\varepsilon$$

und beachten

$$(20) \qquad \varepsilon = \prod_{i=1}^{p-1}\left(1 + \zeta + \ldots + \zeta^{i-1}\right) \equiv \prod_{i=1}^{p-1} i = (p-1)! \bmod \mathfrak{p}$$

mit $\mathfrak{p} = (1 - \zeta_p)$. Wegen $(p-1)! \equiv -1 \bmod p$ folgt

$$(21) \qquad -\varepsilon \equiv 1 \bmod \mathfrak{p} .$$

Nach dem Henselschen Lemma (siehe §23, F13 oder gleich 23.13) ist dann aber $-\varepsilon$ eine $(p-1)$-te Potenz in $\mathbb{Q}_p(\zeta_p)$. Gleiches gilt dann nach (19) auch für $-p$. Jetzt ist die Behauptung (18) klar, denn beide Körper in (18) haben den Grad $p-1$ über $\mathbb{Q}_p$ (vgl. F3).

§24 Aufgaben und ergänzende Bemerkungen

24.1 Zeige: Ist A eine *diskrete* Untergruppe von $\mathbb{R}_{>0}$, d.h. besitzt A keinen Häufungspunkt in $\underline{A}$, so ist A *zyklisch*.

Hinweis: Statt in der multiplikativen Gruppe $\mathbb{R}_{>0}$ argumentiere man besser in der additiven Gruppe $\mathbb{R} = \mathbb{R}^+$ von $\mathbb{R}$. Das läuft auf dasselbe hinaus, da $\log : \mathbb{R}_{>0} \longrightarrow \mathbb{R}$ ein topologischer Isomorphismus dieser Gruppen ist. Sei also A eine beliebige Untergruppe von $\mathbb{R}$. Nehmen wir einmal an, A habe in $\mathbb{R}$ einen Häufungspunkt. Zu beliebigem $\varepsilon > 0$ gibt es dann $a, b \in A$

mit $0 < b - a < \varepsilon$. Indem man die ganzen Vielfachen $n(b - a)$ betrachtet, sieht man : *Jede reelle Zahl ist Häufungspunkt von A.* Damit erkennt man nun leicht, daß für eine beliebige Untergruppe $A \neq 0$ von $\mathbb{R}$ die folgenden Aussagen äquivalent sind:

(a) A ist *diskret*.   (b) A hat keinen Häufungspunkt in $\mathbb{R}$.

(c) A besitzt ein *kleinstes* $a > 0$.   (d) $A = \mathbb{Z}a$ mit $a > 0$.

(e) A ist *abgeschlossen* in $\mathbb{R}$ und $A \neq \mathbb{R}$.

24.2 Man zeige, daß $\mathbb{F}_p((X))$ über $\mathbb{F}_p(X)$ nicht algebraisch ist. Dies verwendend gebe man ein *Beispiel für eine rein inseparable Erweiterung E/K vom Grade p, die bei Übergang zur Komplettierung bzgl. einer Exponentenbewertung trivial wird* (so daß also Formel (16) in Satz 2 nicht einschränkungslos gültig ist – ebensowenig wie Formel (60) in §23).

Hinweis: Der Körper $F := \mathbb{F}_p(X)$ hat abzählbar viele Elemente, und das gleiche trifft auch für jeden über F algebraischen Erweiterungskörper zu. Der Körper $\widehat{F} := \mathbb{F}_p((X))$ aber ist überabzählbar (vgl. Beispiel zu F2). Sei nun $Y \in \widehat{F}$ transzendent über F. Mit $E = F(Y)$ und $K = F(Y^p)$ erhalten wir dann bereits eine Erweiterung E/K der verlangten Art.

Ergänzend zeige man: $\mathbb{F}_p((X))$ enthält ein Element α mit $\alpha^p - \alpha - X = 0$, aber $\mathbb{F}_p(X)(\alpha)/\mathbb{F}_p(X)$ ist galoissch vom Grade p.

24.3 Im algebraischen Abschluß C von $\mathbb{Q}_2$ betrachte man die Folge der Elemente α_n mit $\alpha_{n+1}^2 = \alpha_n$ und $\alpha_1 = 2$ sowie den von diesen erzeugten Erweiterungskörper K_2 von $\mathbb{Q}_2$. Bezeichne K die *komplette Hülle* von K_2, und sei dann $E = K(\sqrt{3})$ gesetzt. Man zeige: *Für E/K ist die Formel $n = ef$ verletzt.*

Hinweis: Wegen $w_2(\alpha_{n+1}) = \frac{1}{2^n}$ ist $E_n := \mathbb{Q}_2(\alpha_{n+1})$ vom Grade 2^n über $\mathbb{Q}_2$ mit Verzweigungsindex 2^n und Restklassengrad 1 (vgl. Satz 1). Als Vereinigung der E_n hat K_2 den Restklassenkörper $\mathbb{F}_2 = \mathbb{Z}/2$ und die Wertegruppe $w_2(K_2^{\times}) = \bigcup_n 2^{-n}\mathbb{Z}$. Das gleiche gilt dann auch für die komplette Hülle K von K_2.

Angenommen, $\sqrt{3}$ liege in K. Da K_2 dicht in K ist, gibt es ein $a \in K_2$ mit $w_2(a^2 - 3) > 2$. Nun liegt a in einem E_n. Anwendung von F14, §23 liefert dann $\sqrt{3} \in E_n$. Induktiv läßt sich aber leicht

(1) $$\sqrt{3} \notin E_n$$

zeigen; zum Induktionsanfang $n = 0$ ziehe man F15, §23 heran.

Mit $E = K(\sqrt{3})$ erhält man somit eine Erweiterung E/K kompletter Körper vom Grade 2. Wegen $\frac{1}{2}w(K^{\times}) = w(K^{\times})$ gilt für den Verzweigungsindex e von E/K notwendig $e = 1$. Wir behaupten, daß E/K auch den Restklassengrad $f = 1$ besitzt. Andernfalls gilt $f = 2$, also ist $\overline{E}$ der Erweiterungskörper vom Grade 2 des Körpers $\overline{K} = \mathbb{Z}/2$. Er entsteht durch Adjunktion der Nullstellen des Polynoms $f(X) = X^2 + X + 1$ über $\overline{K}$. Nach F13, §23 zerfällt f dann auch über dem Körper E. Nun ist $K_2(\sqrt{3})$ aber dicht in $K(\sqrt{3}) = E$, also folgert man wie oben (aus F13, §23), daß f auch über $E_n(\sqrt{3})$ für geeignetes n zerfällt. Es gilt dann $E_n(\sqrt{3}) = E_n(\sqrt{-3})$ und folglich $\sqrt{-1} \in E_n$. Doch dies ist unmöglich, was man analog wie (1) zeigt.

24.4 Man zeige: *Die Gruppe $W(\mathbb{Q}_p)$ aller Einheitswurzeln in $\mathbb{Q}_p$ ist endlich von der Ordnung $p - 1$.* Hinweis: Die Behauptung folgt sofort aus Satz 4 und dem Beispiel zu F3.

24.5 a) Man prüfe nach, daß die Aussage im Beispiel zu F3 auch gilt, wenn man den Grundkörper $\mathbb{Q}_p$ durch einen über $\mathbb{Q}_p$ *unverzweigten* Erweiterungskörper K von $\mathbb{Q}_p$ ersetzt.

b) Ausgehend von der Aussage im Beispiel zu F3 beweise man induktiv

(1) $$\mathbb{Q}(\zeta_m) : \mathbb{Q} = \varphi(m).$$

Hinweis: Sei $m = p^k m'$ mit $(m', p) = 1$ und $F = \mathbb{Q}(\zeta_{p^k}) \cap \mathbb{Q}(\zeta_{m'})$. Dann ist $F/\mathbb{Q}$ bzgl. $|\ |_p$ einerseits rein verzweigt, andererseits unverzweigt. Es folgt $F = \mathbb{Q}$. Benutze nun den *Translationssatz* der Galoistheorie (vgl. Band I, S. 143). – Die Beweismethode in Verbindung mit a) zeigt, daß (1) auch gilt, wenn man $\mathbb{Q}$ durch einen algebraischen Zahlkörper k mit folgender Eigenschaft ersetzt: Jedes $p|m$ ist in k unverzweigt.

24.6 Sei E/K eine endliche Körpererweiterung, und $|\ |$ sei ein *diskreter* Betrag von E mit zugehöriger *normierter Exponentenbewertung* w. Ferner sei K komplett bzgl. $|\ |$. Aus dem Beweis von Satz 1 geht hervor: Ist Π ein Primelement von w und $\alpha_1, \ldots, \alpha_f$ ein Vertretersystem einer Basis von $\overline{E}/\overline{K}$, so ist das System

$$\alpha_i \Pi^j \quad \text{mit } 1 \leq i \leq f, \quad 0 \leq j < e$$

eine R-Basis von A.

Sei jetzt noch $\overline{E}/\overline{K}$ als *separabel* vorausgesetzt. Nach dem Satz vom primitiven Element gibt es dann ein $\alpha \in A$, so daß die Elemente

(1) $$\alpha^i \Pi^j \quad \text{mit } 0 \leq i < f, \quad 0 \leq j < e$$

eine R-Basis von A bilden. Zeige: *Es gibt ein $\beta \in A$ mit $A = R[\beta]$, so daß also $1, \beta, \beta^2, \ldots, \beta^{n-1}$ mit $n = E : K$ eine R-Basis von A bilden.*

Hinweis: Ausgehend von der Basis (1) wähle ein normiertes $g \in R[X]$ vom Grade f mit $\overline{g} = Mipo_{\overline{K}}(\overline{\alpha})$. Wegen $\overline{g}(\overline{\alpha}) = 0$ ist $w(g(\alpha)) \geq 1$.

Gilt $w(g(\alpha)) = 1$, so kann man $\Pi = g(\alpha)$ setzen, und die Behauptung gilt mit $\beta = \alpha$. Sei also $w(g(\alpha)) \geq 2$. Taylorentwicklung liefert

$$g(\alpha + \Pi) = g(\alpha) + g'(\alpha)\Pi + c\Pi^2 \quad \text{mit } c \in A.$$

Es folgt $w(g(\alpha+\Pi)) = 1$, und daher erfüllt jetzt $\beta = \alpha + \Pi$ die Behauptung.

24.7 Seien E/K eine endliche Körpererweiterung und $|\ |$ ein nicht-archimedischer Betrag von E. Es sei K komplett bzgl. $|\ |$. Zeige: Ist E/K *normal*, so auch die Restklassenkörpererweiterung $\overline{E}/\overline{K}$, und man hat einen kanonischen Homomorphismus

(1)
$$\begin{array}{ccc} G(E/K) & \longrightarrow & G(\overline{E}/\overline{K}) \\ \sigma & \longmapsto & \overline{\sigma} \end{array}$$

Sei E/K jetzt als *galoissch* vorausgesetzt, und sei T der Kern von (1). Er heißt <u>Trägheitsgruppe</u> von E/K. Den zugehörigen Fixkörper nennt man den <u>Trägheitskörper</u> von E/K. Zeige: *Der Trägheitskörper von E/K stimmt mit dem größten unverzweigten Teilkörper L von E/K überein* (vgl. Satz 3). *Die Abbildung (1) ist surjektiv und vermittelt folgendes kommutative Diagramm kanonischer Isomorphismen:*

(2)
$$\begin{array}{ccc} G(E/K)/T & \xrightarrow{\ \cong\ } & G(\overline{E}/\overline{K}) \\ {\scriptstyle\cong}\Big\downarrow & & \Big\downarrow{\scriptstyle\cong} \\ G(L/K) & \xrightarrow{\ \cong\ } & G(\overline{L}/\overline{K}) \end{array}$$

Hinweis: Vgl. Satz 3.

24.8 Sei $|\ |$ ein nicht-archimedischer Betrag des Körpers K mit Bewertungsring R und Restklassenkörper $\overline{K}$. Gegeben sei ein normiertes Polynom $f \in R[X]$, und es sei $L = K(\alpha)$ ein Erweiterungskörper von K mit $f(\alpha) = 0$. Zeige: *Ist $\overline{f} \in \overline{K}[X]$ separabel, so ist L/K unverzweigt bzgl. $|\ |$.* Hinweis: Man setze K gleich als *komplett* bzgl. $|\ |$ voraus (vgl. Def. 3). Sei E Zerfällungskörper von f über K. Es genügt, E/K als unverzweigt zu erweisen. Dazu zeige man, daß die natürliche Abbildung $G(E/K) \longrightarrow G(\overline{E}/\overline{K})$ injektiv ist. Die Unverzweigtheit von E/K folgt dann direkt aus 24.7 oder durch Beachtung von

$$\overline{E} : \overline{K} \geq |G(\overline{E}/\overline{K})| \geq |G(E/K)| \geq E : K.$$

Eine zweite Begründungsmöglichkeit: Man kann f als *irreduzibel* (über K) voraussetzen (vgl. §23, Satz 4'). Nach dem *Henselschen Lemma* ist dann auch $\overline{f}$ irreduzibel. Es folgt $\overline{L} : \overline{K} = \operatorname{grad}\overline{f} = \operatorname{grad} f = L : K$.

24.9 Sei K komplett bzgl. des nicht-archimedischen Betrages $|\ |$. Man zeige: *Ist m eine natürliche Zahl, die nicht durch die Charakteristik des Restklassenkörpers $\overline{K}$ teilbar ist, und bezeichnet ζ eine primitive m-te Einheitswurzel (im algebraischen Abschluß von K), so ist die Erweiterung $K(\zeta)/K$ unverzweigt.* (Hinweis: Am bequemsten ist Benutzung von 24.8.)

24.10 Sei E/K eine endliche Körpererweiterung, und $|\ |$ sei ein *diskreter* Betrag von E mit *normierter Exponentenbewertung w*. Es sei K *komplett* bzgl. $|\ |$, und die Restklassenkörpererweiterung $\overline{E}/\overline{K}$ werde als *separabel* angenommen. In dieser Situation setzen wir E/K jetzt als *galoissch* voraus und betrachten für jede ganze Zahl $i \geq -1$ die Untergruppe G_i von $G = G(E/K)$, die aus allen $\sigma \in G$ besteht, welche auf $A/\mathfrak{P}^{i+1}$ trivial operieren, d.h. für welche

(1) $$w(\sigma x - x) \geq i + 1 \quad \text{für alle } x \in A$$

erfüllt ist. Definitionsgemäß ist dann $G_{-1} = G$, und G_0 stimmt mit der *Trägheitsgruppe* von E/K überein (vgl. 24.7). Für hinreichend großes i ist offenbar $G_i = 1$. Man erhält so eine wohlbestimmte Kette

$$G = G_{-1} \supseteq G_0 \supseteq G_1 \supseteq \dots \supseteq G_r = 1$$

von *Normalteilern* von G. Man nennt G_i die *i-te Verzweigungsgruppe* von E/K. Ist F ein Zwischenkörper von E/K mit $H := G(E/F)$, so ist $G_i \cap H$ die *i-te Verzweigungsgruppe von E/F*. Im Falle des größten unverzweigten Teilkörpers L von E/K stimmt also für $i \geq 0$ die i-te Verzweigungsgruppe von E/L mit der von E/K überein (vgl. 24.7). Im folgenden sei Π ein Primelement von E. Für die Einheitengruppe $U_E = A^{\times}$ von E erhält man mit

$$U_E^{(0)} = U_E, \quad U_E^{(1)} = 1 + \Pi A, \quad U_E^{(2)} = 1 + \Pi^2 A, \ \dots$$

eine absteigende Kette von *Untergruppen $U_E^{(i)}$* in U_E. Im weiteren sei $i \geq 0$. Zeige:

(a) *Ein $\sigma \in G_0$ liegt genau dann in G_i, wenn gilt:*

$$\sigma(\Pi)/\Pi \equiv 1 \bmod \Pi^i \ .$$

(b) *Die Abbildung $\sigma \longmapsto \sigma(\Pi)/\Pi$ vermittelt einen kanonischen (von der Wahl des Primelements Π unabhängigen!) Isomorphismus der Gruppe G_i/G_{i+1} auf eine Untergruppe von $U_E^{(i)}/U_E^{(i+1)}$.*

(c) *Die Gruppe G_0/G_1 ist zyklisch, und ihre Ordnung ist nicht durch die Charakteristik des Restklassenkörpers $\overline{K}$ teilbar.*

(d) *Im Falle $\operatorname{char}(\overline{K}) = 0$ ist $G_1 = 1$ (und G_0 daher zyklisch).*

(e) *Ist $\operatorname{char}(\overline{K}) = p > 0$, so sind die Gruppen G_i/G_{i+1} für $i \geq 1$ elementarabelsche p-Gruppen und G_1 ist die p-Sylowgruppe von G_0.*

Hinweis: Man kann o.E. von $G = G_0$ ausgehen, d.h. E/K als rein verzweigt voraussetzen. Dann ist $A := R[\Pi]$, und damit läßt sich (a) ohne Mühe folgern. Ist (a) erst einmal bewiesen, erkennt man die Gültigkeit von (b) durch direkte Verifikation. Jede endliche Untergruppe von $\overline{E}^{\times} = U_E^{(0)}/U_E^{(1)}$ ist zyklisch; daraus ergibt sich (c). Zum Beweis von (d) und (e) zeige man, daß $U_E^{(i)}/U_E^{(i+1)}$ für $i \geq 1$ zur additiven Gruppe von $\overline{E}$ isomorph ist.

Man beachte noch: Bezeichnet L_1 den Fixkörper von G_1, so ist L_1/K die größte Teilerweiterung der galoisschen Erweiterung E/K, welche zahm verzweigt ist, d.h. in deren Verzweigungsindex die Charakteristik von $\overline{K}$ nicht aufgeht.

24.11 Sei k ein *algebraisch abgeschlossener* Körper der *Charakteristik Null* und $K = k((X))$ der Körper der formalen Laurentreihen mit endlichem Hauptteil über k. Zeige: *Der algebraische Abschluß C von K ist Vereinigung der Körper $K_n := K(X^{1/n}) = k((X^{1/n}))$. Genauer:*

Für jede natürliche Zahl n besitzt C/K genau einen Zwischenkörper vom Grade n über K, nämlich den Körper K_n. Die Galoisgruppe $G(C/K)$ ist isomorph zu $\widehat{\mathbb{Z}}$ (vgl. Band I, Aufgabe 12.4).

Hinweis: Eine beliebige Erweiterung E/K vom Grade n ist rein verzweigt, also hat man $E = K(\Pi)$. Es ist dann $\Pi^n = uX$ mit einer Einheit u von E. Jede Einheit von E ist aber n-te Potenz in E. – Man kann den Beweis auch führen, indem man sich nur auf die Aussage (d) in 24.10 stützt. – Zum Beweis von $G(C/K) \simeq \widehat{\mathbb{Z}}$ beachte man $W(C) \simeq W(\mathbb{C})$ und benutze, daß die Untergruppen $W_n(\mathbb{C})$ von $W(\mathbb{C})$ kanonische Erzeugende besitzen.

24.12 Seien $|\;|_1$ und $|\;|_2$ nicht-triviale Beträge eines Körpers K. Zeige: *Ist $|\;|_1$ diskret und $|\;|_2$ komplett, so folgt $|\;|_1 \sim |\;|_2$.*

Insbesondere besitzt daher ein lokaler Körper K bis auf Äquivalenz nur einen einzigen nicht-trivialen Betrag, für den K lokal kompakt ist (vgl. §25, Def. 1 sowie Bem. zu F2).

Hinweis: Sei π ein Primelement von K bzgl. $|\;|_1$. Für jede natürliche Zahl n ist dann

$$f(X) = X^n - \pi$$

irreduzibel über K (vgl. F3). Sei nun K komplett bzgl. des Betrages $|\;|_2$. Dann ist $|\;|_2$ jedenfalls *nicht-archimedisch*, denn sonst wäre $K = \mathbb{R}$ oder $\mathbb{C}$, und f könnte für $n > 2$ nicht irreduzibel sein. Angenommen, es sei $|\;|_2$ nicht äquivalent zu $|\;|_1$. Dann existiert nach dem *Unabhängigkeitssatz* (vgl. 23.8) zu beliebigem $\varepsilon > 0$ ein $d \in K$ mit

$$|\pi - d|_1 < \varepsilon \quad \text{und} \quad |1 - d|_2 < \varepsilon.$$

Für hinreichend kleines ε ist dann nach der ersten Ungleichung mit π auch

d ein Primelement zu $| \ |_1$, während aufgrund der zweiten die Gleichung $X^n - d = 0$ eine Lösung in K besitzt, falls char $(K) \nmid n$.

Die Aussage von 24.12 ergibt sich im übrigen auch sofort aus einer allgemeinen Feststellung von F.K. *Schmidt*, die wir anschließend behandeln.

24.13 Sei K *komplett* bzgl. des nicht-trivialen Betrages $| \ |_c$ von K. Zeige: Ist $| \ |$ ein weiterer nicht-trivialer Betrag von K, der zu $| \ |_c$ nicht äquivalent ist, so ist die komplette Hülle $\widehat{K}$ von K bzgl. $| \ |$ notwendigermaßen *algebraisch abgeschlossen*.

Hinweis: Sei $f \in \widehat{K}[X]$ *irreduzibel* vom Grade n, und werde f auch noch als *separabel* vorausgesetzt. Man wähle sich ein separables Polynom $h \in K[X]$ vom Grade n, welches über K vollständig in Linearfaktoren zerfällt. Da K dicht in $\widehat{K}$ bzgl. $| \ |$ ist, gibt es aufgrund des *Unabhängigkeitssatzes* (vgl. 23.8) zu beliebigem $\varepsilon > 0$ ein $g \in K[X]$ vom Grade n mit

$$|f - g| < \varepsilon \quad \text{und} \quad |h - g|_c < \varepsilon.$$

Für hinreichend kleines ε ist dann nach der ersten Ungleichung mit f auch g *irreduzibel* über $\widehat{K}$, während aufgrund der zweiten Ungleichung mit h auch g über K vollständig in Linearfaktoren zerfällt. In beiden Fällen ergibt sich dies aus dem *Henselschen Lemma* (vgl. §23, F14), wenn $| \ |$ und $| \ |_c$ noch als nicht-archimedisch vorausgesetzt werden (vgl. auch 24.22). Ist $| \ |$ archimedisch, also $\widehat{K} = \mathbb{R}$ bzw. $\mathbb{C}$ und $| \ | \sim | \ |_\infty$, so ist $n \leq 2$, und es folgt die Irreduzibilität von g. Ist $| \ |_c$ archimedisch, also $K = \mathbb{R}$ bzw. $\mathbb{C}$ und $| \ |_c \sim | \ |_\infty$, so ist im Falle $K = \mathbb{R}$ zu zeigen, daß mit h auch jedes hinreichend nahe g nur reelle Nullstellen besitzt. Dazu vgl. zum Beispiel §20, Satz 9 (oder argumentiere mit dem Satz von *Rouché*).
Insgesamt ist somit gezeigt, daß $\widehat{K}$ jedenfalls keine echte *separable* algebraische Erweiterung zuläßt. Der Rest ergibt sich aus der folgenden Aufgabe.

24.14 Sei K *komplett* bzgl. des nicht-trivialen Betrages $| \ |$. Zeige: Ist dann K *separabel abgeschlossen* (d.h. ist K keiner echten separablen Erweiterung fähig), so ist K *algebraisch abgeschlossen*.

Hinweis: Es ist $p = $ char$(K) > 0$, und es genügt zu zeigen, daß jedes $a \in K^\times$ eine p-te Potenz in K ist. Dazu betrachte man für ein $t \in K^\times$ mit $|t| < 1$ die Polynome

$$f_n(X) = X^p + t^n X - a.$$

Wegen $f_n'(X) = t^n$ ist f_n separabel, also zerfällt f_n vollständig über K. Man kann $|a| \leq 1$ voraussetzen. Für mindestens eine Nullstelle α_n von f_n gilt dann $|\alpha_n| \leq 1$. Es folgt

$$|\alpha_n^p - a| \longrightarrow 0 \quad \text{für} \quad n \longrightarrow \infty.$$

Wegen $(\alpha_{n+1} - \alpha_n)^p = \alpha_{n+1}^p - \alpha_n^p$ ist dann aber $(\alpha_n)_n$ eine Cauchyfolge. Ihr Grenzwert α erfüllt $\alpha^p = a$.

24.15 Sei $|\ |$ ein nicht-archimedischer Betrag auf einem Körper K, und bezeichne $\widehat{K}$ die komplette Hülle von K bzgl. $|\ |$. Unter Benutzung von §25, Satz 3 zeige man: *Ist K algebraisch abgeschlossen, so auch $\widehat{K}$.*

Hinweis: Sei $f \in \widehat{K}[X]$ ein *irreduzibles* normiertes Polynom vom Grade n. Wir haben $n = 1$ zu zeigen. Nach 24.14 genügt es, dies für den Fall zu beweisen, daß f auch noch *separabel* ist. Zu jedem $\varepsilon > 0$ gibt es ein normiertes $g \in K[X]$ vom Grade n mit

$$|f - g| < \varepsilon.$$

Für hinreichend kleines ε ist mit f auch g *irreduzibel*. Aus der algebraischen Abgeschlossenheit von K folgt dann in der Tat $n = 1$.

24.16 Für einen beliebigem Körper K zeige man:

a) Besitzt K einen nicht-trivialen Betrag, für den K komplett ist, so muß für die Kardinalität von K die Bedingung

(1) $\qquad\qquad \text{Card}\,(K) = \text{Card}\,(K^{\mathbb{N}})$

erfüllt sein. – Hinweis: Sei $|\ |$ ein kompletter Betrag von K und $|\pi| < 1$. Ist $|\ |$ nicht-archimedisch mit Bewertungsring R, so betrachte man ein Vertretersystem S von R/π und entwickle jedes $a \in R$ nach Potenzen von π.

b) Besitzt K zwei inäquivalente nicht-triviale Beträge, für die K gleichzeitig komplett ist, so ist K algebraisch abgeschlossen. – Hinweis: 24.13.

c) Ist K algebraisch abgeschlossen und die Bedingung (1) erfüllt, so besitzt K ein unendliches System paarweise inäquivalenter *kompletter* Beträge; andererseits ist K auch hinsichtlich unendlich vieler, paarweise inäquivalenter Beträge *nicht* komplett. – Hinweis: Man ziehe 24.15 heran und beachte: Zwei algebraisch abgeschlossene Körper gleicher Charakteristik und vom gleichem Transzendenzgrad (über dem Primkörper) sind isomorph. Ferner: Ist K ein beliebiger Körper mit Card$\,(K) > $ Card$\,(\mathbb{N})$, so ist Card$\,(K)$ gleich dem Transzendenzgrad von K.

24.17 Gegeben sei ein Isomorphismus $\sigma : K_1 \longrightarrow K_2$ von Körpern sowie nicht-triviale Beträge $|\ |_1$ und $|\ |_2$ auf K_1 bzw. K_2. Zeige: Ist $|\ |_1$ *diskret* und $|\ |_2$ *komplett*, so ist $\sigma : (K_1, |\ |_1) \longrightarrow (K_2, |\ |_2)$ umkehrbar stetig. Hinweis: Auf K_1 hat man den Betrag $|\ |_1$ sowie den Betrag $|\ |_2 \circ \sigma$. Nun ziehe man 24.12 heran.

24.18 Sei K ein Erweiterungskörper von $\mathbb{Q}_p$ mit $K : \mathbb{Q}_p < \infty$. Zeige: Es gibt weder einen Homomorphismus von $\mathbb{R}$ in K noch einen von K in $\mathbb{R}$ und

für $q \neq p$ auch keinen von $\mathbb{Q}_q$ in K. Auf der anderen Seite gibt es (viele) Homomorphismen von K in $\mathbb{C}$ sowie von $\mathbb{C}$ in den algebraischen Abschluß von $\mathbb{Q}_p$.
Hinweis: Wenn einem nichts anderes einfällt, benutze man 24.13.

24.19 Sei K *komplett* bzgl. eines *diskreten* Betrages $|\ |$. Nach Wahl eines Primelementes π sowie eines Vertretersystems S für den Restklassenkörper $\overline{K} = R/\mathfrak{p}$ mit $0 \in S$ hat jedes $a \in R$ eine eindeutige Darstellung der Gestalt

$$(1) \qquad a = \sum_{i=0}^{\infty} a_i \pi^i \quad \text{mit } a_i \in S,$$

vgl. F2. Wir erhalten so eine bijektive Abbildung

$$(2) \qquad R \longrightarrow S^{\mathbb{N}_0}.$$

Die rechtsstehende Menge versehe man mit der *Produkttopologie*, wobei auf S die diskrete Topologie zugrundegelegt werde. Man überzeuge sich davon, daß dann gilt: *Die Abbildung* (2) *ist umkehrbar stetig*. Als Folgerung erhält man (mit dem Satz von Tychonov): Ist $|\ |$ ein *diskreter* und *kompletter* Betrag auf K und ist außerdem der zugehörige Restklassenkörper *endlich*, so ist der Bewertungsring R von $|\ |$ *kompakt*.

24.20 Gibt es eine *endliche* Körpererweiterung E/K und einen diskreten Betrag von E, für den E komplett ist, K aber nicht? Anders ausgedrückt: Ist es möglich, daß die komplette Hülle $\widehat{K}$ eines Körpers K bzgl. eines diskreten Betrages einen endlichen Grad > 1 über K haben kann?
Angenommen, es wäre $\widehat{K} : K = n > 1$. Zeige, daß dann $\widehat{K}/K$ jedenfalls *rein inseparabel* sein muß (vgl. Satz 2 und benutze 24.12). Um nun zu einem Beispiel zu gelangen, gehe man von einem Körper der Gestalt $E = k((X))$ mit char$(k) = p$ aus und wähle k so, daß $k : k^p = \infty$ gilt. Sei nun $(a_i)_i$ eine Folge von über k^p linear unabhängigen Elementen von k. Das Element

$$b = \sum_{i=0}^{\infty} a_i X^i$$

von E ist dann nicht in dem Teilkörper

$$F := k^p((X))k$$

von E enthalten. Man setze b zu einer p-Basis B von E/F fort, d.h. einer Teilmenge B von E mit $F(B) = E$ und der Eigenschaft, daß jede endliche Menge von paarweise verschiedenen $b_1, \ldots, b_n$ aus B die Bedingung $F(b_1, \ldots, b_n) : F = p^n$ erfüllt. Für den Teilkörper $K := F(B \setminus \{b\})$ gilt dann

$$E : K = p \quad \text{und} \quad E = \widehat{K}.$$

24.21 Sei K komplett bzgl. des nicht-archimedischen Betrages $|\ |$, und sei $f \in R[X]$ ein normiertes Polynom mit Koeffizienten im Bewertungsring R zu $|\ |$. Wir setzen f als *separabel* voraus und bezeichnen mit $D(f)$ die Diskriminante von f. Mit dem *Lemma von Krasner* (vgl. §25, vor Satz 3) zeige man: *Gibt es ein $\beta \in R$ mit $|f(\beta)| < |D(f)|$, so besitzt f eine Nullstelle α in K.*

Hinweis: Über dem algebraischen Abschluß C von K hat man $f(X) = (X - \alpha_1)(X - \alpha_2)\ldots(X - \alpha_n)$, und nach Voraussetzung gilt:

$$\prod_{i=1}^{n} |\beta - \alpha_i| \; < \; \prod_{i=1}^{n} \prod_{\substack{j=1 \\ j \neq i}}^{n} |\alpha_j - \alpha_i|.$$

Es gibt folglich ein i mit

$$|\beta - \alpha_i| \; < \; \prod_{\substack{j=1 \\ j \neq i}}^{n} |\alpha_j - \alpha_i| \; \leq \; |\alpha_j - \alpha_i| \quad \text{für alle } j \neq i.$$

Mit dem *Lemma von Krasner* folgt daraus aber $\alpha_i \in K$. – Im übrigen sieht man sofort, daß α_i außerdem die *einzige* Nullstelle α von f ist, welche die Bedingung $|\beta - \alpha| < |\alpha' - \alpha|$ für jede Nullstelle $\alpha' \neq \alpha$ von f erfüllt.

Bemerkung: Mit 24.21 ist der Feststellung F14, §23 eine Aussage von offenbar grundsätzlichem Interesse zur Seite gestellt. Sie gilt im übrigen auch, falls f nicht normiert angenommen wird und man die Diskriminante von $f(X) = aX^n + a_{n-1}X^{n-1} + \ldots + a_0$ durch $D(f) = a^{2n-2}\prod_{i<j}(\alpha_i - \alpha_j)^2$ definiert (vgl. etwa *van der Waerden*, Algebra I). Der Beweis dafür liegt aber anscheinend nicht auf der Hand (vgl. 24.23).

24.22 Sei K komplett bzgl. des nicht-archimedischen Betrages $|\ |$, den wir uns auf den algebraischen Abschluß C fortgesetzt denken. Gegeben sei ein *separables Polynom*

$$f(X) = aX^n + a_{n-1}X^{n-1} + \ldots + a_0 = a(X - \alpha_1)(X - \alpha_2)\ldots(X - \alpha_n)$$

vom Grade n über K. Man zeige, daß zu f ein reelles $\delta > 0$ existiert, so daß jedes $g \in K[X]$ vom Grade n mit $|f - g| < \delta$ die folgenden Eigenschaften besitzt: (i) g hat ebenfalls n verschiedene Nullstellen $\beta_1, \ldots, \beta_n$ in C, und diese können so numeriert werden, daß gilt:

(1) $$|\beta_i - \alpha_i| < |\alpha_k - \alpha_i| \quad \text{für alle } i, k \text{ mit } i \neq k$$

(2) $$K(\beta_i) = K(\alpha_i) \quad \text{für alle } i.$$

(ii) g hat *denselben Zerlegungstyp* wie f, d.h. für jedes m haben f und g in ihren Primfaktorzerlegungen die gleiche Anzahl irreduzibler Faktoren vom Grade m.

Hinweis: a) Durch Multiplikation mit einem geeigneten Element $\neq 0$ aus dem Bewertungsring R von K sieht man sofort, daß man $f \in R[X]$ annehmen kann. Sei nun a der Leitkoeffizient von f. Für jedes $h \in K[X]$ vom Grade n setze man

$$h^*(X) = a^{n-1} h \left(\frac{X}{a} \right).$$

Offenbar gilt $|h^*| \leq |a^{-1}| \cdot |h|$. Speziell für $h = f$ gilt $f^* \in R[X]$, und f^* ist normiert. Man erkennt, daß man f als normiertes Polynom aus $R[X]$ voraussetzen darf. Für jedes i ist dann $|\alpha_i| \leq 1$.

b) Wegen der Separabilität von f läßt sich $\delta > 0$ so wählen, daß

$$\delta \leq |f'(\alpha_i)|^2 \quad \text{für alle } i.$$

Insbesondere ist dann $\delta \leq 1 = |f|$, und aus $|f - g| < \delta$ folgt zunächst $|g| = |f|$, also auch $g \in R[X]$. Wegen

$$|f'(\alpha_i) - g'(\alpha_i)| \leq |f - g| < \delta \leq |f'(\alpha_i)|$$

ist weiter $|g'(\alpha_i)| = |f'(\alpha_i)|$, und aus

$$|g(\alpha_i)| = |g(\alpha_i) - f(\alpha_i)| \leq |f - g| < \delta$$

erhalten wir dann

$$|g(\alpha_i)| < |g'(\alpha_i)|^2.$$

Nach §23, F14 existiert daher zu jedem α_i im Bewertungsring von $K(\alpha_i)$ genau eine Nullstelle β_i von g mit

$$|\beta_i - \alpha_i| < |f'(\alpha_i)|.$$

Wegen $f'(\alpha_i) = \prod_{j \neq i} (\alpha_j - \alpha_i)$ folgt daraus zunächst Behauptung (1). Ist (1) aber erfüllt, so zieht $i \neq j$ die Gleichung

$$|\beta_j - \alpha_i| = |\beta_j - \alpha_j + \alpha_j - \alpha_i| = |\alpha_j - \alpha_i|$$

nach sich, so daß – wieder nach (1) – notwendig $\beta_i \neq \beta_j$ gelten muß.

c) Zum Beweis von $K(\beta_i) = K(\alpha_i)$ beachte man, daß $K(\beta_i) \subseteq K(\alpha_i)$ schon bekannt ist. Wäre also $K(\beta_i) \neq K(\alpha_i)$, so gäbe es ein $\sigma \in G(C/K)$ mit $\sigma\beta_i = \beta_i$ und $\sigma\alpha_i = \alpha_k$ mit $k \neq i$. Es folgt

$$|\alpha_i - \beta_i| = |\sigma(\alpha_i - \beta_i)| = |\alpha_k - \beta_i|,$$

doch dies steht im Widerspruch zu (1).

d) Die Behauptung (ii) folgt wegen der Separabilität von f und g sofort aus (2).

24.23 Eine Lösung der Aufgabe, die Aussage von 24.21 auch für den Fall zu zeigen, daß der höchste Koeffizient von $f \in R[X]$ ein beliebiges $a \neq 0$ aus R ist, hat E. *Erhardt,* einer meiner Hörer, in seiner Examensarbeit angegeben. Er zeigt zuerst: Für jedes $1 \leq r \leq n$ und jedes $\sigma \in S_n$ gilt

$$(1) \qquad \left| a \prod_{i=1}^{r} \alpha_{\sigma(i)} \right| \leq 1 \, .$$

Zum Beweis gehe man von $|\alpha_1| \geq |\alpha_2| \geq \ldots \geq |\alpha_n|$ und $|\alpha_1| > 1$ aus. Ist dann $|\alpha_i| > 1$ für $i \leq k$ und $|\alpha_i| \leq 1$ für $i > k$, so folgt

$$\left| a \prod_{i=1}^{r} \alpha_{\sigma(i)} \right| \leq \left| a \prod_{i=1}^{k} \alpha_i \right| = |a| \, |s_k| = |a_{n-k}| \leq 1 \, ,$$

wenn s_k die k-te elementarsymmetrische Funktion in den $\alpha_1, \ldots, \alpha_n$ bezeichne. – Nach Definition ist nun

$$(2) \qquad D(f) = \prod_{i=1}^{n-1} \left[a^2 \prod_{j=i+1}^{n} (\alpha_i - \alpha_j)^2 \right] \, .$$

Bezeichnen wir den i-ten Faktor auf der rechten Seite mit D_i und nehmen jetzt $|\alpha_1| \leq |\alpha_2| \leq \ldots \leq |\alpha_n|$ an, so folgt mit (1) sofort

$$(3) \qquad |D_i| \leq |a^2| \prod_{j=i+1}^{n} |\alpha_j|^2 = |a\alpha_{i+1} \ldots \alpha_n|^2 \leq 1 \, .$$

Unter den Nullstellen von f sei α_k eine mit minimalem Abstand zu $\beta \in R$:

$$(4) \qquad |\alpha_k - \beta| \leq |\alpha_i - \beta| \quad \text{für alle } i \, .$$

Wir wollen nun zeigen, daß k durch (4) eindeutig bestimmt ist. Das *Lemma von Krasner* liefert dann $K(\alpha_k) \subseteq K(\beta) = K$ und damit die Behauptung. Gelte also $|\alpha_k - \beta| = |\alpha_l - \beta|$ für $k < l$. Mit (1) zeigt man nun leicht

$$(5) \qquad |D_k| \leq \left| a(\alpha_k - \alpha_l)^2 \prod_{\substack{j=k+1 \\ j \neq l}}^{n} (\alpha_k - \alpha_j) \right| \, ,$$

$$(6) \qquad |D_i| \leq |\alpha_i - \alpha_k| \quad \text{für } i < k \, .$$

Unter Verwendung von $|D_i| \leq 1$ für $i > k$ nach (3) erhält man jetzt

$$|D(f)| \leq \left| a(\alpha_k - \alpha_l)^2 \prod_{\substack{i=1 \\ i \neq k,l}}^{n} (\alpha_k - \alpha_i) \right| \leq \left| a(\alpha_k - \beta)^2 \prod_{\substack{i=1 \\ i \neq k,l}}^{n} (\beta - \alpha_i) \right| = |f(\beta)| \, ,$$

im Widerspruch zur Voraussetzung $|f(\beta)| < |D(f)|$. –

Ergänzend wollen wir jetzt noch zeigen, daß $\alpha := \alpha_k$ im Falle $n \geq 2$ die Bedingung

$$(7) \qquad\qquad |\alpha - \beta| < 1$$

erfüllt (also $\alpha \in R$ und $\overline{\alpha} = \overline{\beta}$). Unter Benutzung von (3) für alle $i \leq n - 2$ erhält man mit (2) zunächst

$$(8) \qquad |D(f)| \leq |D_{n-1}| = |a^2 (\alpha_{n-1} - \alpha_n)^2| \leq |a\alpha_n|^2 \leq |a\alpha_n|,$$

letzteres, weil $|a\alpha_n| \leq 1$ nach (1). Wir nehmen $|\alpha_n| > 1$ an (sonst ist nichts mehr zu zeigen). Dann ist

$$(9) \qquad |f(\beta)| = |a\alpha_n| \cdot \prod_{i=1}^{n-2} |\beta - \alpha_i|$$

Aus der Voraussetzung $|f(\beta)| < |D(f)|$ folgt nun mit (8), daß

$$\prod_{i=1}^{n-1} |\beta - \alpha_i| < 1$$

gelten muß. Aus (4) ergibt sich jetzt aber sofort $|\beta - \alpha_k| < 1$, d.h. die Behauptung (7).

§ 25

Lokale Körper

1. Wir beginnen mit einer kurzen prägnanten Definition, die aber im weiteren noch der Erläuterung bedarf:

Definition 1: Unter einem *lokalen Körper* verstehen wir einen Körper K, der bezüglich eines nicht-trivialen Absolutbetrages von K *lokal kompakt* ist.

Sei K ein Körper mit nicht-trivialen Absolutbetrag $|\ |$, und sei K lokal kompakt bzgl. $|\ |$. Das bedeutet, daß für ein – und damit für jedes $c > 0$

$$(1) \qquad \{x \in K \,;\, |x| \leq c\}$$

eine *kompakte* Teilmenge von K ist. Es ist dann K auch *komplett*. Ist nämlich $(x_n)_n$ eine Cauchyfolge in K, so ist $(x_n)_n$ insbesondere beschränkt, besitzt also wegen der Kompaktheit von (1) eine konvergente Teilfolge. Als Cauchyfolge ist dann aber $(x_n)_n$ selbst schon konvergent. – Es sind nun zwei Fälle zu unterscheiden:

(i) Ist $|\ |$ *archimedisch*, so ist $K = \mathbb{R}$ oder $K = \mathbb{C}$, und der Betrag $|\ |$ ist äquivalent zum gewöhnlichen Absolutbetrag (vgl. §23, Bemerkung zu F11).

(ii) Sei jetzt $|\ |$ als *nicht-archimedisch* vorausgesetzt. Der Bewertungsring $R = \{x \in K \,;\, |x| \leq 1\}$ ist die disjunkte Vereinigung der Restklassen modulo dem Bewertungsideal $\mathfrak{p} = \{x \in K \,;\, |x| < 1\}$. Mit $\mathfrak{p}$ sind alle $a + \mathfrak{p}$ offen. Ist R also kompakt, so muß $R/\mathfrak{p}$ endlich sein. Somit besitzt K einen *endlichen Restklassenkörper* $\overline{K}$. – Angenommen, die Wertegruppe $|K^{\times}|$ habe einen Häufungspunkt $c > 0$ in $\mathbb{R}$. Es gibt dann eine Folge $(x_n)_n$ in K mit paarweise verschiedenen $|x_n|$, so daß $(|x_n|)_n$ in $\mathbb{R}$ gegen c konvergiert. Als beschränkte Folge besitzt dann $(x_n)_n$ eine gegen ein $a \in K$ konvergente Teilfolge. Es ist $|a| = c$, und für unendlich viele n gilt dann wegen $x_n = a + (x_n - a)$ die Gleichheit $|x_n| = |a| = c$. Widerspruch! Somit haben wir gezeigt, daß der Betrag $|\ |$ *diskret* sein muß.

F1: a) *Sei K ein lokaler Körper, d.h. es gebe einen nicht-trivialen Betrag $|\;|$ von K, so daß K lokal kompakt bzgl. $|\;|$ ist. Ist $|\;|$ nicht-archimedisch, so gelten:*

(i)   *K ist komplett bzgl. $|\;|$.*

(ii) *$|\;|$ ist diskret.*

(iii) *Der Restklassenkörper $\overline{K}$ von K bzgl. $|\;|$ ist endlich.*

b) *Umgekehrt: Ist $|\;|$ ein Betrag eines Körpers K mit den Eigenschaften (i), (ii) und (iii), so ist K lokal kompakt bzgl. $|\;|$, also ist dann K ein lokaler Körper.*

Beweis: Es ist noch Teil b) zu beweisen. Sei π ein *Primelement* von K bzgl. $|\;|$, und es sei q die Elementezahl von $\overline{K}$. Wir zeigen zunächst, daß für alle $n \in \mathbb{N}$ die Restklassenringe $R/\pi^n R$ endlich sind, genauer:

$$(2) \qquad\qquad \sharp(R/\pi^n R) = q^n \,.$$

Zum Beweis betrachte man die Kette $R \supseteq \pi R \supseteq \pi^2 R \supseteq \ldots \supseteq \pi^n R$ additiver Untergruppen, deren Faktoren $\pi^i R/\pi^{i+1}R$ sämtlich isomorph zu $R/\pi = \overline{K}$ sind. Um K als *lokal kompakt* zu erweisen, ist zu zeigen, daß $R = \{x\,;\; |x| \leq 1\,\}$ *kompakt* ist. Sei also $\mathfrak{U}$ eine Überdeckung von offenen Mengen $U \in \mathfrak{U}$ von R und nehmen wir entgegen der Behauptung an, daß R von keinem endlichen Teil von $\mathfrak{U}$ überdeckt wird. Da R/π endlich ist, muß es dann eine Restklasse $a_1 + \pi R$ geben, die von keinem endlichen Teil von $\mathfrak{U}$ überdeckt wird. Wegen der Endlichkeit von R/π^2 gibt es folglich auch eine Restklasse $a_2 + \pi^2 R$ mit $a_2 \equiv a_1 \bmod \pi R$, die ebenfalls von keinem endlichen Teil von $\mathfrak{U}$ überdeckt wird. Rekursiv erhalten wir so eine Folge $(a_n)_n$ in R mit

$$(3) \qquad\qquad a_{n+1} \equiv a_n \bmod \pi^n R \,,$$

so daß jeweils $a_n + \pi^n R$ von keinem endlichen Teil von $\mathfrak{U}$ überdeckt wird. Wegen (3) konvergiert $(a_n)_n$ gegen ein $a \in R$ mit $a \equiv a_n \bmod \pi^n R$ für alle n. Nun ist $a \in U$ für ein $U \in \mathfrak{U}$; da U offen ist, gibt es ein n mit $a + \pi^n R \subseteq U$. Dann wird aber $a_n + \pi^n R = a + \pi^n R$ bereits von $\{U\}$ überdeckt, Widerspruch.

SATZ 1: *Es sei K ein Körper mit einem Betrag $|\;|$, der die Eigenschaften (i), (ii), (iii) aus F1 besitze.*

(I) *Im Fall $\mathrm{char}\,(K) = 0$ ist dann K ein Erweiterungskörper endlichen Grades von $\mathbb{Q}_p$, wobei $p = \mathrm{char}\,(\overline{K})$, und $|\;|$ ist zu der eindeutig bestimmten Fortsetzung von $|\;|_p$ zu einem Betrag von K äquivalent.*

(II) *Im Fall* char $(K) \neq 0$ *ist* $K = \mathbb{F}_q((X))$ *der Körper der formalen Laurentreihen mit endlichem Hauptteil in einer Variablen X über dem endlichen Körper* $\overline{K} = \mathbb{F}_q$, *und* | | *gehört zur kanonischen Exponentenbewertung von* $\mathbb{F}_q((X))$.

Beweis: (I) Im Fall char $(K) = 0$ kann man $\mathbb{Q}$ als Teilkörper von K auffassen. Sei $p = $ char $(\overline{K})$. Dann ist $|p| < 1$; nach Übergang zu einem äquivalenten Betrag können wir $|p| = \frac{1}{p}$ annehmen. Bei der Einschränkung von | | auf $\mathbb{Q}$ kann es sich nun aber nur um den p-Betrag von $\mathbb{Q}$ handeln (vgl. §23, Satz 1 und F1). Da K nach (i) *komplett* bzgl. | | ist, kann man $\mathbb{Q}_p$ als Teilkörper von K auffassen. Wegen (iii) ist der Restklassengrad f von $K/\mathbb{Q}_p$ notwendig endlich; auch der Verzweigungsindex e von $K/\mathbb{Q}_p$ muß endlich sein, da die Wertegruppe $|K^\times|$ wegen (ii) zyklisch ist und daher jede ihrer nicht-trivialen Untergruppen endlichen Index in ihr besitzt. Aus Satz 1, §24 folgt dann, daß $K/\mathbb{Q}_p$ endlich sein muß.

(II) Sei jetzt char $(K) = p > 0$. Dann ist char $(\overline{K}) = $ char $(K) = p$. Der Primkörper von K ist der Körper $\mathbb{F}_p$. Es sei q die Elementezahl von $\overline{K}$. Nach §24, Satz 4 (ii) enthält K eine primitive $(q-1)$-te Einheitswurzel, und deren Bild $\overline{\zeta}$ in $\overline{K}$ erzeugt die multiplikative Gruppe von $\overline{K}$. Wir betrachten den Teilkörper $\mathbb{F}_p(\zeta)$ von K; die Restklassenabbildung vermittelt dann einen Körperhomomorphismus $\mathbb{F}_p(\zeta) \longrightarrow \overline{K}$. Nach Wahl von ζ ist dieser surjektiv, also ist er ein Isomorphismus. Somit können wir $\overline{K}$ mit dem Teilkörper $\mathbb{F}_p(\zeta)$ von K identifizieren, und es ist dann $\mathbb{F}_p(\zeta) = \overline{K} = \mathbb{F}_q$ der Körper mit q Elementen. Sei jetzt X ein Primelement von K bzgl. | |. Dann besitzt nach §24, F2 jedes $a \in K$ eine eindeutige Darstellung der Gestalt

$$a = \sum_{-\infty \ll i} a_i X^i \quad \text{mit } a_i \in \mathbb{F}_q,$$

und umgekehrt bestimmt jede solche unendliche Reihe ein Element von K. Da $\mathbb{F}_q$ ein Teilkörper von K ist, folgt also $K = \mathbb{F}_q((X))$, vgl. §24, Beispiel zu F2. □

Zusammenfassend wollen wir festhalten:

F2: *Es gibt folgende lokale Körper:*

1) *die Körper* $\mathbb{R}$ *und* $\mathbb{C}$,
2) *die Erweiterungskörper endlichen Grades der* $\mathbb{Q}_p$,
3) *die Körper* $\mathbb{F}_q((X))$.

Auf jedem lokalen Körper K wird durch folgende Normierung ein bestimmter Betrag | $|_K$ ausgezeichnet: Im Falle 1) sei | $|_K = $ | $|_\infty$. In den Fällen 2) und 3) hat K eine kanonisch definierte *normierte Exponentenbewertung* w_K; man definiert dann $|\ |_K$ durch

$$(4) \qquad |\alpha|_K = \left(\frac{1}{q}\right)^{w_K(\alpha)} \quad \text{mit } q = \sharp(\overline{K}).$$

Im Falle 2) stimmt $|\ |_K$ für $K : \mathbb{Q}_p > 1$ *nicht* mit der eindeutigen Betragsfortsetzung $|\ |_p$ des p-Betrages auf $\mathbb{Q}_p$ überein; genauer besteht der Zusammenhang

$$(5) \qquad |\alpha|_K = |\alpha|_p^n = |N_{K/\mathbb{Q}_p}(\alpha)|_p,$$

wobei $n = K : \mathbb{Q}_p$ gesetzt ist. Mit $e = e(K/\mathbb{Q}_p)$ gilt nämlich

$$(6) \qquad w_K = e w_p,$$

womit sich aus (4) wegen $q = p^f$ und $ef = n$ sofort die Behauptung (5) ergibt (vgl. §23, Satz 4).

Bemerkung: Ohne Beweis sei hier erwähnt, daß man die Definition eines lokalen Körpers noch grundsätzlicher fassen kann: Sei K ein *topologischer Körper* (d.h. ein Körper K, versehen mit einer nicht-diskreten Topologie, bezüglich der die Rechenoperationen von K stetig sind), und es sei K *lokal kompakt* für die gegebene Topologie. Dann gibt es auf K einen kanonischen Betrag $|\ |_K$, welcher die gegebene Topologie vermittelt. Zur Erläuterung: Als lokal kompakte topologische Gruppe besitzt die additive Gruppe von K ein translationsinvariantes Maß μ_K, und dieses ist bis auf einen konstanten Faktor eindeutig bestimmt. Zu jedem $a \in K$ gehört daher ein wohlbestimmter Faktor $\|a\|_K$, so daß für alle μ-meßbaren Mengen M gilt:

$$(7) \qquad \mu(aM) = \|a\|_K \, \mu(M).$$

Es ist dann $\|\ \|_K$ ein Absolutbetrag auf K, mit Ausnahme des Falles $K = \mathbb{C}$, in dem ja $\|\ \|_K = |\ |_\infty^2$ gilt. Man überzeugt sich des weiteren leicht davon, daß in allen anderen Fällen $\|\ \|_K$ mit dem oben festgelegten Betrag $|\ |_K$ übereinstimmt. – Im übrigen beachte man auch den Inhalt der Aufgaben 24.12 und 24.13.

2. Im folgenden wollen wir noch eine weitere, sehr befriedigende Charakterisierung der lokalen Körper gewinnen. Hierzu vereinbaren wir zunächst

Definition 2: Die folgenden Körper heißen *globale Körper*:

a) die *algebraischen Zahlkörper*, d.h. die Erweiterungskörper endlichen Grades über $\mathbb{Q}$;

b) die *Funktionenkörper einer Variablen über endlichen Körpern*, d.h. die Erweiterungskörper endlichen Grades der rationalen Funktionenkörper $\mathbb{F}_p(X)$.

Abgesehen von etwaigen archimedischen sind alle nicht-trivialen Absolutbeträge eines globalen Körpers *diskret mit endlichem Restklassenkörper*; dies ist nämlich für $\mathbb{Q}$ sowie die Körper $\mathbb{F}_p(X)$ der Fall (vgl. §23, Satz 1 sowie Aufgabe 23.5), und die genannte Eigenschaft überträgt sich ja von einem Körper K auf Erweiterungskörper E endlichen Grades über K (vgl. §24, F1 und Bem. c) zu Def. 2). Mit F1 folgt daraus, daß jede komplette Hülle eines globalen Körpers bzgl. eines nicht-trivialen Betrages ein *lokaler Körper* ist. Es gilt nun sogar

SATZ 2: *Die lokalen Körper sind gerade die kompletten Hüllen der globalen Körper (bzgl. nicht-trivialer Beträge).*

Beweis: Gehen wir die Liste der lokalen Körper durch: Für $\mathbb{R}$ bzw. $\mathbb{C}$ ist die Behauptung klar, denn $\mathbb{R}$ bzw. $\mathbb{C}$ ist komplette Hülle von $\mathbb{Q}$ bzw. $\mathbb{Q}(i)$ bzgl. $|\ |_\infty$. Auch für die Körper $\mathbb{F}_q((X))$ ist nichts zu beweisen, denn $\mathbb{F}_q((X))$ ist komplette Hülle von $\mathbb{F}_q(X)$. Für die Erweiterungskörper endlichen Grades der $\mathbb{Q}_p$ wird sich die Behauptung erst aus F3 weiter unten ergeben. Um dahin zu gelangen, haben wir auf gewisse Eigentümlichkeiten nicht-archimedisch bewerteter Körper einzugehen, die auch für sich genommen interessant sind. Wir beginnen mit dem folgenden

Lemma von Krasner: *Sei K komplett bzgl. des nicht-archimedischen Betrages $|\ |$, und sei C algebraischer Abschluß von K mit Betragsfortsetzung $|\ |$. Das Element $\alpha \in C$ habe das separable Minimalpolynom*

$$f(X) = \prod_j (X - \alpha_j), \quad \alpha_1 = \alpha.$$

Für jedes $\beta \in C$ mit

$$|\beta - \alpha| < |\alpha_j - \alpha| \quad \text{für alle} \ j \neq 1$$

gilt dann $K(\alpha) \subseteq K(\beta)$.

Beweis: Andernfalls gibt es ein $\sigma \in G(C/K)$ mit $\sigma(\alpha) \neq \alpha$, aber $\sigma(\beta) = \beta$. Da σ isometrisch ist, erhalten wir daraus den Widerspruch

$$|\beta - \alpha| = |\sigma(\beta - \alpha)| = |\beta - \sigma\alpha| = |\beta - \alpha_j| > |\beta - \alpha|.$$

SATZ 3: *Sei K komplett bzgl. des nicht-archimedischen Betrages $|\ |$, und sei $f \in K[X]$ normiert, irreduzibel, separabel vom Grad n. Es gibt dann eine Konstante $\delta > 0$ mit folgender Eigenschaft: Ist $g \in K[X]$ normiert vom Grade n und gilt $|g - f| < \delta$, so ist g irreduzibel, und zu jeder Nullstelle α von f gibt es eine Nullstelle β von g mit $K(\alpha) = K(\beta)$.* [1]

Beweis: 1) Sei zunächst β eine vorgegebene Nullstelle von g. Wir behaupten, daß $|\beta| \leq |g|$. Bezeichnen nämlich b_i die Koeffizienten von g, so hätte $|\beta| > |g|$ die Ungleichungen $|\beta^n| > |b_i| \, |\beta^i|$ für $i < n$ zur Folge, woraus sich der Widerspruch $0 = |\beta^n + b_{n-1}\beta^{n-1} + \ldots + b_0| = |\beta^n|$ ergäbe (beachte $|g| \geq 1$).

2) Aus $|g - f| < 1$ folgt offenbar $|g| = |f|$.

3) Sei jetzt $|g - f| < \delta \leq 1$ mit einem noch verfügbaren $\delta > 0$ und bezeichnen a_i die Koeffizienten von f. Für die Nullstelle β von g gilt dann nach 1) und 2)

$$|f(\beta)| = |f(\beta) - g(\beta)| = \left| \sum_i (a_i - b_i)\beta^i \right| < \delta |g|^n = \delta |f|^n.$$

Aus $f(X) = \prod_i (X - \alpha_i)$ über C folgt damit $\left| \prod_i (\beta - \alpha_i) \right| < \delta |f|^n$, also gibt es ein i mit

$$|\beta - \alpha_i| < \sqrt[n]{\delta}\, |f|.$$

Für hinreichend kleines $\delta > 0$ ist dann

$$|\beta - \alpha_i| < |\alpha_j - \alpha_i| \quad \text{für alle } j \neq i,$$

und aus dem Lemma von Krasner folgt damit $K(\alpha_i) \subseteq K(\beta)$. Aus Gradgründen ist dann sogar

(8) $$K(\alpha_i) = K(\beta),$$

und mit f ist auch g irreduzibel (und separabel). Ist nun α eine vorgegebene Nullstelle von f, so gibt es einen K-Isomorphismus $\sigma : K(\alpha_i) \longrightarrow K(\alpha)$ mit $\sigma\alpha_i = \alpha$, und aus (8) erhalten wir dann wie gewünscht $K(\alpha) = K(\sigma\beta)$ mit der Nullstelle $\sigma\beta$ von g.

F3: *Zu jeder endlichen Erweiterung $K/\mathbb{Q}_p$ gibt es Teilkörper F von K mit folgenden Eigenschaften: (i) $F/\mathbb{Q}$ ist endlich mit $F : \mathbb{Q} = K : \mathbb{Q}_p$; (ii) F ist dicht in K bzgl. $|\ |_p$ (also ist K komplette Hülle des algebraischen Zahlkörpers F bzgl. $|\ |_p$).*

Beweis: Nach dem Satz vom primitiven Element ist $K = \mathbb{Q}_p(\alpha)$. Sei $f = Mipo_{\mathbb{Q}_p}(\alpha)$. Da $\mathbb{Q}$ dicht in $\mathbb{Q}_p$ ist, gibt es nach Satz 3 ein irreduzibles

---

[1] Eine bemerkenswerte Verallgemeinerung von Satz 3 ist Aufgabe 24.22.

Polynom $g \in \mathbb{Q}[X]$ vom Grade $n = \operatorname{grad} f = K : \mathbb{Q}_p$ sowie eine Nullstelle β von g mit $\mathbb{Q}_p(\beta) = \mathbb{Q}_p(\alpha) = K$. Für den Teilkörper $F = \mathbb{Q}(\beta)$ von K gilt dann $F : \mathbb{Q} = K : \mathbb{Q}_p$, und außerdem ist $F = \mathbb{Q}(\beta) = \mathbb{Q} + \mathbb{Q}\beta + \ldots + \mathbb{Q}\beta^{n-1}$ dicht in $\mathbb{Q}_p + \mathbb{Q}_p\beta + \ldots + \mathbb{Q}_p\beta^{n-1} = K$. $\square$

Wir wollen jetzt noch auf einen wichtigen Sachverhalt eingehen, bei dem das Lemma von Krasner ebenfalls eine Rolle spielt.

F4: *Der algebraische Abschluß C von $\mathbb{Q}_p$ ist nicht komplett bzgl.* $| \ |_p$.

Beweis: Für jede natürliche Zahl n bezeichne a_n eine Einheitswurzel der Ordnung $p^{n!} - 1$. Dann ist $\mathbb{Q}_p(a_n)/\mathbb{Q}_p$ *unverzweigt* vom Grade $n!$, und es gilt $\mathbb{Q}_p(a_n) \subseteq \mathbb{Q}_p(a_{n+1})$, vgl. §24, Satz 4. Wir betrachten nun die Folge der

$$s_n = \sum_{k=0}^{n} a_k p^k \ \in \mathbb{Q}_p(a_n).$$

Wegen $s_n - s_{n-1} = a_n p^n$ ist $(s_n)_n$ eine Cauchyfolge in C bzgl. $| \ |_p$. Es werde nun angenommen, daß $(s_n)_n$ in C bzgl. $| \ |_p$ gegen ein $\alpha \in C$ konvergiere. Sei dann

$$f = Mipo_{\mathbb{Q}_p}(\alpha) = \prod_i (X - \alpha_i) \quad \text{über } C$$

mit $\alpha_1 = \alpha$. Wegen $|s_m - \alpha| \to 0$ gilt für hinreichend großes m nach dem *Lemma von Krasner*

$$\alpha \in \mathbb{Q}_p(s_m) \subseteq \mathbb{Q}(a_m).$$

Für ein festes solches $m = n$ setzen wir $K = \mathbb{Q}_p(a_n)$ und betrachten die p-adische Entwicklung

$$\alpha = \sum_{k=0}^{\infty} c_k p^k, \quad c_k \in S_n$$

von α in K, wobei $S_n = \{0\} \cup <a_n>$ aus den Potenzen von a_n und 0 bestehe (vgl. §24, F2 in Verbindung mit Satz 4). Für $m > n$ hat man nun aber in $\mathbb{Q}(a_m)$ die Kongruenz

$$\alpha \equiv \sum_{k=0}^{m} a_k p^k \equiv \sum_{k=0}^{m} c_k p^k \bmod p^{m+1}.$$

Aus der Eindeutigkeit der p-adischen Entwicklung in $\mathbb{Q}(a_m)$ folgt dann $a_k = c_k$ für alle $k \leq m$. Insbesondere ergibt sich $a_m \in \mathbb{Q}(a_n)$. Doch dies steht im Widerspruch zu $\mathbb{Q}(a_m) : \mathbb{Q} > \mathbb{Q}(a_n) : \mathbb{Q}$.

SATZ 4: *Sei $\mathbb{C}_p$ die komplette Hülle des algebraischen Abschlusses C von $\mathbb{Q}_p$ bzgl. $| \ |_p$. Dann ist $\mathbb{C}_p$ algebraisch abgeschlossen.*

Beweis: Sei $f \in \mathbb{C}_p[X]$ ein normiertes und irreduzibles Polynom über $\mathbb{C}_p$, und sei α eine Nullstelle von f (im algebraischen Abschluß von $\mathbb{C}_p$). Nun ist C dicht in $\mathbb{C}_p$. Aufgrund von Satz 3 (angewandt auf den kompletten Körper $K = \mathbb{C}_p$) gibt es daher ein $g \in C[X]$ und eine Nullstelle β von g mit $\mathbb{C}_p(\alpha) = \mathbb{C}_p(\beta)$. Da C algebraisch abgeschlossen ist (und g nur Koeffizienten in C besitzt), liegt β in C, und es folgt $\alpha \in \mathbb{C}_p$. [2] □

Mit dem Körper $\mathbb{C}_p$, dessen algebraische Abgeschlossenheit wir eben bewiesen haben, erhält man ein Objekt, dem in der p-adischen Analysis die Rolle zufällt, die der Körper $\mathbb{C}$ der komplexen Zahlen in der archimedischen Analysis spielt.

3. Bei Galoiserweiterungen lokaler Körper, so wollen wir jetzt zeigen, treten nur *auflösbare* Gruppen als Galoisgruppen auf. Dazu gehen wir zunächst auf die Erzeugung sogenannter *zahm verzweigter* Erweiterungen ein. Eine Erweiterung E/K lokaler Körper heiße *zahm verzweigt*, wenn ihr Verzweigungsindex teilerfremd ist zur Charakteristik des Restklassenkörpers $\overline{K}$; im anderen Fall nennt man E/K *wild verzweigt*. (In solchem Zusammenhang seien die archimedischen lokalen Körper $\mathbb{R}$ und $\mathbb{C}$ stets außer Betracht gelassen.)

F5: *Sei E/K eine* rein verzweigte *Erweiterung lokaler Körper vom Grade*

$$(9) \qquad\qquad e \not\equiv 0 \bmod p \qquad (p = \operatorname{char} \overline{K}).$$

Dann gibt es ein Primelement π_0 von K mit

$$(10) \qquad\qquad E = K(\sqrt[e]{\pi_0}).$$

Genauer: Ist π ein vorgegebenes *Primelement von K, so gilt*

$$(11) \qquad\qquad E = K(\sqrt[e]{\pi\zeta}).$$

mit einer geeigneten $(q-1)$-ten Einheitswurzel ζ aus K, wobei q die Elementezahl von $\overline{K}$ bezeichne. Ist E/K als galoissch *vorausgesetzt, so enthält K eine primitive e-te Einheitswurzel, d.h.*

$$(12) \qquad\qquad e \mid q-1,$$

und $G(E/K)$ ist zyklisch *von der Ordnung e.*

---

[2]Übrigens ist Satz 4 ein Spezialfall von 24.15.

Beweis: Sei Π ein Primelement von E. Dann ist zunächst

$$\Pi^e = u\pi \quad \text{mit einer Einheit } u \in E.$$

Wegen der reinen Verzweigtheit von E/K ist $\overline{E} = \overline{K}$, und nach §24, Satz 4 bilden die $(q-1)$-te Einheitswurzeln ein in K enthaltenes Vertretersystem für die multiplikative Gruppe von $\overline{E} = \overline{K}$. Es gibt demnach eine $(q-1)$-te Einheitswurzel $\zeta \in K$ mit

$$u = \zeta u_1,$$

wobei u_1 eine *Einseinheit* von E ist, d.h. $u_1 \equiv 1 \bmod \Pi$. Wegen (9) ist nun aber $u_1 = c^e$ eine e-te Potenz in E (vgl. 23.13). Mit $\Pi_0 := c^{-1}\Pi$ erhält man dann ein Primelement von E, welches

$$\Pi_0^e = \zeta\pi$$

erfüllt, als eine e-te Wurzel des Elementes $\pi_0 := \zeta\pi$ aus K ist. Wegen $E = K(\Pi_0)$ ist damit (11) gezeigt (vgl. §24, F3). Sei jetzt E/K noch als galoissch vorausgesetzt. Das über K irreduzible Polynom $X^e - \pi_0$ zerfällt dann über E vollständig in e verschiedene Linearfaktoren. Der Körper E enthält folglich eine primitive e-te Einheitswurzel, die aber wegen (9) und $\overline{E} = \overline{K}$ schon in K liegen muß (vgl. erneut §24, Satz 4). Mit Blick auf (10) ist daher $G(E/K)$ zyklisch (vgl. Band I, S. 175, F1).

SATZ 5: *Jede galoissche Erweiterung E/K lokaler Körper besitzt eine auflösbare Galoisgruppe.*

Beweis: Wegen $G(\mathbb{C}/\mathbb{R}) = \mathbb{Z}/2$ ist nur im nicht-archimedischen Fall etwas zu zeigen. Wir betrachten den größten über K unverzweigten Teilkörper L von E/K (vgl. §24, Satz 3). Dann ist E/L rein verzweigt, und $G(L/K)$ ist zyklisch (§24, Satz 4). Wir können uns daher im folgenden auf den Fall einer *rein verzweigten* Erweiterung E/K beschränken. Sei nun H eine p-*Sylowgruppe* von $G = G(E/K)$ mit $p = \mathrm{char}\,(\overline{K})$, und bezeichne F den zu H gehörigen Zwischenkörper von E/K. Wegen $F : K = G : H \not\equiv 0 \bmod p$ können wir F5 anwenden; danach ist $F = K(\sqrt[e]{\pi})$ mit einem geeigneten Primelement π von K und $e = F : K$. Das über K irreduzible Polynom $X^e - \pi$ zerfällt über E in e verschiedene Linearfaktoren (denn E/K ist normal), also enthält E eine primitive e-te Einheitswurzel. Wegen der reinen Verzweigtheit von E/K und $e \not\equiv 0 \bmod p$ muß diese aber bereits in K liegen (wieder nach §24, Satz 4). Somit ist auch F/K *galoissch*, und nach F5 besitzt F/K eine zyklische Galoisgruppe. Zum Beweis der Auflösbarkeit von G genügt es daher, die Auflösbarkeit der Gruppe H sicherzustellen. Doch diese ergibt sich einfach daraus, daß es sich bei H um eine p-Gruppe handelt.

Bemerkung: Im Beweis von Satz 5 haben wir über die Auflösbarkeit von $G = G(E/K)$ hinaus etwas mehr gezeigt, indem wir *kanonische* Anfangsglieder einer *Hauptreihe*

(13) $$G \supseteq T \supseteq V \supseteq \ldots \supseteq 1$$

von G angegeben haben, wobei T zum größten über K unverzweigten Zwischenkörper von E/K gehört und V zum größten über K zahm verzweigten. (Beachte, daß V als einzige p-Sylowgruppe von T normal in G ist.) Auf die kanonische Fortsetzbarkeit von (13) und weitere interessante Einzelheiten können wir hier nicht weiter eingehen; man vgl. aber wenigstens 24.10. – Im übrigen sei darauf hingewiesen, daß die Struktur der auflösbaren Gruppe $G(E/K)$ jedenfalls der folgenden wesentlichen Einschränkung unterliegt: Wie man sich leicht überlegt, ist die Gruppe T *semidirektes* Produkt ihrer normalen p-Sylowgruppe V mit einer *zyklischen* Untergruppe C:

$$T = CV, \quad C \cap V = 1.$$

Zur Existenz einer solchen Untergruppe C von T beachte man, daß T/V zyklisch ist (mit zu p teilerfremder Ordnung). □

Wir wollen an dieser Stelle noch eine weitere Besonderheit lokaler Körper hervorheben, die allerdings nur den lokalen Körpern der Charakteristik 0 zukommt. Während etwa der Körper $\mathbb{Q}$ beispielsweise unendlich viele Erweiterungskörper von Grade 2 besitzt, gilt im Fall lokaler Körper der Charakteristik 0 :

SATZ 6: *Ein lokaler Körper K mit der Charakteristik 0 besitzt (in einem festen algebraischen Abschluß von K) nur endlich viele Erweiterungskörper E vorgegebenen Grades über K.*

Beweis: Wir können K als nicht-archimedisch voraussetzen und fixieren ein Primelement π von K. Im Hinblick auf §24, Satz 3 und Satz 4 brauchen wir nur die *rein verzweigten* Erweiterungen E/K mit vorgegebenem Grad $n = E : K$ zu betrachten. Jede solche entsteht (nach §24, F3) durch Adjunktion einer Nullstelle eines *Eisensteinpolynoms*

(14) $$f(X) = X^n + \pi c_{n-1} X^{n-1} + \ldots + \pi c_0$$

vom Grade n über K, wobei die c_i sämtlich im Bewertungsring R liegen und c_0 speziell zur Einheitengruppe $U = R^\times$ gehört. Ordnet man umgekehrt jedem Element $c = (c_0, c_1, \ldots, c_{n-1})$ von

(15) $$U \times R \times \ldots \times R = U \times R^{n-1}$$

das Polynom (14) zu, so erhält man durch Adjunktion der Nullstellen dieses Polynoms endlich viele Erweiterungskörper vom Grade n über K. Wie aus Satz 3 leicht ersichtlich, gibt es nun zu jedem Punkt c von (15) eine hinreichend kleine Umgebung von c, so daß jeder Punkt dieser Umgebung dieselben (endlich vielen) Erweiterungskörper bestimmt wie c. Die Menge (15) ist aber *kompakt*, also kann es insgesamt nur endlich viele rein verzweigte Erweiterungen E/K mit $E : K = n$ geben. – Wie sofort ersichtlich, gilt die Aussage von Satz 6 auch im Falle char $(K) = p > 0$, wenn man nur Erweiterungen E/K mit $p \nmid e(E/K)$ zuläßt.

4. Im letzten Abschnitt wollen wir noch etwas näher auf die Struktur der *multiplikativen Gruppe* von lokalen Körpern eingehen. Im Fall $\mathbb{R}$ liefert der Logarithmus einen Isomorphismus von $\mathbb{R}_{>0}$ mit der additiven Gruppe $\mathbb{R}$ von $\mathbb{R}$. Es gilt also $\mathbb{R}^{\times} = \{\pm 1\} \times \mathbb{R}_{>0} \simeq \mathbb{Z}/2 \times \mathbb{R}$. Für $\mathbb{C}$ erhält man dann unter Benutzung der Exponentialfunktion $e^{2\pi i x}$

$$(16) \qquad \mathbb{C}^{\times} = \mathbb{R}_{>0} \times S^1 \simeq \mathbb{R} \times \mathbb{R}/\mathbb{Z} .$$

Sei K jetzt ein *nicht-archimedischer lokaler* Körper mit normierter Exponentenbewertung w_K, Bewertungsring $R = R_K$, Bewertungsideal $\mathfrak{p} = \mathfrak{p}_K$ und Restklassenkörper $\overline{K} = R/\mathfrak{p}$. Es sei

$$(17) \qquad q = q_K = \sharp(\overline{K}) \quad \text{und} \quad p = \text{char}(\overline{K}) .$$

Mit $|\ |_K$ bezeichnen wir den kanonischen Betrag von K, gegeben durch

$$(18) \qquad |a|_K = \left(\frac{1}{q}\right)^{w_K(a)} \quad \text{für alle } a \in K .$$

In der *Einheitengruppe* $U = U_K = R_K^{\times} = \{a \in K \mid w_K(a) = 0\}$ von K erhält man für jedes $n \in \mathbb{N}$ mit

$$(19) \qquad U^{(n)} = U_K^{(n)} = 1 + \mathfrak{p}^n = \{x \in R \mid x \equiv 1 \bmod \mathfrak{p}^n\}$$

eine *Untergruppe* von U_K; ihre Elemente heißen die *n-Einheiten* von K. Die absteigende Folge der $U^{(n)}$ bildet zugleich eine *Umgebungsbasis* der 1 in $K^{\times}$, bestehend aus *offenen Untergruppen* von $K^{\times}$. Man setzt $U_K^{(0)} = U_K$. – Für jede natürliche Zahl m bezeichnen wir ferner mit

$$(20) \qquad W_m$$

die *Gruppe der m-ten Einheitswurzeln* im algebraischen Abschluß von K, und wir setzen $W_m(K) = W_m \cap K$.

F6: *Nach Wahl eines Primelementes π von K besitzt die Gruppe $K^\times$ die direkte Zerlegung*

$$(21) \qquad K^\times = <\pi> \times U_K = <\pi> \times W_{q-1} \times U_K^{(1)}$$

(und zwar auch im topologischen Sinne). Ferner gilt $W'(K) = W_{q-1}$, wenn $W'(K)$ die Gruppe aller Einheitswurzeln von K mit zu p teilerfremder Ordnung bezeichnet. Man hat die Isomorphie

$$(22) \qquad U_K/U_K^{(1)} \simeq \overline{K}^\times,$$

und für jedes $n \geq 1$ ist die Faktorgruppe

$$(23) \qquad U_K^{(n)}/U_K^{(n+1)} \simeq \overline{K}$$

zur _additiven_ Gruppe des Restklassenkörpers $\overline{K}$ isomorph, ist also eine elementar-abelsche p-Gruppe der Ordnung q.

Beweis: Jedes $a \in K^\times$ hat die – nach Wahl von π – kanonische Zerlegung

$$a = \pi^{w_K(a)} u \quad \text{mit } u \in U_K.$$

Bekanntlich (vgl. §24, Satz 4) gilt $W'(K) = W_{q-1}$, und unter dem Restklassenhomomorphismus

$$(24) \qquad \begin{aligned} U_K &\longrightarrow \overline{K}^\times \\ x &\longmapsto \overline{x} \end{aligned}$$

wird W_{q-1} isomorph auf $\overline{K}^\times$ abgebildet. Der Kern von (24) ist offenbar $U_K^{(1)}$. Es folgt

$$(25) \qquad U_K = W_{q-1} \times U_K^{(1)}$$

sowie (22). Es verbleibt also nur noch der Nachweis von (23). Dazu betrachte man die Abbildung $U_K^{(n)} \longrightarrow \overline{K}$, definiert durch

$$1 + a\pi^n \longmapsto \overline{a} := a \bmod \mathfrak{p}.$$

Wie man sofort nachprüft, ist diese ein Homomorphismus von $U_K^{(n)}$ auf $\overline{K}$ und ihr Kern ist $U_K^{(n+1)}$. Es folgt (23). $\qquad\square$

Über den Aufbau der multiplikativen Gruppe $K^\times$ eines lokalen Körpers K gibt (21) nur einen groben Aufschluß. Danach läuft alles auf die Frage nach der Struktur der *Einseinheitengruppe* $U^{(1)}$ hinaus. Über deren Aufbau liefert immerhin (23) eine gewisse Information.

Untersuchen wir einmal die naheliegende Frage, ob sich für jede natürliche Zahl m angeben läßt, welchen Index

$$(26) \qquad K^\times : K^{\times m}$$

die Gruppe $K^{\times m} = \{x^m \mid x \in K^\times\}$ der m-ten Potenzen in $K^\times$ besitzt, eine Frage, die sich für $K = \mathbb{R}, \mathbb{C}$ leicht beantworten läßt: Für $K = \mathbb{R}$ und gerades m ist (26) gleich 2, sonst gleich 1. Sei jetzt K wieder nicht-archimedisch. Aus F6 und unter Betrachtung des Homomorphismus $x \longmapsto x^m$ auf den jeweiligen Untergruppen erkennt man zunächst leicht, daß gilt:

$$(27) \qquad \frac{K^\times : K^{\times m}}{\sharp W_m(K)} = m \, \frac{U : U^m}{\sharp W_m(K)} = m \, \frac{U^{(1)} : U^{(1)m}}{\sharp W_m\left(U^{(1)}\right)}$$

mit $W_m\left(U^{(1)}\right) = W_m \cap U^{(1)}$. So weit, so gut. Die Verhältnisse liegen nun jedoch nicht ganz so einfach, wie man es vielleicht erwarten würde. Es gilt nämlich

F7: *Ist K ein lokaler Körper der Charakteristik $p > 0$, so ist*

$$(28) \qquad K^\times : K^{\times p} = \infty.$$

Beweis: Es ist $K = \mathbb{F}_q((X))$, vgl. F2. Angenommen, es wäre $K^\times : K^{\times p} < \infty$. Nach (27) ist dann auch $U : U^p < \infty$. Nun ist mit U auch U^p kompakt, also insbesondere *abgeschlossen*. Wegen $U : U^p < \infty$ ist daher U^p auch *offen*. Für jedes hinreichend große n muß dann

$$1 + X^n \in U^p \subseteq K^p = \mathbb{F}_q((X^p))$$

gelten; doch dies ist für $n \not\equiv 0 \bmod p$ unmöglich. – Man kann auch wie folgt argumentieren: Wegen char$(K) = p$ ist K^p ein *Teilkörper* von K, und wegen $K = K^p(X)$ gilt offenbar

$$K : K^p = p < \infty.$$

Für eine nicht-triviale endliche Körpererweiterung K/k mit unendlichem Grundkörper k kann aber $K^\times/k^\times$ niemals endlich sein (vgl. Band I, Aufgabe 1.6).

SATZ 7: *Sei K ein beliebiger lokaler Körper. Für jede natürliche Zahl m gilt dann*

$$(29) \qquad \frac{K^\times : K^{\times m}}{\sharp W_m(K)} = \frac{m}{\|m\|_K}$$

(mit $\| \ \|_K = | \ |_K$ außer im Fall $K = \mathbb{C}$, vgl. die Bemerkung zu F2). Ist char$(K) > 0$, *also* char$(K) = p =$ char$(\overline{K})$, *so ist für $m \equiv 0 \bmod p$ die Formel (29) sinngemäß als $K^\times : K^{\times m} = \infty$ zu lesen.*

Beweis: Für $K = \mathbb{R}, \mathbb{C}$ ist die Behauptung klar. Sei also K nicht-archimedisch. Ist m zu $p = \mathrm{char}\,(\overline{K})$ teilerfremd, so gilt $U^{(1)} = U^{(1)m}$, wie man durch Anwendung von §23, F13 leicht erkennt (vgl. auch 23.13). Die Gültigkeit der Formel (29) läßt sich dann aus F6 bzw. (27) sofort ablesen. Nun überzeugt man sich leicht davon, daß sich beide Seiten von (29) für $m = m_1 m_2$ mit $(m_1, m_2) = 1$ multiplikativ verhalten; es genügt also, die Formel (29) für den Fall

$$m = p^k$$

einer Potenz von $p = \mathrm{char}\,(\overline{K})$ nachzuweisen. Im Hinblick auf F7 brauchen wir außerdem nur den Fall

$$\mathrm{char}\,(K) = 0$$

zu behandeln. Für $\mathrm{char}\,(K) = 0$ läßt sich nun aber die Struktur der *Einseinheitengruppe* $U^{(1)}$ genau bestimmen:
Wir werden später zeigen (vgl. Satz 9), daß gilt

$$(30) \qquad U_K^{(1)} \simeq W_{p^\infty}(K) \times \mathbb{Z}_p^n\,,$$

wobei $W_{p^\infty}(K)$ die Gruppe der Einheitswurzeln von p-Potenzordnung aus K bezeichnet und n den Grad von $K/\mathbb{Q}_p$. Aus (30) aber folgt

$$(31) \qquad \frac{U_K^{(1)} : U_K^{(1)m}}{\sharp W_m(U^{(1)})} = \mathbb{Z}_p^n : m\,\mathbb{Z}_p^n\,.$$

Da nun $\mathbb{Z}_p^n / m\,\mathbb{Z}_p^n \simeq (\mathbb{Z}_p / m\,\mathbb{Z}_p)^n = (\mathbb{Z}_p / p^k\,\mathbb{Z}_p)^n$ die Ordnung $(p^k)^n = p^{nk} = p^{n w_p(m)} = |m|_K^{-1}$ besitzt (vgl. (5)), ergibt sich daher mit Blick auf (27) die Behauptung (29).

F8: *Sei $a \in U_K^{(1)}$ und $x \in \mathbb{Z}_p$. Für jede Folge $(x_n)_n$ ganzer Zahlen, die p-adisch gegen x konvergiert, ist die Folge $(a^{x_n})_n$ in K konvergent. Setzen wir dann*

$$(32) \qquad a^x = \lim_{n \to \infty} a^{x_n}\,,$$

so ist a^x hierdurch wohldefiniert. Vermöge dieser Festsetzung wird $U_K^{(1)}$ zu einem $\mathbb{Z}_p$-Modul.

Beweis: Zunächst bemerken wir: Aus $b \in U_K^{(n)}$ folgt $b^p \in U_K^{(n+1)}$. Dies ergibt sich sofort aus (23). Allgemeiner gilt daher für jedes $z \in \mathbb{Z}$:

$$(33) \qquad b \in U_K^{(n)} \implies b^z \in U_K^{(n+w_p(z))}\,.$$

Angewandt auf $a \in U_K^{(1)}$ gilt daher für jede Folge $(z_n)_n$ in $\mathbb{Z}$:

$$(34) \qquad \lim z_n = 0 \implies \lim a^{z_n} = 1\,.$$

Sei nun $(x_n)_n$ eine beliebige p-adische Cauchyfolge in $\mathbb{Z}$. Aufgrund von (34) ist dann die Folge der Zahlen

$$a^{x_{n+1}} - a^{x_n} = a^{x_n}(a^{x_{n+1}-x_n} - 1)$$

eine Nullfolge in K. Also ist $(a^{x_n})_n$ ein Cauchyfolge in K und folglich konvergent. Ihr Grenzwert liegt in $U_K^{(1)}$, denn $U_K^{(1)}$ ist abgeschlossen. Zu $x \in \mathbb{Z}_p$ gibt es sicherlich eine Folge $(x_n)_n$ in $\mathbb{Z}$, die p-adisch gegen x konvergiert. Ist $(y_n)_n$ eine weitere solche Folge, so ist die Folge der Zahlen

$$a^{y_n} - a^{x_n} = a^{x_n}(a^{y_n-x_n} - 1)$$

– wieder nach (34) – eine Nullfolge in K. Also ist a^x durch (32) wohldefiniert. [3] Da offenbar die üblichen Potenzgestze $(a^x)^y = a^{xy}$, $a^0 = 1$, $(ab)^x = a^x b^x$, $a^{x+y} = a^x a^y$ gelten, wird $U_K^{(1)}$ vermöge der Abbildung $(x, a) \longmapsto a^x$ in der Tat zu einem $\mathbb{Z}_p$-Modul. □

In $\mathbb{R}$ gilt für $a > 0$ bekanntlich

$$\log a = \lim_{h \to 0} \frac{a^h - 1}{h}.$$

Dies zum Muster nehmend, definieren wir für jedes $a \in U_K^{(1)}$ analog

$$(35) \qquad \log a = \lim_{n \to \infty} \frac{a^{p^n} - 1}{p^n},$$

wobei wir wegen der auftretenden Nenner char$(K) = 0$ voraussetzen.

SATZ 8 : *Sei* char$(K) = 0$. *Für jedes* $a \in U_K^{(1)}$ *ist dann* $\log a = \log_K a = \log_p a$ *durch* (35) *wohldefiniert. Die Abbildung* $\log : U_K^{(1)} \longrightarrow K$ *ist stetig und erfüllt*

$$(36) \qquad \log(ab) = \log a + \log b,$$

ist also ein Homomorphismus. Sei Kern ist die Gruppe $W_{p^\infty}(K)$ *aller Einheitswurzeln von p-Potenzordnung aus K.*

Sei $e = w_K(p) > 0$ *der Verzweigungsindex von $K/\mathbb{Q}_p$. Für jedes natürliche r mit*

$$(37) \qquad r > e/p-1$$

vermittelt dann $\log$ *einen <u>Isomorphismus</u> von* $U_K^{(r)}$ *auf die additive Gruppe* $\mathfrak{p}_K^r$. *Dieser ist umkehrbar stetig. Die von* $\log$ *vermittelte Isomorphie*

$$(38) \qquad U_K^{(r)} \simeq \mathfrak{p}_K^r \quad \text{für } r > e/p-1$$

ist auch eine Isomorphie der $\mathbb{Z}_p$-Moduln.

---

[3]Ferner ist $x \mapsto a^x$ *stetig*, denn aus $w_p(x) \geq i$ folgt $a^x \in U_K^{(i+1)}$.

Beweis: Für $a \in U^{(1)}$ ist nach (33) jedenfalls $a^{p^m} \in U^{(m)}$. Wegen

$$\frac{a^{p^n} - 1}{p^n} = \frac{1}{p^m} \frac{(a^{p^m})^{p^{n-m}} - 1}{p^{n-m}}$$

können wir daher die Betrachtungen auf ein $U^{(m)}$ mit beliebigem $m \geq 1$ einschränken. Wir benötigen folgendes

Lemma: *Mit den obigen Bezeichnungen gilt für* $a \in U_K^{(1)}$:

(39) $w_K(a-1) > e/p-1 \implies w_K(a^p - 1) = w_K(a-1) + e$.

Ist nur $w_K(a-1) \geq e/p-1$ *vorausgesetzt, so gilt jedenfalls* $w_K(a^p - 1) \geq w_K(a-1) + e$.

Setzt man $a = 1 + y$, so liest man die Behauptungen des Lemmas leicht aus der Gleichung

$$a^p = (1+y)^p = 1 + py + \sum_{k=2}^{p-1} \binom{p}{k} y^k + y^p$$

ab, denn die $\binom{p}{k}$ sind durch $p = \mathfrak{p}^e$ teilbar und für den Summanden y^p hat man $w_K(y^p) = p w_K(y) = (p-1)w_K(y) + w_K(y)$.

Sei nun $a \in U^{(m)}$ mit $m \geq e/p-1$. Aus dem Lemma folgt dann $a^{p^n} \equiv 1 \bmod \mathfrak{p}^{m+ne}$, also

(40) $$\frac{a^{p^n} - 1}{p^n} \equiv 0 \bmod \mathfrak{p}^m.$$

Um nun die Folge der linksstehenden Elemente z_n als Cauchyfolge zu erweisen, betrachten wir

$$z_{n+1} - z_n = z_n \left(\frac{1 + a^{p^n} + a^{2p^n} + \ldots + a^{(p-1)p^n}}{p} - 1 \right).$$

Wegen $a^{p^n} \equiv 1 \bmod \mathfrak{p}^{m+ne}$ ist der Zähler des rechtsstehenden Bruches $\equiv p \bmod \mathfrak{p}^{m+ne}$, also der Bruch selbst $\equiv 1 \bmod \mathfrak{p}^{m+(n-1)e}$. Folglich ist $z_{n+1} - z_n$ eine Nullfolge und damit die Existenz des Limes in (35) gezeigt. Aus

$$\frac{(ab)^{p^n} - 1}{p^n} = b^{p^n} \frac{a^{p^n} - 1}{p^n} + \frac{b^{p^n} - 1}{p^n}$$

ergibt sich wegen $b^{p^n} \longrightarrow 1$ sofort die Homomorphieeigenschaft von log. Nach (40) ist

(41) $\log a \in \mathfrak{p}^m$ für $a \in U^{(m)}$ mit $m \geq e/p-1$.

Insbesondere ist log *stetig* in $a = 1$ und wegen (36) daher in jedem $a \in U^{(1)}$.

Sei jetzt $r > e/p-1$ und $a \in U^{(r)}$. Nach dem Lemma ist dann $w_K(a^{p^n} - 1) = w_K(a - 1) + ne = w_K(a - 1) + w_p(p^n)$. Wegen (35) gilt also

$$(42) \qquad w_K(\log a) = w_K(a - 1) \quad \text{für } w_K(a - 1) > e/p-1 \,.$$

Um nun zu zeigen, daß $\log : U^{(r)} \longrightarrow \mathfrak{p}^r$ ein Isomorphismus ist, genügt es offenbar zu zeigen, daß für jedes n die von log vermittelte Abbildung

$$(43) \qquad U^{(r)}/U^{(r+n)} \longrightarrow \mathfrak{p}^r/\mathfrak{p}^{r+n}$$

ein Isomorphismus ist (denn log ist stetig und $U^{(r)}$ kompakt). Aufgrund von (23) haben beide Gruppen in (43) die Ordnung q^n, also ist nur zu überprüfen, daß (43) injektiv ist. Wegen (42) ist dies aber klar.

Aus $a^n = 1$ für ein $a \in U^{(1)}$ folgt $n \log a = \log a^n = 0$, also $\log a = 0$. Sei umgekehrt $\log a = 0$. Für r mit (37) ist $a^{p^r} \in U^{(r)}$. Aus $\log a^{p^r} = p^r \log a = 0$ folgt jetzt aber $a^{p^r} = 1$. Genauer als oben behauptet, gilt also

$$(44) \qquad \text{Kern}(\log) = W_{p^\infty}(K) = W_{p^r}(K)$$

mit r als der kleinsten natürlichen Zahl, die (37) erfüllt. Man beachte dazu, daß jede Einheitswurzel von p-Potenzordnung notwendig in $U^{(1)}$ liegt (vgl. z.B. F6).

Bleibt nur noch der Nachweis der letzten Behauptung des Satzes. Wir zeigen dazu allgemeiner, daß $\log : U_K^{(1)} \longrightarrow K$ ein $\mathbb{Z}_p$-Modulhomomorphismus ist. Anwendung von log auf (32) ergibt wegen der Stetigkeit von log in der Tat

$$(45) \qquad \log a^x = \lim(\log a^{x_n}) = \lim(x_n \log a) = x \log a \,.$$

Bemerkungen: Es liege die Situation von Satz 8 vor. Wir wollen ausdrücklich festhalten:

1) Die einzigen Einheitswurzeln, die $U^{(1)}$ enthält, sind solche von p-Potenzordnung; genauer gilt

$$(46) \qquad W(U_K^{(1)}) = W_{p^\infty}(K) = W_{p^r}(K)$$

mit $r > e/p-1$. Für solches r enthält $U^{(r)}$ keine Einheitswurzeln $\neq 1$.

2) Für r mit (37) erhält man als Umkehrabbildung zu $\log : U^{(r)} \longrightarrow \mathfrak{p}^r$ eine stetige Abbildung $\exp : \mathfrak{p}^r \longrightarrow U^{(r)}$ mit $\exp(x + y) = \exp(x) \exp(y)$. Wir schreiben auch $\exp(x) = e^x$. Für alle $a \in U^{(r)}$ und $x \in \mathbb{Z}_p$ liefert dann (45) die Gleichung

$$(47) \qquad a^x = e^{x \log a} \,.$$

Diese gilt allerdings nur für $w_K(a-1) > e/p-1$, so daß sie zur Definition der $\mathbb{Z}_p$-Modulstruktur auf $U^{(1)}$ nicht ausreicht. Im übrigen sei bemerkt, daß für log und exp auch die üblichen Reihendarstellungen

$$(48) \qquad \log(1-x) = -\sum_{n=1}^{\infty} \frac{x^n}{n}, \qquad \exp(x) = \sum_{n=0}^{\infty} \frac{x^n}{n!}$$

gelten, wobei die erste für $w_K(x) > 0$ und die zweite für $w_K(x) > e/p-1$ konvergiert.

F9: *Sei* char$(K) = 0$, *also* $e := w_K(p) \in \mathbb{N}$. *Die Abbildung* $x \longmapsto x^p$ *vermittelt dann für* $r > e/p-1$ *einen Isomorphismus von* $U^{(r)}$ *auf* $U^{(r+e)}$. *Insbesondere gilt*
$$(49) \qquad\qquad\qquad U^{(r)p} = U^{(r+e)}.$$

Beweis: Nach Anwendung von log ist zu zeigen, daß $y \longmapsto py$ einen Isomorphismus von $\mathfrak{p}^r$ auf $\mathfrak{p}^{r+e} = p\mathfrak{p}^r$ vermittelt. Dies aber ist offensichtlich. – Im übrigen läßt sich F9 auch durch eine geeignete Anwendung des Henselschen Lemmas (vgl. §23, F13) beweisen. Man kann dann Satz 7 auch mit F9 begründen.

SATZ 9: *Für* char$(K) = 0$ *hat die Einseinheitengruppe* $U_K^{(1)}$ *als* $\mathbb{Z}_p$-*Modul* (*und damit erst recht als abelsche Gruppe*) *die Struktur*
$$(50) \qquad\qquad U_K^{(1)} \simeq W_{p^\infty}(K) \times \mathbb{Z}_p^n \quad mit\ n = K : \mathbb{Q}_p.$$

Beweis: Sei $r > e/p-1$. Dann ist der $\mathbb{Z}_p$-Teilmodul $U^{(r)}$ von $U^{(1)}$ isomorph zu $\mathfrak{p}^r = \pi^r R_K \simeq R_K$. Der $\mathbb{Z}_p$-Modul R_K besitzt jedoch eine *Basis* der Länge $n = K : \mathbb{Q}_p$ (vgl. §24, Bew. von Satz 1, bzw. 24.6). Es folgt somit
$$(51) \qquad\qquad\qquad U_K^{(r)} \simeq \mathbb{Z}_p^n.$$

Wegen der Endlichkeit von $U^{(1)}/U^{(r)}$ ist der $\mathbb{Z}_p$-Modul $U^{(1)}$ also jedenfalls *endlich erzeugt*. Nach dem Hauptsatz über endlich erzeugte Moduln über einem Hauptidealring (vgl. Band I, S. 189 ff, insb. S. 199) gilt daher
$$U_K^{(1)} = T \times F$$

mit T als dem *Torsionsmodul* von $U_K^{(1)}$ sowie einem *freien* $\mathbb{Z}_p$-Teilmodul F. Als endlich erzeugter $\mathbb{Z}_p$-Torsionsmodul ist T eine endliche p-Gruppe, also stimmt T mit der Gruppe der Einheitswurzeln von $U^{(1)}$ überein, und es folgt $T = W_{p^\infty}(K)$. Mit $F \simeq \mathbb{Z}_p^m$ gilt also
$$U_K^{(1)} \simeq W_{p^\infty}(K) \times \mathbb{Z}_p^m,$$

und es bleibt nur noch. $m = n$ zu zeigen. Setze dazu $B = U^{(1)}, A = U^{(r)}$. Da torsionsfrei, ist der Teilmodul $A \simeq \mathbb{Z}_p^n$ von B isomorph zu einem Teilmodul von $B/T \simeq F \simeq \mathbb{Z}_p^m$. Daraus folgt $n \leq m$ (vgl. Band I, S. 198 oben, sowie Bem. 1 auf S. 198). Aufgrund der Endlichkeit von B/A und T gibt es ein $s \in \mathbb{Z}$ mit $sB \subseteq A$ und $sT = 0$. Wegen

$$\mathbb{Z}_p^m \simeq F \simeq sF = sB \subseteq A \simeq \mathbb{Z}_p^n$$

ist somit $\mathbb{Z}_p^m$ isomorph zu einem Teilmodul von $\mathbb{Z}_p^n$. Folglich ist auch $m \leq n$. – Man beachte im übrigen, daß trotz der Isomorphieaussagen (50) und (51) nicht $U_K^{(1)} = W_{p^\infty}(K) \times U_K^{(r)}$ zu gelten braucht.

F10: *Wie oben sei $K/\mathbb{Q}_p$ vom Grade $n = ef$ und folglich $U_K^{(r)}/U_K^{(r+e)}$ ein $\mathbb{Z}/p\mathbb{Z}$-Vektorraum der Dimension n, vgl. (23) in F6; dabei sei wieder $r > e/p-1$. Es gilt: Jedes System $b_1, \ldots, b_n$ von Elementen aus $U_K^{(r)}$, welches eine Basis des $\mathbb{Z}/p\mathbb{Z}$-Vektorraumes $U_K^{(r)}/U_K^{(r+e)}$ vermittelt, ist eine Basis des $\mathbb{Z}_p$-Moduls $U_K^{(r)}$.*

Beweis: Wir führen den Beweis so, daß er von neuem die Gültigkeit von (51) liefert. Zur Abkürzung setzen wir $M = U^{(r)}$ und gehen im $\mathbb{Z}_p$-Modul M zur additiven Schreibweise über. Wir haben zu zeigen, daß die Abbildung

$$(x_1, \ldots, x_n) \longmapsto \sum_{i=1}^{n} x_i b_i$$

von $N = \mathbb{Z}_p^n$ nach M ein Isomorphismus ist. Für jedes $i \in \mathbb{N}$ vermittelt sie das kommutative Diagramm

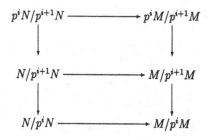

Aufgrund von F9 liefert die Voraussetzung, daß es sich bei der oberen horizontalen Abbildung um einen Isomorphismus handelt. Hieraus ergibt sich induktiv, daß die untere horizontale Abbildung für jedes i injektiv und daher ebenfalls ein Isomorphismus ist. Dies aber genügt offenbar zum Beweis der Behauptung. – Wenden wir F10 speziell im Falle $K = \mathbb{Q}_p$ an, so erhalten wir

F11: *Ist $p \neq 2$, so hat die multiplikative Gruppe von $\mathbb{Q}_p$ die Gestalt $\mathbb{Q}_p^{\times} = <p> \times W_{p-1} \times U^{(1)}$ mit*

$$(52) \qquad\qquad U^{(1)} = (1+p)^{\mathbb{Z}_p} ;$$

jedes $a \in \mathbb{Q}_p^{\times}$ hat eine eindeutige Darstellung der Form

$$(53) \qquad\qquad a = p^n \zeta (1+p)^x \quad mit \ \zeta \in W_{p-1} \ und \ x \in \mathbb{Z}_p .$$

Für $\mathbb{Q}_2$ gilt $\mathbb{Q}_2^{\times} = <2> \times U^{(1)} = <2> \times \{\pm 1\} \times U^{(2)}$ mit

$$(54) \qquad\qquad U^{(2)} = (1+4)^{\mathbb{Z}_2} = 5^{\mathbb{Z}_2} ;$$

jedes $a \in \mathbb{Q}_2$ hat eine eindeutige Darstellung der Form

$$(55) \qquad\qquad a = 2^n \varepsilon 5^x \quad mit \ \varepsilon = \pm 1 \ und \ x \in \mathbb{Z}_p .$$

Mit (21) und (50) haben wir gesehen, daß die für $\mathbb{C}$ gültige Strukturaussage (16) eine gewisse Entsprechung für p-adische Körper K besitzt. Insbesondere für $K = \mathbb{Q}_p$ besteht eine schöne Analogie zwischen der Darstellung (53) bzw. (55) für $a \in \mathbb{Q}_p^{\times}$ und der Darstellung $z = re^{2\pi i z}$ für $z \in \mathbb{C}$.

§ 26

Wittvektoren

1. Wir wollen jetzt eine Frage etwas systematischer behandeln, die wir früher schon einmal kurz angesprochen haben (vgl. §24, F2 und die daran anschließende Bemerkung).

F1: *Sei K komplett bzgl. der diskreten Exponentenbewertung w. Wir setzen voraus, daß der zugehörige Restklassenkörper $\overline{K}$ die Charakteristik Null besitzt:* $\operatorname{char}(\overline{K}) = \operatorname{char}(K) = 0$. *Dann existiert ein additiv wie multiplikativ abgeschlossenes Vertretersystem S von $\overline{K}$. Mit anderen Worten : Der Bewertungsring R von w enthält einen Teilkörper $k = S$, der bei der Restklassenabbildung isomorph auf $\overline{K}$ abgebildet wird. Also ist dann $K = k((X))$ der Körper der formalen Laurentreihen über k (vgl. §24, F2 und Beispiel).*

Beweis: Aufgrund der Voraussetzung $\operatorname{char}(\overline{K}) = \operatorname{char}(K)$ liefert das Lemma von Zorn einen maximalen Teilkörper k von R. Sei $\overline{k}$ dessen Bild bei der Restklassenabbildung. Der Beweis von F1 wäre erbracht, wenn wir $\overline{k} = \overline{K}$ zeigen können. Angenommen, für ein $t \in R$ sei $\overline{t}$ transzendent über $\overline{k}$. Auf dem Teilring $k[t]$ von R ist dann der Restklassenhomomorphismus *injektiv*. Es folgt $k(t) \subseteq R$, und wir erhalten einen Widerspruch zur Maximalität von k. Also ist $\overline{K}/\overline{k}$ jedenfalls algebraisch. Angenommen, es gebe ein $a \in R$ mit $\overline{a} \notin \overline{k}$. Sei $\overline{f}$ das Minimalpolynom von $\overline{a}$ über $\overline{k}$ (mit $f \in R[X]$ normiert vom Grade $n > 1$). Nach dem Henselschen Lemma (vgl. §23, F13) existiert dann aber ein $\alpha \in R$ mit $f(\alpha) = 0$ und $\overline{\alpha} = \overline{a}$. Wegen $k(\alpha) = k[\alpha] \subseteq R$ steht dies erneut im Widerspruch zur Maximalität von k.

Bemerkung: In F1 ist k durch die geforderte Eigenschaft nur in dem Fall eindeutig bestimmt, daß $\overline{K}$ algebraisch über seinem Primkörper ist.

Die Aussage von F1 gilt auch, wenn man nur $\operatorname{char}(\overline{K}) = \operatorname{char}(K)$ voraussetzt (*'charakteristikgleicher Fall'*). Ist $\overline{K}$ vollkommen, so vgl. dazu den folgenden Satz 1. Ist K nicht vollkommen, so verweisen wir auf die hübsche Argumentation in Zariski-Samuel, *Commutative Algebra* II, S.306.

SATZ 1: *Sei K komplett bzgl. der diskreten Exponentenbewertung w. Der zugehörige Restklassenkörper $\overline{K}$ werde jetzt als vollkommener Körper der Charakteristik $p > 0$ vorausgesetzt. Dann besitzt $\overline{K}$ genau ein Vertretersystem S mit*

$$(1) \hspace{3cm} S^p = S.$$

Dieses ist multiplikativ abgeschlossen. Ein Element α des Bewertungringes R von w gehört genau dann zu S, wenn α eine p^n-te Potenz in R ist für jedes $n \geq 0$. Im Falle char $(K) = p$ ist S auch additiv abgeschlossen.

Beweis: Sei π ein Primelement von w. Für $\alpha, \beta \in R$ und $i \geq 1$ gilt

$$(2) \hspace{2cm} \alpha \equiv \beta \bmod \pi^i \implies \alpha^p \equiv \beta^p \bmod \pi^{i+1},$$

wie man z.B. aus $\alpha^p - \beta^p = (\alpha - \beta)(\alpha^{p-1} + \alpha^{p-2}\beta + \ldots + \beta^{p-1})$ erkennt. Sei nun $a \in \overline{K}$ gegeben. Für jedes n sei $\alpha_n \in R$ ein Vertreter des Elementes $a^{p^{-n}}$ aus $\overline{K}$. Definitionsgemäß ist $\alpha_{n+1}^p \equiv \alpha_n \bmod \pi$, und mit (2) folgt daher

$$\alpha_{n+1}^{p^{n+1}} \equiv \alpha_n^{p^n} \bmod \pi^{n+1}.$$

Also existiert

$$(3) \hspace{2cm} <a> := \lim_{n \to \infty} \alpha_n^{p^n}$$

in K. Eine andere Wahl der α_n liefert wegen (2) den gleichen Grenzwert. Da alle Glieder der Folge in (3) der Restklasse a angehören, gilt dies auch für den Grenzwert, d.h. $<a>$ ist ein Vertreter von a. Wie sich aus der Definition sofort ergibt, gilt ferner

$$(4) \hspace{2cm} <a^p> = <a>^p.$$

Insgesamt liefert somit das Bild der Abbildung $a \longmapsto <a>$ ein Vertretersystem S_0 von $\overline{K}$, welches die Eigenschaft (1) besitzt. Sei S ein weiteres solches System und $\alpha \in S$. Ist a die Restklasse von α und wählen wir dann die α_n in S, so gilt wegen (1) notwendig

$$(5) \hspace{2cm} \alpha_n^{p^n} = \alpha,$$

und (3) liefert dann $<a> = \alpha$. Es folgt $S \subseteq S_0$ und daher $S = S_0$. Wie man sofort nachprüft, gilt $<ab> = <a><b>$, also ist S multiplikativ abgeschlossen. (Insbesondere gehören dann 0 und 1 zu S). Ist $\alpha \in R$ eine p^n-te Potenz in R für jedes n, dann sind die α_n so wählbar, daß (5) gilt, und wir erhalten wie oben $<a> = \alpha$, also $\alpha \in S$. Daraus folgt auch die letzte Behauptung des Satzes: Sind α, β p^n-te Potenzen, so im Falle char $(K) = p$ auch

$$\alpha + \beta = \xi^{p^n} + \eta^{p^n} = (\xi + \eta)^{p^n}. \hspace{2cm} \square$$

Die vorangegangenen Resultate gehen schon auf F.K. Schmidt, H. Hasse und O. Teichmüller zurück. Das in Satz 1 genannte eindeutige Restsystem S heißt *das* Teichmüllersche Restsystem *von K*.

Wird in Satz 1 noch char$(K) = $ char$(\overline{K})$ vorausgesetzt, so ist $k := S$ ein Körper, und es ist $K = k((X))$ der *Körper der formalen Laurentreihen* über k. Wegen $k \simeq \overline{K}$ ist dann also der Isomorphietyp von K bereits vollständig durch den Isomorphietyp seines Restklassenkörpers bestimmt.

2. In der Situation von Satz 1 betrachten wir jetzt den Fall

(6) $$\text{char}(K) = 0$$

(*'charakteristikungleicher Fall '*). Wir nehmen w als normiert an und nennen dann die natürliche Zahl $e := w(p)$ den (*absoluten*) *Verzweigungsindex von K*. Im allgemeinen ist nun die Struktur von K nicht allein durch die Struktur des Restklassenkörpers $\overline{K}$ und Angabe des Verzweigungsindex e bestimmt. Man wird jedoch dieses erwarten, wenn K (*absolut*) *unverzweigt*, d.h. p ein Primelement von K ist. Jedes ganze $\alpha \in K$ hat dann nämlich eine eindeutige Darstellung der Gestalt

(7) $$\alpha = \sum_{i=0}^{\infty} <a_i> p^i,$$

wobei $a \longmapsto <a>$ das *Teichmüllersche Vertretersystem* bezeichnet. Wie spiegeln sich nun aber die algebraischen Operationen von K in den Koordinatenfolgen aus $\overline{K}$ wieder? Betrachten wir zum Beispiel die Addition:

(8) $$\sum <a_i> p^i + \sum <b_i> p^i = \sum <c_i> p^i.$$

Jedes c_i ist durch Vorgabe der a_j und b_k eindeutig bestimmt. Welcher Art ist nun diese Abhängigkeit? Liest man (8) modulo p so erhält man $<a_0> + <b_0> \equiv <c_0> \mod p$, also

(9) $$c_0 = a_0 + b_0.$$

Betrachten wir (8) modulo p^2, so erhalten wir

$$<a_0> + <b_0> + (<a_1> + <b_1>)p \equiv <c_0> + <c_1> p \mod p^2.$$

Mit (9) folgt daraus

(10) $$<c_1> \equiv <a_1> + <b_1> + \frac{<a_0> + <b_0> - <a_0 + b_0>}{p} \mod p.$$

Nun ist $<a_0^{p^{-1}}> + <b_0^{p^{-1}}> \equiv <a_0^{p^{-1}} + b_0^{p^{-1}}> \mod p$. Potenzierung mit p ergibt wegen $<x^p> = <x>^p$ dann

$$\left(<a_0>^{p^{-1}} + <b_0>^{p^{-1}}\right)^p \equiv <a_0 + b_0> \mod p^2,$$

vgl. (2). Setzt man dies in (10) ein, so erhält man

$$<c_1> \equiv <a_1> + <b_1> + \frac{<a_0> + <b_0> - (<a_0>^{p^{-1}} + <b_0>^{p^{-1}})^p}{p} \mod p.$$

Man findet also ein Polynom $s_1(X_0, Y_0) \in \mathbb{Z}[X_0, Y_0]$, so daß

$$<c_1> \equiv <a_1> + <b_1> + s_1\left(<a_0>^{p^{-1}}, <b_0>^{p^{-1}}\right) \mod p.$$

Nach Übergang zu den Restklassen gilt

$$c_1 = a_1 + b_1 + s_1(a_0^{p^{-1}}, b_0^{p^{-1}}),$$

und Potenzierung mit p führt zu

(11) $$c_1^p = a_1^p + b_1^p + s_1(a_0, b_0) =: S_1(a_0, b_0, a_1^p, b_1^p).$$

Bis auf Potenzierung mit p ist c_1 also der Wert eines wohlbestimmten ganzzahligen Polynoms in a_0, b_0, a_1, b_1. Nimmt man entsprechende Rechnungen auch mod $p^3, p^4, \ldots$ vor, so wird man zu folgender Gesetzmäßigkeit geführt:

SATZ 2: *In der Situation von Satz 1 werde K als* <u>unverzweigt</u> *vorausgesetzt. Es gibt dann universelle (von K unabhängige) Polynome $S_n \in \mathbb{Z}[X_0, X_1, \ldots, X_n, Y_0, Y_1, \ldots, Y_n]$, so daß (8) genau dann gilt, wenn für alle $n = 0, 1, 2, \ldots$ die Gleichungen*

(12) $$c_n^{p^n} = S_n\left(a_0, a_1^p, \ldots, a_n^{p^n}, b_0, b_1^p, \ldots, b_n^{p^n}\right)$$

bestehen. Ganz Entsprechendes gilt auch hinsichtlich der Multiplikation (sowie der Subtraktion) in K.

Aus Satz 2 geht insbesondere hervor, daß die Struktur eines *unverzweigten* Körpers K durch die seines vollkommmenen Restklassenkörpers $\overline{K}$ bereits völlig festgelegt ist. Speziell für den Körper $\mathbb{Q}_p$ enthält Satz 2 die bemerkenswerte Tatsache, daß die Rechenoperationen in $\mathbb{Q}_p$ sich allein durch ganzrationale Operationen im Körper $\mathbb{F}_p = \mathbb{Z}/p\mathbb{Z}$ vollständig beschreiben lassen (in $\mathbb{F}_p$ gilt $x^p = x$, daher ist der Exponent p^n in (12) entbehrlich).

Zum Beweis von Satz 2 ist es dienlich, einem Gestrüpp von Rechnungen durch einen geeigneten Formalismus zu entgehen. Dies hat E. *Witt* (im Crelleschen Journal, Band 176 (1937), S. 126 - 140) geleistet. Den von ihm geschaffenen Kalkül der 'Wittvektoren' wollen wir jetzt darstellen. Die Sache ist einfach genug, um ihren Ausgangspunkt gut verstehen zu können, aber auch so fein verwickelt, daß die Möglichkeiten ihrer Handhabung nicht leicht zu überschauen sind.

3. Unseren Betrachtungen liege die Vorgabe einer <u>festen Primzahl</u> p zugrunde. Wir arbeiten im Polynomring $\mathbb{Z}[X_0, Y_0, X_1, Y_1, \ldots, X_n, Y_n, \ldots]$ in abzählbar vielen Variablen X_i, Y_i über $\mathbb{Z}$. Erforderlichenfalls lassen wir auch p-Potenzen als Nenner der Koeffizienten zu, gehen also von $\mathbb{Z}$ zum Ring $\mathbb{Z}' = \mathbb{Z}[\frac{1}{p}]$ als Koeffizientenring über. Wir betrachten 'Vektoren' $Z = (Z_0, Z_1, \ldots)$ mit Komponenten Z_i aus $\mathbb{Z}[X_0, Y_0, X_1, Y_1, \ldots]$. Für $n = 0, 1, 2, \ldots$ setzen wir

$$(13) \qquad Z^{(n)} := Z_0^{p^n} + p Z_1^{p^{n-1}} + \ldots + p^n Z_n \,.$$

Durch diese *'Nebenkomponenten'* $Z^{(0)}, Z^{(1)}, \ldots, Z^{(n)}, \ldots$ von Z ist der Vektor $(Z_0, Z_1, \ldots, Z_n, \ldots)$ völlig festgelegt: Rekursiv läßt sich jedes Z_n als wohlbestimmter Polynomausdruck aus $Z^{(0)}, Z^{(1)}, \ldots, Z^{(n)}$ zurückgewinnen, wobei jetzt allerdings Koeffizienten aus $\mathbb{Z}' = \mathbb{Z}[\frac{1}{p}]$ zuzulassen sind. Unter Verwendung des *Frobeniusoperators*

$$(14) \qquad FZ = (Z_0^p, Z_1^p, \ldots, Z_n^p, \ldots)$$

hat man die Rekursionsformeln

$$(15) \qquad Z^{(n)} = (FZ)^{(n-1)} + p^n Z_n, \quad Z^{(0)} = Z_0 \,.$$

Es ist dann beispielsweise

$$(16) \qquad Z_1 = \frac{1}{p} Z^{(1)} - \frac{1}{p} Z^{(0)p} \,.$$

Bezeichne nun $*$ eine der Rechenoperationen $+, \cdot, -$. Für die Vektoren $X = (X_0, X_1, \ldots)$ und $Y = (Y_0, Y_1, \ldots)$ definieren wir dann $X * Y$ durch Vorgabe der Nebenkomponenten wie folgt:

$$(17) \qquad (X * Y)^{(n)} = X^{(n)} * Y^{(n)} \,.$$

Die Komponenten $(X * Y)_n$ von $X * Y$ sind dann jedenfalls Polynome in $X_0, Y_0, \ldots, X_n, Y_n$ mit Koeffizienten in $\mathbb{Z}' = \mathbb{Z}[\frac{1}{p}]$. Es ist

$$(18) \qquad (X \pm Y)_0 = X_0 \pm Y_0, \qquad (XY)_0 = X_0 Y_0 \,,$$

und mit (16) erhält man beispielsweise

$$
\begin{aligned}
(X + Y)_1 &= \frac{1}{p}(X + Y)^{(1)} - \frac{1}{p}(X + Y)_0^p \\
&= \frac{1}{p}(X^{(1)} + Y^{(1)}) - \frac{1}{p}(X_0 + Y_0)^p \\
&= \frac{1}{p}(X_0^p + p X_1 + Y_0^p + p Y_1) - \frac{1}{p}(X_0 + Y_0)^p \,,
\end{aligned}
$$

also

(19) $(X + Y)_1 = X_1 + Y_1 + \dfrac{1}{p}[X_0^p + Y_0^p - (X_0 + Y_0)^p]$.

Man vergleiche dies mit (11). Mit entsprechender Rechnung ergibt sich

(20) $(X \cdot Y)_1 = pX_1Y_1 + X_0^pY_1 + X_1Y_0^p$.

In diesen Beispielrechnungen heben sich alle p-Potenzen in den Nennern heraus; es ist nun von ausschlaggebener Bedeutung, daß dies ganz allgemein der Fall ist:

Lemma 1: *Für alle n haben die Polynome $(X * Y)_n$ nur ganzzahlige Koeffizienten: $(X * Y)_n \in \mathbb{Z}[X_0, Y_0, \ldots, X_n, Y_n]$. Für das Polynom $(X * Y)_n$ verwenden wir auch die Bezeichnung*

(21) $(X * Y)_n = S_n^*(X; Y) = S_n^*(X_0, Y_0, \ldots, X_n, Y_n)$.

Zum Beweis von Lemma 1 formulieren wir zunächst folgendes

Lemma 2: *Gegeben seien ganze Zahlen $r \geq 1$ und $n \geq 0$. Für Vektoren $A = (A_0, A_1, \ldots)$ und $B = (B_0, B_1, \ldots)$ mit Komponenten aus $\mathbb{Z}[X_0, Y_0, X_1, Y_1, \ldots]$ bestehen dann die Kongruenzen*

(22) $A_i \equiv B_i \bmod p^r \qquad (0 \leq i \leq n)$

genau dann, wenn für die Nebenkomponenten die Kongruenzen

(23) $A^{(i)} \equiv B^{(i)} \bmod p^{r+i} \qquad (0 \leq i \leq n)$

erfüllt sind.

Beweis: Wir führen Induktion nach n. Für $n = 0$ ist die Behauptung richtig. Sei also $n > 0$. Aufgrund der Induktionsannahme dürfen wir annehmen, daß sowohl die Kongruenzen (22) als auch die Kongruenzen (23) für alle $i \leq n-1$ bestehen. Durch Potenzierung mit p erhält man dann offenbar

$$A_i^p \equiv B_i^p \bmod p^{r+1} \qquad \text{für } i \leq n-1 .$$

Wieder per Induktionsannahme folgt daraus

$$(FA)^{(n-1)} \equiv (FB)^{(n-1)} \bmod p^{r+n} .$$

Nach (15) gilt nun aber

$$A^{(n)} = (FA)^{(n-1)} + p^n A_n, \quad B^{(n)} = (FB)^{(n-1)} + p^n B_n,$$

also sind die Kongruenzen (22) und (23) auch für $i = n$ äquivalent.   □

Wir führen nun den Beweis von Lemma 1 durch Induktion nach n. Für $n = 0$ ist die Behauptung klar, vgl. (18). Sei also $n > 0$. Wir setzen $Z := X * Y$. Im Hinblick auf (15) ist zu zeigen, daß

$$(24) \qquad Z^{(n)} \equiv (FZ)^{(n-1)} \bmod p^n$$

gilt. Da man ganzzahlige Polynome modulo p gliedweise mit p potenzieren darf, liefert die Induktionsannahme

$$(FZ)_i \equiv ((FX) * (FY))_i \bmod p \qquad \text{für } i \leq n - 1.$$

Mit Lemma 2 folgt daraus

$$(25) \qquad (FZ)^{(n-1)} \equiv ((FX) * (FY))^{(n-1)} \bmod p^n.$$

Nun ist $X^{(n)} \equiv (FX)^{(n-1)} \bmod p^n$ und $Y^{(n)} \equiv (FY)^{(n-1)} \bmod p^n$, also

$$Z^{(n)} = X^{(n)} * Y^{(n)} \equiv (FX)^{(n-1)} * (FY)^{(n-1)} = ((FX) * (FY))^{(n-1)} \bmod p^n.$$

Mit (25) folgt daraus in der Tat (24).   □

Analog zu (17) lassen sich die Rechenoperationen $*$ natürlich auch für beliebige Vektoren $A = (A_0, A_1, \ldots)$ und $B = (B_0, B_1, \ldots)$ mit Komponenten aus $\mathbb{Z}[X_0, Y_0, X_1, Y_1, \ldots]$ definieren: Es sei $A * B$ derjenige Vektor, dessen Nebenkomponenten durch

$$(26) \qquad (A * B)^{(n)} = A^{(n)} * B^{(n)}$$

gegeben sind. Indem man die Variablen $X_0, X_1, \ldots$ und $Y_0, Y_1, \ldots$ in Lemma 1 entsprechend ersetzt, erkennt man, daß

$$(27) \qquad (A * B)_n = S_n^*(A_0, B_0, \ldots, A_n, B_n)$$

gilt, die $(A * B)_n$ also ganzzahlige Polynomausdrücke in den $A_0, B_0, \ldots, A_n, B_n$ sind.

Bemerkung: Für Vektoren der Gestalt $A = (A_0, 0, 0, \ldots)$ sind die Nebenkomponenten einfach durch

$$(28) \qquad A^{(n)} = A_0^{p^n}$$

gegeben. Für die Multiplikation mit Vektoren dieser Gestalt gilt daher

$$(29) (A_0, 0, 0, \ldots) \cdot (B_0, B_1, \ldots, B_n, \ldots) = (A_0 B_0, A_0^p B_1, \ldots, A_0^{p^n} B_n, \ldots),$$

wie Vergleich der Nebenkomponenten sofort ergibt. – Genauso folgt:
Die Vektoren

$$(30) \qquad 0 = (0,0,\ldots) \quad \text{und} \quad 1 = (1,0,0,\ldots)$$

erfüllen für beliebige Vektoren B die Gleichungen

$$(31) \qquad B + 0 = B, \quad B \cdot 0 = 0, \quad B \cdot 1 = B.$$

Schließlich verifiziert man ohne Mühe die 'Zerlegungsregel'

$$(32) \qquad B = (B_0,\ldots,B_n,0,0,\ldots) + (0,\ldots,0,B_{n+1},B_{n+2},\ldots). \qquad \square$$

Für spätere Anwendungen erweist es sich als wichtig, das p-fache

$$(33) \qquad pX = X + X + \ldots + X$$

von $X = (X_0,X_1,\ldots)$ im Sinne der durch (26) definierten Addition zu
untersuchen. Definitionsgemäß ist pX derjenige Vektor, dessen Nebenkomponenten durch

$$(34) \qquad (pX)^{(n)} = pX^{(n)}$$

gegeben sind. Außer dem Frobeniusoperator (14) ist dazu der *Verschiebungsoperator* V zu betrachten, welcher durch

$$(35) \qquad VZ = (0,Z_0,Z_1,\ldots)$$

definiert ist. Wir behaupten, daß die Kongruenz

$$(36) \qquad pX \equiv VFX \bmod p$$

besteht. Für jedes n ist also $(pX)_n \equiv (VFX)_n \bmod p$ zu zeigen. Im Hinblick
auf Lemma 2 und (34) ist also zu verifizieren, daß für jedes n die Kongruenz

$$pX^{(n)} \equiv (VFX)^{(n)} \bmod p^{n+1}$$

besteht. Wegen $FV = VF$ liefert die Rekursionsformel (15) in der Tat

$$(VFX)^{(n)} = (FVX)^{(n)} \equiv (VX)^{(n+1)} = pX^{(n)} \bmod p^{n+1}.$$

Im übrigen verhält sich der Verschiebungsoperator V *additiv*, d.h. es ist
stets $V(A + B) = VA + VB$. Wegen $(VZ)^{(n)} = pZ^{(n-1)}$ ist nämlich in der
Tat $V(A + B)^{(n)} = VA^{(n)} + VB^{(n)}$ für alle n.

4. Zur Anwendung der im vorigen Abschnitt bereitgestellten Hilfsmittel sei A zunächst irgendein *kommutativer Ring mit Eins*, und es bezeichne dann $\mathcal{W}(A)$ die Menge aller 'Vektoren' $x = (x_0, x_1, x_2, \ldots)$ mit Komponenten x_i aus A. Entsprechend zu (13) seien die Nebenkomponenten von x durch

$$(37) \qquad x^{(n)} = x_0^{p^n} + p x_1^{p^{n-1}} + \ldots + p^n x_n$$

definiert. Diese legen nun aber x im allgemeinen nicht mehr eindeutig fest; man betrachte zum Beispiel den Fall, daß A ein Körper der Charakteristik p ist (ein Fall, auf den es später gerade ankommt). Trotzdem lassen sich auf $\mathcal{W}(A)$ vermöge der Strukturpolynome S_n^* aus Lemma 1 entsprechende algebraische Rechenoperationen $* = +$ bzw. $* = \cdot$ erklären: Für $x = (x_0, x_1, \ldots)$ und $x = (y_0, y_1, \ldots)$ aus $\mathcal{W}(A)$ wede $x * y$ durch

$$(38) \qquad (x * y)_n = S_n^*(x_0, y_0, x_1, y_1, \ldots, x_n, y_n) = S_n^*(x, y)$$

definiert. *Damit wird $\mathcal{W}(A)$ zu einem kommutativen Ring mit Eins.* Die Gültigkeit der Rechengesetze für $\mathcal{W}(A)$ kann man wie folgt begründen: Man betrachte zuerst den Fall eines Polynomringes $\tilde{A}$ über $\mathbb{Z}$ in hinreichend vielen Variablen. Da in diesem Fall die Vektoren aus $\mathcal{W}(\tilde{A})$ durch ihre Nebenkomponenten festgelegt sind, folgen die Rechengesetze für $\mathcal{W}(\tilde{A})$ aus denen für $\tilde{A}$, und sie können als Systeme von ganzzahligen Polynomidentitäten angesehen werden. Durch Einsetzen erhält man die Gültigkeit der Rechengesetze für $\mathcal{W}(A)$. Es ist $0 = (0, 0, 0, \ldots)$ das neutrale Element von $\mathcal{W}(A)$ bezüglich der Addition und

$$(39) \qquad\qquad 1 = (1, 0, 0, \ldots)$$

das neutrale Element von $\mathcal{W}(A)$ bezüglich der Multiplikation. Man nennt $\mathcal{W}(A)$ den *Ring der Wittvektoren über A*. Die Nebenkomponenten eines $x \in \mathcal{W}(A)$ werden wegen der oben erläuterten Sachlage auch die *'Geisterkomponenten'* von x genannt.

Es sei nun

k ein vollkommener Körper der Charakteristik p.

Da die Strukturpolynome S_n^* ganze Koeffizienten haben, gilt in $\mathcal{W}(k)$

$$(40) \qquad\qquad F(x * y) = Fx * Fy,$$

wobei F den *Frobeniusoperator* auf $\mathcal{W}(k)$ bezeichnet:

$$(41) \qquad\qquad Fx = (x_0^p, x_1^p, \ldots).$$

Ist V der *Verschiebungsoperator* auf $\mathcal{W}(k)$, also

(42) $$Vx = (0, x_0, x_1, \ldots),$$

so geht die Kongruenz (36) nunmehr in die *Gleichung*

(43) $$px = FVx = (0, x_0^p, x_1^p, \ldots)$$

für alle $x \in \mathcal{W}(k)$ über. Wegen $k = k^p$ besteht somit das Ideal $p\mathcal{W}(k)$ von $\mathcal{W}(k)$ genau aus denjenigen Vektoren von $\mathcal{W}(k)$, deren 0-te Komponenten verschwinden. Es ist also der Kern des *Homomorphismus*

(44) $$\begin{array}{ccc} \mathcal{W}(k) & \longrightarrow & k \\ x & \longmapsto & x_0 \end{array}$$

Allgemeiner besteht das Ideal $p^n\mathcal{W}(k)$ genau aus den Vektoren von $\mathcal{W}(k)$, dessen n erste Komponenten gleich 0 sind. Setzen wir daher

(45) $$w(x) = \text{Min}\{i \mid x_i \neq 0\},$$

so erhalten wir eine Abbildung $w : \mathcal{W}(k) \longrightarrow \mathbb{Z} \cup \{\infty\}$, und es gilt:

(i) *Jedes $x \neq 0$ aus $\mathcal{W}(k)$ hat eine eindeutige Darstellung der Form*

(46) $$x = p^r u \quad mit \quad u_0 \neq 0,$$

und dabei ist notwendig $r = w(x)$.

Mit Blick auf den Homomorphismus (44) folgt aus (i) sofort:

(47) $$w(xy) = w(x) + w(y)$$

für alle $x, y \in \mathcal{W}(k)$. Als Konsequenz notieren wir:

(ii) $\mathcal{W}(k)$ *ist nullteilerfrei, also ein Integritätsring. Den Quotientenkörper von $\mathcal{W}(k)$ bezeichnen wir mit*
(48) $$Q(k).$$

Aufgrund von (i) gilt auch

(49) $$w(x + y) \geq \text{Min}(w(x), w(y)).$$

Setzen wir daher w in der üblichen Weise auf den Quotientenkörper $Q(k)$ von $\mathcal{W}(k)$ fort, so erhalten wir eine *diskrete Exponentenbewertung des Körpers* $Q(k)$. Wie gewohnt bezeichnen wir diese wieder mit w. Ihre Wertegruppe ist $\mathbb{Z}$, und p ist ein *Primelement* für w. Wir wissen noch nicht, ob der Bewertungsring R von w mit $\mathcal{W}(k)$ übereinstimmt. Aufgrund von (i) hat jedenfalls jedes Element von $Q(k)$ die Gestalt

$$p^n \frac{u}{v} \quad \text{mit } u, v \in \mathcal{W}(k) \quad \text{und} \quad w(u) = w(v) = 0.$$

Da nun aber $W(k)/pW(k) \simeq k$ ein *Körper* ist, vermittelt die Inklusion $W(k) \subseteq R$ wenigstens einen Isomorphismus von $W(k)/pW(k)$ auf den Restklassenkörper R/pR von w. Wir betrachten nun die Abbildung $k \longrightarrow W(k)$, definiert durch

(50) $$a \longmapsto (a, 0, 0, \ldots) =: \{a\}.$$

Ihr Bild S ist mit Blick auf (44) ein volles Restsystem für $W(k)/pW(k)$ und damit auch für den Restklassenkörper von w. Wegen (29) ist S *multiplikativ abgeschlossen*. Wir behaupten, daß für jedes $x = (x_0, x_1, \ldots)$ aus $W(k)$ die Beziehung

(51) $$x = \sum_{i=0}^{\infty} \{x_i^{p^{-i}}\} p^i$$

besteht. Nach (32) ist nämlich aufgrund von (i) zunächst

$$x \equiv (x_0, \ldots, x_n, 0, 0, \ldots) \bmod p^{n+1},$$

und wiederholte Anwendung von (32) und (43) liefert

$$(x_0, \ldots, x_n, 0, 0, \ldots) = \sum_{i=0}^{n} \{x_i^{p^{-i}}\} p^i.$$

Sei $\widehat{R}$ der Bewertungring der kompletten Hülle von $Q(k)$ bzgl. w. Nach dem zuvor Gesagten muß auch jedes $x \in \widehat{R}$ eine Darstellung der Gestalt (51) besitzen. Es folgt $\widehat{R} = W(k)$. Also ist $Q(k)$ *komplett* bzgl. w, und $R = W(k)$ ist der Bewertungsring zu w. Bevor wir zusammenfassen, zeigen wir noch

(iii) $Q(k)$ *hat die Charakteristik Null.*

Wäre für eine Primzahl n nämlich $n = 0$ in $W(k)$, so folgt mit Blick auf (44) zunächst $p \mid n$, also $n = p$. Nach (43) ist aber $p \neq 0$ in $W(k)$.

SATZ 3: *Zu vorgegebenem vollkommenen Körper k der Charakteristik p als Restklassenkörper gibt es bis auf Isomorphie genau einen diskret bewerteten, kompletten und unverzweigten Körper (der Charakteristik 0), nämlich den Quotientenkörper des Ringes $W(k)$ der Wittvektoren über k.*

Die Existenzaussage von Satz 3 haben wir oben schon gezeigt. Was die Eindeutigkeitsaussage betrifft, so zeigen wir gleich schärfer:

SATZ 4: *Der Körper K der Charakteristik 0 sei komplett bzgl. der diskreten Bewertung w und habe den vollkommenen Körper k der Charakteristik p als Restklassenkörper. Sei R der Bewertungsring von w, und es sei $e = w(p)$ der Verzweigunsindex. Es gibt dann genau einen Homomorphismus σ von $Q(k) = \text{Quot } W(k)$ in dem Körper K, der $W(k)$ in R abbildet und für den*

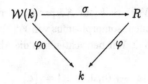

kommutativ ist; dabei bezeichne φ_0 die Abbildung (44) und φ die Restklassenabbildung zu w. Das Bild K_0 von σ ist der einzige unverzweigte
Teilkörper von K mit gleichem Restklassenkörper k. Die Erweiterung K/K_0
ist rein verzweigt vom Grade e.

Beweis: Wie oben vermittle $\{\ \}:k \longrightarrow \mathcal{W}(k)$ das Teichmüllersche Restsystem von $Q(k)$ und $<\ >:k \longrightarrow R$ das Teichmüllersche Restsystem S von
K. Für σ haben wir offenbar keine andere Wahl, als jedem Element

$$x = (x_0, x_1, \ldots) = \sum_{i=0}^{\infty} \{x_i^{p^{-i}}\} p^i$$

von $\mathcal{W}(k)$ das Element

(52) $$\sigma x = \sum_{i=0}^{\infty} <x_i^{p^{-i}}> p^i$$

von R zuzuordnen. Es ist dann zu zeigen, daß die so definierte Abbildung
ein *Homomorphismus* ist. Ist dies erst einmal bewiesen, so besteht das Bild
K_0 von $Q(k)$ unter σ aus allen Elementen

(53) $$\sum_{i \gg -\infty} s_i p^i \quad \text{mit } s_i \in S$$

von K, und die Gesamtheit dieser Elemente bildet einen *Teilkörper* von K,
der unverzweigt ist und k zum Restklassenkörper hat. Daraus folgen sofort
auch die restlichen Behauptungen des Satzes (vgl. §24, Satz 1). Bleibt also
als entscheidender Punkt der Nachweis, daß die Abbildung σ die Rechenoperationen $*$ erhält. Für x, y, z aus $\mathcal{W}(k)$ gelte

(54) $$x * y = z.$$

Wegen (40) ist nun für jedes $n \geq 0$ auch

(55) $$F^{-n}x * F^{-n}y = F^{-n}z.$$

Zur Abkürzung setzen wir

$$<x> := (<x_0>, <x_1>, \ldots)$$

und definieren $<y>$ und $<z>$ entsprechend. Die Komponenten dieser Vektoren liegen in $S \subseteq R$. Sei π ein Primelement von K. Da die Gleichheit von

(55) in allen ihren Komponenten durch ganzzahlige Polynomidentitäten vermittelt wird, kann man von (55) auf das Bestehen der Kongruenzen

$$(F^{-n} <x> * F^{-n} <y>)_m \equiv (F^{-n} <z>)_m \mod \pi$$

für alle $m = 0, 1, \ldots$ schließen. Wie man analog zu Lemma 2 erkennt, gilt dann für die n-ten Nebenkomponenten

$$(F^{-n} <x> * F^{-n} <y>)^{(n)} \equiv (F^{-n} <z>)^{(n)} \mod \pi^{n+1}$$

und daher wegen $(F^{-n} <x> * F^{-n} <y>)^{(n)} = (F^{-n} <x>)^{(n)} * (F^{-n} <y>)^{(n)}$ auch

$$(56) \qquad (F^{-n} <x>)^{(n)} * (F^{-n} <y>)^{(n)} \equiv (F^{-n} <z>)^{(n)} \mod \pi^{n+1}.$$

Nun ist aber definitionsgemäß – vgl. (13) bzw. (37) –

$$(F^{-n} <x>)^{(n)} = <x_0> + p <x_1>^{p^{-1}} + \ldots + p^n <x_n>^{p^{-n}}$$

die n-te Partialsumme von σx in (52), und das gleiche gilt hinsichtlich y und z. Man kann also in (56) zum Limes übergehen und erhält dann in der Tat

$$\sigma x * \sigma y = \sigma z.$$

Wir haben dabei natürlich auch von der Multiplikativität des Restsystems S Gebrauch gemacht. – Im übrigen läßt sich aus dem oben Gesagten nunmehr auch leicht die Gültigkeit der Behauptung von Satz 2 ablesen. $\square$

Aus Satz 4 geht insbesondere hervor, daß der Ring der Wittvektoren über dem Körper $\mathbb{F}_p$ mit dem Ring $\mathbb{Z}_p$ der ganzen p-adischen Zahlen, also dem Bewertungsring des Körpers $\mathbb{Q}_p$, übereinstimmt:

$$(57) \qquad \mathcal{W}(\mathbb{F}_p) = \mathbb{Z}_p.$$

Man kann sich $\mathbb{Z}_p$ auch durch (57) definiert denken und erhält dann $\mathbb{Q}_p = \text{Quot}(\mathbb{Z}_p)$ in sehr viel konstruktiverer Weise als durch den allgemeinen Komplettierungsprozeß in §23.

Bemerkung: Sei $q = p^n$ eine Potenz von p. Jedes $x \in \mathcal{W}(\mathbb{F}_q)$ hat eine eindeutige Darstellung

$$(58) \qquad x = \sum_{i=0}^{\infty} s_i p^i$$

mit $s_i \in S = \{0, 1, \zeta, \zeta^2, \ldots, \zeta^{q-1}\}$, wobei $\zeta = \zeta_{q-1}$ eine primitive $(q-1)$-te Einheitswurzel bezeichnet. Es folgt dann

$$(59) \qquad \mathcal{W}(\mathbb{F}_q) = \mathbb{Z}_p[\zeta_{q-1}].$$

Nach Satz 4 ist daher $\mathbb{Z}_p[\zeta_{q-1}]$ der Bewertungsring des *eindeutig bestimmten unverzweigten Erweiterungkörpers K_n vom Grade n über $\mathbb{Q}_p$*. Gleichzeitig erhält man von neuem $K_n = \mathbb{Q}_p(\zeta_{q-1})$.

5. Wir wollen hier noch eine weitere schöne Anwendung des *Kalküls der Wittvektoren* besprechen. Sie besteht, für Körper der Charakteristik p, in der Beschreibung der *abelschen Körpererweiterungen vom Exponenten p^n* (und findet sich ebenfalls schon in der oben zitierten Arbeit von *Witt*).

Im folgenden sei A zunächst wieder ein beliebiger kommutativer Ring mit Eins, und es sei $n \in \mathbb{N}$ beliebig. Mit V als dem Verschiebungsoperator auf $\mathcal{W}(A)$ betrachten wir die Menge $V^n\mathcal{W}(A)$ aller Vektoren der Gestalt $(0, \ldots, 0, x_n, x_{n+1}, \ldots)$ in $\mathcal{W}(A)$. Da in jedem der für die Rechenoperationen in $\mathcal{W}(A)$ zuständigen Polynome S_n^* in (21) nur Variable mit Index $\leq n$ vorkommen, ist $V^n\mathcal{W}(A)$ ein *Ideal* des Ringes $\mathcal{W}(A)$. Wir betrachten nun den *Restklassenring*

(60) $$\mathcal{W}_n(A) := \mathcal{W}(A)/V^n\mathcal{W}(A)$$

Mit Blick auf (32) lassen sich die Elemente von $\mathcal{W}_n(A)$ einfach als Vektoren $(x_0, \ldots, x_{n-1})$ der Länge n auffassen; man nennt $\mathcal{W}_n(A)$ daher den *Ring der Wittvektoren der Länge n*. (Man beachte aber, daß man $\mathcal{W}_n(A)$ nicht als Teilring von $\mathcal{W}(A)$ ansehen darf; dies erkennt man schon im Falle $n = 1$, wo $\mathcal{W}_1(A) = A$ den gegebenen Ring A selbst liefert.) Der Verschiebungsoperator V ist *additiv* und vermittelt daher für jedes $n > 1$ eine wohlbestimmte additive Abbildung

(61) $$V : \mathcal{W}_{n-1}(A) \longrightarrow \mathcal{W}_n(A)$$

Sei jetzt A ein beliebiger *Körper der Charakteristik p*. Dann ist der durch (41) definierte *Frobeniusoperator F* ein Endomorphismus des Ringes $\mathcal{W}(A)$; wegen $FV = VF$ vermittelt er auch einen Endomorphismus F des Ringes $\mathcal{W}_n(A)$. Wir betrachten nun die Abbildung $\wp : \mathcal{W}_n(A) \longrightarrow \mathcal{W}_n(A)$, definiert durch

(62) $$\wp(x) = Fx - x$$

Offenbar ist $\wp$ *additiv*, also ein Endomorphismus der *abelschen Gruppe* $\mathcal{W}_n(A)$. Im Falle $n = 1$ ist $\wp(x) = x^p - x$ in $A = \mathcal{W}_1(A)$; in diesem Fall ist $\wp$ also die bekannte Abbildung aus der *Artin-Schreier-Theorie* der Erweiterungen vom Exponenten p (vgl. Algebra I, S. 182). Für beliebiges $n \in \mathbb{N}$ besteht der *Kern* von $\wp$ aus genau den Vektoren $(x_0, \ldots, x_{n-1}) \in \mathcal{W}_n(A)$ mit $x_i^p = x_i$, d.h. x_i im Primkörper $\mathbb{F}_p$ von A. Es ist also Kern $(\wp) = \mathcal{W}_n(\mathbb{F}_p)$. Insbesondere liegt das Einselement $e = (1, 0, \ldots, 0)$ von $\mathcal{W}_n(A)$ im Kern $(\wp)$. Wegen

$px = FVx$ ist $p^n e = 0$, aber $p^i e \neq 0$ für jedes $i < n$. Die von e erzeugte Untergruppe hat also die Ordnung p^n, und es folgt

$$(63) \qquad W_n(\mathbb{F}_p) = \text{Kern}(\wp) \simeq \mathbb{Z}/p^n\mathbb{Z}$$

F2: Sei K ein Körper der Charakteristik p, C ein algebraisch abgeschlossener Erweiterungskörper von K, und K^S sei der separable algebraische Abschluß von K in C. Dann ist $\wp : W_n(K^S) \longrightarrow W_n(K^S)$ surjektiv.

Beweis: Sei $a = (a_0, \ldots, a_{n-1}) \in W_n(K^S)$ gegeben. Es gibt ein $x \in C$ mit $\wp(x) = x^p - x = a_0$. Es folgt $x \in K^S$. Nun ist

$$(a_0, \ldots, a_{n-1}) - \wp(x, 0, \ldots, 0) = (0, a_1', \ldots, a_{n-1}')$$

mit gewissen $a_i' \in K^S$. Da $\wp$ additiv ist, genügt es daher zu zeigen, daß jeder Vektor der Gestalt $a = (0, a_1, \ldots, a_{n-1})$ in $\wp W_n(K^S)$ liegt. Per Induktion nach n gibt es zunächst ein $\alpha \in W_{n-1}(K^S)$ mit $\wp\alpha = (a_1, \ldots, a_n)$; Anwendung von (61) liefert dann aber $\wp(V\alpha) = V\wp(\alpha) = a$. $\qquad \Box$

In der Situation von F2 sei nun ein $a \in W_n(K)$ gegeben. Jedes $\alpha \in W_n(C)$ mit $\wp(\alpha) = a$ liegt nun bereits in $W_n(K^S)$. Nach F2 gibt es nämlich ein $\beta \in W_n(K^S)$ mit $\wp(\beta) = a$. Es ist $\wp(\alpha - \beta) = 0$, also $\alpha = \beta + \gamma$ mit $\gamma \in \text{Kern}\,\wp = W_n(\mathbb{F}_p) \subseteq W_n(K)$, und es folgt $\alpha \in W_n(K^S)$. Setzt man also $K(\alpha) = (\alpha_0, \ldots, \alpha_{n-1})$, so ist $K(\alpha)/K$ algebraisch und separabel. Allgemeiner sei nun W eine beliebige Teilmenge von $W_n(K)$. Mit $\wp^{-1}W$ bezeichnen wir die Menge aller $\alpha \in W_n(C)$ mit $\wp\alpha \in W$. Ist dann $K(\wp^{-1}W)$ der Körper, der durch Adjunktion aller $\alpha \in \wp^{-1}W$ aus K entsteht, so ist die Erweiterung $K(\wp^{-1}W)/K$ algebraisch und separabel. Sie ist ferner normal, denn für jedes $\sigma \in G(K^S/K)$ ist auch $\wp(\sigma\alpha) = \sigma\wp(\alpha) = a$. Ersetzen wir W durch die von W und $\wp W_n(K)$ erzeugte Untergruppe, so bleibt unsere Erweiterung ungeändert. Wir setzen daher im folgenden W als Untergruppe von $W_n(K)$ mit $\wp W_n(K) \subseteq W$ voraus. Mit G als der Galoisgruppe von $K(\wp^{-1}W)/K$ hat man dann die wie folgt definierte natürliche Paarung

$$(64) \qquad \begin{array}{rcl} G \times W/\mathfrak{p}W_n(K) & \longrightarrow & W_n(\mathbb{F}_p) \\ (\sigma, a \bmod \wp W_n(K)) & \longmapsto & \chi_a(\sigma) \end{array}$$

Zu $\sigma \in G$ und $a \in W$ wähle ein $\alpha \in \wp^{-1}W$ und setze $\chi_a(\sigma) = \sigma\alpha - \alpha$. Wegen $\wp(\sigma\alpha) = \sigma\wp(\alpha) = \wp(\alpha)$ liegt $\sigma\alpha - \alpha$ in $\text{Kern}\,\wp = W_n(\mathbb{F}_p)$. Ist auch $\wp(\alpha') = a$, mithin $\alpha' - \alpha$ in Kern $\wp$, so folgt $\sigma\alpha' - \sigma\alpha = \sigma(\alpha' - \alpha) = 0$, also ist $\chi_a(\sigma)$ wohldefiniert. Im Falle $a \in \wp W_n(K)$ gilt $\chi_a(\sigma) = 0$. Bei festem σ ist $\chi_a(\sigma)$ offenbar additiv in a, also hängt $\chi_a(\sigma)$ auch nur von $a \bmod \wp W_n(K)$

ab. Da $\chi_a(\sigma)$ als Element von $\mathcal{W}_n(\mathbb{F}_p)$ bei jedem $\tau \in G$ festbleibt, gilt schließlich auch $\chi_a(\tau\sigma) = \chi_a(\tau) + \chi_a(\sigma)$.

F3: *Sei W eine Untergruppe von $\mathcal{W}_n(K)$ mit $\wp\mathcal{W}_n(K) \subseteq W$, und bezeichne G die Galoisgruppe der galoisschen Erweiterung $K(\wp^{-1}W)/K$. Dann ist die kanonische Gruppenpaarung* (64) ̲n̲i̲c̲h̲t̲-̲a̲u̲s̲g̲e̲a̲r̲t̲e̲t̲, *also $K(\wp^{-1}W)/K$ eine abelsche Erweiterung vom Exponenten p^n.*

Beweis: Sei $\sigma \in G$ und gelte $\chi_a(\sigma) = 0$ für alle $a \in W$, d.h. $\sigma\alpha - \alpha$ für alle $\alpha \in \wp^{-1}W$. Dann folgt $\sigma = 1$, also ist (64) bzgl. der ersten Variablen nicht-ausgeartet. Sei jetzt $\wp(\alpha) = a \in W$ vorgegeben. Genau dann ist $\sigma\alpha - \alpha = 0$ für alle $\sigma \in G$, wenn α zu $\mathcal{W}_n(K)$ gehört, d.h. $a = \wp(\alpha)$ in $\wp\mathcal{W}_n(K)$ enthalten ist. Also ist (64) auch bzgl. der zweiten Variablen nicht-ausgeartet. Als nicht-ausgeartete Paarung von Gruppen vermittelt (64) nun *injektive* Gruppenhomomorphismen

(65) $G \longrightarrow \mathrm{Hom}\,(W/\wp\mathcal{W}_n(K), \mathcal{W}_n(\mathbb{F}_p))$

(66) $W/\wp\mathcal{W}_n(K) \longrightarrow \mathrm{Hom}\,(G, \mathcal{W}_n(\mathbb{F}_p))$

Wegen $\mathcal{W}_n(\mathbb{F}_p) \simeq \mathbb{Z}/p^n\mathbb{Z}$ folgt daher mit Blick auf (65), daß G eine *abelsche Gruppe vom Exponenten p^n* sein muß. Mit Blick auf (66) ist auch $W/\wp\mathcal{W}_n(K)$ vom Exponenten p^n. Ferner: G ist genau dann *endlich*, wenn $W/\wp\mathcal{W}_n(K)$ es ist, und in dem Falle sind (65) und (66) *Isomorphismen*. Daraus läßt sich dann leicht folgern, daß (65) auch für beliebiges W ein Isomorphismus ist. Gleiches gilt auch für (66), wenn dabei $\mathrm{Hom}\,(G, \mathcal{W}_n(\mathbb{F}_p))$ nur die Gruppe der *stetigen* Homomorphismen der kompakten Gruppe G in die diskrete Gruppe $\mathcal{W}_n(\mathbb{F}_p)$ bezeichne. Ist speziell $W/\wp\mathcal{W}_n(K)$ *zyklisch* (und daher auch endlich), so gilt gleiches für G. Daraus erhält man sogleich Teil (i) des folgenden Satzes:

SATZ 5: *Sei K ein beliebiger Körper der Charakteristik p.*

(i) *Sei $a = (a_0, \ldots, a_{n-1}) \in \mathcal{W}_n(K)$ gegeben, und sei C wie in F2. Ist dann $\alpha \in \mathcal{W}_n(C)$ eine Lösung der Gleichung $\wp(\alpha) = a$ und setzt man $L = K(\alpha) = K(\alpha_0, \ldots, \alpha_{n-1})$, so ist L/K zyklisch vom Exponenten p^n.*

(ii) *Umgekehrt läßt sich jede zyklische Erweiterung L/K vom Exponenten p^n auf diese Weise gewinnen.*

(iii) *Für L wie in (i) gilt genau dann $L : K = p^n$, wenn $a_0 \notin \wp K$.*

Beweis: Es bleibt (ii) und (iii) zu zeigen. Sei L/K wie in (ii) gegeben und $G = G(L/K) = <\sigma>$. Es ist $L : K = p^m$ mit $m \leq n$. Anwendung der *Spur* $S_{L/K}$ auf $c := p^{n-m}e$ aus $\mathcal{W}_n(\mathbb{F}_p) \subseteq \mathcal{W}_n(K)$ liefert $S_{L/K}(c) = p^n e = 0$. Also gibt es (aufgrund von §13, F8 in Algebra I) ein $\alpha \in \mathcal{W}_n(L)$ mit $c = \sigma\alpha - \alpha$. Wegen $\sigma\wp(\alpha) - \wp(\alpha) = \wp(c) = 0$ liegt dann $a := \wp(\alpha)$ in $\mathcal{W}_n(K)$. Es ist $\sigma^k\alpha = \alpha + kc$. Da c die Ordnung p^m hat, kann $\sigma^k\alpha = \alpha$ nur für $p^m \mid k$ eintreten, also nur für $\sigma^k = 1$. Es folgt $L = K(\alpha)$, und (ii) ist bewiesen.

Aufgrund von F3 haben die zyklischen Gruppen G und $W/\wp\mathcal{W}_n(K)$ die *gleiche* Ordnung. Also ist genau dann $L : K < p^n$, wenn die Bedingung $p^{n-1}a \in \wp\mathcal{W}_n(K)$ erfüllt ist. Nun ist $p^{n-1}a = \wp(p^{n-1}a)$. Wegen Kern $\wp \subseteq \mathcal{W}_n(K)$ hat man daher die Äquivalenzen $p^{n-1}a \in \wp\mathcal{W}_n(K) \Longleftrightarrow p^{n-1}\alpha \in \mathcal{W}_n(K) \Longleftrightarrow \alpha_0^{p^{n-1}} \in K \Longleftrightarrow \alpha_0 \in K \Longleftrightarrow a_0 = \wp(\alpha_0) \in \wp\mathcal{W}_n(K)$. Damit ist auch (iii) bewiesen.

SATZ 6 ('Kummertheorie der abelschen Erweiterungen vom Exponenten p^n in Charakteristik p'):
Sei K ein Körper der Charakteristik p, und n sei eine beliebige natürliche Zahl. Dann gilt (mit den obigen Bezeichnungen): Die Abbildung

$$(67) \qquad\qquad W \longmapsto K(\wp^{-1}W)$$

ist eine Bijektion zwischen der Menge der Untergruppen W von $\mathcal{W}_n(K)$ mit $\wp\mathcal{W}_n(K) \subseteq W$ und der Menge der Teilkörper E von C, für die E/K abelsch vom Exponenten p^n sind. Die Gruppen $G = G(K(\wp^{-1}W)/W)$ und $W/\wp\mathcal{W}_n(K)$ stehen dabei in vollständiger Dualität, d.h. jede von ihnen ist in kanonischer Weise zur (topologischen) Charaktergruppe der anderen isomorph.

Beweis: Wir haben die Bijektivität der Zuordnung (67) zu zeigen; für alles übrige vgl. F3 (und die daran anschließenden Bemerkungen). Sei E/K eine abelsche Erweiterung vom Exponenten p^n. Mit $W := \wp\mathcal{W}_n(E) \cap \mathcal{W}_n(K)$ gilt dann $K(\wp^{-1}W) \subseteq E$. Zum Beweis der Gleichheit genügt es zu zeigen: Für jeden zyklischen Teil L/K von E/K gilt $L \subseteq K(\wp^{-1}W)$. Nach (ii) in Satz 5 gibt es ein $\alpha \in \mathcal{W}_n(L)$ mit $L = K(\alpha)$ und $\wp(\alpha) \in \mathcal{W}_n(K)$. Es folgt $\alpha \in \wp^{-1}W$ und somit $L \subseteq K(\wp^{-1}W)$.
Nun zur Injektivität von (67). Sei E/K abelsch vom Exponenten p^n und $G = G(E/K)$. Für jedes W mit $E = K(\wp^{-1}W)$ hat man den *kanonischen* Homomorphismus (66), vermittelt durch $a \longmapsto \chi_a$, vgl. (64); da es sich dabei aber um einen *Isomorphismus* handelt, ist W eindeutig bestimmt.

Nachtrag: Im Beweis von Satz 5 haben wir uns an einer Stelle etwas kurz gefaßt und die Begründung folgender Tatsache nur angedeutet:
Ist L/K zyklisch mit $G(L/K) = <\sigma>$ und hat man ein $c \in \mathcal{W}_n(L)$ mit $S_{L/K}(c) = 0$, so gibt es ein $\alpha \in \mathcal{W}_n(L)$ mit $c = \sigma\alpha - \alpha$.

Beweis: Sei $c = (c_0, c_1, \ldots, c_{n-1}) \in \mathcal{W}_n(L)$. Mit $S = S_{L/K}$ ist dann $Sc = (Sc_0, *, \ldots, *)$. Aus $Sc = 0$ folgt daher $Sc_0 = 0$, also gibt es (nach §13, F8 in Algebra I) ein $b_0 \in L$ mit $c_0 = \sigma b_0 - b_0$. Wir haben dann

$$(68) \qquad (c_0, c_1, \ldots, c_{n-1}) - (\sigma - 1)(b_0, 0, \ldots, 0) = (0, c_1', \ldots, c_{n-1}')$$

mit gewissen $c_i' \in L$. Anwendung von S liefert nun $S(0, c_1', \ldots, c_{n-1}') = 0$. Wegen $SV = VS$ folgt $S(c_1', \ldots, c_{n-1}') = 0$. Per Induktion gibt es dann ein $\beta \in \mathcal{W}_n(L)$ mit $(c_1', \ldots, c_{n-1}') = (\sigma - 1)\beta$, und wir erhalten

$$(0, c_1', \ldots, c_{n-1}') = V((\sigma - 1)\beta) = (\sigma - 1)V(\beta)$$

Zusammen mit (68) ergibt sich daraus $c \in (\sigma - 1)\mathcal{W}_n(L)$, und die Behauptung ist bewiesen.

§ 27

Zur Tsen-Stufe von Körpern

1. Als erstes elementares Grundresultat der Linearen Algebra kann man die Feststellung ansehen, wonach ein homogenes lineares Gleichungssystem über einem Körper mit mehr Unbekannten als Gleichungen stets eine nicht-triviale Lösung besitzt (vgl. etwa LA I, F5 auf Seite 15). Über einem Körper K wollen wir nun allgemeiner Gleichungssysteme

$$
(1) \quad
\begin{aligned}
f_1(X_1,\ldots,X_n) &= 0 \\
f_2(X_1,\ldots,X_n) &= 0 \\
&\vdots \\
f_m(X_1,\ldots,X_n) &= 0
\end{aligned}
$$

von m Gleichungen in n Unbekannten betrachten, wobei die $f_1,\ldots,f_m \in K[X_1,\ldots,X_n]$ Polynome in n Variablen über K bezeichnen; wir setzen dabei ferner die f_k ohne Absolutglied voraus, so daß (1) stets die triviale Lösung $0 = (0,\ldots,0) \in K^n$ hat, und wir fragen, ob (1) außer dieser trivialen Lösung noch weitere Lösungen besitzt. Diese Frage ist natürlich eine algebraische Grundfrage. Ihre Behandlung jedoch gehörte eigentlich in das weite Feld der *Algebraischen Geometrie*. Es zeigt sich nun aber, daß man bereits auf sehr direkte Weise zu gewissen Aussagen gelangen kann, die trotz ihres elementaren Charakters interessant und bemerkenswert sind. Diese Aussagen gehen auf *C. Tsen* (und Anregungen von *E. Artin*) zurück und finden sich in Tsens Arbeit "Zur Stufentheorie der quasialgebraisch-Abgeschlossenheit kommutativer Körper" (im Journal of the Chinese Math. Soc. 1936, Vol. I, 81-92). Erstaunlicherweise haben diese Ergebnisse trotz ihrer elementaren Gestalt bisher so gut wie keinen Eingang in die algebraische Lehrbuchliteratur gefunden. Darüberhinaus ist auch sonst die erwähnte Publikation von *Tsen* weitgehend unzitiert geblieben.

Grob gesprochen besteht die Entdeckung von *Tsen* darin, daß es ganze
Serien von Körpern gibt, über denen ein System (1) wie oben stets nicht-
trivial lösbar ist, wenn nur seine Variablenzahl hinreichend groß gegenüber
den Graden der beteiligten Polynome ist.

Definition 1:   Sei i eine ganze Zahl ≥ 0. Einen vorgelegten Körper K
wollen wir einen T_i-*Körper* nennen, wenn über K ein Gleichungssystem (1)
von m Polynomgleichungen in n Unbekannten und mit verschwindendem
Absolutglied immer dann eine nicht-triviale Lösung in K^n besitzt, wenn die
Bedingung

(2) $$n > d_1^i + d_2^i + \ldots + d_m^i$$

erfüllt ist, wobei jeweils d_k den Grad des Polynoms f_k bezeichne.

Da für $i \leq j$ ein T_i-Körper K trivialerweise auch ein T_j-Körper ist, können
wir das kleinste i betrachten, für welches K ein T_i-Körper ist; dieses nennen
wir die *Tsen-Stufe* des Körpers K. Sinngemäß müssen wir dabei natürlich
auch den Wert $i = \infty$ zulassen. Ist K beispielsweise *formal-reell*, so hat K
keine endliche Tsen-Stufe, da dann die Gleichung

$$\sum_{i=1}^{n} X_i^2 = 0$$

für jedes n nur die triviale Lösung besitzt.   □

Um zu belegen, daß die vorstehende Definition nicht ganz ins Leere greift,
zitieren wir im folgenden zunächst zwei Sätze (deren Beweise wir in den
Abschnitten 4 und 5 nachtragen werden). Im übrigen sei noch angemerkt,
daß *Tsen* in Def. 1 beliebige reelle Zahlen als Werte für i zuläßt; bisher sind
aber keine Körper von nicht-ganzzahliger Stufe bekannt.

SATZ 1:   *Ist K ein* algebraisch abgeschlossener Körper, *so besitzt K die
Tsen-Stufe 0.* Mit anderen Worten: *Sind $f_1, \ldots, f_m \in K[X_1, \ldots, X_n]$ Polynome in n Variablen über einem* algebraisch abgeschlossenen Körper K *mit
$f_j(0, \ldots, 0) = 0$ für alle $1 \leq j \leq m$, so besitzen $f_1, \ldots, f_m$ im Falle*

$$n > m$$

eine gemeinsame nicht-triviale Nullstelle in K^n.

Einen Beweis einer schwächeren Version von Satz 1 haben wir übrigens
schon in Band I, 19.8 skizziert. Dort wurden die f_i sämtlich als *homogen*
(vom Grade $\neq 0$) vorausgesetzt. Zur genaueren Erklärung der Terminologie:

Jedes Polynom $f \in K[X_1, \ldots, X_n]$ über einem kommutativen Ring K hat die Gestalt

$$(3) \qquad f = \sum_{\nu=(\nu_1, \ldots, \nu_n)} c_\nu X_1^{\nu_1} X_2^{\nu_2} \ldots X_n^{\nu_n}.$$

Unter dem *Grad* von f versteht man das Maximum der Exponentensummen für die wirklich in f auftretenden Monome:

$$(4) \qquad \operatorname{grad} f = \max \{\nu_1 + \ldots + \nu_n \mid c_\nu \neq 0\}.$$

Sind *alle* in f auftretenden Monome vom gleichen Grad, so heißt f *homogen*. Indem man zu $X_1, \ldots, X_n$ noch eine weitere Variable Y hinzufügt, kann man offenbar sagen: Ein Polynom $f \in K[X_1, \ldots, X_n]$ ist genau dann homogen vom Grade d, wenn gilt:

$$(5) \qquad f(YX_1, YX_2, \ldots, YX_n) = Y^d f(X_1, X_2, \ldots, X_n)$$

Man überzeugt sich im übrigen sofort davon, daß in Umkehrung von Satz 1 gilt: *Besitzt ein Körper K die Tsen-Stufe 0, so ist K algebraisch abgeschlossen.* Ist nämlich $f(X) = X^n + a_{n-1}X^{n-1} + \ldots + a_0 \in K[X]$ vom Grade $n \geq 1$, so betrachte man das (homogene) Polynom

$$(6) \qquad f^*(X, Y) = X^n + a_{n-1}X^{n-1}Y + \ldots + a_0Y^n$$

aus $K[X, Y]$. Aufgrund der Voraussetzung besitzt es eine Nullstelle $(a, b) \neq 0$ in K^2. Es folgt $b \neq 0$, und man erhält dann mit $\frac{a}{b}$ eine Nullstelle von f in K.

Das zweite Resultat, welches wir anführen wollen, enthält die Bestätigung einer auf *E. Artin* zurückgehenden Vermutung.

SATZ 2 (Chevalley 1936) : *Ist K ein endlicher Körper, so besitzt K die Tsen-Stufe 1.*

So einfach und kurz, wie sich der Inhalt der beiden oben angeführten Sätze in der Terminologie von Def. 1 auch mitteilen läßt, wäre das allein wohl noch keine ausreichende Rechtfertigung dieser Definition. Anders verhält es sich aber, wenn man die Methode betrachtet, mit der *Tsen* den gleich folgenden Satz 3 bewiesen hat. Im Gegensatz zu Satz 1 läßt sich nämlich Satz 2 nicht umkehren, und es war gerade die besondere Beobachtung von *Tsen*, daß es neben den endlichen Körpern noch ganz anders geartete Körper der Tsen-Stufe 1 gibt:

SATZ 3 (Tsen 1933): *Jeder rationale Funktionenkörper $K(X)$ einer Variablen über einem algebraisch abgeschlossenen Grundkörper K besitzt die Tsen-Stufe 1.*

Die oben angesprochene Methode von Tsen ist nun geeignet, gleich eine Aussage allgemeiner Art herzuleiten (siehe nachstehenden Satz 4). Den Satz 3 erhält man dann als unmittelbare Konsequenz daraus, wenn man benutzt, daß jeder algebraisch abgeschlossene Körper die Tsen-Stufe 0 besitzt (vgl. Satz 1).

SATZ 4 (Tsen 1936): *Ist K ein T_i-Körper, so ist der rationale Funktionenkörper $K(X)$ einer Variablen über K ein T_{i+1}-Körper.* Anders ausgedrückt: *Besitzt K Tsen-Stufe i, so hat $K(X)$ Tsen-Stufe $\leq i + 1$.*

Beweis: Vorgelegt sei also ein System

$$(7) \qquad f_\mu(X_1, \ldots, X_n) = 0 \quad \text{mit } 1 \leq \mu \leq m$$

von m Polynomgleichungen in Variablen $X_1, \ldots, X_n$ über $\underline{K(X)}$, die alle im Punkt $0 \in K^n$ verschwinden, und es gelte

$$(8) \qquad n > \sum_{\mu=1}^{m} d_\mu^{i+1},$$

wobei jeweils d_μ den Grad von f_μ bezeichne. Offenbar dürfen wir noch voraussetzen, daß die Koeffizienten der f_μ sämtlich in $K[X]$ liegen. Wir führen nun ein neues System $(x_{\nu\sigma})_{\nu,\sigma}$ von unabhängigen Variablen über $K(X)$ ein, so daß für $1 \leq \nu \leq n$ die Gleichungen

$$(9) \qquad X_\nu = x_{\nu 0} + x_{\nu 1} X + x_{\nu 2} X^2 + \ldots + x_{\nu s} X^s$$

erfüllt sind. (Von der Zulässigkeit dieses Vorgehens überzeuge man sich am besten durch ein Transzendensgradargument). Die Wahl von s behalten wir uns dabei noch vor. Indem wir jetzt die Ausdrücke (9) in ein jedes f_μ einsetzen und nach Potenzen von X ordnen, erhalten wir

$$(10) \qquad f_\nu = f_{\mu 0} + f_{\mu 1} X + f_{\mu 2} X^2 + \ldots + f_{\mu t_\mu} X^{t_\mu}$$

mit wohlbestimmten Polynomen $f_{\mu\tau}$ in den $n(s+1)$ Variablen $x_{\nu\sigma}$ über K, und dabei sind die Exponenten der auftretenden Potenzen von X höchstens gleich

$$(11) \qquad t_\mu = r + s d_\mu,$$

wenn X^r die höchste Potenz ist, die in den Koeffizienten der f vorkommt. Kann man nun sicherstellen, daß das System der Polynomgleichungen

$$(12) \qquad f_{\mu\tau} = 0 \quad \text{mit } 1 \leq \mu \leq m, \quad 0 \leq \tau \leq t_\mu$$

(mit Koeffizienten aus K !) eine nicht-triviale Lösung in $K^{n(s+1)}$ besitzt, so erhält man daraus mit Blick auf (10) und (9) auch eine nicht-triviale Lösung des gegeben Systems (7) in $K[X]^n$. Nun ist aber K als T_i-Körper vorausgesetzt; wegen $f_{\mu r}(0) = 0$ und grad $(f_{\mu r}) \le d_\mu$ genügt es daher festzustellen, daß die Ungleichung

$$(13) \qquad n(s+1) > \sum_{\mu=1}^m (r + s d_\mu + 1) d_\mu^i$$

besteht, sobald s nur geeignet gewählt wird. Nach Umformung ist (13) äquivalent zu

$$s\left(n - \sum_{\mu=1}^m d_\mu^{i+1}\right) > (r+1)\sum_{\mu=1}^m d_\mu^i - n.$$

Aufgrund der Voraussetzung (8) ist die letzte Ungleichung aber offensichtlich für alle hinreichend großen s erfüllt. Damit ist Satz 4 bewiesen. – Im übrigen wird man erwarten, daß die Tsen-Stufe eines Körpers sich bei Adjunktion eines transzendenten Elementes auch wirklich um 1 erhöht. Dies werden wir später auch bestätigen, allerdings nur unter einer zusätzlichen Voraussetzung (vgl. F4).   □

Durch Adjunktion eines algebraischen Elementes kann sich die Tsen-Stufe unter Umständen erniedrigen, so hat etwa $\mathbb{R}$ unendliche Tsen-Stufe, hingegen $\mathbb{C} = \mathbb{R}(i)$ als algebraisch abgeschlossener Körper die Tsen-Stufe 0; eine Erhöhung jedoch ist nicht möglich, denn man hat nach *Tsen* den

SATZ 5: *Ist der Körper K von der Tsen-Stufe i, und E/K eine algebraische Erweiterung, so ist E von einer Tsen-Stufe $\le i$.*

Beweis: Da die Koeffizienten eines gegebenen Systems über E bereits in einem Erweiterungskörper endlichen Grades über K liegen, dürfen wir E/K als *endlich* voraussetzen. Sei nun ein System

$$f_\mu(X_1, \ldots, X_n) = 0 \quad \text{mit } 1 \le \mu \le m$$

über E vorgelegt und gelte

$$(14) \qquad n > \sum_{\mu=1}^m d_\mu^i$$

mit $d_\mu = \text{grad } f_\mu$. Ist $b_1, \ldots, b_r$ eine K-Basis von E, so können wir uns wie oben einen neuen Variablensatz $(x_{\nu\varrho})_{\nu,\varrho}$ von unabhängigen Variablen über E verschaffen, so daß für $1 \le \nu \le n$ die Gleichungen

$$X_\nu = x_{\nu 1} b_1 + x_{\nu 2} b_2 + \ldots + x_{\nu r} b_r$$

gelten. Indem wir diese Ausdrücke in ein jedes f_μ einsetzen und nach Basiselementen zusammenfassen, erhalten wir

$$(15) \qquad f_\mu = f_{\mu 1} b_1 + f_{\mu 2} b_2 + \ldots + f_{\mu r} b_r$$

mit wohlbestimmten Polynomen $f_{\mu\varrho}$ in den Variablen $x_{\nu\varrho}$ über K. Zum Beweis des Satzes genügt es dann offenbar zu zeigen, daß das System

$$f_{\mu\varrho} = 0 \quad \text{mit } 1 \leq \mu \leq m, \quad 1 \leq \varrho \leq r$$

von mr Gleichungen in nr Unbekannten über K nicht-trivial lösbar ist. Nun ist aber K nach Voraussetzung ein T_i-Körper; wegen $f_{\mu\varrho}(0) = 0$ und grad $(f_{\mu\varrho}) \leq d_\mu$ reicht es daher aus, sicherzustellen, daß die Ungleichung

$$nr > \sum_{\mu=1}^{m} rd_\mu^i$$

besteht. Doch dies ist klar aufgrund der Bedingung (14).   □

Die obigen Sätze 4 und 5 kann man offenbar folgendermaßen zusammenfassen (vgl. dazu Band I, S. 257, Bem. zu Def. 4):

SATZ 6: *Ist K von der Tsen-Stufe i, und E/K eine Körpererweiterung vom Transzendenzgrad j, so ist E von einer Tsen-Stufe $\leq i + j$.*

Bemerkung: Nicht zu verwechseln ist die Tsen-Stufe eines Körpers mit einem Begriff, der in der Theorie der quadratischen Formen eine Rolle spielt; dort versteht man unter der 'Stufe eines Körpers K' die kleinste natürliche Zahl s, für die -1 eine Summe von s Quadraten in K ist (vgl. *Lorenz, Quadratische Formen über Körpern*, Springer Lecture Notes, Bd 130). Im übrigen hat in der Theorie der quadratischen Formen namentlich der obige Satz 6 einige schöne Anwendungen (vgl. loc.cit., §12). Als Beispiel zitieren wir den folgenden Satz: *Ist F ein Funktionenkörper vom Transzendenzgrad n über einem reell abgeschlossenen Grundkörper R, so ist jede Summe von Quadraten in F bereits als Summe von höchstens 2^n Quadraten darstellbar.* Insbesondere erhält man damit eine quantitative Verschärfung von Artins Lösung des 17. Hilbertschen Problems (vgl. §21, Satz 1 mit $K = R$).

2. Wir suchen nun nach Bedingungen einfacher Art, die es gestatten, die Tsen-Stufe eines Körpers nach *unten* abzuschätzen.

Definition 2: Sei i eine ganze Zahl ≥ 0, und sei $f \in K[X_1, \ldots, X_n]$ ein *homogenes* Polynom vom Grade $d \neq 0$ über dem Körper K. Ein solches f heißt auch eine *Form* vom Grade d in n Variablen über K (vgl. den Begriff *quadratische Form* im Falle $d = 2$). Wir nennen nun f eine *Normform i-ter Stufe*, wenn zwischen der Variablenzahl n und dem Grad d von f die Gleichung $n = d^i$ besteht und f in K^n nur die triviale Nullstelle besitzt; außerdem werde $d > 1$ verlangt (was nur die Formen der Gestalt aX ausschließt).

Besitzt ein Körper K eine Normform der Stufe $i + 1$, so ist K jedenfalls kein T_i-Körper (sondern bestenfalls ein T_{i+1}-Körper). Was nun die Existenz von Normformen angeht, so läßt sich wenigstens folgendes sagen:

F1: *Besitzt K einen Erweiterungskörper E vom Grade $n > 1$, so vermittelt die Norm $N_{E/K}$ von E/K eine Normform erster Stufe vom Grade n über K.*

Beweis: Ist $b_1, \ldots, b_n$ eine K-Basis von E, so gilt

$$b_i b_j = \sum_{k=1}^{n} c_{ijk} b_k$$

mit eindeutig bestimmten $c_{ijk} \in K$. Für ein beliebiges $x = \sum x_i b_i$ von E folgt damit

$$x b_j = \sum_k \left(\sum_i c_{ijk} x_i \right) b_k \, .$$

Im Polynomring $K[X_1, \ldots, X_n]$ erhält man dann mit

$$f(X_1, \ldots, X_n) := \det \left(\left(\sum_i c_{ijk} X_i \right)_{jk} \right)$$

ein homogenes Polynom in n Variablen vom Grade $d = n$ über K, welches nach Definition der Norm $N_{E/K}$ für jedes $x = \sum x_i b_i$ die Relation

$$N_{E/K}(x) = f(x_1, \ldots, x_n)$$

erfüllt. Da $N_{E/K}(x)$ nur für $x = 0$ verschwindet, ist damit alles bewiesen. $\square$

Aus F1 kann man folgern, daß ein nicht algebraisch abgeschlossener Körper K Normformen erster Stufe von beliebig hohem Grad besitzt; der algebraische Abschluß von K hat nämlich nur dann endlichen Grad über K, wenn K reell abgeschlossen ist (vgl. §20, Satz 8). Für den Fall eines beliebigen reellen Körpers aber ist die Behauptung klar. Auf andere, völlig elementare Weise läßt sich sogar eine allgemeinere Aussage gewinnen:

F2: *Besitzt K eine Normform der Stufe i, so besitzt K auch Normformen der Stufe i von beliebig hohem Grad.*

Beweis: Seien f, g gegebene Normformen der Stufe i über K, und zwar der Variablenzahl m bzw. n und des Grades e bzw. d. Mit einem Variablensatz von mn unabhängigen Variablen X_{ij} über K betrachten wir dann die Form

$$f(g(X_{11}, \ldots, X_{1n}), g(X_{21}, \ldots, X_{2n}), \ldots, g(X_{m1}, \ldots, X_{mn})).$$

Für sie verwenden wir auch die Bezeichnung

$$f(g \mid g \mid \cdots \mid g).$$

Wir erhalten so eine Form vom Grad ed in mn Variablen über K, und diese ist offenbar eine Normform der Stufe i. Betrachtet man insbesondere

$$(16) \qquad f^{(1)} = f(f \mid f \mid \cdots \mid f)$$

und definiert rekursiv $f^{(r)} = f^{(r-1)}(f \mid f \mid \cdots \mid f)$, so erhält man mit $f^{(r)}$ eine Normform der Stufe i, welche den Grad d^r besitzt.

F3: *Besitzt K eine Normform der Stufe i, so besitzt der rationale Funktionenkörper $K(X)$ in einer Variablen über K eine Normform der Stufe $i + 1$.*

Beweis: Sei f eine Normform der Stufe i über K, und sei $n = d^i$ ihre Variablenzahl. Mit einem Variablensatz von dn unabhängigen Variablen $X_{\delta \nu}$ über K setzen wir

$$f_\delta = f(X_{\delta 1}, X_{\delta 2}, \ldots, X_{\delta n}) \quad \text{für } 0 \le \delta \le d - 1$$

und betrachten über $K(X)$ die Form

$$f^* = f_0 + f_1 X + f_2 X^2 + \ldots + f_{d-1} X^{d-1}.$$

Ihr Grad ist d, und $nd = d^{i+1}$ ist ihre Variablenzahl. Es genügt also zu zeigen, daß f^* über $K(X)$ nur die triviale Nullstelle besitzt. Angenommen, es wäre $(p_{\delta \nu})_{\delta, \nu}$ eine nicht-triviale Nullstelle von f^* über $K(X)$. Aufgrund der Homogenität von f^* können wir davon ausgehen, daß die $p_{\delta \nu}$ in $K[X]$ liegen, aber nicht sämtlich durch X teilbar sind. Aus

$$(17) \qquad f_0(p_{01}, \ldots, p_{0n}) + f_1(p_{11}, \ldots, p_{1n})X + \ldots = 0$$

folgt zunächst $f_0(p_{01}, \ldots, p_{0n}) \equiv 0 \bmod X$ und daraus

$$(18) \qquad p_{\delta \nu} \equiv 0 \bmod X \quad \text{für alle } 0 \le \nu \le n,$$

denn die Nullstelle $(p_{01}(0), \ldots, p_{0n}(0))$ von f_0 in K^n ist nach Voraussetzung über f trivial. Aufgrund von (18) gilt nun aber – da f_0 homogen vom Grade d ist – sogar

$$f_0(p_{01}, \ldots, p_{0n}) \equiv 0 \bmod X^d.$$

Damit ergibt sich mit (17) jetzt auch $f_1(p_{11}, \ldots, p_{1n}) \equiv 0 \bmod X$ und daraus wie oben wieder $p_{1\nu} \equiv 0 \bmod X$. So fortfahrend erhalten wir schließlich, daß *alle* $p_{\delta \nu}$ durch X teilbar sind, und damit einen Widerspruch.

F4: *Ist K von der Tsen-Stufe i und besitzt K eine Normform der Stufe i, so hat der rationale Funktionenkörper $K(X)$ in einer Variablen über K die Tsen-Stufe $i + 1$.*

Beweis: Aufgrund von Satz 4 hat $K(X)$ eine Tsen-Stufe $\leq i + 1$. Nach F3 ist $K(X)$ aber kein T_i-Körper, d.h. $K(X)$ ist von Tsen-Stufe $> i$.

F5: *Zu jeder vorgegebenen ganzen Zahl $i \geq 0$ gibt es Körper der Tsen-Stufe i.*

Beweis: Nach Satz 1 haben algebraisch abgeschlossene Körper die Tsen-Stufe 0. Gehen wir jetzt von einem beliebigen Körper K der Tsen-Stufe 1 aus; für K können wir etwa einen endlichen Körper nehmen, aber auch einen rationalen Funktionenkörper in einer Variablen über einem algebraisch abgeschlossenen Grundkörper (vgl. Satz 2 bzw. Satz 3). Über K betrachten wir nun eine rein transzendente Erweiterung

$$(19) \qquad K_i = K(X_2, X_3, \ldots, X_i)$$

vom Transzendenzgrad $i - 1$. Da K als Körper der Tsen-Stufe 1 nicht algebraisch abgeschlossen ist, besitzt K eine Normform der Stufe 1 (vgl. F1). Induktiv ersehen wir dann aus F4 und F3, daß obiger Körper K_i die Tsen-Stufe i besitzt.

3. In Def. 1 haben wir bei der Formulierung der T_i-Eigenschaft gleich *Systeme* von Gleichungen ins Auge gefaßt. Vielleicht wäre es naheliegender erschienen, zunächst von folgendem Begriff auszugehen:

Definition 3 (Lang 1952) : Man nennt K einen $\underline{C_i\text{-}K\"orper}$, wenn über K eine *Form* vom Grade d in n Variablen immer dann eine nicht-triviale Nullstelle in K^n besitzt, wenn die Bedingung

$$(20) \qquad n > d^i$$

erfüllt ist. Trifft entsprechendes anstatt für Formen sogar für Polynome ohne Absolutglied zu, so heiße K ein *strikter C_i-Körper*, kurz: ein *SC_i-Körper*.

Für die in Rede stehenden Eigenschaften gilt trivialerweise $T_i \Rightarrow SC_i \Rightarrow C_i$. Da ein C_0-Körper offenbar *algebraisch abgeschlossen* ist (vgl. die Ausführungen im Anschluß an Satz 1), gilt aufgrund von Satz 1 auch $C_0 \Longrightarrow T_0$. Ob sich die Implikationen etwa auch für ein $i \geq 1$ umkehren lassen, ist uns leider nicht bekannt (Gegenbeispiele jedenfalls liegen anscheinend nicht vor). Immerhin läßt sich aber zunächst folgendes sagen:

F6 (Tsen): *Sei K ein C_i-Körper, und außerdem besitze K eine Normform der Stufe i. Dann hat ein System von m Formen $f_1, \ldots, f_m$ des gleichen Grades d in n Variablen über K im Falle*

$$(21) \qquad\qquad n > md^i$$

stets eine nicht-triviale Nullstelle über K. Die entsprechende Aussage gilt auch für Polynome ohne Absolutglied, wenn K von Anfang an als SC_i-Körper vorausgesetzt wird.

Beweis: Der Fall $i = 0$ wird durch Satz 1 abgedeckt. Sei jetzt $i \geq 1$ angenommen. Nach Voraussetzung besitzt K eine Normform N der Stufe i. Den Grad e von N können wir wegen F2 als hinreichend groß annehmen. Wir begnügen uns zunächst mit $e^i \geq m$ und bilden dann das Polynom

$$N^{(1)} = N(f_1, \ldots, f_m \mid f_1, \ldots, f_m \mid \cdots \cdots \mid f_1, \ldots, f_m \mid 0, \ldots, 0),$$

wobei nach jedem Teilstrich neue Variablen zu verwenden sind, solange sich noch ein voller Satz der f_i unterbringen läßt. Wir erhalten so ein Polynom $N^{(1)}$ in $n \left[\frac{e^i}{m} \right]$ Variablen und vom Grade de (wobei $N^{(1)}$ im Falle homogener f_i ebenfalls homogen ist und sonst wenigstens kein Absolutglied hat). Da N eine Normform ist, brauchen wir nun zum Beweis von F6 offenbar nur zu zeigen, daß obiges $N^{(1)}$ eine nicht-triviale Nullstelle über K besitzt. Doch K ist ein C_i- bzw. SC_i-Körper, also genügt es sicherzustellen, daß die Ungleichung

$$n \left[\frac{e^i}{m} \right] > (de)^i$$

besteht. Wegen $e^i < m \left(\left[\frac{e^i}{m} \right] + 1 \right)$ ist das klar, falls

$$n \left[\frac{e^i}{m} \right] > md^i \left(\left[\frac{e^i}{m} \right] + 1 \right)$$

gilt. Die letzte Ungleichung aber ist für große e sicherlich erfüllt, denn nach Voraussetzung ist ja $n > md^i$. (Man beachte, daß $i \geq 1$ nötig war, und ferner, daß in die Begründung von grad $N^{(1)} = ed$ auch eingeht, daß N nur die triviale Nullstelle besitzt.)

F7 (Tsen): *Sei K ein C_i-Körper, und K besitze Normformen der Stufe i von beliebigem Grad. Dann hat ein System von m Formen $f_1, \ldots, f_m$ der Grade $d_1, \ldots, d_m$ in n Variablen über K im Falle*

$$(22) \qquad\qquad n > d_1^i + d_2^i + \ldots + d_m^i$$

stets eine nicht-triviale Nullstelle über K. Wird K von Anfang an als SC$_i$-Körper vorausgesetzt, so gilt die entsprechende Aussage auch für Polynome ohne Absolutglied, also ist dann K ein Körper der Tsen-Stufe i.

Beweis: Wir setzen $D = d_1 d_2 \dots d_m$. Zu jedem $1 \le \mu \le m$ existiert nach Voraussetzung eine Normform N_μ der Stufe i mit $\operatorname{grad} N_\mu = D/d_\mu =: D_\mu$. Dabei sollen für den Grad 1 – abweichend von Def. 2 – hier auch die Formen aX zugelassen werden. Wir legen nun einen Satz von nD^i unabhängigen Variablen Y_j über K zugrunde und betrachten – jeweils in diesen Variablen – die folgenden m Gleichungssysteme:

$$
(23) \quad
\begin{aligned}
N_1(f_1 \mid f_1 \mid \dots \mid f_1) &= 0, \quad N_1(f_1 \mid f_1 \mid \dots \mid f_1) = 0, \dots \\
N_2(f_2 \mid f_2 \mid \dots \mid f_2) &= 0, \quad N_2(f_2 \mid f_2 \mid \dots \mid f_2) = 0, \dots \\
&\vdots \\
N_m(f_m \mid f_m \mid \dots \mid f_m) &= 0, \quad N_m(f_m \mid f_m \mid \dots \mid f_m) = 0, \dots
\end{aligned}
$$

Hierbei bestehe jeweils das μ-te Gleichungssystem aus d_μ^i Gleichungen, und die nD^i Variablen Y_j seien in ihrer natürlichen Reihenfolge auf diese d_μ^i Gleichungen verteilt; so daß insgesamt wirklich $nD_\mu^i d_\mu^i = nD^i$ Variable eingehen. Man betrachte nun (23) als *ein* System von $d_1^i + d_2^i + \dots + d_m^i$ Gleichungen in nD^i Variablen; jede Gleichung in der μ-ten Zeile von (23) hat den Grad $D_\mu d_\mu = D$, also haben überhaupt alle Gleichungen von (23) denselben Grad D. Da nun aufgrund von (22) die Ungleichung

$$
nD^i > (d_1^i + d_2^i + \dots + d_m^i) D^i
$$

besteht und K als C_i- bzw. SC_i-Körper vorausgesetzt ist, besitzt (23) nach F6 eine nicht-triviale Lösung über K. Da die N_i nur triviale Nullstellen haben, erkennt man nun leicht, daß damit auch das System $f_1 = 0, f_2 = 0, \dots, f_m = 0$ nicht-trivial lösbar ist. $\qquad\square$

Wie gesagt wäre es natürlich interessant zu wissen, ob man in F7 auf die lästige Voraussetzung der Existenz geeigneter Normformen verzichten kann. Was nun aber die vorausgegangene Feststellung F6 betrifft, so gilt in der Tat

F6′ (Lang-Nagata): *Die Aussage von F6 ist auch ohne die Voraussetzung gültig, daß K eine Normform der Stufe i besitzt.*

Beweis: Der Fall $i = 0$ wird gottlob durch den klassischen Satz 1 erledigt. Werde daher K jetzt als nicht algebraisch abgeschlossen vorausgesetzt. Dann besitzt K jedenfalls eine Normform N *erster* Stufe von beliebig hohem Grad e (vgl. F1, F2). Wir gehen jetzt zunächst genauso vor wie beim Beweis von F6, wobei jetzt aber notgedrungen überall $i = 1$ zu setzen ist. Bilden wir also

$$N^{(1)} = N(f_1, \ldots, f_m \mid f_1, \ldots, f_m \mid \ldots \ldots \mid f_1, \ldots, f_m \mid 0, \ldots, 0),$$

so besteht (für hinreichend großes e) zwischen der Variablenzahl $n \left[\frac{e}{m}\right] =: n_1$ und dem Grad $ed =: d_1$ von $N^{(1)}$ die Ungleichung

$$n_1 > d_1.$$

Besitzt $N^{(1)}$ eine nicht-triviale Nullstelle, so auch unser System $f_1, \ldots, f_m$. Wird daher K als C_1- bzw. SC_1-Körper vorausgesetzt, so folgt die Behauptung. Um nun auch den Fall $i > 1$ zu behandeln, werden höhere $N^{(r)}$ herangezogen, die rekursiv wie folgt definiert werden:

$$N^{(r+1)} = N^{(r)(1)}.$$

Bezeichnet n_r die Variablenzahl und d_r den Grad von $N^{(r)}$, so gilt

$$(24) \qquad n_{r+1} = n \left[\frac{n_r}{m}\right] \quad \text{und} \quad d_{r+1} = d_r d = e d^{r+1}$$

(denn wir dürfen o.E. annehmen, daß $N^{(r)}$ nur die triviale Nullstelle besitzt). Können wir (bei hinreichend großem festen e) dafür sorgen, daß schließlich

$$n_{r+1} > d_{r+1}^i$$

gilt, so sind wir fertig. Nach (24) hat man zunächst

$$\frac{n_{r+1}}{d_{r+1}^i} = \frac{n \left[\frac{n_r}{m}\right]}{d^i d_r^i} \geq \frac{n}{m d^i} \frac{n_r}{d_r^i} - \frac{n}{d^i d_r^i},$$

also

$$\frac{n_{r+1}}{d_{r+1}^i} \geq \frac{n}{m d^i} \left(\frac{n_r}{d_r^i} - \frac{m}{e^i d^{ir}} \right).$$

Indem man die entsprechenden Ungleichungen auch für $r-1, \ldots, 1$ benutzt, gelangt man nach leichter Rechnung rekursiv zu

$$\frac{n_{r+1}}{d_{r+1}^i} \geq \left(\frac{n}{m d^i} \right)^r \frac{n_1}{d_1^i} - \frac{m}{e^i} \frac{n}{m} \frac{1}{d^{i(r+1)}} \frac{\left(\frac{n}{m} \right)^r - 1}{\left(\frac{n}{m} \right) - 1}.$$

Einsetzen der Anfangswerte $n_1 = n \left[\frac{e}{m}\right]$, $d_1 = ed$ und Umformung führen zu

$$\frac{n_{r+1}}{d_{r+1}^i} \geq \left(\frac{n}{md^i}\right)^r \frac{n\left[\frac{e}{m}\right]}{e^i d^i} - \frac{m}{e^i} \frac{n}{m} \frac{1}{d^{i(r+1)}} \frac{m}{m^r} \frac{n^r - m^r}{n - m}$$

$$> \left(\frac{n}{md^i}\right)^{r+1} \frac{e - m}{e^i} - \frac{m}{e^i} \frac{m}{n - m} \frac{n}{md^i} \left(\left(\frac{n}{md^i}\right)^r - \frac{1}{d^{ir}}\right)$$

$$\geq \left(\frac{n}{md^i}\right)^{r+1} \left(\frac{e - m}{e^i} - \frac{m^2}{e^i(n - m)}\right) + 0$$

$$= \left(\frac{n}{md^i}\right)^{r+1} \frac{(e - m)(n - m) - m^2}{e^i(n - m)}$$

Man wähle nun e so groß, daß $(e - m)(n - m) - m^2 > 0$; bei festem solchen e wird obiger Ausdruck dann wegen $\left(\frac{n}{md^i}\right) > 1$ mit wachsendem r beliebig groß. Es folgt die Behauptung. □

Das eben bewiesene Resultat erlaubt es, dem Satz 6 nun den folgenden Satz an die Seite zu stellen:

SATZ 7: *Ist K ein C_i-Körper, und E/K eine Körpererweiterung vom Transzendenzgrad j, so ist E ein C_{i+j}-Körper.*

Beweis: Man beachte, daß wir Satz 7 nicht einfach als logische Konsequenz von Satz 6 ansehen können, da wir jetzt von einer schwächeren Voraussetzung auszugehen haben. Es genügt aber jedenfalls, die folgenden beiden Fälle zu betrachten:

(a) E/K ist rein transzendent vom Transzendenzgrad 1.

(b) E/K ist algebraisch.

Was zunächst (a) betrifft, so gehen wir genauso vor, wie oben beim Beweis von Satz 4. Dabei haben wir es jetzt nur mit einer einzigen Gleichung $f(X_1, \ldots, X_n) = 0$ zu tun, und ferner ist f als *homogen* vom Grade $d > 0$ vorausgesetzt. Aus Homogenitätsgründen sind dann aber auch alle (nicht-trivialen) Koeffizienten in (10) homogen vom *gleichen* Grad $d = \operatorname{grad} f$. Statt der T_i-Eigenschaft von K benötigen wir daher aufgrund von F6' jetzt nur die C_i-Eigenschaft von K. – Analog verfahren wir im Fall (b), vgl. den Beweis von Satz 5. Hier hat man sich entsprechend nur davon zu überzeugen, daß auch alle Koeffizienten $\neq 0$ in (15) homogen vom gleichen Grad d sind.

4. In diesem und dem nächsten Abschnitt tragen wir die Beweise der zu Beginn des Paragraphen zitierten beiden Sätze nach, wobei wir mit Satz 2 beginnen wollen. Im folgenden sei also

(25)   *K ein endlicher Körper mit q Elementen.*

In $K[X_1, \ldots, X_n]$ betrachten wir das Ideal

(26) $\mathfrak{a} := (X_1^q - X_1, \; X_2^q - X_2, \ldots, X_n^q - X_n)$

Jedes Polynom aus $\mathfrak{a}$ verschwindet offenbar in allen Punkten von K^n. Wir werden zeigen, daß umgekehrt jedes $f \in K[X_1, \ldots, X_n]$, das auf ganz K^n verschwindet, zu $\mathfrak{a}$ gehören muß. Zunächst verabreden wir folgende Sprechweise: Ein Polynom $g \in K[X_1, \ldots, X_n]$ heißt *reduziert*, wenn in ihm jede der Variablen höchstens mit dem Exponenten $q - 1$ vorkommt. Offenbar gibt es zu beliebigem $f \in K[X_1, \ldots, X_n]$ ein reduziertes Polynom f_* mit

(27) $f \equiv f_* \bmod \mathfrak{a}$ und $\operatorname{grad} f_* \leq \operatorname{grad} f$

Man erhält f_* aus f, indem so oft wie nötig Faktoren X_i^q durch X_i ersetzt. – Wir zeigen nun zuerst

Lemma 1: *Verschwindet ein reduziertes Polynom $g \in K[X_1, \ldots, X_n]$ in allen Punkten von K^n, so ist $g = 0$.*

Beweis: Wir führen Induktion nach n. Für $n = 0$ ist nichts zu zeigen. Sei also $n \geq 1$. Als reduziertes Polynom hat g die Darstellung

$$g(X_1, \ldots, X_n) = \sum_{i=0}^{q-1} g_i(X_1, \ldots, X_{n-1})X_n^i$$

mit *reduzierten* Polynomen $g_i \in K[X_1, \ldots, X_{n-1}]$. Sei $(x_1, \ldots, x_{n-1}) \in K^{n-1}$ beliebig. Nach Voraussetzung verschwindet das Polynom $g(x_1, \ldots, x_{n-1}, X_n)$ aus $K[X_n]$ in allen $x \in K$. Aus Gradgründen folgt daher

$$g_i(x_1, \ldots, x_{n-1}) = 0 \quad \text{für } 0 \leq i \leq q - 1.$$

Dies gilt für jedes $(x_1, \ldots, x_{n-1}) \in K^{n-1}$, also liefert die Induktionsvoraussetzung $g_i(X_1, \ldots, X_{n-1}) = 0$ für alle $0 \leq i \leq q - 1$ und somit in der Tat $g = 0$.

Lemma 2: *Sei $f \in K[X_1, \ldots, X_n]$ beliebig. Zu f gibt es genau ein reduziertes Polynom f^* mit*

(28) $f \equiv f^* \bmod \mathfrak{a}$.

Das Polynom f^* erfüllt außerdem die Bedingung

(29) $\operatorname{grad}(f^*) \leq \operatorname{grad}(f)$

Verschwindet f auf K^n, so liegt f in dem Ideal $\mathfrak{a}$.

Beweis: Nach dem eingangs Gesagten existiert ein reduziertes Polynom f_* mit den Eigenschaften (27). Sei nun f^* ein weiteres reduziertes Polynom, welches die Kongruenz (28) erfüllt. Das Polynom $f^* - f_*$ ist dann ebenfalls *reduziert*, und als Element des Ideals $\mathfrak{a}$ in (26) verschwindet es auf K^n. Mit Lemma 1 folgt daraus aber $f^* - f_* = 0$, also $f^* = f_*$. Verschwindet f auf K^n, so nach (28) auch f^*. Wieder mit Lemma 1 folgt $f^* = 0$, also $f \in \mathfrak{a}$.

Lemma 3: *Verschwindet ein reduziertes Polynom $u \in K[X_1,\ldots,X_n]$ in allen Punkten von $K^n \setminus \{0\}$ und nimmt es in 0 den Wert 1 an, so gilt*

$$(30) \qquad u = (1 - X_1^{q-1})(1 - X_2^{q-1})\ldots(1 - X_n^{q-1}).$$

Beweis: Bezeichne v das Polynom auf der rechten Seite von (30). Dann verschwindet v in jedem Punkt $(x_1,\ldots,x_n) \neq 0$ von K^n, während v in 0 den Wert 1 annimmt. Da v außerdem reduziert ist, ergibt Anwendung von Lemma 1 auf das Polynom $g = u - v$ die Behauptung $u = v$. $\qquad\square$

Nach diesen elementaren Vorüberlegungen gestaltet sich der Beweis von Satz 2 bemerkenswert einfach. Alles beruht in ziemlich unmittelbarer Weise allein auf der Tatsache, daß die von Null verschiedenen Elemente eines endlichen Körpers K die Relation

$$x^{q-1} - 1 = 0$$

erfüllen, wenn q die Elementezahl von K bezeichnet. – Explizit formuliert lautet die Aussage von Satz 2 wie folgt:

SATZ 2: *Sei K ein endlicher Körper, und es seien $f_1,\ldots,f_m$ Polynome aus $K[X_1,\ldots,X_n]$, die sämtlich im Punkt 0 von K^n verschwinden. Die Summe ihrer Grade d_μ sei kleiner als die Zahl n der Variablen. Dann besitzen die $f_1,\ldots,f_m$ eine von 0 verschiedene gemeinsame Nullstelle in K^n.*

Beweis: Wie oben bezeichne q die Elementezahl von K. Wir bilden das Polynom

$$(31) \qquad f := (1 - f_1^{q-1})(1 - f_2^{q-1})\ldots(1 - f_m^{q-1}).$$

Es hat offenbar den Grad $(q-1)\sum_{\mu=1}^{m} d_\mu$, also gilt nach Voraussetzung

$$(32) \qquad \operatorname{grad}(f) < (q-1)n:$$

Angenommen nun, die Polynome $f_1, \ldots, f_m$ hätten keine gemeinsame Nullstelle $\neq 0$ in K^n. Dann müßte das in (31) definierte Polynom f in jedem Punkte von $K^n \setminus \{0\}$ verschwinden, während es im Punkt 0 den Wert 1 annimmt. Dasselbe wäre dann auch für den reduzierten Vertreter f^* von f der Fall (vgl. Lemma 2). Nach Lemma 3 muß dann aber

$$f^* = (1 - X_1^{q-1})(1 - X_2^{q-1}) \ldots (1 - X_n^{q-1})$$

gelten. Es folgt $\operatorname{grad}(f^*) = (q-1)n$. Doch dies steht im Widerspruch zu (32), denn nach (29) ist $\operatorname{grad}(f^*) \leq \operatorname{grad}(f)$. □

Eine bemerkenswerte Verschärfung des eben bewiesenen Satzes von *Chevalley* hat *Warning* gegeben (vgl. E. Warning: Bemerkung zur vorstehenden Arbeit von Herrn Chevalley, Abh. Math. Sem. Univ. Hamburg, Bd. 11 (1936), S. 76 - 83). Wir zitieren das Ergebnis als

SATZ 2* (Chevalley - Warning): *Sei K ein endlicher Körper, und es seien $f_1, \ldots, f_m$ Polynome aus $K[X_1, \ldots, X_n]$. Die Summe ihrer Grade d_μ sei kleiner als die Zahl n der Variablen. Dann erfüllt die Anzahl N aller gemeinsamen Nullstellen der $f_1, \ldots, f_m$ in K^n die Kongruenz*

$$(33) \qquad N \equiv 0 \bmod p$$

mit $p = \operatorname{char}(K)$. Insbesondere: Haben die $f_1, \ldots, f_m$ überhaupt eine gemeinsame Nullstelle in K^n, so gibt es mindestens noch $p-1$ weitere Punkte in K^n, in denen alle $f_1, \ldots, f_m$ verschwinden.

Beweis: Für beliebiges $f \in K[X_1, \ldots, X_n]$ setze man

$$(34) \qquad S(f) = \sum_{x \in K^n} f(x).$$

Sei nun V die Menge aller gemeinsamen Nullstellen von $f_1, \ldots, f_m$ in K^n. Wie oben betrachten wir wieder das Polynom

$$(35) \qquad f := (1 - f_1^{q-1})(1 - f_2^{q-1}) \ldots (1 - f_m^{q-1}).$$

Für $x \in V$ sind alle $f_\mu(x) = 0$, und man hat $f(x) = 1$. Ist $x \notin V$, so ist mindestens ein $f_\mu(x) \neq 0$, und es folgt $f(x) = 0$. Das Polynom f in (35) vermittelt also auf K^n die *charakteristische Funktion von V*, und folglich zählt das zugehörige $S(f)$ in (34) die Anzahl der Elemente von V, diese Anzahl N allerdings aufgefaßt als Element N_K von K:

$$(36) \qquad N_K = S(f).$$

Zum Beweis von (33) ist also $S(f) = 0$ zu zeigen. Nun ist f Linearkombination von Monomen

$$X_1^{a_1} X_2^{a_2} \ldots X_n^{a_n},$$

wobei wegen (32) nur Monome mit

(37) $$a_1 + a_2 + \ldots + a_n < (q-1)n$$

vorkommen. Offenbar ist

$$S\left(X_1^{a_1} X_2^{a_2} \ldots X_n^{a_n}\right) = \left(\sum_{x \in K} x^{a_1}\right) \left(\sum_{x \in K} x^{a_2}\right) \ldots \left(\sum_{x \in K} x^{a_n}\right).$$

Wegen (37) ist mindestens einmal

$$a_i < q - 1,$$

und unsere Behauptung folgt daher aus dem nachstehenden

Lemma 4: *Sei K ein endlicher Körper mit q Elementen, und a sei eine ganze Zahl ≥ 0. Ist a nicht durch $q-1$ teilbar oder $a = 0$, so gilt*

(38) $$\sum_{x \in K} x^a = 0.$$

Ist dagegen a durch $q-1$ teilbar und $a \geq 1$, so hat die linksstehende Summe den Wert -1.

Beweis: Für $a = 0$ sind alle Glieder der Summe gleich 1, also hat die Summe den Wert $q \cdot 1 = 0$, denn q ist Potenz von $p = \operatorname{char}(K)$. Sei nun $a \geq 1$. Dann ist $0^a = 0$, und man hat es mit der über die multiplikative Gruppe $K^\times$ erstreckten Summe

(39) $$S(a) = \sum_{x \in K^\times} x^a$$

zu tun. Ist a durch $q-1$ teilbar, so gilt $x^a = 1$ für alle $x \in K^\times$ und folglich $S(a) = q - 1 = -1$. Ist dagegen a nicht durch $q - 1$ teilbar, so existiert ein $z \in K^\times$ mit $z^a \neq 1$ (denn $K^\times$ besitzt ein Element z der Ordnung $q - 1$). Nun ist aber

$$z^a S(a) = \sum_{x \in K^\times} (zx)^a = \sum_{y \in K^\times} y^a = S(a),$$

also $(z^a - 1)S(a) = 0$. Wegen $z^a \neq 1$ folgt $S(a) = 0$.

Bemerkung: Mit wesentlich verfeinerten Methoden läßt sich zeigen, daß man p in der Kongruenz (33) durch die Elementeanzahl q von K ersetzen kann. Genauer gilt sogar: Ist für $b \in \mathbb{N}$ die Ungleichung $n > b \sum_{\mu=1}^{m} d_\mu$ erfüllt, so gilt

$$(40) \qquad N \equiv 0 \bmod q^b$$

(vgl. *J. Ax*, Zeros of polynomials over finite fields, Amer. J. Math., Vol. 86 (1964), S. 255-261).

5. Wir wenden uns jetzt dem Beweis von Satz 1 zu. Im folgenden sei also

(41) $\qquad$ *K ein algebraisch abgeschlossener Körper.*

Wir stützen uns auf die Treminologie und das Grundwissen von §19, Band I und haben dieses geeignet zu ergänzen.

Sei V eine K-Varietät von K^n (d.h. eine irreduzible algebraische K-Menge von K^n) und bezeichne $\mathfrak{a} \subseteq K[X_1, \ldots, X_n]$ ihr *Verschwindungsideal*. Die zugehörige affine K-Algebra $K[V] = K[X_1, \ldots, X_n]/\mathfrak{a} = K[x_1, \ldots, x_n]$ ist ein Integritätsring, denn wegen der Irreduzibilität von V ist $\mathfrak{a}$ ein Primideal. – Sei nun h ein Polynom aus $K[X_1, \ldots, X_n]$, das auf V nicht verschwinde. Wir betrachten dann die affine K-Algebra

$$K[X_1, \ldots, X_n, X_{n+1}]/(\mathfrak{a}, hX_{n+1} - 1) = K[y_1, \ldots, y_n, y_{n+1}].$$

Es gibt offenbar genau einen surjektiven K-Algebrenhomomorphismus

$$(42) \qquad K[y_1, \ldots, y_n, y_{n+1}] \longrightarrow K[x_1, \ldots, x_n, 1/h(x_1, \ldots, x_n)]$$

mit $y_i \longmapsto x_i$ für $1 \leq i \leq n$ und $y_{n+1} \longmapsto 1/h(x_1, \ldots, x_n)$. Aus $g(x_1, \ldots, x_n) = 0$ für $g \in K[X_1, \ldots, X_n]$ folgt $g \in \mathfrak{a}$, also $g(y_1, \ldots, y_n) = 0$. Daher ist (42) auf $K[y_1, \ldots, y_n]$ injektiv und folglich überhaupt injektiv, denn wegen $y_{n+1} = 1/h(y_1, \ldots, y_n)$ entsteht $K[y_1, \ldots, y_{n+1}]$ aus $K[y_1, \ldots, y_n]$ durch Nenneraufnahme der Potenzen von $h(y_1, \ldots, y_n)$. Somit ist (42) ein *Isomorphismus*. Die Nullstellenmenge

$$(43) \qquad V_h := \mathcal{N}(\mathfrak{a}, hX_{n+1} - 1)$$

des Ideals $(\mathfrak{a}, hX_{n+1} - 1)$ von $K[X_1, \ldots, X_{n+1}]$ ist daher eine *K-Varietät* von K^{n+1} mit affiner K-Algebra

$$K[V_h] = K[y_1, \ldots, y_n, y_{n+1}] \simeq K[x_1, \ldots, x_n, 1/h(x_1, \ldots, x_n)].$$

Insbesondere gilt $\text{Trgd}\,(K(V_h)/K) = \text{Trgd}\,(K(V)/K)$ und somit

(44) $$\dim(V_h) = \dim V.$$

Als Teilmenge von K^{n+1} besteht V_h definitionsgemäß aus allen $(a_1, \ldots, a_n, a_{n+1})$ aus K^{n+1} mit

(45) $$(a_1, \ldots, a_n) \in V \quad \text{und} \quad a_{n+1} h(a_1, \ldots, a_n) = 1.$$

Wir haben daher eine natürliche Einbettung $V_h \longrightarrow V$, vermöge der man V_h mit der Teilmenge

(46) $$\{a \in V \mid h(a) \neq 0\}$$

von V identifizieren kann. – Nach diesen allgemeinen Vorbetrachtungen wenden wir uns nun dem Beweis des folgenden grundlegenden Sachverhaltes zu.

SATZ 1* (Krull): *Über einem algebraisch abgeschlossenen Körper K sei eine affine K-Varietät V von K^n gegeben, und es sei f ein Polynom in $K[X_1, \ldots, X_n]$, das nicht in allen Punkten von V verschwinde. Dann haben alle irreduziblen K-Komponenten der algebraischen K-Menge*

(47) $$V \cap \mathcal{N}(f) = \{a \in V \mid f(a) = 0\}$$

die Dimension $r - 1$ mit $r = \dim V$.

Beweis: (i) Wir können von $V \cap \mathcal{N}(f) \neq \emptyset$ ausgehen und wollen zeigen, daß man o.E. annehmen darf, daß $V \cap \mathcal{N}(f)$ nur eine einzige Komponente besitzt, d.h. irreduzibel ist. Sei also W eine beliebige Komponente von $V \cap \mathcal{N}(f)$. Es gibt dann sicherlich ein Polynom h, das auf allen von W verschiedenen Komponenten von $V \cap \mathcal{N}(f)$ verschwindet, nicht aber auf W. Wir betrachten dann V_h bzw. W_h und entnehmen (45), daß

$$V_h \cap \mathcal{N}(f) = W_h$$

gelten muß. Da V_h und W_h irreduzibel sind und nach (44) die Gleichungen $\dim(V) = \dim(V_h)$ sowie $\dim(W) = \dim(W_h)$ gelten, ist damit die gewünschte Reduktion auf eine einzige Komponente erreicht.

(ii) Sei $A = K[V]$ die affine K-Algebra zu V. Wir fassen f als Element von $A = K[V]$ auf. Nach Voraussetzung ist $f \neq 0$. Da $V \cap \mathcal{N}(f)$ jetzt als irreduzibel angenommen wird, muß das Radikal des Ideals (f) von A ein Primideal sein:

(48) $$\sqrt{(f)} = \mathfrak{p}.$$

Wir erledigen nun zuerst den Spezialfall $V = K^n$. $A = K[X_1, \ldots, X_n]$ ist dann *faktoriell*, und daher kann $\mathfrak{p}$ in (48) nur ein Hauptideal sein: $\mathfrak{p} = (f_1)$. Wie man nun aber leicht überlegt, (vgl. Band I, S. 276), hat die zu $V \cap \mathcal{N}(f) = \mathcal{N}(f)$ gehörige affine K-Algebra

$$K[X_1, \ldots, X_n]/(f_1)$$

den Transzendenzgrad $n - 1$. – Den allgemeinen Fall führen wir nun wie folgt auf den erledigten Spezialfall zurück:

(iii) Nach dem Noetherschen Normalisierungssatz (Band I, §18) besitzt A eine *Polynomalgebra*
$$(49) \qquad\qquad R = K[x_1, \ldots, x_r]$$

in r Variablen $x_1, \ldots, x_r$ als Teilalgebra, so daß A/R *ganz* ist. Als faktorieller Ring ist R *ganz abgeschlossen* in seinem Quotientenkörper $F := \mathrm{Quot}\,(R)$. Setzt man $E := \mathrm{Quot}\,(A)$, so ist die Körpererweiterung E/F endlich, und wir können das Element
$$(50) \qquad\qquad f_0 := N_{E/F}(f)$$

betrachten. Wegen $f \in A$, der Ganzheit von A/R und weil R ganz abgeschlossen ist, liegt f_0 in R (vgl. Band I, S. 239, F9). Mehr noch: Das Minimalpolynom $X^n + a_{n-1}X^{n-1} + \ldots + a_0$ von f über F hat nur Koeffizienten aus R. Mit Blick auf (48) folgt aus $f^n + a_{n-1}f^{n-1} + \ldots + a_0 = 0$ daher $a_0 \in \mathfrak{p}$ und somit auch $f_0 \in \mathfrak{p}$ (denn $N_{E/K}(f)$ ist bis aufs Vorzeichen eine Potenz von a_0). Wir behaupten, daß f_0 im Ring R das Radikal
$$(51) \qquad\qquad \sqrt{(f_0)} = \mathfrak{p} \cap R$$

besitzt. Wie wir gerade gesehen haben, gilt $f_0 \in \mathfrak{p} \cap R$; also hat man schon $\sqrt{(f_0)} \subseteq \mathfrak{p} \cap R$. Umgekehrt: Sei g ein beliebiges Element von $\mathfrak{p} \cap R$. Mit Blick auf (48) hat eine geeignete Potenz g^s von g die Darstellung

$$g^s = f \cdot h \quad \text{mit } h \in A\,.$$

Wegen $g \in R$ liefert Anwendung von $N = N_{E/F}$ dann

$$N(g^s) = N(g)^s = g^{[E:F]s} = N(f)N(h) = f_0 h_0$$

mit $h_0 \in R$. Es folgt $g \in \sqrt{(f_0)}$.

Aus (51) aber folgt nun die Behauptung des Satzes: Da nämlich $\overline{A} := A/\mathfrak{p}$ ganz über $\overline{R} := R/\mathfrak{p} \cap R$ ist, gilt $\mathrm{Trgd}\,(\overline{A}/K) = \mathrm{Trgd}\,(\overline{R}/K)$. Im Hinblick auf (48) und (51) besteht also die Dimensionsgleichheit

$$\dim(V \cap \mathcal{N}(f)) = \dim \mathcal{N}(f_0)\,.$$

Wie wir jedoch oben schon festgestellt haben, hat die Hyperfläche $\mathcal{N}(f_0)$ von K^r die Dimension $r-1$, und es war $r = \dim V$.

Korollar: *Sei K ein algebraisch abgeschlossener Körper, und $f_1, \ldots, f_m \in K[X_1, \ldots, X_n]$ seien Polynome in n Variablen über K. Dann hat jede Komponente W von $\mathcal{N}(f_1, \ldots, f_m)$ eine Dimension $\geq n - m$.*

Beweis: Wir führen Induktion nach m. Sei sogleich $m \geq 1$. Als irreduzibler Teil von $\mathcal{N}(f_1, \ldots, f_{m-1})$ ist W in einer irreduziblen Komponente V von $\mathcal{N}(f_1, \ldots, f_{m-1})$ enthalten. Wegen $W \subseteq V \cap \mathcal{N}(f_m) \subseteq \mathcal{N}(f_1, \ldots, f_m)$ ist W eine irreduzible Komponente von $V \cap \mathcal{N}(f_m)$. Per Induktion hat man

$$\dim V \geq n - (m-1).$$

Aufgrund von Satz 1* gilt aber

$$\dim W \geq \dim V - 1.$$

Zusammengenommen hat man also $\dim W \geq n - m$.

Wird in der Situation des Korollars außerdem noch vorausgesetzt, daß alle f_i im Punkt 0 von K^n verschwinden, so ist $\mathcal{N}(f_1, \ldots, f_m) \neq \emptyset$, und es existiert wirklich eine irreduzible Komponente W von $\mathcal{N}(f_1, \ldots, f_m)$. Im Falle $n > m$ ist dann $\dim W \geq 1$, und daher kann W nicht nur aus einem Punkt bestehen. Dies beweist die Gültigkeit von Satz 1.

Bemerkung: Für eine allgemeinere Fassung von Satz 1* im Rahmen der Kommutativen Algebra vgl. *Brüske, Ischebeck, Vogel: Kommutative Algebra*, S.75.

§ 28

Grundbegriffe über Moduln

1. Im folgenden bezeichne R stets einen *kommutativen Ring mit Eins*. Wir erinnern zunächst an folgende

Definition 1: Unter einer *R-Algebra* A verstehen wir einen Ring A mit Eins, der zugleich ein R-Modul ist, so daß außerdem noch

$$(1) \qquad\qquad \alpha(ab) = (\alpha a)b = a(\alpha b)$$

für alle $\alpha \in R$ und alle $a, b \in A$ gilt.

Bemerkungen: 1) in der Literatur ist es zuweilen angebracht, den Begriff 'R-Algebra' weiter zu fassen; man versteht dann darunter einen R-Modul A, der mit einer *bilinearen* Abbildung

$$A \times A \longrightarrow A, \qquad (a, b) \longmapsto ab$$

versehen ist. Eine R-Algebra A in unserem Sinne ist dann eine 'assoziative R-Algebra mit Eins'.

2) Gewöhnlich bezeichnet man sowohl das Einselement von R wie dasjenige von A einfach mit 1. Sollte es nötig sein, verwenden wir die Bezeichnungen 1_R und 1_A. Die Abbildung

$$(2) \qquad\qquad \alpha \longmapsto \alpha 1_A$$

ist ein Ringhomomorphismus von R auf die Teilalgebra $R1_A$ der R-Algebra A. Diese Teilalgebra liegt stets im *Zentrum* von A, das ist die Menge

$$Z(A) = \{a \in A \mid ax = xa \text{ für alle } x \in A\}.$$

$Z(A)$ ist stets eine Teilalgebra der R-Algebra A.

3) Ist A ein Ring mit Eins, so macht jeder Ringhomomorphismus φ von R in das *Zentrum* von A den Ring A zur R-Algebra: $\alpha a = \varphi(\alpha)a$.

4) Ist die Abbildung (2) *injektiv*, so können wir R mit der Teilalgebra $R1_A$ identifizieren.

5) Bei vielen allgemeinen Aussagen über R-Algebren kommt es auf die Natur des zugrundegelegten Ringes R nicht an. In der Regel werden wir den Bezug auf R ganz fortlassen, also einfach von einer *Algebra* sprechen. Ist dann von einem *Algebrenhomomorphismus* $\varphi : A \longrightarrow B$ die Rede, so ist stillschweigend angenommen, daß es sich bei A und B um Algebren über demselben R handelt. Von einem Algebrenhomomorphismus $\varphi : A \longrightarrow B$ wird stets $\varphi(1_A) = 1_B$ gefordert. Ebenso verlangen wir von einer *Teilalgebra* C einer Algebra A, daß C das Einselement von A enthält, so daß die Inklusionsabbildung $C \longrightarrow A$ ein Algebrenhomomorphismus ist.

6) Es sei ausdrücklich darauf hingewiesen, daß jeder Ring mit Eins eine $\mathbb{Z}$-Algebra ist und daher Betrachtung von Ringen (mit Eins) nicht allgemeiner ist als Betrachtung von Algebren.

7) Unter einem *Ideal* einer Algebra A verstehen wir stets ein *zweiseitiges Ideal* des Ringes A, also eine Teilmenge I von A mit $I+I \subseteq I$, $AI = I = IA$; automatisch ist dann I auch ein R-Teilmodul von A, und die Restklassenabbildung $A \longrightarrow A/I$ ist ein Homomorphismus von R-Algebren mit Kern I.

8) Eine Teilmenge N einer Algebra A mit $N+N \subseteq N$, $AN = N$ heiße ein *Linksideal* von A. (Wir verstoßen damit gegen sonstige Sprachgewohnheiten, doch nehmen wir dies um einer unmißverständlichen Sprechweise willen in Kauf.)

9) Eine Algebra $A \neq \{0\}$ heißt eine *Divisionsalgebra*, wenn jedes $a \neq 0$ aus A invertierbar in A ist. Statt Divisionsalgebra verwenden wir auch den Ausdruck *Schiefkörper*. Soll der Bezug auf den zugrundeliegenden Ring R hervorgehoben werden, spricht man von einem *Schiefkörper über R* (oder einer R-Divisionsalgebra). Abgesehen von seiner R-Modulstruktur erfüllt ein Schiefkörper bis auf das Kommutativgesetz der Multiplikation alle Axiome eines *Körpers*. Wie man sofort sieht, gilt: *Das Zentrum eines Schiefkörpers ist ein Körper.* Ist D ein Schiefkörper, so heißen die D-Moduln auch *Vektorräume über dem Schiefkörper D.*

10) Alle weitergehenden Resultate über Algebren, die wir später behandeln werden, beziehen sich auf den Fall, daß der zugrundegelegte Skalarbereich ein *Körper* ist. In diesem Fall sprechen wir von K-*Algebren*, wobei hier und im folgenden mit

(3) K *stets ein Körper*

bezeichnet werde. Ist A eine K-Algebra, so ist A insbesondere ein K-Vektorraum.

Die Dimension eines K-Vektorraumes werden wir immer mit

$$V : K$$

bezeichnen. Die Vektorraumstruktur einer K-Algebra A ist durch Angabe von $A : K$ bereits festgelegt. Wenn im folgenden von einer K-*Algebra* A die Rede ist, werde stillschweigend noch vorausgesetzt, daß $A \neq \{0\}$, also $1_A \neq 0$ ist. Dann ist (2) injektiv, so daß wir K als Teilalgebra von A auffassen dürfen.

11) Natürliche Beispiele von Algebren erhalten wir auf folgende Weise: Ist M ein R-Modul, so ist die Menge $\text{End}_R(M)$ aller Endomorphismen des R-Moduls M in natürlicher Weise eine R-Algebra. Allgemeiner:

F1: *Sei A eine R-Algebra, und M, N seien A-Moduln. Dann ist die Menge*

$$\text{Hom}_A(M, N)$$

aller Homomorphismen $f : M \longrightarrow N$ des A-Moduls M in den A-Modul N in natürlicher Weise ein R-Modul. Der R-Modul $\text{End}_A(M) = \text{Hom}_A(M, M)$ aller Endomorphismen des A-Moduls M ist in natürlicher Weise eine R-Algebra. Sie heißt die <u>Endomorphismenalgebra</u> des A-Moduls M.

Beweis: Für $f, g \in \text{Hom}_A(M, N)$ und $\alpha \in R$ definiert man $f + g$ und αf durch

$$(f + g)(x) = f(x) + g(x), \quad (\alpha f)(x) = \alpha f(x).$$

Im Falle $M = N$ wird das Produkt fg durch Hintereinanderausführung der Abbildungen g und f definiert:

$$(fg)(x) = f(g(x)).$$

Dann ist wirklich $f + g$, $\alpha f \in \text{Hom}_A(M, N)$ sowie $fg \in \text{End}_A(M)$ im Falle $M = N$, und man bestätigt leicht, daß damit $\text{Hom}_A(M, N)$ zum R-Modul und $\text{End}_A(M)$ zur R-Algebra wird. – Im übrigen gilt $(\alpha f)(x) = \alpha f(x) = f(\alpha x)$, und außerdem mache man sich klar, warum man $\text{Hom}_A(M, N)$ nicht auf analoge Weise auch zu einem A-Modul machen kann, falls A nicht-kommutativ ist. Offenbar ist $\text{End}_A(M)$ eine Teilalgebra der R-Algebra $\text{End}_R(M)$. In natürlicher Weise kann man M als Modul über der Algebra $\text{End}_R(M)$ auffassen und damit auch als Modul über jeder Teilalgebra von $\text{End}_R(M)$. Insbesondere ist M in natürlicher Weise ein $\text{End}_A(M)$-Modul.

Definition 2: Sei A eine beliebige R-Algebra.

(i) Vermöge der Multiplikation $A \times A \longrightarrow A$ von A können wir A auch als A-Modul ansehen; diesen Modul bezeichnen wir mit

$$A_l$$

Die Teilmoduln des A-Moduls A_l sind genau die Linksideale von A.

(ii) Versehen wir den R-Modul A mit der 'umgekehrten Multiplikation' $(a, b) \longmapsto a \circ b := ba$, so erhalten wir eine R-Algebra, die wir mit

$$A^O$$

bezeichnen und die zu A *inverse Algebra* nennen.

(iii) Mit A_r bezeichnen wir den A^O-Modul $(A^O)_l$, dessen Skalarmultiplikation also durch $(a, x) \longmapsto xa$ gegeben wird. *Die Teilmoduln von A_r sind gerade die Rechtsideale von A.*

(iv) Für einen beliebigen A-Modul M haben wir den Algebrenhomomorphismus

$$(4) \qquad\qquad A \longrightarrow \mathrm{End}_R(M),$$

welcher jedem $a \in A$ die *Linksmultiplikation* a_M von M mit a zuordnet, definiert durch $a_M(x) = ax$.

(v) Insbesondere hat man einen natürlichen Homomorphismus

$$(5) \qquad\qquad A \longrightarrow \mathrm{End}_R(A),$$

dessen Bild wir mit $\lambda(A)$ bezeichnen. Jedem $a \in A$ können wir aber auch die *Rechtsmultiplikation* $_Aa$ von A mit a zuordnen, definiert durch $_Aa(x) = xa$. Wir erhalten dann einen Algebrenhomomorphismus

$$(6) \qquad\qquad A^O \longrightarrow \mathrm{End}_R(A),$$

dessen Bild wir mit $\varrho(A)$ bezeichnen. Wir haben somit kanonische Isomorphismen $A \simeq \lambda(A)$ und $A^O \simeq \varrho(A)$. Darüber hinaus gilt:

F2: $\varrho(A)$ *stimmt mit der Teilalgebra* $\mathrm{End}_A(A_l)$ *von* $\mathrm{End}_R(A)$ *überein; analog ist* $\lambda(A)$ *die Teilalgebra* $\mathrm{End}_{A^O}(A_r)$ *von* $\mathrm{End}_R(A)$.

Beweis: Zunächst ist klar, daß jedes $_Aa$ wirklich in $\mathrm{End}_A(A_l)$ liegt, denn für alle $b, x \in A$ gilt ja $_Aa(bx) = (bx)a = b(xa) = b(_Aa(x))$. Sei umgekehrt $f \in \mathrm{End}_A(A_l)$. Dann gilt

$$f(x) = f(x1) = x f(1) \quad \text{für alle } x \in A.$$

Setzt man also $a := f(1)$, so ist $f =_A a$ die Rechtsmultiplikation mit a. Damit ist die Behauptung für $\varrho(A)$ bewiesen. Den Beweis für $\lambda(A)$ führt man ganz analog; sie ergibt sich wegen $(A^O)^O = A$ und $\varrho(A^O) = \lambda(A)$ auch aus dem schon bewiesenen Teil. – So trivial der eben bewiesene Sachverhalt auch erscheint, so ist er doch grundlegend. Ausdrücklich wollen wir noch einmal hervorheben:

F3: *Indem man jedem Element einer Algebra A die von diesem bewirkte Rechtsmultiplikation (bzw. Linksmultiplikation) zuordnet, erhält man natürliche Isomorphien*

$$(7) \qquad A^O \simeq \mathrm{End}_A(A_l), \quad A \simeq \mathrm{End}_{A^O}(A_r).$$

Bemerkung: Sei A eine R-Algebra, und für $n \in \mathbb{N}$ sei

$$M_n(A)$$

die Menge der $n \times n$-Matrizen mit Koeffizienten in A. Offenbar trägt $M_n(A)$ die Struktur eines R-Moduls. Definiert man das Produkt ab zweier Elemente $a = (a_{ij})_{i,j}$ und $b = (b_{ij})_{i,j}$ wie gewohnt durch

$$(8) \qquad ab = \left(\sum_{k=1}^{n} a_{ik}b_{kj} \right)_{i,j},$$

so wird damit $M_n(A)$ zu einer R-Algebra. Man nennt $M_n(A)$ die (*volle*) *Matrixalgebra* der $n \times n$-Matrizen über A. Am besten überzeugt man sich davon, indem man die Elemente von $M_n(A)$ mit denen der Endomorphismenalgebra $\mathrm{End}_{A^O}(A^n)$ des A^O-Moduls $A^n = A_r^n$ identifiziert und nachprüft, daß dabei Addition und Multiplikation in der Algebra $\mathrm{End}_{A^O}(A^n)$ durch Matrixaddition und Matrixmultiplikation beschrieben werden. Zu jedem $f \in \mathrm{End}_{A^O}(A^n)$ gehört dabei diejenige Matrix $a = (a_{rs})_{r,s}$, für welche die Gleichungen

$$(9) \qquad fe_i = \sum_{j} e_j a_{ji}$$

erfüllt sind, wobei $e_1, \ldots, e_n$ die kanonische Basis von A^n bezeichnet. Der Gleichung $y = fx$ entsprechen dann im übrigen die Koordinatengleichungen

$$(10) \qquad y_i = \sum_{j} a_{ij}x_j,$$

wie man es von der Linearen Algebra her gewohnt ist (vgl. LA I, S. 94). Mit angemessener Vorsicht ist hier nur zu berücksichtigen, daß A nicht als kommutativ vorausgesetzt ist. Wir erhalten so eine kanonische Isomorphie

$$(11) \qquad \mathrm{End}_{A^O}(A^n) \simeq M_n(A).$$

Für die Endomorphismenalgebra $\mathrm{End}_A(A^n)$ des A-Moduls $A^n = A_l^n$ folgt dann

(12) $$\mathrm{End}_A(A^n) \simeq M_n(A^O).$$

Daß in diesen Beziehungen die inverse Algebra A^O von A auftritt, liegt in der Natur der Sache (und ist nicht etwa durch geschickte Bezeichnungsweise zu vermeiden). – Eine Verallgemeinerung von (12) stellt die erste Aussage der folgenden Feststellung dar:

F4: *Sei N ein A-Modul. Für den A-Modul N^n mit $n \in \mathbb{N}$ hat man einen natürlichen Isomorphismus*

(13) $$\mathrm{End}_A(N^n) \longrightarrow M_n(\mathrm{End}_A(N)), \quad f \longmapsto (f_{ij})_{i,j}.$$

Für jedes $x = (x_i)_i \in N^n$ gilt dabei

(14) $$fx = \left(\sum_j f_{ij} x_j \right)_i.$$

Setzen wir zur Abkürzung $N' = N^n$, $C = \mathrm{End}_A(N)$, $C' = \mathrm{End}_A(N')$; so vermittelt die natürliche Einbettung $\mathrm{End}_C(N) \longrightarrow \mathrm{End}_C(N')$ einen Isomorphismus

(15) $$\mathrm{End}_C(N) \longrightarrow \mathrm{End}_{C'}(N').$$

Beweis: Seien $\pi_i : N^n \longrightarrow N$ die Projektionen und $\iota_j : N \longrightarrow N^n$ die Injektionen der Zerlegung $N' = N^n$. Sie erfüllen die Relationen

(16) $$\pi_i \iota_j = \delta_{ij}, \quad \sum_k \iota_k \pi_k = 1$$

mit $\delta_{ij} = 0$ oder 1 in $C = \mathrm{End}_A(N)$, je nachdem ob $i \neq j$ oder $i = j$. Für jedes $f \in \mathrm{End}_A(N')$ sind dann die

(17) $$f_{ij} := \pi_i f \iota_j$$

A-Endomorphismen von N. Mittels (16) bestätigt man nun leicht, daß die Abbildung (13) ein Isomorphismus ist und die Beziehung (14) gilt. Hierzu beachte man $\pi_i f g \iota_j = \pi_i f(\sum_k \iota_k \pi_k) g \iota_j = \sum_k f_{ik} g_{kj}$ und $\sum_{i,j} \iota_i f_{ij} \pi_j = \sum_{i,j} \iota_i \pi_i f \iota_j \pi_j = f$ sowie $\pi_r (\sum_{i,j} \iota_i f_{ij} \pi_j) \iota_s = f_{rs}$. Sei $g \in \mathrm{End}_C(N)$. Wir fassen g vermöge

(18) $$gx = (gx_i)_i$$

als Element von $\mathrm{End}_C(N')$ auf und zeigen zunächst, daß wirklich gilt:

$$gf = fg \quad \text{für alle } f \in C' = \mathrm{End}_A(N').$$

Wegen (14) ist in der Tat $gfx = g(\sum_j f_{ij}x_j)_i = (\sum_j gf_{ij}x_j)_i = (\sum_j f_{ij}gx_j)_i = fgx$. Es bleibt zu zeigen, daß (15) surjektiv ist. Sei also $h \in \mathrm{End}_{C'}(N')$. Wir haben zu zeigen, daß

(19) $\qquad\qquad \pi_i h\iota_j = 0$ und $\pi_j h\iota_j = \pi_i h\iota_i$

für alle $i \neq j$ gilt. Nun ist h nach Voraussetzung insbesondere mit $f = \iota_j\pi_i$ vertauschbar, also gilt $h\iota_j = h\iota_j(\pi_i\iota_i) = h(\iota_j\pi_i)\iota_i = (\iota_j\pi_i)h\iota_i$, also

$$h\iota_j = \iota_j\pi_i h\iota_i.$$

Multiplikation von links mit π_i bzw. π_j liefert dann die Behauptung (19). $\square$

Wir können F4 insbesondere auf den A-Modul A_l anwenden und erhalten einen Isomorphismus

$$\mathrm{End}_A(A_l^n) \longrightarrow M_n(\mathrm{End}_A(A_l)).$$

Nun ist aber $\mathrm{End}_A(A_l)$ kanonisch isomorph zu A^O (vgl. F3), also erhalten wir einen kanonischen Isomorphismus

(20) $\qquad\qquad \mathrm{End}_A(A^n) \longrightarrow M_n(A^O).$

Fassen wir mittels dieses Isomorphismus A^n als $M_n(A^O)$-Modul auf, so gilt für $a = (a_{ij})_{i,j} \in M_n(A^O)$ und $x = (x_i)_i \in A^n$ wegen (14) für diese Modulstruktur

(21) $\qquad\qquad ax = \Big(\sum_j x_j a_{ij}\Big)_i$

(so daß wir von neuem den Isomorphismus (12) erhalten). Indem man A durch A^O ersetzt, erhalten wir den natürlichen Isomorphismus

(22) $\qquad\qquad \mathrm{End}_{A^O}(A^n) \longrightarrow M_n(A).$

Die hierdurch definierte Modulstruktur von A^n als $M_n(A)$-Modul wird dann durch

(23) $\qquad\qquad ax = \Big(\sum_j a_{ij}x_j\Big)_i$

gegeben, also durch die übliche Matrixmultiplikation der $n \times n$-Matrix a mit der Spalte x.

F5: *Für jede Algebra A vermitteln (20) und (15) natürliche Isomorphismen*

(24) $\qquad\qquad \mathrm{End}_A(A^n) \simeq M_n(A^O)$

(25) $\qquad\qquad A \simeq \mathrm{End}_{\mathrm{End}_A(A^n)}(A^n)$

(26) $\qquad\qquad A^O \simeq \mathrm{End}_{M_n(A)}(A^n).$

Da die kanonische Isomorphie (25) *bzw.* (26) *jedem* $a \in A$ *die Links- bzw. Rechtsmultiplikation mit* a *zuordnet, erhalten wir für die Zentren*

$$(27) \qquad Z(\mathrm{End}_A(A^n)) = Z(A)id_{A^n} \quad , \quad Z(M_n(A)) = Z(A)E_n$$

mit E_n *als der* $n \times n$-*Einheitsmatrix aus* $M_n(A)$.

Beweis: Die Isomorphie (24) haben wir oben schon erläutert. Wir betrachten den Isomorphismus (15) für den Fall $N = A_l$. Nach F2 ist dabei $C = \mathrm{End}_A(A_l) = \varrho A$, und wegen $\mathrm{End}_{\varrho A}(A_l) = \mathrm{End}_{A^O}(A_r) \simeq A$ (vgl. F3) ergibt sich daraus in der Tat die Isomorphie (25). Durch Übergang zu A^O erhält man dann auch (26), wenn man noch den Isomorphismus (22) berücksichtigt.

Sei schließlich $f \in \mathrm{End}_A(A^n)$ mit allen Elementen von $\mathrm{End}_A(A^n)$ vertauschbar. Dann ist f in der rechten Seite von (25) enthalten und folglich von der Form $f = a_{A^n}$ mit $a \in A$. Da aber f zu $\mathrm{End}_A(A^n)$ gehört, ist f mit Blick auf (25) für alle $c \in A$ mit c_{A^n} vertauschbar, also gilt $ac = ca$ für alle $c \in A$.

Bemerkung: Wie man leicht nachrechnet, vermittelt die Abbildung $a \mapsto {}^t a$, die jeder Matrix ihre *Transponierte* ${}^t a$ zuordnet, die Isomorphie

$$(28) \qquad\qquad M_n(A)^O \simeq M_n(A^O) \,.$$

2. Wenn im folgenden von *Moduln* die Rede ist, so sind A-Moduln über einer R-Algebra A gemeint.

Definition 3: Ein Modul $N \neq 0$ heißt *einfach*, wenn 0 und N die einzigen Teilmoduln von N sind.
Ein Modul M heißt *halbeinfach*, wenn M direkte Summe von einfachen Teilmoduln von M ist.

Bemerkung: 1) Einen *einfachen* Modul nennt man auch *irreduzibel*, einen *halbeinfachen* Modul auch *vollständig reduzibel*.

2) Ein Linksideal N einer Algebra A ist genau dann ein einfacher A-Modul, wenn N ein *minimales Linksideal von* A ist (d.h. N ist minimal in der Menge aller Linksideale $\neq 0$ von A). Natürlich braucht A keine minimalen Linksideale zu besitzen, z.B. besitzt $\mathbb{Z}$ keine.

3) Ein Teilmodul L des Moduls M ist genau dann *maximal* (in der Menge aller Teilmoduln $\neq M$ von M), wenn der Modul M/L einfach ist. Was die Existenz *maximaler Teilmoduln* eines Moduls angeht, so zeigen wir

F6: *Für einen endlich erzeugten Modul M gilt: Ist M_0 ein beliebiger Teilmodul von M mit $M_0 \neq M$, so gibt es einen maximalen Teilmodul L von M, der M_0 enthält.*

Beweis: Man betrachte die Menge X aller Teilmoduln N von M mit $M_0 \subseteq N \neq M$. Ist $Y \neq \emptyset$ eine total geordnete Teilmenge von X, so ist die Vereinigungsmenge U aller $N \in Y$ offenbar ein Teilmodul von M. Da M endlich erzeugt ist, gilt $U \neq M$. Somit ergibt sich die Behauptung aus dem *Lemma von Zorn.*

F7: *Für einen A-Modul $N \neq 0$ sind äquivalent:*
   (i) *N ist einfach.*
   (ii) *Jedes Element $x \neq 0$ von N erzeugt N, d.h. $N = Ax$.*
   (iii) *Es gibt ein maximales Linksideal L von A mit $N \simeq A/L$.*

Beweis: (i) $\Rightarrow$ (ii): Für jedes $x \neq 0$ ist Ax ein Teilmodul $\neq 0$ von N.
(ii) $\Rightarrow$ (i): Jeder Teilmodul $\neq 0$ von N enthält einen Teilmodul der Gestalt Ax mit $x \neq 0$.
(i) $\Rightarrow$ (iii): Nach Voraussetzung besitzt N ein Element $x \neq 0$. Die Abbildung $a \longmapsto ax$ ist ein *surjektiver* Modulhomomorphismus von A auf N; sein Kern L ist ein Linksideal von A, und es gilt $A/L \simeq N$. Da N einfach ist, ist L maximal (vgl. Bem. 3 zu Def. 3).
(iii) $\Rightarrow$ (i) schließlich folgt unmittelbar aus Bem. 3 zu Def. 3.

F8: *Sei V ein n-dimensionaler Vektorraum über dem Schiefkörper D, und sei $A := \mathrm{End}_D(V)$ die zugehörige Endomorphismenalgebra. Im folgenden betrachte man V auch als A-Modul. Dann gelten:*
   (a) *Der A-Modul V ist einfach.*
   (b) *Es ist $A_l \simeq V^n$; insbesondere ist also der A-Modul A_l halbeinfach.*

Beweis: (a) Jedes $x \neq 0$ aus V kann man als Element einer *Basis* des D-Vektorraumes V ansehen. Daher gibt es zu jedem $y \in V$ ein $a \in A = \mathrm{End}_D(V)$ mit $ax = y$. Somit ist $V = Ax$. Nach F7 ist V also ein einfacher A-Modul.

(b) Sei $b_1, \ldots, b_n$ eine Basis von V über D. Die Abbildung $a \mapsto (ab_1, \ldots, ab_n)$ ist ein A-Modulhomomorphismus von A_l in V^n. Da $b_1, \ldots, b_n$ eine D-Basis von V ist, ist die angegebene Abbildung sowohl injektiv als auch surjektiv. Damit ist (b) bewiesen. – Wir nehmen die letzte Aussage von F8 gleich zum Anlaß für die Einführung des folgenden grundlegenden Begriffes, auf den wir allerdings erst später eingehen werden:

Definition 4: Eine *Algebra* A heißt *halbeinfach*, wenn der A-Modul A_l halbeinfach ist.

Bemerkung: In Analogie zu obiger Definition könnte man erwägen, eine Algebra 'einfach' zu nennen, wenn der A-Modul A_l einfach ist. Dies ist aber nicht üblich, sondern der Ausdruck *einfache Algebra* bleibt aus guten Gründen einem allgemeineren Begriff vorbehalten (vgl. §29, Def. 1). Im übrigen sieht man sofort: Für eine Algebra A ist A_l genau dann einfach, wenn jedes $x \neq 0$ aus A invertierbar ist, es sich bei A also um einen *Schiefkörper* handelt.

F9 ('Lemma von Schur'): *M und N seien A-Moduln.*

(a) *Ist M einfach, so ist jedes $f \neq 0$ aus $\mathrm{Hom}_A(M, N)$ injektiv. Ist N einfach, so ist jedes $f \neq 0$ aus $\mathrm{Hom}_A(M, N)$ surjektiv.*

(b) *Sind M und N einfach, so ist entweder $M \simeq N$ oder $\mathrm{Hom}_A(M, N) = 0$.*

(c) *Ist M einfach, so ist $\mathrm{End}_A(M)$ ein Schiefkörper.*

Beweis: (a) Kern f ist ein Teilmodul von M, Bild f ein Teilmodul von N. Wegen $f \neq 0$ ist Kern $f \neq M$ und Bild $f \neq 0$. Ist M einfach, so folgt Kern $f = 0$; ist N einfach, so Bild $f = N$.

(b) Gibt es ein $f \neq 0$ in $\mathrm{Hom}_A(M, N)$, so ist f nach (a) ein Isomorphismus.

(c) Da M einfach, ist jedes $f \neq 0$ aus $\mathrm{End}_A(M)$ ein Isomorphismus, also invertierbar in $\mathrm{End}_A(M)$. Wegen $M \neq 0$ ist schließlich $id_M \neq 0$. $\square$

Zur Untersuchung der halbeinfachen Moduln benötigen wir das folgende

Lemma: *Der Modul M sei Summe eines Systems $(N_i)_{i \in I}$ von einfachen Teilmoduln N_i. Für jeden Teilmodul N von M gibt es dann eine Teilmenge J von I, so daß gilt:*

$$(29) \qquad M = N \oplus \left(\bigoplus_{i \in J} N_i \right)$$

Beweis: Nach Zorns Lemma enthält I eine maximale Teilmenge J mit $N + \sum_{j \in J} N_j = N \oplus \left(\bigoplus_{j \in J} N_j \right)$. Setze $M' = N + \sum_{j \in J} N_j$. Für jedes $i \in I$ ist dann $M' + N_i$ nicht direkt, also $M' \cap N_i \neq 0$. Da N_i einfach ist, gilt dann $M' \cap N_i = N_i$, d.h. $N_i \subseteq M'$. Folglich ist $M = M'$ und damit die Behauptung bewiesen.

F10: *Für einen Modul M sind äquivalent:*

(i) *M ist Summe einfacher Teilmoduln.*

(ii) *M ist halbeinfach.*

(iii) *Jeder Teilmodul von M ist ein direkter Summand in M.*

Beweis: (i) $\Rightarrow$ (ii): Man hat das Lemma nur auf $N = 0$ anzuwenden.

(ii) $\Rightarrow$ (iii): Dies folgt ebenfalls sofort aus dem Lemma.

(iii) $\Rightarrow$ (i): Für beliebiges $x \neq 0$ aus M betrachte man den von x erzeugten Teilmodul $C = Ax$. Nach F6 enthält C einen Teilmodul L, für den C/L *einfach* ist. Nach Voraussetzung (iii) gibt es einen Teilmodul N von M mit $M = L \oplus N$. Wegen $L \subseteq C$ ist dann $C = L \oplus (N \cap C)$. Es folgt $N \cap C \simeq C/L$, also ist $N \cap C$ ein *einfacher* Teilmodul von C. Insgesamt haben wir bewiesen, daß unter der Voraussetzung (iii) *jeder Teilmodul* $\neq 0$ *von M einen* <u>*einfachen*</u> *Teilmodul enthält.* Sei nun M' die Summe *aller* einfachen Teilmoduln von M. Nach (iii) gibt es einen Teilmodul M'' von M mit $M = M' \oplus M''$. Es ist aber $M'' = 0$, da M'' sonst einen einfachen Teilmodul enthielte, der definitionsgemäß auch in M' enthalten wäre; dies stünde jedoch im Widerspruch zu $M' \cap M'' = 0$.

F11: *Der Modul M sei Summe des Systems $(N_i)_{i \in I}$ von einfachen Teilmoduln.*

(a) *Zu jedem Teilmodul M' von M (bzw. zu jedem Restklassenmodul M' von M) gibt es eine Teilmenge J von I, so daß die Summe $\sum_{i \in J} N_i$ direkt und isomorph zu M' ist.*

(b) *Jeder einfacher Teilmodul von M ist isomorph zu einem der N_i.*

Beweis: (b) folgt sofort aus (a). Jeder Teilmodul von M ist nach F10 ein direkter Summand von M und folglich isomorph zu einem Restklassenmodul von M. Somit genügt es, (a) für den Fall eines Restklassenmoduls $M' = M/N$ zu zeigen. Nach dem obigen Lemma gibt es eine Teilmenge J von I, so daß die Summe $L := \sum_{i \in J} N_i$ direkt ist und $M = N \oplus L$ gilt. Es ist dann $M' = M/N$ isomorph zu L. – Als Konsequenz von (a) wollen wir ausdrücklich festhalten:

F12: *Jeder Teilmodul und jeder Restklassenmodul eines halbeinfachen Moduls ist halbeinfach. Ist A eine halbeinfache Algebra, so ist jeder einfache A-Modul isomorph zu einem Teilmodul von A_l (also isomorph zu einem minimalen Linksideal von A).*

Beweis: Für die zweite Aussage beachte man F7 (iii).

F13: *Für eine Algebra A sind äquivalent:*
(i) *A ist halbeinfach.*
(ii) *Jeder A-Modul ist halbeinfach.*

Beweis: Definitionsgemäß ist A halbeinfach, wenn der A-Modul A_l halbeinfach ist. Ein beliebiger A-Modul M ist aber zu einem Restklassenmodul eines A-Moduls der Gestalt $A_l^{(I)}$ isomorph. Somit ergibt sich die Behauptung aus F12.

Definition 5: Für eine gegebene Algebra A sei $T = T(A)$ die Menge der Isomorphieklassen aller einfachen A-Moduln (T ist nicht 'zu groß', vgl. (iii) in F7). Sei $\tau \in T$, und sei S ein einfacher A-Modul *vom Typ* τ. Für einen beliebigen A-Modul M bezeichne M_τ die Summe aller zu S isomorphen Teilmoduln von M. Wir nennen M_τ die *isogene Komponente des Typs* τ von M. (Enthält M keinen zu S isomorphen Teilmodul, so ist $M_\tau = 0$.) Einen A-Modul M mit $M = M_\tau$ für ein $\tau \in T$ nennt man *isogen* (*vom Typ* τ).

F14: *Für einen halbeinfachen Modul M gelten:*
(a) *M ist die direkte Summe seiner isogenen Komponenten* M_τ.
(b) *Jeder Teilmodul N von M ist die direkte Summe der* $N \cap M_\tau$.

Beweis: (a) Da M halbeinfach ist, gilt sicherlich $M = \sum_\tau M_\tau$. Für $\tau \in T$ sei M_τ' die Summe aller M_σ mit $\sigma \neq \tau$. Zum Beweis von (a) ist $M_\tau \cap M_\tau' = 0$ zu zeigen. Als Teilmodul von M ist auch $M_\tau \cap M_\tau'$ halbeinfach (F12). Wäre also $M_\tau \cap M_\tau' \neq 0$, so enthielte $M_\tau \cap M_\tau'$ einen einfachen Teilmodul S. Nach (b) von F11 wäre dann aber S sowohl vom Typ τ als auch von einem Typ σ mit $\sigma \neq \tau$. Widerspruch!

(b) Als Teilmodul von M ist auch N halbeinfach. Also gilt $N = \bigoplus_\tau N_\tau$ nach (a). Definitionsgemäß hat man $N_\tau \subseteq M_\tau \cap N$. Als Teilmodul von M_τ ist $M_\tau \cap N$ Summe von einfachen Moduln des Typs τ (vgl. (a) in F11), also gilt auch $M_\tau \cap N \subseteq N_\tau$.

F15: *Sei* $f : M \longrightarrow N$ *ein Homomorphismus von A-Moduln, und* τ *sei eine Isomorphieklasse eines einfachen A-Moduls. Für die isogenen Komponenten* M_τ *und* N_τ *gilt dann* $f(M_\tau) \subseteq N_\tau$.

Beweis: $f(M_\tau)$ ist homomorphes Bild von M_τ und folglich isogen vom Typ τ, vgl. (a) von F11. Also gilt $f(M_\tau) \subseteq N_\tau$.

F16: *Sei M ein halbeinfacher A-Modul. Für einen Teilmodul U von M sind äquivalent:*

(i) *Für alle $f \in \text{End}_A(M)$ gilt $f(U) \subseteq U$.*

(ii) *U ist (direkte) Summe isogener Komponenten von M.*

Beweis: (ii) $\Rightarrow$ (i) ist klar nach F15. Sei jetzt (i) erfüllt, und sei S ein einfacher Teilmodul von U. Wir haben zu zeigen: Jeder einfache Teilmodul S' von M, der zu S isomorph ist, ist ebenfalls in U enthalten. Sei dazu p eine Projektion von M auf S, und sei $g : S \longrightarrow M$ ein Homomorphismus mit $g(S) = S'$. Für $f = g \circ p \in \text{End}_A(M)$ ist dann $f(S) = S'$. Nach (i) gilt daher in der Tat $S' \subseteq U$.

F17: *Die Algebra A sei halbeinfach. Für eine Teilmenge U von A sind dann äquivalent:*

(i) *U ist ein Ideal von A.*

(ii) *U ist (direkte) Summe isogener Komponenten des A-Moduls A_l.*

Beweis: Die Ideale von A sind gerade die Teilmoduln von A_l, welche bei allen Rechtsmultiplikationen von A, d.h. allen $f \in \text{End}_A(A_l)$ in sich übergeführt werden (vgl. F3). Damit ergibt sich die Äquivalenz von (i) und (ii) sofort aus F16.

F18: *Für eine halbeinfache Algebra gelten:*

(a) *Die isogenen Komponenten von A_l sind gerade die minimalen Ideale von A, und jedes Ideal von A ist direkte Summe von minimalen Idealen von A.*

(b) *A besitzt nur endlich viele minimale Ideale.*

Beweis: (a) folgt im Hinblick auf F14 sofort aus F17. Da der A-Modul A_l von 1 erzeugt wird, besitzt A_l aufgrund von F14 nur endlich viele isogene Komponenten $\neq 0$. Damit ergibt sich (b) aus (a).

F19 und Definition 6: *Sei M ein halbeinfacher A-Modul, und gelte*

$$(30) \qquad M = \bigoplus_{i \in I} N_i \quad und \quad M = \bigoplus_{j \in J} N'_j$$

mit einfachen Teilmoduln N_i, N'_j von M. Es gibt dann eine Bijektion $\sigma : I \longrightarrow J$ mit $N_i \simeq N'_{\sigma(i)}$ für alle $i \in I$; insbesondere haben also I und J die gleiche Mächtigkeit. Diese heißt die Länge des halbeinfachen Moduls M und wird mit

$$l(M) = l_A(M)$$

bezeichnet. Unter der *Länge einer halbeinfachen Algebra A* versteht man die Zahl $l(A) := l(A_l)$. Für einen einfachen A-Modul N vom Typ τ bezeichne

$$M : N = M : \tau$$

die *Länge der isogenen Komponente* M_τ *von* M.

Beweis: Indem man jeweils einfache Moduln vom gleichen Isomorphietyp zusammenfaßt, erkennt man, daß es genügt, die Behauptung für den Fall zu zeigen, daß alle N_i und N'_j zu ein und demselben einfachen Modul N isomorph sind. Sei D^O der Endomorphismenschiefkörper von N. Für einen beliebigen A-Modul M kann man $\mathrm{Hom}_A(N, M)$ in natürlicher Weise als D-Vektorraum ansehen: Für $f \in \mathrm{Hom}_A(N, M)$ und $d \in D = \mathrm{End}_A(N)^O$ setze $df = f \circ d$. Für $M \simeq M'$ sind $\mathrm{Hom}_A(N, M)$ und $\mathrm{Hom}_A(N, M')$ als D-Vektorräume isomorph, und für $M = \bigoplus_{i \in I} M_i$ ist die natürliche Abbildung $\bigoplus_{i \in I} \mathrm{Hom}(N, M_i) \longrightarrow \mathrm{Hom}(N, M)$ ein Isomorphismus (beachte, daß N endlich erzeugt ist). Damit erhält man aus der Voraussetzung (30) die D-Isomorphien $D^{(I)} \simeq \bigoplus_{i \in I} \mathrm{Hom}(N, N_i) \simeq \mathrm{Hom}_A(N, M)$; für die Mächtigkeit $\sharp(I)$ von I gilt also

(31) $$\sharp(I) = \dim_D \mathrm{Hom}_A(N, M).$$

Das gleiche gilt für $\sharp(J)$, also ist $\sharp(I) = \sharp(J)$, und die Behauptung ist bewiesen.

Bemerkungen: 1) Mit den obigen Bezeichnungen gilt

(32) $$M : N = \dim_D \mathrm{Hom}_A(N, M) = \mathrm{Hom}_A(N, M) : D.$$

Ferner ist

(33) $$l(M) = \sum_\tau M : \tau.$$

Grundlage des obigen Vorgehens ist natürlich, daß jeder D-Vektorraum eine wohldefinierte Dimension besitzt. Dies setzen wir hier als bekannt voraus (und der Leser wird sich davon auch leicht überzeugen können, indem er etwa wie bei der Einführung des Transzendenzgrades vorgeht, vgl. Band I, S. 255 ff).

2) Man kann F19 noch direkter – ohne Verwendung des D-Vektorraumes $\mathrm{Hom}_A(N, M)$ – beweisen, doch ist die Interpretation (32) von $M : N$ ohnehin nützlich. Im übrigen folgt die Behauptung für den (wesentlichen) Fall, daß I endlich ist, auch aus anderen grundlegenden Sätzen der Algebra (vgl. Satz 1 und Satz 2 im nächsten Abschnitt).

Wir schließen diesen Abschnitt mit dem sogenannten *Dichtesatz* (welcher durch *Jacobson* formuliert, von den Algebraikern anfänglich vielleicht etwas überschätzt wurde, aber jedenfalls eine einfache und nützliche Beobachtung der Linearen Algebra darstellt).

F20 ('Dichtesatz'): *Es sei M ein halbeinfacher A-Modul und C = $\text{End}_A(M)$ seine Endomorphismenalgebra. Wir betrachten den natürlichen Homomorphismus*

$$(34) \qquad\qquad A \longrightarrow \text{End}_C(M).$$

In dem folgenden Sinn ist das Bild von A unter (34) dicht in $\text{End}_C(M)$: Zu $f \in \text{End}_C(M)$ und endlich vielen $x_1, \ldots, x_n$ aus M gibt es stets ein $a \in A$ mit

$$(35) \qquad\qquad fx_i = ax_i \quad \text{für} \quad 1 \leq i \leq n.$$

Ist also M als C-Modul endlich erzeugt, so ist (34) surjektiv.

Beweis: Man betrachte den A-Modul $M' = M^n$ und in M' das Element $x = (x_i)_i$. Da mit M auch M' halbeinfach ist, ist Ax ein direkter Summand von M'; sei $p : M' \longrightarrow M'$ mit $p^2 = id$ und $p(M') = Ax$ ein zugehöriger Projektor. Dann ist $p \in \text{End}_A(M') =: C'$. Fassen wir f in natürlicher Weise als Abbildung von M' in sich auf:

$$fy = (fy_i)_i \quad \text{für} \quad y = (y_i)_i \in M' = M^n,$$

so ist f ein C'-Homomorphismus von M' (vgl. F4). Daher gilt $fp = pf$. Es folgt $fx = fpx = pfx \in Ax$, also gibt es ein $a \in A$ mit

$$fx = ax,$$

d.h. es gilt (35).

Bemerkung: Sei M ein einfacher A-Modul mit Endomorphismenschiefkörper $D := \text{End}_A(M)$. Wir betrachten M auch als D-Vektorraum. Seien $x_1, \ldots, x_n$ Elemente von M, welche über D linear unabhängig sind. Dann gibt es zu beliebigen $y_1, \ldots, y_n$ aus M ein $a \in A$ mit

$$ax_i = y_i.$$

Ist M als D-Vektorraum also endlich-dimensional (eine etwas willkürliche Voraussetzung), so ist die natürliche Abbildung $A \longrightarrow \text{End}_D(M)$ *surjektiv.*

Beweis: Da $x_1, \ldots, x_n$ linear unabhängig über D sind, gibt es zu $y_1, \ldots, y_n$ ein $f \in \text{End}_D(M)$ mit $fx_i = y_i$. Nach F20 existiert dann zu f ein $a \in A$ mit $ax_i = fx_i = y_i$.

3. Definition 7: Ein *Modul M* heißt <u>noethersch</u> (bzw. <u>artinsch</u>), wenn jede nichtleere Menge von Teilmoduln von M ein *maximales* (bzw. *minimales* Element besitzt.

Eine *Algebra A* heißt *noethersch* (bzw. *artinsch*), wenn der A-Modul A_l noethersch (bzw. artinsch) ist.

Bemerkungen: Bei den folgenden Bemerkungen 1) bis 6) handelt es sich um solche Sachverhalte, von deren Gültigkeit man sich am besten selbst überzeugen kann:

1) M ist genau dann noethersch (bzw. artinsch), wenn jede *aufsteigende* (bzw. *absteigende*) *Folge* von Teilmoduln *stationär* wird.

2) Für einen Vektorraum über einem Schiefkörper D sind äquivalent: (i) V ist noethersch, (ii) V ist endlich-dimensional, (iii) V ist artinsch.

3) Gelte $M = \bigoplus_{i \in I} M_i$. Ist I unendlich und sind alle $M_i \neq 0$, so ist M weder artinsch noch noethersch.

4) Als Hauptidealring ist $\mathbb{Z}$ noethersch, aber nicht artinsch.

5) Für einen $\mathbb{Z}$-Modul M und eine Primzahl p bezeichne M_p den p-Bestandteil von M (vgl. Band I, S. 189). Sei W die Gruppe aller Einheitswurzeln von $\mathbb{C}$. Dann ist der $\mathbb{Z}$-Modul W_p artinsch, aber nicht noethersch.

6) Wegen 2) gilt: *Ist eine K-Algebra endlich-dimensional, so ist sie sowohl noethersch wie artinsch (und A^O auch!).*

7) Im übrigen ist es nicht schwierig, eine noethersche und artinsche K-Algebra A anzugeben, für welche die inverse Algebra weder noethersch noch artinsch ist, vgl. Aufgabe 28.2.

8) Wie wir später noch sehen werden (vgl. F41), ist jede artinsche Algebra auch noethersch.

F21: *Ein A-Modul M ist genau dann noethersch, wenn jeder Teilmodul N von M endlich erzeugt ist.*

Beweis: Sei X die Menge der endlich erzeugten Teilmoduln von N. Ist M noethersch, so hat X ein maximales Element L. Für jedes $x \in N$ ist nun $L + Ax \in X$, also $L + Ax = L$ und somit $x \in L$. Es folgt $N = L \in X$. Also ist N endlich erzeugt. Umgekehrt: Sei $(N_n)_n$ eine aufsteigende Folge von Teilmoduln von M. Dann ist $N = \bigcup N_n$ ein Teilmodul von M. Ist $x_1, \ldots, x_m$ ein endliches Erzeugendensystem von N, so gibt es ein $k \in \mathbb{N}$, so daß alle x_i in N_k liegen. Es folgt $N = N_k$ und somit $N_n = N_k$ für alle $n \geq k$, d.h. die Folge $(N_n)_n$ ist stationär.

F22: *Sei N ein Teilmodul des Moduls M. Genau dann ist M noethersch (bzw. artinsch), wenn N und M/N noethersch (bzw. artinsch) sind.*

Beweis: Ist M noethersch (bzw. artinsch), so offenbar auch N. Sei π : $M \longrightarrow M/N$ die Restklassenabbildung. Vermöge $T \longmapsto T' = \pi^{-1}(T)$ entsprechen die Teilmoduln T von M/N umkehrbar eindeutig (und inklusionstreu) den Teilmoduln T' von M mit $N \subseteq T'$. Ist M also noethersch (bzw. artinsch), so auch M/N.

Seien jetzt umgekehrt N und M/N als noethersch vorausgesetzt (für artinsch anstelle von noethersch verläuft der Beweis analog), und sei X eine nichtleere Menge von Teilmoduln von M. Weil M/N noethersch ist, hat die Menge $\pi X := \{\pi T \mid T \in X\}$ ein maximales Element πT_0. Wir betrachten die Menge $Y = \{T \cap N \mid T \in X,\ \pi T = \pi T_0\}$. Sie besitzt ein maximales Element $T_1 \cap N$, denn auch N ist als noethersch vorausgesetzt. Wir zeigen, daß T_1 ein maximales Element von X ist: Gelte $T_1 \subseteq T$ für ein $T \in X$. Zunächst folgt $\pi T_0 = \pi T_1 \subseteq \pi T$, also $\pi T = \pi T_1$. Somit ist $T \subseteq T_1 + N$, woraus sich wegen $T_1 \subseteq T$ sofort $T \subseteq T_1 + (T \cap N) = T_1 + (T_1 \cap N) = T_1$ ergibt.

F23: *Gelte $M = \bigoplus\limits_{i\in I}^{n} M_i$. Genau dann ist M noethersch (bzw. artinsch), wenn alle M_i noethersch (bzw. artinsch) sind.*

Beweis: Wegen $M/M_n \simeq M_1 \oplus \ldots \oplus M_{n-1}$ ergibt sich die Behauptung induktiv aus F22.

F24: *Ist die Algebra A noethersch (bzw. artinsch), so ist jeder endlich erzeugte A-Modul M noethersch (bzw. artinsch).*

Beweis: Sei $x_1, \ldots, x_n$ ein Erzeugendensystem des A-Moduls M, und sei N der Kern des A-Modulhomomorphismus $A_l^n \longrightarrow M$, der die kanonischen Basisvektoren von A_l^n auf die Erzeugenden $x_1, \ldots, x_n$ abbildet. Dann ist $M \simeq A_l^n/N$, und die Behauptung folgt aus F23 und F22.

F25: *Für einen halbeinfachen Modul M sind äquivalent:*

  (i)   *M ist endlich erzeugt.*

  (ii) *M ist direkte Summe endlich vieler einfacher Teilmoduln.*

  (iii) *M ist artinsch.*

  (iv) *M ist noethersch.*

Beweis: Da M halbeinfach ist, gilt $M = \bigoplus\limits_{i \in I} N_i$ mit einfachen Teilmoduln N_i von M. Ist I unendlich, so ist M weder noethersch noch artinsch (vgl. Bem. 3 zu Def. 7). Ist I aber endlich, so ist M nach F23 sowohl artinsch wie noethersch, denn jedes N_i hat als einfacher Modul trivialerweise diese Eigenschaften. Damit ist (iii) $\Longleftrightarrow$ (ii) $\Longleftrightarrow$ (iv) gezeigt. Die Implikation (iv) $\Rightarrow$ (i) ist klar, vgl. F21. Bleibt also noch (i) $\Rightarrow$ (ii) zu zeigen: Besitze M also ein endliches Erzeugendensystem $x_1, \ldots, x_n$. Da jedes x_i aber bereits in einer Summe endlich vieler der N_i enthalten ist, folgt (ii).

F26: *Jede halbeinfache Algebra ist artinsch und noethersch.*

Beweis: Dies folgt sofort aus F25, denn der A-Modul A_l ist wegen $A_l = A \cdot 1$ endlich erzeugt.

F27: *Für einen beliebigen A-Modul M sind äquivalent:*

(i)   *M ist artinsch und noethersch.*

(ii) *M besitzt eine* <u>*Kompositionsreihe*</u>, *d.h. eine Kette*

$$0 = M_0 \subseteq M_1 \subseteq \ldots \subseteq M_n = M$$

von Teilmoduln M_i, so daß alle M_i/M_{i-1} einfach sind.

Beweis: Die Implikation (ii) $\Rightarrow$ (i) ergibt sich induktiv aus F22. Sei jetzt umgekehrt M als artinsch und noethersch vorausgesetzt. Wir betrachten die Menge aller Teilmoduln N von M, für die eine Kette

$$N = M_0 \subseteq M_1 \subseteq \ldots \subseteq M_n = M$$

von Teilmoduln M_i von M existiert, so daß alle M_i/M_{i-1} einfach sind. Da M artinsch ist, gibt es einen minimalen solchen Teilmodul N von M. Ist $N = 0$, so sind wir fertig. Sei also $N \neq 0$. Da M noethersch ist, gibt es unter den Teilmoduln $\neq N$ von N einen maximalen, sagen wir L. Dann ist N/L *einfach*, und wir erhalten einen Widerspruch zur Minimalität von N.

Definition 8: Ist M ein artinscher und noetherscher Modul, so verstehen wir unter der <u>*Länge*</u> $l(M)$ von M die Länge einer Kompositionsreihe von M (vgl. F27).

Bemerkungen: 1) Die Definition ist sinnvoll, da nach dem folgenden *Satz von Jordan-Hölder* alle Kompositionsreihen von M die gleiche Länge besitzen.

2) Einen artinschen und noetherschen Modul nennt man auch einen <u>*Modul endlicher Länge*</u>.

3) Für einen *halbeinfachen* Modul M (endlicher Länge) ist die Definition von $l(M)$ offenbar im Einklang mit unserer früheren Definition 6 (vgl. auch F25). Aus $M = N_1 \oplus \ldots \oplus N_n$ mit *einfachen* Teilmoduln N_i folgt also $l(M) = n$.

4) Ist N ein Teilmodul eines Moduls M, so gilt (unter Beachtung von F22) die Formel

$$(36) \qquad\qquad l(M) = l(N) + l(M/N),$$

denn Kompositionsreihen von N und M/N lassen sich in natürlicher Weise zu einer solchen von M zusammensetzen.

SATZ 1 ('Satz von Jordan-Hölder' für Moduln): *Sind*

$$0 = M_0 \subseteq M_1 \subseteq \ldots \subseteq M_n = M \quad und \quad 0 = L_0 \subseteq L_1 \subseteq \ldots \subseteq L_m = M$$

Kompositionsreihen eines Moduls M, so ist $m = n$, und es gibt eine Permutation $\sigma \in S_n$ mit $L_i/L_{i-1} \simeq M_{\sigma(i)}/M_{\sigma(i)-1}$.

Beweis: Wir betrachten die Folgen

$$(37) \qquad 0 = L_0 \cap M_{n-1} \subseteq \ldots \subseteq L_m \cap M_{n-1} = M_{n-1}$$
$$(38) \qquad M_{n-1} = L_0 + M_{n-1} \subseteq \ldots \subseteq L_m + M_{n-1} = M_n.$$

Für jedes j haben wir die exakte Sequenz

$$0 \to L_j \cap M_{n-1}/L_{j-1} \cap M_{n-1} \to L_j/L_{j-1} \to L_j + M_{n-1}/L_{j-1} + M_{n-1} \to 0.$$

Da L_j/L_{j-1} einfach ist, ist daher von den Restklassenmoduln

$$L_j \cap M_{n-1}/L_{j-1} \cap M_{n-1} \, , \quad L_j + M_{n-1}/L_{j-1} + M_{n-1}$$

genau einer 0 und der andere isomorph zu L_j/L_{j-1}. Nun tritt aber in der Kette (38) wegen der Einfachheit von M_n/M_{n-1} nur ein einziger 'Sprung' auf; somit gibt es ein i mit

$$L_i/L_{i-1} \simeq M_n/M_{n-1} \quad , \quad L_i \cap M_{n-1} = L_{i-1} \cap M_{n-1}$$
$$L_j \cap M_{n-1}/L_{j-1} \cap M_{n-1} \simeq L_j/L_{j-1} \text{ für } j \neq i.$$

Insbesondere ist

$$L_0 \cap M_{n-1} \subseteq \ldots \subseteq L_{i-1} \cap M_{n-1} \subseteq L_{i+1} \cap M_{n-1} \subseteq \ldots \subseteq /L_m \cap M_{n-1}$$

eine *Kompositionsreihe* von M_{n-1}. Per Induktion erhalten wir daher eine Bijektion $\sigma : \{1, \ldots, i-1, i+1, \ldots, m\} \longrightarrow \{1, \ldots, n-1\}$ mit $L_j/L_{j-1} \simeq M_{\sigma(j)}/M_{\sigma(j)-1}$. Indem wir σ durch $\sigma(i) = n$ zu einer Permutation $\sigma \in S_n$ fortsetzen, ist die Behauptung bewiesen.

Bemerkung: Der *Satz von Jordan-Hölder* gilt allgemeiner für *Gruppen mit Operatoren* (vgl. etwa *Huppert*, Endliche Gruppen I, S. 55 bzw. 63); der oben gegebene Beweis läßt sich im übrigen mühelos auf die allgemeinere Situation übertragen.

Definition 9: Ein Modul $N \neq 0$ heißt <u>unzerlegbar</u>, wenn 0 und N die einzigen direkten Summanden von N sind.

F28: *Ist der Modul M noethersch oder artinsch, so ist M direkte Summe von endlich vielen unzerlegbaren Teilmoduln.*

Beweis: 1) Wir bemerken zuerst, daß M im Falle $M \neq 0$ einen direkten Summanden $N \neq 0$ besitzt, der unzerlegbar ist. Im artinschen Fall ist jeder minimale direkte Summand $\neq 0$ von M ein solcher, im noetherschen Fall ein Komplement jedes maximalen direkten Summanden $\neq M$ von M.

2) Um nun die Behauptung zu beweisen, betrachte man im Falle eines noetherschen Moduls M unter allen direkten Summanden von M, die endliche direkte Summe von unzerlegbaren Teilmoduln sind, einen maximalen N. Es gilt dann $M = N \oplus M'$. Da M' noethersch ist, liefert die Vorbemerkung $M' = 0$. Im artinschen Fall betrachte man einen minimalen direkten Summanden von M mit der Eigenschaft, daß seine Komplemente endliche direkte Summe von unzerlegbaren Moduln sind.

SATZ 2 ('Satz von Krull-Remak-Schmidt'): *Der A-Modul M sei artinsch und noethersch. Dann ist M direkte Summe von endlich vielen unzerlegbaren Teilmoduln (vgl. F28). Hat man*

$$(39) \qquad M = N_1 \oplus \ldots \oplus N_m = N'_1 \oplus \ldots \oplus N'_n$$

mit unzerlegbaren Teilmoduln N_i bzw. N'_j, so folgt $m = n$, und nach geeigneter Umnummerierung gilt $N_i \simeq N'_i$ für alle $1 \leq i \leq n$.

Beweis: Seien $\pi_i : M \longrightarrow N_i$ die Projektionen und $\iota_i : N_i \longrightarrow M$ die Injektionen zu der direkten Zerlegung $M = N_1 \oplus \ldots \oplus N_m$. Die Endomorphismen $p_i := \iota_i \pi_i$ von M nennen wir die zugehörigen Projektoren der Zerlegung. Sie erfüllen

$$p_i^2 = p_i, \quad p_i p_j = 0 \quad \text{für } i \neq j, \quad \sum_{i=1}^{m} p_i = 1 = id_M.$$

Die Projektoren zu der Zerlegung $M = N'_1 \oplus \ldots \oplus N'_n$ seien mit p'_i bezeichnet. Auf N_1 eingeschränkt ist $p_1 = \sum_{i=1}^{m} p_1 p'_i$ die Identität. Da die Einschränkungen der $p_1 p_i'$ Endomorphismen des *unzerlegbaren* Moduls N_1 vermitteln, muß eine dieser Einschränkungen ein *Automorphismus* von N_1 sein (Aufgabe 28.5); o.E. sei dies für $i = 1$ der Fall. Man betrachte nun den Endomorphismus

$$(40) \qquad f = p_1' p_1 + p_2 + \ldots + p_m = 1 - p_1 + p_1' p_1$$

von M. Ist $f(x) = 0$, so hat man $0 = p_1 f(x) = (p_1 p_1')(p_1 x) = 0$, also $p_1(x) = 0$, und es folgt $x = 0$. Somit ist f injektiv. Als injektiver Endomorphismus eines Moduls endlicher Länge ist f aber ein *Automorphismus* von M (Aufgabe 28.3). Im Hinblick auf (40) gilt $f(N_1) \subseteq N_1'$, und wegen $M = fM = fN_1 \oplus \ldots \oplus fN_m$ ist daher N_1' direkte Summe von $f(N_1)$ und $N_1' \cap \sum_{i \geq 2} f(N_i)$. Aber N_1' ist *unzerlegbar*, also hat man $N_1' = f(N_1)$. Es folgt $M/N_1 \simeq fM/fN_1 \simeq M/N_1'$, mit Blick auf (39) also

$$(41) \qquad N_2 \oplus \ldots \oplus N_m \simeq N_2' \oplus \ldots \oplus N_n'.$$

Per Induktion ergibt sich nun aber die Behauptung (denn aus (41) folgt $N_2'' \oplus \ldots \oplus N_m'' = N_2' \oplus \ldots \oplus N_n'$ mit $N_i'' \simeq N_i$).

Bemerkung: Auch der *Satz von Krull-Remak-Schmidt* läßt sich allgemeiner für *Gruppen mit Operatoren* aussprechen (vgl. *Huppert*, Endliche Gruppen I, S. 65 ff). Im übrigen vgl. 28.6.

4. Obwohl sich unsere Betrachtungen später nur auf halbeinfache Algebren beziehen werden, behandeln wir in diesem Abschnitt auch den Begriff des *Radikals*, weil es sich dabei um einen algebraischen Grundbegriff handelt.

Definition 10: Seien A eine Algebra und M ein A-Modul. Der Durchschnitt $\mathfrak{R}(M)$ aller maximalen Teilmoduln von M heißt das <u>Radikal des Moduls</u> M. Aufgrund von Bem. 3 zu Def. 3 besteht $\mathfrak{R}(M)$ also aus denjenigen Elementen von M, die bei jedem Homomorphismus von M in einen beliebigen *einfachen* Modul auf Null abgebildet werden.

Das Radikal des A-Moduls A_l, also der Durchschnitt aller maximalen Linksideale von A, heißt das <u>Radikal der Algebra</u> A und wird mit $\mathfrak{R}(A)$ bezeichnet. (Zur Unterscheidung von anderen Radikalbegriffen, vgl. etwa Band I, S. 265, nennt man $\mathfrak{R}(A)$ auch das *Jacobson-Radikal* von A.)

Bemerkungen: Wir stellen hier zunächst einige einfache formale Eigenschaften des Radikals eines Moduls bzw. einer Algebra zusammen:

(a) *Für jeden Homomorphismus $f : N \longrightarrow M$ von A-Moduln gilt $f(\mathfrak{R}(N)) \subseteq \mathfrak{R}(M)$.*

Ist nämlich $g : M \longrightarrow S$ ein Homomorphismus von M in einen einfachen Modul S, so ist $g(fx) = (g \circ f)x = 0$ für jedes $x \in \mathfrak{R}(N)$.

(b) *$\mathfrak{R}(A)$ ist ein (zweiseitiges!) Ideal von A.*

Mit $N = M = A$ und $f = $ Rechtsmultiplikation mit beliebigem $a \in A$ folgt die Behauptung sofort aus (a).

(c) *Für jeden Teilmodul N von M gilt $\mathfrak{R}(N) \subseteq \mathfrak{R}(M)$.*

Dies ist ebenfalls ein Spezialfall von (a), genau wie:

(d) *Für jeden Teilmodul N von M gilt $\mathfrak{R}(M/N) \supseteq (\mathfrak{R}(M) + N)/N$. Aus $\mathfrak{R}(M/N) = 0$ folgt also $\mathfrak{R}(M) \subseteq N$.*

(e) *Für einen Teilmodul $N \subseteq \mathfrak{R}(M)$ hat man $\mathfrak{R}(M/N) = \mathfrak{R}(M)/N$. Insbesondere ist $\mathfrak{R}(M/\mathfrak{R}(M)) = 0$.*

Unter der Voraussetzung $N \subseteq \mathfrak{R}(M)$ entsprechen nämlich die maximalen Teilmoduln von M/N genau denen von M.

(f) *Es ist $\mathfrak{R}(A/\mathfrak{R}(A)) = 0$, und aus $\mathfrak{R}(A/I) = 0$ für ein Ideal I von A folgt $\mathfrak{R}(A) \subseteq I$. Unter allen Idealen I von A mit $\mathfrak{R}(A/I) = 0$ ist also $\mathfrak{R}(A)$ das kleinste.*

Dies folgt sofort aus (e) und (d), denn die Teilmoduln des A/I-Moduls $(A/I)_l$ entsprechen genau denen des A-Moduls A_l/I.

(g) *Es gilt $\mathfrak{R}(A)M \subseteq \mathfrak{R}(M)$.*

Für jedes $x \in M$ ist die Abbildung $a \longmapsto ax$ ein A-Modulhomomorphismus $A \longrightarrow M$, und nach (a) ist daher $\mathfrak{R}(A)x \subseteq \mathfrak{R}(M)$. Es folgt $\mathfrak{R}(A)M \subseteq \mathfrak{R}(M)$.

(h) *Genau dann ist $\mathfrak{R}(M) = 0$, wenn M zu einem Teilmodul eines direkten Produktes von einfachen Moduln isomorph ist.*

Sei $(N_i)_{i \in X}$ ein System maximaler Teilmoduln von M mit $\bigcap N_i = \mathfrak{R}(M)$. Der natürliche Homomorphismus f von M in das direkte Produkt der einfachen Moduln M/N_i hat den Kern $\bigcap N_i = \mathfrak{R}(M)$. Wird also $\mathfrak{R}(M) = 0$ vorausgesetzt, so ist f injektiv. Umgekehrt: Sei $f : M \longrightarrow \Pi S_i$ ein injektiver Homomorphismus von M in ein direktes Produkt einfacher Moduln S_i, und bezeichnen p_i die zugehörigen Projektionen. Für $x \in \mathfrak{R}(M)$ ist dann $(p_i \circ f)x = 0$. Aus $p_i(fx) = 0$ für alle i folgt aber $fx = 0$, so daß wegen der Injektivität von f nur $x = 0$ übrigbleibt.

(i) *Ist M halbeinfach, so ist $\mathfrak{R}(M) = 0$.*

Ein halbeinfacher Modul M ist nämlich direkte Summe einfacher Moduln und somit ein Teilmodul des entsprechenden direkten Produktes. Aus (h) folgt daher $\Re(M) = 0$. – Wir wollen hier noch zeigen, daß für ein *artinsches* M auch die Umkehrung von (i) richtig ist. Sei also M artinsch und gelte $\Re(M) = 0$. Wir behaupten, daß dann bereits ein *endliches* System $(N_i)_{i \in X}$ von maximalen Teilmoduln von M existiert, dessen Durchschnitt gleich 0 ist. Ist dies gezeigt, so ist M nach Teil 1 des Beweises von (h) zu einem Teilmodul des *halbeinfachen* Moduls $\prod_i M/N_i = \oplus_i M/N_i$ isomorph, also selbst halbeinfach (vgl. F12). Zum Beweis unserer Behauptung betrachten wir alle Durchschnitte jeweils endlich vieler maximaler Teilmoduln von M. Da M artinsch ist, gibt es unter diesen einen *minimalen*, sagen wir D. Für einen beliebigen maximalen Teilmodul N von M ist $D \subseteq D \cap N$, also $D \subseteq N$. Wegen $\Re(M) = 0$ ist dann aber $D = 0$. – Unter Berücksichtigung von F25 können wir also festhalten:

F29: *Genau dann ist M ein endlich erzeugter halbeinfacher Modul, wenn $\Re(M) = 0$ und M artinsch ist. Insbesondere: Eine Algebra ist genau dann halbeinfach, wenn sie artinsch und $\Re(A) = 0$ ist.*

Was wir im folgenden über die allgemeine Natur der Elemente des Radikals sagen können, beruht auf der folgenden einfachen Feststellung:

F30: *Für einen endlich erzeugten Modul $M \neq 0$ ist $\Re(M) \neq M$.*

Beweis: Unter den genannten Voraussetzungen besitzt M nämlich einen maximalen Teilmodul (vgl. F6).

F31: *Für den Teilmodul N des Moduls M gelte*

$$(42) \qquad\qquad N + \Re(M) = M.$$

Ist M endlich erzeugt (oder allgemeiner nur M/N), so folgt $N = M$.

Beweis: Aus (42) folgt $\Re(M/N) = M/N$, vgl. Bem. (d) zu Def. 10. Ist also M/N endlich erzeugt, so ergibt F30 die Behauptung $M/N = 0$.

F32 ('Lemma von Nakayama'): *Für den Teilmodul N des A-Moduls M gelte*

$$(43) \qquad\qquad N + \Re(A)M = M.$$

Ist M endlich erzeugt (oder allgemeiner nur M/N), so folgt $N = M$.

Beweis: Wegen Bemerkung (g) zu Def. 10 folgt die Behauptung sofort aus F31. – Das Lemma von Nakayama hat eine Art trivialer Umkehrung:

F33: *Hat das Element x des A-Moduls M für alle Teilmoduln N von M die Eigenschaft, daß aus $N + Ax = M$ stets $N = M$ folgt, so gehört x zu $\mathfrak{R}(M)$.*

Beweis: Ist $x \notin \mathfrak{R}(M)$, so gibt es einen maximalen Teilmodul N von M mit $x \notin N$. Es folgt $N + Ax = M$, so daß wegen $N \neq M$ die genannte Bedingung verletzt ist. – Zusammengenommen werfen F32 und F33 einiges Licht auf die Natur der Elemente des Radikals. Wir können daraus folgern:

F34: *M sei ein A-Modul, der ein endliches Erzeugendensystem $x_1, \dots, x_n$ besitzt. Für ein $x \in M$ sind dann äquivalent:*

(i) *$x \in \mathfrak{R}(M)$.*

(ii) *Für beliebige $a_1, \dots, a_n$ aus A bilden auch die Elemente $x_i + a_i x$ ein Erzeugendensystem von M.*

Beweis: Gelte (i), und sei N der von den $x_i + a_i x$ erzeugte Teilmodul. Wegen $x_i = (x_i + a_i x) - a_i x \in N + \mathfrak{R}(M)$ ist dann $N + \mathfrak{R}(M) = M$, woraus sich nach F31 sofort $N = M$ ergibt, also (ii). Umgekehrt: Gelte (i) nicht. Dann gibt es nach F33 einen Teilmodul $N \neq M$ von M mit $N + Ax = M$. Insbesondere haben die Erzeugenden x_i die Form $x_i = y_i - a_i x$ mit $y_i \in N$, $a_i \in A$. Die $y_i = x_i + a_i x$ liegen aber sämtlich in N, können also $M \neq N$ nicht erzeugen.

SATZ 3: *Das Radikal einer Algebra A besteht genau aus den Elementen x von A mit*

(44) $1 + ax \in A^\times$ *für alle $a \in A$.*

(Dabei bezeichnet $A^\times$ die Menge der invertierten Elemente von A, also die Gruppe der Einheiten von A.)

Beweis: Man wende F34 auf den A-Modul $M = A_l$ mit dem erzeugenden Elementen $x_1 = 1$ an. Ist für x aus A die Bedingung (44) erfüllt, so ist jedes Element der Form $1 + ax$ als Einheit von A ebenfalls ein erzeugendes Element von A_l. Nach F34 gehört dann x zu $\mathfrak{R}(A)$. Umgekehrt: Sei $x \in \mathfrak{R}(A)$. Nach F34 ist dann jedes Element der Form $1 + ax$ erzeugendes Element von A_l, also gibt es ein $b \in A$ mit

$$b(1 + ax) = 1 .$$

Wegen $b = 1 - bax$ gibt es dann entsprechend auch zu b ein Element $c \in A$ mit $cb = 1$. Es folgt die Invertierbarkeit von b und damit auch von $1 + ax$.

F35: *Für ein Linksideal N der Algebra A sind äquivalent:*

(i) $N \subseteq \mathfrak{R}(A)$;   (ii) $1 + x \in A^\times$ *für alle $x \in N$.*

Beweis: Die Behauptung folgt unmittelbar aus Satz 3.

F36: *Für jede Algebra A gilt $\Re(A) = \Re(A^O)$, d.h. $\Re(A)$ ist auch der Durchschnitt aller maximalen Rechtsideale von A.*

Beweis: Da das Radikal einer Algebra nach Bem. (b) zu Def.10 ein zweiseitiges Ideal ist (und A^O dieselben Einheiten wie A besitzt), folgt die Behauptung aus F35. – Aufgrund von F36 gilt die Aussage von F35 übrigens auch für jedes *Rechtsideal N* von A.

F37: *Besteht ein Linksideal (bzw. Rechtsideal) N von A nur aus nilpotenten Elementen, so ist N in $\Re(A)$ enthalten.*

Beweis: Im Hinblick auf F35 (und unter Beachtung von F36) genügt es zu zeigen, daß für jedes nilpotente Element x einer Algebra A das Element $1 + x$ in A invertierbar ist. In der Tat: Ist $x^n = 0$ für ein $n \in \mathbb{N}$, so folgt $(1-x)(1+x+x^2+\ldots+x^{n-1}) = 1-x^n = 1$. Da hierbei die Faktoren auf der linken Seite vertauschbar sind und mit x auch $-x$ nilpotent ist, ist damit die Behauptung gezeigt.

Bemerkungen: (1) Die Aussage von F37 darf man nicht mißverstehen, etwa in dem Sinne, daß jedes nilpotente Element a von A in $\Re(A)$ läge. Ist A nämlich nicht-kommutativ, so sind mit a nicht notwendig alle Elemente von Aa nilpotent; man betrachte zum Beispiel $A = M_2(K)$. Im übrigen haben wir in F8 schon gesehen, daß die Algebra $A = M_n(K)$ halbeinfach ist, also $\Re(A) = 0$ gilt, während A für $n > 1$ viele nilpotente Elemente besitzt.

(2) Auf der anderen Seite legt F37 die Frage nahe, ob $\Re(A)$ etwa überhaupt nur aus nilpotenten Elementen besteht. Allgemein ist dies nicht der Fall (vgl. 28.6); setzt man aber A als artinsch voraus, so ist es richtig. Für eine artinsche Algebra A gilt sogar die viel stärkere Aussage des gleich folgenden Satzes 4.

(3) Ist A *kommutativ*, so ist das *Nilradikal* $\sqrt{0}$ von A (vgl. Band I, S. 265) stets im *Jacobson-Radikal* von A enthalten. Dies folgt sofort aus F37 (aber auch aus 4.14, Band I). Im allgemeinen ist allerdings $\sqrt{0} \neq \Re(A)$; vgl. 28.6; man beachte jedoch F39 weiter unten.

SATZ 4: *Ist A artinsch, so ist $\Re(A)$ nilpotent, d.h. es gibt eine natürliche Zahl k mit $\Re(A)^k = 0$.*

Beweis: Zunächst zur Bezeichnung: Ist I ein Linksideal von A und M ein A-Modul, so bezeichne IM den von allen Elementen ax mit $a \in I$

und $x \in M$ erzeugten Teilmodul von M, er besteht aus allen endlichen Summen solcher ax. Ist $M = I'$ selbst ein Linksideal von A, so heißt $I\,I'$ das *Idealprodukt* von I und I'. für $k \in \mathbb{N}$ ist dann klar, was man unter der *Idealpotenz* I^k zu verstehen hat. Wie man sofort überlegt, besteht I^k aus allen endlichen Summen beliebiger k-facher Produkte von Elementen aus I. Insbesondere liegen alle k-ten Potenzen der Elemente von I in I^k. Sind I und I' zweiseitige Ideale, so auch $I\,I'$. – Zur Abkürzung setzen wir nun $I = \mathfrak{R}(A)$. Dann ist $I^0 = A \supseteq I^1 \supseteq I^2 \supseteq \ldots$ eine absteigende Kette von Idealen in A. Ist A also artinsch, so gibt es ein k mit $I^k = I^{k+1} = \ldots$. Wir haben also

$$(45) \qquad\qquad I\,I^k = I^k \,.$$

Wüßten wir, daß I^k endlich erzeugt ist, würde das Lemma von Nakayama (F32) sofort $I^k = 0$ ergeben. Nun werden wir später sehen, daß A in der Tat noethersch ist, doch um dies zu zeigen, brauchen wir bereits die Aussage von Satz 4. Wir müssen also anders vorgehen und nehmen zunächst $I^k \neq 0$ an. Dann betrachten wir die Menge aller Linksideale $N \neq 0$ von A mit

$$(46) \qquad\qquad I N = N \,.$$

Da I^k wegen (45) sowie unserer Annahme $I^k \neq 0$ zu dieser Menge gehört und A als artinsch vorausgesetzt ist, besitzt die genannte Menge ein minimales Element, sagen wir N. Mit (46) gilt auch $I^k N = N$, folglich gibt es ein $x \in N$ mit $I^k x \neq 0$. Wegen $I(I^k x) = I(I^k AX) = I^{k+1} Ax = I^k Ax = I^k x$ und der Minimalität von N gilt $I^k x = N$ und somit $N = Ax$. Also ist N endlich erzeugt, und aus (46) folgt daher mit dem Lemma von Nakayama $N = 0$. Damit erhalten wir einen Widerspruch, denn es war $N \neq 0$.

F38: *Sei A artinsch. Für ein Linksideal (bzw. Rechtsideal) N von A sind dann äquivalent:*

(i) $N \subseteq \mathfrak{R}(A)$;   (ii) *$N$ besteht aus nilpotenten Elementen.*

Beweis: Nach Satz 4 folgt (ii) aus (i). Die umgekehrte Richtung gilt nach F37 (auch ohne die Voraussetzung, daß A artinsch ist).

F39: *Ist A eine kommutative artinsche Algebra, so ist $\mathfrak{R}(A)$ die Menge aller nilpotenten Elemente von A (d.h. $\mathfrak{R}(A)$ stimmt mit dem Nilradikal von A überein).*

Beweis: In einer kommutativen Algebra gilt stets $(ax)^n = a^n x^n$, also sind für ein nilpotentes a aus A auch alle Elemente des Ideals Aa nilpotent. Damit folgt die Behauptung aus F38. – Im übrigen beachte man: Für jede affine K-Algebra A gilt ebenfalls $\Re(A) = \sqrt{0}$ (vgl. Band I, 19.3), doch i. a. ist A nicht artinsch. □

Wir beschließen den Abschnitt mit folgender bemerkenswerter Feststellung:

F40: *Ist A eine artinsche Algebra, so sind für einen A-Modul M die folgenden Aussagen äquivalent:*

(i) *M ist artinsch;* (ii) *M ist noethersch;*
(iii) *M ist endlich erzeugt.*

Beweis: Die Implikationen (ii) $\Rightarrow$ (iii) sowie (iii) $\Rightarrow$ (i) sind klar, vgl. F21 und F24. Es muß also gezeigt werden, daß für eine artinsche Algebra A jeder artinsche A-Modul auch noethersch ist. Es sei $I = \Re(A)$ das Radikal von A. Da mit A auch die Algebra A/I artinsch ist und sie (nach Bem. (f) zu Def. 10) das Radikal 0 besitzt, ist

$$(47) \qquad A/I \quad halbeinfach,$$

vgl. F29. Da A artinsch ist, gibt es nach Satz 4 eine natürliche Zahl mit

$$(48) \qquad I^k = 0.$$

Induktiv soll nun gezeigt werden, daß für alle natürlichen Zahlen n gilt: Ist M ein artinscher A-Modul mit $I^n M = 0$, so ist M noethersch. (Wegen (48) ist dann überhaupt *jeder* artinsche A-Modul noethersch.) Sei $n > 1$ und die Behauptung für alle natürlichen Zahlen $< n$ als richtig vorausgesetzt. Sei nun M ein artinscher A-Modul mit $I^n M = 0$. Wir betrachten dann den Teilmodul $N = I^{n-1} M$ von M. Wegen $IN = 0$ ist dann nach Induktionsannahme N noethersch. Aber auch M/N ist nach Induktionsannahme noethersch, da $I^{n-1}(M/N) = 0$. Mit N und M/N ist dann aber auch M noethersch (fortgesetzt haben wir dabei von F22 Gebrauch gemacht). Es bleibt jetzt noch der Induktionsanfang $n = 1$ zu behandeln. Sei also M ein artinscher A-Modul mit $IM = 0$. Dann können wir M auch als A/I-Modul auffassen. Als solcher ist M wegen (47) halbeinfach (F13). Wie man sich sofort überlegt, ist dann M auch als A-Modul halbeinfach. Aber für halbeinfache Moduln sind die Eigenschaften artinsch und noethersch äquivalent, vgl. F25. □

Als Konsequenz von F40 sei ausdrücklich festgehalten:

F41: *Jede artinsche Algebra ist noethersch. Jeder endlich erzeugte Modul über einer artinschen Algebra besitzt eine Kompositionsreihe (vgl. F27).*

§ 28* Aufgaben und ergänzende Bemerkungen

28.1 In Ergänzung zu F9 zeige man: Wird der A-Modul M als *halbeinfach* vorausgesetzt, so gilt: Ist $\text{End}_A(M)$ ein Schiefkörper, so ist M einfach. Hinweis: Sei $M = N \oplus T$ und p der zugehörige *Projektor*, d.h. der Endomorphismus von M mit $px = x$ für $x \in N$ und $px = 0$ für $x \in T$. Dann ist $p^2 = p$.

28.2 Auf folgende Weise verschaffe man sich eine *noethersche und artinsche K-Algebra, für die A^O weder artinsch noch noethersch ist.*
Man nehme einen Körper K der Charakteristik $p > 0$, für den die Erweiterung K/K^p nicht endlich ist. Die abelsche Gruppe $A = K \times K$ versehe man mit einer K-Algebrenstruktur, indem man $(a,b)(c,d) = (ac, ad + bc^p)$ setzt. Das einzige nicht-triviale Linksideal von A ist dann $0 \times K$, während man für jeden K^p-Teilraum V von K durch $0 \times V$ ein Rechtsideal von A erhält.

28.3 Sei g ein Endomorphismus des A-Moduls N. Zeige: *Ist g surjektiv und N noethersch (bzw. g injektiv und N artinsch), so ist g ein Automorphismus von N.*
Hinweis: Für alle n ist Kern $g^n \subseteq$ Kern g^{n+1} und Bild $g^{n+1} \subseteq$ Bild g^n.

28.4 Sei f ein Endomorphismus des artinschen und noetherschen A-Moduls M. Man zeige die Existenz von Teilmoduln V und W mit $M = V \oplus W$, $f(V) \subseteq V$, $f(W) \subseteq W$, so daß f auf V einen *Automorphismus* und auf W einen *nilpotenten* Endomorphismus vermittelt.
Hinweis: Es gibt ein n, so daß f Automorphismen von Bild f^n und $M/\text{Kern} f^n$ vermittelt (vgl. 28.3). Da das dann auch für f^n zutrifft, folgt

$$\text{Bild } f^n \cap \text{Kern } f^n = 0, \quad M = \text{Bild } f^n + \text{Kern } f^n.$$

28.5 Ist ein *artinscher und noetherscher* A-Modul M *unzerlegbar*, so ist $C := \text{End}_A(M)$ eine *lokale Algebra*, d.h. die nicht invertierbaren Elemente von C bilden ein *Ideal* von C. Umgekehrt: Ist $\text{End}_A(M)$ für einen beliebigen A-Modul M eine lokale Algebra, so ist M unzerlegbar.

Beweis: Der zweite Teil ist klar: Ist C eine lokale Algebra, so folgt aus $1 = p + q$, daß p oder q eine Einheit ist. Also kann es keine nicht-triviale Zerlegung $M = V \oplus W$ geben. – Zum ersten Teil: Aus den Voraussetzungen folgt mit 28.4, daß jedes Element f von $C = \text{End}_A(M)$ entweder eine *Einheit* oder *nilpotent* ist. Seien $f, g \in C$, und sei f nilpotent. Dann ist auch fg nilpotent, denn andernfalls wäre fg eine Einheit und damit auch f. Analog ist gf nilpotent. Es bleibt zu zeigen, daß mit nilpotenten f, g auch $f + g$ nilpotent ist. Im anderen Fall gibt es ein h mit $fh + gh = 1$. Wie wir oben gesehen haben, sind fg und gf nilpotent. Ist aber gh nilpotent, so muß $fh = 1 - gh$ eine Einheit sein.

28.6 Eine etwas verallgemeinerte Version des *Satzes von Krull-Remak-Schmidt* hat R.G. Swan angegeben (vgl. *Swan*, Algebraic K-Theory, Lect. Notes in Math. 76, S. 75 ff).

28.7 Zu einer festen Primzahl p betrachte man den Teilring A von $\mathbb{Q}$, der aus allen a/b mit $(b,p) = 1$ besteht (vgl. 23.4). Als Teilring von $\mathbb{Q}$ besitzt A keine nilpotenten Elemente $\neq 0$. Andererseits ist aber A ein lokaler Ring und pA sein maximales Ideal; somit gilt $\mathfrak{R}(A) = pA$, also insbesondere $\mathfrak{R}(A) \neq 0$.

28.8 Die R-Algebra A sei als R-Modul endlich erzeugt, und es sei α ein Element von A. Auf's neue soll dann gezeigt werden, daß α *ganz* über R ist (vgl. Band I, F1 auf S. 234). Unter Verwendung des Hilbertschen Basissatzes (Band I, Satz 4 auf S. 268) zeige man zuerst, daß R ohne Einschränkung als *noethersch* vorausgesetzt werden darf. Ist R aber noethersch, so auch der R-Modul A (vgl. F24). Man betrachte nun die aufsteigende Folge der R-Teilmoduln $R + R\alpha + \ldots + R\alpha^i$.

28.9 Es ist klar, daß man in der Definition des *Tensorproduktes von R-Moduln* den *kommutativen Grundring* R nicht einfach durch eine nicht-kommutative Algebra A ersetzen kann. Um nun auch für eine beliebige R-Algebra A zu einem geeigneten Konzept zu gelangen, hat man von der folgenden Situation auszugehen:

Es seien M ein A^O-Modul (notiert als A-Rechtsmodul) und N ein A-Modul. Wir betrachten dann R-bilineare Abbildungen $\beta : M \times N \longrightarrow X$ in einen beliebigen R-Modul X, die in dem folgenden Sinne *ausgewogen* sind:

$$\beta(xa,y) = \beta(x,ay) \quad \text{für alle } a \in A,\ x \in M,\ y \in N.$$

Ein Tensorprodukt *von M, N ist dann ein R-Modul $M \otimes_A N$, zusammen mit einer ausgewogenen R-bilinearen Abbildung $\pi : M \times N \longrightarrow M \otimes_A N$, notiert durch $(x,y) \longmapsto x \otimes y$, so daß es zu jedem ausgewogenen R-bilinearen $\beta : M \times N \longrightarrow X$ genau ein R-lineares $f : M \otimes_A N \longrightarrow X$ mit $f(x \otimes y) = \beta(x,y)$ gibt.*

Um zu zeigen, daß $M \otimes_A N$ existiert, betrachte man den R-Modul $M \otimes_R N$ und bilde den Restklassenmodul $M \otimes_A N = M \otimes_R N / I$ nach dem von allen Elementen der Gestalt $xa \otimes y - x \otimes ay$ erzeugten Teilmodul I. Dann ist klar, daß $M \otimes_A N$ zusammen mit $\pi : M \times N \longrightarrow M \otimes_R N \longrightarrow M \otimes_A N$ die verlangten Eigenschaften besitzt.

Allerdings läßt sich $M \otimes_A N$ im allgemeinen nicht als A-Modul ansehen (aber für kommmutatives A ist dies der Fall, und man überlegt sich sofort, daß dann alles mit der früheren Definition 6.11 in Band I mit A anstelle von R verträglich ist). Die Regeln in 6.11, Band I übertragen sich – abgesehen natürlich von der fehlenden A-Modulstruktur und der Kommutativität in (vi) – sinngemäß auf Tensorprodukte der hier betrachteten Art. Dabei gelten die Regeln (iv) und (v) sowohl hinsichtlich des ersten Faktors M wie hinsichtlich des zweiten Faktors N von $M \otimes_A N$. Was die Assoziativitätsaussage in Regel (vi) betrifft, so interpretiere und beweise man die folgende Aussage:

Für einen A-Rechtsmodul M, einen A-B-Bimodul N und einen B-Modul Y hat man eine kanonische Isomorphie

$$(M \otimes_A N) \otimes_B Y \simeq M \otimes_A (N \otimes_B Y).$$

§ 29

Wedderburntheorie

1. Im Mittelpunkt dieses Paragraphen steht zunächst der auf *Wedderburn* zurückgehende Struktursatz, nach welchem jede *einfache artinsche Algebra* zu einer Matrixalgebra $M_n(D)$ über einem Schiefkörper D isomorph ist, wobei n und D (bis auf Isomorphie) eindeutig bestimmt sind. Eine Strukturaussage der abstrakten Algebra, die sehr befriedigt, und die man zudem auf sehr einfachem (von *E. Artin* vorgezeichnetem) Wege mit Mitteln der *Linearen Algebra* erhält! Sie führt das Studium einfacher artinscher Algebren auf das Studium der *Schiefkörper* zurück und ist daher nicht nur Endpunkt, sondern auch herausfordernder Ausgangspunkt, indem sich nun die Frage nach der Klassifikation von Schiefkörpern stellt (ein Problem, das sich selbst unter gehöriger Einschränkung der Fragestellung als härter herausstellt, als es vielleicht scheinen mag; immerhin werden wir in §31 den Fall *lokaler Schiefkörper* abhandeln können).

Aufgrund des Satzes von Wedderburn ist es naheliegend, zwei zentraleinfache Algebren *ähnlich* zu nennen, wenn sie zu Matrixalgebren über demselben Schiefkörper isomorph sind. Die Menge der Ähnlichkeitsklassen wird mit $Br(K)$ bezeichnet und stellt eine wichtige Invariante des Körpers K dar. Von tiefreichender Bedeutung ist es nun, daß $Br(K)$ in natürlicher Weise die Struktur einer *Gruppe* trägt; die Multiplikation wird dabei durch das Tensorprodukt von Algebren vermittelt. Das Tensorprodukt ist aber auch deshalb ein unverzichtbares Hilfsmittel der Theorie, weil es erlaubt, von einer zentraleinfachen K-Algebra $A = M_n(D)$ mittels Konstantenerweiterung zu einer zentraleinfachen Algebra A_L über einem größeren Körper L überzugehen. Es ist dann insbesondere nach solchen L zu fragen, für die A_L eine Matrixalgebra über dem (kommutativen!) Körper L wird. Solche L heißen *Zerfällungskörper* von A.

Wir werden zeigen, daß A stets Zerfällungskörper L von endlichem Grad über K besitzt und daß der kleinste in Frage kommende Grad mit dem *Schurschen Index* von A übereinstimmt, d.h. der Quadratwurzel aus der Dimension von D über K. – Diese Ausführungen mögen genügen, um anzudeuten, daß es sich bei dem Gegenstand dieses Paragraphen um ein besonders attraktives Gebiet der Algebra handelt.

Definition 1: Eine Algebra $A \neq 0$ heißt *einfach*, wenn 0 und A die einzigen Ideale von A sind (vgl. Band I, S. 53, Def. 8).   □

Ohne weitere Zusatzbedingungen braucht eine einfache Algebra keineswegs halbeinfach zu sein (vgl. Aufgabe 29.1); es gilt aber

F1: *Für eine einfache Algebra A sind äquivalent:*
  (i)   *A ist halbeinfach.*
  (ii) *A ist artinsch.*
  (iii) *A besitzt ein minimales Linksideal N.*

Beweis: (i) $\Rightarrow$ (ii) ist schon in §28, F26 enthalten, und (ii) $\Rightarrow$ (iii) ist trivial. Gelte also (iii). Dann ist

$$NA = \sum_{a \in A} Na$$

ein (zweiseitiges) Ideal $\neq 0$ von A. Da A einfach ist, gilt also $NA = A$. Somit haben wir

(1) $$A = \sum_{a \in A} Na.$$

Mit N ist nun aber auch jedes Na mit $Na \neq 0$ ein einfacher A-Modul, denn Na ist das Bild von N bei dem A-Modulhomomorphismus $x \longmapsto xa$. Nach (1) ist dann also A_l Summe von einfachen Teilmoduln und somit halbeinfach (§28, F10). – Wir können gleich noch etwas mehr sagen: Da A_l von 1 erzeugt wird, gibt es endlich viele $a_1, \ldots, a_n$ aus A mit $A = Na_1 + \ldots + Na_n$. Nach dem oben Gesagten (und §28, F11) gilt dann mit einem $m \in \mathbb{N}$

(2) $$A_l \simeq N^m.$$

Der A-Modul A_l ist also *isogen* (vgl. §28, Def. 5).

F2: *Für eine halbeinfache Algebra $A \neq 0$ sind äquivalent:*
  (i)   *A ist einfach.*
  (ii) *Der A-Modul A_l ist isogen.*
  (iii) *Alle einfachen A-Moduln sind isomorph.*

Beweis: (i) $\Rightarrow$ (ii) haben wir oben schon erledigt. Ein beliebiger A-Modul M ist isomorph zu einem Restklassenmodul eines A-Moduls der Gestalt $A_l^{(I)}$. Ist also A_l isogen vom Typ τ, so auch $A_l^{(I)}$ und somit auch M (vgl. §28, F11). Insbesondere sind alle einfachen A-Moduln von ein und demselben Typ τ. Damit ist (ii) $\Rightarrow$ (iii) gezeigt. Nun gilt trivialerweise (iii) $\Rightarrow$ (ii), also bleibt nur zu zeigen, daß auch (ii) $\Rightarrow$ (i) gilt. Dies aber ergibt sich sofort aus F17 in §28, denn danach ist jedes Ideal $U \neq 0$ von A notwendig gleich A.

F3: *Für jede Divisionsalgebra D ist $M_n(D)$ eine einfache artinsche Algebra.*

Beweis: Dies folgt im Hinblick auf §28, F8 sofort aus F2 (und F1). □

Eine wichtige Eigenschaft jeder einfachen Algebra konstatiert die folgende Feststellung:

F4: *Das Zentrum einer einfachen Algebra ist ein Körper.*

Beweis: Das Zentrum $Z = Z(A)$ einer Algebra A besteht aus allen $z \in A$ mit

$$(3) \qquad za = az \quad \text{für alle } a \in A.$$

Offenbar ist Z stets eine (kommutative) Teilalgebra von A. Zum Beweis von F4 genügt es dann zu zeigen, daß im Falle einer *einfachen* Algebra A jedes $z \neq 0$ aus Z invertierbar in A ist; multipliziert man nämlich (3) von rechts und links mit z^{-1}, so sieht man, daß auch z^{-1} zu Z gehört. Für $z \in Z$ ist $zA = Az$ ein Ideal von A; ist also A einfach und $z \neq 0$, so folgt $zA = A = Az$. Es gibt somit $x, y \in A$ mit $zx = 1 = yz$, also ist z invertierbar in A.

SATZ 1: *Jede halbeinfache Algebra $A \neq 0$ besitzt nur endlich viele verschiedene minimale Ideale $A_1, \ldots, A_n$. Hinsichtlich Addition und Multiplikation von A ist jedes A_i selbst eine Algebra. Es ist dann*

$$(4) \qquad A = A_1 \times A_2 \times \ldots \times A_n$$

das direkte Produkt der Algebren A_i, und jedes A_i ist eine einfache artinsche Algebra. Man nennt daher die A_i auch die einfachen Bestandteile von A.

Umgekehrt: Sind endlich viele einfache artinsche Algebren $A_1, \ldots, A_n$ vorgegeben, so ist das direkte Produkt A von $A_1, \ldots, A_n$ eine halbeinfache Algebra, und die A_i (aufgefaßt als Teile von A) sind die minimalen Ideale von A.

Beweis: Wir benutzen F18 aus §28. Danach ist A als A-Linksmodul die direkte Summe der sämtlichen (endlich vielen) verschiedenen minimalen Ideale $A_1, \ldots, A_n$ von A:

$$(5) \qquad\qquad A = A_1 \oplus A_2 \oplus \ldots \oplus A_n \,.$$

Da die A_i (zweiseitige) Ideale von A sind, gilt insbesondere $A_i A_j \subseteq A_i \cap A_j$. Wegen (5) ist daher

$$(6) \qquad\qquad A_i A_j = 0 \quad \text{für} \quad i \neq j \,.$$

Nun hat nach (5) jedes $x \in A$ eine *eindeutige* Darstellung der Gestalt

$$x = x_1 + x_2 + \ldots + x_n \quad \text{mit } x_i \in A_i \,.$$

Wir nennen x_i die Komponente von x in A_i. Nach (6) gilt dann für beliebige $x, y \in A$

$$(7) \qquad\qquad xy = x_1 y_1 + x_2 y_2 + \ldots + x_n y_n \,.$$

Speziell gilt für das Einselement e von A und jedes $x_i \in A_i$

$$e_i x_i = e x_i = x_i = x_i e = x_i e_i \,.$$

Somit ist A_i eine Algebra mit Einselement e_i. Insgesamt haben wir gezeigt, daß die Algebra A *direktes Produkt* der Algebren $A_1, \ldots, A_n$ ist. Betrachten wir ein festes A_i, so ist jedes Linksideal (bzw. jedes Ideal) von A_i auch ein solches von A. Daher ist $(A_i)_l$ artinsch (denn A_l ist artinsch), und als minimales Ideal von A besitzt A_i nur die Ideale 0 und A_i. Wie behauptet, ist A_i also eine einfache artinsche Algebra.

Zum zweiten Teil des Satzes: Sei $A = A_1 \times A_2 \times \ldots \times A_n$ endliches direktes Produkt von zunächst beliebigen Algebren A_i. Für eine Teilmenge T von A bezeichne $T_i = p_i(T)$ das Bild von T unter der i-ten Projektion p_i. Ist nun T ein Linksideal von A, so gilt $T = T_1 \times T_2 \times \ldots \times T_n$. In der Tat: Ist $x = (x_i)_i$ aus T und bezeichnet e_i das Einselement von A_i, so gilt

$$x = 1x = \left(\sum_i e_i \right) x = \sum_i e_i x = \sum_i x_i$$

mit $x_i = e_i x \in T$. Sind die A_i also einfache Algebren, so folgt, daß A genau die A_i als minimale Ideale besitzt. Sind die A_i halbeinfach, so sieht man sofort, daß A_i auch als A-Modul halbeinfach ist; nun ist A_l aber die direkte Summe der A-Moduln A_i, also ist A halbeinfach.

F5: *In der Situation von Satz 1 bezeichne $K_i = Z(A_i)$ das Zentrum jeder Algebra A_i. Für das Zentrum $Z = Z(A)$ von A gilt dann wegen (4)*

$$(8) \qquad\qquad Z = K_1 \times K_2 \times \ldots \times K_n \,.$$

Das Zentrum einer halbeinfachen Algebra A ist also das direkte Produkt der Zentren K_i ihrer einfachen Bestandteile A_i. Jedes K_i ist ein Körper (vgl. F4).

Ist $n > 1$ in (8), so ist Z offenbar nicht nullteilerfrei, also läßt sich in Ergänzung zu F2 feststellen:

F6: *Eine halbeinfache Algebra ist genau dann einfach, wenn ihr Zentrum ein Körper ist.*

Als Körper ist jedes K_i in (8) insbesondere eine einfache artinsche Algebra. Nach Satz 1 ist daher $Z = Z(A)$ selbst eine halbeinfache Algebra, und ihre einfachen Bestandteile sind die Körper K_i. Insbesondere erhalten wir im Falle, daß A kommutativ, d.h. $Z = A$ ist, die folgende Strukturaussage:

F7: *Eine Algebra A ist genau dann eine kommutative halbeinfache Algebra, wenn A das direkte Produkt von endlich vielen Körpern ist:*

$$(9) \qquad A = K_1 \times K_2 \times \ldots \times K_n.$$

Durch (9) sind die Körper K_i als Teilmengen von A eindeutig festgelegt.

Zieht man nun Ergebnisse aus Abschnitt 4 von §28 heran, so kann man zeigen:

SATZ 2: *Sei A eine kommutative artinsche Algebra. Besitzt dann A keine nilpotenten Elemente $\neq 0$, so ist A halbeinfach (und damit F7 anwendbar).*

Beweis: Unter den genannten Voraussetzungen hat A nach §28, F39 das Radikal $\mathfrak{R}(A) = 0$, ist also wegen §28, F29 halbeinfach. – Als eine nützliche Konsequenz von Satz 2 wollen wir ausdrücklich festhalten:

F8: *Besitzt eine endlich-dimensionale <u>kommutative</u> K-Algebra A keine nilpotenten Elemente $\neq 0$, so ist A direktes Produkt von endlich vielen Erweiterungskörpern $K_1, \ldots, K_n$ endlichen Grades von K. Die K_i sind dabei als Teilkörper von A eindeutig bestimmt.*

Bemerkung: Im Falle char$(K) = 0$ läßt sich F8 auch direkter beweisen, siehe 29.3. Man vgl. im übrigen auch 23.15.

2. Nach F3 ist jede Matrixalgebra $M_n(D)$ über einem Schiefkörper D ein Beispiel für eine einfache artinsche Algebra. In Wahrheit sind hierdurch bereits alle einfachen artinschen Algebren erfaßt; es gilt nämlich der

Satz von Wedderburn: *Eine artinsche Algebra A ist genau dann einfach, wenn A zu einer Matrixalgebra $M_n(D)$ über einem Schiefkörper D isomorph ist. Dabei sind n und die Isomorphieklasse von D durch die Isomorphieaussage*

(10) $A \simeq M_n(D)$

eindeutig festgelegt.

Nachdem F3 schon bewiesen ist, wird sich die Strukturaussage (10) aus dem anschließenden Satz 3 und die Eindeutigkeitsaussage aus der nachfolgenden Feststellung ergeben. Beginnen wir also mit (10) und formulieren gleich ausführlich den folgenden

SATZ 3: *Sei A eine einfache artinsche Algebra, und sei N ein einfacher A-Modul mit Endomorphismenschiefkörper D. Dann gelten:*
(I) *Die natürliche Abbildung $A \longrightarrow \mathrm{End}_D(N)$ ist ein Isomorphismus. Der D-Vektorraum N ist endlich-dimensional, und seine Dimension stimmt mit der Länge r von A überein. Es gilt also*

(11) $A \simeq M_r(D^O)$.

Das Zentrum von A ist ein Körper; er ist zum Zentrum von D isomorph.

(II) *Für einen beliebigen endlich erzeugten A-Modul $M \neq 0$ ist $B := \mathrm{End}_A(M)$ eine einfache artinsche Algebra, und zwar gilt*

(12) $B \simeq M_n(D)$

mit demselben D wie oben und $n = M : N$. Ist A eine K-Algebra, so gilt die Dimensionsformel

(13) $(M : K)^2 = (A : K)(B : K)$,

wobei alle genannten Dimensionen endlich sind, wenn dies nur für eine vorausgesetzt wird.

Beweis: 1) Als einfache artinsche Algebra ist A halbeinfach (F1). Jeder A-Modul ist daher direkte Summe von einfachen A-Moduln (§28, F13). Nun sind aber alle einfachen A-Moduln isomorph (F2); also ist jeder A-Modul M isomorph zu $N^{(I)}$ für geeignetes I. Ist M endlich erzeugt, so gilt

(14) $M \simeq N^n$

mit einem $n \in \mathbb{N}$. Aus (14) folgt mit §28, F4 sofort

$$\operatorname{End}_A(M) \simeq M_n(\operatorname{End}_A(N)) = M_n(D),$$

also gilt (12). Insbesondere ist $B = \operatorname{End}_A(M)$ eine einfache artinsche Algebra.

2) Wir wenden 1) auf den A-Modul A_l an und erhalten aus

$$(15) \qquad\qquad A_l \simeq N^r$$

mit $r = A_l : N = l(A)$ den Algebrenisomorphismus

$$\operatorname{End}_A(A_l) \simeq M_r(D).$$

Nun ist aber $\operatorname{End}_A(A_l) = A^O$, also gilt

$$(16) \qquad\qquad A^O \simeq M_r(D).$$

Es folgt $A = (A^O)^O \simeq M_r(D)^O \simeq M_r(D^O)$, vgl. (28) in §28.

3) Wir wählen ein $\varphi : A_l \xrightarrow{\sim} N^r$. In wohlbestimmter Weise induziert dann φ einen Isomorphismus φ^* in dem nachfolgenden Diagramm (vgl. dazu auch den Beweis von F9 weiter unten):

$$(17)$$

$$
\begin{array}{ccc}
A & \longrightarrow & \operatorname{End}_D(N) \\
\downarrow & & \downarrow \\
\operatorname{End}_{\operatorname{End}_A(A_l)}(A_l) & \xrightarrow{\;\varphi^*\;} & \operatorname{End}_{\operatorname{End}_A(N^r)}(N^r)
\end{array}
$$

Die weiteren Abbildungen in (17) sind kanonisch, und die vertikalen zudem Isomorphismen (§28, F3 und F4). Wie man leicht erkennt, gehen bei allen Abbildungen von (17) Linkstranslationen mit Elementen von A in ebensolche über; folglich ist (17) kommutativ. Wie behauptet, ist also auch die natürliche Abbildung $A \longrightarrow \operatorname{End}_D(N)$ ein Isomorphismus. Damit ist aber auch $\operatorname{End}_D(N)$ *artinsch*, und dies wiederum erzwingt offenbar $N : D < \infty$. Die Länge von $\operatorname{End}_D(N)$ ist $N : D$ (vgl. §28, F8), somit gilt

$$(18) \qquad\qquad N : D = l(A) = r.$$

Daß das Zentrum von A ein *Körper* ist, gilt nach F4 für jede einfache Algebra A (ob artinsch oder nicht). In vorliegender Situation können wir es auch wie folgt ablesen: Für $a \in Z = Z(A)$ liegt a_N in $\operatorname{End}_A(N) = D$ und daher sogar im Zentrum $Z(D)$ von D. Andererseits ist $Z(D)$ offenbar im Zentrum von $\operatorname{End}_D(N)$ enthalten. Der Isomorphismus

$$(19) \qquad\qquad A \longrightarrow \operatorname{End}_D(N)$$

vermittelt daher einen Isomorphismus von $Z = Z(A)$ auf das Zentrum $Z(D)$ des Schiefkörpers D. Letzteres ist aber offenbar ein Körper.

4) Aus (14) und (18) folgt $M : K = n(N : K) = n(N : D)(D : K) = nr(D : K)$. Aus (16) bzw. (12) ergibt sich andererseits $A : K = r^2(D : K)$ bzw. $B : K = n^2(D : K)$. Es folgt $(A : K)(B : K) = r^2 n^2 (D : K)^2 = (M : K)^2$, d.h. es gilt (13).

F9: *Aus $M_r(D_1) \simeq M_s(D_2)$ mit Schiefkörpern D_1 und D_2 folgt $D_1 \simeq D_2$ und $r = s$.*

Beweis: 1) Es seien N, N' beliebige A-Moduln über einer Algebra A. Aus $N \simeq N'$ folgt dann $\mathrm{End}_A(N) \simeq \mathrm{End}_A(N')$. Ein Isomorphismus $\varphi : N \longrightarrow N'$ vermittelt nämlich durch $f \longmapsto \varphi \circ f \circ \varphi^{-1}$ einen Isomorphismus $\mathrm{End}_A(N) \longrightarrow \mathrm{End}_A(N')$.

2) Sei $f : A \longrightarrow A'$ ein Isomorphismus einfacher artinscher Algebren, N bzw. N' seien einfache Moduln über A bzw. A'. Vermöge f können wir N' als A-Modul auffassen: $ax = f(a)x$. Offenbar ist der A-Modul N' einfach. Als einfache artinsche Algebra besitzt A aber nur einen Typ eines einfachen A-Moduls. Folglich gilt $N \simeq N'$ als A-Modul, und nach 1) zieht dies $\mathrm{End}_A(N) \simeq \mathrm{End}_A(N')$ nach sich. Nach der Definition der A-Modulstruktur von N' gilt nun aber $\mathrm{End}_A(N') = \mathrm{End}_{A'}(N')$, und wir erhalten $\mathrm{End}_A(N) \simeq \mathrm{End}_{A'}(N')$.

3) Ist D eine Divisionsalgebra, so ist D^r für jedes $r \in \mathbb{N}$ ein einfacher $M_r(D)$-Modul, und $\mathrm{End}_{M_r(D)}(D^r)$ ist isomorph zu D^O, vgl. §28, F5. Aus $M_r(D_1) \simeq M_s(D_2)$ folgt somit nach 2) die Isomorphie $D_1^O \simeq D_2^O$, also $D_1 \simeq D_2$. Damit ist der erste Teil von F9 bewiesen. Wegen $D_1 \simeq D_2$ ist $M_s(D_1) \simeq M_s(D_2)$. Aus $M_r(D_1) \simeq M_s(D_2)$ folgt somit $M_r(D_1) \simeq M_s(D_1)$.

4) Es bleibt also zu zeigen: Aus $M_r(D) \simeq M_s(D)$ für einen Schiefkörper D folgt $r = s$. Dies aber ist klar, wenn wir den Begriff der *Länge* heranziehen. Da isomorphe artinsche Algebren offenbar die gleiche Länge besitzen, gilt $r = l(M_r(D)) = l(M_s(D)) = s$.

Bemerkung: Wir haben den vorstehenden Beweis so breit dargestellt, weil wir analoge Beweise für F9 in der Literatur unzureichend oder wenigstens lückenhaft fanden. So wird Punkt 4) oft einfach dadurch erledigt, daß aus $M_r(D) \simeq M_s(D)$ ohne weiteres auf die Dimensionsgleichheit der D-Vektorräume geschlossen wird. Aber weder braucht die Isomorphie $M_r(D) \simeq M_s(D)$ ein D-Morphismus zu sein, noch führen zwei D-Vektorraumstrukturen derselben Additionsgruppe notwendig auf die gleiche D-Dimension. Im übrigen sei darauf hingewiesen, daß gewisse technische Schwierigkeiten in den Beweisen von Satz 3 und F9 gar nicht auftreten, wenn nur *endlich-dimensionale K-Algebren* betrachtet werden. Bei den Anwendungen der Theorie in den folgenden Paragraphen werden wir uns ganz auf diesen Fall zurückziehen. □

Einige einfache Folgerungen aus dem Satz von Wedderburn wollen wir sofort expressis verbis festhalten:

F10: (a) *Eine einfache Algebra A ist genau dann artinsch, wenn A^O artinsch ist, und in dem Falle gilt $l(A) = l(A^O)$.*

(b) *Eine Algebra A ist genau dann halbeinfach, wenn die Algebra A^O halbeinfach ist, und in dem Falle gilt $l(A) = l(A^O)$.*

Beweis: (a) Aus $A \simeq M_n(D)$ folgt $A^O \simeq M_n(D)^O \simeq M_n(D^O)$, und außerdem gilt $l(M_n(D)) = n = l(M_n(D^O))$.

(b) Mit (a) folgt die Behauptung sofort aus Satz 1. – Mit Satz 1 ergibt sich ferner

SATZ 4: *Eine Algebra A ist genau dann halbeinfach, wenn*

$$(20) \qquad A \simeq M_{r_1}(D_1) \times M_{r_2}(D_2) \times \ldots \times M_{r_n}(D_n)$$

gilt mit Schiefkörpern D_i. Durch die Isomorphieaussage (20) sind die Anzahl n der Faktoren, die Isomorphieklassen der D_i sowie die $r_1, \ldots, r_n$ eindeutig festgelegt.

Um uns später darauf beziehen zu können, wollen wir als wichtigen Spezialfall des Wedderburnschen Satzes ausdrücklich festhalten:

SATZ 5: *Eine endlich-dimensionale K-Algebra A ist genau dann einfach, wenn A zu einer Matrixalgebra $M_n(D)$ über einer K-Divisionsalgebra D isomorph ist. Dabei sind n und die Isomorphieklasse von D durch die Isomorphieaussage*

$$(21) \qquad A \simeq M_n(D)$$

eindeutig bestimmt, und außerdem ist $D : K < \infty$. Genau dann ist K das Zentrum von A, wenn K das Zentrum von D ist.

Beweis: Da eine endlich-dimensionale K-Algebra artinsch ist, können wir den Satz von Wedderburn anwenden. Aus der K-Isomorphie (21) folgt $A : K = n^2(D : K)$, also insbesondere $D : K < \infty$. Das Zentrum von A ist K-isomorph zum Zentrum von D, vgl. Satz 3.

SATZ 6: *Ist K algebraisch abgeschlossen, so ist jede endlich-dimensionale einfache K-Algebra A isomorph zu einer Matrixalgebra $M_n(K)$ über dem Körper K; insbesondere hat A das Zentrum K, und die Dimension $A : K = n^2$ ist eine Quadratzahl.*

Beweis: Die Behauptung ergibt sich aus Satz 5 sowie dem nachstehenden

Lemma 1: *Es sei D eine endlich-dimensionale Divisionsalgebra über dem Körper K. Dann ist jede kommutative Teilalgebra E von D ein Körper. Ist K algebraisch abgeschlossen, so folgt D = K.*

Beweis: Als Teilalgebra von D ist E nullteilerfrei und von endlicher Dimension über dem Körper K. Also ist E ein Körper (vgl. Band I, F2 auf S.21). Ist nun K algebraisch abgeschlossen, so folgt $E = K$. Wendet man dies auf die von einem beliebigen $a \in D$ erzeugte Teilalgebra $E = K[a]$ von D an, so folgt $a \in K$.

F11: *Sei A eine Algebra über dem algebraisch abgeschlossenen Körper K, und sei M ein einfacher A-Modul mit M : K < ∞. Dann ist K → $\mathrm{End}_A(M)$ ein Isomorphismus, und A → $\mathrm{End}_K(M)$ ist surjektiv. Ist A kommutativ, so ist M : K = 1.*

Beweis: Der A-Modul M ist als einfach vorausgesetzt, also ist $D := \mathrm{End}_A(M)$ nach dem *Schurschen Lemma* (§28, F9) eine K-Divisionsalgebra. Nun ist aber $D = \mathrm{End}_A(M)$ eine Teilalgebra der K-Algebra $\mathrm{End}_K(M)$, und diese ist wegen $M : K < \infty$ endlich-dimensional. Aus dem Lemma 1 folgt dann in der Tat $D = K$, d.h. die erste Behauptung von F11. Die Surjektivität der natürlichen Abbildung $A \longrightarrow \mathrm{End}_K(M)$ ergibt sich nun am leichtesten aus dem *Dichtesatz* (§28, F20). Ist A kommutativ, so auch das homomorphe Bild $\mathrm{End}_K(M) \simeq M_n(K)$, was aber nur für $n = M : K = 1$ möglich ist.   □

Der *Satz von Wedderburn* legt folgende Begriffsbildung nahe:

Definition 2: Zwei einfache artinsche Algebren A und B heißen *ähnlich*, in Zeichen $A \sim B$, wenn es eine Divisionsalgebra D und natürliche Zahlen r, s gibt mit
$$(22) \qquad\qquad A \simeq M_r(D), \qquad B \simeq M_s(D).$$

Bemerkungen: Aus dem Satz von Wedderburn, insbesondere seiner Eindeutigkeitsaussage, ergibt sich leicht, daß für einfache artinsche Algebren gelten:

(a)   Aus $A \simeq B$ folgt $A \sim B$.

(b)   Aus $A \sim B$ und $l(A) = l(B)$ folgt $A \simeq B$.

(c) $\sim$ hat die Eigenschaften einer Äquivalenzrelation.

(d)   Aus $A \sim B$ folgt die Isomorphie $Z(A) \simeq Z(B)$ der Zentren von A und B.

Definition 3: Eine K-Algebra A heißt _zentral_, wenn K das Zentrum von A ist.

Bemerkung: Sei A eine _einfache_ Algebra. Nach F4 ist das Zentrum von A ein _Körper_. Bezeichnen wir das Zentrum von A mit K, so können wir A in natürlicher Weise auch als eine K-Algebra ansehen; notieren wir diese Algebra mit A/K, so ist A/K eine _zentrale_ Algebra. (Natürlich ist A/K einfach, genausogut wie A.) $\quad\square$

Der _Satz von Wedderburn_ zeigt, daß das Studium einfacher artinscher Algebren wesentlich im Studium von _Schiefkörpern_ besteht. Was nun deren Untersuchung angeht, so liegt es nahe, jeweils alle Schiefkörper, deren Zentrum zu ein und demselben Körper K isomorph ist, zu betrachten, also zu vorgegebenem K die _zentralen_ Divisionsalgebren D über K zu studieren. Für ein solches D braucht nun keineswegs $D:K < \infty$ zu gelten (vgl. 29.16), doch werden wir später genauere Auskünfte nur im Fall $D:K < \infty$ geben können. Um im weiteren eine bequeme Sprechweise zur Hand zu haben, folgen wir dem in der Literatur eingebürgerten Brauch und treffen die

Definition 4: Eine einfache K-Algebra A heißt _zentraleinfach_, wenn die K-Algebra A zentral und _endlich-dimensional_ ist.

Bemerkung: Eine K-Algebra A ist genau dann zentraleinfach, wenn $A \simeq M_n(D)$ mit einer endlich-dimensionalen und zentralen K-Divisionsalgebra D gilt (vgl. Satz 5).

Definition 5: Für einen gegebenen Körper K bezeichnet man mit

$$Br(K)$$

die Menge aller _Ähnlichkeitsklassen zentraleinfacher K-Algebren_. Man nennt $Br(K)$ die **Brauersche Gruppe** von K.

Bemerkungen: 1) Zunächst ist etwas zur mengentheoretischen Zulässigkeit der Definition zu sagen. Wegen Bem. (a) zu Def. 2 und weil wir es mit endlich-dimensionalen K-Algebren zu tun haben, genügt es zu bemerken, daß es zulässig ist, von der Menge aller _Isomorphieklassen endlichdimensionaler K-Algebren_ zu sprechen. In der Tat: Ist A eine beliebige n-dimensionale K-Algebra, so haben wir einen natürlichen Monomorphismus

$$A \longrightarrow \operatorname{End}_K(A),$$

vgl. (5) in §28. Nun ist aber $\operatorname{End}_K(A) \simeq M_n(K)$, somit ist A isomorph zu einer Teilalgebra der K-Algebra $M_n(K)$.

2) Das von einer zentraleinfachen K-Algebra A bestimmte Element von $Br(K)$ bezeichnen wir mit $[A]$. Für zentraleinfache K-Algebren A, B gelten:

$$\text{Aus } A \simeq B \quad \text{folgt} \quad [A] = [B]$$
$$\text{Aus } [A] = [B] \quad \text{und} \quad A : K = B : K \quad \text{folgt} \quad A \simeq B.$$

Jedes Element von $Br(K)$ ist von der Gestalt $[D]$ mit einer endlich-dimensionalen, zentralen Divisionsalgebra über K, und D ist dadurch bis auf Isomorphie eindeutig bestimmt.

3) Hauptziel des nächsten Abschnittes wird es sein, zu zeigen, daß das Tensorprodukt $A \otimes_K B$ von zentraleinfachen K-Algebren A und B ebenfalls eine zentraleinfache K-Algebra ist. Wie wir dann noch genauer sehen werden, ermöglicht dies, die Menge $Br(K)$ in natürlicher Weise mit einer Gruppenstruktur zu versehen, was den Namen *Brauersche Gruppe* für $Br(K)$ erst rechtfertigt.

3. **Bezeichnungen:** Für einen vorgegebenen Körper K bezeichnen wir das Tensorprodukt $A \otimes_K B$ von K-Algebren A und B auch einfach mit $A \otimes B$, wenn keine Mißverständnisse zu befürchten sind. Vermöge $a \longmapsto a \otimes 1$ und $b \longmapsto 1 \otimes b$ fassen wir A und B als Teilalgebren der K-Algebra $A \otimes B$ auf (vgl. Band I, S. 77 ff, insb. F9; beachte auch 6.14).

Ist A eine K-Algebra, so heißt die K-Algebra

$$(23) \qquad\qquad A \otimes_K A^O$$

die *einhüllende Algebra* von A. Wir betrachten die Homomorphismen

$$(24) \qquad\qquad A \longrightarrow \operatorname{End}_K(A), \qquad A^O \longrightarrow \operatorname{End}_K(A),$$

die jedem Element von A die von diesem bewirkte Links- bzw. Rechtsmultiplikation zuordnen. Da Links- bzw. Rechtsmultiplikationen miteinander vertauschbar sind, erhalten wir einen natürlichen Homomorphismus

$$(25) \qquad\qquad A \otimes_K A^O \longrightarrow \operatorname{End}_K(A).$$

Vermöge desselben können wir A als $A \otimes_K A^O$-Modul ansehen; diese Modulstruktur ist also durch

$$(26) \qquad\qquad (a_1 \otimes a_2)x = a_1 x a_2$$

eindeutig festgelegt. *Genau dann ist der $A \otimes_K A^O$-Modul A einfach, wenn die Algebra A einfach ist.* Man überlegt sich ferner sofort, daß gilt

$$(27) \qquad\qquad \operatorname{End}_{A \otimes_K A^O}(A) = Z(A),$$

vgl. §28, F3. Im Hinblick auf das *Lemma von Schur* erhalten wir aus (27) von neuem, daß das Zentrum einer einfachen K-Algebra ein Körper ist.

Ist B eine Teilalgebra der K-Algebra A, so heißt

$$(28) \qquad Z_A(B) = \{a \in A \mid ax = xa \text{ für alle } x \in B\}$$

der *Zentralisator von B in A*. Offenbar ist $Z_A(B)$ eine Teilalgebra von A.
Per Einschränkung vermittelt (25) einen Homomorphismus

$$(29) \qquad B \otimes_K A^O \longrightarrow \text{End}_K(A),$$

und wir können A auch als $B \otimes A^O$-Modul ansehen. In Verallgemeinerung
von (27) gilt dann offenbar

$$(30) \qquad \text{End}_{B \otimes A^O}(A) = Z_A(B).$$

$Z_A(Z_A(B))$ heißt der *Bizentralisator von B in A*. Definitionsgemäß gilt
$B \subseteq Z_A(Z_A(B))$.

F12: *Für Teilalgebren A' bzw. B' von K-Algebren A bzw. B gilt*

$$(31) \qquad Z_{A \otimes B}(A' \otimes B') = Z_A(A') \otimes Z_B(B')$$

(wobei wir $A' \otimes B'$ bzw. $Z_A(A') \otimes Z_B(B')$ als Teilalgebren von $A \otimes B$ auffassen). Insbesondere gilt für die Zentren

$$(32) \qquad Z(A \otimes B) = Z(A) \otimes Z(B).$$

Beweis: Sei $(a_i)_{i \in I}$ eine K-Basis von A. Dann hat jedes $z \in A \otimes B$ eine
eindeutige Darstellung

$$z = \sum_i a_i \otimes b_i$$

mit Elementen b_i von B (und $b_i = 0$ für fast alle i). Sei $z \in Z_{A \otimes B}(A' \otimes B')$.
Für alle $b \in B'$ gilt nun $\sum_i a_i \otimes b_i b = z(1 \otimes b) = (1 \otimes b)z = \sum_i a_i \otimes bb_i$, also
$b_i b = bb_i$, und daher $b_i \in Z_B(B')$. Somit ist $z \in A \otimes Z_B(B')$. Analog hat man
$z \in Z_A(A') \otimes B$. Doch der Durchschnitt von $A \otimes Z_B(B')$ und $Z_A(A') \otimes B$
stimmt mit $Z_A(A') \otimes Z_B(B')$ überein, wie man sofort erkennt, wenn man
für obige K-Basis von A eine Ergänzung einer K-Basis von $Z_A(A')$ wählt.
Insgesamt haben wir gezeigt, daß die linke Seite von (31) in der rechten
enthalten ist. Die umgekehrte Inklusion ist trivial.

Bemerkung: Sind E und F Erweiterungskörper eines Körpers K, so ist
$E \otimes_K F$ im allgemeinen kein Körper (vgl. Band I, 6.6). Somit braucht das
Tensorprodukt $A \otimes_K B$ einfacher K-Algebren nicht notwendig einfach zu
sein. Es gilt aber der folgende

SATZ 7: *Seien A, B einfache K-Algebren, und sei A oder B zentral über K. Dann ist $A \otimes_K B$ einfach.*

Beweis: Sei A eine einfache und zentrale K-Algebra. Wir zeigen dann allgemeiner, daß für eine beliebige K-Algebra B jedes Ideal T von $A \otimes B$ die Gestalt $A \otimes I$ mit dem Ideal $I = T \cap B$ von B hat. In der Tat: Ein beliebiges Element t von T hat die Darstellung

$$t = \sum_{i=1}^{n} x_i \otimes y_i \quad \text{mit } x_i \in A, \ y_i \in B,$$

wobei man die x_i als linear unabhängig über K annehmen darf. Wegen (27) und der Voraussetzung $Z(A) = K$ gilt

$$\text{End}_{A \otimes A^O}(A) = K.$$

Anwendung des *Dichtesatzes* (§28, F20) auf die Abbildung (25) liefert dann die Existenz von Elementen a_j der Algebra $A \otimes A^O$ mit

$$a_j x_i = \delta_{ij} \quad \text{(Kroneckersymbol)}.$$

Mit A ist auch $A \otimes B$ ein $A \otimes A^O$-Modul vermöge $a(x \otimes y) = ax \otimes y$ für $a \in A \otimes A^O$, $x \in A$, $y \in B$. Da T ein zweiseitiges Ideal von $A \otimes B$ ist, gilt dann

$$aT \subseteq T \quad \text{für alle } a \in A \otimes A^O.$$

Wegen $a_j t = \sum_i a_j x_i \otimes y_i = 1 \otimes y_j$ ist daher $1 \otimes y_j \in T$. Für alle j gilt also $y_j = 1 \otimes y_j \in I = T \cap B$, und insgesamt ist damit $T \subseteq A \otimes I$ gezeigt. Wegen $I \subseteq T$ ist die umgekehrte Inklusion trivial.

Bemerkungen: Für K-Algebren A, B gelten offenbar: (a) *Ist $A \otimes_K B$ einfach, so auch A und B.* (b) *Ist $A \otimes_K B$ artinsch, so auch A und B.* – Wir behaupten:

(c) *Ist $A : K < \infty$ und B artinsch, so ist $A \otimes_K B$ artinsch.*
Ist nämlich $n = A : K$, so gilt für $A \otimes_K B$ als B-Modul die Isomorphie $A \otimes_K B \simeq K^n \otimes_K B \simeq B^n$, und der B-Modul B^n ist artinsch (§28, F23). – Vgl. im übrigen Aufgabe 29.4.

F13: *Sind A und B einfache artinsche K-Algebren, von denen wenigstens eine endlich-dimensional und wenigstens eine zentral ist, so ist $A \otimes_K B$ eine einfache artinsche Algebra.*

Beweis: $A \otimes_K B$ ist einfach nach Satz 7 und artinsch nach der vorangegangenen Bem. (c). – Als Konsequenz von Satz 7 und F12 wollen wir speziell festhalten:

SATZ 8: *Mit zentraleinfachen K-Algebren A und B ist auch $A \otimes_K B$ eine zentraleinfache K-Algebra.*

Beweis: Erstens ist $A \otimes_K B$ nach Satz 7 einfach. Nach (32) ist $Z(A \otimes_K B) = Z(A) \otimes_K Z(B) = K \otimes_K K = K$, also ist $A \otimes_K B$ auch zentral. Drittens ist $(A \otimes_K B) : K = (A : K)(B : K) < \infty$.

F14: *Für eine zentraleinfache K-Algebra A ist die in (25) betrachtete natürliche Abbildung $A \otimes_K A^O \to \mathrm{End}_K(A)$ ein Isomorphismus. Mit $n = A : K$ gilt also*

$$(33) \qquad A \otimes_K A^O \simeq M_n(K).$$

Beweis: Nach Satz 8 ist $A \otimes_K A^O$ einfach, also ist die genannte Abbildung injektiv. Aus Dimensionsgründen ist sie dann auch surjektiv.

F15 mit Definition 6: *Es sei A eine K-Algebra, und L sei ein Erweiterungskörper von K. Dann kann man die Algebra*

$$(34) \qquad A_L := A \otimes_K L$$

in natürlicher Weise als L-Algebra ansehen. Die L-Algebra A_L heißt die Konstantenerweiterung der K-Algebra A mit L. Bei Konstantenerweiterung bleibt die Dimension invariant, d.h.

$$(35) \qquad A_L : L = A : K.$$

Ist A zentral über K, so ist A_L zentral über L. Ist die K-Algebra A einfach und zentral, so auch die L-Algebra A_L. Mit A ist auch A_L zentraleinfach. (Wenn nichts anderes gesagt wird, betrachten wir A_L stets als Algebra über L.)

Beweis: Wie oben fassen wir L als Teilalgebra von $A \otimes L$ auf. Da L dann offenbar im Zentrum von $A \otimes L$ enthalten ist, wird A_L zur L-Algebra; die skalare Multiplikation mit Elementen aus L ist durch $\alpha(a \otimes \beta) = (1 \otimes \alpha)(a \otimes \beta) = a \otimes \alpha\beta$ festgelegt. Jede K-Basis von A ist eine L-Basis von $A_L = A \otimes L$, also gilt (35). Für die weiteren Behauptungen genügt der Hinweis auf F12 und Satz 7. – Über K hat A_L übrigens die Dimension $A_L : K = (A : K)(L : K)$.

F16: *Ist A eine zentraleinfache K-Algebra, so ist $A : K$ das Quadrat einer natürlichen Zahl.*

Beweis: Sei C ein algebraischer Abschluß von K. Nach F15 ist $A_C = A \otimes_K C$ eine zentraleinfache C-Algebra. Da C aber algebraisch abgeschlossen ist, muß dann $A_C : C = A : K$ eine Quadratzahl sein, vgl. Satz 6.

F17: *Sei D ein beliebiger Schiefkörper, und sei K das Zentrum von D. Dann hat D über K entweder unendliche Dimension, oder $D : K$ ist das Quadrat einer natürlichen Zahl.*

Definition 7: Ist D ein Schiefkörper, der über seinem Zentrum K endliche Dimension besitzt, so heißt die natürliche Zahl $s = \sqrt{D : K}$ der *Schursche Index* von D. Ist A eine zentraleinfache K-Algebra mit $A \sim D$, so heißt s auch der Schursche Index von A bzw. des Elementes $[A]$ von $Br(K)$. Wir verwenden die Bezeichnung $s = s(A) = s([A])$ und sprechen auch einfach vom *Index* von A bzw. $[A]$.

Bemerkung: Sei A eine zentraleinfache K-Algebra. Dann besteht zwischen dem Index s von A und der Dimension $A : K = n^2$ die Beziehung

$$(36) \qquad\qquad n = rs$$

mit $r = l(A)$ als der Länge von A. Denn für $A = M_r(D)$ gilt $r = l(A)$ sowie $A : K = r^2(D : K) = r^2 s^2$. – *Die Gleichung $A : K = s^2$ besteht also genau dann, wenn A ein Schiefkörper ist.* In allen anderen Fällen ist s ein echter Teiler von $n = \sqrt{A : K}$. Man nennt n auch den *reduzierten Grad* von A. $\square$

Wir formulieren nun erst einmal ein schon mehrfach angekündigtes Resultat:

SATZ 9: *Auf der Menge $Br(K)$ aller Ähnlichkeitsklassen zentraleinfacher K-Algebren vermittelt das Tensorprodukt die Struktur einer abelschen Gruppe.*

Beweis: Zunächst muß man sich überlegen, daß das Tensorprodukt verträglich mit der Ähnlichkeitsrelation ist:

$$(37) \qquad\qquad A \sim A', \; B \sim B' \quad\Longrightarrow\quad A \otimes B \sim A' \otimes B'.$$

Dann ist die Multiplikation in $Br(K)$ durch

$$(38) \qquad\qquad [A] \cdot [B] = [A \otimes B]$$

wohldefiniert, wobei wir uns natürlich immer auf den zentralen Satz 8 berufen. Man bestätigt (37) durch direktes Nachrechnen, wobei man die folgenden Beziehungen ausnützt:

$$(39) \qquad M_r(D) \simeq D \otimes M_r(K), \quad M_s(K) \otimes M_r(K) \simeq M_{rs}(K).$$

Die erste Beziehung gilt dabei für eine beliebige K-Algebra D, und die zweite kann man daraus wie folgt herleiten: $M_s(K) \otimes M_r(K) \simeq M_r(M_s(K)) \simeq M_{rs}(K)$. Die Assoziativität sowie die Kommutativität der durch (38) gegebenen Multiplikation folgen sofort aus den entsprechenden Eigenschaften des Tensorproduktes. Wegen $A \otimes K \simeq A$ ist $[K]$ Einselement. Aufgrund von (33) ist $[A^O]$ invers zu $[A]$.

Bemerkungen: 1) Wie gesagt (vgl. Bem. 2 zu Def. 5), klassifiziert $Br(K)$ die endlich-dimensionalen zentralen Divisionsalgebren über K. Das Tensorprodukt zweier solcher ist aber im allgemeinen selbst keine Divisionsalgebra (Aufgabe 29.5), somit läßt sich die Gruppenstruktur von $Br(K)$ durch bloße Betrachtung von Schiefkörpern allein nicht beschreiben.

2) *Ist K algebraisch abgeschlossen (z.B. $K = \mathbb{C}$), so ist $Br(K) = 1$.* Dies folgt sofort aus Satz 6 bzw. Lemma 1.

3) *Ist K ein endlicher Körper, so ist ebenfalls $Br(K) = 1$.* Dies ist eine andere Fassung eines weiteren bekannten Satzes von *Wedderburn*, der besagt, daß jeder endliche Schiefkörper kommutativ, also ein Körper ist. Dieses Resultat wird sich im Rahmen unserer späteren Betrachtungen ziemlich leicht ablesen lassen.

4) *Ist K reell abgeschlossen (z.B. $K = \mathbb{R}$), so ist $Br(K)$ eine zyklische Gruppe der Ordnung 2.* Dies folgt aus dem bekannten *Satz von Frobenius*, wonach der Quaternionenschiefkörper von *Hamilton* der einzige echte Schiefkörper endlicher Dimension über einem reell abgeschlossenen Körper K ist. Dieser Sachverhalt ist ein einfaches Anwendungsbeispiel der Theorie der *verschränkten Produkte*, die wir im nächsten Paragraphen behandeln werden; daher verzichten wir hier auf einen direkten Beweis.

F18 mit Definition 8: *Ist L ein Erweiterungskörper von K, so vermittelt Konstantenerweiterung mit L einen Homomorphismus*

$$(40) \qquad \mathrm{res}_{L/K} : Br(K) \longrightarrow Br(L)$$

der Brauerschen Gruppe von K in die Brauersche Gruppe von L. Er heißt die Restriktion bzgl. L/K (aus Gründen, die erst später ersichtlich sind). Sind keine Mißverständnisse zu befürchten, verwenden wir auch die Bezeichnung res_L oder einfach res. Für einen Zwischenkörper F von L/K gilt

$$(41) \qquad \mathrm{res}_{L/F} \circ \mathrm{res}_{F/K} = \mathrm{res}_{L/K} \,.$$

Den *Kern* des Homomorphismus $\mathrm{res}_{L/K}$ bezeichnet man mit $Br(L/K)$, also

$$(42) \qquad Br(L/K) = \{[A] \in Br(K) \mid A_L \sim L\}\,.$$

Liegt $[A]$ in $Br(L/K)$, so heißt L ein *Zerfällungskörper von A bzw. von $[A]$.* *Also ist L genau dann ein Zerfällungskörper der zentraleinfachen K-Algebra A, wenn die Isomorphie*

$$(43) \qquad A \otimes_K L \simeq M_n(L)$$

(von L-Algebren) besteht mit $n^2 = A : K$. Wir sagen dann auch: A zerfällt über L.

Beweis: Sei $[D] \in Br(K)$ mit einem Schiefkörper D. Für eine beliebige zu D ähnliche zentraleinfache K-Algebra $A \simeq M_r(D)$ hat man dann die L-Isomorphien $A \otimes L \simeq D \otimes M_r(K) \otimes L \simeq D \otimes M_r(L) \simeq (D \otimes L) \otimes_L M_r(L)$, und die letzte L-Algebra ist ähnlich zu $D \otimes L$. Somit ist $\mathrm{res}_{L/K}$ durch

$$(44) \qquad \mathrm{res}_{L/K}([A]) = [A \otimes L] = [A_L]$$

wohldefiniert. Wegen $(A \otimes B) \otimes L \simeq (A \otimes L) \otimes B \simeq ((A \otimes L) \otimes_L L) \otimes B \simeq (A \otimes L) \otimes_L (L \otimes B) = (A \otimes L) \otimes_L (B \otimes L)$ ist $\mathrm{res}_{L/K}$ ein Homomorphismus. Ist F ein Zwischenkörper von L/K, so gilt

$$(45) \qquad (A \otimes_K F) \otimes_F L \simeq A \otimes_K L,$$

woraus sich (41) ergibt.

F19: *Mit den obigen Bezeichnungen gilt: $s(A_L)$ teilt $s(A)$. Genau dann zerfällt A über L, wenn $s(A_L) = 1$ gilt.*

Beweis: Es genügt, dies für den Fall $A = D$ eines Schiefkörpers zu zeigen: Mit Blick auf (36) ist $s(D_L)^2$ ein Teiler von $D_L : L = D : K = s(D)^2$. Die zweite Behauptung ist klar: Nach Def. 7 ist $s(A_L) = 1$ gleichwertig mit $A_L \sim L$. $\qquad \square$

Jedes $[A] \in Br(K)$ besitzt Zerfällungskörper, denn nach Satz 6 ist z.B. ein algebraischer Abschluß von K ein Zerfällungskörper von A. Besitzt A stets auch Zerfällungskörper L von endlichem Grad über K? Oder gar solche mit $L : K = s(A)$? Diese Fragen werden wir im übernächsten Abschnitt positiv beantworten.

4. In diesem Abschnitt von eher nur ergänzendem Charakter sei auf eine Frage eingegangen, die sich im Zusammenhang mit Satz 7 von selbst stellt: Seien A und B einfache K-Algebren. Ist weder A noch B zentral über K, so ist $A \otimes_K B$ im allgemeinen keine einfache Algebra. Ist aber – unter geeigneten Endlichkeitsvoraussetzungen (vgl. Bem. c) zu Satz 7) – die Algebra $A \otimes_K B$ wenigstens halbeinfach? Dies ist nicht immer der Fall, aber man hat das folgende Kriterium:

SATZ 10: *Sind die K-Algebren A und B endliche direkte Produkte einfacher Algebren, so ist ihr Tensorprodukt $A \otimes_K B$ genau dann endliches direktes Produkt einfacher Algebren, wenn das Tensorprodukt $Z(A) \otimes_K Z(B)$ der Zentren von A und B diese Eigenschaft hat (dieses also direktes Produkt endlich vieler Körper ist); die einfachen Bestandteile von $A \otimes_K B$ entsprechen dann natürlich umkehrbar eindeutig den einfachen Bestandteilen von $Z(A \otimes_K B) = Z(A) \otimes_K Z(B)$.*

Satz 10 stellt eine Verallgemeinerung von Satz 7 dar. Umgekehrt kann man ihn auch leicht aus Satz 7 herleiten (Übungsaufgabe). Wir wollen hier etwas anders vorgehen und zuvor auf folgende Tatsache aufmerksam machen, deren ersten Teil wir im Beweis von Satz 7 schon gezeigt haben:

SATZ 11: *Sei A eine einfache und zentrale K-Algebra. Für eine beliebige K-Algebra B entsprechen dann die Ideale T von $A \otimes B$ umkehrbar eindeutig den Idealen I von B, und zwar vermöge $T = A \otimes I$ und $I = T \cap B$.*

Unter den genannten Voraussetzungen ist also $A \otimes B$ genau dann endliches direktes Produkt einfacher Algebren, wenn dies für B zutrifft; und in diesem Falle hat man eine umkehrbar eindeutige Korrespondenz zwischen den einfachen Bestandteilen von $A \otimes B$ und B.

Beweis: In der Tat folgt die zweite Aussage aus der ersten, wenn man folgendes beachtet: Ist eine K-Algebra C direktes Produkt $C = C_1 \times \ldots \times C_n$ von einfachen Algebren, so ist jedes Ideal von C direktes Produkt eines Teilsystems von $C_1, \ldots, C_n$. Die Ideale C_i sind dann gerade die minimalen Ideale von C. Besitzt umgekehrt eine Algebra C endlich viele minimale Ideale $C_1, \ldots, C_n$ mit der Eigenschaft, daß C die direkte Summe der C_i ist, so sind die C_i bzgl. der Addition und der Multiplikation in C selbst Algebren, und es ist $C = C_1 \times \ldots \times C_n$ das direkte Produkt der Algebren C_i; außerdem sind die C_i einfach (vgl. den Beweis von Satz 1).

SATZ 11': *Sei A eine einfache K-Algebra. Für eine beliebige K-Algebra B entsprechen dann die Ideale T von*

$$A \otimes_K B = A \otimes_{Z(A)} (Z(A) \otimes_K B)$$

umkehrbar eindeutig den Idealen I der K-Algebra $Z(A) \otimes_K B$, und zwar vermöge $T = A \otimes_{Z(A)} I$. Also ist $A \otimes_K B$ genau dann endliches direktes Produkt einfacher Algebren, wenn dies für die Algebra $Z(A) \otimes_K B$ zutrifft, und in dem Falle hat man eine umkehrbar eindeutige Korrespondenz zwischen den einfachen Bestandteilen von $A \otimes_K B$ und $Z(A) \otimes_K B$.

Beweis: Das Zentrum $Z(A)$ der einfachen Algebra A ist ein Körper (F4), also haben wir Satz 11 nur auf die einfache und zentrale $Z(A)$-Algebra A sowie die $Z(A)$-Algebra $Z(A) \otimes_K B$ anzuwenden. (Wenn wir letztere nur als K-Algebra betrachten, ändert sich an den Idealen nichts.)

SATZ 12: *Seien A und B einfache K-Algebren. Dann entsprechen die Ideale von $A \otimes_K B$ umkehrbar eindeutig den Idealen von $Z(A) \otimes_K Z(B)$. Genau dann ist $A \otimes_K B$ endliches direktes Produkt einfacher Algebren, wenn dies für das Tensorprodukt $Z(A) \otimes_K Z(B)$ der Körpererweiterungen $Z(A)$ und $Z(B)$ von K zutrifft, und in dem Falle hat man eine umkehrbar eindeutige Korrespondenz zwischen den einfachen Bestandteilen von $A \otimes_K B$ und $Z(A) \otimes_K Z(B) = Z(A \otimes_K B)$.*

Beweis: Satz 11' reduziert alles auf die Betrachtung der K-Algebra $Z(A) \otimes_K B$. Da B einfach ist, können wir Satz 11' aber auch auf die Algebra $B \otimes_K Z(A) = Z(A) \otimes_K B$ anwenden, und alles ist auf die Algebra $Z(B) \otimes_K Z(A) = Z(A) \otimes_K Z(B)$ zurückgeführt. – Die bijektive Korrespondenz zwischen den Idealen T von $A \otimes_K B$ und den Idealen H von $Z(A) \otimes_K Z(B)$ wird dabei übrigens durch

$$(46) \qquad T = A \otimes_{Z(A)} H \otimes_{Z(B)} B$$

gegeben. Denn die T korrespondieren mit den Idealen I von $Z(A) \otimes_K B$ vermöge $T = A \otimes_{Z(A)} I$, und die I ihrerseits entsprechen den H vermöge $I = H \otimes_{Z(B)} B$. – Leicht nachtragen läßt sich nun auch der

Beweis von Satz 10: Aus $A = \prod A_i$ und $B = \prod B_j$ mit endlich vielen einfachen K-Algebren A_i und B_j folgt offenbar $A \otimes B = \prod_{i,j} A_i \otimes B_j$ sowie $Z(A \otimes B) = Z(A) \otimes Z(B) = \prod_{i,j} Z(A_i) \otimes Z(B_j)$. Damit folgen die Behauptungen von Satz 10 jetzt leicht aus Satz 12. □

Mit Blick auf die vorangegangenen Resultate haben wir uns jetzt mit Tensorprodukten $E_1 \otimes_K E_2$ von *Körpern* zu beschäftigen. Wir konstatieren zunächst

F20: *Für eine algebraische Körpererweiterung E/K sind äquivalent:*
 (i) *E/K ist separabel*
 (ii) *Für jeden Erweiterungskörper F von K besitzt $E \otimes_K F$ keine nilpotenten Elemente $\neq 0$.*

Beweis: Wie man sich sofort überlegt, genügt es, die Behauptung für endliches E/K nachzuweisen.

1) Sei E/K endlich separabel. Nach dem *Satz vom primitiven Element* gilt dann $E \simeq K[X]/f$ mit einem irreduziblen und separablen Polynom f aus $K[X]$. Nun ist offenbar $K[X]/f \otimes_K F \simeq F[X]/f$ (vgl. Band I, 6.6). Da f separabel ist, hat die Primfaktorzerlegung von f in $F[X]$ die Form $f = f_1 f_2 \ldots f_r$, und nach dem *Chinesischen Restsatz* ist dann

(47) $$F[X]/f \simeq K[X]/f_1 \times \ldots \times K[X]/f_r$$

ein direktes Produkt von Körpern, also ohne nilpotente Elemente $\neq 0$.

2) Sei E/K endlich und *inseparabel*. Es gibt dann ein α in E, dessen Minimalgleichung über K die Gestalt

(48) $$a_0 + a_1 \alpha^p + a_2 \alpha^{2p} + \ldots + \alpha^{np} = 0$$

mit $p = \operatorname{char}(K) > 0$ besitzt (vgl. Band I, S. 90, F12). Es gibt nun einen Erweiterungskörper F von K, welcher Elemente b_i mit $b_i^p = a_i$ enthält. Aus Gradgründen sind die Elemente $1, \alpha, \alpha^2, \ldots, \alpha^n$ linear unabhängig über K. Folglich ist das Element $t = \sum \alpha^i \otimes b_i$ aus $E \otimes_K F$ verschieden von Null, aber $t^p = \sum \alpha^{ip} \otimes b_i^p = \sum \alpha^{ip} \otimes a_i = \sum a_i \alpha^{ip} \otimes 1 = (\sum a_i \alpha^{ip}) \otimes 1 = 0$. $\square$

Aufgrund der vorangegangenen Feststellung können wir nun den Begriff *separabel* für eine beliebige (nicht notwendig algebraische) Körpererweiterung wie folgt definieren:

Definition 9: Eine Körpererweiterung E/K heißt *separabel*, wenn $E \otimes_K F$ für *jede* Körpererweiterung F/K keine nilpotenten Elemente $\neq 0$ besitzt. Eine *halbeinfache* K-Algebra A nennen wir *separabel*, wenn die Komponenten K_i des Zentrums von A sämtlich separabel über K sind (vgl. F5).

SATZ 13: *Seien A und B halbeinfache K-Algebren, von denen wenigstens eine endlich-dimensional und wenigstens eine separabel ist. Dann ist die K-Algebra $A \otimes_K B$ halbeinfach, und ihre einfachen Bestandteile stehen in umkehrbar eindeutiger Korrespondenz mit den einfachen Bestandteilen der kommutativen halbeinfachen Algebra $Z(A) \otimes_K Z(B)$.*

Beweis: Offenbar dürfen wir o.E. zusätzlich voraussetzen, daß A und B einfach sind (vgl. den Beweis von Satz 10 sowie Satz 1). Dann sind $E := Z(A)$ und $F := Z(B)$ Körper. Nach Bem. (c) zu Satz 7 ist $A \otimes_K B$ jedenfalls artinsch. Die Behauptung des Satzes folgt daher aus Satz 12, vorausgesetzt, wir können zeigen, daß $E \otimes_K F$ halbeinfach ist. Sei etwa A separabel. Nach Definition ist dann also die Körpererweiterung E/K separabel. Ist E/K endlich, so ergibt sich die Halbeinfachheit von $E \otimes_K F$ wie in Teil 1) des Beweises von F20, vgl. (47). Ist E/K nicht endlich – in welchem Fall dann F/K endlich sein muß –, so bedarf es eines stärkeren Arguments: In jedem Fall ist $E \otimes_K F$ artinsch, und definitionsgemäß hat $E \otimes_K F$ keine nilpotenten Elemente $\neq 0$. Ziehen wir daher Satz 2 heran, so folgt die Halbeinfachheit von $E \otimes_K F$.

Bemerkung: In Def. 9 haben wir den Begriff der *Separabilität* von algebraischen auf beliebige Körpererweiterungen ausgedehnt. Es ist hier nicht der Platz, auf die Eigenschaften dieses Begriffes näher einzugehen; vgl. dazu aber 29.22 – 29.27.

5. Wir kommen nun zur Beantwortung der am Ende des 3. Abschnittes gestellten grundlegenden Fragen. Es stellt sich heraus, daß der Schlüssel hierzu im Studium der Zentralisatoren von einfachen Teilalgebren einer zentraleinfachen Algebra liegt.

SATZ 14 ('Satz vom Zentralisator'): *Die K-Algebra A sei einfach, artinsch und zentral, und B sei eine einfache Teilalgebra von A mit $B : K < \infty$. Dann gelten für den Zentralisator $C = Z_A(B)$ von B in A:*

(a) *C ist eine einfache artinsche Teilalgebra von A.*

(b) *Es gilt $C \sim B^O \otimes_K A$, und daher speziell $Z(C) = Z(B)$.*

(c) *Der Zentralisator von C in A ist wieder B, d.h. B stimmt mit seinem Bizentralisator in A überein:*

$$(49) \qquad\qquad Z_A(Z_A(B)) = B \,.$$

(d) *Es ist $C : K < \infty$ genau dann, wenn $A : K < \infty$, und es gilt:*

$$(50) \qquad\qquad A : K = (B : K)(C : K) \,.$$

(e) *Bezeichnet L das Zentrum von B, so gilt*

$$(51) \qquad\qquad B \otimes_L C \sim A \otimes_K L \,.$$

(f) *Unter der Voraussetzung $Z(B) = K$ hat man eine natürliche Isomorphie $A \simeq B \otimes_K C$.*

Beweis: Wir gehen von der Beziehung

$$(52) \qquad\qquad \mathrm{End}_{B \otimes A^O}(A) = Z_A(B) = C$$

aus, vgl. (30). Wir wenden nun unseren Satz 3 an: Die Rolle der dort A genannten einfachen artinschen Algebra übernimmt jetzt $B \otimes A^O$, die des Moduls M der $B \otimes A^O$-Modul A. Im Hinblick auf (52) ergeben sich dann aus Satz 3 unmittelbar die Behauptungen (a), (b) und (d). Als nächstes zeigen wir (e): Aufgrund von (b) gilt $B \otimes_L C \sim B \otimes_L (B^O \otimes_K A) \simeq (B \otimes_L B^O) \otimes_K A \sim L \otimes_K A \simeq A \otimes_K L$. Den Beweis von (c) führen wir hier nur für den Fall $A : K < \infty$ (für den allgemeinen Fall vgl. die Bemerkung zu Satz 20''). Sei $B' = Z_A(C)$. Wegen (a) können wir nun (d) auf C statt B anwenden und erhalten

$$A : K = (C : K)(B' : K).$$

Vergleich mit (50) liefert dann wegen $B \subseteq B'$ sofort $B = B'$, also die Behauptung.

Auch (f) beweisen wir nur unter der Voraussetzung $A : K < \infty$ (vgl. aber 29.9). Da die Elemente von C definitionsgemäß mit denen von B vertauschbar sind, haben wir einen natürlichen Homomorphismus

$$(53) \qquad\qquad B \otimes_K C \longrightarrow A.$$

Wegen der Voraussetzung $Z(B) = K$ ist nun aber $B \otimes_K C$ einfach, also ist (53) injektiv. Aus Dimensionsgründen – vgl. (50) – ist dann (53) auch surjektiv.

SATZ 15: *Sei A eine artinsche, einfache und zentrale K-Algebra, und die endlich-dimensionale Teilalgebra L von A sei ein Körper. Dann sind äquivalent:*

(i) *L ist eine maximale kommutative Teilalgebra von A, d.h. es ist $Z_A(L) = L$.*

(ii) *Es gilt die Dimensionsbeziehung $A : K = (L : K)^2$.*

Ist (i) *oder* (ii) *erfüllt, so ist $A_L \sim L$, d.h. L ist ein Zerfällungskörper von A.*

Beweis: Wir wenden Satz 14 auf $B = L$ an. Aus $Z_A(L) = L$ folgt dann mit (50) sofort Aussage (ii). Umgekehrt folgt aus $A : K = (L : K)^2 < \infty$ wegen $L \subseteq Z_A(L)$ mit (50) sofort die Gleichheit $L = Z_A(L)$. Ist (i) erfüllt, so gilt nach (b) die Ähnlichkeitsrelation $L \sim L \otimes_K A \simeq A_L$. $\qquad\square$

Nicht jede zentraleinfache K-Algebra A besitzt einen Teilkörper L, für den (i) bzw. (ii) erfüllt sind. Beispiel: $A = M_n(K)$ für einen *algebraisch abgeschlossenen* Körper K. Es gilt aber stets:

SATZ 16: *Sei D ein Schiefkörper, der über seinem Zentrum K endliche Dimension besitzt. Dann hat D maximale Teilkörper, und jeder solche ist ein Zerfällungskörper von D. Der Grad $L : K$ jedes maximalen Teilkörpers L von D ist gleich $\sqrt{D : K}$, dem Index von D.*

Beweis: Ist L ein maximaler (kommutativer!) Teilkörper von D, so enthält L offenbar K. Nach Lemma 1 ist jede kommutative K-Teilalgebra von D ein Teilkörper von D. Also bedeuten maximale kommutative K-Teilalgebra und maximaler Teilkörper von D dasselbe. Damit folgt Satz 16 sofort aus Satz 15.

SATZ 17: *Jede zentraleinfache K-Algebra A besitzt Zerfällungskörper L mit $L : K = s(A)$.*

Beweis: Es ist $A \sim D$ mit einem D wie in Satz 16. Jeder maximale Teilkörper L von D ist ein Zerfällungskörper von D und damit auch von A, und für ihn gilt $L : K = \sqrt{D : K} = s(D) = s(A)$. –

Die in Satz 17 genannten Zerfällungskörper einer zentraleinfachen K-Algebra haben kleinstmöglichen Grad. Um dies zu zeigen, ergänzen wir Satz 15 durch den folgenden

SATZ 18: *Ist L ein Zerfällungskörper der zentraleinfachen K-Algebra A und ist $L : K < \infty$, so gibt es eine zu A ähnliche Algebra A', welche L als maximale kommutative Teilalgebra enthält.*

Beweis: Da A über L zerfällt, gibt es einen endlich-dimensionalen L-Vektorraum V, so daß $A_L = A \otimes_K L$ zur L-Algebra $\mathrm{End}_L(V)$ isomorph ist. Wir denken uns A vermöge dieser Isomorphie eingebettet in $\mathrm{End}_L(V)$. Nun ist $\mathrm{End}_L(V)$ wiederum eingebettet in $\mathrm{End}_K(V)$, der K-Algebra aller K-linearen Selbstabbildungen von V, aufgefaßt als K-Vektorraum. Wir wenden den *Satz vom Zentralisator* (Satz 14) auf die einfache Teilalgebra A der zentraleinfachen K-Algebra $\mathrm{End}_K(V)$ an. Für den Zentralisator C von A in $\mathrm{End}_K(V)$ folgt dann

$$C \sim A^O \quad \text{und} \quad C : K = (V : K)^2/(A : K).$$

Wegen $A : K = A_L : L = (V : L)^2$ ergibt sich $C : K = (L : K)^2$. Nun ist aber L in C enthalten, also ist L nach Satz 15 eine maximale kommutative Teilalgebra von C. Die Behauptung des Satzes ist dann mit $A' = C^O$ erfüllt.

SATZ 19: *Sei A eine zentraleinfache K-Algebra und s der Schurindex von A. Dann gelten:*

(a) *Ist L ein Zerfällungskörper von A, so ist s ein Teiler von $L : K$.*

(b) *A hat Zerfällungskörper L mit $L : K = s$.*

Die in (b) genannten Zerfällungskörper von A sind genau diejenigen, die als K-Algebra zu den maximalen Teilkörpern einer zu A ähnlichen Divisionsalgebra D isomorph sind.

Beweis: Sei D die (bis auf Isomorphie eindeutig bestimmte) Divisionsalgebra mit $A \sim D$, und sei L ein Zerfällungskörper von A. Man setze $L : K < \infty$ voraus. Nach Satz 18 gibt es ein r, so daß L isomorph zu einer maximalen kommutativen Teilalgebra von $M_r(D)$ ist. Für die K-Dimensionen gilt nach Satz 15 dann $(L : K)^2 = M_r(D) : K = r^2(D : K) = r^2 s^2$, also

$$(54) \qquad\qquad L : K = r \cdot s .$$

Man hat $L : K = s$ genau für $r = 1$. Im Hinblick auf Satz 16 ist damit alles bewiesen.

Bemerkungen: 1) Der *Schurindex* einer zentraleinfachen K-Algebra kann nach Satz 19 also auch als diejenige natürliche Zahl s charakterisiert werden, für die (a) und (b) in Satz 19 erfüllt ist.

2) Im übrigen sei auf folgende Verallgemeinerung von (a) in Satz 19 hingewiesen: Sei L/K eine beliebige endliche Körpererweiterung. Für jede zentraleinfache K-Algebra A gilt dann:

$$(55) \qquad\qquad s(A) \ \text{teilt} \ (L : K)\, s(A_L) .$$

Zum Beweis sei E ein Zerfällungskörper von A_L mit $E : L = s(A_L)$. Dann ist E auch ein Zerfällungskörper von A und daher $s(A)$ ein Teiler von $E : K = (E : L)(L : K) = s(A_L)(L : K)$. – Da $s(A_L)$ ein Teiler von $s(A)$ ist (F19), ergibt sich aus (55) die Relation

$$(56) \qquad\qquad s(A) = q s(A_L) \quad \text{mit einem Teiler } q \text{ von } L : K .$$

Als Anwendung von (56) erhält man z.B.

$$(57) \qquad\qquad \text{Ist } L : K \text{ zu } s(A) \text{ teilerfremd, so gilt } s(A_L) = s(A) .$$

F21: *Sei D ein Schiefkörper, der über seinem Zentrum K endliche Dimension besitzt. Unter den maximalen Teilkörpern L von D gibt es solche, für die L/K __separabel__ ist. Also: Jede zentraleinfache K-Algebra A besitzt über K separable Zerfällungskörper L vom Grade $L : K = s(A)$.*

Beweis: Im Falle $\mathrm{char}\,(K) = 0$ ist nichts mehr zu beweisen; sei also im folgenden $p := \mathrm{char}\,(K) > 0$. Unter den Teilkörpern von D, die K enthalten und separabel über K sind, sei L ein maximaler. Wir wollen zeigen, daß L mit seinem Zentralisator C in D übereinstimmt (womit F21 bewiesen wäre). Nach Satz 14 ist L das Zentrum von C. Offenbar ist $C : L < \infty$. Als Teilalgebra der endlich-dimensionalen K-Divisionsalgebra D ist C nun aber selbst ein Schiefkörper (denn jedes Element $a \neq 0$ von C ist invertierbar in $K[a]$, vgl. Lemma 1). Im Hinblick auf die Wahl von L folgt die Behauptung $C = L$ dann sofort aus dem folgenden

Lemma 2: *Sei D ein Schiefkörper, der über seinem Zentrum K endliche Dimension besitzt. Gibt es dann keinen Teilkörper $E \supsetneq K$ von D, der separabel über K ist, so gilt $D = K$.*

Beweis: Sei L ein maximaler Teilkörper von D. Es ist dann

$$D : K = n^2 \quad \text{mit} \quad n = L : K,$$

vgl. Satz 16. Im Widerspruch zur Behauptung nehmen wir $D \neq K$, also $n > 1$ an. Nach Voraussetzung ist L/K *rein inseparabel*, mithin n eine Potenz der Charakteristik $p < 0$ von K (vgl. Band I, S. 92, F17). Sei nun F ein algebraischer Abschluß von K; da D über F zerfällt, haben wir dann einen Isomorphismus

$$h : D \otimes_K F \longrightarrow M_n(F)$$

von F-Algebren (mit demselben n wie oben). Sei x ein beliebiges Element von D. Da $K[x]/K$ nach Voraussetzung rein inseparabel ist mit einem in n aufgehenden Grad, gilt

$$x^n = a \quad \text{mit einem } a \in K.$$

Sei nun α eine n-te Wurzel von a in F. Da n eine p-Potenz ist, gilt dann in $M_n(F)$

$$(hx - \alpha)^n = hx^n - \alpha^n = 0.$$

Die Matrix $hx - \alpha$ aus $M_n(F)$ ist demnach nilpotent, und folglich ist ihre Spur $S(hx - \alpha) = 0$. Nun ist aber $S(hx - \alpha) = S(hx) - n\alpha = S(hx)$, denn n ist durch p teilbar. Insgesamt ist daher

(58) $$S(y) = 0 \quad \text{für alle } y = hx \in hD.$$

Im Hinblick auf den Isomorphismus h ist die Gleichung (58) dann sogar für alle $y \in M_n(F)$ erfüllt. Das aber ist unmöglich.

F22: *Jede zentraleinfache K-Algebra A besitzt Zerfällungskörper L, für welche L/K galoissch ist von endlichem Grad.*

Beweis: Nach F21 gibt es Zerfällungskörper L von A, für die L/K separabel vom Grad $s(A)$ ist. Sei L' die normale Hülle eines solchen L/K. Dann ist L'/K galoissch von endlichem Grad, und als Erweiterungskörper von L ist auch L' ein Zerfällungskörper von A.

Bemerkung: Ob unter den in F22 genannten Zerfällungskörpern L von A auch solche mit $L : K = s(A)$ existieren, d.h. ob es eine zu A ähnliche Divisionsalgebra D maximale Teilkörper enthält, die über K galoissch sind, ist eine andere, tieferliegende Frage. Allgemein trifft es jedenfalls nicht zu (vgl. *Amitsur*, On central division algebras, Israel Journ. of Math. 12, 408–420), aber über gewissen Körpern K ist es stets der Fall (vgl. z.B. §31, F3).

In jedem Fall ist aber nach F22 die Brauergruppe $Br(K)$ eines beliebigen Körpers K die Vereinigung der zu den endlichen galoisschen Erweiterungen L/K gehörigen Untergruppen $Br(L/K)$ von $Br(K)$:

$$(59) \qquad Br(K) = \bigcup_{L/K \text{ endl. gal.}} Br(L/K).$$

(Dabei seien die L als Teilkörper eines festen algebraischen Abschlusses von K vorausgesetzt.) Der durch (59) ausgedrückte Sachverhalt wird der Ausgangspunkt unserer Betrachtungen im nächsten Paragraphen sein; einen Zugang zur Brauerschen Gruppe $Br(K)$ mittels (59) eröffnet aber erst der fundamentale *Satz von Skolem-Noether*, dem wir uns jetzt zuwenden wollen.

6. SATZ 20 ('Satz von Skolem-Noether'): *Seien A und B einfache K-Algebren, und das Zentrum von A sei gleich K. Setzt man ferner B über K als endlich-dimensional und A als artinsch voraus, so gilt: Zu beliebigen K-Algebrenhomomorphismen $f, g : B \longrightarrow A$ gibt es eine Einheit u von A mit*

$$(60) \qquad g(b) = u^{-1}f(b)u \quad \text{für alle } b \in B.$$

Beweis: Wir betrachten die einfache und artinsche K-Algebra

$$A \otimes_K B^O$$

(vgl. Satz 7 und Bem. (c) dazu). Mittels f und g kann man A auf zwei Weisen als Modul über $A \otimes_K B^O$ betrachten:

$$(a \otimes b)x = axf(b) \quad \text{bzw.} \quad (a \otimes b)x = axg(b).$$

Wir bezeichnen diese beiden $A \otimes_K B^O$- Moduln mit A_f bzw. A_g. Sei N ein einfacher $A \otimes_K B^O$-Modul. Da A_f bzw. A_g endlich erzeugt sind, gilt

$$(61) \qquad A_f \simeq N^m \quad \text{bzw.} \quad A_g \simeq N^n$$

mit natürlichen Zahlen m und n (vgl. nochmals F1, F2 sowie §28, F13 und F25). Als A-Moduln betrachtet, besteht zwischen A_f und A_g kein Unterschied, also sind N^m und N^n als A-Moduln isomorph; da es sich außerdem um artinsche A-Moduln handelt, folgt durch Längenvergleich (vgl. Def. 8, § 28)

(62) $m = n$.

Nach (61) sind dann aber auch A_f und A_g als $A \otimes_K B^O$-Moduln isomorph. Sei $\varphi : A_f \longrightarrow A_g$ ein Isomorphismus von $A \otimes_K B^O$-Moduln. Es gilt dann

(63) $\varphi(a\,1 f(b)) = a\,\varphi(1)\,g(b)$ für alle $a \in A,\ b \in B$.

Setzt man also $u = \varphi(1)$, so hat φ die Gestalt

$$\varphi(a) = au \quad \text{für alle } a \in A,$$

und für alle $b \in B$ gilt nach (63) dann

(64) $f(b)u = ug(b)$.

Nun ist aber φ ein Isomorphismus, also ist u eine Einheit von A, und (64) besagt genau dasselbe wie unsere Behauptung (60).

Definition 10: Ein Isomorphismus i einer Algebra A von der Gestalt

(65) $i(x) = u^{-1}xu$

mit einer Einheit $u \in A^\times$ heißt ein _innerer Automorphismus_ von A.

Wir können dann Satz 20 auch so aussprechen, daß sich unter den gemachten Voraussetzungen zwei beliebige K-Algebrenhomomorphismen $f, g : B \to A$ nur um einen inneren Automorphismus i von A unterscheiden: $g = i \circ f$. Speziell gilt:

SATZ 20': _Jeder Automorphismus einer zentraleinfachen K-Algebra A ist ein innerer Automorphismus von A._

Für jede zentraleinfache K-Algebra A vermittelt somit die natürliche Abbildung $A^\times \longrightarrow \operatorname{Aut}_K(A)$, die jedem $u \in A^\times$ den von u bewirkten inneren Automorphismus von A zuordnet, eine Gruppenisomorphie

(66) $A^\times / K^\times \simeq \operatorname{Aut}_K(A)$

der Faktorgruppe $A^\times / K^\times$ mit der Automorphismengruppe der K-Algebra A. – Allgemeiner gilt nach Satz 20:

SATZ 20'': *Sei B eine endlich-dimensionale einfache Teilalgebra einer zentralen einfachen und artinschen K-Algebra A. Mit N bezeichne man den Normalisator von B in A, d.h. die Menge aller $u \in A^\times$ mit $Bu \subseteq uB$. Die Abbildung $A^\times \longrightarrow \mathrm{Aut}_K(A)$ vermittelt dann eine natürliche Isomorphie*

$$(67) \qquad\qquad N/C^\times \simeq \mathrm{Aut}_K(B)$$

von Gruppen, wobei $C = Z_A(B)$ gesetzt ist.

Bemerkung: Der *Satz von Skolem-Noether* ist ein fundamentales Resultat; auf ihm beruht die *kohomologische Beschreibung von $Br(K)$ mittels verschränkter Produkte*, die wir im nächsten Paragraphen behandeln werden und ohne die man zu tiefergehenden Einsichten nicht gelangen kann.

Wir wollen an dieser Stelle zeigen, daß auch der *Satz vom Zentralisator* (Satz 14) aus dem Satz von Skolem-Noether folgt (und uns dabei auch von der Voraussetzung $A : K < \infty$ befreien, die wir im Beweis von Satz 14 gemacht haben). Sei also B eine endlich-dimensionale einfache Teilalgebra der einfachen, artinschen und zentralen K-Algebra A. Wir wenden dann den Satz 20 auf die einfache, artinsche und zentrale K-Algebra

$$A' := A \otimes \mathrm{End}_K(B)$$

und die K-Monomorphismen

$$f : b \longmapsto b \otimes 1 \quad \text{und} \quad g : b \longmapsto 1 \otimes \lambda(b)$$

von B in A' an, wobei $\lambda(b)$ die Linksmultiplikation mit b in B bezeichne. Aus Satz 20 folgt dann insbesondere die Isomorphie der Zentralisatoren von $f(B)$ bzw. $g(B)$ in A', also

$$(68) \qquad\qquad Z_A(B) \otimes \mathrm{End}_K(B) \simeq A \otimes \varrho(B)$$

(vgl. §28, F2 und F3). Somit ist $C := Z_A(B)$ eine einfache artinsche Teilalgebra von A mit $C \sim A \otimes B^O$. Aus (68) ergibt sich (mit (31) und unter erneuter Anwendung von Satz 20) $Z_A(Z_A(B)) \otimes K \simeq K \otimes \lambda(B)$, also $Z_A(Z_A(B)) \simeq B$. Wegen $B \subseteq Z_A(Z_A(B))$ und $B : K < \infty$ ist dann in der Tat

$$Z_A(Z_A(B)) = B.$$

Aus (68) ergibt sich unmittelbar auch die Dimensionsbeziehung $A : K = (B : K)(C : K)$.

Als weitere Anwendung des Satzes von Skolem-Noether geben wir hier noch einen Beweis des folgenden berühmten Satzes von Wedderburn:

SATZ 21 (Wedderburn): *Jeder endliche Schiefkörper ist kommutativ. Mit anderen Worten: Für einen endlichen Körper K ist $Br(K) = 1$.*

Beweis: Sei also D ein endlicher Schiefkörper, und K sei das Zentrum von D. Jedes Element von D ist in einem maximalen Teilkörper von D enthalten. Nach Satz 16 haben alle maximalen Teilkörper von D denselben Grad. Für einen *endlichen Körper* K sind aber Erweiterungskörper vom selben Grad über K bekanntlich K-isomorph (vgl. Band I, S. 107, Satz 1′). Ist also L ein fester maximaler Teilkörper von D, so hat jeder weitere maximale Teilkörper von D nach dem *Satz von Skolem-Noether* die Gestalt $x^{-1}Lx$ mit einem $x \neq 0$ von D. Insgesamt gilt also für die multiplikative Gruppe $D^{\times}$ von D

$$(69) \qquad\qquad D^{\times} = \bigcup_{x \in D^{\times}} x^{-1}L^{\times}x \, .$$

Für die Anzahl m der verschiedenen maximalen Teilkörper von D gilt nun

$$(70) \qquad\qquad m = D^{\times} : N \, ,$$

wobei N die Untergruppe $N = \{x \in D^{\times} \mid x^{-1}L^{\times}x = L^{\times}\}$ von $D^{\times}$ bezeichnet. Angenommen, es sei $D \neq K$. Dann ist notwendig $m > 1$, und aus (69) und (70) erhalten wir damit für die Elementezahl von $D^{\times}$ die Abschätzung

$$(71) \qquad\qquad (D^{\times} : 1) < (D^{\times} : N)(L^{\times} : 1) \, .$$

Hierbei steht wirklich $<$, denn für die Teilkörper L_1 und L_2 von D ist stets $L_1^{\times} \cap L_2^{\times} \neq \emptyset$. Jetzt haben wir aber einen Widerspruch, denn die rechte Seite von (71) ist $\leq (D^{\times} : L^{\times})(L^{\times} : 1) = (D^{\times} : 1)$.

7. Es sei A eine *zentraleinfache* K-Algebra der Dimension n^2. Ist L ein Erweiterungskörper von K, so nennen wir einen K-Algebrenhomomorphismus $h : A \longrightarrow M_n(L)$ kurz eine <u>L-Darstellung von A</u> (genauer müßten wir eigentlich von einer L-Darstellung des speziellen Grades $n = \sqrt{A : K}$ sprechen). Ist h eine L-Darstellung von A, so läßt sich h eindeutig zu einem L-Algebrenhomomorphismus

$$(72) \qquad\qquad h_L : A \otimes L \longrightarrow M_n(L)$$

fortsetzen; wir schreiben auch einfach h statt h_L. Da $A \otimes L$ einfach ist und beide L-Algebren in (72) die gleiche Dimension n^2 besitzen, ist h_L ein *Isomorphismus*. Umgekehrt ist jeder L-Algebrenhomomorphismus $g : A \otimes L \to M_n(L)$ von der Gestalt $g = h_L$; dazu ist nur $h(a) = g(a \otimes 1)$ zu setzen. Für gegebenes L gibt es also genau dann eine L-Darstellung von A, wenn L ein Zerfällungskörper von A ist. – Mit Hilfe von L-Darstellungen lassen sich die wichtigen Begriffe der üblichen *Matrix-Spur* und *Matrix-Determinante* von Matrizen auf beliebige zentraleinfache K-Algebren übertragen:

F23 mit Definition 11: *Sei A eine zentraleinfache K-Algebra mit $A : K = n^2$. Zu jedem $a \in K$ gibt es dann genau ein (normiertes) Polynom*

$$(73) \qquad P^0(a) = P^0(a; X) \in K[X]$$

(vom Grade n), das für jede L-Darstellung h von A mit dem charakteristischen Polynom der Matrix $h(a) \in M_n(L)$ übereinstimmt:

$$(74) \qquad P^0(a) = P(h(a)).$$

Speziell gibt es wohlbestimmte Funktionen $N^0 : A \longrightarrow K$, $S^0 : A \longrightarrow K$ (mit Werten in K!), so daß

$$(75) \qquad N^0(a) = \det(h(a)) \qquad S^0(a) = \operatorname{Spur}(h(a))$$

gilt, wobei det und Spur jeweils Determinante und Spur für Matrizen aus $M_n(L)$ bezeichne. Mit $P^0(a; X) = X^n + c_{n-1}X^{n-1} + \ldots + c_0$ ist also

$$(76) \qquad S^0(a) = -c_{n-1} \qquad N^0(a) = (-1)^n c_0.$$

Man nennt $P^0(a)$ das <u>reduzierte charakteristische Polynom</u>, $N^0(a)$ die <u>reduzierte Norm</u> und $S^0(a)$ die <u>reduzierte Spur</u> von a. Wenn nötig, verwenden wir die genaueren Bezeichnungen

$$(77) \qquad S^0_{A/K}, \quad N^0_{A/K}, \quad P^0_{A/K}.$$

Für jedes $a \in A$ besteht zwischen dem reduzierten charakteristischen Polynom $P^0_{A/K}(a)$ und dem regulären charakteristischen Polynom $P_{A/K}(a)$, d.h. dem charakteristischen Polynom des K-Endomorphismus $a_{A/K} : x \longmapsto ax$ der Zusammenhang

$$(78) \qquad P_{A/K}(a) = P^0_{A/K}(a)^n.$$

Entsprechend gelten für die reguläre Norm bzw. Spur

$$(79) \qquad N_{A/K}(a) = N^0_{A/K}(a)^n, \quad S_{A/K}(a) = n\, S^0_{A/K}(a).$$

Im Falle einer Matrixalgebra $A = M_n(K)$ ist $P^0_{A/K}(a)$ nichts anderes als das charakteristische Polynom der <u>Matrix</u> $a \in M_n(K)$; und entsprechend sind $S^0_{A/K}(a)$ bzw. $N^0_{A/K}(a)$ einfach die übliche Matrix-Spur bzw. Matrix-Determinante von a.

Beweis: 1) Sind h und g zwei beliebige L-Darstellungen von A, so ist $h_L \circ g_L^{-1}$ ein L-Automorphismus von $M_n(L)$, also liefert der *Satz von Skolem-Noether* (vgl. Satz 20′) ein $u \in M_n(L)^{\times}$ mit $h_L(x) = u^{-1}g_L(x)u$ für alle $x \in A_L$. Insbesondere gilt $h(a) = u^{-1}g(a)u$ für jedes $a \in A$. Somit haben die Matrizen $g(a)$ und $h(a)$ dasselbe charakteristische Polynom.

Ist L' ein Erweiterungskörper von L, so vermittelt jede L-Darstellung $h : A \longrightarrow M_n(L)$ in natürlicher Weise ein L'-Darstellung $h' : A \longrightarrow M_n(L')$, und $h'(a)$ hat das gleiche charakteristische Polynom wie $h(a)$. Da je zwei Zerfällungskörper L_1 und L_2 von A in einem gemeinsamen Körper L' liegen, ist damit auch die Unabhängigkeit von der Wahl des Zerfällungskörpers L gezeigt.

2) Wir haben zu beweisen, daß die Koeffizienten von $P^0(a; X)$ wirklich in K liegen. Hierzu nehmen wir einen über K galoisschen Zerfällungskörper L von A. Jedes $\sigma \in G(L/K)$ läßt sich (koeffizientenweise) zu K-Automorphismen von $M_n(L)$ und $L[X]$ fortsetzen, die wir ebenfalls mit σ bezeichnen. Mit $h : A \longrightarrow M_n(L)$ ist auch $\sigma \circ h$ eine L-Darstellung von A, also gilt nach 1) die Gleichung $P(h(a)) = P(\sigma h(a))$ und somit $P^0(a) = P(\sigma h(a)) = \sigma P(h(a)) = \sigma P^0(a)$. Die Koeffizienten von $P^0(a)$ sind also invariant unter allen σ und liegen daher in K.

3) Wir haben uns noch von der Gültigkeit der Gleichung (78) zu überzeugen. Wegen

$$P_{A/K}(a) = P_{A \otimes L/L}(a) = P_{M_n(L)/L}(h(a))$$

ist nur zu zeigen, daß für jede Matrix $x \in M_n(L)$ die Gleichung

$$P_{M_n(L)/L}(x) = P_{L^n/L}(x)^n$$

besteht. Dies aber ist klar, denn als $M_n(L)$-Modul ist

$$M_n(L) \simeq L^n \oplus \ldots \oplus L^n$$

die n-fache direkte Summe des $M_n(L)$-Moduls L^n.

Bemerkungen: Die folgenden Regeln für die reduzierte Norm und Spur sind offensichtlich:

(a) $S^0_{A/K}$ *ist eine K-Linearform auf A.*

(b) $N^0_{A/K}$ *ist multiplikativ.*

(c) *Für alle $a, b \in A$ gilt $S^0_{A/K}(ab) = S^0_{A/K}(ba)$.*

(d) *Für $a \in K$ gilt $N^0_{A/K}(a) = a^n$ und $S^0_{A/K}(a) = na$.*

F24: *Sei A eine zentraleinfache K-Algebra. Für jedes $a \in A$ gilt dann $P_{A/K}(a) = P_{A^\circ/K}(a)$, d.h. die K-Endomorphismen $x \longmapsto ax$ und $x \longmapsto xa$ von A haben dasselbe charakteristische Polynom. Entsprechend ist $S_{A/K} = S_{A^\circ/K}$ und $N_{A/K} = N_{A^\circ/K}$.*

Beweis: Im Hinblick auf (78) in F23 genügt es,

(80) $P^0_{A/K}(a) = P^0_{A^\circ/K}(a)$

zu zeigen. Dies aber ist klar, da die Transpositionsabbildung $x \longmapsto {}^t x$ ein Isomorphismus $M_n(L)^O \longrightarrow M_n(L)$ ist, der charakteristische Polynome invariant läßt.

F25: *Sei A eine zentraleinfache K-Algebra. Ein $a \in A$ ist genau dann invertierbar in A, wenn $N^0_{A/K}(a) \neq 0$ ist.*

Beweis: Für jede endlich-dimensionale K-Algebra A ist $a \in A^\times$ gleichbedeutend mit $N_{A/K}(a) \neq 0$ (vgl. Band I, S. 166, F3). Damit folgt die Behauptung aus (79).

F26: *Sei A eine zentraleinfache K-Algebra. Dann ist die reduzierte Spur $S^0_{A/K}$ nicht-ausgeartet, d.h. aus $S^0_{A/K}(ax) = 0$ für alle $x \in A$ folgt $a = 0$.*

Beweis: Sei h eine L-Darstellung von A. Dann ist also Spur $(h(a)y) = 0$ für alle $y \in h(A)$ vorausgesetzt. Da aber $M_n(L)$ als L-Vektorraum von $h(A)$ erzeugt wird, gilt Spur $(h(a)x) = 0$ für alle $x \in M_n(L)$. Es folgt $h(a) = 0$ und somit $a = 0$. $\qquad\qquad\square$

Sei A eine zentraleinfache K-Algebra der Dimension $m = n^2$, und $e_1, \ldots, e_m$ sei eine K-Basis von A, so daß also jedes x aus A eine eindeutige Darstellung

$$(81) \qquad\qquad x = x_1 e_1 + \ldots + x_m e_m$$

mit Koordinaten x_i aus K besitzt. Wir behaupten: Die Koeffizienten von $P^0(x; X)$ – und damit insbesondere $N^0(x)$ und $S^0(x)$ – hängen von den Koordinaten des Elementes x polynomial ab. Genauer:

Lemma 3: *In der obigen Situation gibt es homogene Polynome $F(t_1, \ldots, t_m)$, $G(t_1, \ldots, t_m)$, $H(t_1, \ldots, t_m, X)$ der Grade $1, n, n$ mit Koeffizienten <u>in K,</u> so daß für jedes $x = x_1 e_1 + \ldots + x_m e_m$ von A gilt:*
$$S^0_{A/K}(x) = F(x_1, \ldots, x_m), \quad N^0_{A/K}(x) = G(x_1, \ldots, x_m),$$
$$P^0_{A/K}(x; X) = H(x_1, \ldots, x_m, X).$$

Beweis: Es gibt eine L-Darstellung $h : A \longrightarrow M_n(L)$ von A mit einem galoisschem L/K. Wir betrachten nun den rationalen Funktionenkörper $L(t) := L(t_1, \ldots, t_m)$ in m Variablen $t_1, \ldots, t_m$ über K und erhalten mit

$$\widehat{h} : A \otimes K(t) \longrightarrow M_n(L(t))$$
$$x \otimes f(t) \longmapsto f(t)h(x)$$

eine $L(t)$-Darstellung der zentraleinfachen $K(t)$-Algebra $A_{K(t)} = A \otimes K(t)$.

Die Matrix $\widehat{h}(e_1 \otimes t_1 + \ldots + e_m \otimes t_m) = t_1 h(e_1) + \ldots + t_m h(e_m)$ besitzt dann das charakteristische Polynom

$$\det(XE_n - (t_1 h(e_1) + \ldots + t_m h(e_m)))\,.$$

Berechnet man diese Determinante, so erhält man ein homogenes Polynom

$$H(t_1, \ldots, t_m, X) \in L[t, X]$$

vom Grade n. Definitionsgemäß ist H andererseits das *reduzierte charakteristische* Polynom des Elementes $e_1 \otimes t_1 + \ldots + e_m \otimes t_m$ von $A \otimes K(t)$, gehört also zu $K(t)|X]$. Folglich gilt

$$H(t_1, \ldots, t_m, X) \in K[t, X]\,.$$

Für x wie in (81) ist dann $P^0_{A/K}(x; X) = \det(XE_n - h(x)) = \det(XE_n - (x_1 h(e_1) + \ldots + x_m h(e_m))) = H(x_1, \ldots, x_m, X)$. Mit $-F(t)$ bzw. $(-1)^n G(t)$ als dem zweithöchsten bzw. letzten Koeffizienten von $H(t, X)$ ist damit alles gezeigt.

F27: *Der Schiefkörper D sei endlich-dimensional über seinem Zentrum K, und $A = M_r(D)$ sei eine beliebige Matrixalgebra über D. Für jede Matrix $a = (d_{ij}) \in M_r(D)$ gilt dann*

$$(82) \qquad S^0_{A/K}(a) = \sum_i S^0_{D/K}(d_{ii})\,,$$

und wenn $a = (d_{ij})$ eine Dreiecksmatrix ist, hat man

$$(83) \qquad N^0_{A/K}(a) = \prod_i N^0_{D/K}(d_{ii})\,.$$

Beweis: Sei h eine L-Darstellung von D. Indem man jeder Matrix $y = (d_{ij})$ aus $M_r(D)$ die Blockmatrix $(h(d_{ij}))$ zuordnet, erhält man eine L-Darstellung von $A = M_r(D)$. Benutzt man diese L-Darstellung zur Berechnung von $S^0_{A/K}(a)$ – bzw. von $N^0_{A/K}(a)$ im Fall einer Dreiecksmatrix a, so erhält man sofort die Formeln (82) und (83).

Bemerkung: In der Situation von F27 kann man die Formel (82) unter Benutzung der Spur der Matrixalgebra $M_r(D)$ schöner schreiben:

$$(84) \qquad S^0_{A/K}(a) = S^0_{D/K}(\mathrm{Spur}\,_D(a))\,.$$

$M_r(D)$ besitzt aber auch eine Determinantenfunktion $\det_D : M_r(D) \to \overline{D}$ mit Werten in der Menge $\overline{D} = D^\times/D^{\times\prime} \cup \{0\}$, wobei $D^\times/D^{\times\prime}$ die *Faktorkommutatorgruppe* von $D^\times$ bezeichnet. Bis auf die Modifikation des Wertebereichs hat det_D die üblichen drei charakteristischen Determinanteneigenschaften (vgl. LA I, Seiten 134, 180 und 181). Unter Verwendung von det_D gilt dann allgemein

$$(85) \qquad N^0_{A/K}(a) = N^0_{D/K}(det_D(a))$$

für *jede* Matrix a aus $M_r(D)$. In der Tat erhält man diese Formel aus (83), wenn man die üblichen Transformationsregeln von det_D sowie die Multiplikativität der N^0 benutzt. Dabei ist zu beachten, daß die rechte Seite von (85) wirklich *wohldefiniert* ist, denn für Elemente der Form $d = d_1 d_2 d_1^{-1} d_2^{-1}$ ist $N^0_{D/K}(d) = 1$.

SATZ 22: *Die zentraleinfache K-Algebra A enthalte den Körper L als Teilalgebra. Für die Elemente c des Zentralisators $C = Z_A(L)$ gelten dann die Formeln*

$$(86) \qquad N^0_{A/K}(c) = N_{L/K} N^0_{C/K}(c), \quad S^0_{A/K}(c) = S_{L/K} S^0_{C/K}(c).$$

Beweis: Nach dem Satz vom Zentralisator (Satz 14) hat man

$$(87) \qquad A : K = (L : K)(C : K).$$

Ferner ist C eine zentraleinfache L-Algebra. Wir betrachten den C-Modul A. Da C einfach ist, erkennt man durch Dimensionsvergleich mittels (87), daß die Isomorphie

$$(88) \qquad A \simeq C^{L:K} \quad \text{von } C\text{-Moduln}$$

besteht. Für ein beliebiges $c \in C$ gilt daher

$$(89) \qquad P_{A/K}(c) = P_{C/K}(c)^{L:K}.$$

Auf die K-Algebra C wende man nun 13.1 aus Band I an und erhält

$$(90) \qquad P_{C/K}(c; X) = N_{L[X]/K[X]} P_{C/L}(c; X).$$

Für das reduzierte charakteristische Polynom $P^0_{C/L}(c; X)$ gilt dann

$$(91) \qquad P_{C/K}(c; X) = N_{L[X]/K[X]} P^0_{C/L}(c; X)^m$$

mit $m^2 = C : L$. Mit $n^2 = A : K$ und $P_{A/K}(c) = P^0_{A/K}(c)^n$ erhält man aus (89) und (91)

$$(92) \qquad P^0_{A/K}(c; X)^n = N_{L[X]/K[X]} P^0_{C/L}(c; X)^{m(L:K)}.$$

Nun ist aber $n^2 = A : K = (L : K)(C : K) = (L : K)^2 (C : L) = (L : K)^2 m^2$, also $n = m(L : K)$. Da es sich durchweg um normierte Polynome handelt, kann die Gleichung (92) in dem faktoriellen Ring $K[X]$ nur bestehen, wenn schon

(93) $P^0_{A/K}(c; X) = N_{L[X]/K[X]} P^0_{C/L}(c; X)$

gilt. Hiermit hat man eine *Schachtelungsformel* für das reduzierte charakteristische Polynom gefunden. Daraus wollen wir jetzt die Behauptungen (86) herleiten. Seien dazu allgemein Polynome

$$f(X) = X^n + c_{n-1} X^{n-1} + \ldots + c_0,$$
$$g(X) = X^m + a_{m-1} X^{m-1} + \ldots + a_0$$

aus $K[X]$ bzw. $L[X]$ gegeben, so daß

(94) $f(X) = N_{L[X]/K[X]} g(X)$

gilt. Wir betrachten den Endomorphismus

(95) $u = \begin{pmatrix} 0 & & & & -a_0 \\ 1 & 0 & & & -a_1 \\ & 1 & \ddots & & \vdots \\ & & \ddots & 0 & -a_{m-2} \\ & & & 1 & -a_{m-1} \end{pmatrix}$

des L-Vektorraumes L^m. Sein charakteristisches Polynom ist gerade $g(X)$. Aufgrund von (94) ist dann

$$f(X) = P(u_K; X)$$

das charakteristische Polynom von u_K, d.h. dem von u bestimmten K-Endomorphismus von L^m (vgl. dazu etwa LA II, S. 183, Aufgabe 63). Insbesondere ist dann $c_{n-1} = -Spur(u_K)$. Wegen (95) ist nun aber $Spur(u_K) = -S_{L/K}(a_{m-1})$. Also hat man insgesamt

(96) $c_{n-1} = -S_{L/K}(a_{m-1})$.

Entsprechend folgt $(-1)^n c_0 = \det(u_K) = N_{L/K}(\det(u)) = N_{L/K}((-1)^m a_0)$, somit

(97) $(-1)^n c_0 = N_{L/K}((-1)^m a_0)$.

Im Falle $f = P^0_{A/K}(c; X)$ und $g = P^0_{C/L}(c; X)$ besagen nun (96) und (97) nichts anderes als unsere Behauptung (86).

Bemerkung: Betrachten wir F28 speziell im Fall eines Schiefkörpers $A = D$ und mit L als einem *maximalen* Teilkörper von D. Dann gilt also

(98) $N^0_{D/K}(x) = N_{L/K}(x),\quad S^0_{D/K}(x) = S_{L/K}(x)$ für alle $x \in L$.

Da ein beliebiges Element x von D stets in einem geeigneten maximalen Teilkörper von D liegt, ist damit die reduzierte Norm (bzw. reduzierte Spur) von D in gewisser Weise auf die Norm (bzw. Spur) von *Körpererweiterungen* zurückführbar.   □

Eine schöne Anwendung des Begriffes der *reduzierten Norm* liefert

SATZ 23: *Ist K ein C_1-Körper* (vgl. §27, Def. 3)*, so ist $Br(K) = 1$.*

Beweis: Angenommen, es sei $[D] \in Br(K)$ für einen Schiefkörper D mit $D : K = m = n^2 > 1$. Die reduzierte Norm $N_{D/K}^0$ wird dann von einem homogenen Polynom vom Grade n aus $K[X_1, \dots, X_m]$ vermittelt (vgl. obiges Lemma 3). Wird K nun als C_1-Körper vorausgesetzt, so gibt es ein $x \neq 0$ aus D mit $N_{D/K}^0(x) = 0$. Doch dies ist unmöglich, denn x ist invertierbar in D. – Als Konsequenz von Satz 23 erhält man von neuem den Satz 21 von *Wedderburn*, denn ein *endlicher Körper* ist ein C_1-Körper (§27, Satz 2). Aber auch für einen *Funktionenkörper* vom Transzendenzgrad 1 *über einem algebraisch abgeschlossenen Grundkörper* ist $Br(K) = 1$ (vgl. §27, Satz 6 mit Satz 1).

§ 29* Aufgaben und ergänzende Bemerkungen

29.1 Man betrachte den K-Vektorraum $V = K^{(\mathbb{N})}$ und seine Endomorphismenalgebra $A := \mathrm{End}_K(V)$. Mit I werde die Menge aller $f \in A$ bezeichnet, für die fV endlich-dimensional ist. Offenbar ist I ein *Ideal* von A. Es ist nicht schwierig, sich davon zu überzeugen, daß die Algebra $\overline{A} = A/I$ *einfach*, aber *nicht noethersch* ist (und daher auch nicht artinsch, vgl. §28, F41). Hinweis: Sei $f \notin I$, also dim $fV = \infty$. Es gibt dann eine linear unabhängige Folge von Elementen $v_i = fw_i$, $i = 1, 2, \dots$. Daher existiert ein $g \in A$ mit $gv_i = e_i$. Sei h durch $he_i = w_i$ definiert. Dann gilt $gfh = 1$, also ist A/I einfach. Um zu zeigen, daß A/I nicht noethersch ist, gehe man von einer absteigenden Folge von Teilräumen V_i mit dim $V_i/V_{i+1} = \infty$ aus. Dann definiert $N_i = \{ f \in A \mid \dim fV_i < \infty \}$ eine aufsteigende Folge von Linksidealen von A, die alle I enthalten.

29.2 Sei V ein beliebiger D-Vektorraum. Zeige: Ist V nicht endlich-dimensional, so ist $\mathrm{End}_D(V)$ nicht artinsch. – Hinweis: Es gibt eine Folge von linear unabhängigen Vektoren v_i in V. Dann erhält man mit $N_k = \{ f \in \mathrm{End}_D(V) \mid fv_1 = \dots = fv_k = 0 \}$ eine absteigende Folge von Linksidealen in $\mathrm{End}_D(V)$, die nicht abbricht.

29.3 Sei A eine endlich-dimensionale *kommutative* K-Algebra ohne nilpotente Elemente. Setzt man noch voraus, daß char (K) gleich 0 oder größer als $A : K$ ist, so läßt sich die *Halbeinfachheit* von A wie folgt beweisen (vgl. F8): Es genügt zu zeigen, daß die von der Spur $S_{A/K}$ (vgl. Band I, S. 165) vermittelte symmetrische Bilinearform $(x, y) \longmapsto S_{A/K}(xy)$ *nicht-ausgeartet* ist. Ist dies nämlich der Fall, so erhält man für jeden A-Teilmodul N von A_l mit $N^* = \{x \in A \mid S_{A/K}(xy) = 0$ für alle $y \in N\}$ einen Komplementärmodul von N in A_l.

Hinweis: Für $a \in A$ gelte $S_{A/K}(ay) = 0$ für alle $y \in A$. Dann ist speziell $S_{A/K}(a^i) = 0$ für alle $i \in \mathbb{N}$. Für den Endomorphismus $f = a_A$ des K-Vektorraumes A gilt also Spur $(f^i) = 0$ für alle $i \in \mathbb{N}$. Wie man nun leicht beweist (vgl. LA II; S. 183, Aufgabe 75), ist dann aber f *nilpotent* und damit auch a. Also folgt $a = 0$.

29.4 Die K-Algebra A sei einfach und zentral. Dann ist $A \otimes_K A^O$ genau dann artinsch, wenn $A : K < \infty$ gilt.

Beweis: Ist $A : K < \infty$, so ist $A \otimes_K A^O \simeq M_n(K)$ nach F14; also ist $A \otimes_K A^O$ insbesondere artinsch. Sei umgekehrt $A \otimes_K A^O$ als artinsch vorausgesetzt. Da A einfach ist, ist der $A \otimes_K A^O$-Modul A einfach; da A zentral über K ist, gilt für seinen Endomorphismenschiefkörper

$$\text{End}_{A \otimes_K A^O}(A) = K \,,$$

vgl. (27). Wendet man nun Satz 3 auf die einfache artinsche Algebra $A \otimes_K A^O$ an (ihre Einfachheit folgt aus Satz 7), so ergibt sich $A : K < \infty$; außerdem folgt $A \otimes_K A^O \simeq M_n(K)$, womit wir erneut (33) begründet haben.

29.5 Sei $\mathbb{H}$ der Quaternionenschiefkörper von *Hamilton* über $\mathbb{R}$ (vgl. Bem. 4 zu Satz 9). Dann ist die $\mathbb{R}$-Algebra $\mathbb{H} \otimes_{\mathbb{R}} \mathbb{H}$ kein Schiefkörper, denn ihre Dimension ist 16. – Allgemeiner zeige man: Ist K ein beliebiger Körper und $[D] \in Br(K)$ mit einem Schiefkörper $D \neq K$, so ist $D \otimes_K D$ kein Schiefkörper. (Hinweis: Jeder Zerfällungskörper L von D ist auch einer von $D \otimes_K D$. Genauer läßt sich dann zeigen: Hat D den Schurindex n (also $D \otimes_K D$ den reduzierten Grad n^2 über K), so ist $D \otimes_K D$ zu einem A von reduziertem Grad $n(n-1)/2$ ähnlich. (Hinweis: Es ist zu beweisen, daß der Schurindex s von $D \otimes_K D$ in $n(n-1)/2$ aufgeht, was nur für gerades n ein Problem darstellt. Wenn man will, kann man n dann gleich als 2-Potenz annehmen, vgl. §30, Bem. zu Satz 3.)

29.6 Sei $[A] \in Br(K)$. Zeige: Genau dann ist A_L ein Schiefkörper, wenn $s(A_L) = s(A)$ gilt und A ein Schiefkörper ist. – Hinweis: Vgl. (36) und F19.

29.7 Es sei D ein *Schiefkörper*, und B sei eine Teilalgebra von D. Zeige:
(a) $Z_D(B)$ ist ebenfalls ein Schiefkörper. (b) Ist B artinsch, so ist auch B ein Schiefkörper. Hinweis: (a) ist klar, denn ist $z \neq 0$ vertauschbar mit allen Elementen von B, so auch z^{-1}. Nun zu (b): Da es in einem Schiefkörper keine nilpotenten Elemente $\neq 0$ gibt, hat B das Radikal $\mathfrak{R}(B) = 0$ und ist daher *halbeinfach* (§28, Satz 4 und F29). Der Rest folgt nun leicht mit (4) und (10). Alternative Idee: Betrachte zu $x \in B$ die absteigende Folge der Bx^n.

29.8 Seien A und B beliebige K-Algebren. Zeige: Ist $A \otimes_K B$ halbeinfach, so sind A und B halbeinfach.

Hinweis: Sei $A \otimes_K B$ halbeinfach. Dann sind A und B jedenfalls artinsch (Bem. (b) zu Satz 7 und §28, F26). Für das Radikal $\mathfrak{R}(A)$ von A gibt es dann eine natürliche Zahl k mit $\mathfrak{R}(A)^k = 0$ (§ 28, Satz 4). Es folgt $(\mathfrak{R}(A) \otimes B)^k \subseteq \mathfrak{R}(A)^k \otimes B = 0$, woraus sich aufgrund der Voraussetzung aber $\mathfrak{R}(A) \otimes B = 0$ ergibt (vgl. §28, F37 und F29). Somit ist $\mathfrak{R}(A) = 0$ und folglich A halbeinfach. Analog ist auch B halbeinfach.

29.9 Es liege die Situation von Satz 14 vor. Mit $n = B : K$ und $d = L : K$ gelten dann in (b) bzw. (e) genauer

(1) $$C \otimes_K M_n(K) \simeq B^O \otimes_K A \quad bzw.$$
(2) $$(B \otimes_L C) \otimes_L M_d(L) \simeq A \otimes_K L.$$

Aus (2) folgt (f) von Satz 14. – Im übrigen ergibt sich aus (b) bzw. direkt aus (1) erneut $A^O \otimes_K A \simeq M_n(K)$, falls $n = A : K$.

Beweis: Es sei N ein einfacher $B \otimes A^O$-Modul. Für die $B \otimes A^O$-Moduln A und $B \otimes A^O$ hat man dann

$$A \simeq N^r \quad \text{und} \quad B \otimes A^O \simeq N^t.$$

Wir erhalten folgende Isomorphien von A^O-Moduln: $N^t \simeq B \otimes A^O \simeq A^n \simeq N^{rn}$, woraus sich durch Längenvergleich $t = rn$ ergibt. Damit ist dann $B^O \otimes A = \text{End}_{B \otimes A^O}(B \otimes A^O) \simeq \text{End}_{B \otimes A^O}(N^t) \simeq M_t(\text{End}_{B \otimes A^O}(N)) \simeq M_n(M_r(\text{End}_{B \otimes A^O}(N))) \simeq M_n(\text{End}_{B \otimes A^O}(N^r)) \simeq M_n(\text{End}_{B \otimes A^O}(A)) \simeq M_n(C) = C \otimes M_n(K)$. So erhalten wir Behauptung (1).

Tensorieren wir (1) von links mit B über L, so folgt $(B \otimes_L C) \otimes M_n(K) \simeq (B \otimes_L B^O) \otimes_K A \simeq M_{n/d}(L) \otimes_K A$, also $M_n(B \otimes_L C) \simeq M_{n/d}(M_d(B \otimes_L C)) \simeq M_{n/d}(L \otimes_K A)$, woraus sich (vgl. F9) $M_d(B \otimes_L C) \simeq L \otimes_K A$ und damit die Behauptung (2) ergibt.

29.10: *Ist L ein Zerfällungskörper der zentraleinfachen K-Algebra A mit $(L : K)^2 = A : K$, so läßt L sich K-isomorph in A einbetten.*

Beweis: Nach Satz 18 gibt es eine zu A ähnliche Algebra A', welche L als maximale kommutative Teilalgebra enthält. Aus der Voraussetzung folgt aber $A : K = (L : K)^2 = A' : K$ (vgl. Satz 15). Somit gilt $A \simeq A'$, und daher läßt L sich K-isomorph in A einbetten.

29.11 Zur Beantwortung von Fragen, die die Sätze 15, 16 und 18 nahelegen: Seien A eine zentraleinfache K-Algebra und E/K eine endliche Körpererweiterung der Grade $A : K = n^2$ und $E : K = d$.

(a) Sei E als Teilalgebra von A vorausgesetzt. Für den Zentralisator C von E in A gelten dann

$$C \sim A_E, \quad Z(C) = E, \quad n = dm \quad \text{mit} \quad m^2 = C : E.$$

(b) Unter der Voraussetzung von (a) ist E genau dann ein *maximaler Teilkörper* von A, wenn E ein Zerfällungskörper von A ist und E außerdem keinen Erweiterungskörper von einem in $m = n/d$ aufgehenden Grad > 1 besitzt.

(c) Genau dann ist E ein Zerfällungskörper von A, wenn es eine zu A ähnliche Algebra A' gibt, welche E als *maximalen Teilkörper* enthält.

Beweis: (a): Alles folgt sofort aus dem Satz vom Zentralisator (Satz 14), wenn man noch $C : K = (C : E)(E : K)$ berücksichtigt.

(c): Ist E Zerfällungskörper von A, so wende man Satz 18 an. Die umgekehrte Richtung ist in (b) enthalten.

(b): Wir betrachten $C = Z_A(E)$. Dann ist C eine zentraleinfache E-Algebra mit

(1) $C \sim A \otimes_K E,$

vgl. wieder Satz 14. Es ist $C \simeq M_r(D)$ mit einer zentralen Divisionsalgebra D über E. Zerfällt A über E, so ist $D = E$ aufgrund von (1). Ist E ein maximaler Teilkörper von A, so auch in C und folglich auch in D. Da E aber andererseits das Zentrum von D ist, kann nur $D = E$ gelten. Somit zerfällt A über E. – Es bleibt zu untersuchen, wann E ein maximaler Teilkörper von $M_m(E)$ ist. Die Teilalgebra F der E-Algebra $M_m(E)$ sei ein *Körper*. Anwendung von (a) auf diese Situation zeigt, daß dann $F : E$ ein Teiler von m sein muß. Ist umgekehrt eine Körpererweiterung F/E vom Grade t gegeben, so ist die E-Algebra F isomorph zu einer Teilalgebra $M_t(E)$. Wird nun t als Teiler von m vorausgesetzt, also $m = st$, so ist $M_t(E)$ isomorph zu einer Teilalgebra von $M_s(M_t(E)) \simeq M_m(E)$. Insgesamt ergibt sich die volle Aussage von (b).

29.12 Für $[A], [B] \in Br(K)$ seien $s(A), s(B)$ *teilerfremd*. Zeige:
(a) $s(A \otimes B) = s(A)s(B)$. (b) Sind A, B Schiefkörper, so auch $A \otimes B$.
Hinweis: (b) folgt sofort aus (a), vgl. Bem. zu Def. 7. Zum Beweis von (a)
gehe man von Bem. 1 zu Satz 19 aus. Man beachte: Ist L ein Zerfällungskör-
per von $A \otimes B$, so ist $A_L \otimes B_L \sim 1$, also $A_L \sim B_L^O$. Nun haben aber A_L
und B_L^O offenbar den gleichen Schurindex, und dieser ist ein Teiler von $s(A)$
wie von $s(B)$, vgl. F19. Aus der Teilerfremdheit von $s(A), s(B)$ folgt dann
$A_L \sim 1 \sim B_L$, also ist $L : K$ durch $s(A)$ wie durch $s(B)$ teilbar.

29.13 Es sei K ein Körper der Charakteristik $p > 0$, und sei D ein
Schiefkörper mit dem Zentrum K. Ist dann σ ein nicht-trivialer Automorphismus der K-Algebra D mit $\sigma^p = 1$, so gibt es von 0 verschiedene x, y
aus D mit $\sigma y = y + x$ und $\sigma x = x$, also auch ein z mit

$$(1) \qquad\qquad \sigma z = z + 1.$$

Beweis: In $\mathrm{End}_K(D)$ gilt $(\sigma - 1)^p = \sigma^p - 1^p = 0$. Man betrachte das größte
n mit $(\sigma - 1)^n \neq 0$. Für ein $d \in D$ ist dann $x := (\sigma - 1)^n d \neq 0$, hingegen
$\sigma x = x$. Mit $y := (\sigma - 1)^{n-1} d$ gilt dann $\sigma y - y = x$. Multiplikation dieser
Gleichung mit x^{-1} zeigt dann, daß $z := x^{-1} y$ der Gleichung $\sigma z - z = 1$
genügt.

29.14 Mit 29.13 beweise man folgende Verallgemeinerung von Lemma 2:
*Es sei D ein Schiefkörper mit Zentrum K, und sei jedes Element von D
algebraisch über K. Ist $D \neq K$, so enthält D einen Teilkörper $E \underset{\neq}{\supseteq} K$, der
separabel über K ist.*
Hinweis: Gilt die Behauptung nicht, so ist $\mathrm{char}\,(K) = p > 0$, und es gibt
ein u in D mit $u^p \in K$, aber $u \notin K$. Dann kann man 29.13 auf den von u
vermittelten inneren Automorphismus σ von D anwenden und erhält einen
Teilkörper $K[z]$ von D, so daß $K[z]/K$ nicht rein inseparabel ist.

29.15 Sei D ein Schiefkörper mit Zentrum K, und es gebe eine natürliche
Zahl n, so daß $K[x]$ für jedes $x \in D$ ein Erweiterungskörper vom Grade $\leq n$
über K ist. Zeige: D ist *endlich-dimensional*, und es gilt $D : K \leq n^2$.
Hinweis: Man kann von $D \neq K$ ausgehen und 29.14 anwenden. Es gibt also
Elemente x in D mit

$$(1) \qquad\qquad K[x]/K \quad \text{separabel}, \ x \notin K.$$

Wegen $K[x] : K \leq n$ gibt es unter den Elementen in (1) ein x_0 mit *maximalem Grad* $K[x_0] : K$. Setze $L = K[x_0]$ und betrachte den Zentralisator C von
L in D. Dann ist C ebenfalls ein Schiefkörper, und L ist das Zentrum von C.
Wäre $C \neq L$, so lieferte 29.14 unter Benutzung des Satzes vom primitiven
Element einen Widerspruch zur Wahl von x_0. Es ist also $C = L$, und aus
dem *Satz vom Zentralisator* folgt dann $D : K = (L : K)(L : K) \leq n^2$.

29.16 Es gibt Schiefkörper, die über einem gegebenen Körper K als ihrem Zentrum *unendlich-dimensional* sind, ja die sogar K-Automorphismen besitzen, welche *keine inneren Automorphismen* sind (vgl. Satz 20'). Dies zu zeigen, sind die nachstehenden Aufgaben 29.17 – 29.21 bestimmt.

29.17 Es seien L ein Körper und σ ein Automorphismus von L. Mit K bezeichne man den Fixkörper von σ in L.

Man betrachte die Menge A aller Abbildungen $a : \mathbb{Z} \longrightarrow L$ mit $a(i) = 0$ für fast alle $i < 0$. Diese bildet in natürlicher Weise einen L-Vektorraum.

Für die Elemente a von A verwenden wir die (vorerst nur symbolisch zu verstehende) Schreibweise

(1)
$$a = \sum_i a_i X^i,$$

wobei natürlich $a_i = a(i)$ gesetzt ist. Wir definieren nun eine Multiplikation in A, indem wir $a, b \in A$ die Funktion c mit $c_n = \sum_{i+j=n} a_i \sigma^i(b_j)$ zuordnen; es gilt dann also

(2)
$$\left(\sum_i a_i X^i \right) \left(\sum_j b_j X^j \right) = \sum_n \left(\sum_{i+j=n} a_i \sigma^i(b_j) \right) X^n.$$

(Man beachte, daß für negative Indizes nur endlich viele a_i und b_j verschieden von Null sind, so daß c wohldefiniert ist und ebenfalls zu A gehört.) Man kann sich nun leicht davon überzeugen, daß der L-Vektorraum A damit zu einer K-Algebra wird. Man rechnet mit den Elementen (1) wie mit *formalen Laurentreihen*, bis auf den (später allerdings entscheidenden) Umstand, daß für die Rechtsmultiplikation mit Elementen von L die Relation

(3)
$$X\lambda = \sigma(\lambda)X$$

gilt. Wir verwenden daher für A auch die Bezeichnung $A = L((X; \sigma))$ und nennen A die *Algebra der σ-verschränkten formalen Laurentreihen über L*. Ist σ trivial auf L, so hat man natürlich $L((X; \sigma)) = L((X))$. In jedem Fall ist $K((X))$ eine *kommutative Teilalgebra* von $L((X; \sigma))$.

Wie im nicht verschränkten Fall zeigt man nun leicht, daß jedes Element $\neq 0$ von A invertierbar ist. *Somit ist $L((X; \sigma))$ ein <u>Schiefkörper</u>.*

29.18 Man bestimme nun die Elemente von $A = L((X; \sigma))$, die mit allen anderen vertauschbar sind. Die Antwort hängt davon ab, ob σ endliche Ordnung hat oder nicht. Man findet:

(a) *Ist σ von unendlicher Ordnung, so hat $L((X; \sigma))$ das Zentrum K.*

(b) *Hat σ die Ordnung n, so ist $K((X^n))$ das Zentrum von $L((X; \sigma))$. In diesem Fall ist der Schiefkörper $L((X; \sigma))$ endlich-dimensional über seinem Zentrum, genauer von der Dimension n^2.*

Die obige Konstruktion liefert also Schiefkörper unendlicher Dimension über einem vorgegebenen Körper K als Zentrum, vorausgesetzt, man kann sicherstellen, daß K einen Erweiterungskörper L mit einem Automorphismus σ unendlicher Ordnung besitzt, der K zum Fixkörper hat. Im Falle char $(K) = 0$ betrachte dazu einfach $L = K(t)$ mit einer Variablen t über K und den Automorphismus σ von L, definiert durch $\sigma(t) = t + 1$. Ist K ein endlicher Körper mit q Elementen, so nehme man für L einen algebraischen Abschluß von K und betrachte darauf den Automorphismus σ, definiert durch $\sigma(\lambda) = \lambda^q$. Den Fall eines unendlichen Körpers K der Charakteristik > 0 diskutieren wir hier nicht, verweisen aber auf 29.21.

29.19 Sei $A = L((X; \sigma))$ wie oben. Ist τ ein weiterer Automorphismus von L/K, der aber mit σ *vertauschbar* sein soll, so kann man τ vermöge

$$\hat{\tau}\Big(\sum_i a_i X^i\Big) = \sum_i \tau(a_i) X^i$$

zu einem K-Automorphismus $\hat{\tau}$ von A fortsetzen. Wir behaupten: *Ist τ keine Potenz von σ, so ist $\hat{\tau}$ kein innerer Automorphismus von A.* Angenommen nämlich, für $u = \sum_i u_i X^i$ gelte nur

$$\tau(\lambda)u = u\lambda \quad \text{auf } L,$$

so folgt $\tau(\lambda)u_i = \sigma^i(\lambda)u_i$ für alle i; ist also nur ein $u_i \neq 0$, so ergibt sich $\tau = \sigma^i$ im Widerspruch zur Voraussetzung.

29.20 Um also die Existenz von Schiefkörpern mit vorgegebenem Zentrum K nachzuweisen, welche außer den inneren noch andere K-Automorphismen besitzen, genügt es nach 29.19, Automorphismen σ, τ einer geeigneten Körpererweiterung L/K mit den folgenden Eigenschaften anzugeben:

(1) $\qquad Fix(\sigma) = K, \quad \sigma\tau = \tau\sigma, \quad \tau \neq \sigma^i \quad \text{für alle } i \in \mathbb{Z}.$

(Warum ist dann automatisch $\mathrm{ord}(\sigma) = \infty$?) Hat K die Charakteristik 0, so wähle man $L = K(t)$ und $\sigma(t) = t + 1$ wie in 29.18 und definiere τ durch $\tau(t) = t + \frac{1}{2}$. Ist K ein endlicher Körper, so wähle L und σ ebenfalls wie in 29.18. Da $G(L/K)$ abelsch ist, bleibt sicherzustellen, daß es ein $\tau \in G(L/K)$ gibt, welches nicht von der Gestalt $\tau = \sigma^i$ ist (vgl. dazu Band I, S. 155). Für einen beliebigen Körper K sei auf 29.21 verwiesen.

29.21 Für einen beliebigen Körper K gibt es eine Erweiterung L/K mit Automorphismen σ, τ von L/K, welche die Bedingungen (1) in 29.20 erfüllen: Man nehme $L = K(t_i \mid i \in \mathbb{Z})$ mit Unbestimmten t_i und definiere σ und τ durch $\sigma t_i = t_{i+1}$, $\tau t_i = t_i + 1$.

29. 22 Eine *endlich erzeugte* Körpererweiterung E/K heißt *separabel erzeugbar*, wenn E/K eine Transzendenzbasis $x_1, \ldots, x_r$ besitzt, so daß die (endliche!) Erweiterung $E/K(x_1, \ldots, x_r)$ separabel ist. (Man nennt dann $x_1, \ldots, x_r$ dann eine *separierende Transzendenzbasis* von E/K.) Zeige: *Ist E/K separabel erzeugbar, so ist E/K separabel im Sinne von Def. 9.*

Hinweis: Sei F/K eine beliebige Körpererweiterung und $F(X_1, \ldots, X_r)$ der rationale Funktionenkörper in r Variablen über F. Man hat die kanonische Isomorphie $K[X_1, \ldots, X_r] \otimes_K F \simeq F[X_1, \ldots, X_r]$ und erhält damit kanonische *Injektionen* $K(X_1, \ldots, X_r) \otimes_K F \longrightarrow F(X_1, \ldots, X_r)$ und $E \otimes_{K(X_1, \ldots, X_r)} (K(X_1, \ldots, X_r) \otimes_K F) \longrightarrow E \otimes_{K(X_1, \ldots, X_r)} F(X_1, \ldots, X_r)$.

29.23 Wie aus Def. 9 sofort ersichtlich, ist E/K genau dann separabel, wenn jede endlich erzeugte Teilerweiterung von E/K separabel ist. Mit 29.22 folgt dann: *Für* $\operatorname{char}(K) = 0$ *ist jede Erweiterung E/K separabel.*

29.24 Sei jetzt $\operatorname{char}(K) = p > 0$. Man zeige nun zunächst, daß für eine beliebige Körpererweiterung E/K die folgenden Aussagen äquivalent sind:

(i) $E \otimes_K K^{1/p}$ *ist reduziert* (*d.h. ohne nilpotente Elemente* $\neq 0$).

(ii) *Sind Elemente* $a_1, \ldots, a_n$ *aus E linear unabhängig über K, so sind es auch ihre p-ten Potenzen* $a_1^p, \ldots, a_n^p$.

Hinweis: Ist $x^k = 0$, so auch $x^n = 0$ für eine hinreichend große p-Potenz. Gibt es also überhaupt ein nilpotentes Element $\neq 0$, so auch ein $t \neq 0$ mit $t^p = 0$. Jedes t aus $E \otimes_K K^{1/p}$ hat die Gestalt $t = \sum_{i=1}^n a_i \otimes b_i$ mit linear unabhängigen $a_1, \ldots, a_n$ aus E. Es folgt $t^p = \sum a_i^p \otimes b_i^p = 0$. Ist also (ii) erfüllt, so sind alle $b_i = 0$, d.h. $t = 0$. – Zum Beweis von (i) $\Rightarrow$ (ii) gehe man ähnlich vor wie in Teil 2 des Beweises von F20.

29.25 Sei wieder $\operatorname{char}(K) = p > 0$. Zeige: *Ist für eine endlich erzeugte Körpererweiterung E/K die Bedingung* (ii) *in 29.24 erfüllt, so ist E/K separabel erzeugbar* (und es enthält sogar *jedes* Erzeugendensystem von E/K eine separierende Transzendenzbasis von E/K).

Hinweis: Sei $E = K(x_1, \ldots, x_n)$ und $x_1, \ldots, x_r$ eine Transzendenzbasis von E/K. Für $r < n$ sei $f(X_1, \ldots, X_{r+1})$ ein Polynom $\neq 0$ von kleinstem Grad, für das

$$f(x_1, \ldots, x_{r+1}) = 0$$

erfüllt ist. In f können nicht alle Variablen nur mit durch p teilbaren Exponenten auftreten, sonst erhielte man mit Blick auf die Minimalität von f einen Widerspruch zur Voraussetzung (ii). Trete etwa X_1 nicht nur mit durch p teilbaren Exponenten in f auf. Dann ist x_1 *separabel* über $K(x_2, \ldots, x_{r+1})$, also auch über $K(x_2, \ldots, x_n)$. Per Induktion nach n folgt die Behauptung.

29.26 Die in 29.22 – 29.25 erhaltenen Ergebnisse lassen sich nun leicht wie folgt zusammenfassen: *Eine Körpererweiterung E/K ist genau dann separabel, wenn jede endlich erzeugte Teilerweiterung von E/K separabel ist. Eine endlich erzeugte Erweiterung ist genau dann separabel, wenn sie separabel erzeugbar ist. Im Falle* char$(K) = 0$ *ist also jedes E/K separabel. Ist eine endlich erzeugte Erweiterung E/K separabel, so enthält jedes Erzeugendensystem von E/K eine separierende Transzendenzbasis.* – Im *Falle* char$(K) = p > 0$ *sind für eine bliebige Erweiterung E/K die folgenden Aussagen äquivalent:*

(i) E/K *ist separabel, d.h. für jede Körpererweiterung F/K ist $E \otimes_K F$ reduziert.*

(ii) $E \otimes_K K^{1/p}$ *ist reduziert.*

(iii) *Sind Elemente $a_1, \ldots, a_n$ aus E linear unabhängig über K, so sind es auch ihre p-ten Potenzen $a_1^p, \ldots, a_n^p$.*

Ist K ein vollkommener Körper, so ist jedes E/K separabel.

29.27 Sei F ein Zwischenkörper der Körpererweiterung E/K. Ist E/K separabel, so offenbar auch F/K (hingegen braucht E/F keineswegs separabel zu sein; betrachte $E = K(X)$, $F = K(X^p)$). Mit 29.26 zeigt man leicht: *Sind F/K und E/F separabel, so auch E/K.*

Sei char$(K) = p > 0$. Dann läßt sich leicht zeigen: *Eine endliche Erweiterung E/K ist genau dann separabel, wenn $E = E^p K$ gilt.* Daraus folgere man: *Für eine endlich erzeugte Erweiterung E/K gilt genau dann $E = E^p K$, wenn E/K algebraisch und separabel ist.*

§ 30

Verschränkte Produkte

1. In diesem Paragraphen wollen wir zu einer expliziten Beschreibung zentraleinfacher K-Algebren gelangen. Nach Wahl eines galoisschen Zerfällungskörpers L zu einer gegebenen zentraleinfachen K-Algebra A kann man A – bis auf Ähnlichkeit – durch ein sogenanntes *verschränktes Produkt* ersetzen. Ein solches verschränktes Produkt wird als K-Algebra durch Angabe von Erzeugenden und Relationen (zwischen diesen Erzeugenden) charakterisiert. Besonders einfach und übersichtlich läßt sich seine Struktur im Falle eines *zyklischen* L/K beschreiben; obwohl das eine einschneidende Voraussetzung darstellt, ist das Studium dieses Spezialfalles doch von grundlegender Bedeutung, und wir werden uns daher mit *zyklischen Algebren* eingehend beschäftigen. Die einfachsten Fälle zyklischer Algebren sind die *Quaternionenalgebren*. Mit ihnen erschließen wir uns auch ein gewisses Beispielmaterial.

Voraussetzungen und Bezeichnungen: In diesem Abschnitt bezeichne

L/K *eine endliche galoissche Erweiterung*
mit Galoisgruppe G.

Für die Anwendung der Automorphismen σ aus G auf die Elemente λ von L verwenden wir die *Exponentenschreibweise*

$$\lambda^\sigma = \sigma(\lambda) \text{ mit der Maßgabe: } \lambda^{\sigma\tau} = (\lambda^\sigma)^\tau.$$

Das Produkt $\sigma\tau$ der Abbildungen $\sigma, \tau \in G$ ist also – entgegen der sonst üblichen Bezeichnungsweise – durch $\sigma\tau(\lambda) = \tau(\sigma(\lambda))$ definiert. In Übereinstimmung damit werden wir in diesem Zusammenhang für Abbildungen überhaupt die Exponentenschreibweise verwenden; das Produkt (die Hintereinanderausführung) fg von Abbildungen wird also so festgelegt, daß gilt

$$x^{fg} = (x^f)^g.$$

□

Die folgenden Ausführungen kann man als eine Ausgestaltung der im Beweis von Satz 18 in §29 gemachten Überlegungen für *galoissches* L/K ansehen. Es ist nützlich, das im Auge zu behalten. Es sei nun

> *A eine zentraleinfache K-Algebra, die über L zerfällt.*

Es gibt also einen n-dimensionalen L-Vektorraum V und einen Isomorphismus

$$(1) \qquad h : A \otimes_K L \longrightarrow \mathrm{End}_L(V)$$

von L-Algebren. Wenn wir wollen, können wir dabei V als den n-dimensionalen Standardraum L^n wählen. Im übrigen gilt $n^2 = A : K$.

Jedes $\sigma \in G$ können wir auf natürliche Weise zu einer K-linearen, wieder mit σ bezeichneten Abbildung von $A \otimes_K L$ in sich fortsetzen, indem wir

$$(2) \qquad (a \otimes \lambda)^\sigma = a \otimes \lambda^\sigma \quad \text{für } a \in A, \ \lambda \in L$$

festlegen. Durch Übertragung mittels h in (1) bestimmt dann σ einen K-Algebrenendomorphismus p_σ von $\mathrm{End}_L(V)$:

$$(3) \qquad x^{p_\sigma} = x^{h^{-1}\sigma h}.$$

Anders ausgedrückt ist p_σ also diejenige Abbildung, für die das folgende Diagramm kommutativ ist:

$$(4) \qquad \begin{array}{ccc} A \otimes L & \xrightarrow{\ \ h\ \ } & \mathrm{End}_L(V) \\ \sigma \downarrow & & \downarrow p_\sigma \\ A \otimes L & \xrightarrow{\ \ h\ \ } & \mathrm{End}_L(V) \end{array}$$

Definitionsgemäß gilt dann insbesondere für $\lambda \in L$

$$(5) \qquad \lambda^{p_\sigma} = \lambda^\sigma.$$

Für $\sigma, \tau \in G$ haben wir offenbar $p_\sigma p_\tau = p_{\sigma\tau}$. Wie gesagt, ist p_σ nur K-linear; genauer ist p_σ hinsichtlich L aber σ-*semilinear*, d.h. für alle $x \in \mathrm{End}_L(V)$ und alle $\lambda \in L$ gilt

$$(6) \qquad (\lambda x)^{p_\sigma} = \lambda^\sigma x^{p_\sigma}.$$

Weil p_σ ein Ringhomomorphismus ist, folgt dies sofort aus (5). Nun ist $\mathrm{End}_L(V)$ – als K-Algebra – eine Teilalgebra der K-Algebra $\mathrm{End}_K(V)$. Nach dem *Satz von Skolem-Noether* gibt es dann $u_\sigma \in \mathrm{End}_K(V)^\times$ mit

$$(7) \qquad x^{p_\sigma} = u_\sigma^{-1} x u_\sigma \quad \text{für alle } x \in \mathrm{End}_L(V).$$

Hierdurch ist u_σ bis auf Faktoren aus $L^\times$ eindeutig festgelegt. Denn der Zentralisator von $\text{End}_L(V)$ in $\text{End}_K(V)$ ist offenbar $Z(\text{End}_L(V)) = L$. Wir denken uns jetzt zu jedem $\sigma \in G$ ein u_σ mit der Eigenschaft (7) *fest gewählt.* Für $\sigma, \tau \in G$ stimmen die von $u_{\sigma\tau}$ und $u_\sigma u_\tau$ vermittelten inneren Automorphismen auf $\text{End}_L(V)$ mit $p_{\sigma\tau} = p_\sigma p_\tau$ überein, also gibt es ein wohlbestimmtes Element $c_{\sigma,\tau}$ aus $L^\times$ mit

$$(8) \qquad\qquad u_\sigma u_\tau = u_{\sigma\tau} c_{\sigma,\tau}.$$

Der zu u_σ gehörige innere Automorphismus bewirkt auf L gerade σ, d.h. für alle $\lambda \in L$ gilt

$$u_\sigma^{-1} \lambda u_\sigma = \lambda^\sigma,$$

vgl. (5) und (7). Anders geschrieben gilt also

$$(9) \qquad\qquad \lambda u_\sigma = u_\sigma \lambda^\sigma.$$

(Als Abbildung von V auf sich ist u_σ demnach σ-semilinear.) Im übrigen ist für u_1 die Wahl $u_1 = 1$ möglich, aber auch bei beliebiger Wahl ist stets

$$(10) \qquad\qquad u_1 \in L^\times.$$

Wir betrachten jetzt die von den Elementen $\lambda \in L$ und den u_σ erzeugte Teilalgebra Γ von $\text{End}_K(V)$. Aufgrund von (8), (9) und (10) gilt

$$(11) \qquad\qquad \Gamma = \sum_{\sigma \in G} u_\sigma L.$$

Wie verhält sich Γ zu der Algebra A^h, dem isomorphen Bild von A unter h? Im Hinblick auf (4) gilt $x^{p_\sigma} = x$ für die $x \in A^h$, also sind die u_σ nach (7) mit allen Elementen von A^h vertauschbar. Das gleiche gilt für die λ aus L. Also liegt Γ im Zentralisator C von A^h in $\text{End}_K(V)$. Nach dem *Satz vom Zentralisator* hat C über K die Dimension $C : K = (L : K)^2$, vgl. den Beweis von Satz 18 in §29. Wie aus dem anschließenden Satz 1 hervorgeht, besitzt Γ über K ebenfalls die Dimension $(L : K)^2$, also gilt

$$(12) \qquad\qquad \Gamma = C.$$

Die Elemente $c_{\sigma,\tau} \in L^\times$ legen die Struktur von $\Gamma = C$ völlig fest. Wegen

$$(13) \qquad\qquad A \sim C^O$$

wird damit auch die Ähnlichkeitsklasse $[A] \in Br(K)$ der gegebenen Algebra A durch $c_{\sigma,\tau}$ vollständig beschrieben.

Die $c_{\sigma,\tau}$ ihrerseits sind jedoch durch A *nicht* eindeutig bestimmt. Man kann nämlich, wie oben schon bemerkt, die u_σ durch beliebige Faktoren a_σ aus $L^\times$

abändern. Sei $u'_\sigma = u_\sigma a_\sigma$. Zu den u'_σ gehören dann entsprechende Elemente $c'_{\sigma,\tau}$ aus $L^\times$ mit $u'_\sigma u'_\tau = u'_{\sigma\tau} c'_{\sigma,\tau}$. Vergleich mit (8) ergibt dann nach leichter Rechnung die Transformationsgleichung

$$(14) \qquad c'_{\sigma,\tau} = c_{\sigma,\tau}(a_\sigma^\tau a_\tau a_{\sigma\tau}^{-1}).$$

Die $c'_{\sigma,\tau}$ unterscheiden sich also von den $c_{\sigma,\tau}$ um Faktoren $d_{\sigma,\tau}$ der Gestalt $d_{\sigma,\tau} = a_\sigma^\tau a_\tau a_{\sigma\tau}^{-1}$. Im übrigen läuft auch ein Änderung von h (bzw. V) in (1) höchstens auf eine Änderung der $c_{\sigma,\tau}$ im Sinne von (14) hinaus. Dies zu verifizieren, sei dem Leser als leichte Übungsaufgabe überlassen; man hat den Satz von Skolem-Noether anzuwenden.

SATZ 1: *L/K sei eine endliche galoissche Erweiterung mit Galoisgruppe G, und Γ sei eine K-Algebra, die L als Teilalgebra enthält. Γ werde von den $\lambda \in L$ und gewissen u_σ ($\sigma \in G$) mit $u_1 \in L^\times$ erzeugt, und es gelten zwischen den Erzeugenden die Relationen*

$$(15) \qquad \lambda u_\sigma = u_\sigma \lambda^\sigma,$$
$$(16) \qquad u_\sigma u_\tau = u_{\sigma\tau} c_{\sigma,\tau} \quad \text{mit } c_{\sigma,\tau} \in L^\times.$$

Dann sind die u_σ linear unabhängig über L, d.h. es gilt $\Gamma : K = (L : K)^2$. Die K-Algebra Γ ist zentraleinfach und enthält L als maximale kommutative Teilalgebra. Die $c_{\sigma,\tau}$ aus (16) erfüllen für alle ϱ, σ, τ aus G die Gleichung

$$(17) \qquad c_{\sigma,\tau}^\varrho \, c_{\sigma\tau,\varrho} = c_{\sigma,\tau\varrho} \, c_{\tau,\varrho}.$$

Beweis: (a) Für $\tau = \sigma^{-1}$ folgt aus (16)

$$u_\sigma u_{\sigma^{-1}} = u_1 c_{\sigma,\sigma^{-1}}.$$

Wegen $u_1 \in L^\times$ ist daher jedes u_σ invertierbar in Γ; insbesondere gilt $u_\sigma \neq 0$.

(b) Für beliebige $\varrho, \sigma, \tau \in G$ gilt aufgrund der Relationen (16) und (15) einerseits $(u_\sigma u_\tau) u_\varrho = u_{\sigma\tau} \, c_{\sigma,\tau} \, u_\varrho = u_{\sigma\tau} \, u_\varrho \, c_{\sigma,\tau}^\varrho = u_{\sigma\tau\varrho} \, c_{\sigma\tau,\varrho} \, c_{\sigma,\tau}^\varrho$; andererseits ist $u_\sigma(u_\tau u_\varrho) = u_\sigma \, u_{\tau\varrho} \, c_{\tau,\varrho} = u_{\sigma\tau\varrho} \, c_{\sigma,\tau\varrho} \, c_{\tau,\varrho}$. Wegen (a) folgt nun die behauptete Formel (17) einfach aus dem Assosiativgesetz der Multiplikation in Γ.

(c) Für $\lambda \in L$ betrachten wir die Abbildung

$$\lambda_\Gamma : x \longmapsto \lambda x$$

von Γ in sich. Offenbar ist λ_Γ ein Endomorphismus des L-Rechtsvektorraumes Γ. Aufgrund von (15) ist jedes u_σ ein Eigenvektor von λ_Γ, und zwar zum Eigenwert λ^σ. Nun existiert aber ein λ, für welches die Konjugierten λ^σ mit $\sigma \in G$ paarweise verschieden sind (benutze etwa den *Satz vom primitiven Element*). Somit folgt die behauptete lineare Unabhängigkeit der

u_σ über L aus der bekannten Tatsache über die lineare Unabhängigkeit von Eigenvektoren zu verschiedenen Eigenwerten. Aufgrund der Voraussetzungen ist $\Gamma = \sum_\sigma L u_\sigma = \sum_\sigma u_\sigma L$, also gilt $\Gamma : K = (L : K)^2$.

(d) Um Γ als *einfach* zu erweisen, zeigen wir, daß jeder surjektive Algebrenhomomorphismus $\Gamma \longrightarrow \Gamma'$, $x \longmapsto x'$ trivialen Kern besitzt. Nun ist aber dessen Bild $\Gamma' = \sum_\sigma L' u'_\sigma$ eine Algebra analoger Bauart wie Γ, womit unsere Behauptung bewiesen ist.

(e) Wir zeigen, daß Γ zentral über K ist. Sei also $z = \sum_\sigma u_\sigma \lambda_\sigma$ ein beliebiges Element im Zentrum von Γ. Speziell gilt dann $z\lambda = \lambda z$ für alle $\lambda \in L$, wegen (15) also

$$\sum_\sigma u_\sigma \lambda_\sigma \lambda = \sum_\sigma u_\sigma \lambda^\sigma \lambda_\sigma .$$

Koeffizientenvergleich liefert dann $\lambda_\sigma \lambda = \lambda^\sigma \lambda_\sigma$ für alle $\lambda \in L$. Für $\sigma \neq 1$ ist daher notwendig $\lambda_\sigma = 0$, so daß z die Gestalt $z = \lambda_1 u_1$ hat und damit jedenfalls in L liegt. Ist aber ein $z \in L$ vertauschbar mit allen Elementen von Γ, so gilt nach (15) insbesondere $u_\sigma z = z u_\sigma = u_\sigma z^\sigma$, also $z = z^\sigma$ für alle $\sigma \in G$. Es folgt $z \in K$.

(f) Aus dem ersten Teil von (e) ergibt sich schließlich auch, daß L maximale kommutative Teilalgebra von Γ ist. Im übrigen folgt dies auch aus §29, Satz 15. □

Die vorangegangenen Betrachtungen geben Anlaß zu den folgenden Begriffsbildungen:

Definition 1: Eine Abbildung $(\sigma, \tau) \longmapsto c_{\sigma,\tau}$ von $G \times G$ in $L^\times$, welche die Funktionalgleichung (17) erfüllt, heißt ein *Faktorensystem* von G in $L^\times$. Faktorensysteme, die sich gemäß (14) unterscheiden, heißen *äquivalent*. Für beliebige $a_\sigma \in L^\times$ ist

(18) $$d_{\sigma,\tau} := a_\sigma^\tau a_\tau a_{\sigma\tau}^{-1}$$

ein Faktorensystem; ein solches heißt ein *zerfallendes Faktorensystem*. Sind $b_{\sigma,\tau}$ und $c_{\sigma,\tau}$ Faktorensysteme, so auch ihr Produkt $b_{\sigma,\tau} c_{\sigma,\tau}$. Die Faktorensysteme von G in $L^\times$ bilden damit eine Gruppe. Sie enthält die Menge der zerfallenden Faktorensysteme von G in $L^\times$ als Untergruppe. Die zugehörige Restklassengruppe bezeichnet man mit

(19) $$H^2(G, L^\times) .$$

Sie heißt die *zweite Kohomologiegruppe von G mit Koeffizienten* in $L^\times$. Eine K-Algebra Γ wie in Satz 1 heißt ein *verschränktes Produkt* von L mit G zum *Faktorensystem* $c = c_{\sigma,\tau}$; wir verwenden die Bezeichnung

(20) $$\Gamma = (L, G, c) .$$

Übergang von $c_{\sigma,\tau}$ zu einem äquivalenten Faktorensystem $c'_{\sigma,\tau}$ gemäß (14) läßt Γ ungeändert, denn ihm entspricht die Basistransformation $u'_\sigma = u_\sigma a_\sigma$ mit $a_\sigma \in L^\times$. Das verschränkte Produkt Γ hängt also nur von der Klasse $\gamma = [c]$ von c in $H^2(G, L^\times)$ ab. Wir schreiben daher auch

$$(21) \qquad\qquad \Gamma = (L, G, \gamma).$$

Jeder zentraleinfachen K-Algebra A, die über L zerfällt, wird auf die oben beschriebene Weise ein wohlbestimmtes Element γ aus $H^2(G, L^\times)$ zugeordnet; wir bezeichnen dieses Element mit

$$(22) \qquad\qquad f(A) := \gamma.$$

Wegen (13) und (12) gilt dann

$$(23) \qquad\qquad A^O \sim (L, G, \gamma). \qquad\qquad \square$$

Von ausschlaggebender Bedeutung ist nun der folgende, sehr befriedigende Sachverhalt:

Lemma 1 ('**Multiplikationssatz**'): *Für zentraleinfache K-Algebren A und A', die über L zerfallen, gilt*

$$(24) \qquad\qquad f(A \otimes A') = f(A)\, f(A').$$

Beweis: Zunächst eine bezeichnungstechnische Vorbemerkung: Sind M, M', N, N' Vektorräume über L und $\varphi : M \to M'$, $\psi : N \to N'$ σ-semilineare Abbildungen (für dasselbe $\sigma \in G$), so bezeichne

$$(25) \qquad\qquad (\varphi, \psi) : M \otimes_L N \longrightarrow M' \otimes_L N'$$

die durch $x \otimes y \longmapsto x^\varphi \otimes y^\psi$ wohldefinierte (!) σ-semilineare Abbildung. Zu A bzw. A' bestimme man nun wie oben Faktorensysteme $c_{\sigma,\tau}$ bzw. $c'_{\sigma,\tau}$. Wir erhalten dann aus den entsprechenden kommutativen Diagrammen (4) zunächst das folgende kommutative Diagramm:

$$
\begin{array}{ccc}
(A \otimes L) \otimes_L (A' \otimes L) & \xrightarrow{\ (h, h')\ } & \mathrm{End}_L(V) \otimes_L \mathrm{End}_L(V') \\[2mm]
\Big\downarrow{\scriptstyle (\sigma, \sigma)} & & \Big\downarrow{\scriptstyle (p_\sigma, p'_\sigma)} \\[2mm]
(A \otimes L) \otimes_L (A' \otimes L) & \xrightarrow{\ (h, h')\ } & \mathrm{End}_L(V) \otimes_L \mathrm{End}_L(V')
\end{array}
$$

Identifizieren wir $(A \otimes L) \otimes_L (A' \otimes L) = (A \otimes A') \otimes L$ sowie

$$(26) \qquad \operatorname{End}_L(V) \otimes_L \operatorname{End}_L(V') = \operatorname{End}_L(V \otimes_L V'),$$

so stellt das obige Diagramm den entsprechenden Ausgangspunkt zur Bestimmung eines zu $A \otimes A'$ gehörigen Faktorensystems dar. Für jedes $\sigma \in G$ betrachten wir nun das durch

$$U_\sigma = (u_\sigma, u'_\sigma)$$

definierte Element von $\operatorname{End}_K(V \otimes_L V')^\times$. Der von U_σ vermittelte innere Automorphismus stimmt auf $\operatorname{End}_L(V) \otimes_L \operatorname{End}_L(V')$ mit (p_σ, p'_σ) überein, denn es ist $(u_\sigma, u'_\sigma)^{-1}(x, x')(u_\sigma, u'_\sigma) = (u_\sigma^{-1} x u_\sigma, u_\sigma'^{-1} x' u'_\sigma)$. Es bleibt also nur noch das zu den U_σ gehörige Faktorensystem zu bestimmen. Nun ist $U_\sigma U_\tau = (u_\sigma, u'_\sigma)(u_\tau, u'_\tau) = (u_\sigma u_\tau, u'_\sigma u'_\tau) = (u_{\sigma\tau} c_{\sigma,\tau}, u'_{\sigma\tau} c'_{\sigma,\tau}) = (u_{\sigma\tau}, u'_{\sigma\tau})(c_{\sigma,\tau}, c'_{\sigma,\tau}) = U_{\sigma\tau} c_{\sigma,\tau} c'_{\sigma,\tau}$, also erhalten wir in der Tat das Produkt $c_{\sigma,\tau} c'_{\sigma,\tau}$ der Faktorensysteme $c_{\sigma,\tau}$ und $c'_{\sigma,\tau}$ als ein zu $A \otimes A'$ gehöriges Faktorensystem.

Lemma 2: *Für* $[A], [B] \in Br(L/K)$ *gelten:*

(a) *Aus* $A \sim K$ *folgt* $f(A) = 1$.

(b) *Es ist* $f(A^O) = f(A)^{-1}$.

(c) *Aus* $A \sim B$ *folgt* $f(A) = f(B)$.

Beweis: (a) Nach Voraussetzung ist $A \simeq M_n(K)$. Man erhält dann im Hinblick auf $A \otimes_K L \simeq M_n(K) \otimes_K L \simeq M_n(L) = \operatorname{End}_L(L^n)$ einen Isomorphismus $h : A \otimes L \longrightarrow \operatorname{End}_L(L^n)$, für den die zugehörigen p_σ in (4) einfach die Gestalt

$$(27) \qquad x^{p_\sigma} = x^\sigma = (x_{ij}^\sigma)_{i,j}$$

haben. Hierbei fassen wir jedes $x \in \operatorname{End}_L(L^n)$ als Matrix $x = (x_{ij})_{i,j}$ aus $M_n(L)$ auf, und x^σ entsteht aus x durch koeffizientenweise Anwendung von $\sigma \in G$. Bezeichnet dann u_σ die durch $(x_i)_i \longmapsto (x_i^\sigma)_i$ definierte Abbildung von L^n in sich, so ist $u_\sigma \in \operatorname{End}_K(L^n)^\times$, und es gilt für alle $x \in M_n(L)$

$$(28) \qquad u_\sigma^{-1} x u_\sigma = x^\sigma.$$

Dies bestätigt man sofort, indem man beide Seiten auf die kanonische Basisvektoren e_i anwendet. Nun gilt aber für alle $\sigma, \tau \in G$ offenbar $u_\sigma u_\tau = u_{\sigma\tau}$, also ist in der Tat $f(A) = 1$.

(b) Es gilt $A \otimes A^O \sim K$. Mit (a) und Lemma 1 folgt daraus $1 = f(A \otimes A^O) = f(A) f(A^O)$, also $f(A^O) = f(A)^{-1}$.

(c) Gelte $B \sim A$. Es folgt $B \otimes A^O \sim A \otimes A^O \sim K$, woraus sich nach (a) zunächst $f(B \otimes A^O) = 1$ ergibt. Mit Lemma 1 und (b) erhalten wir dann $f(B) f(A)^{-1} = 1$, also die Behauptung $f(A) = f(B)$. $\qquad \square$

Aufgrund der zuletzt bewiesenen Aussage hängt $f(A)$ nur von der *Ähnlichkeitsklasse* von A ab; wir schreiben daher auch $f(A) = f([A])$ und erhalten so eine wohldefinierte Abbildung

$$(29) \qquad f : Br(L/K) \longrightarrow H^2(G, L^\times),$$

die wir genauer auch mit $f_{L/K}$ bezeichnen. Es gilt nun

SATZ 2: *Die Abbildung $f : Br(L/K) \longrightarrow H^2(G, L^\times)$ ist ein Isomorphismus. Für $[A] \in Br(K)$ und $\gamma \in H^2(G, L^\times)$ sind äquivalent:*

(i) $[A] \in Br(K)$ *und* $f(A) = \gamma^{-1}$.

(ii) $A \sim (L, G, \gamma)$.

Für beliebige $\gamma, \gamma' \in H^2(G, L^\times)$ gilt

$$(30) \qquad (L, G, \gamma) \otimes (L, G, \gamma') \sim (L, G, \gamma\gamma').$$

Beweis: (a) Sei $f(A) = 1$. Nach Konstruktion ist dann $A^O \sim \Gamma = (L, G, c)$ mit einem *zerfallenden* Faktorensystem c, von dem wir sogar $c_{\sigma,\tau} = 1$ für alle $\sigma, \tau \in G$ annehmen dürfen. Wir haben dann $\Gamma = \sum_\sigma u_\sigma L$ mit

$$(31) \qquad u_\sigma u_\tau = u_{\sigma\tau}.$$

Wir betrachten nun die durch $u_\sigma \lambda \longrightarrow \sigma\lambda$ definierte K-lineare Abbildung $\Gamma \longrightarrow \mathrm{End}_K(L)$. Aufgrund von (31) ist diese sogar ein Algebrenhomomorphismus, denn die σ und λ erfüllen die entsprechenden Relationen wie die u_σ und λ. Es ist also $A^O \sim \Gamma \simeq \mathrm{End}_K(L)$, mithin zerfällt A über K. Damit ist gezeigt, daß f *injektiv* ist.

(b) Sei $\gamma \in H^2(G, L^\times)$ gegeben, und werde γ repräsentiert durch das Faktorensystem $c_{\sigma,\tau}$. Sei $V = \sum_\sigma e_\sigma L$ ein n-dimensionaler Vektorraum mit $n = G : 1 = L : K$, und es werde $u_\tau \in \mathrm{End}_K(V)$ für jedes $\tau \in G$ durch

$$(32) \qquad (e_\sigma \lambda)^{u_\tau} = e_{\sigma\tau} c_{\sigma,\tau} \lambda^\tau$$

definiert. Es sei Γ die von L und den u_τ erzeugte Teilalgebra von $\mathrm{End}_K(V)$. Ohne größere Mühe bestätigt man nun, daß für Γ die Voraussetzungen von Satz 1 vorliegen; zum Beweis von $u_\sigma u_\tau = u_{\sigma\tau} c_{\sigma,\tau}$ hat man dabei natürlich von der Funktionalgleichung (17) des Faktorensystems $c_{\sigma,\tau}$ Gebrauch zu machen. Nach Satz 1 ist also $\Gamma = (L, G, c)$ das verschränkte Produkt von L mit G zum Faktorensystem c. Es sei nun A der Zentralisator von Γ in $\mathrm{End}_K(V)$. Nach dem *Satz vom Zentralisator* ist A *einfach* mit Zentrum $Z(A) = Z(\Gamma) = K$, und es gilt die Dimensionsbeziehung $(A : K)(\Gamma : K) = (V : K)^2 = (V : L)^2 (L : K)^2$, woraus sich wegen $\Gamma : K = (L : K)^2$ sofort

$$(33) \qquad A : K = (V : L)^2$$

ergibt. Wegen $L \subseteq \Gamma$ ist $A \subseteq \mathrm{End}_L(V)$, und wir haben daher einen wohldefinierten Homomorphismus

$$h : A \otimes L \longrightarrow \mathrm{End}_L(V)$$

mit $h(a \otimes \lambda) = a\lambda$. Dieser ist injektiv, denn $A \otimes L$ ist einfach. Nach (33) ist h ein Isomorphismus von L-Algebren. Mit der Konstruktion von h ist der 1. Schritt zur Bestimmung von $f(A)$ schon getan. Die zu h gehörigen p_σ sind durch ihre Wirkung auf den Elementen der Form $a\lambda$ festgelegt; es gilt $(a\lambda)^{p_\sigma} = (a\lambda)^{h^{-1}\sigma h} = (a \otimes \lambda)^{\sigma h} = (a \otimes \lambda^\sigma)^h = a\lambda^\sigma$. Es ist aber auch $u_\sigma^{-1}(a\lambda)u_\sigma = a(u_\sigma^{-1}\lambda u_\sigma) = a\lambda^\sigma$, also gehören die u_σ im Sinne von (7) zu den p_σ. Aus $u_\sigma u_\tau = u_{\sigma\tau}c_{\sigma,\tau}$ folgt daher definitionsgemäß

$$(34) \qquad\qquad f(A) = \gamma,$$

also ist f surjektiv.

(c) Als Konsequenz der Betrachtungen in (b) wollen wir noch festhalten, daß für jedes $\gamma \in H^2(G, L^\times)$ dem verschränkten Produkt $\Gamma = (L, G, \gamma)$ bei f der Wert $f(\Gamma) = \gamma^{-1}$ zugeordnet wird:

$$(35) \qquad\qquad f((L,G,\gamma)) = \gamma^{-1}.$$

Wegen $\Gamma \sim A^O$ ist nämlich $f(\Gamma) = f(A)^{-1}$, woraus sich mit (34) wie behauptet $f(\Gamma) = \gamma^{-1}$ ergibt.

(d) Wir zeigen jetzt die Äquivalenz von (i) und (ii): Sei $\Gamma = (L, G, \gamma)$. Als maximale kommutative Teilalgebra von Γ ist L ein Zerfällungskörper von Γ. Jedes $A \sim \Gamma$ uerfällt dann ebenfalls über L, d.h. $A \in Br(L/K)$. Außerdem zieht $A \sim \Gamma$ die Gleichheit $f(A) = f(\Gamma)$ nach sich; aufgrund von (35) gilt also $f(A) = \gamma^{-1}$. – Sei umgekehrt $[A] \in Br(L/K)$ und $f(A) = \gamma^{-1}$ vorausgesetzt. Wegen (35) und der Injektivität von f muß dann $A \sim (L, G, \gamma)$ gelten.

(e) Auch die letzte Behauptung des Satzes ist klar, denn im Hinblick auf die vorherigen ist sie lediglich Ausdruck der Multiplikativität von f (vgl. Lemma 1).

2. Wie im vorherigen Abschnitt bezeichne L/K eine endliche galoissche Erweiterung mit Galoisgruppe G, und es sei jetzt

$$E/K \text{ eine } \underline{galoissche} \text{ Teilerweiterung von } L/K.$$

Mit $\overline{G} = G(E/K)$ bezeichnen wir die Galoisgruppe von E/K, mit $N = G(L/E)$ diejenige von L/E. Da E/K als galoissch vorausgesetzt wurde, ist

N ein Normalteiler von G. Wie üblich identifizieren wir die Faktorgruppe G/N mit $\overline{G} = G(E/K)$, so daß das kanonische Bild $\overline{\sigma}$ eines σ aus G dem von σ auf E vermittelten Automorphismus entspricht: $\overline{\sigma} = \sigma_E$. Da jede über E zerfallende K-Algebra erst recht über dem Erweiterungskörper L von E zerfällt, gilt

(36) $$Br(E/K) \subseteq Br(L/K).$$

Im Hinblick auf Satz 2 vermittelt diese Inklusion einen Monomorphismus

(37) $$\inf : H^2(\overline{G}, E^\times) \longrightarrow H^2(G, L^\times),$$

die sogenannte *Inflation(sabbildung)* zu $L/E/K$. Wenn nötig, bezeichnen wir diese auch mit $\inf_{L/E}$ (oder noch genauer mit $\inf_{L/E/K}$). Definitionsgemäß ist *inf* diejenige Abbildung, mit der das folgende Diagramm kommutativ ist:

(38)
$$\begin{array}{ccc}
Br(E/K) & \longrightarrow & Br(L/K) \\
f_{E/K} \downarrow & & \downarrow f_{L/K} \\
H^2(\overline{G}, E^\times) & \xrightarrow{\ \inf\ } & H^2(G, L^\times)
\end{array}$$

Die folgende Feststellung gibt eine explizite Beschreibung der Inflationsabbildung.

F1: *Wird in der obigen Situation* $\gamma \in H^2(\overline{G}, E^\times)$ *repräsentiert durch ein Faktorensystem* $c : (\overline{\sigma}, \overline{\tau}) \longmapsto c_{\overline{\sigma}, \overline{\tau}}$, *so wird* $\inf(\gamma)$ *repräsentiert durch das Faktorensystem*

(39) $$(\sigma, \tau) \longmapsto c_{\overline{\sigma}, \overline{\tau}}.$$

Dieses heißt Inflation des Faktorensystems c *und wird mit* $\inf(c) = \inf_{L/E}(c)$ *bezeichnet.*

Beweis: Es sei $\gamma = f(A)$ mit einem $[A] \in Br(E/K)$. Den Prozeß zur Bestimmung von $f(A) = f_{E/K}(A)$ denken wir uns ausgeführt. Für jedes $\sigma \in G$ erhalten wir aus dem Ausgangsdiagramm zur Festlegung von $p_{\overline{\sigma}}$ durch Konstantenerweiterung mit L über E das kommutative Diagramm

$$\begin{array}{ccc}
(A \otimes E) \otimes_E L & \longrightarrow & \mathrm{End}_E(V) \otimes_E L \\
(\overline{\sigma}, \sigma) \downarrow & & \downarrow (p_{\overline{\sigma}}, \sigma) \\
(A \otimes E) \otimes_E L & \longrightarrow & \mathrm{End}_E(V) \otimes_E L
\end{array}$$

Hier und im folgenden benutzen wir die oben eingeführte Schreibweise (25). Mit den natürlichen Isomorphien $(A \otimes E) \otimes_E L \simeq A \otimes L$ und $\mathrm{End}_E(V) \otimes_E L \simeq \mathrm{End}_L(V \otimes_E L)$ erhalten wir dann das kommutative Diagramm

$$
\begin{array}{ccc}
A \otimes L & \longrightarrow & \mathrm{End}_L(V \otimes_E L) \\
\sigma \downarrow & & \downarrow p_\sigma \\
A \otimes L & \longrightarrow & \mathrm{End}_L(V \otimes_E L)
\end{array}
$$

Mit den $u_{\overline{\sigma}} \in \mathrm{End}_K(V)$ gilt dann aufgrund der Definition für $x \in \mathrm{End}_E(V)$ und $\lambda \in L$

$$(x, \lambda)^{p_\sigma} = (x^{p_{\overline{\sigma}}}, \lambda^\sigma) = (u_{\overline{\sigma}}^{-1} x u_{\overline{\sigma}}, \lambda^\sigma).$$

Wir definieren nun für jedes $\sigma \in G$

$$U_\sigma \in \mathrm{End}_K(V \otimes_E L) \quad \text{durch} \quad U_\sigma = (u_{\overline{\sigma}}, \sigma).$$

Da $u_{\overline{\sigma}}$ und σ bzgl. E beide $\overline{\sigma}$-semilinear sind, ist U_σ wirklich wohldefiniert. Es gilt

$$U_\sigma^{-1}(x, \lambda) U_\sigma = (u_{\overline{\sigma}}^{-1} x u_{\overline{\sigma}}, \sigma^{-1} \lambda \sigma) = (u_{\overline{\sigma}}^{-1} x u_{\overline{\sigma}}, \lambda^\sigma),$$

also stimmt der von U_σ vermittelte innere Automorphismus auf $\mathrm{End}_L(V \otimes_E L)$ mit p_σ überein. Wegen $U_\sigma U_\tau = (u_{\overline{\sigma}} u_{\overline{\tau}}, \sigma\tau) = (u_{\overline{\sigma}\overline{\tau}} c_{\overline{\sigma},\overline{\tau}}, \sigma\tau) = (u_{\overline{\sigma}\overline{\tau}}, \sigma\tau)(c_{\overline{\sigma},\overline{\tau}}, 1) = U_{\sigma\tau} c_{\overline{\sigma},\overline{\tau}}$ ist nun in der Tat $\mathrm{inf}(c)$ das zugehörige Faktorensystem. $\qquad\Box$

Wie oben sei L/K eine endliche galoissche Erweiterung mit Galoisgruppe G. Es sei nun

$$K'/K \text{ eine beliebige Erweiterung.}$$

Mit $L' = LK'$ bezeichnen wir das Kompositum von L mit K' (in einem gemeinsamen Erweiterungskörper von L und K'). Wir betrachten das Körperdiagramm

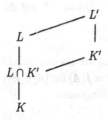

Es sei $H := G(L/L \cap K')$. Zu jedem $\sigma \in H$ gibt es dann genau ein $\sigma' \in G(L'/K')$, welches auf L gerade σ vermittelt: $\sigma'_L = \sigma$. Die Abbildung $H \longrightarrow G(L'/K') =: H'$, $\sigma \longmapsto \sigma'$ ist surjektiv, also ein Isomorphismus (*Translationssatz der Galoistheorie*, vgl. Band I, S. 143). In der Regel werden wir daher die Galoisgruppe der galoisschen Erweiterung L'/K' mit der Untergruppe H von G identifizieren.

Aufgrund der Transitivität der Restriktion (§29, F18) bildet $\mathrm{res}_{K'/K}$ die Untergruppe $Br(L/K)$ von $Br(K)$ in die Untergruppe $Br(L'/K')$ von $Br(K')$ ab. Im Hinblick auf Satz 2 vermittelt daher die Abbildung

$$(40) \qquad \mathrm{res}_{K'/K} : Br(L/K) \longrightarrow Br(L'/K')$$

einen – ebenfalls mit $\mathrm{res}_{K'/K}$ bezeichneten – Homomorphismus

$$(41) \qquad \mathrm{res}_{K'/K} : H^2(G, L^\times) \longrightarrow H^2(H', L'^\times)$$

dergestalt, daß das folgende Diagramm kommutativ ist:

$$
(42) \qquad
\begin{array}{ccc}
Br(L/K) & \xrightarrow{\ \mathrm{res}_{K'/K}\ } & Br(L'/K') \\[4pt]
f_{L/K} \Big\downarrow & & \Big\downarrow f_{L'/K'} \\[4pt]
H^2(G, L^\times) & \xrightarrow{\ \mathrm{res}_{K'/K}\ } & H^2(H', L'^\times)
\end{array}
$$

Die explizite Beschreibung der kohomologietheoretischen Restriktion (41) gibt die folgende Feststellung.

F2: *Wird in der obigen Situation $\gamma \in H^2(G, L^\times)$ repräsentiert durch ein Faktorensystem $c : (\sigma, \tau) \longmapsto c_{\sigma,\tau}$, so wird $\mathrm{res}(\gamma)$ repräsentiert durch das Faktorensystem*

$$(43) \qquad (\sigma', \tau') \longmapsto c_{\sigma,\tau}.$$

Dieses heißt Restriktion des Faktorensystems c und wird mit $\mathrm{res}(c) = \mathrm{res}_{K'/K}(c)$ bezeichnet. – Insbesondere ist dies auf den Fall $K' \subseteq L$ anwendbar, in welchem $L' = L$ und $H' = H$ gilt und somit $\mathrm{res}(c)$ die Einschränkung der Abbildung $c : G \times G \longrightarrow L^\times$ auf die Teilmenge $H \times H$ ist.

Beweis: Für jedes $\sigma \in H$ erhalten wir aus dem zugehörigen Ausgangsdiagramm (4) zur Bestimmung von $\gamma = f(A)$ für $[A] \in Br(L/K)$ per Konstantenerweiterung das kommutative Diagramm

$$(A \otimes L) \otimes_L L' \longrightarrow \mathrm{End}_L(V) \otimes_L L'$$

$$(\sigma, \sigma') \Big\downarrow \qquad\qquad\qquad \Big\downarrow (p_\sigma, \sigma')$$

$$(A \otimes L) \otimes_L L' \longrightarrow \mathrm{End}_L(V) \otimes_L L'$$

Mit den natürlichen Isomorphismen $(A \otimes K') \otimes_{K'} L' \simeq (A \otimes L) \otimes_L L'$ sowie $\mathrm{End}_L(V) \otimes_L L' \simeq \mathrm{End}_{L'}(V \otimes_L L')$ hat man dann das kommutative Diagramm

$$(A \otimes K') \otimes_{K'} L' \longrightarrow \mathrm{End}_{L'}(V \otimes_L L')$$

$$\sigma' \Big\downarrow \qquad\qquad\qquad\qquad \Big\downarrow p_{\sigma'}$$

$$(A \otimes K') \otimes_{K'} L' \longrightarrow \mathrm{End}_{L'}(V \otimes_L L')$$

Mit den $u_\sigma \in \mathrm{End}_K(V)$ gilt dann aufgrund der Definition für $x \in \mathrm{End}_L(V)$ und $\alpha \in L'$

$$(x, \alpha)^{p_{\sigma'}} = (u_\sigma^{-1} x u_\sigma, \alpha^{\sigma'}).$$

Definiert man also $v_{\sigma'} \in \mathrm{End}_{K'}(V \otimes_L L')$ durch $v_{\sigma'} = (u_\sigma, \sigma')$, so stimmt der von $v_{\sigma'}$ vermittelte innere Automorphismus auf $\mathrm{End}_{L'}(V \otimes_L L')$ mit $p_{\sigma'}$ überein. Das zugehörige Faktorensystem ist dann wegen $v_{\sigma'} v_{\tau'} = (u_\sigma u_\tau, \sigma' \tau') = (u_{\sigma\tau} c_{\sigma,\tau}, \sigma' \tau') = (u_{\sigma\tau}, \sigma' \tau')(c_{\sigma,\tau}, 1) = v_{\sigma'\tau'} c_{\sigma,\tau}$ in der Tat die Restriktion des Faktorensystems c.

Bemerkung 1: Im Hinblick auf Satz 2 lassen sich die vorausgegangenen Feststellungen F1 und F2 auch wie folgt ausdrücken: Mit den obigen Voraussetzungen und Bezeichnungen gelten die Relationen

(44) $$(E, \overline{G}, c) \sim (L, G, \inf(c))$$

(45) $$(L, G, c) \otimes_K K' \sim (L', H', \mathrm{res}(c)).$$

Bei (45) gilt dabei im Falle $L' : K' = L : K$ statt $\sim$ sogar $\simeq$.

Bemerkung 2: Wie oben sei L/K *galoissch* mit endlicher Galoisgruppe G, und N sei ein *Normalteiler* von G mit Fixkörper

$$E := L^N.$$

Wie üblich identifizieren wir G/N mit der Galoisgruppe der galoisschen Erweiterung E/K. Bezeichnen wir auch die Inklusionsabbildung

$Br(E/K) \longrightarrow Br(L/K)$ mit inf, so haben wir mit der Restriktionsabbildung res = $\mathrm{res}_{E/K}$ die Sequenz

$$(46) \qquad 1 \longrightarrow Br(E/K) \xrightarrow{\text{inf}} Br(L/K) \xrightarrow{\text{res}} Br(L/E),$$

und diese ist in Hinsicht auf die Definitionen trivialerweise *exakt*.
Daraus erhalten wir nun aufgrund von F1 und F2 die folgende *exakte Sequenz* von Kohomologiegruppen

$$(47) \qquad 1 \longrightarrow H^2(G/N, L^{\times N}) \xrightarrow{\text{inf}} H^2(G, L^\times) \xrightarrow{\text{res}} H^2(N, L^\times),$$

wobei wir hier (aus didaktischen Gründen) die multiplikative Gruppe $E^\times$ des Zwischenkörpers E mit $E^\times = L^{\times N}$ (*Fixmodul unter N*) bezeichnet haben.

3. Eine grundlegende Anwendung der im ersten Abschnitt entwickelten Methodik ist der folgende, nicht an der Oberfläche liegende

SATZ 3: *Für einen beliebigen Körper K ist $Br(K)$ eine Torsionsgruppe. Genauer: Jedes $[A] \in Br(K)$ vom Schurindex $s = s(A)$ genügt der Gleichung*

$$[A]^s = 1,$$

d.h. das s-fache Tensorprodukt $A \otimes A \otimes \ldots \otimes A$ ist zu einer Matrixalgebra $M_m(K)$ über K isomorph.

Beweis: Aufgrund von Satz 2 (und (58) in §29) ist zu zeigen: Ist $\Gamma = (L, G, c)$ ein beliebiges *verschränktes Produkt* vom Schurindex $s = s(\Gamma)$, so gilt für die Klasse γ des Faktorensystems $c = c_{\sigma,\tau}$ in $H^2(G, L^\times)$ die Gleichung

$$(48) \qquad\qquad \gamma^s = 1.$$

Hierzu sei N ein einfacher Γ^0-Modul (also ein einfacher Γ-Rechtsmodul). Wir behaupten, daß N als Vektorraum über L die Dimension

$$(49) \qquad\qquad N : L = s$$

besitzt. In der Tat: Gilt $\Gamma \simeq M_r(D)$ mit dem Schiefkörper D, so hat der maximale Teilkörper L von Γ den Grad $L : K = rs$ (vgl. (53) in §29). Wegen $\Gamma^0 \simeq N^r$ ist $\Gamma : L = r(N:L)$, also ergibt sich mit $r(N:L) = \Gamma : L = L:K = rs$ die Behauptung (49).
Sei nun $b_1, \ldots, b_s$ eine L-Basis von N. Dann hat man für jedes der u_σ aus Γ eindeutige Darstellungen

$$b_i u_\sigma = \sum_k b_k u_{ki}(\sigma) \quad \text{mit } u_{ki}(\sigma) \in L.$$

Jedem $\sigma \in G$ ist auf diese Weise eine $s \times s$-Matrix

$$U(\sigma) = (u_{ij}(\sigma))_{i,j} \in M_s(L)$$

zugeordnet. Es ist nun

$$b_i u_\sigma u_\tau = \sum_k b_k u_\tau u_{ki}(\sigma)^\tau = \sum_k \sum_l b_l u_{lk}(\tau) u_{ki}(\sigma)^\tau,$$

also besteht mit Rücksicht auf $u_\sigma u_\tau = u_{\sigma\tau} c_{\sigma,\tau}$ die Matrixgleichung

(50) $$U(\sigma\tau) c_{\sigma,\tau} = U(\tau) U(\sigma)^\tau.$$

Für die Determinanten $a_\sigma := \det(U(\sigma)) \in L^\times$ der (nichtsingulären) $s \times s$-Matrizen $U(\sigma)$ erhalten wir aus (50) die Gleichung

$$a_{\sigma\tau} c_{\sigma,\tau}^s = a_\tau a_\sigma^\tau.$$

Also hat die s-te Potenz des Faktorensystems $c_{\sigma,\tau}$ die Gestalt $c_{\sigma,\tau}^s = a_\sigma^\tau a_\tau a_{\sigma\tau}^{-1}$ und ist somit ein *zerfallendes* Faktorensystem. Das heißt aber nichts anderes, als daß (48) gilt.

Definition 2: Sei $[A] \in Br(K)$. Die Ordnung von $[A]$ in der Gruppe $Br(K)$ heißt der *Exponent* von $[A]$ bzw. A; wir verwenden dafür die Bezeichnung

$$e(A) = e([A]).$$

F3: *Für jedes $[A] \in Br(K)$ ist der Exponent von A ein Teiler des Schurschen Index von A:*

(51) $$e(A) \mid s(A).$$

Umgekehrt geht jedenfalls jeder Primteiler von $s(A)$ auch in $e(A)$ auf.

Beweis: Die Teilbarkeitsaussage (51) ergibt sich sofort aus Satz 3. – Sei nun p eine Primzahl, die nicht im Exponenten von A aufgehe:

(52) $$p \nmid e(A).$$

Es ist zu zeigen, daß dann p auch kein Teiler von $s(A)$ sein kann. Dazu wähle man ein endliches galoissches L/K mit $[A] \in Br(L/K)$ und betrachte den Fixkörper F einer p-Sylowgruppe H von $G = G(L/K)$. Es ist dann $L : F$ eine p-Potenz, hingegen

(53) $$F : K \not\equiv 0 \bmod p.$$

Betrachten wir nun die Restriktionsabbildung

$$\mathrm{res} : Br(L/K) \longrightarrow Br(L/F),$$

so ist einerseits $e(\mathrm{res}[A])$ ein Teiler von $e(A)$, denn res ist ein Gruppenhomomorphismus; andererseits ist $e(\mathrm{res}[A])$ als Teiler von $L : F$ eine p-Potenz (vgl. Satz 3 – angewandt auf res$[A]$ – in Verbindung mit §29, Satz 19). Dies steht nur im Einklang mit (52), wenn $e(\mathrm{res}[A]) = 1$ gilt. Es ist also res$[A] = 1$ in $Br(F)$ und daher $s(A)$ ein Teiler von $F : K$ (vgl. erneut §29, Satz 19). Nach (53) ist folglich $s(A)$ teilerfremd zu p.

Bemerkung 1: Nicht immer gilt $s(A) = e(A)$, wie später durch ein Beispiel belegt werden soll (vgl. (108)ff). Über *lokalen* und *globalen* Körpern gilt hingegen stets $e(A) = s(A)$, was wir wenigstens im Fall lokaler Körper vollständig beweisen werden (vgl. §31, Satz 5).

Bemerkung 2: Wir weisen auf folgende Verallgemeinerung von (51) hin: *Sei L/K eine beliebige endliche Körpererweiterung. Für jedes $[A] \in Br(K)$ gilt dann*

$$(54) \qquad e(A) \quad \text{teilt} \quad (L : K)\, e(A_L) .$$

Beweis: Zur Abkürzung setzen wir $k = e(A_L)$ und $\alpha = [A]$. Wegen $\mathrm{res}_{L/K}(\alpha^k) = (\mathrm{res}_{L/K}(\alpha))^k = 1$ ist L ein Zerfällungskörper von α^k, also $s(\alpha^k)$ ein Teiler von $L : K$. Nach F3 gilt dann erst recht

$$(55) \qquad e(\alpha^k) \quad \text{teilt} \quad (L : K) .$$

Nun ist k aber ein Teiler von $e(A) = e(\alpha) = \mathrm{ord}(\alpha)$, und wir haben daher $e(\alpha) = k e(\alpha^k)$. Multiplikation von (55) mit k ergibt damit die Behauptung (54). – Als Anwendung von (54) erhält man: *Ist $L : K$ zu $e(A)$ teilerfremd, so gilt $e(A_L) = e(A)$.*

Bemerkung 3: Für $[A] \in Br(K)$ sei $s(A) = mn$ mit *teilerfremden* m, n. Dann hat man in $Br(K)$ eine eindeutige Zerlegung

$$(56) \qquad [A] = [B][C] \quad \text{mit } s(B) = m, \ s(C) = n .$$

Ist A ein *Schiefkörper*, so gibt es Schiefkörper B und C mit

$$(57) \qquad A \simeq B \otimes C \quad \text{und } s(B) = m, \ s(C) = n .$$

Die Schiefkörper B und C sind hierdurch bis auf K-Isomorphie eindeutig bestimmt.

Beweis: Wegen $e(A) \mid s(A)$ ist $e(A) = m_1 n_1$ mit $m_1 \mid m$ und $n_1 \mid n$. In der abelschen Gruppe $Br(K)$ hat man daher eine *eindeutige* Zerlegung

$$[A] = [B][C] \quad \text{mit } e(B) = m_1, \ e(C) = n_1 .$$

Mit m_1, n_1 sind nach F3 auch $s(B), s(C)$ teilerfremd. Nach 29.12 gilt dann aber $s(A) = s(B \otimes C) = s(B)s(C)$. Wgen $s(A) = mn$ und der Teilerfremdheit von m, n bleibt dann im Hinblick auf F3 nur $s(B) = m, s(C) = n$ übrig. Damit ist die Existenz der geforderten Zerlegung (56) gezeigt. Ihre Eindeutigkeit ist klar, denn wegen $e(B) \mid s(B)$ und $e(C) \mid s(C)$ sind $e(B), e(C)$ teilerfremd. – Wir dürfen B und C ohne Einschränkung als Schiefkörper annehmen. Nach 29.12 ist dann auch $B \otimes C$ ein Schiefkörper. Wird daher A als Schiefkörper vorausgesetzt, so zieht (56) die Behauptung (57) nach sich. Die Eindeutigkeit von (57) folgt aus der Eindeutigkeit der Darstellung (56).

4. Wir untersuchen jetzt $Br(L/K)$ genauer für *zyklisches* L/K. Obwohl die Voraussetzung der Zyklizität von L/K eine einschneidende Einschränkung darstellt, ist das Studium dieses Spezialfalles doch von grundlegender Bedeutung.

Sei also L/K *zyklisch*, d.h. endlich galoissch mit *zyklischer Galoisgruppe G*. Sei τ ein erzeugendes Element von G:

$$G = <\tau> \; .$$

Mit $n = \mathrm{ord}(\tau) = G : 1 = L : K$ bezeichnen wir den Grad der Körpererweiterung L/K. Vorgelegt sei nun ein verschränktes Produkt

$$(58) \qquad \qquad \Gamma = (L, G, c)$$

von L mit der zyklischen Gruppe G zum Faktorensystem c; eine Algebra dieser Gestalt nennt man auch eine *zyklische Algebra*. Zur Abkürzung sei

$$(59) \qquad \qquad u := u_\tau$$

der zu dem Erzeuger τ gehörige Vertreter u_τ in Γ. Da der von u^i vermittelte innere Automorphismus auf L den Automorphismus τ^i bewirkt, dürfen wir die übrigen u_σ wie folgt wählen:

$$(60) \qquad \qquad u_{\tau^i} = u^i \quad \text{für } 0 \leq i \leq n-1 \, .$$

Da u^n auf L den Automorphismus $\tau^n = 1$ vermittelt und überdies auch mit allen u^i vertauschbar ist, liegt u^n im Zentrum von Γ. Es gilt also

$$(61) \qquad \qquad a := u^n \in K^\times \, .$$

Nach Wahl von u läßt sich damit die Struktur von Γ allein durch Angabe des Elementes a aus $K^\times$ vollständig beschreiben. Für $0 \leq i, j < n$ gilt

$$u_{\tau^i} u_{\tau^j} = u^i u^j = u^{i+j} =$$

$$\begin{cases} u_{\tau^{i+j}} = u_{\tau^i \tau^j} & \text{für} \quad i+j < n \\ au^{i+j-n} = au_{\tau^i \tau^j} & \text{für} \quad i+j \geq n \end{cases}$$

Das zu den u_σ wie in (60) gehörige Faktorensystem $\widehat{c}$ hat demnach die Gestalt

$$(62) \qquad \widehat{c}_{\tau^i,\tau^j} = \begin{cases} 1 & \text{für} \quad i+j < n \\ a & \text{für} \quad i+j \geq n \end{cases}$$

(hierbei stets $0 \leq i,j < n$ vorausgesetzt); ein solches Faktorensystem nennen wir ein *uniformisiertes Faktorensystem*. Bei vorgelegtem τ wird die Struktur von Γ völlig durch das Element a aus $K^\times$ festgelegt; wir verwenden daher für die zyklische Algebra Γ auch die Bezeichnung

$$(63) \qquad \Gamma = (L, \tau, a).$$

Das Element a seinerseits ist jedoch durch Γ nicht eindeutig bestimmt. Wir können nämlich den Vertreter $u = u_\tau$ von τ noch durch einen beliebigen Faktor λ aus $L^\times$ abändern. Sei

$$(64) \qquad u' = u\lambda.$$

Dann wird das zu u' gehörige Element

$$a' = u'^n$$

durch $a' = (u\lambda)^n = (u\lambda)(u\lambda)(u\lambda) \ldots (u\lambda) = (uu\lambda^\tau \lambda)(u\lambda) \ldots (u\lambda) =$

$$u^n \lambda^{\tau^{n-1}} \ldots \lambda^\tau \lambda = a\lambda^{\tau^{n-1}} \ldots \lambda^\tau \lambda = aN_{L/K}(\lambda)$$

gegeben. Wir erhalten somit die Transformationsgleichung

$$(65) \qquad a' = aN_{L/K}(\lambda).$$

Besteht umgekehrt die Gleichung (65), so liefert (64) einen Vertreter u' zu τ mit $u'^n = a'$.

Jeder zyklischen Algebra ist somit auf die beschriebene Weise ein wohlbestimmtes Element α aus der *Normenrestklassengruppe* $K^\times/N_{L/K}(L^\times)$ der Erweiterung L/K zugeordnet, nämlich die Restklasse $\alpha = aN_{L/K}(L^\times)$ von a modulo der Untergruppe $N_{L/K}(L^\times)$ von $K^\times$. – Jedes Element von $K^\times/N_{L/K}(L^\times)$ wird dabei von dieser Zuordnung erfaßt, denn definiert man zu einem beliebigen $a \in K^\times$ durch (62) eine Funktion $\widehat{c}: G \times G \longrightarrow K^\times$, so erweist sich diese als ein *Faktorensystem* (wie man leicht nachprüfen kann). Unsere Betrachtungen ergeben daher mit Blick auf den in Satz 2 schon ausgesprochenen grundsätzlichen Sachverhalt den folgenden

SATZ 4: *Für zyklisches L/K mit Gruppe $G = <\tau>$ hat man natürliche (jedoch von τ nicht unabhängige) Isomorphien*

$$(66) \qquad Br(L/K) \simeq K^\times / N_{L/K} L^\times \simeq H^2(G, L^\times);$$

jedes Element von $Br(L/K)$ wird durch ein zyklisches verschränktes Produkt (L, τ, a) repräsentiert, wobei a modulo $N_{L/K} L^\times$ eindeutig bestimmt ist.

Bemerkungen: 1) Ist α die Restklasse von $a \in K^\times$ in $K^\times / N_{L/K} L^\times$, so bezeichnen wir die zyklische Algebra (L, τ, a) auch mit

$$(67) \qquad\qquad (L, \tau, \alpha).$$

2) Für $a, b \in K^\times$ gilt nach Satz 4 insbesondere

$$(68) \qquad (L, \tau, a) \otimes_K (L, \tau, b) \sim (L, \tau, ab).$$

Ferner: *Eine zyklische Algebra (L, τ, a) zerfällt genau dann, wenn $a = N_{L/K}(\lambda)$ Norm eines Elementes bei der Erweiterung L/K ist.*

3) Was die Abhängigkeit von der Wahl des erzeugenden Elementes τ von G angeht, so überlegt man sich leicht das Folgende: Jedes weitere erzeugende Element von G hat die Gestalt τ^k mit zu $n = G : 1$ teilerfremdem k, und es gilt dann

$$(69) \qquad\qquad (L, \tau, a) \simeq (L, \tau^k, a^k).$$

4) Der Begriff der Normenrestklassengruppe $K^\times / N_{L/K} L^\times$ ist natürlich für eine beliebige *endliche* Körpererweiterung L/K sinnvoll. Ist zudem L/K *galoissch* mit beliebiger (endlicher!) Galoisgruppe, so wird $K^\times / N_{L/K} L^\times$ auch die *nullte Kohomologiegruppe* von G mit Koeffizienten in $L^\times$ genannt und mit

$$H^0(G, L^\times)$$

notiert. Nach Satz 4 gilt

$$(70) \qquad H^0(G, L^\times) \simeq H^2(G, L^\times) \quad \text{für } zyklisches \ G,$$

doch für beliebiges G laufen $H^0(G, L^\times)$ und $H^2(G, L^\times)$ im allgemeinen auseinander.

5) Ist in der Situation von Satz 4 ein *beliebiges* Faktorensystem c von $G = <\tau>$ in $L^\times$ gegeben, so läßt sich das Strukturelement a des zugehörigen *uniformisierten* Faktorensystems $\widehat{c}$ in (62) durch die Werte von c wie folgt ausdrücken

$$(71) \qquad\qquad a = \prod_{j=0}^{n-1} c_{\tau, \tau^j} = \prod_{j=0}^{n-1} c_{\tau^j, \tau}$$

Dies sieht man sofort, indem man die Potenzen u_τ^i mittels c induktiv berechnet; für $a = u_\tau^n$ erhält man dann (71). □

So einfach die Überlegungen auch waren, die zu Satz 4 führten, so stellt dieser Satz doch ein kräftiges Hilfsmittel dar. Wir deuten dies sofort durch die folgenden Anwendungsbeispiele an:

Anwendungsbeispiel 1 ('Satz von Frobenius'): Da $\mathbb{C}$ algebraisch abgeschlossen ist, gilt $Br(\mathbb{R}) = Br(\mathbb{C}/\mathbb{R})$. Nun ist $\mathbb{C}/\mathbb{R}$ aber zyklisch mit $\tau : z \longmapsto \bar{z}$ als einzigem nicht-trivialen Element von $G(\mathbb{C}/\mathbb{R})$, und da $N = N_{\mathbb{C}/\mathbb{R}}$ durch $Nz = z\bar{z} = |z|^2$ gegeben ist, gilt $N\mathbb{C}^\times = \mathbb{R}_{>0}$. Also ist $\mathbb{R}^\times/N\mathbb{C}^\times = \mathbb{R}^\times/\mathbb{R}_{>0}$ zyklisch von der Ordnung 2 (vertreten durch die Elemente 1 und -1 von $\mathbb{R}^\times$). Aufgrund von (66) hat daher $Br(\mathbb{R})$ nur ein einziges Element $\neq 1$, und dieses wird durch die zyklische Algebra

$$(72) \qquad \mathbb{H} := (\mathbb{C}, \tau, -1)$$

vertreten. (Notwendigerweise ist $\mathbb{H}$ ein *Schiefkörper*.) Bezeichnet man $u = u_\tau$ mit j, so hat $\mathbb{H} = \mathbb{C} + \mathbb{C}j = \mathbb{R} + \mathbb{R}i + \mathbb{R}j + \mathbb{R}ij$ die $\mathbb{R}$-Basis $1, i, j, ij$, und für diese Elemente gelten definitionsgemäß die Relationen

$$(73) \qquad ij = -ji, \quad i^2 = -1, \quad j^2 = -1.$$

Somit ist $\mathbb{H}$ die bekannte *Hamiltonsche Quaternionenalgebra*. Für einen beliebigen *reell abgeschlossenen* Körper R anstelle von $\mathbb{R}$ gilt natürlich alles ganz entsprechend.

Anwendungsbeispiel 2 ('Satz von Wedderburn'): Sei K ein *endlicher* Körper. Um $Br(K) = 1$ zu beweisen, ist $Br(L/K) = 1$ für alle endlichen Erweiterungen L/K zu zeigen. Da jedes L/K zyklisch ist, läuft dies nach Satz 4 auf die Behauptung hinaus, daß für jede Erweiterung L/K endlicher Körper die Gleichheit

$$(74) \qquad K^\times = N_{L/K}L^\times$$

gilt, die Normabbildung $N_{L/K}$ also stets *surjektiv* ist. Setzt man daher den in Rede stehenden Satz von Wedderburn als schon bekannt voraus (vgl. §29, Satz 21), so erhält man die körpertheoretische Aussage (74) als Anwendung der *Algebrentheorie* (Beispiel für die Verwendung 'nicht-kommutativer Hilfsmittel' in einer 'kommutativen Theorie'). Umgekehrt: Indem man (74) auf andere Weise begründet, erhält man einen weiteren Beweis für den Satz von Wedderburn. Für solche direkte Begründungen von (74) vgl. Band I, S. 172.

Anwendungsbeispiel 3 ('Quaternionenalgebren'): Von dem Körper K setzen wie hier

$$(75) \qquad \mathrm{char}\,(K) \neq 2$$

voraus. Wir betrachten die Elemente $[A] \in Br(K)$ vom Schurindex $s(A) = 2$ (nach F3 ist dann auch $e(A) = 2$, aber das Umgekehrte ist nicht immer der Fall). Habe also $[A] \in Br(K)$ den Schurindex 2. Dann besitzt A einen Zerfällungskörper L vom Grade 2 über K (§29, Satz 19). Wegen (75) ist L/K automatisch galoissch, und daher ist A ähnlich zu einem zyklischen verschränkten Produkt

$$(76) \qquad \Gamma = (L, \tau, a),$$

wobei τ den nicht-trivialen Automorphismus von L/K bezeichnet. Wegen $\Gamma : K = 4$ und $s(\Gamma) = 2$ ist Γ notwendig ein *Schiefkörper*. Als quadratischer Erweiterungskörper von K hat L die Gestalt

$$(77) \qquad L = K[v] \quad \text{mit} \quad v^2 = b \in K^\times \setminus K^{\times 2}.$$

Wegen $\Gamma = L + Lu = K + Kv + Ku + Kvu$ besitzt Γ die K-Basis $1, u, v, uv$, und definitionsgemäß gelten für diese Elemente die Relationen

$$(78) \qquad u^2 = a, \quad v^2 = b, \quad uv = -vu$$

(denn in Γ gilt insbesondere $u^{-1}vu = v^\tau = -v$). Die Algebra Γ in (76) ist damit eine sogenannte *Quaternionenalgebra*. Unter einer *Quaternionenalgebra über K* versteht man dabei allgemein eine von Elementen u und v erzeugte K-Algebra Q, so daß mit gewissen

$$(79) \qquad a, b \text{ aus } K^\times$$

die Relationen (78) gelten. Offenbar besteht dann Q aus den K-Linearkombinationen der Elemente

$$(80) \qquad 1, \quad u, \quad v, \quad uv.$$

Für ein beliebiges $x = a_1 + a_2 u + a_3 v + a_4 uv$ aus Q gilt $xu + ux = 2a_1 u + 2a_2 a$, und für jedes $y = c_1 u + c_0$ aus $K[u]$ ist $yv - vy = 2c_1 uv$. Aus $x = 0$ folgt daher $4a_1 uv = 0$, und damit $a_1 = 0$, denn $4uv$ ist aufgrund von (75) und (78) eine Einheit in Q. Es folgt die lineare Unabhängigkeit der Elemente in (80), d.h. es gilt

$$(81) \qquad Q : K = 4.$$

Notwendig ist dann aber Q eine *einfache* K-Algebra, denn jedes homomorphe Bild von Q ist wieder eine Quaternionenalgebra und daher ebenfalls 4-dimensional über K. Da Q nach (78) und (75) nicht kommutativ ist, kann Q aus Dimensionsgründen nur K als Zentrum haben. *Somit ist Q eine zentraleinfache K-Algebra der Dimension* 4. Ihre Struktur ist durch die Konstanten a, b aus K vollständig festgelegt; wir verwenden die Bezeichnung

$$(82) \qquad Q = \left(\frac{a, b}{K} \right).$$

Wegen der vollständigen Symmetrie der Relationen (78) gilt

(83) $$\left(\frac{a,b}{K}\right) = \left(\frac{b,a}{K}\right).$$

In der zyklischen Algebra (76) ist also eine Symmetrie verborgen, die in der Bezeichnung (76) noch nicht zum Ausdruck kommt. Die *Hamiltonsche Quaternionenalgebra* $\mathbb{H}$ wird nun also auch wie folgt bezeichnet:

(84) $$\mathbb{H} = \left(\frac{-1,-1}{\mathbb{R}}\right).$$

Aus Dimensionsgründen gilt für eine beliebige Quaternionenalgebra über K entweder

(i): Q zerfällt über K, oder (ii): Q ist ein Schiefkörper.

Im Falle (i) ist $Q \simeq M_2(K)$. Im Falle (ii) hat Q den Schurindex 2 und ist daher neben (82) auch in der Form (76) als zyklische Algebra darstellbar. Zusammenfassend läßt sich sagen: *Die Quaternionenalgebren über K sind genau die vierdimensionalen zentraleinfachen K-Algebren. Hat $[A] \in Br(K)$ den Schurindex 2, so ist A bis auf Isomorphie zu genau einer Quaternionenalgebra ähnlich (und diese ist ein Schiefkörper). Genau dann gilt*

(85) $$\left(\frac{a,b}{K}\right) \sim 1,$$

(d.h. die durch (82) gegebene Quaternionenalgebra zerfällt), wenn gilt:

(86) a *ist Norm bei der Erweiterung* $K(\sqrt{b})/K$.

Nur die Äquivalenz von (85) und (86) ist noch zu zeigen: Ist $K(\sqrt{b}):K = 2$, so läßt sich Q offenbar auch als zyklische Algebra $(K(\sqrt{b}), \tau, a)$ schreiben; letztere aber zerfällt (nach Bem. 1 zu Satz 4) genau dann, wenn die Bedingung (86) erfüllt ist. Sei jetzt $K(\sqrt{b}) = K$, d.h. $b = x^2$ sei ein Quadrat in $K^\times$. Dann ist Q wegen $(v+x)(v-x) = v^2 - x^2 = 0$ nicht nullteilerfrei, also erst recht kein Schiefkörper. Dann ist aber nur noch $Q \simeq M_2(K)$ möglich, d.h. Q zerfällt. Andererseits ist (86) im Falle $K(\sqrt{b}) = K$ trivialerweise erfüllt. –

Im übrigen macht man sich leicht klar, daß zu *beliebigen* a,b aus $K^\times$ stets eine Quaternionenalgebra Q mit (82) existiert: Im Falle $\sqrt{b} \notin K$ existiert das verschränkte Produkt $\Gamma = (K(\sqrt{b}), \tau, a)$ mit τ als dem nichttrivialen Automorphismus von $K(\sqrt{b})/K$ (beachte die Generalvoraussetzung char$(K) \neq 2$). Wie wir oben sahen, ist dann $\Gamma = \left(\frac{a,b}{K}\right)$. Im Falle $\sqrt{b} \in K$ haben wir keine andere Wahl, als $\Gamma = M_2(K)$ zu betrachten. Für die Matrizen

$$u = \begin{pmatrix} 0 & a \\ 1 & 0 \end{pmatrix}, \qquad v = \sqrt{b}\begin{pmatrix} 1 & 0 \\ 0 & -1 \end{pmatrix}$$

aus $M_2(K)$ gelten nun in der Tat die Relationen $u^2 = a$, $v^2 = b$, $vu = -uv$, womit schon alles bewiesen ist, denn die von u, v erzeugte Teilalgebra Q von $M_2(K)$ stimmt wegen (81) mit $M_2(K)$ überein. □

Wir wollen jetzt das Verhalten *zyklischer Algebren* unter *Inflation* und *Restriktion* behandeln. Wir verknüpfen dabei – unter Einschluß der Bezeichnungen – an die entsprechenden Gesetze für *beliebige* verschränkte Produkte an. Aus diesen werden wir für *zyklische Algebren* die folgenden Regeln gewinnen:

SATZ 5: *L/K sei zyklisch mit Galoisgruppe $G = <\tau>$, und a sei ein beliebiges Element aus $K^\times$.*

(a) *Ist E ein Zwischenkörper von L/K, so ist auch E/K zyklisch mit Galoisgruppe $G(E/K) = <\tau_E>$, und es gilt*

$$(87) \qquad (E, \tau_E, a) \sim (L, \tau, a^{L:E}).$$

(b) *Für eine beliebige Erweiterung K'/K sei $L' = LK'$ Kompositum von L mit K'. Identifiziert man wie üblich $G(L'/K')$ mit der Untergruppe $G(L/L \cap K')$ von G, so ist τ^r für $r = L \cap K' : K$ ein erzeugendes Element von $G(L'/K')$, und mit diesem gilt dann*

$$(88) \qquad (L, \tau, a) \otimes_K K' \sim (L', \tau^r, a).$$

Insbesondere ist für jeden Zwischenkörper F von L/K

$$(89) \qquad (L, \tau, a) \otimes_K F \sim (L, \tau^{F:K}, a).$$

Beweis: (a) Da $G = G(L/K)$ inbesondere abelsch ist, ist jeder Zwischenkörper E galoissch über K. Als homomorphes Bild von G ist auch $\overline{G} = G(E/K)$ zyklisch, erzeugt von dem auf E durch τ vermittelten Automorphismus $\overline{\tau} = \tau_E$. Es bezeichne c ein zu (E, τ_E, a) gehöriges *uniformisiertes* Faktorensystem. Mit (44) gilt dann

$$(E, \tau_E, a) = (E, \overline{G}, c) \sim (L, G, \inf(c)).$$

Für das rechtsstehende verschränkte Produkt sei $u = u_\tau$ Vertreter von τ. Gemäß unserem Vorgehen zu Beginn des Abschnitts bleibt $u^{L:K}$ zu bestimmen. Aufgrund der Definition von c und $\inf(c)$ erhält man zunächst

$$u^i = u_{\tau^i} \quad \text{für } 1 \leq i \leq n := E : K,$$

während $u^n = u^{n-1} u = u_{\tau^{n-1}} u_\tau = u_{\tau^n} c_{\tau^{n-1}, \tau} = u_{\tau^n} a$ gilt. Damit ist aber

$$u^{L:K} = u^{n(L:E)} = u_{\tau^n}^{L:E} a^{L:E} = a^{L:E},$$

denn rekursiv erhält man $u_{\tau^n}^j = u_{\tau^{nj}}$ für alle $j \in \mathbb{N}$, und speziell für $j = L:E$ ist $u_{\tau^{nj}} = u_1 = c_{1,1} = 1$.

(b) Nach der Vorübung von (a) darf der leichtere Beweis des zweiten Teils getrost dem Leser überlassen werden.

Bemerkung: Als Anwendung von Satz 5 (a) leiten wir erneut den *Satz von Wedderburn* (§29, Satz 21) her – jetzt auf fast maschinelle Weise. Sei also K ein endlicher Körper mit q Elementen. Da jede Erweiterung endlicher Körper zyklisch ist, hat man nur zu zeigen, daß jede zyklische Algebra (E, ϱ, a) zerfällt. Nun hat aber der endliche Körper E zu beliebigem $n \in \mathbb{N}$ einen Erweiterungskörper L vom Grade n über E. Sei τ ein erzeugendes Element von $G(L/K)$ mit $\tau_E = \varrho$. Für $n = q - 1$ liefert nun wegen $a^{q-1} = 1$ die Formel (87) in der Tat

$$(E, \varrho, a) \sim (L, \tau, a^{q-1}) = (L, \tau, 1) \sim 1.$$

$\square$

Die oben entwickelten algebrentheoretischen Methoden haben wir wiederholt an der Aufgabe geprüft, zu beweisen, daß es *endliche* nichtkommutative Schiefkörper nicht geben kann. Was aber im allgemeinen die positive Angabe echter Schiefkörper (endlicher Dimension über ihrem Zentrum) betrifft, so haben wir bisher lediglich die Hamiltonsche Quaternionenalgebra (72) zutage gefördert (nebst der Tatsache, daß es über $\mathbb{R}$ keine weiteren geben kann). Natürlich haben wir dann mit

$$\left(\frac{-1, -1}{\mathbb{Q}} \right) = (\mathbb{Q}(\sqrt{-1}), \tau, -1)$$

auch ein Beispiel eines entsprechenden Schiefkörpers mit dem Zentrum $\mathbb{Q}$. Nun scheint uns aber der Satz 4 ein probates Mittel an die Hand zu geben, die Existenz weiterer nicht-trivialer Schiefkörper über einem Körper K als Zentrum zu sichern. Man hat danach *zyklische* Erweiterungen L/K zu betrachten und nach Elementen $a \in K^\times$ zu suchen, die *keine Normen* für L/K sind. Dann ist $\Gamma = (L, \tau, a)$ eine nicht zerfallende zentraleinfache K-Algebra, und zu dieser gehört ein nicht-trivialer Schiefkörper mit Zentrum K (im Falle, daß a in $K^\times / N_{L/K} L^\times$ die Ordnung $L : K$ besitzt, ist Γ sogar selbst ein Schiefkörper). Zu entscheiden, ob ein gegebenes $a \in K^\times$ eine Norm für L/K ist oder nicht, stellt aber im allgemeinen eine schwierige Aufgabe dar. Der einfachste nicht-triviale Fall ist der einer Erweiterung L/K vom Grade 2. Hier stellt sich (für $\mathrm{char}\,(K) \neq 2$) die Frage, zu entscheiden, ob eine vorgegebene Quaternionenalgebra

$$(90) \qquad\qquad Q = \left(\frac{a, b}{K} \right)$$

zerfällt oder nicht. Für den Fall $K = \mathbb{Q}$ führt selbst diese spezielle Frage in tiefere Bereiche der *Zahlentheorie* (wo sie dann allerdings auch eine vollständige – und glanzvolle – Lösung in größerem Rahmen erfährt).[1] Wir wollen hier nun jedenfalls Quaternionenalgebren noch eingehender studieren mit dem Ziel, zu nicht-trivialem Beispielmaterial vorzustoßen. – Wir beginnen mit dem folgenden *Zerfallskriterium für Quaternionenalgebren*:

F4: *Für eine Quaternionenalgebra* (90) *über K (mit $\mathrm{char}\,(K) \neq 2$) sind äquivalent*

(i) Q *zerfällt, d.h. $Q \simeq M_2(K)$.*

(ii) *b ist Norm bei $K(\sqrt{a})/K$.*   (ii') *a ist Norm bei $K(\sqrt{b})/K$.*

(iii) *Die quadratische Form $q = X_1^2 - aX_2^2 - bX_3^2$ ist isotrop (über K).*

Beweis: Die Äquivalenz von (i) und (ii') ist die schon bewiesene Äquivalenz von (85) und (86). Die Gleichwertigkeit von (ii) und (ii') ist dann wegen (83) klar. Ist $K(\sqrt{a}) = K$, so gilt (ii) und wegen $q(\sqrt{a}, 1, 0) = 0$ auch (iii). Sei also $K(\sqrt{a}) : K = 2$. Wird nun (ii) vorausgesetzt, so gibt es x_1, x_2 aus K gibt mit $b = N(x_1 + x_2\sqrt{a}) = x_1^2 - ax_2^2$; es folgt $x_1^2 - ax_2^2 - b1^2 = 0$, also (iii). Ist (iii) erfüllt, d.h. gilt $x_1^2 - ax_2^2 - bx_3^2 = 0$ mit nicht sämtlich verschwindenden x_1, x_2, x_3 aus K, so ist $bx_3^2 = x_1^2 - ax_2^2$ Norm bei $K(\sqrt{a})/K$. Wegen $K(\sqrt{a}) \neq K$ ist $x_3 \neq 0$, also ist auch b Norm, d.h. es gilt (ii). □

F5: *Stets $\mathrm{char}\,(K) \neq 2$ vorausgesetzt, gelten folgende Rechenregeln für Quaternionenalgebren:*

(a) $\left(\dfrac{a,b}{K}\right) = \left(\dfrac{b,a}{K}\right),$ (b) $\left(\dfrac{x^2a, y^2b}{K}\right) = \left(\dfrac{a,b}{K}\right),$

(c) $\left(\dfrac{a,-a}{K}\right) \sim 1,$ (d) $\left(\dfrac{a,1-a}{K}\right) \sim 1,$

(e) $\left(\dfrac{a_1a_2, b}{K}\right) \sim \left(\dfrac{a_1, b}{K}\right) \otimes \left(\dfrac{a_2, b}{K}\right),$ $\left(\dfrac{a, b_1b_2}{K}\right) \sim \left(\dfrac{a, b_1}{K}\right) \otimes \left(\dfrac{a, b_2}{K}\right),$

(f) $\left(\dfrac{a, b_1}{K}\right) \simeq \left(\dfrac{a, b_2}{K}\right) \Longleftrightarrow \left(\dfrac{a, b_1b_2}{K}\right) \sim 1.$

Beweis: Die Gültigkeit von (a) bzw. (b) erkennt man, indem man u, v durch v, u bzw. xu, yu ersetzt. Aus F4 liest man sofort ab, daß (c) und (d) gelten. Ist b kein Quadrat in K, so folgt (e) aus der entsprechenden Regel (68) für zyklische Algebren. Da für eine Quaternionenalgebra Q stets $e(Q) = s(Q) \leq 2$ gilt, ist $[Q] = [Q]^{-1}$ in $Br(K)$. Für beliebige Quaternionenalgebren Q_1, Q_2 über K ist daher $Q_1 \otimes Q_2 \sim 1$ äquivalent mit $Q_1 \sim Q_2$, und folglich auch mit $Q_1 \simeq Q_2$. Damit ergibt sich (f) einfach als Folge von (e).

---

[1]vgl. etwa *F. Lorenz, Algebraische Zahlentheorie*, Kap. 10 und Kap. 12.

F6: *Zu gegebenem Quaternionenschiefkörper* (90) *über* K *mit* char $(K) \neq 2$ *betrachte man die quadratische Form* $q = aX_1^2 + bX_2^2 - abX_3^2$. *Dann gilt: Jeder Körper* $E = K(\sqrt{q(x)})$ *mit* $x \neq 0$ *aus* K^3 *ist* K-*isomorph zu einem maximalen Teilkörper von* Q, *und umgekehrt hat jeder maximale Teilkörper von* Q *diese Gestalt.*

Beweis: Die maximalen Teilkörper von Q sind genau die $K(w)$ mit

$$(91) \qquad w \in Q, \quad w \notin K, \quad w^2 \in K.$$

Jedes w aus Q hat die eindeutige Darstellung

$$w = \lambda + u\mu \quad \text{mit} \quad \lambda, \mu \in L = K(v).$$

Wann liegt nun w^2 in K? Es ist – wenn der nicht-triviale Automorphismus von L/K mit $\alpha \longmapsto \alpha'$ bezeichnet wird –
$(\lambda + u\mu)^2 = \lambda^2 + \lambda u\mu + u\mu\lambda + (u\mu)(u\mu) = \lambda^2 + u(\lambda'\mu + \lambda\mu) + u^2\mu\mu'$, also

$$(\lambda + u\mu)^2 = (\lambda^2 + a\mu\mu') + u(\lambda'\mu + \lambda\mu).$$

Genau dann liegt also $c := w^2 = (\lambda + u\mu)^2$ in K, wenn gilt

$$(91') \qquad (\lambda + \lambda')\mu = 0 \quad \text{und} \quad \lambda^2 + a\mu\mu' \in K.$$

Wir setzen zuerst $\mu \neq 0$ voraus. Die erste bedingung von $(91')$ ist dann zu $\lambda' = -\lambda$, also zu $\lambda = x_2 v$ äquivalent; die zweite ist dabei automatisch erfüllt. Für c erhalten wir den Wert $c = x_2^2 v^2 + a(x_1^2 - x_3^2 v^2)$, also

$$c = w^2 = ax_1^2 + bx_2^2 - abx_3^2.$$

Sei jetzt $\mu = 0$. Dann ist $(91')$ zusammen mit $w \notin K$ zu $\lambda^2 \in K$ und $\lambda \notin K$ äquivalent, also zu $\lambda = x_2 v$, und wir erhalten in dem Falle

$$c = w^2 = bx_2^2.$$

Zusammengenommen sind die durch (91) charakterisierten Elemente also gerade die in Q liegenden Quadratwurzeln aus Elementen der Gestalt

$$q(x) = ax_1^2 + bx_2^2 - abx_3^2,$$

wobei $x = (x_1, x_2, x_3)$ alle Elemente $\neq 0$ aus K^3 durchläuft. Damit ist F6 vollständig bewiesen. $\qquad\qquad\qquad\qquad\qquad\qquad\qquad\qquad\qquad\qquad\qquad\square$

Für den Fall $K = \mathbb{Q}$ untersuchen wir jetzt, wann eine vorgegebene Quaternionenalgebra

$$\left(\frac{a, b}{\mathbb{Q}}\right)$$

zerfällt. Im Hinblick auf (b) in F5 können wir dabei annehmen, daß a und b quadratfreie ganze Zahlen sind. Nach F4 ist nun zu untersuchen, ob die Gleichung

$$(92) \qquad aX_1^2 + bX_2^2 - X_3^2 = 0$$

eine nicht-triviale Lösung über $\mathbb{Z}$ besitzt oder nicht. (Ist sie nämlich über $\mathbb{Q}$ nicht-trivial lösbar, so aus Homogenitätsgründen auch über $\mathbb{Z}$.) Sei d der größte gemeinsame Teiler von a und b. Mit $a = a'd$ und $b = b'd$ ist die nicht-triviale Lösbarkeit von (92) über $\mathbb{Z}$ äquivalent mit der der Gleichung

$$(93) \qquad a'X_1^2 + b'X_2^2 - dX_3^2 = 0.$$

Hierbei sind jetzt a', b', d *paarweise teilerfremde*, quadratfreie ganze Zahlen. Nun gilt aber der

SATZ 6 (Legendre 1798): *Sind r, s, t paarweise teilerfremde, quadratfreie ganze Zahlen, so ist die Gleichung*

$$(94) \qquad rX_1^2 + sX_2^2 + tX_3^2 = 0$$

genau dann über $\mathbb{Z}$ nicht-trivial lösbar, wenn r, s, t nicht alle das gleiche Vorzeichen haben und die Kongruenzen

$$(95) \qquad X^2 \equiv -st \bmod r, \quad Y^2 \equiv -rt \bmod s, \quad Z^2 \equiv -rs \bmod t$$

sämtlich über $\mathbb{Z}$ lösbar sind.

Beweis: Die Notwendigkeit der angegebenen Bedingung ist leicht einzusehen. Zeigen wir also, daß sie auch hinreichend sind. Indem wir (94) mit $-t$ multiplizieren, sehen wir, daß man zu einer äquivalenten Gleichung übergehen kann, die die obige Gestalt (92) mit quadratfreien ganzen Zahlen a und b besitzt; die Voraussetzungen sind dann äquivalent dazu, daß a und b nicht beide negativ und die Kongruenzen

$$(96) \qquad X^2 \equiv a \bmod b, \quad Y^2 \equiv b \bmod a, \quad Z^2 \equiv -a'b' \bmod d$$

allesamt lösbar sind; dabei ist d der größte gemeinsame Teiler von a, b und $a' = a/d$, $b' = b/d$ gesetzt. Für $a = 1$ ist (92) stets nicht-trivial lösbar; sei also im weiteren $a \neq 1$. Wir führen Induktion nach der Größe $|a| + |b|$. Für den kleinstmöglichen Wert $|a| + |b| = 2$ ist dann $|a| = |b| = 1$, also wegen $a \neq 1$ und der Voraussetzung notwendig $a = -1$ und $b = 1$; in diesem Fall ist aber (92) gewiß nicht-trivial lösbar. Sei nun $|a| + |b| > 2$, also o.E.

$$(97) \qquad |a| \leq |b| \geq 2.$$

Wegen der Lösbarkeit der ersten Kongruenz in (96) gibt es ganze Zahlen x und b_1 mit

(98) $$a = x^2 - b_1 b,$$

wobei wir von x noch

(99) $$|x| \leq |b|/2$$

verlangen dürfen. Da $a \neq 1$ quadratfrei sein soll, ist $b_1 \neq 0$. Die Gleichung (98) ist in der Form

(100) $$bb_* c^2 = x^2 - a \quad \text{mit } quadratfreiem\ b_*.$$

Dreh- und Angelpunkt des ganzen Beweises. Nach (100) ist nun

$$bb_* \quad eine\ Norm\ f\ddot{u}r\ \mathbb{Q}(\sqrt{a}).$$

Aufgrund von F4 und F5 (f) gilt daher

$$\left(\frac{a, b}{\mathbb{Q}} \right) \sim \left(\frac{a, b_*}{\mathbb{Q}} \right).$$

Wiederum nach F4 ist somit die Ausgangsgleichung (92) genau dann nichttrivial lösbar (immer über $\mathbb{Q}$ bzw. $\mathbb{Z}$, was beides auf dasselbe hinausläuft), wenn dies für die Gleichung

(101) $$aX_1^2 + b_* X_2^2 - X_3^2 = 0$$

der Fall ist. Aus (100) folgt nun mit (99) und (97) die Abschätzung $|b_* b| \leq |x|^2 + |a| \leq |b|^2/4 + |b|$, mithin

$$|b_*| \leq |b|/4 + 1 < |b|.$$

Die Induktionsvoraussetzung liefert damit die Behauptung, vorausgesetzt, wir können zeigen, daß für die Koeffizienten der Gleichung (101) die analogen Bedingungen wie für die der Gleichung (92) erfüllt sind. Zunächst liest man aus (100) sofort ab, daß a und b_* nicht beide negativ sein können (denn a und b sind nicht beide negativ nach Voraussetzung). Bleibt also zu zeigen, daß jede der Kongruenzen

(102) $$X^2 \equiv a \bmod b_*, \quad Y^2 \equiv b_* \bmod a, \quad Z^2 \equiv -a'_* b'_* \bmod d_*$$

lösbar ist, wobei d_* den größten gemeinsamen Teiler von a und b_* bezeichnet und $a'_* = a/d_*$ sowie $b'_* = b_*/d_*$ gesetzt ist. Die Lösbarkeit der ersten Kongruenz in (102) entnimmt man der Gleichung (100) unmittelbar. Sei nun

(103) $$p \mid a$$

ein beliebiger Primteiler von a. Im Hinblick auf (100) kann dann p nicht in c aufgehen, denn a ist quadratfrei. Aus demselben Grund kann p auch nicht gleichzeitig in b und b_* aufgehen. Es gelten also die Implikationen

$$(104) \qquad p \mid a \Longrightarrow p \nmid c \quad \text{sowie} \quad p \mid d \Longrightarrow p \nmid d_* .$$

Unter der Voraussetzung (103) betrachten wir nun zunächst den Fall $p \nmid b$. Nach (100) ist nun bb_*c^2 ein Quadrat mod p; da nach Voraussetzung auch b ein Quadrat mod p ist, muß wegen $p \nmid c$ und $p \nmid b$ auch die Kongruenz

$$(105) \qquad Y^2 \equiv b_* \bmod p$$

lösbar sein. Um also die Lösbarkeit der zweiten Kongruenz in (102) sicher-zustellen, bleibt zu zeigen, daß (105) auch im Falle

$$p \mid a \quad \text{und} \quad p \mid b, \quad \text{d.h.} \quad p \mid d$$

lösbar ist. Indem wir (100) durch d teilen, erhalten wir

$$b'b_*c^2 = dy^2 - a'$$

mit einem $y \in \mathbb{Z}$. Multiplikation dieser Gleichung mit b' liefert

$$b'^2 b_* c^2 \equiv -a'b' \bmod d .$$

Nun ist aber $-a'b'$ nach Voraussetzung ein Quadrat mod d, also erst recht mod p; wegen $p \nmid b'$ und $p \nmid c$ ist damit auch b_* ein Quadrat mod p. Jetzt ist noch nachzuweisen, daß auch die dritte Kongruenz in (102) lösbar ist. Teilen wir (100) durch d_*, so erhalten wir

$$bb'_*c^2 = d_*z^2 - a'_*$$

mit einem $z \in \mathbb{Z}$. Multiplikation dieser Gleichung mit a'_* liefert dann

$$-a'_*b'_*bc^2 \equiv a'^{\,2}_* \bmod d_* ,$$

also ist $-a'_*b'_*bc^2$ ein Quadrat mod d_*. Nach Voraussetzung ist b ein Quadrat mod a, also erst recht mod d_*; wegen der Teilerfremdheit von b und c mit d_* – vgl. (104) – ist dann auch $-a'_*b'_*$ ein Quadrat mod d_*. $\square$

Das oben gestellte Problem, nämlich zu entscheiden, wann eine gegebene Quaternionenalgebra über $\mathbb{Q}$ zerfällt, kann durch den eben bewiesenen *Satz von Legendre* als grundsätzlich gelöst angesehen werden. Einen besonderen Glanz in die Sache bringt nun noch das *quadratische Reziprozitätsgesetz* (vgl. Band I, S. 138 ff), denn es erlaubt, auf sehr einfache und effektive Weise

zu entscheiden, ob die kongruenzen (95) in Satz 6 lösbar sind. – In jedem
Fall sind wir auf der Grundlage von Satz 6 in der Lage, eine unendliche
Serie paarweise nicht isomorpher Schiefkörper endlicher Dimension über $\mathbb{Q}$
als Zentrum anzugeben:

Beispiel: *Für jede Primzahl* $p \equiv 3$ *mod 4 ist*

(106)
$$Q(p) := \left(\frac{p, -1}{\mathbb{Q}} \right)$$

ein Schiefkörper vom Schurindex 2. Für Primzahlen $p \neq q$ *mit* $p, q \equiv$
3 mod 4 sind $Q(p)$ *und* $Q(q)$ *nicht-isomorph. (Mit einer kleinen Variation
der bekannten Methode von Euklid läßt sich leicht zeigen, daß es unendlich
viele Primzahlen* $p \equiv 3$ *mod 4 gibt, vgl. dazu auch 11.7d).*

Beweis: Zunächst sei p eine beliebige Primzahl. Die Quaternionenalgebra
(106) zerfällt genau dann, wenn $pX_1^2 - X_2^2 - X_3^2 = 0$ eine nicht-triviale
Lösung in $\mathbb{Z}$ besitzt (vgl. F4). Nach Satz 6 (angewandt auf $t = -1$, ein
Spezialfall, der sich übrigens viel leichter als der allgemeine Fall beweisen
läßt) ist dies genau dann der Fall, wenn die Kongruenz $X^2 \equiv -1$ mod p in
$\mathbb{Z}$ lösbar ist. Für keine Primzahl $p \equiv 3$ mod 4 ist das der Fall (vgl. Band I,
S. 135). Wäre $Q(p) \simeq Q(q)$ für Primzahlen $p \neq q$ mit $p \equiv 3$ mod 4, so folgte
nach F5 (f)

$$\left(\frac{pq, -1}{\mathbb{Q}} \right) \sim 1.$$

Nach F4 und Satz 6 wäre dann $X^2 \equiv -1$ mod pq lösbar in $\mathbb{Z}$, doch das
steht im Widerspruch zur Unlösbarkeit von $X^2 \equiv -1$ mod p. □

Bei der Suche nach weiteren Beispielen für Schiefkörper ist es naheliegend,
auch Tensorprodukte $Q_1 \otimes Q_2$ zweier Quaternionenalgebren Q_1 und Q_2 über
einem gegebenen Körper in den Kreis der Betrachtung zu ziehen. Aus Dimensionsgründen sind für den Schurindex s von $Q_1 \otimes Q_2$ nur die Werte
$s = 1, 2$ oder 4 denkbar. Entweder also ist $Q_1 \otimes Q_2$ ähnlich zu einer Quaternionenalgebra, oder $Q_1 \otimes Q_2$ ist ein Schiefkörper. Der zweite Fall kann dabei
höchstens dann eintreten, wenn Q_1 und Q_2 Schiefkörper sind. Die Frage lautet also: Wann ist das Tensorprodukt zweier Quaternionenschiefkörper ein
Schiefkörper? Für $K = \mathbb{Q}$ ist das niemals der Fall (eine Tatsache, die ohne
tiefere zahlentheoretische Hilfsmittel schwerlich zu beweisen ist, so daß wir
hier darauf nicht eingehen können), über anderen Körpern K hingegen kann
der erwähnte Fall durchaus eintreten. Explizite Beispiele hierfür anzugeben,
wird uns das folgende Kriterium ermöglichen:

F7: *Für zwei Quaternionenalgebren* $Q_1 = \left(\frac{a,b}{K}\right)$ *,* $Q_2 = \left(\frac{c,d}{K}\right)$ *über einem Körper* K *mit* char $(K) \neq 2$ *sind folgende Aussagen äquivalent:*

(i) $Q_1 \otimes Q_2$ *ist ein Schiefkörper.*

(ii) *Für jede quadratische Erweiterung* E/K *gilt* $Q_1 \otimes E \not\simeq Q_2 \otimes E$
      (über E*).*

(iii) *Die folgende quadratische Form ist anisotrop über* K:

$$(aX_1^2 + bX_2^2 - abX_3^2) - (cX_4^2 + dX_5^2 - cdX_6^2).$$

(iv) *Für beliebige maximale Teilkörper* L_1 *von* Q_1 *und* L_2 *von* Q_2 *gilt*
      $L_1 \not\simeq L_2$ *über* K.

(v)   *Für beliebige maximale Teilkörper* L_1 *von* Q_1 *und* L_2 *von* Q_2 *sind*
      $Q_2 \otimes L_1$ *und* $Q_1 \otimes L_2$ *Schiefkörper.*

Beweis: Für eine beliebige quadratische Erweiterung E/K gilt mit res $= \mathrm{res}_{E/K}$ in $Br(E)$ die Gleichung $\mathrm{res}[Q_1 \otimes Q_2] = \mathrm{res}[Q_1] \cdot \mathrm{res}[Q_2] = \mathrm{res}[Q_1] \cdot \mathrm{res}[Q_2]^{-1}$; also zerfällt $Q_1 \otimes Q_2$ über E genau dann, wenn $\mathrm{res}[Q_1] = \mathrm{res}[Q_2]$ gilt. Hieraus folgt die Äquivalenz von (i) und (ii).

Gelte (iv). Dann sind Q_1 und Q_2 notwendig Schiefkörper. Angenommen nämlich, es wäre $Q_1 \simeq M_2(K)$. Dann zerfällt Q_2 jedenfalls nicht (denn sonst wäre ja $Q_2 \simeq Q_1$, also (iv) sicherlich verletzt). Jeder maximale Teilkörper L_2 von Q_2 hat den Grad 2 über K, läßt sich also isomorph in $M_2(K) \simeq Q_1$ einbetten. Dies steht im Widerspruch zu (iv).

Gelte (iii). Dann sind insbesondere die 'Teilformen'

$$aX_1^2 + bX_2^2 - abX_3^2, \quad cX_4^2 + dX_5^2 - cdX_6^2.$$

anisotrop über K. Aus F4 (iii) folgt dann (nach Multiplikation mit ab bzw. cd) ebenfalls, daß Q_1 und Q_2 beide nicht zerfallen.

Die Äquivalenz von (iii) und (iv) ergibt sich jetzt sofort aus F6.

Gelte (v) nicht, und sei etwa $Q_2 \otimes L_1$ kein Schiefkörper. Dann zerfällt Q_2 über L_1, und daher ist L_1 zu einem maximalen Teilkörper von Q_2 isomorph (vgl. §29, Satz 19). Dies beweist (iv) $\Rightarrow$ (v). Die umgekehrte Implikation ist klar, ebenso wie (ii) $\Rightarrow$ (v).

Es bleibt somit die nicht auf der Hand liegende Implikation (v) $\Rightarrow$ (i) zu zeigen. Es ist also zu beweisen, daß unter der Voraussetzung (v) jedes $x \neq 0$ aus $Q_1 \otimes Q_2$ invertierbar ist. Wir denken uns Q_1 mit u, v wie in (78) gegeben. In der Algebra $Q_1 \otimes Q_2$ hat x eine eindeutige Zerlegung

$$x = y_1 + uy_2 \quad \text{mit } y_i \in L_1 \otimes Q_2$$

mit $L_1 = K[v]$. Ist $y_2 = 0$, so sind wir fertig, denn $L_1 \otimes Q_2$ ist nach Voraussetzung ein Schiefkörper. Sei also $y_2 \neq 0$. Nach Multiplikation mit y_2^{-1} können wir dann x in der Gestalt

$$x = y + u \quad \text{mit } y \in L_1 \otimes Q_2$$

annehmen. Anwendung des zu u gehörigen inneren Automorphismus notieren wir in der Exponentenschreibweise; damit gilt

$$(y + u)(y^u - u) = yy^u - u^2 = yy^u - a \in L_1 \otimes Q_2 \,.$$

Im Falle $yy^u - a \neq 0$ ist somit nichts mehr zu zeigen. Mit $y = z_1 + vz_2$, $z_i \in Q_2$ gelte also

$$0 = yy^u - a = z_1^2 + v(z_2 z_1 - z_1 z_2) - bz_2^2 - a \,,$$

d.h. $z_1^2 - bz_2^2 - a = 0$ und $z_2 z_1 - z_1 z_2 = 0$. Falls $z_2 \in K$, so liegt

$$(107) \qquad\qquad x = y + u = z_1 + vz_2 + u$$

in $Q_2 \otimes K[vz_2 + u]$, und dies ist ein Schiefkörper nach Voraussetzung, da $K[vz_2 + u]$ maximaler Teilkörper von Q_1 ist. Sei also $z_2 \notin K$. Wegen $z_1 z_2 = z_2 z_1$ ist dann notwendig $z_1 \in K[z_2]$. Dann liegt aber x nach (107) in $Q_1 \otimes K[z_2]$; da dies nach Voraussetzung ebenfalls ein Schiefkörper ist, sind wir fertig.

Beispiel: Über einem *reellen* Körper F als Grundkörper betrachten wir den rationalen Funktionenkörper

$$(108) \qquad\qquad K = F(X, Y)$$

in zwei Variablen. Mit F ist offenbar auch K *reell*. Über K betrachten wir nun die Quaternionenalgebren

$$(109) \qquad D_1 = \left(\frac{X, -1}{K}\right), \qquad D_2 = \left(\frac{-X, Y}{K}\right)$$

sowie ihr Tensorprodukt $A = D_1 \otimes D_2$ und behaupten:

(i) *A ist ein Schiefkörper (und damit auch D_1 und D_2). Man erhält mit A somit ein Beispiel einer zentraleinfachen K-Algebra mit $s(A) = 4$ und $e(A) = 2$, also insbesondere*

$$(110) \qquad\qquad s(A) \neq e(A) \,.$$

Schärfer als (i) gilt sogar

(ii) *Für jeden Erweiterungskörper der Gestalt $L = K(\sqrt{a^2 + b^2})$ mit $a, b \in K$ ist $A \otimes L$ ein Schiefkörper.*

Diese Verallgemeinerung von (i) ist deshalb von Bedeutung, weil man aus ihr die folgende Eigenschaft von A ableiten kann:

(iii) *A ist ein Beispiel für eine <u>nicht-zyklische</u> Divisionsalgebra vom Schurindex 4.*

In der Tat ergibt sich (iii) aus (ii) leicht mittels der nachstehenden, rein körpertheoretischen Feststellung.

(iv) *Ist K ein beliebiger Körper mit $\sqrt{-1} \notin K$, so hat eine zyklische Erweiterung E/K vom Grade 4 als quadratischen Zwischenkörper einen Körper der Gestalt $L = K(\sqrt{a^2 + b^2})$ mit $a, b \in K$.*

Der Beweis von (iv) ist eine reizvolle Aufgabe der Körpertheorie, vgl. Band I, Aufgabe 13.2.

Um nun die Behauptung (ii) zu beweisen, wenden wir F7 auf die Quaternionenalgebren

$$Q_1 := D_1 \otimes L = \left(\frac{X, -1}{L} \right), \qquad Q_2 := D_2 \otimes L = \left(\frac{-X, Y}{L} \right)$$

an. Nach F7 ist dann zu zeigen, daß die dort genannte quadratische Form β mit den Diagonalkoeffizienten

$$X, \; -1, \; X, \; X, \; -Y, \; -XY$$

über L anisotrop ist. Sei also $\beta(z) = 0$ für ein $z \in L^6$. Mit $d := a^2 + b^2$ hat z die Gestalt

$$z = x + y\sqrt{d}$$

mit $x = (x_1, \ldots, x_6)$ und $y = (y_1, \ldots, y_6)$ aus K^6. Bezeichnen wir auch die zu β gehörige symmetrische Bilinearform mit β, so gilt zunächst

$$0 = \beta(x + y\sqrt{d}) = \beta(x) + d\beta(y) + 2\beta(x, y)\sqrt{d}.$$

Im Falle $\sqrt{d} \notin K$ muß dann insbesondere

$$(111) \qquad\qquad \beta(x) + d\beta(y) = 0$$

gelten. Wir zeigen nun, daß (111) – bei beliebigem $d = a^2 + b^2$ – nur für $x = dy = 0$ erfüllbar ist. Dann ist auch der Fall $L = K$ mit erledigt, da man dann $d = 0$ annehmen darf. Aus Homogenitätsgründen können wir dabei x_i und y_i als Polynome, d.h. Elemente von $F[X, Y]$ voraussetzen. Gleiches gilt für a und b. Mit den Quadratsummen

$$(112) \qquad\qquad q_i = x_i^2 + a^2 y_i^2 + b^2 y_i^2 \quad \text{für } 1 \le i \le 6$$

von K lautet die Gleichung (111) wie folgt

$$X q_1 - q_2 + X q_3 + X q_4 - Y q_5 - X Y q_6 = 0,$$

was wir in der Gestalt

(113) $$X(q_1 + q_3 + q_4) = Y(q_5 + X q_6) + q_2$$

schreiben. Da F *reell* ist, hat das Polynom auf der linken Seite von (113) bzgl. Y geraden Grad (oder es verschwindet); die rechte Seite aber hat bzgl. Y ungeraden Grad, es sei denn, es gilt $q_5 + X q_6 = 0$, was wiederum (Gradvergleich bzgl. X) nur für $q_5 = q_6 = 0$ möglich ist. Notwendig ist also $q_5 = q_6 = 0$ und daher

$$X(q_1 + q_3 + q_4) = q_2.$$

Indem man hier erneut die Grade bzgl. X vergleicht (und berücksichtigt, daß auch K reell ist), erhält man $q_1 = q_3 = q_4 = q_2 = 0$. Insgesamt ist somit die Gleichung (113) nur erfüllbar, wenn alle $q_i = 0$ sind. Im Hinblick auf (112) bedeutet dies aber $x = 0$ und $dy = 0$.

Bemerkung: Für einen beliebigen Körper K mit $\text{char}(K) \neq 2$ gilt:

Jede zentraleinfache K-Algebra vom Exponenten 2 ist ähnlich zu einem Tensorprodukt von endlich vielen Quaternionenalgebren. Dieser überraschende Satz (der ein längere Zeit offenes Problem beantwortete) wurde 1981 von *Merkurjew* bewiesen. Darüber hinaus zeigte Merkurjew: Jede Relation zwischen Quaternionenalgebren in $Br(K)$ ist eine Folge der Grundrelationen aus F5. Den Beweis des *Satzes von Merkurjew* (sowie seine Verallgemeinerung auf Algebren vom Exponenten n durch *Merkurjew-Suslin*) können wir hier nicht darlegen; man vgl. etwa *I. Kersten*: Brauergruppen von Körpern, Vieweg 1990 (siehe auch *F. Lorenz*: K_2 of Fields and the Theorem of Merkurjev, Report Univ. of South Africa 1986).

Im Falle eines *algebraischen Zahlkörpers* K gilt zusätzlich: Das Tensorprodukt zweier Quaternionenalgebren über K ist stets ähnlich zu einer Quaternionenalgebra über K. Dies folgt mit F7, wenn man den am Ende von §22 zitierten *Satz von Meyer* heranzieht. Mit zahlentheoretischen Mitteln kann man auch gleich zeigen, daß im Zahlkörperfall jede zentraleinfache K-Algebra vom Exponenten 2 ähnlich zu einer Quaternionenalgebra ist (vgl. *F. Lorenz*, *Algebraische Zahlentheorie* und argumentiere mit 10.6 oder direkt mit 10.10).

§ 30*

Kohomologiegruppen

Die algebrentheoretischen Betrachtungen zu Beginn von §30 haben uns in natürlicher Weise auf *Faktorensysteme* geführt; dieser Begriff stellt sozusagen die Spitze eines Eisberges dar, den der *Kohomologietheorie* von Gruppen. Auf diese Theorie können wir hier zwar nicht systematisch eingehen, doch mit einigen ihrer naiven Anfangsgründe wollen wir uns jetzt dennoch befassen.

Im folgenden bezeichne G eine Gruppe. Ausgangspunkt ist der Begriff eines *G-Moduls*, d.h. einer abelschen Gruppe M, auf der G als Automorphismengruppe operiert. Mit Rücksicht auf die in unserem Zusammenhang relevanten Beispiele notieren wir dabei die Gruppenverknüpfung von M *multiplikativ*. Die G-Modulstruktur von M wird dann also durch eine Abbildung

$$(1) \qquad \begin{array}{ccc} G \times M & \longrightarrow & M \\ (\sigma, x) & \longmapsto & \sigma x =: x^{\sigma} \end{array}$$

mit folgenden Eigenschaften gegeben:

$$(2) \qquad x^1 = x, \quad x^{\sigma\tau} = (x^{\sigma})^{\tau}, \quad (xy)^{\sigma} = x^{\sigma}y^{\sigma}.$$

Ist M ein G-Modul, so heißt

$$(3) \qquad M^G = \{x \in M \mid x^{\sigma} = x \text{ für alle } \sigma \in G\}$$

der *Fixmodul* von M unter G; er besteht aus den unter G invarianten Elementen von M. Im Falle $M = M^G$ nennen wir M einen *trivialen G-Modul*.

Ist G eine *proendliche Gruppe* (d.h. ein projektiver Limes von endlichen Gruppen, vgl. Band I, S. 156), so verlangen wir noch, daß die Abbildung (1) *stetig* ist (wobei M mit der diskreten Topologie versehen sei). Wie man sofort erkennt, ist dies gleichbedeutend damit, daß

$$(4) \qquad M = \bigcup_H M^H$$

gilt, wobei H ein Basissystem offener Untergruppen von G durchläuft.

Beispiel: Ist L/K eine galoissche Körpererweiterung mit Galoisgruppe G, so ist die multiplikative Gruppe $M = L^\times$ des Körpers L in natürlicher Weise ein G-Modul. Die Bedingung (4) ist dabei aufgrund der Galoistheorie erfüllt (vgl. Band I, Satz 4 auf S. 159). Der Fixmodul von M unter G ist durch $L^{\times G} = K^\times$ gegeben.

Für G-Moduln M, N bezeichnen wir mit $\text{Hom}_G(M, N)$ die abelsche Gruppe aller G-*Homomorphismen* von M nach N, d.h. der Homomorphismen $f : M \longrightarrow N$ mit

(5) $f(x^\sigma) = f(x)^\sigma$ für alle $\sigma \in G$, $x \in M$.

Ist G eine *endliche Gruppe*, so kann man sich auf folgende Weise invariante Elemente verschaffen: Für beliebiges $x \in M$ setze

(6) $N_G(x) = \prod_\sigma x^\sigma$ (*Norm von x bzgl. G*).

Es gilt dann für jedes $\varrho \in G$

(7) $N_G(x^\varrho) = N_G(x)^\varrho = N_G(x)$,

also insbesondere $N_G x \in M^G$. Im allgemeinen sind aber nicht alle invarianten Elemente von M Normen; die Abweichung wird durch die Faktorgruppe

(8) $H^0(G, M) := M^G/N_G(M)$

gemessen; man nennt (8) die *nullte Kohomologiegruppe von G mit Koeffizienten in M*. Wegen

(9) $N_G x = x^n$ für $x \in M^G$, $n = G : 1$

erfüllen alle Elemente α von $H^0(G, M)$ die Gleichung $\alpha^n = 1$.

Wir zeigen jetzt, daß die Bildung (3) des Fixmoduls unausweichlich zu einem bestimmten Formalismus Anlaß gibt; auf ein eingehendes und systematisches Studium dieses Formalismus müssen wir hier freilich verzichten, es bildet den Inhalt der *Kohomologietheorie von Gruppen*. – Ausgangspunkt ist eine exakte Sequenz von G-Moduln

(10) $1 \longrightarrow X \overset{i}{\longrightarrow} Y \overset{p}{\longrightarrow} Z \longrightarrow 1$,

d.h. gegeben sind ein injektiver G-Homomorphismus $i : X \longrightarrow Y$ sowie ein surjektiver G-Homomorphismus $p : Y \longrightarrow Z$ mit $\text{Kern}\, p = \text{Bild}\, i$. Identifiziert man X mit seinem Bild unter i in Y, so vermittelt p einen G-Isomorphismus $Y/X \simeq Z$. *Wir fragen nun, ob mit (10) auch die zugehörige Folge der Fixmoduln exakt ist.* Fraglich ist dabei nur, ob p einen *Epimorphismus* $Y^G \longrightarrow Z^G$ vermittelt. Sei also $z \in Z^G$. Dann gilt zunächst

(11) $z = p(y)$ mit einem $y \in Y$.

Wegen $p(y^\sigma) = z^\sigma = z = p(y)$ gilt

$$(12) \qquad x_\sigma := y^\sigma y^{-1} \in X$$

für jedes $\sigma \in G$. Wie man sofort nachrechnet, hat man

$$(13) \qquad x_{\sigma\tau} = x_\sigma^\tau x_\tau \quad \text{für alle } \sigma, \tau \in G.$$

Wir halten fest: Jedes $z \in Z^G$ gibt nach der Wahl eines $y \in Y$ mit $p(y) = z$ Anlaß zu einer Abbildung $\sigma \longmapsto x_\sigma$ von G in X, welche der Funktionalgleichung (13) genügt. Was die Abhängigkeit von der Wahl von y betrifft, so gilt: Ist auch $p(y') = z$ und setzt man analog $x_\sigma' = y'^\sigma y'^{-1}$, so ist $y' = xy$ mit einem $x \in X$ und daher

$$(14) \qquad x_\sigma' = x^\sigma x_\sigma\, x^{-1} = x_\sigma(x^\sigma x^{-1}).$$

Definition 1: Eine Abbildung $\sigma \longmapsto x_\sigma$ von G in X mit (13) heißt ein *verschränkter Homomorphismus* (oder: *1-Cozykel*) von G in X. Für jedes $x \in X$ ist

$$(15) \qquad \sigma \longmapsto x^{\sigma-1} = x^\sigma x^{-1}$$

ein 1-Cozykel von G in X; ein solcher heißt *zerfallend* (oder: *1-Corand* von G in X). Die 1-Cozyklen von G in X bilden (unter Multiplikation der Funktionswerte in X) eine Gruppe $C^1(G, X)$, die 1-Coränder von G in X eine Untergruppe $B^1(G, X)$. Die Faktorgruppe

$$(16) \qquad H^1(G, X) := C^1(G, X)/B^1(G, X)$$

heißt die *erste Kohomologiegruppe von G mit Koeffizienten in X.*
Unsere Diskussion zusammenfassend, können wir also sagen, daß jedem $z \in Z^G$ auf wohlbestimmte Weise ein Element $\delta_1 z$ aus $H^1(G, X)$ zugeordnet wird. Die exakte Sequenz (10) von G-Moduln gibt damit Anlaß zu einem Homomorphismus

$$(17) \qquad \delta_1 : Z^G \longrightarrow H^1(G, X).$$

Man nennt δ_1 den von (10) vermittelten *Verbindungshomomorphismus.*
Offenbar verhält sich $H^1(G, X)$ funktoriell in X, d.h. ein G-Homomorphismus $f : X \longrightarrow Y$ vermittelt auf natürliche Weise einen Homomorphismus $f_1 : H^1(G, X) \longrightarrow H^1(G, Y)$. Wenn keine Mißverständnisse zu befürchten sind, bezeichnen wir diesen auch einfach mit f oder lassen den Bezug auf f überhaupt weg. – Die Antwort auf die eingangs gestellte Frage lautet nun wie folgt:

F1: *Eine exakte Sequenz (10) von G-Moduln gibt Anlaß zu folgender exakter Sequenz von abelschen Gruppen*

$$(18) \qquad 1 \longrightarrow X^G \longrightarrow Y^G \longrightarrow Z^G \xrightarrow{\delta_1} H^1(G,X) \longrightarrow H^1(G,Y) \longrightarrow H^1(G,Z).$$

Beweis: Die Exaktheit an der Stelle Z^G, d.h. die Gleichung $p(Y^G) =$ Kern δ_1 ergibt sich wie folgt: Ist $z = py$ mit einem $y \in Y^G$, so ist $x_\sigma = 1$ in (12), also $\delta_1 z = 1$. Ist umgekehrt $\delta_1 z = 1$ vorausgesetzt, so ist $x_\sigma = x^{\sigma-1}$ mit einem $x \in X$. Mit (12) folgt dann $y^{\sigma-1} = x^{\sigma-1}$, also $(yx^{-1})^{\sigma-1} = 1$ und somit $(yx^{-1})^\sigma = yx^{-1}$ für alle σ. Folglich liegt yx^{-1} in Y^G und daher $z = p(yx^{-1})$ in $p(Y^G)$. – Die Exaktheit an den anderen Stellen nachzuweisen, bleibe dem Leser überlassen. $\qquad\square$

Ausgehend von der exakten Sequenz (10) stellt sich nun die Frage, wann ein Element von $H^1(G,Z)$ im Bild der Abbildung $H^1(G,Y) \longrightarrow H^1(G,Z)$ liegt. Sei das gegebene Element von $H^1(G,Z)$ vertreten durch den 1-Cozykel z_σ. Wählt man dann $y_\sigma \in Y$ mit $p(y_\sigma) = z_\sigma$, so muß wegen $z_{\sigma\tau} = z_\sigma^\tau z_\tau$

$$(19) \qquad x_{\sigma,\tau} := y_\sigma^\tau y_\tau y_{\sigma\tau}^{-1} \in X$$

gelten. Man verifiziert nun sofort, daß für alle σ, τ, ϱ aus G

$$(20) \qquad x_{\sigma,\tau}^\varrho x_{\sigma\tau,\varrho} = x_{\sigma,\tau\varrho} x_{\tau,\varrho}$$

gilt. Wahl anderer Urbilder $y_\sigma' = y_\sigma x_\sigma$ der z_σ führt zu

$$(21) \qquad x_{\sigma,\tau}' = x_{\sigma,\tau}(x_\sigma^\tau x_\tau x_{\sigma\tau}^{-1}).$$

Geht man von z_σ zu einem äquivalenten 1-Cozykel über, so ändert dies (bei geeigneter Urbilderwahl) nichts an den $x_{\sigma,\tau}$.

Definition 2: Eine Abbildung $(\sigma,\tau) \longmapsto x_{\sigma,\tau}$ von $G \times G$ in X mit (20) heißt ein *Faktorensystem* (oder: *2-Cozykel*) von G in X. Für beliebige x_σ aus X ist

$$(22) \qquad (\sigma,\tau) \longmapsto x_\sigma^\tau x_\tau x_{\sigma\tau}^{-1}$$

ein Faktorensystem; ein solches heißt *zerfallend* (oder: *2-Corand*). Die 2-Cozyklen von G in X bilden eine Gruppe $C^2(G,X)$, welche die Menge $B^2(G,X)$ der 2-Coränder als Untergruppe enthält. Die Faktorgruppe

$$(23) \qquad H^2(G,X) := C^2(G,X)/B^2(G,X)$$

heißt die *zweite Kohomologiegruppe von G mit Koeffizienten in X*.

Man vergleiche mit Def. 1 in §30; wir werden hier also in allgemeinerem Rahmen auf den gleichen Begriff geführt wie bei den speziellen, ganz anders ausgerichteten algebrentheoretischen Betrachtungen in §30.

Was die hier verfolgte Frage betrifft, so ergibt die obige Diskussion einen wohlbestimmten *Verbindungshomomorphismus* $\delta_2 : H^1(G, Z) \to H^2(G, X)$. Ohne Schwierigkeiten überlegt man sich, daß damit die folgende Sequenz abelscher Gruppen exakt ist:

$$(24) \quad H^1(G, Y) \longrightarrow H^1(G, Z) \xrightarrow{\delta_2} H^2(G, X) \longrightarrow H^2(G, Y) \longrightarrow H^2(G, Z).$$

Man kann also die Sequenz (18) zu einer längeren exakten Sequenz ergänzen. Man wird erwarten, daß man das Spiel weitertreiben, also Kohomologiegruppen

$$H^n(G, X) = C^n(G, X)/B^n(G, X)$$

und Verbindungshomomorphismen $\delta_n : H^{n-1}(G, Z) \longrightarrow H^n(G, X)$ für *alle* $n \geq 1$ definieren kann, die ausgehend von einer kurzen exakten Sequenz (10) zu einer unendlich *langen exakten Sequenz der zugehörigen Kohomologiegruppen* führen, welche (18) fortsetzt. Dies ist tatsächlich der Fall, doch wollen wir hier darauf nicht genauer eingehen.

Ist die vorgelegte Gruppe G *endlich*, so ist es naheliegend, von den Fixmoduln M^G gleich zu den 0-ten Kohomologiegruppen $H^0(G, M) = M^G/N_G M$ überzugehen. Die exakte Sequenz (10) vermittelt dann – vgl. (18) – eine exakte Sequenz

$$H^0(G, X) \longrightarrow H^0(G, Y) \longrightarrow H^0(G, Z) \xrightarrow{\delta_1} H^1(G, X) \longrightarrow H^1(G, Y) \longrightarrow H^1(G, Z).$$

Man überzeugt sich nämlich sofort davon, daß die Abbildung δ_1 in (17) Normen von Z in 1-Coränder von X überführt; ferner ist obige Sequenz offenbar auch an der Stelle $H^0(G, Y)$ exakt. Es besteht dennoch ein wichtiger Unterschied zu (18), denn im Gegensatz zu $X^G \longrightarrow Y^G$ ist $H^0(G, X) \longrightarrow H^0(G, Y)$ im allgemeinen nicht injektiv. Untersuchen wir den Kern: Zu $x \in X^G$ gebe es also ein $y \in Y$ mit $x = N_G y$. Dann erfüllt $z := py$ offenbar $N_G z = 1$. Die Elemente im Kern von $H^0(G, X) \longrightarrow H^0(G, Y)$ hängen also mit den Elementen der Norm 1 in Z zusammen. Dies gibt Anlaß zu folgender

Definition 3: Für eine <u>endliche</u> Gruppe G und einen G-Modul M bezeichnen wir mit

$$(25) \qquad C^{-1}(G, M) = \{z \in M \mid N_G z = 1\}$$

die Elemente der Norm 1 in M und mit

$$(26) \qquad B^{-1}(G, M) = <z^{\sigma-1} \mid z \in M, \sigma \in G>$$

den von allen Elementen der Form $z^{\sigma-1} = z^\sigma z^{-1}$ erzeugten $\mathbb{Z}$-Teilmodul von $C^{-1}(G, M)$. Die Faktorgruppe

$$(27) \qquad H^{-1}(G, M) = C^{-1}(G, M)/B^{-1}(G, M)$$

heißt die $\underline{(-1)\text{-te Kohomologiegruppe von } G \text{ mit Koeffizienten in } M}$.

Wie man sich nun aufgrund der vorausgegangenen Definition leicht überlegt, gibt jede exakte Sequenz (10) für eine *endliche Gruppe G* Anlaß zu einem wohlbestimmten Verbindungshomomorphismus

$$\delta_0 : H^{-1}(G, Z) \longrightarrow H^0(G, X)$$

sowie der exakten Sequenz

$$H^{-1}(G,X) \longrightarrow H^{-1}(G,Y) \longrightarrow H^{-1}(G,Z) \xrightarrow{\delta_0} H^0(G,X) \longrightarrow H^0(G,Y) \longrightarrow \cdots$$

Zusammenfassend erhalten wir

F2: *Ist G eine endliche Gruppe, so liefert jede exakte Sequenz* (10) *von G-Moduln für i = −1, 0, 1 die exakte Sequenz*

$$H^i(G,X) \to H^i(G,Y) \to H^i(G,Z) \xrightarrow{\delta_{i+1}} H^{i+1}(G,X) \to H^{i+1}(G,Y) \to H^{i+1}(G,Z)$$

der zugehörigen Kohomologiegruppen, wobei für i = 1 auf die Endlichkeit von G verzichtet werden kann.

Bemerkung: Ist *G* eine *endliche Gruppe* und *M* ein *G*-Modul, so kann man für *alle* $i \in \mathbb{Z}$ Kohomologiegruppen $H^i(G, M)$ definieren und die Aussage von F2 ausnahmslos auf alle $i \in \mathbb{Z}$ ausdehnen (vgl. etwa *Serre*: Corps locaux, Kap. VII).

Im folgenden seien stets *U* eine *Untergruppe* und *N* ein *Normalteiler* von *G*. Einen *G*-Modul *X* kann man in natürlicher Weise auch als *U*-Modul auffassen. Ist *U* = *N* ein Normalteiler, so ist der Fixmodul

$$X^N \text{ in natürlicher Weise ein } G/N\text{-Modul.}$$

Für eine Funktion $x : (\sigma_1, \ldots, \sigma_n) \longmapsto x_{\sigma_1, \ldots, \sigma_n}$ von G^n in *X* bezeichne res(*x*) die Einschränkung von *x* auf U^n; für eine Funktion $x : (G/N)^n \longrightarrow X$ bezeichne inf(*x*) die durch $(\sigma_1, \ldots, \sigma_n) \longmapsto x_{\sigma_1 N, \ldots, \sigma_n N}$ definierte Funktion von G^n in *X*.

Es ist klar, daß die Homomorphismen res und inf *n*-Cozyklen in *n*-Cozyklen und *n*-Coränder in *n*-Coränder überführen (wie diese für $n \geq 3$ im einzelnen auch definiert sein mögen). Sie vermitteln daher Homomorphismen

(28)   res : $H^n(G, X) \longrightarrow H^n(U, X)$ 'Restriktion'

(29)   inf : $H^n(G/N, X^N) \longrightarrow H^n(G, X)$ 'Inflation'.

Auf den Fixmodul sei

(30)   res : $A^G \longrightarrow A^U$ bzw.   inf : $(A^N)^{G/N} \longrightarrow A^G$

die Inklusion von A^G in A^U bzw. die Identität von $(A^N)^{G/N} = A^G$. Im Fall einer *endlichen* Gruppe vermittelt res : $A^G \longrightarrow A^U$ einen Homomorphismus

(31) $$\mathrm{res} : H^0(G, X) \longrightarrow H^0(U, X),$$

während sich solches über inf nicht sagen läßt. Für $n = 1$ ist übrigens

(32) $$1 \longrightarrow H^1(G/N, X^N) \xrightarrow{\mathrm{inf}} H^1(G, X) \xrightarrow{\mathrm{res}} H^1(N, X)$$

exakt, wie man ohne Mühe nachrechnet. Für H^2 gilt entsprechendes nicht, doch wollen wir bemerken, daß folgendes richtig ist: Wird $H^1(N, X) = 1$ vorausgesetzt, so ist auch

(33) $$1 \longrightarrow H^2(G/N, X^N) \xrightarrow{\mathrm{inf}} H^2(G, X) \xrightarrow{\mathrm{res}} H^2(N, X)$$

exakt; man vgl. dies mit (47) in §30 sowie F4 weiter unten. – Von der Untergruppe U von G werde jetzt

(34) $$k := G : U < \infty$$

verlangt. Mit R bezeichnen wir ein Vertretersystem für die Nebenklassen σU von G mod U. Zu $\varrho \in R$ und $\sigma \in G$ gibt es dann genau ein ϱ_σ aus R mit $\sigma \varrho U = \varrho_\sigma U$, d.h. es ist

(35) $$\sigma \varrho = \varrho_\sigma \sigma_\varrho \quad \text{mit eindeutigen } \varrho_\sigma \in R, \ \sigma_\varrho \in U.$$

Für ein x aus X^U und eine Nebenklasse $\nu = U\sigma$ ist x^ν durch $x^\nu = x^\sigma$ wohldefiniert. Wir setzen dann

(36) $$\mathrm{cor}(x) := \prod_{\nu \in G/U} x^\nu = \prod_{\varrho \in R} x^{\varrho^{-1}}.$$

(Beachte: Mit $\varrho \in R$ durchläuft $U\varrho^{-1}$ die Menge G/U der Nebenklassen ν.) Offenbar liegt $\mathrm{cor}(x)$ in X^G. Der Homomorphismus

(37) $$\mathrm{cor} : X^U \longrightarrow X^G$$

heißt <u>*Corestriktion*</u>. Ist G *endlich* und $x = N_U y$ mit $y \in X$, so hat man offenbar $\mathrm{cor}(x) = N_G y$, also vermittelt (37) einen Homomorphismus

(38) $$\mathrm{cor} : H^0(U, X) \longrightarrow H^0(G, X).$$

Im Hinblick auf (36) ist für cor auch die Bezeichnung

(39) $$\mathrm{cor} = N_{G/U}$$

gebräuchlich.

Im übrigen gilt die oben schon benutzte Formel $N_{G/U} \circ N_U = N_G$. Für $x \in X^G$ ist $\mathrm{cor}(x) = x^{G:U} = x^k$, also gilt

$$(40) \qquad \mathrm{cor}(\mathrm{res}\, x) = x^{G:U} = x^k$$

für alle $x \in X^G$ und – im Falle einer endlichen Gruppe – daher auch für alle $x \in H^0(G, X)$. Da die höheren Kohomologiegruppen H^n in gewisser Weise durch Bildung der Fixmoduln vermittelt werden, wird man erwarten, daß natürliche Homomorphismen

$$(41) \qquad \mathrm{cor} : H^n(U, X) \longrightarrow H^n(G, X)$$

auch für $n \geq 1$ existieren und die Gleichung (40) für $x \in H^n(G, X)$ allgemein gilt. Dies ist tatsächlich der Fall und im übrigen von grundlegender Bedeutung. Den Beweis dafür zu erbringen, würde hier zu weit führen, doch wollen wir die Fälle $n = 1$ und $n = 2$ mittels expliziter Berechnung behandeln. Für einen 1-Cozykel $x = x(\sigma)$ von U in X definieren wir $\mathrm{cor}(x)$ durch

$$(42) \qquad \mathrm{cor}(x)(\sigma) = \prod_{\varrho} x(\sigma_{\varrho})^{\varrho^{-1}},$$

wobei ϱ das Vertretersystem R durchläuft und σ_{ϱ} durch die Gleichug (35) definiert ist. Für einen 2-Cozykel $x = x(\sigma, \tau)$ von U in X definieren wir $\mathrm{cor}(x)$ durch

$$(43) \qquad \mathrm{cor}(x)(\sigma, \tau) = \prod_{\varrho} x((\sigma\tau)_{\varrho}\tau_{\varrho}^{-1}, \tau_{\varrho})^{\varrho^{-1}}.$$

Analog zu (35) haben wir $\tau\varrho = \varrho_{\tau}\tau_{\varrho}$. Durch Multilikation mit σ erhält man $\sigma\tau\varrho = \sigma\varrho_{\tau}\tau_{\varrho} = (\varrho_{\tau})_{\sigma}\sigma_{\varrho_{\tau}}\tau_{\varrho}$, also gelten

$$(44) \qquad (\varrho_{\tau})_{\sigma} = \varrho_{\sigma\tau}, \quad (\sigma\tau)_{\varrho} = \sigma_{\varrho_{\tau}}\tau_{\varrho}, \quad \sigma_{\varrho\tau} = \varrho_{\sigma\tau}\,\sigma_{\varrho_{\tau}}.$$

Damit zeigt man ohne größere Mühe, daß (42) und (43) wirklich Cozyklen liefern und tatsächlich Homomorphismen $\mathrm{cor} : H^1(U, X) \longrightarrow H^1(G, X)$ und $\mathrm{cor} : H^2(U, X) \longrightarrow H^2(G, X)$ vermitteln. Man kann auch nachrechnen, daß diese Abbildungen von der Wahl des Vertretersystems R unabhängig sind.

F3: *Es sei X ein G-Modul, und U sei eine Untergruppe von endlichem Index in G. Dann gilt*

$$(45) \qquad \mathrm{cor}(\mathrm{res}\, x) = x^{G:U}$$

auf $H^1(G, X)$ und $H^2(G, X)$ ebenso wie auf X^G bzw. auf $H^0(G, X)$ für endliches G. – Insbesondere: Für eine endliche Gruppe G genügen die Elemente der Kohomologiegruppen $H^i(G, X)$ für $i = 0, 1, 2$ der Gleichung

$$(46) \qquad x^{G:1} = 1.$$

Beweis: Für $i = 1, 2$ sei $x \in C^i(G, X)$. Wir setzen

$$y = \text{cor}(\text{res } x).$$

1) Sei nun zuerst $x \in C^1(G, X)$. Zur Abkürzung setzen wir

$$a = \prod_\varrho x(\varrho^{-1}).$$

Nun gilt – vgl. dazu (35) – $x(\sigma_\varrho)^{\varrho^{-1}} x(\varrho^{-1}) = x(\sigma_\varrho \varrho^{-1}) = x(\varrho_\sigma^{-1}\sigma) = x(\varrho_\sigma^{-1})^\sigma x(\sigma)$. Bildet man das Produkt über alle ϱ, so folgt

$$y(\sigma) a = a^\sigma x(\sigma)^k, \quad \text{also } y(\sigma) = x(\sigma)^k a^{\sigma - 1}.$$

Bis auf einen Corand stimmt also y mit x^k überein.

2) Jetzt sei $x \in C^2(G, X)$. Zur Abkürzung setzen wir

$$a(\sigma) = \prod_\varrho x(\sigma_\varrho, \varrho^{-1}), \quad b(\sigma) = \prod_\varrho x(\varrho_\sigma^{-1}, \sigma).$$

Aufgrund von (20) gilt nun $x((\sigma\tau)_\varrho \tau_\varrho^{-1}, \tau_\varrho)^{\varrho^{-1}} x((\sigma\tau)_\varrho, \varrho^{-1}) = x((\sigma\tau)_\varrho \tau_\varrho^{-1}, \tau_\varrho \varrho^{-1}) x(\tau_\varrho, \varrho^{-1}) = x(\sigma_{\varrho\tau}, \varrho_\tau^{-1}\tau) x(\tau_\varrho, \varrho^{-1})$. Produktbildung über alle ϱ liefert

(47)
$$y(\sigma, \tau) a(\sigma\tau) = a(\tau) \prod_\varrho x(\sigma_{\varrho\tau}, \varrho_\tau^{-1}\tau).$$

Wieder nach (20) gilt $x(\sigma_{\varrho\tau}, \varrho_\tau^{-1}\tau) x(\varrho_\tau^{-1}, \tau) = x(\sigma_{\varrho\tau}, \varrho_\tau^{-1})^\tau x(\sigma_{\varrho\tau} \varrho_\tau^{-1}, \tau) = x(\sigma_{\varrho\tau}, \varrho_\tau^{-1})^\tau x(\varrho_{\sigma\tau}^{-1}\sigma, \tau)$. Produktbildung über alle ϱ ergibt dann mit (47)

(48)
$$y(\sigma, \tau) a(\sigma\tau) = a(\tau) a(\sigma)^\tau b(\tau)^{-1} \prod_\varrho x(\varrho_{\sigma\tau}^{-1}\sigma, \tau).$$

Erneute Anwendung von (20) liefert

$$x(\varrho_{\sigma\tau}^{-1}, \sigma)^\tau x(\varrho_{\sigma\tau}^{-1}\sigma, \tau) = x(\varrho_{\sigma\tau}^{-1}, \sigma\tau) x(\sigma, \tau).$$

Durch Produktbildung über ϱ ergibt sich daraus mit (48) unter Beachtung von (44) schließlich

$$y(\sigma, \tau) a(\sigma\tau) = a(\tau) a(\sigma)^\tau b(\tau)^{-1} b(\sigma\tau) x(\sigma, \tau)^k b(\sigma)^{-\tau}.$$

Tatsächlich unterscheiden sich daher y und x^k nur um Coränder.

Bemerkung: Ist G eine *endliche* Gruppe und U eine Untergruppe von G, so hat man zugehörige res und cor auf H^i für alle $i \in \mathbb{Z}$, und (45), (46) gelten allgemein (vgl. *Serre*: Corps locaux, Kap. VII). – Im übrigen sei darauf hingewiesen, daß sich aus der Formel (45) von F3 leicht eine neue Begründung von Satz 3 in §30 ergibt. □

Wir wollen erwähnen, daß die Bildung von $H^1(G,X)$ auch sinnvoll ist, wenn X eine beliebige (nicht notwendig abelsche) Gruppe ist, auf der G als Automorphismengruppe operiert: Man definiert 1-Cozyklen von G in X durch (13) und betrachte die durch (14) definierten Äquivalenzklassen. Allerdings ist $H^1(G,X)$ im allgemeinen keine Gruppe mehr. – Als Beispiel betrachten wir eine endliche galoissche Körpererweiterung L/K mit Gruppe G und lassen G in natürlicher Weise auf

$$X = GL(n,L)$$

operieren. Für $\sigma \in G$ bezeichne v_σ die von σ vermittelte Abbildung von L^n in L^n. Dann ist $v_\sigma \in \mathrm{End}_K(L^n)^\times$, und es gilt

$$v_\sigma^{-1} x v_\sigma = x^\sigma \quad \text{für } x \in GL(n,L)\,.$$

Sei nun $\sigma \longmapsto x_\sigma$ ein beliebiger 1-Cozykel von G in X. Wir betrachten dann die Elemente

$$u_\sigma := v_\sigma x_\sigma \quad \text{aus } \mathrm{End}_K(L^n)\,.$$

Für alle λ aus L gilt $\lambda u_\sigma = u_\sigma \lambda^\sigma$, und wegen $x_{\sigma\tau} = x_\sigma^\tau x_\tau$ hat man $u_\sigma u_\tau = u_{\sigma\tau}$. Also ist die von den u_σ und den λ aus L in $\mathrm{End}_K(L^n)$ erzeugte Teilalgebra Γ das verschränkte Produkt von L mit G zum Faktorensystem $c_{\sigma,\tau} = 1$. Entsprechend erzeugen die v_σ zusammen mit den λ aus L in $\mathrm{End}_K(L^n)$ eine Teilalgebra Γ', und diese ist isomorph zu Γ. Nach dem *Satz von Skolem-Noether* gibt es dann ein $a \in \mathrm{End}_K(L^n)^\times$ mit $a\lambda a^{-1} = \lambda$ und $av_\sigma a^{-1} = u_\sigma$. Es folgt $a \in GL(n,L)$ und $x_\sigma = a^\sigma a^{-1}$. Somit haben wir (vgl. Band I, 13.4):

F4 (**"Satz 90 von Hilbert"**): *Für jede endliche galoissche Erweiterung L/K mit Gruppe G gilt*

$$(49) \qquad\qquad H^1(G, GL(n,L)) = 1\,.$$

Insbesondere ist $H^1(G, L^\times) = 1$.

Bemerkung: Ist G eine *proendliche Gruppe*, so werde von den betrachteten G-Moduln M wie gesagt stets verlangt, daß sie die Stetigkeitsbedingung (4) erfüllen, und bei der Definition der $H^n(G,M)$ werden stillschweigend nur *stetige* Cozykel und Coränder zugrundegelegt. (Bei der Abbildung (15) ist die Stetigkeit übrigens automatisch erfüllt.) Die obigen Feststellungen F1, F2, F3 gelten dann entsprechend (wobei bei F2 zu beachten ist, daß die Fälle $i = -1$ und $i = 0$ nur für eine *endliche* Gruppe in Betracht kommen). Auch F4 bleibt für eine beliebige (unendliche) Galoiserweiterung L/K gültig, wie aus (32) direkt hervorgeht.

Für einen beliebigen Körper K bezeichen K_s den separablen Abschluß von K in einer algebraisch abgeschlossenen Hülle C von K. Die Galoisgruppe $G_K := G(K_s/K)$ als proendliche Gruppe aufgefaßt, liefern die Betrachtungen in §30 einen *kanonischen Isomorphismus* $f_K : Br(K) \longrightarrow H^2(G_K, K_s^\times)$, mit dem für jeden endlichen galoisschen Teil L/K von K_s/K das folgende Diagramm kommutativ ist:

(50)
$$
\begin{array}{ccc}
Br(L/K) & \longrightarrow & Br(K) \\
\downarrow{\scriptstyle f_{L/K}} & & \downarrow{\scriptstyle f_K} \\
H^2(G(L/K), L^\times) & \xrightarrow{\ \text{inf}\ } & H^2(G_K, K_s^\times)
\end{array}
$$

Definition 4: Für jede endliche *separable* Körpererweiterung E/K läßt sich die <u>*algebrentheoretische Corestriktion*</u> $\mathrm{cor}_{E/K} : Br(E) \longrightarrow Br(K)$ als derjenige Homomorphismus definieren, für den das folgende Diagramm kommutativ ist:

(51)
$$
\begin{array}{ccc}
Br(E) & \xrightarrow{\ \mathrm{cor}_{E/K}\ } & Br(K) \\
{\scriptstyle f_E}\downarrow{\scriptstyle \simeq} & & {\scriptstyle \simeq}\downarrow{\scriptstyle f_K} \\
H^2(G_E, E_s^\times) & \xrightarrow{\ \mathrm{cor}\ } & H^2(G_K, K_s^\times)
\end{array}
$$

wobei wir wegen der Separabilität von E/K gleich von $E_s = K_s$ ausgehen dürfen. – Ist E/K *rein inseparabel*, so kann man G_E mit G_K identifizieren. Ersetzen wir dann die untere horizontale Abbildung in (51) durch den Homomorphismus, den die durch Potenzierung mit $p^i = E : K$ definierte Abbildung $E_s^\times \longrightarrow K_s^\times$ vermittelt, so erhalten wir eine algebrentheoretische Corestriktion auch im rein inseparablen Fall. Für eine *beliebige endliche* Erweiterung E/K werde $\mathrm{cor}_{E/K}$ schließlich durch Komposition

(52)
$$
\mathrm{cor}_{E/K} = \mathrm{cor}_{F/K} \circ \mathrm{cor}_{E/F}
$$

definiert, wobei F den separablen Abschluß von K in E bezeichne. Wie man sofort bestätigt, gilt dann nach wie vor

(53)
$$
(\mathrm{cor}_{E/K} \circ \mathrm{res}_{E/K}(x) = x^{E:K}
$$

für alle $x \in Br(K)$. Außerdem kann man sich unschwer davon überzeugen, daß die Formel (52) für einen *beliebigen* Zwischenkörper F der endlichen Erweiterung E/K gültig ist.– In mancher Hinsicht nützlich ist

F5 ('Projektionsformel'): *Sei K'/K eine beliebige endliche Körpererweiterung. Für endliche* zyklische *Erweiterungen L/K und L'/K' mit $L' = LK'$ seien σ bzw. σ'* Erzeugende *von $G(L/K)$ bzw. $G(L'/K')$. Wird dann σ' so gewählt, daß*

$$(54) \qquad \sigma' = \sigma^r \quad auf \quad L \quad mit \quad r = K' \cap L : K$$

erfüllt ist, so gilt für jedes $b \neq 0$ aus K' die Formel

$$(55) \qquad \mathrm{cor}_{K'/K}[\,L',\sigma',b\,] = [\,L,\sigma,N_{K'/K}b\,].$$

Der Beweis von F5 läßt sich führen, indem man (für separables K'/K) die explizite Beschreibung (43) der kohomologischen Corestriktion heranzieht. Die in der Notation etwas mühselige Durchführung übergehen wir hier bzw. überlassen sie dem Leser als Aufgabe.

(Hinweis: Man betrachte zuerst den Fall $K' \subseteq L$ und beachte dazu die Formel (71) in §30. Der Fall K'/K rein inseparabel ist klar, und der Fall K'/K separabel mit $K' \cap L = K$ ist leicht.)

Bemerkung: Sei G eine Gruppe und U eine Untergruppe von endlichem Index in G. Definiert man mit den Bezeichnungen von (35) eine Abbildung Cor von G in die Faktorkommutatorgruppe $U^{ab} = U/U'$ von U durch

$$(56) \qquad \mathrm{Cor}(\sigma) = \prod_{\varrho} \sigma_{\varrho} \bmod U',$$

so bestätigt man mit (44) sofort, daß Cor nicht von der Wahl von R abhängt und ein *Homomorphismus* ist. Er heißt die *gruppentheoretische Corestriktion* (oder auch: *Verlagerung*) von G nach U. In der Gruppentheorie spielt dieser Begriff seit langem eine wichtige Rolle.

§ 31

Die Brauergruppe eines lokalen Körpers

1. In diesem Paragraphen soll dargestellt werden, wie man zu einer vollständigen Bestimmung der Brauerschen Gruppe eines lokalen Körpers K gelangen kann. Für $K \neq \mathbb{R}, \mathbb{C}$ erweist sich dabei $Br(K)$ als reichhaltig und doch überschaubar genug: $Br(K)$ ist zur Gruppe aller Einheitswurzeln (von $\mathbb{C}$) isomorph! Genauer kann man einen wohlbestimmten Isomorphismus inv_K von $Br(K)$ auf die Gruppe $\mathbb{Q}/\mathbb{Z}$ angeben, welcher jedem $[A]$ aus $Br(K)$ seine sogenannte *Hasse-Invariante* zuordnet. Wir zeigen ferner, daß sich die Hasse-Invariante bei Konstantenerweiterung denkbar einfach verhält, und lesen daraus ab: Ob ein Erweiterungskörper von K ein Zerfällungskörper von $[A]$ ist oder nicht, hängt allein von seinem Grad über K ab! Im folgenden sei stets

K ein lokaler Körper mit normierter Exponentenbewertung w_K,

d.h. K trage eine Exponentenbewertung w_K mit den Eigenschaften
(a) K ist komplett bzgl. w_K.
(b)   Für die Wertegruppe von K bzgl. w_K gilt $w_K(K^\times) = \mathbb{Z}$.
(c)   Der Restklassenkörper $\overline{K}$ von K bzgl. w_K ist endlich.

Zur Untersuchung von $Br(K)$ ist es zweckmäßig, den Begriff eines Absolutbetrages von Körpern auf Schiefkörper zu verallgemeinern. Dies ist in direkter Weise möglich. Da es hier nur auf nicht-archimedische Beträge ankommt, betrachten wir gleich *Exponentenbewertungen*. Wir vereinbaren also:

Definition: Unter einer *Exponentenbewertung eines Schiefkörpers D* verstehen wir eine Abbildung $v : D^\times \longrightarrow \mathbb{R}$ mit den Eigenschaften:
(i) $v(ab) = v(a) + v(b).$
(ii) $v(a + b) \geq \mathrm{Min}\,(v(a),\, v(b)).$

Bemerkungen: 1) Ein Homomorphismus $v : D^\times \longrightarrow \mathbb{R}$ ist genau dann eine Exponentenbewertung von D, wenn er die Eigenschaft

(ii′) $v(x + 1) \geq \text{Min}(v(x), 0)$

besitzt.

2) Sei v eine Exponentenbewertung von D. Setzt man dann noch $v(0) = \infty$, so gelten (i) und (ii) sinngemäß für alle a, b aus D.

Für jede reelle Konstante $0 < c < 1$ erhalten wir dann mit

(1) $$|x| = c^{v(x)}$$

einen *nicht-archimedischen Betrag* auf D, d.h. es gilt:

$$
\begin{aligned}
|x| = 0 &\iff x = 0, \\
|xy| &= |x|\,|y|, \\
|x + y| &\leq \text{Max}(|x|, |y|).
\end{aligned}
$$

Genau wie im Falle eines Körpers wird damit D zu einem metrischen Raum, und man kann dann von Konvergenz, Cauchyfolgen etc. sprechen, alles bezüglich v (denn auf die Wahl der Konstanten c in (1) kommt es dabei nicht an). □

Indem wir uns auf den Satz 4 aus §23 über eindeutige Fortsetzbarkeit kompletter Beträge stützen, erhalten wir jetzt ohne Mühe

F1: *Sei D ein Schiefkörper mit Zentrum K und $D : K < \infty$. Dann läßt sich w_K eindeutig zu einer Exponentenbewertung v von D fortsetzen. D ist komplett bzgl. v. Mit $N = N_{D/K}$ und $D : K = n^2$ gilt:*

(2) $$v(x) = \frac{1}{n^2} w_K(Nx).$$

Beweis: Wir definieren v durch (2) und zeigen, daß v die Eigenschaften (i) und (ii′) einer Exponentenbewertung hat. Für (i) ist das klar, denn N ist multiplikativ. – Sei L ein maximaler Teilkörper von D. Für $z \in L$ gilt $Nz = N_{D/K}z = (N_{L/K}z)^{D:L}$; wegen $D : L = n$ ergibt sich daraus

(3) $$v(z) = \frac{1}{n} w_K(N_{L/K}z),$$

d.h. auf L stimmt die durch (2) definierte Abbildung v mit der eindeutigen Fortsetzung von w_K zu einer Exponentenbewertung von L überein. Da nun aber ein beliebiges Element x von D in einem geeigneten maximalen Teilkörper L liegt, gilt (ii′), denn auf L vermittelt v ja wie gesagt eine Exponentenbewertung; außerdem ist auch die behauptete Eindeutigkeit von v klar. Schließlich ist D *komplett* bzgl. v, denn D ist endlich-dimensional über K (vgl. §23, F10).

Bemerkung: Wie aus dem Beweis von F1 ersichtlich, gilt F1 allgemeiner für *jede komplette Exponentenbewertung* w_K eines beliebigen Körpers K. – Auch bei dem folgenden Satz wird von den zu Anfang genannten Voraussetzungen (a), (b) und (c) für w_K noch nicht voller Gebrauch gemacht: Statt (c) genügt es zu fordern, daß $\overline{K}$ *vollkommen* ist.

SATZ 1: *Sei* $[D] \in Br(K)$ *mit einem Schiefkörper* D. *Unter den maximalen Teilkörpern* L *von* D *gibt es solche, für die* L/K *unverzweigt ist. Jede zentraleinfache* K-*Algebra* A *besitzt also über* K *unverzweigte Zerfällungskörper* L *vom Grade* $L : K = s(A)$.

Beweis: Wir gehen zunächst ganz entsprechend vor wie bei F21 in §29 für 'separabel' statt 'unverzweigt': Unter den Teilkörpern von D, die K enthalten und unverzweigt über K sind, sei L ein maximaler. Es genügt dann zu zeigen, daß L mit seinem Zentralisator C in D übereinstimmt. Nun ist C ebenfalls ein Schiefkörper, und L ist das Zentrum von C. Aufgrund der Wahl von L ergibt sich dann $C = L$ aus dem folgenden

Lemma 1: *Sei* $[D] \in Br(K)$ *mit einem Schiefkörper* D. *Gibt es dann keinen Teilkörper* $F \supsetneqq K$ *von* D, *so daß* F/K *unverzweigt ist, so gilt* $D = K$.

Beweis: Sei x ein beliebiges Element von D mit $v(x) \geq 0$. Wir betrachten dann den Teilkörper $E = K[x]$ von D. Wäre $\overline{E} \neq \overline{K}$, so gäbe es nach §24, Satz 3 (iv) einen Zwischenkörper F von E/K, so daß F/K unverzweigt vom Grade $\overline{E} : \overline{K} \neq 1$ wäre. (Beachte, daß $\overline{E}/\overline{K}$ separabel ist, denn $\overline{K}$ ist vollkommen.) Aus der Voraussetzung folgt also notwendig

$$(4) \qquad\qquad \overline{E} = \overline{K}.$$

Sei jetzt Π ein Primelement von D, d.h. $v(\Pi) > 0$ sei unter allen *positiven* Elementen von $v(D^{\wedge})$ das kleinste. Wegen (4) gibt es zu dem gegebenen Element x ein $a \in K$ mit $v(x - a) > 0$. Also besitzt x die Darstellung

$$x = a + x_1\Pi \quad \text{mit } v(x_1) \geq 0.$$

Wenden wir nun das gleiche auf x_1 statt x an, so erhalten wir $x_1 = a_1 + x_2\Pi$ mit $v(x_2) \geq 0$, und zusammengenommen somit

$$x = a + a_1\Pi + x_2\Pi^2.$$

Induktiv bekommen wir so eine Folge $(a_n)_n$ von Elementen aus dem Bewertungsring von K, so daß

$$(5) \qquad x = a_0 + a_1\Pi + a_2\Pi^2 + \ldots + a_{n-1}\Pi^{n-1} + x_n\Pi^n$$

mit einem $x_n \in D$, für welches $v(x_n) \geq 0$. Alle Glieder der Teilsummenfolge

$$(6) \qquad \left(\sum_{i=0}^{n} a_i \Pi^i \right)_n$$

liegen in dem Teilkörper $K[\Pi]$ von D. Dieser aber ist *komplett* bzgl. v, und daher konvergiert die Folge (6) gegen ein Element aus $K[\Pi]$; wegen (5) kann es sich dabei nur um das Element x handeln. Folglich ist x ein Element von $K[\Pi]$. Fazit: Jedes x aus D mit $v(x) \geq 0$ liegt in dem Teilkörper $K[\Pi]$. Dann ist aber überhaupt *jedes* y aus D in $K[\Pi]$ enthalten, denn für geeignetes i ist $v(y\Pi^i) \geq 0$. Somit ist $D = K[\Pi]$ kommutativ und daher $D = K$.

Als unmittelbare Folgerung von Satz 1 können wir insbesondere festhalten:

F2: *Es gilt*

$$(7) \qquad Br(K) = \bigcup_{L/K \; unverzweigt} Br(L/K),$$

d.h. die Brauersche Gruppe von K ist Vereinigung der zu den (endlichen) unverzweigten Erweiterungen L/K gehörigen Untergruppen $Br(L/K)$; hierbei seien die L wie gewohnt als Teilkörper eines festen algebraischen Abschlusses von K vorausgesetzt.

Da unverzweigte Erweiterungen lokaler Körper insbesondere *zyklisch* sind (§24, Satz 4(iii)), so besitzt jedes $[A] \in Br(K)$ nach Satz 1 insbesondere Zerfällungskörper L, für die L/K zyklisch vom Grade $L : K = s(A)$ ist. Noch schärfer gilt

F3: *Jede zentraleinfache Algebra A über einem (nicht-archimedischen) lokalen Körper K ist zyklisch.*

Beweis: Mit $A : K = n^2$, $s = s(A)$ und $r = l(A)$ gilt die Relation

$$(8) \qquad n = rs$$

(vgl. (36) in §29). Für jede natürliche Zahl m sei K_m der über K unverzweigte Erweiterungskörper vom Grade m (in einem festen algebraischen Abschluß von K, vgl. §24, Satz 4). Aufgrund von Satz 1 ist K_s ein Zerfällungskörper von A. Wegen (8) ist nun aber K_s ein Teilkörper von K_n; also ist auch

$$L := K_n$$

ein Zerfällungskörper von A. Somit ist A zu einem zyklischen verschränkten Produkt Γ mit maximalem Teilkörper L ähnlich (vgl. §30, Satz 4). Aus Dimensionsgründen ist dann aber A sogar isomorph zu Γ, also ist A selbst eine zyklische Algebra.

2. Die Betrachtung von Exponentenbewertungen für Schiefkörper hat uns im vorherigen Abschnitt nur dazu gedient, auf möglichst direktem Wege zu dem fundamentalen Satz 1 zu gelangen. Wir wollen hier nun ein paar ergänzende Bemerkungen anfügen, die wir auf unserem weiteren Wege zwar nicht benötigen werden, die aber für sich genommen von Interesse sind.

Voraussetzungen und Bezeichnungen: Zugrundegelegt werde ein Körper K, zusammen mit einer *kompletten* und *diskreten Exponentenbewertung* w_K; dabei sei gleich $w_K(K^\times) = \mathbb{Z}$ angenommen. Ferner sei D ein Schiefkörper mit Zentrum K und von endlicher Dimension

$$(9) \qquad\qquad D : K = n^2$$

über K. Mit v bezeichnen wir die eindeutige Fortsetzung von w_K zu einer Exponentenbewertung von D (vgl. Bem. zu F1). Sei $A = \{x \in D \mid v(x) \geq 0\}$ der *Bewertungsring* von v, und Π bezeichne ein *Primelement* von v. Dann ist offenbar

$$(10) \qquad\qquad \overline{D} := A/\Pi A$$

ein *Schiefkörper*, und außerdem ist $\overline{D}$ eine Algebra über $\overline{K} = R/\pi$, dem Restklassenkörper von K. Wir werden gleich sehen (vgl. Lemma 2), daß

$$(11) \qquad\qquad f = \overline{D} : \overline{K}$$

endlich ist, so daß wir mit

$$(12) \qquad\qquad f_0^2 = \overline{D} : Z(\overline{D}), \quad c = Z(\overline{D}) : \overline{K}$$

die Beziehung

$$(13) \qquad\qquad f = f_0^2 c$$

erhalten. Mit $e = v(D^\times) : v(K^\times)$ bezeichnen wir den *Verzweigungsindex* von v bzgl. w_K.

Lemma 2: *In der obigen Situation ist A als R-Modul endlich erzeugt.*

Beweis: Es gibt eine K-Basis $\alpha_1, \ldots, \alpha_m$ von D, welche nur aus Elementen von A besteht. Jedes x aus A hat eine eindeutige Darstellung

$$x = x_1\alpha_1 + \ldots + x_m\alpha_m \quad \text{mit } x_i \in K \,.$$

Multiplizieren wir von rechts mit α_j und wenden die reduzierte Spur $S = S_{D/K}^0$ an (vgl. §29, Def. 11), so erhalten wir die Gleichungen

$$S(x\alpha_j) = \sum_{i=1}^{m} x_i S(\alpha_i\alpha_j) \quad \text{für } 1 \leq j \leq m \,.$$

Für jedes $y \in A$ ist nun $S(y) \in R$ (vgl. etwa (98) in §29). Da S nicht-ausgeartet ist (§29, F26), ist $\delta := \det(S(\alpha_i \alpha_j)_{i,j}) \neq 0$, und wir können die *Cramersche Regel* anwenden. Danach liegen alle x_i in $\delta^{-1}R$. Somit ist

$$(14) \qquad A \subseteq \delta^{-1}(R\alpha_1 + \ldots + R\alpha_m)$$

Teilmodul eines endlich erzeugten R-Moduls und ist daher selbst endlich erzeugt. – Da es sich bei dem R-Modul auf der rechten Seite von (14) um einen freien R-Modul handelt, kann man schließen, daß A ebenfalls ein freier R-Modul ist. Aus Dimensionsgründen besitzt A eine R-Basis aus $m = n^2$ Elementen.

F4: *In der obigen Situation gilt: Ist $\alpha_1, \ldots, \alpha_f$ ein Vertretersystem einer $\overline{K}$-Basis von $\overline{D}$, so bilden die Elemente*

$$(15) \qquad \alpha_i \Pi^j \quad mit \; 1 \leq i \leq f, \; 0 \leq j < e$$

eine R-Basis von A (und damit auch eine K-Basis von D). Insbesondere gilt

$$(16) \qquad n^2 = ef \, .$$

Beweis: Es sei N der von den Elementen (15) erzeugte R-Teilmodul von A. Man überlegt sich leicht, daß dann

$$A = N + \pi A$$

gilt. Nun ist der R-Modul A nach Lemma 2 endlich erzeugt, also kann man das *Lemma von Nakayama* (§28, F32) anwenden und erhält mit $\mathfrak{R}(R) = \pi R$ sofort $A = N$. Somit ist (15) jedenfalls ein Erzeugendensystem des R-Moduls A. Ganz entsprechend wie bei F1 in §24 zeigt man jetzt, daß für die Elemente in (15) eine Relation

$$\sum_{i,j} a_{ij} \alpha_i \Pi^i = \sum_j \left(\sum_i a_{ij} \alpha_i \right) \Pi^j = 0$$

mit $a_{ij} \in R$ nur für $a_{ij} = 0$ bestehen kann.

Lemma 3: *In der obigen Situation gilt*

$$(17) \qquad n = f_0 c \, ,$$

falls $\overline{K}$ noch als vollkommen vorausgesetzt wird.

Beweis: Wir betrachten maximale Teilkörper Λ des Schiefkörpers $\overline{D}$. Jedes solche Λ muß das Zentrum $Z(\overline{D})$ von $\overline{D}$ enthalten und besitzt daher (nach §29, Satz 16) über $\overline{K}$ die Dimension

(18)
$$\Lambda : \overline{K} = f_0 c,$$

vgl. (12). Da $\overline{K}$ vollkommen ist, hat Λ die Gestalt $\Lambda = \overline{K}[\overline{x}]$ mit $x \in A$. Für den Teilkörper $K[x]$ von D gilt dann

$$\overline{K}[\overline{x}] : \overline{K} \le \overline{K[x]} : \overline{K} \le K[x] : K \le n,$$

also erhalten wir aus (18) schon einmal $f_0 c \le n$. Nun enthält D aber nach Satz 1 (mit Vorbemerkung) einen maximalen Teilkörper L, der über K unverzweigt ist. Es gilt dann $n = L : K = \overline{L} : \overline{K} \le f_0 c$, denn $\overline{L}$ ist in einem geeigneten Λ enthalten.

F5: *In der obigen Situation gilt*

(19)
$$n = e f_0,$$

falls $\overline{K}$ noch als vollkommen vorausgesetzt wird.

Beweis: Ausgangspunkt ist die Formel $n^2 = ef$ in F4. Teilt man durch $n = f_0 c$ (vgl. Lemma 3), so erhält man wegen $f = f_0^2 c$ – vgl. (13) – die Behauptung (19).

F6: *Im Falle eines (nicht-archimedischen) lokalen Körpers gilt mit den obigen Bezeichnungen*

(20)
$$e = f = n.$$

Beweis: Wir haben die zusätzliche Voraussetzung, daß $\overline{K}$ ein endlicher Körper ist. Nach dem *Satz von Wedderburn* (§29, Satz 21) ist dann $\overline{D}$ kommutativ, d.h. in (12) ist $f_0 = 1$ bzw. $c = f$. Die Gleichungen (19) und (17) gehen damit in die Behauptung $n = e = f$ über.

3. Mit dem Satz 1 bzw. seinem Korollar (7) ist der erste Schritt zur Bestimmung der Brauerschen Gruppe eines lokalen Körpers K schon getan. Es bleibt die Berechnung von $Br(L/K)$ für *unverzweigtes L/K*. Jedes unverzweigte L/K ist *zyklisch* (§24, Satz 4), also gilt nach §30, Satz 4

(21)
$$Br(L/K) \simeq K^\times / N_{L/K}(L^\times),$$

und unsere Aufgabe läuft auf die Bestimmung der Normenrestklassengruppe einer unverzweigten Erweiterung L/K hinaus.

Sei π ein *Primelement* von K. Die multiplikative Gruppe $K^\times$ ist dann das direkte Produkt

(22)
$$K^\times = <\pi> \times U_K$$

der von π erzeugten unendlichen zyklischen Gruppe $<\pi> = \pi^{\mathbb{Z}}$ und der Gruppe U_K der *Einheiten* von K. Denn jedes $a \in K^\times$ hat die eindeutige Darstellung $a = \pi^i x$ mit $i \in \mathbb{Z}$ und $x \in U_K$ (d.h. $w_K(x) = 0$); dabei ist $i = w_K(a)$. Da wir L/K als *unverzweigt* vorausgesetzt haben, ist π auch Primelement von L. Analog zu (22) hat man dann

$$(23) \qquad\qquad L^\times = <\pi> \times U_L$$

mit U_L als der Einheitengruppe von L. Mit der Normabbildung $N = N_{L/K}$ von L/K gilt dann

$$(24) \qquad NL^\times = <\pi^n> \times NU_L \quad \text{mit} \quad n = L : K.$$

Das Produkt in (24) ist wirklich *direkt*, da $NU_L \subseteq U_K$ gilt. Für die Normenrestklassengruppe in (21) erhalten wir damit aus (22) und (24)

$$(25) \qquad K^\times / NL^\times \simeq <\pi> / <\pi^n> \times U_K / NU_L.$$

Der erste Faktor auf der rechten Seite von (25) ist eine zyklische Gruppe der Ordnung n. Was den zweiten Faktor betrifft, so gilt nun (im unverzweigten Fall!) der ebenso einfache wie fundamentale Sachverhalt:

SATZ 2: *Für eine* unverzweigte *Erweiterung L/K lokaler Körper ist jede Einheit eine Norm, d.h.*
$$(26) \qquad\qquad U_K = NU_L.$$

Ehe wir diese arithmetische Grundtatsache beweisen, wollen wir festhalten, daß wir sie im Hinblick auf die vorangegangene Beziehung (25) auch wie folgt aussprechen können:

SATZ 2': *Für eine unverzweigte Erweiterung L/K lokaler Körper ist die Normenrestklassengruppe $K^\times / NL^\times$ zyklisch von der Ordnung $n = L : K$; bezeichnet π ein Primelement von K, so wird sie von $\pi NL^\times$ erzeugt.*

Beweis von Satz 2: Die Galoisgruppe $G = G(L/K)$ ist unter der Abbildung $\sigma \longmapsto \overline{\sigma}$ zur Galoisgruppe $G(\overline{L}/\overline{K})$ der Restklassenkörpererweiterung $\overline{L}/\overline{K}$ isomorph, wobei $\overline{\sigma}$ durch

$$(27) \qquad \overline{\sigma}(\overline{y}) = \overline{\sigma(y)} \quad \text{für alle } y \in L \text{ mit } w_L(y) \geq 0$$

definiert ist (vgl. §24, Satz 3(v)). Für die Normen $N = N_{L/K}$ und $\overline{N} = N_{\overline{L}/\overline{K}}$ bzw. die Spuren $S = S_{L/K}$ und $\overline{S} = S_{\overline{L}/\overline{K}}$ gelten dann entsprechend

$$(28) \qquad\qquad \overline{N}(\overline{y}) = \overline{N(y)}, \quad \overline{S}(\overline{y}) = \overline{S(y)}.$$

Für eine Erweiterung endlicher Körper ist die Norm stets surjektiv (vgl. (74) in §30); die Spur ist bekanntlich für eine beliebige endlich separable Erweiterung surjektiv (vgl. Band I, S. 169, F6). Also können wir festhalten:

(29) $\overline{N}$ und $\overline{S}$ sind *surjektiv.*

Indem wir (29) und (28) zunächst nur für die Norm benutzen, erhalten wir: Zu jedem $x \in U_K$ gibt es ein $y \in U_L$ mit

(30) $x \equiv Ny \bmod \pi$.

Hierbei sei π ein Primelement von K (und damit auch von L). Ausgehend von (30) wollen wir jetzt ein gegebenes x aus U_K immer genauer durch Normen approximieren. Um dies durchzuführen, benötigen wir, daß für alle y aus dem Bewertungsring R_L von L – und jedes $n \in \mathbb{N}$ – die Kongruenz

(31) $N(1 + \pi^n y) \equiv 1 + S(\pi^n y) \bmod \pi^{n+1}$

besteht. In der Tat ist $N(1 + \pi^n y) = \prod_{\sigma \in G}(1 + \pi^n y)^\sigma = \prod_{\sigma \in G}(1 + \pi^n y^\sigma) \equiv 1 + \sum_{\sigma \in G} \pi^n y^\sigma \bmod \pi^{2n}$, so daß wegen $S(\pi^n y) = \pi^n S(y)$ die Kongruenz (31) sogar $\bmod \pi^{2n}$ erfüllt ist.

Zu gegebenem $x \in U_K$ konstruieren wir jetzt induktiv eine Folge $(y_n)_n$ von Elementen aus U_L, so daß

(32) $x \equiv N(y_n) \bmod \pi^n$, $y_n \equiv y_{n-1} \bmod \pi^{n-1}$

gelten. Der Induktionsanfang ist mit (30) schon gemacht. Gelte also (32) für $n \geq 1$. Da es sich nur um Einheiten handelt, ist $x/Ny_n \equiv 1 \bmod \pi^n$, es gibt also ein z aus dem Bewertungsring R_K von K mit

(33) $x = N(y_n)(1 + \pi^n z)$.

Indem man jetzt (29) und (28) auf die Spur anwendet, findet man ein $y \in R_L$ mit $z \equiv S(y) \bmod \pi$. Unter Benutzung von (31) ist dann

$$1 + \pi^n z \equiv 1 + \pi^n S(y) \equiv N(1 + \pi^n y) \bmod \pi^{n+1},$$

so daß sich aus (33)

$$x \equiv N(y_n) \, N(1 + \pi^n y) \bmod \pi^{n+1}$$

ergibt. Wegen $N(y_n) \, N(1 + \pi^n y) = N(y_n(1 + \pi^n y))$ gilt dann (32) mit $y_{n+1} := y_n(1 + \pi^n y) \equiv y_n \bmod \pi^n$ auch für $n + 1$ statt n.

Jetzt ist die Behauptung klar: Wegen der zweiten Bedingung in (32) ist die Folge $(y_n)_n$ konvergent in L; ihr Limes y gehört zu U_L, denn U_L ist abgeschlossen in L. Aus der ersten Bedingung in (32) ergibt sich durch Grenzübergang dann $x = N(y)$, denn N ist stetig. (Die Stetigkeit von N folgt zum Beispiel aus (56) in §23 oder auch aus F1 in §27.)

Bemerkung: Es sei betont, daß für eine *unverzweigte* Erweiterung L/K lokaler Körper die zyklische Gruppe $K^\times/NL^\times$ mit $\pi NL^\times$ ein <u>kanonisches</u> erzeugendes Element besitzt (vgl. Satz 2'). Zwar ist die Wahl eines Primelementes π von K mit Willkür behaftet; ist aber $\tilde{\pi}$ ein weiteres Primelement von K, so gilt $\pi NL^\times = \tilde{\pi}NL^\times$, denn $\tilde{\pi}$ unterscheidet sich von π um eine Einheit aus K als Faktor, und jede Einheit ist eine Norm (Satz 2).   □

Dem Satz 2' können wir nun aufgrund von §30, Satz 4 folgende algebrentheoretische Fassung geben:

SATZ 3: *Es liege die Situation von Satz 2' vor, und es sei*

$$\varphi_{L/K} \text{ der Frobeniusautomorphismus von } L/K,$$

vgl. §24, Satz 4(iii). Dann wird jedes $\alpha \in Br(L/K)$ repräsentiert durch eine zyklische Algebra der Gestalt

$$(34) \qquad\qquad (L, \varphi_{L/K}, \pi^k),$$

und dabei ist k modulo $n = L:K$ eindeutig bestimmt.

Aus Satz 2 gewinnen wir jetzt noch ein Resultat, das bei der Bestimmung der Brauerschen Gruppe eines lokalen Körpers zwar keine Rolle spielt, aber in anderer Hinsicht bedeutsam ist.

F7: *Ist K ein nicht-archimedischer lokaler Körper, so ist für jede zentraleinfache K-Algebra A die reduzierte Norm $N^0 = N^0_{A/K}$ surjektiv.*

Beweis: Im Hinblick auf (83) in §29 genügt es, den Fall eines Schiefkörpers $A = D$ zu betrachten. Nach Satz 1 besitzt D einen maximalen Teilkörper L, der unverzweigt über K ist. Da N^0 auf L mit $N_{L/K}$ übereinstimmt (vgl. (98) in §29), sind nach Satz 2 alle Einheiten von K im Bild von N^0 enthalten. Es bleibt daher zu zeigen, daß das Bild von N^0 ein Primelement von K enthält. Sei hierzu Π ein Primelement von D. Wir betrachten dann den Teilkörper $K(\Pi)$ von D. Für den Verzweigungsindex e von D/K gilt dann $e \leq K(\Pi) : K \leq e$, also $K(\Pi) : K = e$. Nun ist aber $e = n = \sqrt{D:K}$ (vgl. F6), also ist $L := K(\Pi)$ ein maximaler Teilkörper von D. Daher ist $N^0(\Pi) = N_{L/K}(\Pi)$. Doch $N_{L/K}(\Pi)$ ist wegen $w_K(N_{L/K}(\Pi)) = nv(\Pi) = 1$ ein Primelement von K.

4. Aufgrund von F2 und Satz 3 kann man die Brauersche Gruppe eines lokalen Körpers K im Prinzip als bekannt ansehen. Durch sorgfältige Formulierung und geeignete Begriffsbildung läßt sich das Ergebnis in angemessener, sehr befriedigender Weise zusammenfassen. Hierfür ist es von Bedeutung, daß eine jede unverzweigte Erweiterung L/K nicht nur zyklisch ist, sondern mit dem *Frobeniusautomorphismus* $\varphi_{L/K}$ einen _kanonischen_ Erzeuger ihrer Galoisgruppe $G(L/K)$ besitzt.

Im Hinblick auf F2 und Satz 2' suchen wir zuerst nach einem Modell einer Gruppe, die zu jedem $n \in \mathbb{N}$ genau eine zyklische Untergruppe der Ordnung n besitzt und Vereinigung aller dieser zyklischen Untergruppen ist. Hierfür bietet sich die Gruppe $W(\mathbb{C})$ aller Einheitswurzeln in $\mathbb{C}$ an; es erweist sich jedoch als zweckmäßiger, stattdessen die additive Gruppe

$$(35) \qquad\qquad \mathbb{Q}/\mathbb{Z}$$

heranzuziehen. Für rationale Zahlen a und b, die dieselbe Restklasse in $\mathbb{Q}/\mathbb{Z}$ bestimmen, schreiben wir – statt $a \equiv b \bmod \mathbb{Z}$ – auch

$$(36) \qquad\qquad a \equiv b \bmod 1 \,.$$

Demnach ist (36) gleichbedeutend mit $a - b \in \mathbb{Z}$. Die Restklasse $a + \mathbb{Z}$ eines $a \in \mathbb{Q}$ bezeichnen wir auch mit

$$(37) \qquad\qquad a \bmod 1 \,.$$

Wegen $e^{2\pi i \mathbb{Z}} = 1$ vermittelt die Abbildung $a \longmapsto e^{2\pi i a}$ einen Homomorphismus von $\mathbb{Q}/\mathbb{Z}$ in $\mathbb{C}^{\times}$. Dieser bildet $\mathbb{Q}/\mathbb{Z}$ isomorph auf $W(\mathbb{C})$ ab, so daß $\mathbb{Q}/\mathbb{Z}$ also wirklich die verlangten Eigenschaften besitzt. Für jedes $n \in \mathbb{N}$ ist

$$(38) \qquad\qquad < \frac{1}{n} \bmod 1 > = \frac{1}{n}\mathbb{Z}/\mathbb{Z}$$

die eindeutig bestimmte Untergruppe der Ordnung n in $\mathbb{Q}/\mathbb{Z}$ (und diese ist *zyklisch*). Sind k, k' beliebige ganze Zahlen, so gilt definitionsgemäß

$$(39) \qquad \frac{k}{n} \equiv \frac{k'}{n} \bmod 1 \iff k \equiv k' \bmod n \,.$$

Auf der Grundlage von Satz 3 und F2 treffen wir nun folgende

Definition und Feststellung: Sei L/K eine *unverzweigte* Erweiterung lokaler Körper vom Grad n. Jedes $\alpha \in Br(L/K)$ wird dann (nach Satz 3) durch eine zyklische Algebra der Gestalt

$$(40) \qquad\qquad (L, \varphi_{L/K}, \pi^k)$$

repräsentiert, wobei $k \bmod n$ eindeutig bestimmt ist. Indem man

$$(41) \qquad\qquad \mathrm{inv}_{L/K}(\alpha) = \frac{k}{n} \bmod 1$$

setzt, erhält man einen Homomorphismus

$$(42) \qquad \text{inv}_{L/K} : Br(L/K) \longrightarrow \mathbb{Q}/\mathbb{Z}.$$

Dieser bildet $Br(L/K)$ isomorph auf die zyklische Untergruppe der Ordnung n von $\mathbb{Q}/\mathbb{Z}$ ab (also auf $\frac{1}{n}\mathbb{Z}/\mathbb{Z}$). Man kann die Abbildung $\text{inv}_{L/K}$ auch folgendermaßen beschreiben: Sei

$$(43) \qquad \kappa : Br(L/K) \longrightarrow K^{\times}/NL^{\times}$$

der kanonische (auf $\tau = \varphi_{L/K}$ bezogene!) Isomorphismus von Satz 4 in §30. Wird dann ein vorgelegtes $\alpha \in Br(L/K)$ unter κ auf $a \bmod NL^{\times}$ abgebildet, so ist

$$(44) \qquad \text{inv}_{L/K}(\alpha) = \frac{w_K(a)}{L:K} \bmod 1.$$

Wir definieren jetzt einen Homomorphismus

$$(45) \qquad \text{inv}_K : Br(K) \longrightarrow \mathbb{Q}/\mathbb{Z}$$

auf der gesamten Brauerschen Gruppe wie folgt: Zu $\alpha \in Br(K)$ wähle man (nach F2) eine *unverzweigte* Erweiterung L/K (in einem festen algebraischen Abschluß von K) mit $\alpha \in Br(L/K)$, und man setze dann

$$(46) \qquad \text{inv}_K(\alpha) = \text{inv}_{L/K}(\alpha).$$

Hierdurch ist $\text{inv}_K(\alpha)$ *wohldefiniert*. Man nennt $\text{inv}_K(\alpha)$ die <u>Hasse-Invariante</u> von α (bzw. von A, falls $[A] = \alpha$).

Beweis: Auf der Grundlage von Satz 3 folgen die Wohldefiniertheit von $\text{inv}_{L/K}$ sowie die Isomorphie $Br(L/K) \simeq \frac{1}{n}\mathbb{Z}/\mathbb{Z}$ unter $\text{inv}_{L/K}$ sofort aus der Bemerkung (39), die wir vorausgeschickt haben. – Für $a \in K$ sei $k = w_K(a)$, also $a = \pi^k u$ mit einer *Einheit u* aus K. Aufgrund von Satz 2 ist dann aber $a \equiv \pi^k \bmod NL^{\times}$; hieraus resultiert (44).

Es bleibt also zu zeigen, daß $\text{inv}_K(\alpha)$ durch (46) wohldefiniert ist. Sei also L'/K eine weitere *unverzweigte* Erweiterung mit $\alpha \in Br(L'/K)$. Das Kompositum LL'/K ist ebenfalls unverzweigt (vgl. etwa §24, Satz 4), also können wir ohne Einschränkung $L \subseteq L'$ annehmen. Gelte (44), d.h. α werde bezüglich des Zerfällungskörpers L durch das verschränkte zyklische Produkt

$$(47) \qquad (L, \varphi_{L/K}, a)$$

repräsentiert. Der Frobeniusautomorphismus $\varphi_{L'/K}$ von L'/K vermittelt auf L/K den Frobeniusautomorphismus $\varphi_{L/K}$ von L/K, und daher wird α bezüglich des Zerfällungskörpers L' durch

$$(48) \qquad (L', \varphi_{L'/K}, a^{L':L})$$

vertreten (vgl. (87) in §30). Definitionsgemäß ist dann

$$(49) \qquad \operatorname{inv}_{L'/K}(\alpha) = \frac{w_K(a^{L':L})}{L':K} \bmod 1 .$$

Wegen $w_K(a^{L':L}) = (L':L)w_K(a)$ und $L':K = (L':L)(L:K)$ liefert der Vergleich von (49) mit (44) die Behauptung $\operatorname{inv}_{L'/K}(\alpha) = \operatorname{inv}_{L/K}(\alpha)$.   □

In dem folgenden zentralen Satz wird nicht allein konstatiert, daß die Invariantenabbildung inv_K eine Isomorphie

$$(50) \qquad Br(K) \simeq \mathbb{Q}/\mathbb{Z}$$

stiftet, sondern es wird für beliebiges endliches E/K auch der von der Restriktion $\operatorname{res}_{E/K}$ vermittelte Homomorphismus $\mathbb{Q}/\mathbb{Z} \longrightarrow \mathbb{Q}/\mathbb{Z}$ beschrieben: Es handelt sich einfach um die Multiplikation der Elemente von $\mathbb{Q}/\mathbb{Z}$ mit dem Körpergrad $E:K$.

SATZ 4: *Es ei K ein (nicht-archimedischer) lokaler Körper. Dann ist die Abbildung*

$$(51) \qquad \operatorname{inv}_K : Br(K) \longrightarrow \mathbb{Q}/\mathbb{Z}$$

ein Isomorphismus. Ist E ein Erweiterungskörper endlichen Grades von K, so gilt für alle $\alpha \in Br(K)$ die Formel

$$(52) \qquad \operatorname{inv}_E(\operatorname{res}_{E/K}(\alpha)) = (E:K)\operatorname{inv}_K(\alpha) ,$$

d.h. das folgende Diagramm ist kommutativ:

$$(53) \qquad \begin{array}{ccc} Br(K) & \xrightarrow{\ \operatorname{res}_{E/K}\ } & Br(E) \\ {\scriptstyle \operatorname{inv}_K} \downarrow & & \downarrow {\scriptstyle \operatorname{inv}_E} \\ \mathbb{Q}/\mathbb{Z} & \xrightarrow{\ \ E:K\ \ } & \mathbb{Q}/\mathbb{Z} \end{array}$$

Hierbei bezeichnet $E:K$ die Multiplikation mit dem Körpergrad $E:K$ der Erweiterung E/K.

Beweis: a) inv_K ist injektiv, denn die Einschränkung (42) auf jede der Untergruppen $Br(L/K)$ in (7) ist *injektiv*. Um die Surjektivität von inv_K zu zeigen, genügt es nachzuweisen, daß $\frac{1}{n} \bmod 1$ für jedes $n \in \mathbb{N}$ im Bild von inv_K liegt. Nun gibt es aber zu jedem $n \in \mathbb{N}$ eine unverzweigte Erweiterung L/K vom Grade n (vgl. §24, Satz 4). Mit Blick auf (42) ist dann $\operatorname{inv}_K(Br(L/K)) = <\frac{1}{n} \bmod 1>$.

b) Der Übersichtlichkeit halber bemerken wir zum Beweis von (52) zuerst, daß es genügt, die Behauptung in den Fällen

$$\text{(i)} \quad E/K \text{ unverzweigt}, \quad \text{(ii)} \quad E/K \text{ rein verzweigt}$$

zu zeigen. Eine beliebige endliche Erweiterung E/K enthält nämlich einen größten über K unverzweigten Zwischenkörper L, vgl. hierzu §24, Satz 3(iv). Dann ist also L/K unverzweigt, hingegen die Erweiterung E/L rein verzweigt, d.h. vom Verzweigungsindex $e(E/L) = E : L$. Denn die letzte Bedingung ist (nach §24, Satz 1, angewandt auf E/L) gleichbedeutend mit $\overline{E} : \overline{L} = 1$, d.h. $\overline{E} = \overline{L}$. Gilt nun die Formel (52) für die Erweiterungen L/K und E/L, so folgt daraus – wegen $\text{res}_{E/K} = \text{res}_{E/L} \circ \text{res}_{L/K}$ und $E : K = (E : L)(L : K)$ – auch ihre Gültigkeit für die Erweiterung E/K.

c) Wir behandeln nun zuerst den Fall (i) einer *unverzweigten* Erweiterung E/K. Zu $\alpha \in Br(K)$ wähle man ein unverzweigtes L/K mit $\alpha \in Br(L/K)$. Dabei können wir natürlich gleich $E \subseteq L$ verlangen. Werde α nun durch

$$\text{(54)} \qquad \Gamma = (L, \varphi_{L/K}, \pi^k)$$

repräsentiert. Dann wird $\text{res}_{E/K}(\alpha) = [\Gamma \otimes_K E]$ nach (89) in §30 durch

$$\text{(55)} \qquad (L, \varphi_{L/K}^{E:K}, \pi^k) = (L, \varphi_{L/E}, \pi^k)$$

vertreten; hierbei haben wir von der funktoriellen Eigenschaft

$$\text{(56)} \qquad \varphi_{L/E} = \varphi_{L/K}^{E:K}$$

des Frobeniusautomorphismus Gebrauch gemacht, welche sich aus seiner Definition leicht ablesen läßt. Verabredungsgemäß ist nun

$$\text{(57)} \qquad \text{inv}_E(\text{res}_{E/K}(\alpha)) = \frac{k}{L : E} \mod 1,$$

denn wegen der vorausgesetzten Unverzweigtheit von E/K ist π auch ein Primelement von E. Andererseits gilt

$$\text{(58)} \qquad \text{inv}_K(\alpha) = \frac{k}{L : K} \mod 1.$$

Wegen $L : K = (E : K)(L : E)$ folgt dann aus (57) und (58) die behauptete Formel (52).

d) Es liege nun der Fall (ii) einer *rein verzweigten* Erweiterung E/K vor. Wie oben sei $\alpha \in Br(L/K)$ für unverzweigtes L/K. Mit $F = EL$ bezeichnen wir das Kompositum von E und L (innerhalb des fest vorgegebenen algebraischen Abschlusses von K). Wir betrachten das Körperdiagramm

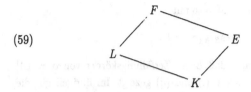

(59)

Wie man sich sofort überlegt, ist F/L rein verzweigt vom Grade $E : K$, und F/E ist unverzweigt vom Grade $L : K$. Mit (88) aus §30 folgt dann, daß $\mathrm{res}_{E/K}(\alpha)$ durch

$$(F, \varphi_{F/E}, \pi^k)$$

repräsentiert wird, falls α wie oben durch (54) vertreten wird. Definitionsgemäß hat dann $\mathrm{res}_{E/K}(\alpha)$ die Hasse-Invariante

(60) $$\mathrm{inv}_E(\mathrm{res}_{E/K}(\alpha)) = \frac{w_E(\pi^k)}{F : E} \bmod 1.$$

Dabei haben wir (44) auf die Erweiterung F/E angewandt. Nun ist aber $w_E(\pi^k) = k w_E(\pi) = k(E : K)$, denn E/K ist rein verzweigt. Zusammen mit $F : E = L : K$ lautet (60) dann

$$\mathrm{inv}_E(\mathrm{res}_{E/K}(\alpha)) = (E : K) \cdot \frac{k}{L : K} \bmod 1.$$

Vergleich mit (58) liefert dann auch hier die Behauptung (52).

SATZ 5: *Es sei E/K eine beliebige endliche Erweiterung lokaler Körper. Für $[A] \in Br(K)$ sind dann die beiden folgenden Aussagen äquivalent:*

(i) *Der Exponent $e(A)$ ist ein Teiler von $E : K$.*

(ii) *E ist ein Zerfällungskörper von A.*

Ob E ein Zerfällungskörper von A ist, hängt also nur von seinem Grad über K ab! Aus der Äquivalenz von (i) und (ii) ergibt sich ferner die Gleichheit

$$s(A) = e(A)$$

von Exponent und Schurindex jeder zentraleinfachen Algebra über einem lokalen Körper K.

Beweis: Setze $\alpha = [A]$. Aufgrund der Definition von $e(A) = e(\alpha)$ ist (i) äquivalent zu $\alpha^{E:K} = 1$ bzw. – da inv_K ein Isomorphismus ist – zu

(61) $$(E : K) \, \mathrm{inv}_K(\alpha) = 0.$$

Jetzt kommt die Formel (52) von Satz 4 ins Spiel; danach ist (61) gleichbedeutend mit $\mathrm{inv}_E(\mathrm{res}_{E/K}(\alpha)) = 0$, also mit

$$(62) \qquad\qquad \mathrm{res}_{E/K}(\alpha) = 1 \,.$$

Doch (62) drückt gerade aus, daß E ein Zerfällungskörper von $\alpha = [A]$ ist. Damit ist die Äquivalenz von (i) und (ii) gezeigt. Im übrigen gilt die Implikation (ii) $\Rightarrow$ (i) natürlich über einem beliebigen Körper (vgl. nochmals §29, Satz 19 und §30, F3).

Es existiert sicherlich eine Erweiterung E/K, die den Grad $e(A)$ besitzt (vgl. z.B. §24, Satz 4). Wegen der Äquivalenz von (i) und (ii) ist dann jedes solche E ein Zerfällungskörper minimalen Grades von A. Folglich muß $s(A) = E : K = e(A)$ gelten (vgl. §29, Satz 19).

SATZ 6: *Sei D ein Schiefkörper vom Schurindex n über dem lokalen Körper K. Für jede beliebige Erweiterung E/K vom Grade n ist dann E über K isomorph zu einem maximalen Teilkörper von D.*

Beweis: Nach Satz 5 ist nämlich jedes solche E ein Zerfällungskörper von D und daher K-isomorph zu einem maximalen Teilkörper von D (vgl. §29, Satz 19). – Ein einigermaßen überraschender Sachverhalt! Man ersieht daraus auch, daß die maximalen Teilkörper von D keinesweges isomorph sein müssen.

SATZ 7: *Sei $n \in \mathbb{N}$, und L/K sei die unverzweigte Erweiterung vom Grade n. Für eine beliebige Erweiterung E/K vom Grade n ist dann*

$$(63) \qquad\qquad Br(E/K) = Br(L/K) \,.$$

Für jede galoissche Erweiterung E/K vom Grade n ist daher die zweite Kohomologiegruppe $H^2(G, E^\times)$ der Galoisgruppe G von E/K mit Koeffizienten in E zyklisch von der Ordnung n; sie besitzt einen kanonischen Erzeuger $\gamma_{E/K}$, die <u>kanonische Klasse</u> von E/K genannt. Identifiziert man $H^2(G, E^\times)$ mit $Br(E/K)$, so ist $\gamma_{E/K}$ gerade dasjenige Element mit

$$(64) \qquad\qquad \mathrm{inv}_K(\gamma_{E/K}) = \frac{1}{n} \bmod 1 \,.$$

Beweis: Die erste Behauptung folgt unmittelbar aus Satz 5, denn danach zerfallen über E genau dieselben α aus $Br(K)$ wie über L. Ist E/K galoissch, so hat man – mit kanonischer Isomorphie –

$$(65) \qquad\qquad H^2(G, E^\times) \simeq Br(E/K) = Br(L/K) \,.$$

Wie wir oben gesehen haben (und aus Satz 4 auch rein formal nochmals ab-
gelesen werden kann), bildet die Invariantenabbildung nun aber $Br(E/K) =$
$Br(L/K)$ isomorph auf die zyklische Untergruppe $\frac{1}{n}\mathbb{Z}/\mathbb{Z}$ der Ordnung n
von $\mathbb{Q}/\mathbb{Z}$ ab. Das Element von $Br(E/K)$ mit Invariante $\frac{1}{n}$ mod 1 ist ein kanonischer Erzeuger der zyklischen Gruppe $Br(E/K)$ und vermittelt daher
mit Blick auf (65) einen kanonischen Erzeuger von $H^2(G, E^\times)$. Im übrigen
entspricht der kanonische Erzeuger von $Br(E/K) = Br(L/K)$ bei der kanonischen Isomorphie $Br(L/K) \simeq K^\times/N_{L/K}L^\times$ gemäß (43) gerade dem kanonischen Erzeuger $\pi N_{L/K}L^\times$ von $K^\times/N_{L/K}L^\times$ (vgl. die Bem. vor Satz 3).
– Wird E/K speziell als *zyklisch* vorausgesetzt, so folgt aus Satz 7 wegen
§30, Satz 4 noch die folgende Tatsache:

SATZ 8: *Für eine beliebige zyklische Erweiterung E/K lokaler Körper
vom Grade n ist $H^0(G, E^\times) = \overline{K^\times/N_{E/K}E^\times}$ zyklisch von der Ordnung n.*

Der in Satz 8 ausgesprochene Sachverhalt ist für die Arithmetik lokaler
Körper von besonderer Bedeutung, denn er weist den Weg zur sogenannten
Lokalen Klassenkörpertheorie, vgl. §32.

SATZ 9: *Für eine beliebige Erweiterung E/K nicht-archimedischer lokaler
Körper ist $\mathrm{res}_{E/K} : Br(K) \longrightarrow Br(E)$ surjektiv.*

Beweis: Auch diese Behauptung folgt aus dem zentralen Satz 4, wie man
mit Blick auf das kommutative Diagramm (53) sofort erkennt.   □

Mit Blick wieder auf Satz 4 ist es naheliegend, dem Satz 9 folgendes Ergebnis
gegenüberzustellen:

SATZ 10: *Sei E/K eine Erweiterung lokaler Körper. Dann gibt es genau
einen Homomorphismus $Br(E) \longrightarrow Br(K)$, mit dem das Diagramm*

(66)
$$
\begin{array}{ccc}
Br(E) & \longrightarrow & Br(K) \\
\mathrm{inv}_E \downarrow & & \downarrow \mathrm{inv}_K \\
\mathbb{Q}/\mathbb{Z} & \xrightarrow{\ \mathrm{id}\ } & \mathbb{Q}/\mathbb{Z}
\end{array}
$$

*kommutativ ist, nämlich die algebrentheoretische $\underline{Corestriktion}$ $\mathrm{cor}_{E/K}$, vgl.
§30*, Def. 4. Diese ist hier also ein Isomorphismus.*

Beweis: Existenz und Eindeutigkeit der gewünschten Abbildung sind klar. Es bleibt zu zeigen, daß $\mathrm{cor}_{E/K}$ die Hasse-Invariante erhält. Sei also $\beta \in Br(E)$ beliebig. Nach Satz 9 gibt es ein $\alpha \in Br(K)$ mit $\beta = \mathrm{res}_{E/K}(\alpha)$. Mit (52) von Satz 4 sowie (53) aus §30* folgt dann $\mathrm{inv}_K(\mathrm{cor}(\beta)) = \mathrm{inv}_K(\mathrm{cor} \circ \mathrm{res}(\alpha)) = \mathrm{inv}_K(\alpha^{E:K}) = [E : K]\mathrm{inv}_K(\alpha) = \mathrm{inv}_E(\mathrm{res}(\alpha)) = \mathrm{inv}_E(\beta)$. Also gilt in der Tat

$$(67) \qquad \mathrm{inv}_K(\mathrm{cor}_{E/K}(\beta)) = \mathrm{inv}_E(\beta).$$

$\square$

Sei L/K eine galoissche Erweiterung lokaler Körper mit Galoisgruppe G. Ist L/K *unverzweigt*, so ist G zyklisch, und mit $H^2(G, U_L) \simeq H^0(G, U_L)$ folgt aus Satz 2 dann $H^2(G, U_L) = 1$. Was kann man über $H^2(G, U_L)$ sagen, wenn L/K nicht als unverzweigt vorausgesetzt wird?

SATZ 11: *Sei L/K eine galoissche Erweiterung lokaler Körper mit Galoisgruppe G. Dann wird $H^2(G, U_L)$ bei der natürlichen Abbildung $H^2(G, U_L) \longrightarrow H^2(G, L^\times)$ isomorph auf diejenige Untergruppe der zyklischen Gruppe $H^2(G, L^\times)$ abgebildet, deren Ordnung mit dem Verzweigungsindex e von L/K übereinstimmt. Insbesondere ist $H^2(G, U_L)$ zyklisch von der Ordnung $e = e(L/K)$.*

Beweis: Wir gehen aus von der exakten Sequenz

$$(68) \qquad 1 \longrightarrow U_L \longrightarrow L^\times \xrightarrow{w_L} \mathbb{Z} \longrightarrow 0$$

von G-Moduln. Übergang zur exakten Sequenz der Kohomologiegruppen (vgl. §30*, F2) liefert die exakte Sequenz

$$(69) \qquad H^1(G, \mathbb{Z}) \longrightarrow H^2(G, U_L) \longrightarrow H^2(G, L^\times) \xrightarrow{w_L} H^2(G, \mathbb{Z}).$$

Nun ist $H^1(G, \mathbb{Z}) = \mathrm{Hom}(G, \mathbb{Z}) = 1$ (denn G ist endlich), also ist $H^2(G, U_L) \longrightarrow H^2(G, L^\times)$ in der Tat *injektiv*. Nach Satz 7 ist die Gruppe $H^2(G, L^\times)$ zyklisch von der Ordnung $n = L : K$, mit der kanonischen Klasse $\gamma_{L/K}$ als erzeugendem Element. Aufgrund der Exaktheit von (69) genügt es daher zu zeigen:

$$(70) \qquad w_L(\gamma_{L/K}) \quad \text{hat die Ordnung} \quad f = n/e.$$

Hierbei ist f der Restklassengrad von L/K. Es sei M/K die *unverzweigte* Erweiterung vom gleichen Grad n wie L/K, und L_0/K sei der größte unverzweigte Teil von L/K. Wir haben dann das Körperdiagramm

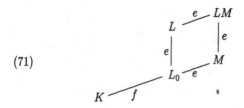

$$(71)$$

In diesem sind M/L_0 und LM/L *unverzweigt* vom Grade e, dagegen L/L_0 und LM/M *rein verzweigt* vom Grade e. Für eine beliebige galoissche Erweiterung E/K endlichen Grades setzen wir zur Abkürzung

$$(72) \qquad H^2(E/K) = H^2(G(E/K), E^\times).$$

Aus (71) erhalten wir dann das kommutative Diagramm

$$(73)$$

$$
\begin{array}{ccc}
H^2(L/K) & \xrightarrow{\;w_L\;} & H^2(G(L/K), \mathbb{Z}) \\
\downarrow & & \downarrow \\
H^2(LM/K) & \xrightarrow{\;w_{LM}\;} & H^2(G(LM/K), \mathbb{Z}) \\
\uparrow & & \uparrow \\
H^2(M/K) & \xrightarrow{\;e w_M\;} & H^2(G(M/K), \mathbb{Z})
\end{array}
$$

Dabei bezeichnen die vertikalen Pfeile die entsprechenden Inflationsabbildungen; diese sind sämtlich *injektiv* (vgl. (33) in §30*). Aufgrund ihrer Definition gilt für die kanonischen Klassen mit Blick auf (71) die Gleichung

$$\inf(\gamma_{L/K}) = \gamma_{LM/K}^e = \inf(\gamma_{M/K}).$$

Wegen (73) erhält man daraus

$$(74) \qquad \operatorname{ord}(w_L(\gamma_{L/K})) = \operatorname{ord}(e\, w_M(\gamma_{M/K})).$$

Aber M/K ist unverzweigt; deshalb ist $H^2(G(M/K), U_M) = H^0(G(M/K), U_M) = 1$ und folglich $\operatorname{ord}(w_M(\gamma_{M/K})) = M : K = n = ef$. Aus (74) ergibt sich damit die Behauptung (70).

§ 32

Lokale Klassenkörpertheorie

Nach der lokalen Klassenkörpertheorie, deren Grundzüge wir jetzt kurz darstellen wollen, besteht für jede *abelsche* Erweiterung L/K lokaler Körper eine *kanonische* Isomorphie

$$(1) \qquad K^\times / N_{L/K} L^\times \simeq G(L/K)$$

zwischen der Normenrestklassengruppe und der Galoisgruppe von L/K. Dieser bedeutsame Sachverhalt läßt sich mit den algebrentheoretischen Resultaten von §31 in bemerkenswert einfacher Weise begründen. Diese in vieler Hinsicht sehr befriedigende Begründung geht eigentlich auf *H. Hasse* (und *E. Noether*) zurück, ist anscheinend aber bisher wenig populär geworden.

Um die Argumentation möglichst übersichtlich zu gestalten, nehmen wir ein wenig Formalismus in Kauf: Sei L/K zunächst eine beliebige endliche *galoissche* Körpererweiterung mit Galoisgruppe $G = G(L/K)$. Wir betrachten dann die Menge

$$(2) \qquad G^* = \operatorname{Hom}(G, \mathbb{Q}/\mathbb{Z})$$

aller Homomorphismen $\chi : G \longrightarrow \mathbb{Q}/\mathbb{Z}$ von G in die (additive) Gruppe $\mathbb{Q}/\mathbb{Z}$. In natürlicher Weise (Addition der Funktionswerte) ist dann G^* selbst eine (abelsche) Gruppe; sie heißt die *Charaktergruppe von G*, und ihre Elemente χ werden die *(linearen) Charaktere* der Gruppe G genannt. Jedes $\chi \in G^*$ annulliert die *Kommutatorgruppe G'* von G (vgl. Band I, 15.2), läßt sich also als Charakter der *Faktorkommutatorgruppe*

$$(3) \qquad G^{ab} := G/G'$$

– der *maximalen abelschen* Faktorgruppe von G – auffassen. Umgekehrt läßt sich natürlich jeder Charakter von G^{ab} als Charakter von G interpretieren. Wir können daher G^* mit $(G^{ab})^*$ identifizieren und werden dies künftig in aller Regel auch tun. (Da G endlich ist, steht (2) zudem in Einklang mit der Definition in Band I auf Seite 182). Im übrigen können wir die Gruppe (3) auch als die Galoisgruppe der *größten abelschen Teilerweiterung* L^{ab}/K von L/K ansehen:

$$\text{(4)} \qquad G(L/K)^{ab} = G(L^{ab}/K).$$

Sei nun $\chi \in G^*$ gegeben. Dann bezeichne L_χ den Zwischenkörper von L/K, der zu der Untergruppe Kern(χ) von G gehört. Da Kern(χ) Normalteiler von G ist, muß L_χ/K galoissch sein. Mit kanonischen Isomorphismen hat man dann

$$\text{(5)} \qquad G(L_\chi/K) \simeq G/\text{Kern}\,\chi \simeq \text{Bild}\,\chi.$$

Folglich ist L_χ/K *zyklisch* vom Grade $L_\chi : K = \text{ord}(\chi)$.   □

Wenn im folgenden von *lokalen Körpern* die Rede ist, so seien diese stillschweigend als *nicht-archimedisch* vorausgesetzt. Bis auf wenige offenkundige Ausnahmen läßt sich aber auch der (triviale) archimedische Fall zwanglos in die Formulierung der folgenden Resultate einordnen (was mit Blick auf *globale Körper* nicht ganz ohne Bedeutung ist).

Definition 1: Sei L/K eine *galoissche* Erweiterung *lokaler Körper.* Dann sei

$$\text{(6)} \qquad \begin{array}{ccc} K^\times \times G(L/K)^* & \longrightarrow & \mathbb{Q}/\mathbb{Z} \\ (a,\chi) & \longmapsto & <a,\chi> \end{array}$$

die wie folgt definierte Abbildung:

$$\text{(7)} \qquad <a,\chi> = \text{inv}_K(L_\chi, \sigma_\chi, a).$$

Dabei bezeichne σ_χ dasjenige erzeugende Element von $G(L_\chi/K)$, welches

$$\text{(8)} \qquad \chi(\sigma_\chi) = \frac{1}{n_\chi} \bmod 1 \quad \text{mit} \quad n_\chi = L_\chi : K$$

erfüllt, vgl. (5).

F1: *Die Abbildung* (6) *ist bilinear, also eine Paarung. Sie heißt die <u>kanonische Paarung</u> zu L/K.*

Beweis: Hinsichtlich der ersten Variablen ist die Behauptung klar, vgl. (68) in §30. Was die Additivität in der zweiten Variablen betrifft, zunächst eine Vorbemerkung: Sei $G = G(L/K)$. Zu gegebenem $\chi \in G^*$ definieren wir eine Funktion $\tilde{\chi} : G \longrightarrow \mathbb{Q}$ wie folgt: Vermittelt $\mu \in G$ auf L_χ den Automorphismus σ_χ^i mit $0 \le i < n = n_\chi$, so setzen wir $\tilde{\chi}(\mu) = \frac{i}{n}$. Es ist dann $\chi(\mu) = \tilde{\chi}(\mu) \bmod 1$, und man bestätigt sofort, daß die   Inflation des zu der zyklischen Algebra (L_χ, σ_χ, a) gehörigen *uniformisierten* Faktorensystems auf G durch

(9) $$c(\mu, \nu) = a\widetilde{\chi}(\mu) + \widetilde{\chi}(\nu) - \widetilde{\chi}(\mu\nu)$$

gegeben ist, vgl. (62) in §30. Gehören nun zu $\chi_1, \chi_2, \chi_3 \in G^*$ mit $\chi_3 = \chi_1 + \chi_2$ in dem obigen Sinne die Faktorensysteme $c_1(\mu, \nu), c_2(\mu, \nu), c_3(\mu, \nu)$, so rechnet man sofort nach, daß sich das Produkt $c_1(\mu, \nu)c_2(\mu, \nu)$ von $c_3(\mu, \nu)$ in der Tat nur um einen *Corand* unterscheidet. $\square$

Aufgrund von F1 vermittelt (6) auf natürliche Weise einen Homomorphismus $K^\times \longrightarrow G(L/K)^{**}$, vgl. Band I, §14, F4. Wir setzen $G = G(L/K)$. Wegen $G^* = (G^{ab})^*$ und der kanonischen Isomorphie $(G^{ab})^{**} \simeq G^{ab}$ erhalten wir somit einen kanonischen Homomorphismus

(10) $$K^\times \longrightarrow G(L/K)^{ab},$$

den wir mit $(\cdot, L/K)$ bezeichnen. Man nennt ihn das *Normrestsymbol von* L/K. Für jedes $a \in K^\times$ ist $(a, L/K)$ definitionsgemäß das wie folgt charakterisierte Element von $G(L/K)^{ab}$:

(11) $$\chi(a, L/K) = <a, \chi> = \mathrm{inv}_K(L_\chi, \sigma_\chi, a) \quad \text{für alle } \chi \in G^*.$$

Wegen (4) können wir $(a, L/K)$ auch als *Automorphismus des größten abelschen Teils* L^{ab}/K *von* L/K auffassen. – Der Name *Normrestsymbol* für (10) läßt sich wie folgt rechtfertigen:

F2: *Für jede galoissche Erweiterung L/K lokaler Körper liegt $N_{L/K}L^\times$ im Kern von $(\cdot, L/K)$. Somit vermittelt $(\cdot, L/K)$ einen (ebenso bezeichneten) Homomorphismus*

(12) $$(\cdot, L/K): \quad K^\times/N_{L/K}L^\times \longrightarrow G(L/K)^{ab}.$$

Beweis: Sei $a \in N_{L/K}L^\times$. Für jedes $\chi \in G(L/K)^*$ ist dann a auch Norm bei L_χ/K, also verschwindet die rechte Seite von (11). Es folgt $(a, L/K) = 1$.

F3: *Ist L/K eine zyklische Erweiterung lokaler Körper und $G(L/K) = <\sigma>$, so gilt für jedes $a \in K^\times$ die Formel*

(13) $$(a, L/K) = \sigma^{[L:K]\mathrm{inv}_K(L, \sigma, a)}.$$

Beweis: Sei $n = L : K$. Dann ist $\mathrm{inv}_K(L, \sigma, a) = \frac{m}{n} \bmod 1$, wobei m modulo n eindeutig bestimmt ist. Definitionsgemäß sei σ^m die rechte Seite von (13). Wir betrachten den Charakter χ von $G(L/K)$ mit $\chi(\sigma) = \frac{1}{n} \bmod 1$.

Wegen $G(L/K)^* = <\chi>$ und $L_\chi = L$ folgt dann aus $\chi(a, L/K) =$ $\mathrm{inv}_K(L, \sigma, a) = \chi(\sigma^m)$ die Behauptung.

F4: *Ist L/K <u>unverzweigt</u> mit Frobeniusautomorphismus $\varphi_{L/K}$, so gilt für jedes $a \in K^\times$ die explizite Formel*

$$(14) \qquad\qquad (a, L/K) = \varphi_{L/K}^{w_K(a)} .$$

Das Normrestsymbol einer unverzweigten Erweiterung L/K ist also dadurch gekennzeichnet, daß es jedes Primelement π von K auf den Frobeniusautomorphismus von L/K abbildet.

Beweis: Wegen $\mathrm{inv}_K(L, \varphi_{L/K}, a) = \frac{w_K(a)}{L:K}$ mod 1 liefert Anwendung von (13) mit $\sigma = \varphi_{L/K}$ sofort die Behauptung.

F5: *Ist L/K galoisscher Teil der galoisschen Erweiterung $\widetilde{L}/K$ lokaler Körper, so hat man für jedes $a \in K^\times$ die Verträglichkeitsrelation*

$$(15) \qquad\qquad (a, L/K) = (a, \widetilde{L}/K)^L ,$$

wobei die kanonische Abbildung $G(\widetilde{L}/K)^{ab} \to G(L/K)^{ab}$ mit $\sigma \longmapsto \sigma^L$ bezeichnet werde.

Beweis: Zu jedem Charakter χ von $G(L/K) = G(\widetilde{L}/K)/G(\widetilde{L}/L)$ gehört der Charakter $\widetilde{\chi} = \mathrm{inf}(\chi)$ von $G(\widetilde{L}/K)$ mit $\widetilde{\chi}(\sigma) = \chi(\sigma^L)$. Es ist Kern $(\chi) =$ Kern $(\widetilde{\chi})/G(\widetilde{L}/L)$ und daher $\widetilde{L}_{\widetilde{\chi}} = L_\chi$ mit $\sigma_{\widetilde{\chi}} = \sigma_\chi$. Man hat damit $\chi(a, L/K) = \mathrm{inv}_K(L_\chi, \sigma_\chi, a) = \mathrm{inv}_K(L_{\widetilde{\chi}}, \sigma_{\widetilde{\chi}}, a) = \widetilde{\chi}(a, \widetilde{L}/K) = \chi((a, \widetilde{L}/K)^L)$, und es folgt die Behauptung. – Tiefer liegt die folgende funktorielle Eigenschaft des Normrestsymbols, die eine Verschärfung von F5 darstellt:

F6: *Seien L/K und L'/K' galoissche Erweiterungen lokaler Körper mit $K \subseteq K'$ und $L \subseteq L'$. Für beliebiges $b \in K'^\times$ gilt dann*

$$(16) \qquad\qquad (b, L'/K')^L = (N_{K'/K}b, L/K) ,$$

wobei die kanonische Abbildung $G(L'/K')^{ab} \to G(L/K)^{ab}$ mit $\sigma \longmapsto \sigma^L$ bezeichnet werde.

Beweis: 1) Wegen F5 können wir gleich $L' = LK'$ annehmen und dann $G(L'/K')$ als Untergruppe von $G(L/K)$ auffassen. Mit $\chi \longmapsto \chi' = \mathrm{res}(\chi)$ bezeichnen wir die zugehörige Restriktionsabbildung $G(L/K)^* \to G(L'/K')^*$. Mit Blick auf (11) läuft die Behauptung dann auf die Gültigkeit von

$$(17) \qquad\qquad <b, \chi'>_{K'} = <N_{K'/K}b, \chi>_K$$

für alle $\chi \in G(L/K)^*$ hinaus, wobei wir der Deutlichkeit halber noch die Indizes K und K' angebracht haben, um anzuzeigen, auf welche Grundkörper sich die kanonischen Paarungen jeweils beziehen. Definitionsgemäß besagt (17) die Gleichheit

$$(18) \qquad \mathrm{inv}_{K'}(L'_{\chi'}, \sigma_{\chi'}, b) = \mathrm{inv}_K(L_\chi, \sigma_\chi, N_{K'/K}b)$$

der entsprechenden Hasse-Invarianten. Wie man sich leicht überlegt, erhält man die Gleichung (18) sofort, wenn man die *Projektionsformel* (55) aus §30* heranzieht (denn Anwendung der Corestriktion $\mathrm{cor}_{K'/K}$ ändert nach §31, Satz 10 die Hasse-Invariante nicht). Auf jeden Fall wollen wir aber die Behauptung (17) auf arithmetische Weise auch wie folgt begründen:

2) Die Erweiterung K'/K habe Restklassengrad f. Wir wählen $\varphi \in G(L/K)$ und $\varphi' \in G(L'/K')$, welche auf den *größten unverzweigten Teilen* L_0/K von L/K und L'_0/K' von L'/K' die zugehörigen *Frobeniusautomorphismen* vermitteln. Ist q die Elementezahl des Restklassenkörpers von K, so ist q^f die des Restklassenkörpers zu K'. Es gilt demnach

$$(19) \qquad \varphi' = \varphi^f \quad \text{auf } L_0.$$

Zum Beweis von (17) betrachten wir nun zunächst den Fall, daß L_χ/K *unverzweigt* ist. Wegen $L'_{\chi'} = L_\chi K'$ ist dann auch $L'_{\chi'}/K'$ unverzweigt, und mit (19) folgt $\chi'(\varphi') = \chi(\varphi^f) = f\chi(\varphi)$. Wir ziehen nun F4 (sowie F5) heran und erhalten $<b, \chi'>_{K'} = \chi'(b, L'/K') = \chi'(b, L'_{\chi'}/K') = \chi'(\varphi'^{w_{K'}(b)}) = w_{K'}(b)\chi'(\varphi') = w_{K'}(b) f \chi(\varphi)$, also

$$(20) \qquad <b, \chi'>_{K'} = f\, w_{K'}(b)\, \chi(\varphi).$$

Entsprechend ist $<N_{K'/K}b, \chi>_K = \chi(N_{K'/K}b, L_\chi/K) = \chi(\varphi^{w_K(N_{K'/K}b)}) = w_K(N_{K'/K}b)\chi(\varphi)$. Wegen $w_K(N_{K'/K}b) = f\, w_{K'}(b)$ ist damit die Behauptung (17) für unverzweigtes L_χ/K bewiesen.

3) Da sich beide Seiten von (17) multiplikativ in b verhalten und die multiplikative Gruppe von K' durch Primelemente erzeugbar ist, dürfen wir im weiteren $w_{K'}(b) = 1$ annehmen. Wegen F5 können wir ferner L so groß wählen, daß der größte unverzweigte Teil L_0 von L/K vorgegebenen Grad besitzt. Indem wir die Charaktere der zyklischen Gruppe $G(L_0/K)$ betrachten und diese als Charaktere von $G(L/K)$ auffassen, finden wir dann einen Charakter ψ von $G(L/K)$, für den L_ψ/K *unverzweigt* ist, so daß

$$(21) \qquad f\psi(\varphi) = <b, \chi'>_{K'}$$

gilt. Wie wir nun aber unter 2) schon festgestellt haben, ist die linke Seite von (21) gleich $<b, \psi'>_{K'} = <N_{K'/K}b, \psi>_K$. Per Linearität (vgl. F1) genügt es dann, die Gleichung (17) für $\chi\psi^{-1}$ anstelle von χ zu beweisen. Wegen $< b, \chi' >_{K'} = < b, \psi' >_{K'}$ reicht es damit also aus, die Gültigkeit von (17) unter der zusätzlichen Voraussetzung zu verifizieren, daß die linke Seite von (17) gleich 0 ist. Ist letzteres nun der Fall – und werde jetzt o.E. $L_\chi = L$ und damit $L'_{\chi'} = LK' = L'$ gesetzt – so ist $b = N_{L'/K'}x$ für ein x aus L'. Es folgt $N_{K'/K}b = N_{K'/K}(N_{L'/K'}x) = N_{L'/K}x = N_{L/K}(N_{L'/L}x)$, und somit verschwindet auch die rechte Seite von (17).

F7: *Sei L/K eine galoissche Erweiterung lokaler Körper, und ϱ sei ein beliebiger Körperisomorphismus von L auf einen Körper $L' = \varrho L$. In kanonischer Weise ist dann auch $L'/K' = \varrho L/\varrho K$ eine galoissche Erweiterung lokaler Körper, und das zugehörige Normrestsymbol erfüllt für alle $x \in K^\times$ die Gleichung*

$$(22) \qquad (\varrho x, \varrho L/\varrho K) = \varrho(x, L/K)\varrho^{-1}.$$

Beweis: Wir scheuen den Schreibaufwand einer genauen Begründung und begnügen uns mit dem Hinweis, daß die Behauptung sich aus der Natürlichkeit aller an der Definition irgendwie beteiligten Isomorphien ergibt.

SATZ 1 ('lokales Reziprozitätsgesetz'): *Für jede galoissche Erweiterung L/K lokaler Körper ist das Normrestsymbol $(\cdot, L/K) : K^\times \longrightarrow G(L/K)^{ab}$ von L/K surjektiv, und sein Kern stimmt mit der Untergruppe $N_{L/K}L^\times$ von $K^\times$ überein. Als Abbildung*

$$(23) \qquad (\cdot, L/K) : K^\times/N_{L/K}L^\times \longrightarrow G(L/K)^{ab}$$

aufgefaßt, ist es also ein Isomorphismus. Insbesondere vermittelt es demnach für abelsches L/K eine kanonische Isomorphie $G(L/K) \simeq K^\times/N_{L/K}L^\times$.

Beweis: Wegen $G(L/K)^* = (G(L/K)^{ab})^*$ ist zu zeigen: Die kanonische Paarung

$$(24) \qquad K^\times/N_{L/K}L^\times \times G(L/K)^* \longrightarrow \mathbb{Q}/\mathbb{Z}$$

von L/K ist in jeder der beiden Variablen *nicht-ausgeartet* (vgl. Band I, §14, F4). Für $\chi \neq 0$ ist $L_\chi : K > 1$, und daher gibt es ein $a \in K^\times$, welches keine Norm für L_χ/K ist (vgl. nochmals §31, Satz 8). Es folgt $< a, \chi > = \mathrm{inv}_K(L, \sigma_\chi, a) \neq 0$. Also ist (24) jedenfalls in der *zweiten* Variablen nicht-ausgeartet.

Wir wollen nun zeigen, daß die Paarung (25) auch in der *ersten* Variablen nicht-ausgeartet ist. Für ein festes $a \in K^\times$ gelte also

$$(25) \qquad < a, \chi > = 0 \quad \text{für alle } \chi \in G(L/K)^*.$$

Sei E/K ein beliebiger zyklischer Teil von L/K. Dann ist offenbar $E = L_\chi$ für ein χ, und $<a, \chi> = 0$ liefert daher, daß a Norm für E/K ist. Die Voraussetzung (25) bedeutet demnach, daß a *Norm für jeden zyklischen Teil* von L/K ist. Wir haben zu zeigen, daß a dann auch Norm für die Erweiterung L/K sein muß. Dies zeigen wir durch Induktion nach dem Körpergrad n von L/K. Für $n = 1$ ist die Behauptung klar. Sei also $n > 1$. Da $G(L/K)$ *auflösbar* ist (vgl. §25, Satz 5), enthält L/K einen zyklischen Teil E/K mit $E : K > 1$. Wie wir oben festgestellt haben, gibt es nun ein $b \in E$ mit $N_{E/K} b$. Wir wollen zeigen, daß ein $b' \in N_{E/K}^{-1}(a)$ existiert mit $(b', L/E) = 1$. Per Induktion ist dann b' eine Norm von L/E und daher a eine Norm von L/K. Wird L/K als *abelsch* vorausgesetzt, so erfüllt bereits $b' = b$ die gestellte Forderung, denn dann liefert F6 sofort

$$(b, L/E) = (N_{E/K} b, L/K) = (a, L/K) = 1.$$

Für abelsches L/K ist daher das lokale Reziprozitätsgesetz bereits bewiesen. Im allgemeinen Fall betrachten wir den größten abelschen Teil L_0/E von L/E. Wegen $G(L_0/E) = G(L/E)^{ab}$ ist $(b', L/E) = 1$ gleichwertig mit $(b', L_0/E) = 1$. Nach Bezeichnungsänderung können wir zum Beweis unserer Behauptung also L/E als *abelsch* voraussetzen. Es sei dann $[G, A]$ die von allen Kommutatoren $\varrho \tau \varrho^{-1} \tau^{-1}$ mit $\varrho \in G = G(L/K)$ und $\tau \in A = G(L/E)$ erzeugte Untergruppe von G, und F sei der zugehörige Fixkörper. Als zentrale Erweiterung einer zyklischen Gruppe ist $G(F/K) = G/[G, A]$ dann *abelsch*. Mit F6 folgt

$$(b, L/E)^F = (N_{E/K} b, F/K) = (a, F/K) = 1,$$

also $(b, L/E) \in G(L/F)$. Daher ist $(b, L/E)$ Produkt von Elementen der Form $\varrho(x, L/E)\varrho^{-1}(x, L/E)^{-1}$ mit $\varrho \in G$ und $x \in E^\times$. Nach (22) hat jedes dieser Elemente die Gestalt $(\varrho x, L/E)(x, L/E)^{-1} = (\varrho(x)x^{-1}, L/E)$. Modulo $N_{L/E} L^\times$ ist b also Produkt von Elementen der Form $\varrho(x)x^{-1}$. Da diese sämtlich im Kern von $N_{E/K}$ liegen, führt passende Abänderung von b zu einem $b' \in N_{L/E} E^\times$ mit $N_{E/K}(b') = a$.

Bemerkung: In der Situation von Satz 1 sei E ein Zwischenkörper von L/K. Nach dem lokalen Reziprozitätsgesetz muß es dann genau einen Homomorphismus f geben, der das folgende Diagramm kommutativ macht:

(26)

$$
\begin{array}{ccc}
K^\times/N_{L/K} L^\times & \xrightarrow{\ (\cdot, L/K)\ } & G(L/K)^{ab} \\
\Big\downarrow & & \Big\downarrow{f} \\
E^\times/N_{L/E} L^\times & \xrightarrow{\ (\cdot, L/E)\ } & G(L/E)^{ab}
\end{array}
$$

Wir wollen nicht verschweigen, daß $f = \mathrm{Cor}$ die *Gruppentheoretische Verlagerung* von $G = G(L/K)$ nach $U = G(L/E)$ ist (vgl. §30*, letzte Bemerkung): Sei ψ ein Charakter von U. Mittels explizierter Corestriktionsformeln (vgl. §30*) kann man zeigen, daß ganz allgemein gilt:

Für jedes $a \in K^{\times}$ ist

$$(27) \qquad \mathrm{cor}_{E/K}[L_{\psi}, \sigma_{\psi}, a] = [L_{\chi}, \sigma_{\chi}, a],$$

und zwar mit $\chi := \mathrm{cor}(\psi) = \psi \circ \mathrm{Cor}$. Wendet man dies auf lokale Körper an und beachtet, daß $\mathrm{cor}_{E/K}$ die Hasse-Invariante nicht ändert, so folgt $\psi(a, L/E) = \chi(a, L/K)$ und wegen $\chi = \psi \circ \mathrm{Cor}$ also in der Tat

$$(28) \qquad (a, L/E) = \mathrm{Cor}(a, L/K) \quad \textit{für alle } a \in K^{\times}.$$

$\square$

Als erste bemerkenswerte Konsequenz aus dem *lokalen Reziprozitätsgesetz* (mitsamt dem durch F6 ausgedrückten Verhalten des Normrestsymbols) notieren wir

F8: *Sei E/K eine beliebige Erweiterung lokaler Körper, und $F = E^{ab}$ sei die größte abelsche Teilerweiterung von E/K. Dann gilt*

$$(29) \qquad N_{E/K}E^{\times} = N_{F/K}F^{\times}.$$

Nach Satz 1 ist dann insbesondere $K^{\times} : N_{E/K}E^{\times} < \infty$.

Beweis: Ist E/K galoissch, so folgt die Behauptung wegen der kanonischen Identifizierung $G(E/K)^{ab} = G(E^{ab}/K)$ unmittelbar aus Satz 1 (und F5). Ist E/K separabel, so betrachten wir die normale Hülle L/K von E/K. Aus $a \in N_{F/K}F^{\times}$ folgt zunächst $1 = (a, F/K) = (a, L^{ab}/K)^{F}$, also ist $(a, L^{ab}/K) \in G(L^{ab}/F)$, und wegen $F = E \cap L^{ab}$ sowie der Surjektivität von (23) gibt es daher ein $b \in E^{\times}$ mit $(a, L^{ab}/K) = (b, EL^{ab}/E)^{L^{ab}} = (N_{E/K}b, L^{ab}/K)$, wobei wir zuletzt noch F6 benutzt haben. Aufgrund der Injektivität von (23) unterscheidet sich a von $N_{E/K}b$ nur um einen Faktor aus $N_{L/K}L^{\times} \subseteq N_{E/K}E^{\times}$. Es folgt $N_{F/K}F^{\times} \subseteq N_{E/K}E^{\times}$ und damit (29).

Um die allgemeine Gültigkeit von (29) zu beweisen, ist schließlich noch der Fall einer *rein inseparablen* Erweiterung E/K vom Grade $p = \mathrm{char}\,(K)$ zu betrachten. Hier ist $K^{\times} = N_{E/K}E^{\times}$ zu zeigen. Nun hat E aber (vgl. §25, F2) die Gestalt $E = \mathbb{F}_{q}((X))$. Es folgt $E^{p} = \mathbb{F}_{q}((X^{p})) \subseteq K$ und aus Gradgründen damit $E^{p} = K$. Also ist in der Tat $N_{E/K}E^{\times} = K^{\times}$.

F9: *Sei m eine natürliche Zahl, und K sei ein lokaler Körper, der eine primitive m-te Einheitswurzel enthält. Ist dann L/K mit $L = K(\sqrt[m]{K^{\times}})$ die* *größte Kummererweiterung vom Exponenten* m, *so ist* $L : K < \infty$ *und es gilt*

(30) $N_{L/K} L^\times = K^{\times m}$,

so daß das Normrestsymbol eine kanonische Isomorphie $K^\times / K^{\times m} \simeq G(L/K)$ *vermittelt.*

Beweis: Aufgrund der Voraussetzung ist m nicht durch char (K) teilbar, und §25, Satz 7 liefert die Endlichkeit von $K^\times / K^{\times m}$. Nun ziehen wir die *Kummertheorie* heran (vgl. Band I, §14, Satz 4); wir erhalten $L : K < \infty$ sowie eine kanonische Isomorphie

(31) $K^\times / K^{\times m} \simeq G(L/K)^*$.

Das *lokale Reziprozitätsgesetz* liefert andererseits eine kanonische Isomorphie

(32) $K^\times / N_{L/K} L^\times \simeq G(L/K)$.

Da $G(L/K)$ vom Exponenten m ist, gilt $K^{\times m} \subseteq N_{L/K} L^\times$, und daraus folgt mit Blick auf (31) und (32) die Behauptung (30).

Definition 2: Sei K ein lokaler Körper. Wir bezeichnen mit K_a / K die *größte abelsche Erweiterung* von K (innerhalb eines festen algebraischen Abschlusses von K) und definieren das *Normrestsymbol*

(33) $(\cdot, K) : K^\times \longrightarrow G(K_a/K)$,

indem wir für jeden endlichen Teil L/K von K_a/K einfach $(a, K)^L = (a, L/K)$ setzen. Mit Blick auf F5 ist (33) dann wohldefiniert. Ist L/K ein endlicher Teil von K_a/K, so heiße

(34) $\mathcal{N}_L = N_{L/K} L^\times$

die Normengruppe der endlichen abelschen Erweiterung L/K. Definitionsgemäß ist dann

(35) $\mathcal{D}_K := \bigcap_L \mathcal{N}_L$

der *Kern* von (33). Im Hinblick auf F8 kann $\mathcal{D}_K$ auch als Durchschnitt der Normengruppen *aller endlichen* Erweiterungen E/K angesehen werden. (Im übrigen vgl. man F11 weiter unten.) Eine Untergruppe H von $K^\times$ heißt _Normengruppe_, wenn es eine endliche Erweiterung E/K gibt mit $H = N_{E/K} E^\times$. Wie gesagt, gibt es dann stets auch eine endliche *abelsche* Erweiterung L/K mit $H = \mathcal{N}_L$; man nennt L den *Klassenkörper* zu H (vgl. die leicht zu beweisende Eindeutigkeitsaussage von Satz 2 weiter unten).

F10: *Jede Normengruppe eines lokalen Körpers K ist abgeschlossen in $K^\times$. Da sie (nach F8) auch endlichen Index in $K^\times$ hat, ist sie folglich auch offen. Insbesondere ist daher das Normrestsymbol (33) stetig. Jede Untergruppe H von $K^\times$, die eine Normengruppe enthält, ist selbst eine Normengruppe von K.*

Beweis: 1) Sei E/K endlich und $N = N_{E/K}$. Die Folge $(Ny_n)_n$ mit $y_n \in E$ konvergiere gegen $x \in K^\times$. Da dann die Folge der ganzen Zahlen $w_K(Ny_n)$ gegen $w_K(x)$ konvergiert, dürfen wir gleich $w_K(Ny_n) = w_K(x)$ für *alle* n annehmen. Indem wir y_n durch $y_n y_1^{-1}$ ersetzen, sehen wir, daß wir weiter $x \in U_K$ und daher $y_n \in U_E$ voraussetzen können. Aber U_E ist *kompakt*, also besitzt $(y_n)_n$ einen Häufungspunkt y in U_E. Aus der Stetigkeit von N folgt jetzt $x = Ny$. Also ist $NE^\times$ abgeschlossen in $K^\times$. – Ist H eine abgeschlossene Untergruppe von endlichem Index in der topologischen Gruppe $K^\times$, so ist H als Komplement der Vereinigung der endlich vielen Nebenklassen $aH \neq H$ auch offen.

2) Die Untergruppe H von K enthalte die Normengruppe einer endlichen Erweiterung E/K, die wir o.E. als *abelsch* voraussetzen dürfen. Das Bild $(H, E/K)$ unter dem Normrestsymbol von E/K hat die Gestalt $G(E/L)$ mit einem Zwischenkörper L von E/K. Wegen $N_{E/K}E^\times \subseteq H$ liegt nun ein $a \in K^\times$ genau dann in H, wenn $(a, E/K) \in G(E/L)$ gilt. H besteht also aus allen $a \in K^\times$ mit $1 = (a, E/K)^L = (a, L/K)$. Es folgt $H = N_{L/K}L^\times$. $\square$

Wir nehmen uns nun vor, in Umkehrung von F10 zu zeigen, daß zu jeder offenen Untergruppe H von endlichem Index in $K^\times$ auch eine endliche abelsche Erweiterung L/K mit $H = N_{L/K}L^\times$ gehört. Das wird sich im Falle $\mathrm{char}\,(K) = 0$ als sehr leicht herausstellen. Wir wollen hier aber auch zeigen, wie man im Fall $\mathrm{char}\,(K) > 0$ vorgehen kann, der sich als etwas widerborstig erweist.

Lemma 1: *Ist $m \in \mathbb{N}$ nicht durch $\mathrm{char}\,(K)$ teilbar, so ist $K^{\times m}$ eine Normengruppe des lokalen Körpers K.*

Beweis: Aufgrund der Voraussetzung können wir den Erweiterungskörper K' von K betrachten, der durch Adjunktion einer primitiven m-ten Einheitswurzel aus K entsteht. Nach F9 ist $K'^{\times m}$ Normengruppe einer abelschen Erweiterung E/K'. Wir haben dann

$$N_{E/K}E^\times = N_{K'/K}(N_{E/K'}E^\times) = N_{K'/K}(K'^{\times m}) \subseteq K^{\times m}.$$

Somit enthält $K^{\times m}$ eine Normengruppe von K, ist also nach der letzten Aussage von F10 selbst eine Normengruppe.

Lemma 2: *Im Falle eines lokalen Körpers K mit* $\operatorname{char}(K) = p > 0$ *gilt: Ist* $x \in K^\times$ *Norm bei jeder zyklischen Erweiterung vom Grade p, so ist x eine p-te Potenz in K.*

Beweis: Sei C algebraischer Abschluß von K und $\wp : C \longrightarrow C$ durch $\wp(x) = x^p - x$ definiert. Für $a \in K$ sei α ein Element von C mit $\wp(\alpha) = a$. (Ist auch $\wp(\alpha') = a$, so liegt $\alpha' - \alpha$ im Primkörper $\mathbb{F}_p$ von K.) Entweder ist nun $\alpha \in K$, oder $K(\alpha)/K$ ist eine zyklische Erweiterung vom Grade p. Umgekehrt erhält man jede zyklische Erweiterung vom Grade p auf diese Weise, vgl. Band I, §14, Satz 3. – Wir definieren nun eine Abbildung $(\cdot, \cdot] : K^\times \times K \longrightarrow \mathbb{F}_p$ durch

$$(36) \qquad (b, a] = (b, K(\alpha)/K)\alpha - \alpha \quad \in \mathbb{F}_p,$$

wobei $\alpha \in C$ die Gleichung $\wp(\alpha) = a$ erfülle. Man bestätigt sofort, daß $(\cdot, \cdot]$ wohldefiniert und *bilinear* ist. Ferner: Genau dann ist $(b, a] = 0$, wenn b eine Norm für $K(\alpha)/K$ ist (wobei $\wp(\alpha) = a$). Insbesondere hat man

$$(37) \qquad (a, a] = 0 \quad \text{für jedes } a \in K^\times,$$

denn für $\alpha \notin K$ ist $N_{K(\alpha)/K}\alpha = (-1)^p(-a) = a$. – Zum Beweis von Lemma 2 betrachten wir nun die Menge M der $x \in K^\times$, die $(x, a] = 0$ für alle $a \in K^\times$ erfüllen – oder was auf dasselbe hinausläuft – $(x, ax] = 0$ für alle $a \in K^\times$. Wegen (37) ist

$$(x, ax] + (a, ax] = (ax, ax] = 0,$$

also ist M die Menge der $x \in K^\times$ mit

$$(38) \qquad (a, ax] = 0 \quad \text{für alle } a \in K^\times.$$

Daraus ist nunmehr ersichtlich, daß $M \cup \{0\}$ eine *additive* Untergruppe von K ist. Auf der anderen Seite ist M nach der ersten Beschreibung von M eine Untergruppe von $K^\times$, die $K^{\times p}$ enthält. Insgesamt ist damit $M \cup \{0\}$ als *Zwischenkörper* von K/K^p erkannt. Wegen $K = \mathbb{F}_q((X))$ hat man $K : K^p = p$, so daß $M \cup \{0\}$ entweder mit K^p oder mit K zusammenfällt. Können wir den zweiten Fall ausschließen, so ist Lemma 2 bewiesen. Wird nun aber $M \cup \{0\} = K$ angenommen, so ist die Paarung $(\cdot, \cdot]$ überhaupt trivial und damit die Gleichung $X^p - X = a$ für *jedes* $a \in K$ schon in K lösbar. Das jedoch ist unmöglich, denn es existiert eine unverzweigte Erweiterung L/K vom Grade p. (Alternative Begründung: Ist π ein Primelement von K, so zeigt man durch Anwendung von w_K leicht, daß für kein α aus K die Gleichung $\alpha^p - \alpha = \pi^{-1}$ bestehen kann.)

F11: *Für jeden nicht-archimedischen lokalen Körper K gilt $\mathcal{D}_K = 1$.*

Beweis: 1) Nach Lemma 1 gilt $\mathcal{D}_K \subseteq K^{\times m}$ für alle $m \in \mathbb{N}$ mit char $(K) \nmid m$, – im Falle char $(K) = 0$ also für *alle* m.

2) Es ist $\bigcap_m K^{\times m} = 1$, wie man aus §25, F6 leicht ablesen kann. Wegen 1) ist im Falle char $(K) = 0$ daher $\mathcal{D}_K = 1$.

3) Sei also char $(K) = p > 0$. Zunächst zeigen wir, daß allgemein gilt:

(39) $\qquad\qquad \mathcal{D}_K \subseteq N_{F/K} \mathcal{D}_F \quad$ für jedes endliche F/K.

Sei $x \in \mathcal{D}_K$. Zu vorgelegtem endlichen L/F existiert dann ein $z \in L^\times$ mit $x = N_{L/K}z = N_{F/K}(N_{L/F}z)$, d.h. es ist $X_L := N_{F/K}^{-1}(x) \cap N_{L/F}L^\times \neq \emptyset$. Offenbar ist $N_{F/K}^{-1}(x)$ *kompakt* und wegen F10 daher auch jedes X_L. Der Durchschnitt endlich vieler X_L ist nicht-leer, also ist aus Kompaktheitsgründen der Durchschnitt über *alle* L nicht-leer. Für ein Element y im Durchschnitt ist aber $N_{F/K}y = x$ und $y \in \mathcal{D}_F$.

4) Sei $x \in \mathcal{D}_K$. Nach Lemma 2 ist dann $x = y^p$ mit einem $y \in K^\times$. Wir behaupten, daß auch y in $\mathcal{D}_K$ liegt, so daß also

(40) $\qquad\qquad\qquad\qquad \mathcal{D}_K = \mathcal{D}_K^p$

gilt. In der Tat: Für jedes endliche F/K hat man wegen (39) zunächst $x = N_{F/K}z$ mit einem $z \in \mathcal{D}_F$. Wieder nach Lemma 2 ist dann $z = t^p$ mit $t \in F^\times$. Aus $y^p = x = N_{F/K}z = (N_{F/K}t)^p$ folgt $y = N_{F/K}t$. Also ist y Norm für jedes endliche F/K, d.h. $y \in \mathcal{D}_K$.

5) Aus (40) folgt nun $\mathcal{D}_K \subseteq K^{\times p^n}$ für alle n. Wegen 1) muß dann aber $\mathcal{D}_K \subseteq K^{\times m}$ für alle natürlichen Zahlen m gelten. Es folgt $\mathcal{D}_K = 1$, vgl. 2).

F12: *Sei K_u/K die größte unverzweigte Erweiterung des lokalen Körpers K, d.h. die Vereinigung aller endlichen unverzweigten Erweiterungen von K (innerhalb eines festgelegten algebraischen Abschlusses von K). Wir können K_u/K als Teil von K_a/K auffassen. Per Einschränkung vermittelt dann das Normrestsymbol (33) von K einen <u>topologischen Isomorphismus</u>*

(41) $\qquad\qquad\qquad U_K \longrightarrow G(K_a/K_u)$.

Beweis: Für jedes endliche unverzweigte E/K und jedes $x \in U_K$ gilt $(x, K)^E = (x, E/K) = 1$, vgl. F4. Also wird U_K bei (33) wirklich in $G(K_a/K_u)$ abgebildet. Sei nun α ein Element von K_a, das unter allen (x, K) mit $x \in U_K$ invariant ist. Setze $L = K(\alpha)$, und sei $L_0 = L \cap K_u$ der größte unverzweigte Teil von L/K. Für jede Einheit y von L_0 ist $x = N_{L_0/K}y$ eine Einheit von K und daher

$$(y, L/L_0) = (x, L/K) = 1.$$

Nun ist L/L_0 aber *rein verzweigt*, d.h. Anwendung von N_{L/L_0} auf ein Primelement von L liefert ein Primelement von L_0. Also ist $(y, L/L_0) = 1$ für *alle* $y \in L_0^\times$ und daher $L = L_0$. Es folgt $\alpha \in K_u$. Insgesamt haben wir somit gezeigt, daß das Bild von (41) *dicht* in $G(K_a/K_u)$ ist. Nun ist $(\cdot, K)$ aber *stetig* (F10), und U_K ist kompakt, also ist (41) surjektiv. Die Injektivität von (41) folgt aus F11. Da beide Gruppen in (41) kompakt sind, ist die bijektive stetige Abbildung (41) auch *offen*.

SATZ 2 ('lokaler Existenzsatz'): *Sei K ein lokaler Körper. Die Abbildung*

$$(42) \qquad L \longmapsto \mathcal{N}_L = N_{L/K} K^\times$$

vermittelt eine Bijektion zwischen den endlichen abelschen Erweiterungen L/K von K (innerhalb eines festen algebraischen Abschlusses von K) und den offenen Untergruppen H von $K^\times$ mit $K^\times : H < \infty$. Dabei gilt:

$$L \subseteq L' \iff \mathcal{N}_{L'} \subseteq \mathcal{N}_L .$$

Im Falle $\mathrm{char}\,(K) = 0$ *ist jede Untergruppe H mit $K^\times : H < \infty$ offen.*

Beweis: 1) Nach F10 ist jedes $\mathcal{N}_L$ offen und von endlichem Index in $K^\times$.
2) Seien L/K und L'/K beliebige endliche Teile von K_a/K. Aus dem Reziprozitätsgesetz ergibt sich dann sofort

$$(43) \qquad \mathcal{N}_{LL'} = \mathcal{N}_L \cap \mathcal{N}_{L'} .$$

Speziell ist $\mathcal{N}_{L'} \subseteq \mathcal{N}_L$ mit $\mathcal{N}_{LL'} = \mathcal{N}_{L'}$ äquivalent. Letzteres aber ist – wieder nach dem Reziprozitätsgesetz – gleichbedeutend mit $LL' = L'$, also mit $L \subseteq L'$.

3) Sei H eine Untergruppe von $K^\times$ mit $K^\times : H = m < \infty$. Dann ist $K^{\times m} \subseteq H$. Gilt $\mathrm{char}\,(K) \nmid m$, so ist $K^{\times m}$ eine Normengruppe (Lemma 1) und folglich auch H (vgl. F10). Für $\mathrm{char}\,(K) = 0$ ist damit schon alles bewiesen.

4) Sei jetzt also $\mathrm{char}\,(K) = p > 0$. Wir setzen $H_0 = H \cap U_K$. Mit H ist auch H_0 *offen*. Das Bild von H_0 unter dem *Isomorphismus* (41) hat daher nach der Galoistheorie die Gestalt $G(K_a/F)$ mit $F : K_u < \infty$. Wegen $F \subseteq K_a$ existiert also ein endlicher Teil L/K von K_a/K mit $F = K_u L$. Für jedes $a \in U_K \cap N_{L/K} L^\times$ ist (a, K) dann sowohl auf K_u als auch auf L trivial, und daher gilt $(a, K) \in G(K_a/F)$. Es folgt

$$(44) \qquad U_K \cap N_{L/K} L^\times \subseteq H_0 .$$

Zur Abkürzung setzen wir $\mathcal{N} = N_{L/K} L^\times$. Wegen (44) ist dann

$$(45) \qquad \mathcal{N} \cap (\mathcal{N} \cap H) U_K \subseteq H ,$$

und es genügt, $(\mathcal{N} \cap H)U_K$ als Normengruppe zu erweisen, vgl. (43) sowie nochmals F10. Mit $\mathcal{N}$ und H hat auch $\mathcal{N} \cap H$ endlichen Index in $K^\times$. Es gibt daher ein $f \in \mathbb{N}$ mit $\pi^f \in \mathcal{N} \cap H$, wobei π ein Primelement von K bezeichne. Es ist dann $<\pi^f> U_K$ in $(\mathcal{N} \cap H)U_K$ enthalten, und daher reicht es sicherzustellen, daß $<\pi^f> U_K$ eine Normengruppe ist. Dies aber ist klar, denn offenbar ist $<\pi^f> U_K$ die Normengruppe zu der unverzweigten Erweiterung vom Grade f (vgl. F4).

F13: *Jede Normengruppe $\mathcal{N}$ eines lokalen Körpers K mit Primelement π enthält eine Normengruppe der Gestalt $<\pi^f> \times U_K^{(m)}$.*

Beweis: Da $\mathcal{N}$ offen in $K^\times$ ist, gibt es ein m mit $U_K^{(m)} \subseteq \mathcal{N}$. Weil $K^\times : \mathcal{N}$ endlich ist, gibt es ein f mit $\pi^f \in \mathcal{N}$. Somit enthält $\mathcal{N}$ eine Untergruppe der genannten Gestalt. Jede solche ist nun aufgrund von Satz 2 selbst eine Normengruppe; genauer erhält man sie mit

$$(46) \qquad <\pi^f> \times U_K^{(m)} = (<\pi^f> \times U_K) \cap (<\pi> \times U_K^{(m)})$$

als Durchschnitt zweier Normengruppen speziellerer Gestalt; dabei ist $<\pi^f> \times U_K$ die Normengruppe zu der *unverzweigten Erweiterung* $K(\zeta_{q^f-1})/K$ vom Grade f, und $<\pi> \times U_K^{(m)}$ ist die Normengruppe zu einer *gewissen rein verzweigten Erweiterung* $K_{\pi,m}/K$ *vom Grade* $(q-1)q^{m-1}$. – Eine weitergehende Beschreibung der $K_{\pi,m}/K$, die sich als nächste Aufgabe stellt, müssen wir uns hier versagen (und verweisen auf *Neukirch: Class Field Theory*, S. 63). Für den Fall $K = \mathbb{Q}_p$ aber zeigen wir

F14: *Es ist $<p> \times U_{\mathbb{Q}_p}^{(m)}$ die Normengruppe von $\mathbb{Q}_p(\zeta_{p^m})/\mathbb{Q}_p$.*

Beweis: Wir setzen $K = \mathbb{Q}_p$, $U = U_K$ und $L = \mathbb{Q}_p(\zeta)$ mit einer primitiven p^m-ten Einheitswurzel ζ. Wie wir in dem Beispiel am Schluß von §24 festgestellt haben, ist L/K rein verzweigt vom Grade $n = p^{m-1}(p-1)$, und man hat $p = N_{L/K}(1 - \zeta)$. Zum Beweis von F14 ist

$$(47) \qquad\qquad U^{(m)} \subseteq \mathcal{N}_L$$

zu zeigen. Dann ist nämlich auch $H := <p> \times U^{(m)} \subseteq \mathcal{N}_L$, und wegen $K^\times = <p> \times W_{p-1} \times U^{(1)}$ für $p \neq 2$ bzw. $K^\times = <p> \times <-1> \times U^{(2)}$ für $p = 2$ hat $K^\times/H$ die Ordnung $(p-1)p^{m-1} = n = K^\times : \mathcal{N}_L$.

Zum Beweis von (47) betrachten wir zuerst den Fall $p \neq 2$. Trivialerweise ist $U^{(1)n} \subseteq \mathcal{N}_L$. Nach §25 (vgl. insbesondere F9) gilt nun aber

$$U^{(1)n} = U^{(1)(p-1)p^{m-1}} = U^{(1)p^{m-1}} = U^{(m)}.$$

Im Falle $p = 2$ (und o.E. $m \geq 2$) erhält man zunächst nur

$$U^{(2)2^{m-2}} = U^{(m)}, \quad \text{also} \quad U^{(2)n} = U^{(m+1)}.$$

Wegen $U^{(2)} = 5^{\mathbb{Z}_2}$ (vgl. §25, F11) ist dann $5^{2^{m-2}} \in U^{(m)} \setminus U^{(m+1)}$. Können wir also $5^{2^{m-2}}$ als Norm von L/K erweisen, so sind wir fertig (denn $U^{(m)} : U^{(m+1)} = 2$). Nun ist aber tatsächlich

$$N_{L/K}(2 + i) = N_{\mathbb{Q}_p(i)/\mathbb{Q}_p}(2 + i)^{2^{m-2}} = 5^{2^{m-2}}.$$

SATZ 3: *Jede endliche* _abelsche_ *Erweiterung* $E/\mathbb{Q}_p$ *ist Teil einer Erweiterung* $\mathbb{Q}_p(\zeta)/\mathbb{Q}_p$ *mit einer geeigneten Einheitswurzel* ζ. *Anders ausgedrückt: Die größte abelsche Erweiterung von* $\mathbb{Q}_p$ *entsteht durch Adjunktion aller Einheitswurzeln.*

Beweis: Mit Blick auf Satz 2 und F13 ist E enthalten im Klassenkörper L zu einer Gruppe der Gestalt (46). Wegen F14 ist L aber das Kompositum der Körper $\mathbb{Q}_p(\zeta_{p^f-1})$ und $\mathbb{Q}_p(\zeta_{p^m})$, d.h. es ist $L = \mathbb{Q}_p(\zeta)$ mit einer Einheitswurzel ζ der Ordnung $(p^f - 1)p^m$.

Bemerkung: Satz 3 ist eine lokale Version des berühmten *Satzes von Kronecker-Weber* (vgl. Band I, S. 311), wonach die entsprechende Aussage für den Körper $\mathbb{Q}$ anstelle von $\mathbb{Q}_p$ gilt. Dieser Satz findet heute in der *globalen Klassenkörpertheorie* seinen natürlichen Platz (vgl. *F. Lorenz*, Algebraische Zahlentheorie, S. 273). Es sei aber erwähnt, daß man seinen Beweis auch mit relativ bescheidenen Mitteln der algebraischen Zahlentheorie auf die in Satz 3 gemachte lokale Aussage zurückführen kann (vgl. etwa *J. Neukirch*, Class Field Theory, S. 46).

§ 33

Halbeinfache Darstellungen endlicher Gruppen

1. Definition 1: a) Seien A eine K-Algebra und V ein K-Vektorraum. Unter einer _Darstellung von A in V_ versteht man einen K-Algebrenhomomorphismus

$$T : A \longrightarrow \mathrm{End}_K(V)$$

von A in die K-Algebra $\mathrm{End}_K(V)$. Ist $V : K < \infty$, so heißt T eine Darstellung endlichen Grades und $V : K$ der _Grad_ von T; die Funktion, welche jedem $a \in A$ die Spur von $T(a)$ zuordnet, heißt der _Charakter_ von T; wir bezeichnen diesen mit χ_V, χ_T oder einfach nur χ. Es ist also

$$\chi(a) = \mathrm{Spur}\, T(a) \quad \text{für } a \in A.$$

Ist $\mathrm{char}(K) = 0$, so ist $\chi(1)$ der Grad von T.

b) Eine beliebige Darstellung T von A in V macht V in natürlicher Weise zu einem _A-Modul_, indem man setzt:

$$av = T(a)v.$$

Man nennt diesen Modul auch den _(Darstellungs-)_ Modul von T. Umgekehrt: Ist A eine K-Algebra und V ein A-Modul, so ist die Abbildung $a \mapsto a_V$, welche jedem $a \in A$ die Linksmultiplikation a_V von V mit a zuordnet, eine Darstellung von A in V. _In diesem Sinne laufen also Darstellungen einer K-Algebra A und A-Moduln auf dasselbe hinaus._ Es erweist sich als zweckmäßig, beide Sprechweisen – die darstellungstheoretische und die modultheoretische – nebeneinander zu verwenden und jeweils frei von der einen zur anderen überzugehen: Eine Darstellung von A in V heißt _irreduzibel_, wenn V ein einfacher (irreduzibler) A-Modul ist.

Sie heißt *vollständig reduzibel* (oder *halbeinfach*), wenn ihr Darstellungsmodul halbeinfach ist (vgl. §28). Zwei Darstellungen T, T' von A in V, V' heißen *äquivalent* (oder *isomorph*), wenn die A-Moduln V, V' isomorph sind, also ein K-Isomorphismus $\varphi : V \longrightarrow V'$ existiert mit

(1) $$T'(a) = \varphi \circ T(a) \circ \varphi^{-1} \quad \text{für alle } a \in A.$$

Die Darstellung $T = T_{\text{reg}}$ von A, die zum A-Modul A_l gehört, heißt die *reguläre Darstellung* von A. Ist $A : K < \infty$, so heißt ihr Charakter $\chi = \chi_{\text{reg}} = \chi_A$ der *reguläre Charakter* von A. (Mit den Bezeichnungen von Band I, S. 165) ist also $\chi_{\text{reg}} = S_{A/K}$.) Im übrigen: Einen *Charakter* χ von A wollen wir *irreduzibel* nennen, wenn χ Charakter einer irreduziblen Darstellung von A ist.

c) Seien A-Moduln V, W gegeben und T, S die zugehörigen Darstellungen. Man sagt, S sei eine *Teildarstellung* von T, wenn W ein *Teilmodul* des A-Moduls V ist. Ist der A-Modul V direkte Summe $V = V_1 \oplus \ldots \oplus V_m$ der A-Moduln V_i und bezeichnen $T, T_1, \ldots, T_m$ die zugehörigen Darstellungen, so heißt T die (direkte) *Summe der Darstellungen* $T_1, \ldots, T_m$; man schreibt dann $T = T_1 + \ldots + T_m$. Im Falle $V_i : K < \infty$ für alle i gilt für die zugehörigen Charaktere

(2) $$\chi_{V_1 \oplus \ldots \oplus V_m} = \chi_{V_1} + \ldots + \chi_{V_m}.$$

Schließlich: Seien V und N A-Moduln, T und S ihre Darstellungen. Ist S *irreduzibel* und T *halbeinfach*, so sagt man, T enthalte S *r-mal*, wenn die *isogene Komponente* des Typs N von V die *Länge r* hat, also $V : N = r$ gilt (vgl. §28, F19).

Bemerkung: Die Endomorphismenalgebra des K-Vektorraumes K^n kann kanonisch mit der Matrixalgebra $M_n(K)$ identifiziert werden. Eine Darstellung T einer K-Algebra A in K^n ist dann ein K-Algebrenhomomorphismus

$$T : A \longrightarrow M_n(K)$$

(und umgekehrt). Man spricht dann von einer *Matrixdarstellung* des Grades n der K-Algebra A. Eine beliebige Darstellung des Grades n von A ist offenbar äquivalent zu einer Matrixdarstellung des Grades n von A.

Definition 2: Sei V ein K-Vektorraum. Unter einer *Darstellung einer Gruppe G in V* versteht man einen Homomorphismus

$$T : G \longrightarrow GL(V)$$

von G in die Automorphismengruppe des K-Vektorraumes V. □

Wir wollen zeigen, daß sich der Begriff der Darstellung einer Gruppe auf natürliche Weise unter den in Def. 1 für Algebren schon eingeführten Begriff subsumieren läßt. Dazu betrachten wir die *Gruppenalgebra KG der Gruppe G über dem Körper K* (vgl. Band I, S. 76). Jedes Element a aus KG hat die Gestalt

$$(3) \qquad a = \sum_{g \in G} a_g g$$

mit eindeutig bestimmten Koeffizienten $a_g \in K$, welche für fast alle g gleich 0 sind. Die Elemente $g \in G$ bilden also eine K-Basis von KG, und *als K-Vektorraum* ist KG isomorph zum K-Vektorraum $K^{(G)}$ aller Funktionen $f : G \to K$, die auf fast allen $g \in G$ verschwinden. Die Multiplikation der K-Algebra KG ist dadurch gegeben, daß die in G schon gegebene Multiplikation $(g,h) \longmapsto gh$ distributiv fortgesetzt wird:

$$\left(\sum_g a_g g \right) \left(\sum_g b_g g \right) = \sum_{g,h} a_g b_h gh \,.$$

Schreibt man das Element auf der rechten Seite wieder in der kanonischen Form (3), so erhält man

$$(4) \qquad \left(\sum_g a_g g \right) \left(\sum_g b_g g \right) = \sum_g \left(\sum_t a_{gt^{-1}} b_t \right) g \,.$$

In dem Modell $K^{(G)}$ von KG läuft also die Multiplikation auf die '*Faltung von Funktionen*' hinaus: $(a * b)(g) = \sum_t a(gt^{-1}) b(t)$.

F1: *Jede Darstellung T einer Gruppe G in einen K-Vektorraum V definiert per linearer Fortsetzung eine – wieder mit T bezeichnete – Darstellung der Gruppenalgebra KG in V:*

$$T \left(\sum_g a_g g \right) := \sum_g a_g T(g) \,.$$

Umgekehrt: Ist T eine Darstellung der K-Algebra KG in V, so erhalten wir per Einschränkung eine Darstellung der Gruppe G in V, die wir ebenfalls mit T bezeichnen. Falls V endlich-dimensional ist, betrachten wir auch den Charakter der Darstellung T von KG oft nur als Funktion $\chi : G \longrightarrow K$. Information geht dabei nicht verloren, denn es ist ja

$$\chi \left(\sum_g a_g g \right) = \sum_g a_g \chi(g) \,.$$

Definition 3: Sei G eine Gruppe. Die Darstellungen von G in Vektorräume über einem gegebenen Körper K heißen die $\underline{K\text{-}Darstellungen}$ von G, ihre Charaktere die $\underline{K\text{-}Charaktere}$ von G.

Für jeden Körper K entsprechen die K-Darstellungen von G also umkehrbar eindeutig den Darstellungen der Gruppenalgebra KG und damit wiederum den KG-Moduln.

Für die Gruppenalgebra KG hat man immer die sogenannte 1-*Darstellung* (oder *triviale Darstellung*) von KG, vermittelt durch den trivialen KG-Modul K, welcher durch $gx = x$ für alle $g \in G$, $x \in K$ charakterisiert ist. (Für ein beliebiges Element a von KG wie in (3) gilt also $ax = \left(\sum_g a_g \right) x$ für alle $x \in K$.) Die zugehörige K-Darstellung von G ist der 1-Homomorphismus $G \longrightarrow K^\times = GL(1, K)$. Der Charakter der 1-Darstellung von KG heißt der 1-*Charakter* von KG; für ihn gilt $\chi(g) = 1$ für alle $g \in G$. Natürlich ist der 1-Charakter stets irreduzibel. □

Ein weiterer wichtiger Zug der Darstellungen von *Gruppen* ist der folgende: Seien V_1, V_2 KG-Moduln mit zugehörigen Darstellungen T_1, T_2. Dann erhält man eine Darstellung $T = T_1 \otimes T_2$ von G in $V_1 \otimes_K V_2$, indem man jedem $g \in G$ den Endomorphismus $T(g) := T_1(g) \otimes T_2(g)$ von $V_1 \otimes_K V_2$ zuordnet (vgl. (iii) in 6.11). Als KG-Modul ist $V_1 \otimes_K V_2$ dann durch

$$(5) \qquad g(x_1 \otimes x_2) = gx_1 \otimes gx_2$$

festgelegt. Für die zugehörigen Charaktere (betrachtet als Funktionen auf G) gilt

$$(6) \qquad \chi_{V_1 \otimes_K V_2} = \chi_{V_1} \cdot \chi_{V_2}.$$

Die folgende simple Tatsache wird sich als bedeutsam erweisen:

F2: *Sei G eine endliche Gruppe der Ordnung n. Der Charakter $\varrho = \chi_{KG}$ der regulären Darstellung von KG ist gegeben durch*

$$(7) \qquad \varrho(g) = \begin{cases} n & \text{für} \quad g = 1 \\ 0 & \text{für} \quad g \neq 1 \end{cases}$$

Beweis: Seien $g_1, g_2, \ldots, g_n$ die Elemente von G, und bezeichne T die reguläre Darstellung von KG. Dann gilt $T(g)g_i = gg_i$. Für $g \neq 1$ ist $gg_i = g_j \neq g_i$ und folglich $\operatorname{Spur}(T(g)) = 0$. Auf der anderen Seite ist $\varrho(1) = n$ der Grad von T. – Man beachte, daß n in (7) als Element von K aufgefaßt werden muß, also auch 0 sein kann. □

Untersuchen wir einmal das *Zentrum* $Z(KG)$ der Gruppenalgebra KG. Ein Element a der Gestalt (3) liegt genau dann in $Z(KG)$, wenn für alle $x \in G$ gilt: $ax = xa$, also $x^{-1}ax = a$. Per Koeffizientenvergleich ist dies äquivalent mit $a_{xgx^{-1}} = a_g$ für alle $g, x \in G$, d.h. die Funktion $f : g \longmapsto a_g$ ist *konstant auf jeder Konjugationsklasse*

$$[g] = \{xgx^{-1} \mid x \in G\}$$

von G. Bezeichnet man daher mit $k_g = k_{[g]}$ die folgendermaßen definierten Elemente von KG:

(8) $\qquad k_{[g]} = \sum_{t \in [g]} t \qquad$ *" Klassensumme von* $[g]$ *"*

– Endlichkeit der Konjugationsklasse $[g]$ dabei vorausgesetzt –, so gilt:

F3: *Sind* $c_1, c_2, \ldots, c_h$ *die verschiedenen Konjugationsklassen einer endlichen Gruppe* G, *so bilden die Klassensummen* $k_{c_1}, k_{c_2}, \ldots, k_{c_h}$ *eine* K-*Basis des Zentrums* $Z(KG)$ *von* KG.

Definition 4: Eine Funktion $f : G \longrightarrow K$ aus $K^{(G)}$ heißt *Klassenfunktion* (oder *zentrale Funktion*) *von* G *mit Werten in* K, *wenn* f *auf jeder Konjugationsklasse von* G *konstant ist, also* $f(xgx^{-1}) = f(g)$ *für alle* $x, g \in G$ *gilt. Die Menge dieser Funktionen bildet unter punktweiser Addition und Multiplikation der Funktionswerte eine* K-*Algebra, die wir mit*

(9) $\qquad\qquad Z_K(G) = Z_K G$

bezeichnen. Ihr Einselement ist der 1-*Charakter* von KG, den wir mit 1_G bezeichnen.

Als K-Vektorräume können wir die Teilalgebra $Z_K G$ von $K^{(G)}$ mit dem Zentrum von KG identifizieren, doch die Multiplikation in $Z_K G$ und $Z(KG)$ ist wesentlich verschieden: In $Z_K G$ ist sie wie gesagt durch Multiplikation der Funktionswerte gegeben, in $Z(KG)$ als Teilalgebra von KG hingegen durch die *Faltung* gemäß (4).

Jeder K-Charakter χ von G gehört zu $Z_K G$, ist also eine Klassenfunktion:

(10) $\qquad \chi(xgx^{-1}) = \chi(g) \quad$ für alle $x, g \in G$.

Ist nämlich T eine Darstellung mit Charakter χ, so gilt $\mathrm{Spur}\, T(xgx^{-1}) = \mathrm{Spur}\, T(x)T(g)T(x)^{-1} = \mathrm{Spur}\, T(g)$. Im übrigen ist das Produkt $\chi_1 \chi_2$ in $Z_K G$ von K-Charakteren χ_1 und χ_2 von G wieder ein K-Charakter von G, vgl. (6). Die Menge

(11) $\qquad\qquad X_K(G)$

aller $\mathbb{Z}$-Linearkombinationen von K-Charakteren χ von G ist folglich ein Teilring (eine $\mathbb{Z}$-Teilalgebra) von $Z_K G$. Man nennt $X_K(G)$ den *K-Charakterring von* G. Die Elemente von $X_K(G)$ heißen *verallgemeinerte K-Charaktere von* G; jeder solche ist offenbar eine Differenz $\chi - \chi'$ von *'eigentlichen'* Charakteren χ, χ' (d.h. Charakteren von K-Darstellungen von G).

F4: *Sei χ Charakter einer Gruppe G (d.h. χ ist Charakter einer Darstellung T endlichen Grades d von G in einem Vektorraum über einem Körper K). Sei $g \in G$ und gelte $g^m = 1$. Dann ist $\chi(g)$ eine d-fache Summe von m-ten Einheitswurzeln (aus einem algebraischen Abschluß C von K).*

Beweis: Seien $\varepsilon_1, \ldots, \varepsilon_d$ die Eigenwerte von $T(g)$, d.h. die Nullstellen des charakteristischen Polynoms des Endomorphismus $T(g)$ in C (notiert gemäß Vielfachheiten). Dann ist $\chi(g) = \varepsilon_1 + \ldots + \varepsilon_d$. Wegen $T(g)^m = T(g^m) = 1 = id_V$ ist $\varepsilon_i^m = 1$ für jedes i. – Als Übungsaufgabe zeige man: Ist χ ein $\mathbb{C}$-Charakter einer endlichen Gruppe G, so gilt

$$(12) \qquad \chi(g^{-1}) = \overline{\chi(g)} \quad \text{für alle } g \in G.$$

$\square$

Ehe wir das Studium der Gruppenalgebren fortsetzen, wollen wir einige Grundbegriffe zum Verhalten von Darstellungen bei Konstantenerweiterung allgemein für Algebren formulieren:

Definition 5: Sei $T : A \longrightarrow \text{End}_K(V)$ eine Darstellung der K-Algebra A. Für jede Körpererweiterung E/K erhält man dann per *Konstantenerweiterung* eine Darstellung

$$T^E : A_E = A \otimes_K E \longrightarrow \text{End}_K(V) \otimes_K E = \text{End}_E(V \otimes_K E).$$

Der Darstellungsmodul $V_E = V \otimes_K E$ von T^E ist gekennzeichnet durch $(a \otimes \alpha)(v \otimes \beta) = av \otimes \alpha\beta$. Für eine Matrixdarstellung $T : A \longrightarrow M_n(K)$ ist $T^E(a) = T(a)$ für $a \in A$, wobei wir A als Teil von $A \otimes E$ und $M_n(K)$ als Teil von $M_n(E)$ auffassen. Für die Charaktere χ, χ^E von T, T^E gilt allgemein $\chi^E(a) = \chi(a)$ für $a \in A$; wir bezeichnen daher χ^E auch einfach mit χ.

Die Darstellung T (bzw. der A-Modul V) heißt *absolut-irreduzibel*, wenn für *jede* Erweiterung E/K der A_E-Modul V_E irreduzibel ist. Trivialerweise ist z.B. jede Darstellung vom Grad 1 absolut-irreduzibel. Wir sprechen von einem *absolut-irreduziblen Charakter* χ der K-Algebra A, wenn χ zu einer absolut-irreduziblen Darstellung von A gehört.

F5: *Sei T eine Darstellung endlichen Grades der K-Algebra A in V. Genau dann ist T absolut-irreduzibel, wenn $T(A) = \text{End}_K(V)$. Wird T als halbeinfach vorausgesetzt, sind beide Eigenschaften äquivalent zu $\text{End}_A(V) = K$. Ist T irreduzibel und K algebraisch abgeschlossen, so ist T absolut-irreduzibel.*

Beweis: Ist $T(a) = \mathrm{End}_K(V)$, so für jedes E/K auch $T^E(A_E) = \mathrm{End}_E(V_E)$ und somit V_E offenbar irreduzibel. Umgekehrt: Ist $T(A) \neq \mathrm{End}_K(V)$, so auch $T^E(A_E) \neq \mathrm{End}_E(V_E)$. Dies gilt insbesondere für einen algebraischen Abschluß E von K; ist für einen solchen aber V_E irreduzibel, so muß $T^E(A_E) = \mathrm{End}_E(V_E)$ gelten (vgl. §29, F11).

Aus $T(A) = \mathrm{End}_K(V)$ folgt stets $\mathrm{End}_A(V) = K$. Sei umgekehrt $\mathrm{End}_A(V) = K$ vorausgesetzt. Im Falle eines halbeinfachen A-Moduls V ist dann jedoch $T : A \longrightarrow \mathrm{End}_K(V)$ surjektiv (vgl. etwa §28, F20).

Definition 6: Wir sagen, der Erweiterungskörper E von K sei ein *Zerfällungskörper der K-Algebra A*, wenn alle irreduziblen Darstellungen der E-Algebra $A_E = A \otimes_K E$ absolut-irreduzibel sind. Ist K Zerfällungskörper der Gruppenalgebra KG einer Gruppe G über K, so nennen wir K auch einen *Zerfällungskörper der Gruppe G*. – (Im Falle einer zentraleinfachen K-Algebra A steht die Definition im Einklang mit Def. 8 in §29.)

F6: *Sei A eine kommutative K-Algebra. Dann hat jede absolut-irreduzible Darstellung endlichen Grades von A den Grad 1. Die folgenden Aussagen sind also äquivalent:*

(i) *K ist ein Zerfällungskörper von A*

(ii) *Jede irreduzible K-Darstellung endlichen Grades von A ist vom Grad 1.*

Da eine Gruppenalgebra einer abelschen Gruppe kommutativ ist, gelten die obigen Behauptungen entsprechend, wenn A in ihnen eine beliebige abelsche Gruppe bezeichnet.

Beweis: Klar nach F5. –

Definition 7: Sei KG die Gruppenalgebra der *endlichen Gruppe G* über dem Körper K. Eine besondere Rolle spielt dann das Element

$$N_G := \sum_{g \in G} g$$

von KG. Ist V ein KG-Modul, so bezeichnen wir mit N_G auch die Multiplikation der Elemente x aus V mit dem Element $N_G \in KG$, also

$$N_G x = \sum_{g \in G} gx \quad \text{für } x \in V.$$

Die Abbildung $N_G : V \longrightarrow V$ heißt *Normabbildung*. – Der Teilmodul $V^G = \{x \in V \mid gx = x \text{ für alle } g \in G\}$ der *Fixelemente* von V unter G heißt der *Fixmodul von V unter G*. Die zu V^G gehörige Darstellung von G ist die $(V^G : K)$-fache Summe der 1-Darstellung von G, ihr Charakter also $(V^G : K)1_G$. Für jedes $x \in V$ ist $N_G x \in V^G$. Hierin liegt vor allem die Bedeutung von N_G.

Sind V, W beliebige KG-Moduln, so ist auch $\operatorname{Hom}_K(V, W)$ in natürlicher Weise ein KG-Modul: Für jede lineare Abbildung $F : V \longrightarrow W$ definiere gF für $g \in G$ durch

$$(gF)(x) = gF(g^{-1}x).$$

Wie aus den Definitionen sofort hervorgeht, gilt

(13) $$\operatorname{Hom}_K(V, W)^G = \operatorname{Hom}_{KG}(V, W),$$

d.h. *die KG-Homomorphismen $V \longrightarrow W$ sind gerade die Fixelemente des KG-Moduls $\operatorname{Hom}_K(V, W)$.*

F7: *Sei G eine endliche Gruppe der Ordnung n. Wir setzen voraus, daß n nicht durch die Charakteristik von K teilbar ist. Für jede exakte Sequenz $0 \to X \to Y \overset{p}{\to} Z \to 0$ von KG-Moduln ist dann auch die zugehörige Sequenz*

$$0 \to X^G \to Y^G \to Z^G \to 0$$

der Fixmoduln exakt.

Beweis: Fraglich ist nur die Surjektivität von $Y^G \longrightarrow Z^G$. Sei $z \in Z^G$. Es gibt ein $y \in Y^G$ mit $z = p(y)$. Wegen $z \in Z^G$ und $n \in K^\times$ ist

$$z = \frac{1}{n}N_G z = \frac{1}{n}N_G p(y) = p\left(\frac{1}{n}N_G y\right) \in p(Y^G).$$

F8: *V, W seien KG-Moduln endlicher Dimension über K und χ_V, χ_W die zugehörigen Charaktere. Dann gelten:*

a) *Zu dem KG-Modul $V^* = \operatorname{Hom}_K(V, K)$ gehört der Charakter $\chi_{V^*}(g) = \chi_V(g^{-1})$ von G.*

b) *Zu dem KG-Modul $M = \operatorname{Hom}_K(V, W)$ gehört der Charakter $\chi_M(g) = \chi_V(g^{-1})\chi_W(g)$ von G. (denn die kanonische Isomorphie $V^* \otimes W \simeq \operatorname{Hom}_K(V, W)$ von K-Vektorräumen ist eine Isomorphie der KG-Moduln).*

Der Nachweis dieser einfachen, aber wichtigen Tatsachen sei dem Leser überlassen, ebenso wie der Beweis der folgenden Feststellung.

F9: *Seien G eine endliche Gruppe der Ordnung n, K ein Körper mit $\operatorname{char}(K) \nmid n$. Ist dann χ Charakter zu dem KG-Modul M, so besteht für die Dimension des Fixmoduls M^G von M die Gleichung*

(14) $$M^G : K = \frac{1}{n} \sum_{g \in G} \chi(g). \quad [1]$$

---

[1]Dabei ist die linke Seite von (14) als Element von K aufzufassen, so daß die Dimension von M^G nur modulo $\operatorname{char}(K)$ beschrieben wird.

2. Nun kommen wir zu einem Sachverhalt, der für die Darstellungstheorie endlicher Gruppen grundlegend ist.

F10: *Sei G eine endliche Gruppe der Ordnung n. Unter der Voraussetzung, daß n nicht durch die Charakteristik des Körpers K teilbar ist, gilt: Jeder Teilmodul W eines KG-Moduls V ist direkter Summand von V.*

Beweis: Die exakte Sequenz $0 \to W \to V \to V/W \to 0$ von KG-Moduln vermittelt in natürlicher Weise die Sequenz

$$0 \to \operatorname{Hom}_K(V/W, W) \to \operatorname{Hom}_K(V, W) \to \operatorname{Hom}_K(W, W) \to 0$$

von KG-Moduln, und diese ist offenbar exakt. Nach F7 ist dann auch die zugehörige Folge der Fixmoduln exakt. Mit Blick auf (13) erhält man daraus die *Surjektivität* von

$$\operatorname{Hom}_{KG}(V, W) \longrightarrow \operatorname{Hom}_{KG}(W, W)$$

Insbesondere gibt es also zur identischen Abbildung $id : W \longrightarrow W$ einen KG-Homomorphismus $f : V \longrightarrow W$ mit $fx = x$ für alle $x \in W$. Sei $W' = \operatorname{Kern} f$. Dann ist offenbar $W \cap W' = 0$, und für jedes $y \in V$ ist $y - fy \in W'$, also $y = (y - fy) + fy \in W' + W$. Somit ist $V = W \oplus W'$ die direkte Summe der KG-Moduln W und W'.

SATZ 1 ('Satz von Maschke'): *Für eine endliche Gruppe G ist die Gruppenalgebra KG über dem Körper K genau dann halbeinfach, wenn $\operatorname{char}(K)$ kein Teiler der Ordnung von G ist.*

Beweis: 1) Die Bedingung ist *hinreichend* für die Halbeinfachheit von KG: Dies folgt (wegen §28, F10) sofort aus F10.

2) Nehmen wir an, es sei $\operatorname{char}(K) = p > 0$ und p ein Teiler von $n = G : 1$. Für das Element $x = N_G \neq 0$ von KG gilt $xg = x = gx$ für alle $g \in G$ (vgl. Def. 7). Insbesondere liegt x im Zentrum $Z(KG)$ von KG. Ferner ist

$$x^2 = xx = x \sum_{g \in G} g = \sum_{g \in G} xg = nx = 0.$$

Somit enthält $Z(KG)$ ein *nilpotentes* Element $\neq 0$. Die Algebra KG kann daher nicht halbeinfach sein (vgl. z.B. §29, F5).

Bemerkung: Sei G eine endliche Gruppe der Ordnung n. Für die grundlegende Tatsache, daß KG im Falle $n \in K^\times$ *halbeinfach* ist, wollen wir ergänzend noch eine andere Begründung einführen: Nehmen wir an, KG sei nicht halbeinfach, das *Radikal* von KG enthalte also ein Element $a \neq 0$ (vgl. §28, F29). Nach §28, F38 ist dann ax für jedes $x \in KG$ nilpotent, und folglich hat ax bei der regulären Darstellung die Spur 0, d.h. für $\varrho = \chi_{KG}$ ist $\varrho(ax) = 0$ für alle $x \in KG$. Dies steht aber offenbar im Widerspruch zu F2, wenn n in K nicht verschwindet. $\qquad\square$

Nachdem wir nun wissen, daß die Gruppenalgebra KG einer Gruppe der Ordnung n im Falle $n \in K^\times$ *halbeinfach* ist, enthalten die Ergebnisse aus §28, §29 reichhaltige Information über KG für diesen Fall. Unsere Aufgabe besteht jetzt darin, diese Information (wenigstens zum Teil) auszuschlachten. Wenn wir uns hier ganz auf den halbeinfachen Fall beschränken, so sei aber wenigstens auf die Bedeutsamkeit der sogenannten *modularen Darstellungstheorie*, in der speziell Gruppenalgebren über *endlichen Körpern beliebiger Charakteristik* studiert werden, ausdrücklich hingewiesen. Für die modulare Theorie ist im übrigen die *halbeinfache Darstellungstheorie* ein wichtiges Hilfsmittel (vgl. *Serre, Representations linéaires des groupes finis*). – Wir stellen zunächst Folgerungen aus §28, §29 für die Darstellungen einer beliebigen halbeinfachen Algebra in einer Übersicht zusammen:

F11 (Synopsis): Die K-Algebra A werde als <u>halbeinfach</u> vorausgesetzt.

a) *Jede Darstellung von A ist vollständig reduzibel, jeder A-Modul also direkte Summe irreduzibler Teilmoduln; die dabei auftretenden irreduziblen Summanden sind bis auf Isomorphie und Reihenfolge eindeutig bestimmt* (vgl. §28, F13 und F19).

b) *Jeder einfache A-Modul ist isomorph zu einem einfachen Teilmodul von A_l (also zu einem minimalen Linksideal von A). Anders ausgedrückt: Jede irreduzible Darstellung von A ist Teildarstellung der regulären Darstellung von A* (vgl. §28, F12).

c) Wir betrachten die Zerlegung von A in ihre einfachen Bestandteile:

$$(15) \qquad A = A_1 \times A_2 \times \ldots \times A_k$$

(vgl. §29, Satz 1). Als A-Moduln sind die A_i gerade die verschiedenen isogenen Komponenten von A (vgl. §28, F18). Somit:
Es gibt genau k Isomorphieklassen von einfachen A-Moduln. Bis auf Äquivalenz besitzt A also genau k irreduzible Darstellungen.

Für $1 \leq i \leq k$ sei nun V_i ein beliebiger irreduzibler A-Modul, der zu einem Teilmodul des A-Moduls A_i isomorph ist. Dann ist $V_1, V_2, \ldots, V_k$ ein vollständiges Vertretersystem für die Menge der Isomorphieklassen von einfachen A-Moduln (der Kürze halber sprechen wir einfach von einem *Vertretersystem der einfachen A-Moduln*). Seien $T_1, T_2, \ldots, T_k$ die zu den V_i gehörigen Darstellungen. *Jede irreduzible Darstellung von A ist zu genau einer der obigen Darstellungen $T_1, T_2, \ldots, T_k$ äquivalent.* Anders ausgedrückt: *Jeder irreduzible A-Modul ist genau zu einem der obigen Moduln $V_1, V_2, \ldots, V_k$ isomorph.*

Die irreduziblen Darstellungen von A entsprechen demnach im obigen Sinne bis auf Äquivalenz genau den einfachen Bestandteilen A_i von A. Aufgefaßt als A_i-Modul ist V_i übrigens der bis auf Isomorphie einzige einfache A_i-Modul (§29, F2). Man beachte: Für $i \neq j$ ist $A_j A_i = 0$, also auch $A_j V_i = 0$.

d) Für jedes $1 \leq i \leq k$ sei nun $D_i = \mathrm{End}_A(V_i) = \mathrm{End}_{A_i}(V_i)$ der Endomorphismenschiefkörper des einfachen A-Moduls V_i. Nach §29, Satz 3 gilt dann: Die natürliche Abbildung $A_i \longrightarrow \mathrm{End}_{D_i}(V_i)$ ist ein Isomorphismus; also hat $T_i : A \longrightarrow A_i \longrightarrow \mathrm{End}_{D_i}(V_i) \longrightarrow \mathrm{End}_K(V_i)$ das Bild $\mathrm{End}_{D_i}(V_i)$. Der D_i-Vektorraum V_i ist endlich-dimensional, und seine Dimension n_i stimmt mit der Länge von A_i überein. Es gilt daher $A_i \simeq M_{n_i}(D_i^0)$. Mit (15) hat man dann

$$(16) \qquad A \simeq M_{n_1}(D_1^0) \times M_{n_2}(D_2^0) \times \ldots \times M_{n_k}(D_k^0).$$

e) Da A_i die Länge n_i hat, gilt: *Die reguläre Darstellung von A enthält die irreduzible Darstellung T_i genau n_i-mal.* Mit K_i bezeichnen wir das Zentrum von A_i. Nach (16) ist dann

$$(17) \qquad ZA = K_1 \times K_2 \times \ldots \times K_k$$

das Zentrum von A. Die K_i sind Erweiterungskörper von K. Wie aus den Definitionen hervorgeht, gilt: *Die Darstellung T_i von A bildet K_i isomorph auf das Zentrum von $D_i = \mathrm{End}_A(V_i) \subseteq \mathrm{End}_K(V_i)$ ab.*

f) Für $1 \leq i \leq k$ sei e_i das Einselement der einfachen Algebra A_i in (15). Die durch A bis auf Reihenfolge eindeutig bestimmten Elemente $e_1, e_2, \ldots, e_k$ heißen die *primitiven zentralen Idempotenten von A*. Es ist

$$(18) \qquad 1 = e_1 + e_2 + \ldots + e_k \quad \text{und} \quad e_i e_j = \delta_{ij} e_i.$$

Die e_i bestimmen die direkte Produktzerlegung von A vollständig, denn es ist ja $A_i = e_i A = A e_i$. Hinsichtlich der Darstellungen T_i von A in V_i hat man

$$(19) \qquad T_i e_i = id_{V_i}, \quad T_i e_j = 0 \quad \text{für } j \neq i.$$

g) Wir setzen jetzt zusätzlich die halbeinfache K-Algebra als *endlich-dimensional* voraus; sei $n = A : K$. Dann gilt: *Jede irreduzible Darstellung von A ist von endlichem Grad.* Bezeichnet $d_i = V_i : K$ den Grad von T_i, so ist

$$(20) \qquad d_i = n_i(D_i : K) = n_i \, s_i^2(K_i : K)$$

mit s_i als dem Schurindex von D_i. Man hat die Gleichung

$$(21) \qquad n = \sum_{i=1}^{k} n_i^2 s_i^2 (K_i : K).$$

Die erste Behauptung folgt aus b), die zweite und dritte aus d).

h) Für $1 \le i \le k$ sei χ_i der Charakter von T_i. Dann ist

$$(22) \qquad \chi_i(e_i) = V_i : K = d_i, \quad \chi_j(e_i) = 0 \quad \text{für } j \ne i.$$

Wegen e) hat man für den *regulären Charakter* $\varrho = \chi_A$ die Gleichung

$$(23) \qquad \varrho = \sum_{i=1}^{k} n_i \chi_i.$$

Ist χ ein beliebiger irreduzibler Charakter von A, so ist $\chi = \chi_i$ für $1 \le i \le k$, vgl. c).

i) Sei jetzt einmal char $(K) = 0$ vorausgesetzt. Mit Blick auf a) und c) folgt dann mit (22) leicht, daß gilt: *Darstellungen (endlichen Grades) von A mit gleichem Charakter sind äquivalent;* anders ausgedrückt: *Hat man A-Moduln V und W mit $\chi_V = \chi_W$, so folgt $V \simeq W$.* Bis auf Äquivalenz ist also für char $(K) = 0$ jede (endlich-dimensionale) Darstellung der halbeinfachen endlich-dimensionalen K-Algebra A durch ihren Charakter vollständig charakterisiert!

Die vorstehenden Ausführungen gelten insbesondere für jede Gruppenalgebra $A = KG$ einer endlichen Gruppe G der Ordnung n über einem Körper K mit $n \in K^\times$. Nach Möglichkeit werden im folgenden stets die obigen Bezeichnungen zugrundegelegt.

Bemerkungen: 1) Im Falle einer halbeinfachen Gruppenalgebra $A = KG$ sei o.E. A_1 der einfache Bestandteil, der zur 1-*Darstellung* von KG gehört, also $V_1 = K$ und damit $A_1 = D_1 = K$ sowie $n_1 = 1$. Nach e) in F11 *tritt also die 1-Darstellung von G genau einmal in der regulären Darstellung von KG auf.* Der eindeutig bestimmte 1-dimensionale triviale Teilmodul V_1 von KG ist übrigens $V_1 = KN_G$ mit N_G wie in Def. 7.

2) Für eine beliebige Gruppe G gilt $(KG)^0 \simeq KG$, denn die Abbildung $g \mapsto g^{-1}$ von G auf sich definiert per linearer Fortsetzung einen Isomorphismus t von KG auf $(KG)^0$. Man beachte aber, daß für einen einfachen Bestandteil A_i einer halbeinfachen Gruppenalgebra $A = KG$ nicht notwendig $A_i^0 \simeq A_i$ gelten muß. Es gibt lediglich eine Permutation τ von $\{1, 2, \ldots, k\}$ mit $\tau^2 = 1$, so daß $A_i^0 \simeq A_i$ für $\tau(i) = i$ und $A_i^0 \simeq A_j \not\simeq A_i$ für $\tau(i) = j \ne i$. Für $A = KG$ gilt mit (16) auch

$$(16') \qquad A \simeq M_{n_1}(D_1) \times M_{n_2}(D_2) \times \ldots \times M_{n_k}(D_k).$$

F12: *Sei A eine halbeinfache K-Algebra. Mit den Bezeichnungen von F11 sind dann im Falle $A : K < \infty$ folgende Aussagen äquivalent:*

(i) K *ist ein Zerfällungskörper von A.*

(ii) *Für jedes $1 \le i \le k$ ist T_i absolut-irreduzibel.*

(iii) *Für jedes $1 \le i \le k$ ist $D_i = K_i = K$ (mit den üblichen Identifikationen), d.h. die einfachen Bestandteile A_i von A sind zentraleinfache K-Algebren, welche über K zerfallen.*

(iv) $A \simeq M_{n_1}(K) \times M_{n_2}(K) \times \ldots \times M_{n_k}(K)$.

Bezeichnet man wie oben mit $n = A : K$ die nach Voraussetzung endliche Dimension von A über K, so sind die obigen Bedingungen auch äquivalent zu jeder der folgenden

(v) $\displaystyle\sum_{i=1}^{k} (V_i : K)^2 = n$, (vi) $\displaystyle\sum_{i=1}^{k} n_i^2 = n$, (vii) $d_i = n_i$ für $1 \le i \le k$.

Beweis: Da $V_1, V_2, \ldots, V_k$ ein Vertretersystem für die einfachen A-Moduln ist, folgt die Behauptung mit F5 aus d) und g) von F11. – Ist G eine endliche Gruppe der Ordnung n, so liefert F12 insbesondere eine Charakterisierung der Zerfällungskörper K von G mit $n \in K^\times$.

F13: *Ist K ein Zerfällungskörper einer endlichen Gruppe der Ordnung n mit $n \in K^\times$, so ist auch jeder Erweiterungskörper L von K ein Zerfällungskörper von G.*

Beweis: Aus (iv) in F12 folgt $LG \simeq KG \otimes_K L \simeq M_{n_1}(L) \times \ldots \times M_{n_k}(L)$.

F14: *Für eine halbeinfache K-Algebra der Dimension n über K sind äquivalent:*

(i) A *ist kommutativ und K ein Zerfällungskörper von A.*

(ii) *Jede irreduzible K-Darstellung von A hat den Grad 1.*

(iii) A *hat genau n inäquivalente irreduzible K-Darstellungen.*

Da eine Gruppenalgebra einer Gruppe G genau dann kommutativ ist, wenn G abelsch ist, gilt die Aussage entsprechend, wenn man A durch eine Gruppe G der Ordnung n mit $n \in K^\times$ ersetzt.

Beweis: Gelte (ii). Nach (20) ist dann $n_i = 1$ und $D_i = K_i = K$ für alle i. Nach F12 ist daher K ein Zerfällungskörper von A, ferner A isomorph zu $K \times K \times \ldots \times K$, also kommutativ. Also gelten (i) und (iii).

Sei (iii) vorausgesetzt. Nach (21) und (20) sind dann alle $d_i = 1$, d.h. es gilt (ii).

Sei (i) erfüllt. Dann sind in (iv) von F12 alle $n_i = 1$ und daher in (iv) notwendig $n = k$. Also gilt (iii).

SATZ 2: *Seien G eine endliche Gruppe der Ordnung n, K ein Körper mit $n \in K^\times$. Besitzt G bis auf Äquivalenz genau $k = k(G, K)$ irreduzible K-Darstellungen und bezeichnet h die Anzahl der Konjugationsklassen von G, so ist $k \leq h$. Die folgenden Aussagen sind äquivalent:*

(i) $k = h$ (ii) $Z_K(G) : K = k$ (iii) $Z(KG) : K = k$
(iv) $Z(KG) \simeq K \times K \times \ldots \times K$.

Ist K ein Zerfällungskörper von G, so gelten (i) – (iv) immer.

Beweis: Nach F3 hat das Zentrum $Z(KG)$ von KG die Dimension h über K. Aus (17) folgt dann $k \leq h$ sowie die Äquivalenz von (i) – (iv). Ist K ein Zerfällungskörper von G, so ist nach F12 insbesondere die Bedingung (iv) erfüllt. – Im übrigen besagt (iv) gerade, daß K ein Zerfällungskörper der kommutativen Algebra $Z(KG)$ ist.

SATZ 3: *Sei $A = KG$ die Gruppenalgebra einer endlichen Gruppe G der Ordnung n über einem Körper mit $n \in K^\times$. Dann läßt sich (vgl. die Bezeichnungen von F11) das Einselement e_i jedes einfachen Bestandteils A_i von KG mittels des zugehörigen irreduziblen Charakters χ_i sowie der Invarianten n_i von A_i wie folgt ausdrücken:*

$$(24) \qquad e_i = \frac{n_i}{n} \sum_{g \in G} \chi_i(g^{-1})g \, .$$

Insbesondere ist auch $n_i \in K^\times$. Man beachte: Ist K ein Zerfällungskörper von G, so ist n_i in (24) der Grad der zugehörigen absolut-irreduziblen Darstellung.

Beweis: Sei $e_i = \sum_{x \in G} a_x x$ mit $a_x \in K$. Für jedes $g \in G$ ist dann $g^{-1}e_i = \sum_x a_x g^{-1}x$. Anwendung des regulären Charakters ϱ liefert nach (7) somit

$$\varrho(g^{-1}e_i) = \sum_x a_x \varrho(g^{-1}x) = a_g \varrho(1) = n\, a_g \, .$$

Nach (23) ist andererseits $\varrho(g^{-1}e_i) = \sum n_j \chi_j(g^{-1}e_i) = n_i \chi_i(g^{-1}e_i) = n_i \chi_i(g^{-1})$, denn $g^{-1}e_i \in A_i$ und $\chi_j(A_i) = 0$ für $j \neq i$, vgl. c) in F11. Es folgt $na_g = n_i \chi_i(g^{-1})$ und damit (24).

SATZ 4 ('Orthogonalitätsrelationen'): *Mit den Voraussetzungen und Bezeichnungen von Satz 3 gilt für jedes $g \in G$:*

$$(25) \qquad \frac{1}{n} \sum_{x \in G} \chi_i(xg)\chi_j(x^{-1}) = \begin{cases} \frac{1}{n_i}\chi_i(g) & \text{für} \quad i = j \\ 0 & \text{für} \quad i \neq j \end{cases}$$

Beweis: Es ist $e_i e_j = \delta_{ij} e_i$ für alle i, j. Multiplikation der Elemente (24) für i und j ergibt nach (4) aber

$$e_i e_j = \frac{n_i n_j}{n\, n} \sum_g \left(\sum_x \chi_i \left(xg^{-1} \right) \chi_j \left(x^{-1} \right) \right) g.$$

Koeffizientenvergleich liefert dann die Behauptung (25).

F15: *Sei G eine endliche Gruppe der Ordnung n mit $n \in K^\times$. Es sei m der Exponent von G (d.h. das kgV der Ordnungen aller Elemente von G). Enthält dann K eine primitive m-te Einheitswurzel ζ_m, so ist K Zerfällungskörper des Zentrums $Z(KG)$ von KG, also sind die Bedingungen (i) – (iv) in Satz 2 erfüllt.* (Bemerkung: In Wahrheit ist dann K sogar Zerfällungskörper von G, doch dies werden wir für char $(K) = 0$ erst ganz am Schluß des Paragraphen zeigen können.)

Beweis: Sei L ein algebraischer Abschluß von K. Dann ist L sicherlich ein Zerfällungskörper von G (vgl. F5). Seien nun $e_1, \ldots, e_h$ die primitiven zentralen Idempotenten von LG. Nach Satz 2 ist dabei h die *Klassenzahl* von G. Wendet man nun Satz 3 auf LG an und beachtet F4, so folgt aus der Voraussetzung $\zeta_m \in K$, daß die e_i bereits in KG liegen. Somit enthält KG die (zentrale) Teilalgebra $Ke_1 \times \ldots \times Ke_h$. Wegen $Z(KG) : K = h$ ist dann $Z(KG) = Ke_1 \times \ldots \times Ke_h \simeq K \times \ldots \times K$.

F16: *Sei G eine endliche Gruppe der Ordnung n, und sei K ein Körper der Charakteristik $p > 0$ mit $p \nmid n$. Aus jeder der Bedingungen (i) – (iv) von Satz 2 folgt dann bereits, daß K ein Zerfällungskörper von G ist.*

Beweis: Da die Koeffizienten der primitiven zentralen Idempotenten e_i von KG aufgrund ihrer Gestalt (24) *algebraisch* über dem Primkörper $\mathbb{F}_p$ von K sind (vgl. F4), sind sie sämtlich in einem Teilkörper F von K mit $F : \mathbb{F}_p < \infty$ enthalten. Alle e_i liegen in FG. Nach Voraussetzung ist ihre Anzahl gleich der Klassenzahl h von G. Wie oben folgt dann $Z(FG) = Fe_1 \times \ldots \times Fe_h \simeq F \times \ldots \times F$. Nun ist aber F ein *endlicher Körper*. Mit dem Satz von *Wedderburn* (§29, Satz 21) ergibt sich dann aus F12, daß F ein Zerfällungskörper von G ist. Folglich ist auch der Erweiterungskörper K von F ein Zerfällungskörper von G (vgl. F13).

SATZ 5: *Sei G eine endliche Gruppe vom Exponenten m. Jeder Körper der Charakteristik $p > 0$, der eine primitive m-te Einheitswurzel enthält, ist dann ein Zerfällungskörper von G.*

Beweis: Zunächst ist klar, daß p kein Teiler von m ist und damit auch kein Teiler der Gruppenordnung n von G. Die Behauptung folgt dann aber mit F15 aus F16. □

Wir wenden uns nun der Betrachtung der in Satz 4 formulierten bemerkenswerten Relationen zu. Für $g = 1$ erhalten wir

(26) $$\frac{1}{n} \sum_{x \in G} \chi_i(x)\chi_j(x^{-1}) = \frac{d_i}{n_i}\delta_{ij}.$$

Dies gibt Veranlassung zu folgender

Definition 8: Seien G eine endliche Gruppe der Ordnung n und K ein Körper mit $n \in K^\times$. Für Klassenfunktionen $f, g \in Z_K G$ setzt man dann

(27) $$<f, g> = \frac{1}{n} \sum_{x \in G} f(x)g(x^{-1}).$$

Die Abbildung $<,>: Z_K G \times Z_K G \longrightarrow K$ ist dann offenbar eine *symmetrische Bilinearform*. Nach (26) sind die $\chi_1, \chi_2, \ldots, \chi_k$ paarweise orthogonal bzgl. $<,>$.

F17: *Mit den Voraussetzungen und Bezeichnungen von Def. 8 gelten:*

a) *Die symmetrische Bilinearform $<,>$ auf $Z_K G$ ist nicht-ausgeartet.*

b) *Genau dann ist $\chi_1, \ldots, \chi_k$ eine K-Basis von $Z_K G$, wenn $k = h$ gilt.*

c) *Ist K ein Zerfällungskörper von G, so ist $\chi_1, \ldots, \chi_k$ eine <u>Orthonormalbasis</u> von $Z_K G$.*

d) *Gilt $<\chi_i, \chi_i> = 1$ für $1 \le i \le k$ (ist also $\chi_1, \ldots, \chi_k$ ein Orthonormalsystem) und ist $\mathrm{char}(K) = 0$, so ist K ein Zerfällungskörper von G.*

Beweis: a) Sei $f \ne 0$ aus $Z_K G$. dann gibt es ein $y \in G$ mit $f(y^{-1}) \ne 0$. Ist k_y die Klassensumme von y, aufgefaßt als Element von $Z_K G$, so ist $<k_y, f> = \frac{1}{n}cf(y^{-1})$ mit c als Anzahl der Elemente in der Konjugationsklasse von g. Da c ein Teiler von n ist, folgt $<k_y, f> \ne 0$.

b) Gelte $k \doteq h$. Nach Satz 2 und (20) sind dann die Grade d_i der χ_i durch $d_i = n_i s_i^2$ gegeben, also hat man nach (26) die Relationen

(28) $$<\chi_i, \chi_j> = s_i^2 \delta_{ij}.$$

Hieraus folgt die lineare Unabhängigkeit der χ_i (denn im Falle $\mathrm{char}(K) > 0$ sind die $s_i = 1$ nach Satz 5).

c) Im Falle eines Zerfällungskörpers K von G sind alle $s_i = 1$.

d) Mit (26) folgt aus der Voraussetzung $d_i = n_i$ für alle i. Nach F12 ist dann K aber ein Zerfällungskörper von G.

F18: *Sei G eine endliche Gruppe der Ordnung n und K ein Körper mit $n \in K^\times$. Sind dann χ_V, χ_W Charaktere von G zu KG-Moduln V und W, so gilt*

$$(29) \qquad <\chi_V, \chi_W> = \dim_K \operatorname{Hom}_{KG}(V, W).$$

Beweis: Wir betrachten den KG-Modul $M := \operatorname{Hom}_K(V, W)$ mit dem Charakter χ_M. Nach (14) ist $\frac{1}{n} \sum_{x \in G} \chi_M(x) = \dim_K M^G$. Daraus folgt die Behauptung, denn es ist $M^G = \operatorname{Hom}_{KG}(V, W)$ und $\chi_M(x) = \chi_V(x^{-1})\chi_W(x)$ für alle $x \in G$, vgl. (13) sowie F8.

Bemerkung 1: Indem man (29) auf irreduzible V, W anwendet, erhält man einen neuen Beweis für die Orthogonalitätsrelationen (26), vgl. dazu auch d) und (20) in F11. Natürlich kann man umgekehrt auch (29) mit (26) beweisen, denn beide Seiten verhalten sich bilinear in V und W.

Bemerkung 2: Seien G und K wie in F18, und $\chi_1, \ldots, \chi_k$ seien die irreduziblen K-Charaktere von G. Diese bilden im Hinblick auf (26) eine $\mathbb{Z}$-Basis des *Charakterringes* $X_K G$ von G, wenn keiner der Grade d_i durch char(K) teilbar ist, also insbesondere im Fall char$(K) = 0$.

F19 ('duale Orthogonalitätsrelationen'): *Sei K ein Zerfällungskörper der endlichen Gruppe G der Ordnung n mit $n \in K^\times$. Sind dann $\chi_1, \ldots, \chi_h$ die irreduziblen K-Charaktere von G, so gilt für $a, b \in G$*

$$(30) \qquad \sum_{i=1}^{h} \chi_i(a^{-1})\chi_i(b) = \begin{cases} n_G(a) & \text{für } [a] = [b] \\ 0 & \text{für } [a] \neq [b] \end{cases}$$

Dabei bezeichne $n_G(a)$ die Ordnung des Zentralisators $Z_G(a)$ von a in G.

Beweis: Sei $c = n/n_G(a)$ die Elementezahl der Konjugationsklasse $[a]$. Da $\chi_1, \ldots, \chi_h$ eine Orthonormalbasis von $Z_K G$ ist, hat die Klassensumme k_a die Darstellung

$$(31) \qquad k_a = \sum_{i=1}^{h} <k_a, \chi_i> \chi_i = \sum_{i=1}^{h} \frac{c}{n} \chi_i(a^{-1}) \chi_i.$$

Setzt man ein beliebiges b aus G ein, so folgt (30). $\square$

Am Schluß dieses Abschnittes wollen wir uns einmal Darstellungen von *abelschen Gruppen* etwas genauer anschauen:

F20: Es seien G eine <u>abelsche</u> Gruppe der Ordnung n und m ihr Exponent, K ein Körper mit $n \in K^\times$, C ein *algebraisch abgeschlossener* Erweiterungskörper von K, ε eine primitive m-te Einheitswurzel und G^* die Menge der Homomorphismen $\lambda : G \longrightarrow C^\times$. Da jede irreduzible C-Darstellung von G eindimensional ist (F14), sind die Elemente von G^* gerade die sämtlichen irreduziblen C-Charaktere von G (und diese sind selbst C-Darstellungen von G). Wegen $k = h = n$ hat G^* genau n Elemente. Bezüglich der Multiplikation von Charakteren ist G^* offenbar eine abelsche Gruppe. Jedes $\lambda \in G^*$ hat nur Werte in der zyklischen Untergruppe $<\varepsilon>$ von $C^\times$. Man nennt G^* die *Charaktergruppe* von G (vgl. Band I, S. 182 ff). Für $\lambda \in G^*$ sei

$$(32) \qquad K(\lambda) = K(\lambda G) \subseteq K(\varepsilon) \subseteq C$$

der durch Adjunktion aller Werte $\lambda(g), g \in G$ entstehende Zwischenkörper von C/K. Indem man jedem $x \in G$ die Multiplikation

$$(33) \qquad T(x) = \lambda(x)_{K(\lambda)}$$

zuordnet, erhält man offenbar eine K-Darstellung von G; für diese verwenden wir auch die Bezeichnung T_λ. Für den zugehörigen Charakter $\chi = \chi_\lambda$ gilt dann $\chi(x) = \mathrm{Spur}\,\lambda(x)_{K(\lambda)} = S_{K(\lambda)/K}(\lambda(x))$, also

$$(34) \qquad \chi(x) = \sum_\sigma \lambda(x)^\sigma = \sum_\sigma \lambda^\sigma(x),$$

wobei σ die Galoisgruppe der galoisschen Erweiterung $K(\lambda)/K$ durchläuft und λ^σ durch $\lambda^\sigma(x) = \lambda(x)^\sigma$ definiert wird. Setzen wir also

$$(35) \qquad \mathrm{Sp}_K(\lambda) = \sum_\sigma \lambda^\sigma,$$

so können wir sagen:

(a) *Für jedes $\lambda \in G^*$ ist $\mathrm{Sp}_K(\lambda)$ der Charakter einer irreduziblen K-Darstellung der abelschen Gruppe G.* Dabei ist die Darstellung (33) wirklich irreduzibel, denn für jedes $\alpha \neq 0$ aus $K(\lambda)$ ist ja $T(KG)\alpha = K(\lambda)\alpha = K(\lambda)$. Sei jetzt $KG = K_1 \times \ldots \times K_k$ die Zerlegung von KG in die einfachen Bestandteile. Da KG kommutativ ist, sind alle K_i Körper. Seien $e_1, \ldots, e_k$ die zugehörigen Einselemente und setze

$$\lambda_i(x) = xe_i \in K_i \quad \text{für } x \in G.$$

Definiert man dann $T_i(x) = \lambda_i(x)_{K_i}$ für $x \in G$, so ist $T_1, \ldots, T_k$ ein Vertretersystem der irreduziblen K-Darstellungen von G, vgl. c) in F11. Ferner gilt $K_i = K(\lambda_i(G))$. Nun ist jedes K_i über K zu einem Teilkörper von $K(\varepsilon) \subseteq C$ isomorph, also gilt:

(b) *Jeder irreduzible K-Charakter der abelschen Gruppe G ist von der Gestalt $\mathrm{Sp}_K(\lambda)$ für $\lambda \in G^*$.*

3. Dem ganzen Abschnitt zugrundegelegt werden folgende

Voraussetzungen und Bezeichnungen: *Es seien G eine endliche Gruppe der Ordnung n, K ein Körper der <u>Charakteristik</u> 0, χ der Charakter zu einer absolut-irreduziblen Darstellung T von G in den K-Vektorraum V. Es bezeichne $d = \chi(1)$ den Grad von T und*

$$(36) \qquad Z = Z(G) \quad \textit{das Zentrum von } G.$$

Da T als absolut-irreduzibel vorausgesetzt ist, gilt $\mathrm{End}_{KG}(V) = K\,\mathrm{id}_V$ (vgl. z.B. F5). Die Einschränkung von T auf das Zentrum $Z(KG)$ der Gruppenalgebra von KG hat daher die Gestalt

$$(37) \qquad T(x) = \lambda(x)\,\mathrm{id}_V \quad \text{für alle } x \in Z(KG)$$

mit einem Homomorphismus $\lambda : Z(KG) \longrightarrow K$. Insbesondere gilt für die Klassensumme k_g eines Elementes $g \in G$

$$T(k_g) = \lambda(k_g)\mathrm{id}_V$$

und daher $\chi(k_g) = d\,\lambda(k_g)$. Für die Konjugationsklasse C von g in G gilt also

$$(38) \qquad \lambda(k_C) = \frac{|C|\chi(C)}{d},$$

wobei $\chi(C)$ den gemeinsamen Wert der $\chi(y)$ mit $y \in C$ bezeichne und $|C|$ die Elementezahl von C.

F21: Unter den obigen Voraussetzungen gilt: *Für jede Konjugationsklasse C von G ist die Zahl $|C|\chi(C)/d$ von K ganz über $\mathbb{Z}$.*

Beweis: Das Produkt $k_{C_1}k_{C_2}$ zweier Klassensummen ist offenbar eine Linearkombination von Klassensummen k_C von G mit Koeffizienten <u>aus $\mathbb{Z}$</u>. Alle diese Linearkombinationen bilden somit eine $\mathbb{Z}$-Teilalgebra A der $\mathbb{Z}$-Algebra $Z(KG)$. Da A als $\mathbb{Z}$-Modul endlich erzeugt ist, sind alle Elemente von A ganz über $\mathbb{Z}$ (vgl. 28.8). Insbesondere ist jedes k_C ganz über $\mathbb{Z}$ und damit auch $\lambda(k_C)$ als Bild von k_C unter dem Homomorphismus λ. Mit Blick auf (38) folgt die Behauptung.

SATZ 6: Unter den obigen Voraussetzungen gilt: *Der Grad d von χ ist ein Teiler der Gruppenordnung n von G.*

Beweis: Für jedes $g \in G$ ist $\chi(g)$ ganz über $\mathbb{Z}$ (vgl. nochmals F4). Wegen F21 ist dann auch

$$(39) \qquad \sum_{?} \frac{|C|\chi(C)}{d}\chi(C^{-1}) \quad \text{ganz über } \mathbb{Z},$$

wobei über alle Konjugationsklassen C von G summiert wird; man beachte ferner: Ist C die Konjugationsklasse von g, so ist $C^{-1} = \{y^{-1} \mid y \in C\}$ die Konjugationsklasse von g^{-1}. Der Ausdruck in (39) ist aber nach (29) nichts anderes als die Zahl n/d. Diese also ist *ganz* über $\mathbb{Z}$. Als rationale Zahl muß sie dann aber schon in $\mathbb{Z}$ liegen. Also ist d in der Tat ein Teiler von n.

SATZ 6': In Verschärfung von Satz 6 gilt: *Der Grad d von χ ist ein Teiler des Index $G : Z$ des Zentrums $Z = Z(G)$ in G.*

Beweis: Für $g \in G$ und $z \in Z$ hat man $T(zg) = T(z)T(g) = \lambda(z)T(g)$ nach (37); es folgt

(40) $$\chi(zg) = \lambda(z)\chi(g).$$

Wie man sich leicht klar macht, darf man die Darstellung T als *treu*, d.h. Kern $T = 1$ voraussetzen. Wir benutzen nun wie oben die Relation

(41) $$\frac{n}{d} = \frac{1}{d} \sum_C |C|\chi(C)\chi(C^{-1}).$$

Ist C die Konjugationsklasse von g, so ist für jedes $z \in Z$ die Konjugationsklasse von zg die Menge zC. Da T als *treu* vorausgesetzt ist, gilt $zC = C$ im Falle $\chi(C) \neq 0$ nur für $z = 1$. Ist daher $C_1, \ldots, C_r$ ein Vertretersystem für die Operation von Z auf den Konjugationsklassen C von G, so läßt sich die rechte Seite von (41) in der Gestalt

$$(Z : 1) \sum_{i=1}^{r} \frac{|C_i|\chi(C_i)}{d} \chi(C_i^{-1})$$

schreiben. Aus F21 folgt dann aber, daß die rationale Zahl $\frac{n}{d} \frac{1}{Z:1}$ *ganz* über $\mathbb{Z}$ ist, also schon in $\mathbb{Z}$ liegen muß. Somit ist d ein Teiler von $G : Z$.

F22: *Sei χ Charakter einer Darstellung T der endlichen Gruppe G in einen $\mathbb{C}$-Vektorraum V der Dimension $d = \chi(1)$. Dann gelten:*

a) *Für jedes $x \in G$ erfüllt der Betrag von $\chi(x)$ die Ungleichung $|\chi(x)| \leq d$, und Gleichheit gilt genau dann, wenn $T(x) = \varepsilon\, id_V$. Es folgt*

(42) $$\operatorname{Kern} T = \{x \in G \mid \chi(x) = d\}.$$

b) *Ist für das Element $g \in G$ die Zahl $\chi(g)/d$ ganz über $\mathbb{Z}$, so gilt $|\chi(g)| = d$ oder $|\chi(g)| = 0$.*

Beweis: a) Es ist $\chi(x) = \varepsilon_1 + \varepsilon_2 + \ldots + \varepsilon_d$ mit Einheitswurzeln ε_i aus $\mathbb{C}$. Aus der Dreiecksungleichung folgt dann $|\chi(x)| \leq d$, und dabei hat man Gleichheit nur für $\varepsilon_1 = \varepsilon_2 = \ldots = \varepsilon_d$, also im Falle $T(x) = \varepsilon\, id_V$; man kann nämlich $T(x)$ von vornherein als Diagonalmatrix annehmen, da die Einschränkung von T auf die *zyklische Gruppe* $<x>$ *halbeinfach* ist (vgl. F6).

b) Sei gleich $\chi(g) \neq 0$ angenommen. Mit $\chi(g)$ sind auch die Konjugierten von $\chi(g)$ über $\mathbb{Q}$ d-fache Summen von Einheitswurzeln und daher alle vom Betrage $\leq d$. Alle Konjugierten $\alpha_1, \ldots, \alpha_r$ der Zahl $\alpha := \chi(g)/d$ sind also vom Betrag ≤ 1. Ist nun α *ganz* über $\mathbb{Z}$, so ist $a_0 := \alpha_1 \alpha_2 \ldots \alpha_r \in \mathbb{Z} \setminus \{0\}$. Es folgt $1 \leq |a_0| \leq |\alpha_1||\alpha_2| \ldots |\alpha_r| \leq 1$ und damit $|\alpha_i| = 1$ für alle i. Insbesondere ist also $|\chi(g)| = d$.

Lemma: *Es sei χ ein irreduzibler $\mathbb{C}$-Charakter der endlichen Gruppe G und C eine Konjugationsklasse mit $\chi(C) \neq 0$, und es sei $|C|$ teilerfremd zu $d = \chi(1)$. Für alle $g \in C$ gilt dann $|\chi(g)| = d$.*

Beweis: Nach Voraussetzung gibt es $a, b \in \mathbb{Z}$ mit $a|C| + bd = 1$. Multiplikation mit $\chi(C)/d$ liefert

$$a \frac{|C|\chi(C)}{d} + b\chi(C) = \frac{\chi(C)}{d}.$$

Aufgrund von F21 ist die linke Seite *ganz* über $\mathbb{Z}$, also auch die rechte; mit b) aus F22 folgt dann die Behauptung.

SATZ 7 (Burnside): *Die endliche Gruppe G enthalte eine Konjugationsklasse C, deren Elementezahl eine Primzahlpotenz $p^m > 1$ ist. Dann besitzt G einen nicht-trivialen Normalteiler.*

Beweis: Seien $\chi_1 = 1_G$, $\chi_2, \ldots, \chi_h$ die sämtlichen irreduziblen $\mathbb{C}$-Charaktere von G. Nach (30) haben wir dann die Relation

$$1 + \chi_2(1)\chi_2(C) + \ldots + \chi_h(1)\chi_h(C) = 0.$$

Für ein $i \geq 2$ ist dann aber $\frac{\chi_i(1)\chi_i(C)}{p}$ *nicht ganz* über $\mathbb{Z}$. Aus der Voraussetzung folgt nun, daß $|C|$ teilerfremd zu $d_i = \chi_i(1)$ ist; außerdem ist $\chi_i(C) \neq 0$. Nach dem Lemma gilt dann aber $|\chi_i(C)| = d_i$. Die Menge

$$N = \{g \in G \mid |\chi_i(g)| = d_i\}$$

enthält also ein $g \neq 1$ von G. Sei T_i Darstellung zu χ_i. Wir können T_i als *treu* voraussetzen, denn andernfalls haben wir mit Kern T_i schon einen nicht-trivialen Normalteiler von G. Ist T_i aber treu, so ist N wegen F22 gerade das *Zentrum* von G. Da wir uns schon von $N \neq 1$ überzeugt haben (und wegen $|C| > 1$ auch $G = N$ ausgeschlossen ist), ist der Satz bewiesen. Er ist eine bemerkenswerte *gruppentheoretische Anwendung der Darstellungstheorie.* Aus ihm gewinnt man auch leicht den folgenden berühmten *Satz von Burnside.*

SATZ 8 (Burnside): *Jede Gruppe G der Ordnung $p^a q^b$ (mit Primzahlen p und q) ist auflösbar.*

Beweis: Wir führen Induktion nach der Ordnung n von G und können gleich voraussetzen, daß G weder abelsch noch eine p-Gruppe ist. Offenbar genügt es zu zeigen, daß G einen nicht-trivialen Normalteiler N besitzt (denn mit N und G/N ist auch G auflösbar). Bezeichne Q eine q-Sylowgruppe von G. Wegen $Q \neq 1$ enthält Q als q-Gruppe ein Element $g \neq 1$, welches mit allen Elementen von Q vertauschbar ist. Der Zentralisator von g in G umfaßt dann Q. Die Elementezahl der Konjugationsklasse C von g in G ist daher ein Teiler von $G : Q = p^a$ und folglich selbst eine p-Potenz p^m. Wir können $p^m > 1$ voraussetzen (denn sonst ist g ein Element $\neq 1$ im Zentrum von G). Jetzt liefert Satz 7 die Behauptung.

4. Im folgenden seien G eine Gruppe und H eine Untergruppe von G. Ist V ein KG-Modul, so ist V per Einschränkung auch ein KH-Modul; wenn nötig bezeichnen wir diesen KH-Modul auch mit

$$\mathrm{res}_H(V).$$

Ist T die zugehörige Darstellung von G und – im Falle $V : K < \infty$ – χ ihr Charakter, so ist die zu $\mathrm{res}_H(V)$ gehörige Darstellung T_H die Einschränkung von T auf KH und ihr Charakter die Einschränkung $\mathrm{res}_H(\chi)$ von χ auf KH (bzw. H).

Definition 9: Sei V ein KG-Modul. Wir setzen voraus: Als K-Vektorraum sei

$$V = \bigoplus_{i \in I} W_i$$

direkte Summe von Teilräumen W_i, welche von G *transitiv permutiert* werden (d.h. zu jedem $g \in G$ und jedem W_i gibt es ein W_j mit $gW_i = W_j$, und zu jedem W_k und festem W_1 gibt es ein $g_k \in G$ mit $W_k = g_k W_1$). Sei dann $H = \{g \in G \mid gW_1 = W_1\}$. Jedes System $(g_i)_{i \in I}$ mit $W_i = g_i W_1$ ist ein Vertretersystem für die Menge G/H der Linksnebenklassen gH von G mod H. Mit $W = W_1$ schreiben wir daher

$$(43) \qquad V = \bigoplus_{i \in I} g_i W = \bigoplus_{\varrho \in G/H} \varrho W.$$

Liegt die obige Situation vor, so sagt man, der *KG-Modul V sei induziert von dem KH-Modul W*. Im Falle $V : K < \infty$ heißt dann auch der *Charakter χ_V induziert von dem Charakter χ_W*. Wie man aus (43) erkennt, gilt für die K-Dimensionen $\dim V = (G : H)\dim W$. Ferner: Ist der KG-Modul V irreduzibel, so auch der KH-Modul W.

Definition 10: Ist W ein beliebiger KH-Modul, so setzen wir

$$(44) \qquad \operatorname{ind}_H^G(W) := KG \otimes_{KH} W \,,$$

vgl. 28.9. (Beachte: KG ist auf kanonische Weise ein KH-*Rechtsmodul*.) In natürlicher Weise ist $\operatorname{ind}_H^G(W)$ ein KG-Modul, charakterisiert durch $g(x \otimes w) = gx \otimes w$ (was wegen $g(xh) \otimes w = (gx)h \otimes w = gx \otimes hw$ zulässig ist).

F23: *Ein KG-Modul V ist genau dann von dem KH-Modul W induziert, wenn die natürliche Abbildung*

$$(45) \qquad KG \otimes_{KH} W \longrightarrow V$$

ein Isomorphismus (von KG-Moduln) ist.

Beweis: Die Abbildung $(x, w) \longrightarrow xw$ von $KG \times W$ nach V ist *ausgewogen* im Sinne von 28.9, also vermittelt sie eine K-lineare Abbildung (45), charakterisiert durch $x \otimes w \longmapsto xw$. Diese ist offenbar KG-linear. Ist $(g_i)_{i \in I}$ ein Vertretersystem von G/H, so gilt

$$KG \otimes_{KH} W = \left(\bigoplus_i g_i KH \right) \otimes_{KH} W = \bigoplus_i g_i (KH \otimes_{KH} W) \,.$$

Jedes Element des Moduls (44) hat also eine eindeutige Darstellung der Gestalt $\sum_i g_i \otimes w_i$ mit $w_i \in W$. Damit ist (45) genau dann ein Isomorphismus, wenn (43) gilt. – Wir sehen außerdem, daß der KG-Modul $KG \otimes_{KH} W$ von dem KH-Modul $W_1 = \{1 \otimes w \mid w \in W\} \simeq W$ induziert ist. Zusammengenommen erkennt man:

F24: *Zu jedem KH-Modul W existiert ein bis auf Isomorphie eindeutig bestimmter KG-Modul V, der von W induziert ist.*

Bemerkung 1: Seien W ein KH-Modul und V ein KG-Modul. Dann hat man eine natürliche Isomorphie von K-Vektorräumen:

$$(46) \qquad \operatorname{Hom}_{KH}(W, \operatorname{res}_H V) \simeq_K \operatorname{Hom}_{KG}(\operatorname{ind}_H^G W, V)$$

sowie eine natürliche Isomorphie von KG-Moduln:

$$(47) \qquad \operatorname{ind}_H^G W \otimes_K V \simeq_{KG} \operatorname{ind}_H^G(W \otimes_K \operatorname{res}_H V) \,.$$

Beweis: 1) Jedem $f \in \mathrm{Hom}_{KG}(KG \otimes_{KH} W, V)$ ordne man die Abbildung $W \longrightarrow \mathrm{Hom}_{KG}(KG, V)$, definiert durch $w \longmapsto (x \longmapsto f(x \otimes w))$, zu. Man erhält dann eine Isomorphie der rechten Seite von (46) mit $\mathrm{Hom}_{KH}(W, \mathrm{Hom}_{KG}(KG, V))$. Zusammengenommen mit der Isomorphie $\mathrm{Hom}_{KG}(KG, V) \simeq V$, definiert durch $s \longmapsto s(1)$, erhält man (46). Zum Beweis von (47) ist nur zu beachten, daß die natürliche Isomorphie $(KG \otimes_{KH} W) \otimes_K V \simeq KG \otimes_{KH} (W \otimes_K V)$ der Tensorprodukte eine Isomorphie von KG-Moduln ist.

Bemerkung 2: Seien G eine endliche Gruppe der Ordnung n, K ein Körper mit $n \in K^\times$, ferner W ein *absolut-irreduzibler* KH-Modul und V ein *absolut-irreduzibler* KG-Modul. Nach (46) gilt dann: *V kommt in* $\mathrm{ind}_H^G W$ *mit der gleichen Vielfachheit vor wie W in* $\mathrm{res}_H V$. Diese Tatsache heißt *'Frobenius-Reziprozität'*.

F25: *Induktion ist transitiv: Ist U eine Untergruppe von G mit $H \subseteq U$, so gilt für jeden KH-Modul W*

$$(48) \qquad \mathrm{ind}_H^G(W) = \mathrm{ind}_U^G(\mathrm{ind}_H^U(W)).$$

Beweis: Die Isomorphie $KG \otimes_{KH} W \simeq KG \otimes_{KU} (KU \otimes_{KH} W)$ ist eine Isomorphie von KG-Moduln.

Definition 11: Sei G endlich und die Ordnung von H nicht durch $\mathrm{char}(K)$ teilbar. Für *Klassenfunktionen* definiert man dann die Abbildung $\mathrm{ind}_H^G : Z_K H \longrightarrow Z_K G$ durch

$$(49) \qquad \mathrm{ind}_H^G(\psi)(x) = \frac{1}{|H|} \sum_{y \in G} \psi(y^{-1}xy)$$

mit der Maßgabe, daß $\psi(y^{-1}xy) = 0$ gesetzt wird, wenn $y^{-1}xy$ nicht zu H gehört. – Der Grund für diese Definition liegt in der folgenden Feststellung.

F26: In der Situation von Def. 11 gilt: *Ist der KG-Modul V von dem KH-Modul W induziert und $V : K < \infty$, so ist $\chi_V = \mathrm{ind}_H^G(\chi_W)$.*

Beweis: Als K-Vektorraum ist $V = \bigoplus g_i W$ direkte Summe wie in (43). Man wähle Basen in jedem Teilraum $g_i W$ und setze sie zu einer Basis von V zusammen. Für $x \in G$ gilt

$$x g_i W = g_{i(x)} W$$

mit eindeutig bestimmten Index $i(x)$. Genau dann ist $i(x) = i$, wenn $g_i^{-1} x g_i \in H$. Da sich für $i(x) \neq i$ kein Beitrag zur Spur von $\chi_V(x)$ ergibt, folgt

$$\chi_V(x) = \sum_{g_i^{-1}xg_i \in H} \mathrm{Spur}\,(x_{g_iW}),$$

wobei über alle i mit $g_i^{-1}xg_i \in H$ summiert wird. Da g_i einen K-Isomorphismus $W \longrightarrow g_iW$ vermittelt, gilt dann $\mathrm{Spur}\,(x_{g_iW}) = \mathrm{Spur}\,((g_i^{-1}xg_i)_W) = \chi_W(g_i^{-1}xg_i)$ für die genannten i. Wegen $(g_ih)^{-1}x(g_ih) = h^{-1}(g_i^{-1}xg_i)h$ für alle $h \in H$ folgt damit die Behauptung (denn χ_W ist eine Klassenfunktion auf H).

F27: *Sei G endlich von der Ordnung n und $n \in K^\times$. Für alle $\varphi \in Z_KG$ und $\psi \in Z_KH$ gelten dann*

(50) $$<\varphi, \mathrm{ind}_H^G(\psi)>_G \;=\; <\mathrm{res}_H(\varphi), \psi>_H$$

(51) $$\varphi\,\mathrm{ind}_H^G(\psi) \;=\; \mathrm{ind}_H^G(\mathrm{res}_H(\varphi)\,\psi).$$

Aus (51) folgt: $\mathrm{ind}_H^G(X_KH)$ ist ein Ideal des Ringes $X_K(G)$.

Beweis: Mittels der Definition (49) lassen sich (50) und (51) direkt nachrechnen. Man kann sie begrifflich auch wie folgt beweisen: Indem man K erweitert, kann man annehmen, daß jede Klassenfunktion von G bzw. H eine K-Linearkombination von K-Charakteren ist (vgl. F17 und F15). Also kann man φ und ψ als K-Charaktere voraussetzen. Dann folgt (50) aber mit (29) aus (46), und (51) ergibt sich aus (47).

F28 ('Satz von Clifford'): *Sei V ein <u>irreduzibler</u> KG-Modul, und sei N ein <u>Normalteiler</u> von G. Wir setzen voraus, daß V als KN-Modul halbeinfach ist. Dann liegt einer der beiden folgenden Fälle vor:*
  (a) *Der KN-Modul V ist isogen.*
  (b) *Es gibt eine Untergruppe H von G mit $N \subseteq H \neq G$, so daß V von einem irreduziblen KH-Modul W induziert ist.*

Beweis: Die Normalteilereigenschaft geht wie folgt ein: Ist U ein KN-Teilmodul von V, so auch gU. Ist U irreduzibel, so auch gU; sind U_1, U_2 isomorphe KN-Teilmoduln, so auch gU_1, gU_2. – Sei nun W eine isogene Komponente des KN-Moduls V. Dann ist auch gW eine solche für jedes $g \in G$. Da der KG-Modul V als *irreduzibel* vorausgesetzt wurde, ist V Summe der gW. Nun ist der KN-Modul V *direkte* Summe seiner isogenen Komponenten. Setzt man also $H = \{g \in G \mid gW = W\}$, so ist V nach Def. 9 induziert von dem KH-Modul W. Man hat $N \subseteq H$. Ist $V = W$, so sind wir im Fall (a). Ist $V \neq W$, so ist $H \neq G$ und (b) erfüllt.

SATZ 9 ('Satz von Ito'): *Im Falle* char $(K) = 0$ *teilt der Grad d einer absolut-irreauziblen K-Darstellung T einer endlichen Gruppe G den Index jedes abelschen Normalteilers A in G.*

Beweis: Offenbar dürfen wir K als *algebraisch abgeschlossen* voraussetzen. Man führt Induktion nach ord(G). Liegt für $N = A$ der Fall (b) von F28 vor, so ist per Induktion $\dim_K W$ ein Teiler von $(H : A)$, also $d = (G : H) \dim_K W$ ein Teiler von $(G : H)(H : A) = (G : A)$. Es liege also der Fall (a) vor. Da jede irreduzible K-Darstellung einer abelschen Gruppe A eindimensional ist, gilt $T(a) = \lambda(a)id_V$ mit einem linearen Charakter λ von A. Somit ist $T(A)$ im Zentrum von $T(G)$ enthalten. Nach Satz 6' ist dann aber d ein Teiler von $T(G) : T(A)$, also erst recht von $G : A$. [2]

Definition 12: Eine endliche Gruppe G heißt *überauflösbar*, wenn es eine Folge $1 = N_0 \subseteq N_1 \subseteq \ldots \subseteq N_r = G$ von *Normalteilern* N_i von G gibt, so daß alle N_i/N_{i-1} *zyklisch* sind.

Bemerkung: Genau wie im Fall auflösbarer Gruppen (wo N_{i-1} nur normal in N_i gefordert wird) gilt: Jede Untergruppe einer überauflösbaren Gruppe ist überauflösbar. Ist N ein Normalteiler einer endlichen Gruppe G, so ist G genau dann überauflösbar, wenn N und G/N es sind. Jede endliche p-Gruppe ist überauflösbar (vgl. Band I, S. 204ff).

SATZ 10: *Sei G eine endliche Gruppe der Ordnung n, und K sei ein algebraisch abgeschlossener Körper mit $n \in K^\times$. Ist G überauflösbar, so ist jede irreduzible K-Darstellung von G monomial, d.h. induziert von einer Darstellung des Grades 1.*

Beweis: Wir können die vorgelegte Darstellung $T : G \longrightarrow GL_K(V)$ als *treu* voraussetzen. Ist G abelsch, so ist T selbst schon vom Grade 1. Sei also G nicht abelsch. Dann besitzt G einen abelschen Normalteiler A, der nicht im Zentrum Z von G enthalten ist. (Zum Beweis dieser Behauptung betrachte man die Gruppe $\overline{G} = G/Z \neq 1$. Da sie ebenfalls überauflösbar ist, besitzt sie einen zyklischen Normalteiler $\overline{A} \neq 1$. Sei A das volle Urbild von $\overline{A}$ in G. Dann ist A ein Normalteiler von G, der nicht in Z enthalten ist. Als zyklische Erweiterung einer zentralen Untergruppe ist A auch abelsch.) Weil T treu ist, liegt $T(A)$ nicht im Zentrum von $T(G)$, und daher kann der KA-Modul V auch nicht isogen sein. Es liegt somit für $N = A$ der Fall (b) von F28 vor, also ist T induziert von einer irreduziblen K-Darstellung einer echten Untergruppe H von G. Per Induktion nach n ist damit der Satz bewiesen.

---

[2] Die Ausage des Satzes gilt auch unter der schwächeren Voraussetzung ord$(G) \in K^\times$, vgl. *Huppert*, Endliche Gruppen.

5. In Satz 10 haben wir gesehen, daß jede irreduzible $\mathbb{C}$-Darstellung einer überauflösbaren Gruppe monomial ist, d.h. von einer eindimensionalen Darstellung induziert wird. Für eine *beliebige* endliche Gruppe G gilt dies allerdings nicht. Wie *R. Brauer* erkannt hat, ist aber jeder $\mathbb{C}$-Charakter von G wenigstens eine $\mathbb{Z}$-Linearkombination von Charakteren monomialer Darstellungen. Dieser Sachverhalt ist von hoher Bedeutung in der Gruppentheorie und spielt auch eine Rolle in der Zahlentheorie (der die Fragestellung übrigens ihren Ursprung verdankt). – Für den gesamten Abschnitt vereinbaren wir folgende

Voraussetzungen und Bezeichnungen: G sei eine endliche Gruppe der Ordnung n, K ein Körper der Charakteristik 0, m ein gemeinsames Vielfaches der Ordnungen der Elemente von G (zum Beispiel $m = n$ oder $m = $ Exponent von G). Ferner seien ε eine primitive m-te Einheitswurzel im algebraischen Abschluß C von K und $R = \mathbb{Z}[\varepsilon]$ der von ε erzeugte Teilring in C. Außerdem sei

$X_K(H, R)$ der Ring aller R-Linearkombinationen von
K-Charakteren einer Untergruppe H von G.

Schließlich bezeichne p eine beliebige Primzahl und

$$(52) \qquad n = p^{w_p(n)} n_p$$

die zugehörige Zerlegung der Gruppenordnung n. Man beachte: Der Übergang von $\mathbb{Z}$ zu $R = \mathbb{Z}[\varepsilon]$ bei Definition von $X_K(H, R)$ ist zweckmäßig, weil die Werte aller Charaktere von H in R liegen. Der Ring $X_K(H, R)$ enthält den Charakterring $X_K(H)$ von H als Teilring, vgl. (11). Sind $\chi_1, \ldots, \chi_k$ die irreduziblen K-Charaktere von H, so ist $\chi_1, \ldots, \chi_k$ eine R-Basis von $X_K(H, R)$, denn wir haben auf $X_K(H, R) \subseteq Z_C H$ die symmetrische Bilinearform $<,>$, bezüglich der die $\chi_1, \ldots, \chi_k$ eine *Orthogonalbasis* bilden. Im übrigen ist offenbar $\mathrm{ind}_H^G(X_K(H, R)) \subseteq X_K(G, R)$.

SATZ 11 ('Induktionssatz von Artin'): *Zu jedem K-Charakter χ von G gibt es zyklische Untergruppen $A_1, \ldots, A_r$ von G und irreduzible K-Charaktere $\xi_1, \ldots, \xi_r$ von $A_1, \ldots, A_r$, so daß*

$$(53) \qquad n\chi = \sum_{i=1}^{r} a_i \, \mathrm{ind}_{A_i}^{G}(\xi_i)$$

mit gewissen $a_i \in \mathbb{Z}$ gilt.

Beweis: 1) Für eine beliebige zyklische Untergruppe A von G betrachte man die Funktion $\gamma_A : A \longrightarrow \mathbb{Z} \subseteq K$, definiert durch

$$(54) \qquad \gamma_A(x) = \begin{cases} |A| & , \text{wenn } <x> = A \\ 0 & \text{sonst} \end{cases}$$

Setze $\gamma_A^* = \mathrm{ind}_A^G(\gamma_A)$. Definitionsgemäß ist dann für ein beliebiges $x \in G$

$$\gamma_A^*(x) = \frac{1}{|A|} \sum_{y \in G} \gamma_A(y^{-1}xy) = |\{y \in G \mid <y^{-1}xy> = A\}|.$$

Summation über alle A ergibt $\sum_A \gamma_A^*(x) = |G| = n$, denn jedes $y \in G$ bestimmt genau eine zyklische Untergruppe A mit $A = <y^{-1}xy>$. Somit erhalten wir die Relation

$$(55) \qquad n\,1_G = \sum_A \mathrm{ind}_A^G(\gamma_A)\,.$$

2) Wir wenden (55) auf eine *feste* zyklische Untergruppe A von G (statt auf G selbst) an:

$$|A|\,1_A = \sum_{A'} \mathrm{ind}_{A'}^A(\gamma_{A'}) = \gamma_A + \sum_{A' \neq A} \mathrm{ind}_{A'}^A(\gamma_{A'})\,,$$

wobei A' die zyklischen Untergruppen von A durchläuft. Per Induktion nach $|A|$ erkennt man dann, daß $\gamma_A \in X_K(A)$ verallgemeinerter K-Charakter von A ist.

3) Jetzt haben wir (55) nur mit χ zu multiplizieren und erhalten

$$(56) \qquad n\chi = \sum_A \mathrm{ind}_A^G(\psi_A)$$

mit $\psi_A = \mathrm{res}_A^G(\chi)\gamma_A \in X_K(A)$, vgl. (51). Zerlegung von jedem ψ_A in die irreduziblen K-Charaktere von A liefert die Behauptung des Satzes in der Gestalt (53); dort sind die A_i natürlich nicht notwendig verschieden.

Definition 13: Zu jedem σ der Galoisgruppe $G(K(\varepsilon)/K)$ gehört genau ein $j = j_\sigma \in (\mathbb{Z}/m\mathbb{Z})^\times$ mit

$$(57) \qquad \sigma(\zeta) = \zeta^j \quad \text{für alle } m\text{-ten Einheitswurzeln } \zeta$$

in $K(\varepsilon)$. Vermöge $\sigma \longmapsto j_\sigma$ kann man $G(K(\varepsilon)/K)$ mit einer Untergruppe von $(\mathbb{Z}/m\mathbb{Z})^\times$ identifizieren. Wir bezeichnen das durch (57) beschriebene Element σ mit σ_j. Für jedes $x \in G$ können wir dann

$$(58) \qquad x^\sigma := x^j$$

setzen. Wir sagen, $x, y \in G$ sind $\underline{K\text{-konjugiert}}$, wenn es ein $z \in G$ und ein $\sigma \in G(K(\varepsilon)/K)$ gibt mit

(59) $$x^\sigma = z^{-1} y z \,.$$

Wir schreiben dann $x \overset{K}{\sim} y$. Offenbar erhalten wir so eine Äquivalenzrelation auf G. Die zugehörigen Äquivalenzklassen heißen $\underline{K\text{-Klassen}}$ von G. Im Falle $\varepsilon \in K$ sind die K-Klassen genau die gewöhnlichen Konjugationsklassen. Im Falle $K = \mathbb{Q}$ sind x, y genau dann K-konjugiert, wenn die zyklischen Gruppen $<x>$ und $<y>$ konjugiert sind (denn nach Gauß ist $G(\mathbb{Q}(\varepsilon)/\mathbb{Q}) = (\mathbb{Z}/m\mathbb{Z})^\times$).

F29: *Jeder K-Charakter χ ist auf den K-Klassen von G konstant.*

Beweis: Für $\sigma = \sigma_j$ aus $G(K(\varepsilon)/K)$ und $x \in G$ genügt es, $\chi(x^j) = \chi(x)$ zu zeigen. Sei χ von der K-Darstellung T vermittelt, und seien $\varepsilon_1, \ldots, \varepsilon_d$ mit $d = \chi(1)$ die Eigenwerte von $T(x)$. Die ε_i sind m-te Einheitswurzeln, und man hat dann in der Tat $\chi(x^j) = \operatorname{Spur} T(x)^j = \sum_i \varepsilon_i^j = \sum_\sigma \varepsilon_i^\sigma = \chi(x)^\sigma = \chi(x)$, denn $\chi(x) \in K$.

F30: *Die Funktion $f : G \longrightarrow R$ sei auf den K-Klassen von G konstant. Dann gilt*

(60) $$nf = \sum_A \operatorname{ind}_A^G(\psi_A) \quad mit \quad \psi_A \in X_K(A, R) \,,$$

wobei über alle zyklischen Gruppen A von G summiert wird. Insbesondere ist $nf \in X_K(G, R)$.

Beweis: Multiplikation von (55) mit f liefert (60) mit $\psi_A = \gamma_A \cdot \operatorname{res}_A(f)$, wobei noch $\psi_A \in X_K(A, R)$ zu zeigen ist. Sei $\psi_A = \sum_\lambda a_\lambda \lambda$ die Zerlegung von ψ_A in die absolut-irreduziblen C-Charaktere λ von A. Da die Werte von ψ_A in $(A : 1)R$ liegen, sind alle a_λ in R. Für jedes $\sigma = \sigma_j$ gilt nun $\psi_A(x) = \psi_A(x^\sigma) = \sum_\lambda a_\lambda \lambda(x)^\sigma$. Konjugierte λ kommen also in ψ_A gleich oft vor; daher ist ψ_A eine Linearkombination der Spuren $Sp_K(\lambda_i)$ von gewissen der λ, und zwar mit Koeffizienten a_i aus R. Die Behauptung folgt damit aus F20(a).

F31: *Auf der zyklischen Gruppe $A = <a>$ betrachte man die Funktion $\xi_a : A \longrightarrow \mathbb{Z}$, definiert durch*

(61) $$\xi_a(x) = \begin{cases} |A| & , \text{ wenn } x \overset{K}{\sim} a \text{ in } A \\ 0 & sonst \end{cases}$$

Dann ist ξ_a ein Element von $X_K(A, R)$.

Beweis: Es ist $\xi_a = (A : 1)f$ mit $f : A \longrightarrow \mathbb{Z}$. Die Behauptung ergibt sich damit sofort aus F30 (angewandt auf die Gruppe A statt G).

Definition 14: Eine Untergruppe H von G heißt *K-elementar* (zur Primzahl p), wenn H *semidirektes Produkt* einer zyklischen Gruppe A mit einer p-Sylowgruppe P von H ist, und es zu jedem $y \in P$ ein $\sigma \in G(K(\varepsilon)/K)$ gibt mit

$$(62) \qquad y^{-1}xy = x^\sigma \quad \text{für } x \in A.$$

Ist in (62) jedesmal $\sigma = 1$ wählbar, H also direktes Produkt von A mit P, so heißt H *elementar*. Im Falle $\varepsilon \in K$ ist also jede K-elementare Untergruppe elementar. (Eine Gruppe G mit dem Normalteiler N und der Untergruppe V von G heißt semidirektes Produkt von N mit V, wenn $G = NV$ und $N \cap V = 1$ gelten.)

F32: *H sei K-elementar wie in Def. 14. Dann läßt sich jede K-Darstellung von A zu einer K-Darstellung von H fortsetzen.*

Beweis: Es genügt zu zeigen, daß jede *irreduzible* K-Darstellung T von A auf H fortgesetzt werden kann. Nach F20 können wir uns $T = T_\lambda$ wie in (33) gegeben denken. Sei $y \in P$. Nach Voraussetzung gibt es zu y ein $\sigma \in G(K(\varepsilon)/K)$, so daß für alle $x \in A$ die Gleichung (62) besteht. Wir definieren $T(y)$ als die Einschränkung von σ^{-1} auf den Teilkörper $K(\lambda)$ von $K(\varepsilon)$; dies ist unabhängig von der Wahl von σ. Dann ist T offenbar multiplikativ auf P, und man verifiziert sofort

$$(63) \qquad T(y)^{-1}T(x)T(y) = T(x^\sigma) \quad \text{für } x \in A.$$

Definiert man daher $T(xy) = T(x)T(y)$, so erhält man eine K-Darstellung T von H, welche die gegebene Darstellung von A fortsetzt.

F33: *Sei $a \in G$ p-regulär (d.h. die Ordnung von a sei teilerfremd zu p). Mit $N_G^K(a)$ bezeichnen wir die Menge aller $y \in G$, zu denen es ein σ aus $G(K(\varepsilon)/K)$ gibt, so daß für alle $x \in A = \langle a \rangle$ die Gleichung (62) besteht. Es sei P eine p-Sylowgruppe von $N_G^K(a)$. Dann ist $H = AP$ offenbar eine K-elementare Untergruppe von G. Wir behaupten: Es gibt ein $\psi \in X_K(H,R)$, so daß $\varphi = \mathrm{ind}_H^G(\psi)$ die folgenden Eigenschaften besitzt:*

   (i) $\varphi(a) = N_G^K(a) : P \not\equiv 0 \bmod p$

   (ii) $\varphi(b) = 0$ *für jedes p-reguläre Element b von G, das nicht K-konjugiert zu a ist.*

Beweis: Wir gehen von der Funktion $\xi_a \in X_K(A, R)$ in (61) aus. Aufgrund von F32 läßt sich ξ_a zu einer Funktion $\psi \in X_K(H, R)$ fortsetzen. Für $b \in G$ ist

$$(64) \qquad \varphi(b) = \frac{1}{|H|} \sum_{y \in G} \psi(y^{-1}by).$$

Sei nun b p-regulär. Dann ist auch $y^{-1}by$ p-regulär. Aus $y^{-1}by \in H$ folgt daher $y^{-1}by \in A$ und somit $\psi(y^{-1}by) = \xi_a(y^{-1}by)$. Ist also b nicht K-konjugiert zu a, so ergibt sich mit Blick auf die Definition (61) von ξ_a, daß $\varphi(b) = 0$ gelten muß. Sei jetzt $b = a$. Dann ist nach obigem $\varphi(a) = \frac{1}{|H|}|N_G^K(a)| \, |A| = N_G^K(a) : P \not\equiv 0$ mod p. – Ehe wir nun zum Hauptresultat dieses Abschnittes kommen, benötigen wir noch das folgende

Lemma: *Für ein $x \in G$ sei $x = x_r x_s$ die Zerlegung von x in seinen p-regulären Bestandteil x_r und seinen p-Bestandteil x_s. Für jeden Charakter χ einer Darstellung T von G gilt dann*

$$(65) \qquad \chi(x) \equiv \chi(x_r) \bmod \mathfrak{r}$$

mit $\mathfrak{r}/pR$ als dem Radikal der $\mathbb{Z}/p\mathbb{Z}$-Algebra R/pR.

Beweis: Seien $\varepsilon_1, \ldots, \varepsilon_d$ mit $d = \chi(1)$ die Eigenwerte von $T(x)$. Für jede p-Potenz q gilt dann $\chi(x^q) = \sum \varepsilon_i^q \equiv (\sum \varepsilon_i)^q = \chi(x)^q$ mod pR; analog ist $\chi(x_r^q) \equiv \chi(x_r)^q$ mod pR. Für alle hinreichend großen p-Potenzen q ist nun aber $x^q = x_r^q$, und man erhält

$$\chi(x)^q \equiv \chi(x_r)^q \bmod pR, \quad \text{also} \quad (\chi(x) - \chi(x_r))^q \equiv 0 \bmod pR.$$

Nun enthält das Radikal von R/pR aber jedes nilpotente Element, also folgt $\chi(x) - \chi(x_r) \in \mathfrak{r}$ und damit die Behauptung.

SATZ 12 ('Induktionssatz von Brauer-Witt'): *Jeder K-Charakter von G ist eine ganzzahlige Linearkombination von induzierten K-Charakteren K-elementarer Untergruppen von G. Anders ausgedrückt: Bezeichnet E_K die Menge der K-elementaren Untergruppen H von G, so ist der durch die Induktionsabbildungen $\mathrm{ind}_H^G : X_K(H) \longrightarrow X_K(G)$ gegebene Homomorphismus*

$$(66) \qquad \mathrm{ind} : \bigoplus_{H \in E_K} X_K(H) \longrightarrow X_K(G)$$

surjektiv. [3]

---

[3]wobei in (66) die *direkte Summe* der <u>abelschen Gruppen</u> $X_K(H)$ steht (und nicht etwa das Coprodukt der *Ringe* $X_K(H)$).

Beweis: a) Wir bezeichnen mit $Y_K(G)$ das Bild der Abbildung (66). Analog sei $Y_K(G, R)$ das Bild der aus (66) entstehenden Abbildung, wenn man statt $\mathbb{Z}$ allgemeiner $R = \mathbb{Z}[\varepsilon]$ als Koeffizientenbereich zuläßt. Da $1, \varepsilon, \varepsilon^2, \ldots, \varepsilon^{d-1}$ mit $d = \varphi(m)$ eine $\mathbb{Z}$-Basis von $\mathbb{Z}[\varepsilon]$ ist, erhalten wir damit für jedes H auch eine $X_K(H)$-Basis von $X_K(H, R)$. Daraus folgt

$$(67) \qquad Y_K(G, R) \cap X_K(G) = Y_K(G).$$

Da es sich bei $Y_K(G)$ um ein *Ideal* des Ringes $X_K(G)$ handelt (vgl. F27), ist zum Beweis des Satzes zu zeigen, daß 1_G zu $Y_K(G)$ gehört. Wegen (67) genügt es, $1_G \in Y_K(G, R)$ zu beweisen. Hierzu gehen wir wie folgt vor:

b) Zu vorgegebener Primzahl p sei $a_1, a_2, \ldots, a_r$ ein Vertretersystem für die K-Klassen aller p-regulären Elemente von G. Nach F33 existiert für jedes $1 \le i \le r$ ein $\varphi_i \in Y_K(G, R)$ mit folgenden Eigenschaften: $\varphi_i(a_i)$ ist eine natürliche Zahl, die zu p teilerfremd ist, und für $j \ne i$ gilt $\varphi_i(a_j) = 0$. Wir betrachten $\varphi = \sum_i \varphi_i^{p-1}$. Dann ist $\varphi \in Y_K(G, R)$, und unter Beachtung von F29 gilt $\varphi(x) \equiv 1 \bmod pR$ für *jedes p-reguläre* Element x von G. Nach dem vorausgeschickten Lemma gilt dann

$$(68) \qquad \varphi(x) \equiv 1 \bmod \mathfrak{r} \quad \text{für } alle \quad x \in G.$$

c) Ist für $\alpha \in R$ die Kongruenz $\alpha \equiv 1 \bmod \mathfrak{r}^i$ erfüllt, so folgt offenbar $\alpha^p \equiv 1 \bmod \mathfrak{r}^{i+1}$. Ersetzt man also φ in (68) durch eine geeignete Potenz von φ, so erhalten wir zu vorgegebenem e eine Funktion $\widetilde{\varphi} \in Y_K(G, R)$ mit

$$(69) \qquad \widetilde{\varphi}(x) \equiv 1 \bmod p^e R \quad \text{für alle } x \in G.$$

Insbesondere gilt dies für $e = w_p(n)$, vgl. (52). Die Funktion $n_p(\widetilde{\varphi} - 1_G)$ hat dann nur Werte in nR, also ist

$$(70) \qquad n_p(\widetilde{\varphi} - 1_G) = nf$$

mit einer Funktion $f : G \longrightarrow R$, die wegen F29 auf den K-Klassen von G konstant ist. Nach F30 gehört nf also zu $Y_K(G, R)$, denn zyklische Untergruppen sind elementare, also erst recht K-elementare Untergruppen von G. Wie $\widetilde{\varphi}$ liegt also auch die in (70) genannte Funktion in $Y_K(G, R)$, und es folgt

$$(71) \qquad n_p 1_G \in Y_K(G, R).$$

Nach seiner Herleitung ist (71) für jede Primzahl p erfüllt. Nun ist aber der größte gemeinsame Teiler der n_p gleich 1, also 1 eine ganzzahlige Linearkombination der n_p. Hieraus folgt $1_G \in Y_K(G, R)$, was zu beweisen war.

SATZ 13: *Eine Klassenfunktion $\varphi : G \longrightarrow C$ ist genau dann ein verallgemeinerter K-Charakter von G, wenn $\mathrm{res}_H(\varphi)$ für jede K-elementare Untergruppe H von G ein verallgemeinerter K-Charakter ist.*

Beweis: Nach Satz 12 gilt

$$1 = \sum_{H \in E_K} \text{ind}_H^G(\psi_H) \quad \text{mit } \psi_H \in X_K(H).$$

Multiplikation mit φ ergibt $\varphi = \sum_H \text{ind}_H^G(\Theta_H)$ mit $\Theta_H = \text{res}_H(\varphi)\psi_H$. Aus $\text{res}_H\varphi \in X_K(H)$ für alle $H \in E_K$ folgt dann $\varphi \in X_K(G)$. Das Umgekehrte ist klar.

SATZ 14 (Brauer): *Jeder C-Charakter von $\overset{.}{G}$ ist eine $\mathbb{Z}$-Linearkombination von Charakteren monomialer C-Darstellungen.*

Beweis: Dies folgt ebenfalls aus Satz 12, wenn man noch Satz 10 heranzieht und beachtet, daß eine elementare Untergruppe $H = A \times P$ offenbar *überauflösbar* ist.

Definition 15: Eine C-Darstellung T von G (bzw. ihr Darstellungsmodul bzw. ihr Charakter χ) heißt *realisierbar über K*, wenn es eine K-Darstellung T_0 von G gibt, so daß T zu T_0^C äquivalent ist.

Ist V_0 der Darstellungsmodul zu T_0, so soll also die Isomorphie $V \simeq V_0 \otimes_K C$ von CG-Moduln gelten. Als Funktion auf G ist χ auch der Charakter zu V_0. Insbesondere ist also der KG-Modul V_0 bis auf Isomorphie eindeutig bestimmt. Ferner: Ist V irreduzibel, so ist V_0 ein absolut-irreduzibler KG-Modul.

F34: *Die folgenden Aussagen sind äquivalent:*

(i) K *ist ein Zerfällungskörper von G.*

(ii) *Jede C-Darstellung von G ist realisierbar über K.*

Beweis: 1) Seien $\chi_1, \ldots, \chi_k$ die irreduziblen K-Charaktere von G. Ist K ein Zerfällungskörper von G, so ist $k = h$, und $\chi_1, \ldots, \chi_k$ ist eine *Orthonormalbasis* von $Z_K G$ bzgl. $<, >$. Jeder C-Charakter χ von G kann daher in der Gestalt $\chi = \sum_i <\chi, \chi_i> \chi_i$ dargestellt werden. Da aber χ und χ_i Charaktere zu C-Darstellungen von G sind, müssen die $<\chi, \chi_i>$ ganze Zahlen ≥ 0 sein. Es folgt, daß χ ein K-Charakter ist, d.h. χ ist realisierbar über K.

2) Jetzt sollen $\chi_1, \ldots, \chi_h$ die irreduziblen C-Charaktere von G bezeichnen. Sind sie alle realisierbar über K, so haben wir mit $\chi_1, \ldots, \chi_h$ ein Orthonormalsystem von K-Charakteren von G. Wegen $<\chi_i, \chi_i> = 1$ ist jedes χ_i ein *irreduzibler K-Charakter*. Damit sind $\chi_1, \ldots, \chi_h$ die sämtlichen verschiedenen irreduziblen K-Charaktere von G (vgl. Satz 2). Bilden diese aber ein Orthonormalsystem, so ist K ein Zerfällungskörper von G (vgl. F17).

SATZ 15 ('Vermutung von Schur'): *Es bezeichne* m *den Exponenten von* G. *Enthält* K *eine primitive* m-*te Einheitswurzel, so ist jede* C-*Darstellung realisierbar über* K, *d.h.* K *ist ein Zerfällungskörper von* G (*vgl.* F34).

Beweis: Sei χ ein beliebiger C-Charakter. Nach Satz 14 ist

$$(72) \qquad \chi = \sum_i a_i \operatorname{ind}_{H_i}^G (\lambda_i) \qquad (a_i \in \mathbb{Z})$$

nit C-Charakteren λ_i vom Grade 1 auf gewissen Untergruppen H_i von G. Da die Werte der λ_i m-te Einheitswurzeln sind, liegen sie nach Voraussetzung sämtlich in K. Für jedes i ist also λ_i ein K-Charakter von H_i. Aus (72) folgt dann $\chi \in X_K(G)$, d.h. es ist $\chi = \sum_j b_j \chi_j$ *ganzzahlige* Linearkombination der irreduziblen K-Charaktere $\chi_1, \ldots, \chi_k$ von G. Dabei ist $< \chi, \chi_j > = b_j < \chi_j, \chi_j >$. Da χ und die χ_j eigentliche Charaktere sind, muß $< \chi, \chi_j > \geq 0$ und damit auch $b_j \geq 0$ gelten. Somit ist χ ein K-Charakter, also realisierbar über K.

§ 34

Die Schurgruppe eines Körpers

1. In diesem Paragraphen wollen wir noch die Frage anschneiden, welche einfachen Algebren als einfache Bestandteile von Gruppenalgebren KG endlicher Gruppen über einem Körper K der Charakteristik 0 vorkommen können.

Bezeichnungen: Seien G eine endliche Gruppe, K ein Körper der Charakteristik 0, C algebraischer Abschluß von K, χ irreduzibler C-Charakter von G. Mit $K(\chi)$ bezeichnen wir den Teilkörper von C, der aus K durch Adjunktion aller Charakterwerte $\chi(g)$ der $g \in G$ entsteht. □

Wir gehen aus von einem irreduziblen CG-Modul V. Dieser vermittelt eine irreduzible C-Darstellung

$$(1) \qquad\qquad T : CG \longrightarrow \mathrm{End}_C(V)$$

von G (bzw. CG). Der zugehörige Charakter χ ist eine Funktion auf G (bzw. CG) mit Werten in C. Wir betrachten nun die Einschränkung

$$(2) \qquad\qquad T : KG \longrightarrow \mathrm{End}_C(V)$$

von T auf die Gruppenalgebra von G über K. Das Bild $B = T(KG)$ in $\mathrm{End}_C(V)$ ist dann eine K-Teilalgebra von $\mathrm{End}_C(V)$. Die Gruppenalgebra KG ist *halbeinfach*, also ist B als homomorphes Bild von KG isomorph zu einem direkten Produkt gewisser einfacher Bestandteile von KG. Wir behaupten, daß B selbst schon *einfach* ist. Dazu genügt es zu zeigen, daß das Zentrum F von B ein *Körper* ist. Genauer wollen wir zeigen, daß $F = K(\chi)$ gilt (wobei wir die a aus C mit den entsprechenden Homothetien $a\, \mathrm{id}_V$ in $\mathrm{End}_C(V)$ identifizieren). Da T (absolut-) irreduzibel ist, ist die Abbildung (1) surjektiv, und daher wird $\mathrm{End}_C(V)$ erzeugt von B und C. Folglich ist das Zentrum von B im Zentrum von $\mathrm{End}_C(V)$ enthalten, d.h. $F \subseteq C$.

Ist daher für ein $x = \sum a_g g$ aus KG das Element $T(x)$ im Zentrum von B, so gilt $\chi(x) = dT(x)$ mit $d = \dim_C V$. Andererseits liegt aber $\chi(x) = \sum a_g \chi(g)$ in $K(\chi)$, also folgt $T(x) \in K(\chi)$. Somit gilt $F \subseteq K(\chi)$. Ist umgekehrt g ein Element aus G, so betrachten wir die Klassensumme k_g von g; diese liegt im Zentrum von KG. Folglich ist $T(k_g)$ im Zentrum F von B enthalten, und es gilt $\chi(k_g) = dT(k_g)$. Wegen $\chi(k_g) = c_g \chi(g)$, mit c_g als der Anzahl der zu g konjugierten Elemente, liegt $\chi(g)$ also in F. Damit hat man auch $K(\chi) \subseteq F$. – Zusammenfassend erhalten wir

F1: *Jedem irreduziblen C-Charakter χ von G entspricht genau ein einfacher Bestandteil $B(\chi, K)$ von KG mit $\chi(B(\chi, K)) \neq 0$. Das Zentrum von $B(\chi, K)$ ist K-isomorph zu $K(\chi)$. Für $F := K(\chi)$ gilt die F-Algebrenisomorphie $B(\chi, F) \simeq B(\chi, K)$.*

Beweis: Auch die letzte Aussage ist klar: Mit den obigen Bezeichnungen ist nämlich $B(\chi, K) \simeq B = FB = FT(KG) = T(FG) \simeq B(\chi, F)$. Ausgehend von der K-Isomorphie $B(\chi, F) \simeq B(\chi, K)$ kann man nun $B(\chi, K)$ mit der Struktur einer F-Algebra so versehen, daß

$$(3) \qquad B(\chi, F) \simeq B(\chi, K) \quad \text{als } F\text{-Algebra mit } F = K(\chi).$$

Im folgenden sei die $K(\chi)$-Algebrenstruktur von $B(\chi, K)$ stets so festgelegt.

Definition 1: Die zentraleinfache $K(\chi)$-Algebra $B(\chi, K)$ besitze die Zahl s als ihren *Schurindex*. Die natürliche Zahl s heißt dann auch der *Schurindex von χ über K*; wir verwenden dafür die Bezeichnung $s_K(\chi)$. Wegen (3) hat man

$$(4) \qquad\qquad s_K(\chi) = s_{K(\chi)}(\chi).$$

Der eindeutig bestimmte *K-Charakter* von G, der zu dem einfachen Bestandteil $B(\chi, K)$ von KG gehört, werde mit χ_K bezeichnet.

F2: *Sei E/F eine beliebige Erweiterung von Zwischenkörpern von C/K. Wir betrachten den im Sinne von F1 zu χ gehörigen einfachen Bestandteil $B(\chi, F)$ von FG. Es ist*

$$EG = FG \otimes_F E = (B(\chi, F) \otimes_F E) \times \ldots$$

(a) *Den einfachen Bestandteil $B(\chi, E)$ von EG können wir also mit einem einfachen Bestandteil der halbeinfachen Algebra $B(\chi, F) \otimes_F E$ identifizieren. Gilt speziell $F(\chi) = F$, so ist $B(\chi, F)$ nach F1 zentraleinfache F-Algebra, also ist $B(\chi, F) \otimes_F E$ einfach und somit*

$$(5) \qquad\qquad B(\chi, E) = B(\chi, F) \otimes_F E.$$

(b) Definitionsgemäß ist $B(\chi, C)$ der einfache Bestandteil von CG, der im Sinne von §33, F11 zu einer C-Darstellung mit Charakter χ gehört. Da $B(\chi, C)$ nach (a) als einfacher Bestandteil in $B(\chi, K) \otimes_K C$ auftritt, erkennt man: *In dem als C-Charakter aufgefaßten Charakter χ_K zu dem einfachen Bestandteil $B(\chi, K)$ von KG ist der Charakter χ enthalten, mit anderen Worten: Es gilt*

(6) $<\chi_K, \chi> \neq 0$.

Umgekehrt: *Sei ψ ein irreduzibler K-Charakter von G und B der zu ψ gehörige einfache Bestandteil von KG. Für jeden irreduziblen C-Charakter χ von G, der in ψ vorkommt, d.h. für den $< \psi, \chi > \neq 0$ ist, gilt dann $B = B(\chi, K)$ und daher $\psi = \chi_K$.*

Definition 2: Sei n die Ordnung von G und ζ eine primitive n-te Einheitswurzel in C. Offenbar ist $K(\chi)$ ein Teilkörper von $K(\zeta)$. Daher ist $K(\chi)/K$ eine *abelsche Körpererweiterung*. Für $\sigma \in G(K(\chi)/K)$ ist nun – wie man sich leicht überlegt – mit χ auch die Funktion

$$\chi^\sigma := \sigma \circ \chi$$

von G mit Werten in C ein *irreduzibler C-Charakter von G*. Die χ^σ heißen die *zu χ über K konjugierten Charaktere von G*. Ihre Summe

(7) $\mathrm{Sp}_K(\chi) = \sum_\sigma \chi^\sigma$

heißt die *Spur von χ über K*. Offenbar ist die Funktion $\mathrm{Sp}_K(\chi)$ ein Charakter von G mit Werten in K, doch im allgemeinen ist sie kein K-Charakter. Man hat aber den folgenden

SATZ 1: *Ist χ ein irreduzibler C-Charakter von G, so ist*

(8) $\chi_K = s_K(\chi) \, \mathrm{Sp}_K(\chi) = s_K(\chi) \sum_\sigma \chi^\sigma$

der irreduzible K-Charakter von G, der zu dem einfachen Bestandteil $B(\chi, K)$ von KG gehört. Auf diese Weise erhält man alle irreduziblen K-Charaktere von G.

Beweis: 1) Wir zeigen zunächst, daß

(9) $B(\chi, K) \otimes_K C = \prod_\sigma B(\chi^\sigma, C)$

gilt, wobei σ wie in (7) und (8) alle Elemente von $G(K(\chi)/K)$ durchläuft. Sei $\psi := \chi_K$. Mit $<\psi, \chi> \neq 0$ ist auch $<\psi, \chi^\sigma> = <\psi, \chi> \neq 0$. Aus F2 folgt damit, daß alle $B(\chi^\sigma, C)$ als einfache Bestandteile der linken Seite von (9) auftreten. Die $B(\chi^\sigma, C)$ sind paarweise verschieden, denn die χ^σ sind es. Zum Beweis von (9) genügt es daher zu zeigen, daß beide Seiten die gleiche Dimension über C besitzen. Man setze $F = K(\chi)$. Wegen $B(\chi^\sigma, C) : C = \chi^\sigma(1)^2 = \chi(1)^2 = B(\chi, C) : C$ und mit Blick auf (5) hat die rechte Seite von (9) die Dimension

$$(F : K)\,(B(\chi, C) : C) = (F : K)\,(B(\chi, F) : F) = B(\chi, F) : K\,,$$

woraus sich unter Beachtung von (3) die Behauptung ergibt.

2) Wir setzen $s = s_K(\chi)$ und wie oben $F = K(\chi)$. Der Charakter des KG-Moduls $B(\chi, K)$ hat die Gestalt $r\chi_K$ mit einem r, das $B(\chi, K) : F = r^2 s^2$ erfüllt (§33, F11). Entsprechend ist $n\chi^\sigma$ der Charakter des CG-Moduls $B(\chi^\sigma, C)$, wobei n den gemeinsamen Grad der χ^σ bezeichnet, also n die Gleichung $B(\chi, C) : C = n^2$ erfüllt. Aus (9) folgt dann

$$(10) \qquad r\chi_K = n \sum_\sigma \chi^\sigma \,.$$

Wie vorhin gilt nun aber $B(\chi, C) : C = B(\chi, F) : F$, also $n = rs$. Durch Herauskürzen von r aus (10) erhält man jetzt die behauptete Gleichung (8). Die letzte Aussage des Satzes ergibt sich dann aus F2.

F3: *Es sei L ein Zwischenkörper von C/K. Genau dann ist χ realisierbar über L, wenn L ein Zerfällungskörper der zentraleinfachen $K(\chi)$-Algebra $B(\chi, K)$ ist.*

Beweis: Offenbar ist χ genau dann realisierbar über L, wenn $\chi_L = \chi$ gilt. Diese Bedingung ist aber nach Satz 1 (angewandt auf einen Körper L mit $L \supseteq K(\chi) =: F$) äquivalent zu $s_L(\chi) = 1$, d.h. $B(\chi, L) \sim 1$. Wegen $B(\chi, L) = B(\chi, F) \otimes_F L$ besagt dies aber gerade, daß L ein Zerfällungskörper von $B(\chi, F)$ ist. Mit Blick auf (3) ist damit die Behauptung bewiesen. – Aus den bekannten Eigenschaften des Schurindex einer zentraleinfachen Algebra ergibt sich nun aus F3 sofort

F4: *Für Zwischenkörper L von C/K mit $L : K < \infty$ gelten:*

a) *Ist χ realisierbar über L, so ist $s_K(\chi)$ ein Teiler von $L : K(\chi)$.*

b) *Es gibt L, über denen χ realisierbar ist, mit $L : K(\chi) = s_K(\chi)$.*

c) *Ist $s_K(\chi) = 1$, so ist χ realisierbar über $K(\chi)$.*

Wir bezeichnen mit $< \Theta, \psi, K >$ die Vielfachheit, mit der ein irreduzibler K-Charakter ψ in dem beliebigen K-Charakter Θ vorkommt. Da $<\chi, \psi> \neq 0$ nur für $\psi = \chi_K$ gilt (F2), ist dann $< \Theta, \chi > \, = \, < \Theta, \chi_K, K > \cdot < \chi_K, \chi >$. Nach (8) gilt damit

(11) $$< \Theta, \chi > \, = \, s_K(\chi) < \Theta, \chi_K, K > .$$

F5: (a) *Für einen beliebigen K-Charakter Θ von G ist $s_K(\chi)$ ein Teiler der Vielfachheit, mit der χ in Θ vorkommt.*

(b) *$s_K(\chi)$ ist die kleinste natürliche Zahl m, für die $m\mathrm{Sp}_K(\chi)$ ein K-Charakter von G ist.*

(c) *$s_K(\chi)$ ist ein Teiler des Grades von χ.*

Beweis: (a) ist schon in (11) enthalten. Sei $\Theta = m\mathrm{Sp}_K(\chi)$ ein K-Charakter von G. Nach (a) ist dann $s_K(\chi)$ ein Teiler von $< \Theta, \chi > \, = m < \mathrm{Sp}_K(\chi), \chi > \, = m$. Zusammen mit Satz 1 folgt somit (b). Zum Beweis von (c) sei jetzt Θ der Charakter der regulären Darstellung von G, die offenbar eine K-Darstellung ist. Nun kommt aber der absolut-irreduzible Charakter χ gerade mit der Vielfachheit $d = \chi(1)$ in Θ vor, also ist $s_K(\chi)$ nach (a) in der Tat ein Teiler von $\chi(1)$.

Definition 3: Eine *zentraleinfache K-Algebra* B heiße eine *Schuralgebra über K*, wenn es eine endliche Gruppe G gibt, so daß B isomorph zu einem einfachen Bestandteil der Gruppenalgebra KG ist. Nach F1 und F2 werden die Schuralgebren über K also bis auf Isomorphie gerade durch die sämtlichen

(12) $$B(\chi, K) \quad \text{mit} \quad K(\chi) = K$$

gegeben, wobei χ alle die irreduziblen C-Charaktere endlicher Gruppen durchläuft, deren Werte schon in K liegen. Die Gesamtheit aller Elemente der Brauergruppe $Br(K)$, die sich durch Schuralgebren über K repräsentieren lassen, heißt die *Schurgruppe des Körpers K* und wird mit $S(K)$ bezeichnet.

Wir zeigen, daß $S(K)$ wirklich eine Untergruppe von $Br(K)$ ist: Seien B_1, B_2 Schuralgebren über K und o.E. $B_i = B(\chi_i, K)$ mit irreduziblen C-Charakteren χ_i von endlichen Gruppen G_i. Es bezeichne $\chi_1 \otimes \chi_2$ die durch $(\chi_1 \otimes \chi_2)(g_1, g_2) = \chi_1(g_1)\chi_2(g_2)$ auf $G_1 \times G_2$ definierte Funktion. Sind V_i die Darstellungsmoduln von CG_i zu χ_i, so sieht man sofort, daß $V_1 \otimes V_2$ auf natürliche Weise zu einem Darstellungsmodul von $C(G_1 \times G_2)$ gemacht werden kann und als solcher den Charakter $\chi = \chi_1 \otimes \chi_2$ besitzt. Wie man sofort nachrechnet, ist $<\chi, \chi> \, = 1$, also χ irreduzibel. Mit $K(G_1 \times G_2) \simeq KG_1 \otimes KG_2$ folgt nun leicht, daß $B(\chi_1, K) \otimes B(\chi_2, K) \simeq B(\chi, K)$ gilt.

Da offenbar K eine Schuralgebra über K ist, bleibt noch zu zeigen: Mit der Schuralgebra $B = B(\chi, K)$ über K ist auch B^0 eine solche. Nun ist mit χ auch $\overline{\chi}$, definiert durch $\overline{\chi}(g) = \chi(g^{-1})$, ein irreduzibler C-Charakter von G (vgl. §33, F8 und F17). Man erkennt nun leicht, daß $B(\overline{\chi}, K) \simeq B(\chi, K)^0$ gilt.

Definition 4: Ein *verschränktes Produkt* $\Gamma = (L, \mathfrak{g}, c)$ nennen wir eine *Kreisalgebra über K*, wenn folgende Bedingungen erfüllt sind:
(i) Es ist $L = K(\eta)$ mit einer Einheitswurzel η. (ii) Die Werte des Faktorensystems c sind sämtlich Einheitswurzeln. (iii) Das Zentrum von Γ ist K, d.h. es ist $\mathfrak{g} = G(L/K)$ die Galoisgruppe von L/K.

Für die wie oben beschriebene Kreisalgebra Γ verwenden wir auch die Bezeichnung $(K(\eta)/K, c)$ und bezeichnen ihre Klasse in $Br(K)$ mit

$$(13) \qquad [K(\eta)/K, c].$$

Mit $S_0(K)$ bezeichnen wir die Gesamtheit dieser Klassen, also

$$(14) \qquad S_0(K) = \{[B] \in Br(K) \mid B \text{ ist } \textit{Kreisalgebra über } K\}.$$

Bemerkungen: 1) Sei $\Gamma = (K(\eta)/K, c)$ eine Kreisalgebra. Ist dann ζ eine Einheitswurzel in C mit $K(\eta) \subseteq K(\zeta)$, so erhält man aus Γ durch *Inflation* die Kreisalgebra $(K(\zeta)/K, \inf(c))$.

2) Da für die Kreisalgebra $\Gamma = (K(\eta)/K, c)$ die Werte von c Einheitswurzeln sind (und in $K(\eta)$ liegen), können wir η so wählen, daß die Werte von c in der Gruppe $<\eta>$ enthalten sind. Wenn nichts anderes gesagt wird, wollen wir dies in Zukunft immer annehmen.

3) Es ist klar, daß $S_0(K)$ eine *Untergruppe* von $Br(K)$ ist. Dazu beachte man: Um zu zeigen, daß für Kreisalgebren $\Gamma = (K(\eta)/K, c)$ und $\widetilde{\Gamma} = (K(\widetilde{\eta})/K, \widetilde{c})$ stets $[\Gamma] \cdot [\widetilde{\Gamma}] \in S_0(K)$ gilt, kann man per Inflation $\eta = \widetilde{\eta}$ annehmen; dann ist aber $[\Gamma][\widetilde{\Gamma}] = [K(\eta)/K, c\widetilde{c}]$.

F6: *Jede Kreisalgebra* $\Gamma = (K(\eta)/K, c)$ *über K ist eine Schuralgebra über K. Somit ist $S_0(K)$ eine Untergruppe von $S(K)$.*

Beweis: Definitionsgemäß ist die K-Algebra Γ erzeugt von $K(\eta)$ und Elementen u_σ ($\sigma \in \mathfrak{g}$) mit Relationen $u_\sigma^{-1}\lambda u_\sigma = \lambda^\sigma$ für $\lambda \in K(\eta)$ und $u_\sigma u_\tau = u_{\sigma\tau}c_{\sigma,\tau}$. In der Gruppe $\Gamma^\times$ der invertierbaren Elemente von Γ sei nun G die Untergruppe, welche durch die Elemente von $A := <\eta>$ sowie die u_σ erzeugt wird. Es ist dann A ein Normalteiler von G mit $G/A \simeq \mathfrak{g}$.

Insbesondere ist G eine *endliche* Gruppe. Die Inklusion $G \subseteq \Gamma^\times$ vermittelt einen K-Algebrenhomomorphismus $KG \longrightarrow \Gamma$, und dieser ist offenbar *surjektiv*. Folglich ist die einfache Algebra Γ zu einem einfachen Bestandteil der halbeinfachen Algebra KG isomorph. Da Γ das Zentrum K besitzt, ist die Behauptung damit bewiesen.

SATZ 2: *Sei* $\Gamma = (K(\eta)/K, c)$ *eine Kreisalgebra über* K. *Hat dann* $[\Gamma]$ *die Ordnung* m *in* $Br(K)$, *so enthält* K *eine primitive* m-*te Einheitswurzel.*

Beweis: Die Werte von c sind sämtlich Einheitswurzeln; sei n die Ordnung der von ihnen erzeugten Gruppe. Es ist dann $[\Gamma]^n = [K(\eta)/K, c^n] = 1$, also m ein Teiler von n. Also enthält jedenfalls der Körper $E = K(\eta)$ eine primitive m-te Einheitswurzel ζ. Zum Beweis des Satzes genügt es daher zu zeigen, daß ζ unter allen $\varrho \in G(K(\eta)/K)$ invariant ist. Sei ϱ fest gegeben. Auf den n-ten Einheitswurzeln bewirkt ϱ Potenzierung

$$(15) \qquad x^\varrho = x^r \quad \text{mit einem} \quad r = r(\varrho) \text{ aus } \mathbb{N},$$

welches teilerfremd zu n und mod n eindeutig ist.

Neben $\Gamma = \sum_\sigma u_\sigma L$ betrachten wir nun auch die Kreisalgebra

$$(16) \qquad \Gamma_r := (K(\eta)/K), c^r) = \sum_\sigma v_\sigma L.$$

Wir behaupten, daß die wohldefinierte K-lineare Abbildung $\sum_\sigma u_\sigma \lambda_\sigma \longmapsto \sum_\sigma v_\sigma \lambda_\sigma^\varrho$ von Γ auf Γ_r ein Ringhomomorphismus ist, also die oben nochmals aufgeführten definierenden Relationen eines verschränkten Produktes respektiert. Diese Verifikation überlassen wir dem Leser, weisen aber darauf hin, daß dabei benutzt wird, daß $G(L/K)$ *abelsch* ist. Es ist also $\Gamma \simeq \Gamma_r$ und damit $[\Gamma] = [\Gamma_r] = [\Gamma]^r$. Es folgt $r \equiv 1 \bmod m$, und daher ist $\zeta = \zeta^r = \zeta^\varrho$ in der Tat invariant unter ϱ.

2. Wir übernehmen die Bezeichnungen des vorherigen Abschnittes. Insbesondere sei K also ein beliebiger Körper der Charakteristik 0 und C ein algebraischer Abschluß von K. Alle im folgenden vorkommenden Erweiterungskörper von K werden als Teilkörper von C aufgefaßt. Es sei ferner

$$(17) \qquad q \text{ eine beliebige Primzahl.}$$

Was nun zunächst die Bestimmung der Schurschen Indizes $s_K(\chi)$ von irreduziblen C-Charakteren χ endlicher Gruppen angeht, so kann man sich aufgrund des folgenden (auf *R. Brauer* zurückgehenden) Satzes auf den Fall K-*elementarer Gruppen* zurückziehen.

SATZ 3: *Sei χ ein irreduzibler C-Charakter von G und F ein beliebiger Erweiterungskörper von $K(\chi)$. Zu jeder Primzahl q gibt es dann eine F-elementare Untergruppe H von G und einen irreduziblen C-Charakter ξ von H, so daß*

(18)
$$< \mathrm{Sp}_F(\xi), \mathrm{res}_H(\chi) > \not\equiv 0 \bmod q.$$

Ist für eine beliebige Untergruppe H von G und einen irreduziblen C-Charakter ξ von H die Bedingung (18) erfüllt, so ist der q-Bestandteil des Schurindex $s_F(\chi)$ von χ über F gleich dem des Schurindex $s_F(\xi)$ von ξ über F. Außerdem ist $F(\xi) : F$ teilerfremd zu q.

Beweis: Nach dem Induktionssatz von *Brauer-Witt* hat man eine Darstellung

$$1 = \sum a_i \, \mathrm{ind}_{H_i}^G(\psi_i)$$

mit F-Charakteren ψ_i von F-elementaren Untergruppen H_i und ganzen Zahlen a_i. Multiplikation mit χ ergibt (wegen §33, F27) die Relation

$$\chi = \sum a_i \, \mathrm{ind}_{H_i}^G(\psi_i \, \mathrm{res}_{H_i}(\chi)).$$

Für die Vielfachheiten, mit denen χ auftritt, folgt daraus

$$1 = \sum a_i < \psi_i \, \mathrm{res}_{H_i}(\chi), \, \mathrm{res}_{H_i}(\chi) > .$$

Die Summanden auf der rechten Seite können nicht alle durch q teilbar sein, also gibt es ein $H = H_i$, so daß für $\psi = \psi_i$ gilt

(19)
$$< \psi \, \mathrm{res}_H(\chi), \, \mathrm{res}_H(\chi) > \not\equiv 0 \bmod q.$$

Der Charakter $\psi \, \mathrm{res}_H(\chi)$ von H nimmt auf H nur Werte aus F an, folglich tritt in ihm jeder irreduzible C-Charakter ξ von H gleich oft auf wie dessen F-Konjugierten. Wegen (19) muß es daher ein ξ geben, welches die Bedingung (18) erfüllt. Damit ist der erste Teil des Satzes bereits bewiesen.

Nehmen wir jetzt an, daß (18) erfüllt ist. Wegen $F(\chi) = F$ gilt nun zunächst $< \mathrm{Sp}_F(\xi), \mathrm{res}_H(\chi) > = (F(\xi) : F) < \xi, \mathrm{res}_H(\chi) >$, woraus mit (18) bereits $F(\xi) : F \not\equiv 0 \bmod q$ folgt; ferner ist

(20)
$$< \xi, \, \mathrm{res}_H(\chi) > \not\equiv 0 \bmod q.$$

Wir betrachten nun den F-Charakter $\xi_F = s_F(\xi) \mathrm{Sp}_F(\xi)$ von H. Dann ist $\mathrm{ind}_H^G(\xi_F)$ ein F-Charakter von G, also ist

$$< \mathrm{ind}_H^G(\xi_F), \chi > = < \xi_F, \mathrm{res}_H(\chi) > = s_F(\xi) < \mathrm{Sp}_F(\xi), \mathrm{res}_H(\chi) >$$

teilbar durch $s_F(\chi)$, vgl. F5. Wegen (18) ist der q-Teil von $s_F(\chi)$ daher ein Teiler von $s_F(\xi)$. Um zu zeigen, daß umgekehrt der q-Teil von $s_F(\xi)$ den Schurindex $s_F(\chi)$ teilt, betrachte man den F-Charakter $s_F(\chi)\chi$.

Seine Einschränkung $s_F(\chi)\mathrm{res}_H(\chi)$ auf H ist daher ein F-Charakter von H, in dem der irreduzible C-Charakter ξ von H mit der Vielfachheit $s_F(\xi) < \mathrm{res}_H(\chi), \xi >$ vorkommt. Diese Zahl ist folglich durch $s_F(\xi)$ teilbar. Wegen (20) muß daher der q-Teil von $s_F(\xi)$ in $s_F(\chi)$ aufgehen. □

Wir besprechen jetzt ein weiteres Reduktionsprinzip, das auf E. *Witt* und P. *Roquette* zurückgeht.

Definition 5: Sei M der zu $B(\chi, K)$ gehörige irreduzible KG-Modul und D sein Endomorphismenschiefkörper. Man kann dann M als (KG, D)-Bimodul ansehen. Diesen nennen wir *imprimitiv*, wenn es eine nicht-triviale direkte Zerlegung von M in D-Rechtsmoduln gibt, die unter G transitiv permutiert werden. Ist W einer dieser D-Rechtsmoduln und bezeichnet H die Untergruppe der $g \in G$ mit $gW = W$, so hat die genannte Zerlegung die Form

$$(21) \qquad M = \bigoplus_{\varrho \in G/H} \varrho W.$$

Ist eine solche Zerlegung nur auf triviale Weise möglich, so heißt der (KG, D)-Bimodul M *primitiv*. Den Charakter χ, von welchem wir ausgingen, nennen wir dann *K-primitiv*.

Der KH-Modul W in (21) ist irreduzibel (sonst wäre M nicht irreduzibel über KG), und man sieht leicht, daß D seinen Endomorphismenring darstellt. Bezeichnet daher $B(\xi, K)$ den einfachen Bestandteil von KH, zu dem W gehört, so hat man die Ähnlichkeit

$$(22) \qquad B(\xi, K) \sim B(\chi, K).$$

Wir sagen, χ sei *K-induziert* von ξ. (Man kann sich übrigens leicht davon überzeugen, daß ξ so gewählt werden kann, daß $\chi = \mathrm{ind}_H^G(\xi)$ gilt, also χ im gewöhnlichen Sinne von ξ induziert wird.) – Per Induktion nach der Gruppenordnung erhält man nun leicht

F7: *Jeder irreduzible C-Charakter χ von G ist K-induziert von einem K-primitiven C-Charakter ξ einer Untergruppe H von G, wobei noch gilt:* $K(\chi) = K(\xi)$ *und* $B(\chi, K) \sim B(\xi, K)$.

Bemerkungen: 1) Sei χ wie oben, und sei T eine irreduzible C-Darstellung von G in V mit dem Charakter χ. Wir bezeichnen mit N den Kern von T und setzen $\widetilde{G} = G/N$. In natürlicher Weise ist dann V ein $C\widetilde{G}$-Modul; sei $\widetilde{T}$ die zugehörige Darstellung und $\widetilde{\chi}$ der zugehörige Charakter. Offenbar ist V als $C\widetilde{G}$-Modul ebenfalls irreduzibel. Wegen $T(KG) = \widetilde{T}(K\widetilde{G})$ hat man $B(\chi, K) \simeq B(\widetilde{\chi}, K)$, und außerdem gilt: Ist χ K-primitiv, so auch $\widetilde{\chi}$.

Nach seiner Konstruktion ist $\tilde{\chi}$ ein *treuer* C-Charakter von $\tilde{G}$ (d.h. Charakter einer *treuen* C-Darstellung). Insgesamt können wir uns also bei Betrachtung von Elementen der Schurgruppe über K stets auf den Fall *treuer, K-primitiver Charaktere* zurückziehen.

2) In diesem Zusammenhang ist auch folgender Sachverhalt nützlich: *Jede Untergruppe und jede Faktorgruppe einer K-elementaren Gruppe ist wieder K-elementar.* Den einfachen Beweis hierfür überlassen wir dem Leser.

Lemma: *Bezeichne $i : KG \longrightarrow B(\chi, K)$ die Projektion von KG auf den einfachen Bestandteil $B = B(\chi, K)$ von KG. Ist χ treu und K-primitiv, so gilt für jeden abelschen Normalteiler A von G: Die Gruppenalgebra KA wird bei i auf einen Teilkörper L von B abgebildet. Die Gruppe A selbst ist unter i zu einer Gruppe von Einheitswurzeln isomorph. Insbesondere ist A zyklisch.*

Beweis: Da χ als treu vorausgesetzt wurde, ist die Einschränkung von i auf G *injektiv.* Sei M irreduzibler Summand des KG-Moduls B. Wir betrachten M auch als KA-Modul; es sei W eine *isogene Komponente* desselben. Da A ein Normalteiler von G ist, folgt wie im Beweis von F28 in §33, daß der KG-Modul M induziert ist vom KH-Modul W, wobei H die Untergruppe aller $g \in G$ mit $gW = W$ ist. Sei D der Endomorphismenschiefkörper von M. Für jedes $d \in D^{\times}$ gilt nun offenbar $W \simeq Wd$ also $W = Wd$, und daher ist W ein D-Rechtsmodul. Nun war aber χ als K-*primitiv* vorausgesetzt, folglich ist $W = M$, d.h. der KA-Modul M ist *isogen*. Bis auf einen werden dann aber alle einfachen Bestandteile der halbeinfachen Algebra KA von i annulliert; da KA *kommutativ* ist, muß

$$(23) \qquad L := i(KA) = K[iA]$$

ein *Körper* sein. Weil jede endliche Untergruppe der multiplikativen Gruppe eines Körpers *zyklisch* ist, sind damit alle Behauptungen des Lemmas bewiesen. □

Wir untersuchen nun den Fall, in dem χ ein *treuer, K-primitiver* Charakter einer K-elementaren Gruppe G ist. Nach Voraussetzung besitzt G jedenfalls einen zyklischen Normalteiler N, so daß G/N eine q-Gruppe ist für eine Primzahl q. Es sei nun A ein maximaler abelscher Normalteiler von G, welcher N umfaßt. Unter Benützung von 10.6 überlegt man sich leicht, daß A mit seinem Zentralisator in G übereinstimmen muß, also der natürliche Homomorphismus

$$(24) \qquad \mathfrak{g} : G/A \longrightarrow \text{Aut}\,(A)$$

injektiv ist. Aufgrund des Lemmas ist A *zyklisch.* Zu jedem $\sigma \in \mathfrak{g}$ wähle man einen Vertreter $v_\sigma \in G$ mit $\sigma = v_\sigma A$. Für $\sigma, \tau \in \mathfrak{g}$ ist dann

$$(25) \qquad v_\sigma v_\tau = v_{\sigma\tau} c_{\sigma,\tau} \quad \text{mit } c_{\sigma,\tau} \in A.$$

Definitionsgemäß gilt für die $a \in A$ ferner

$$(26) \qquad a^\sigma = v_\sigma^{-1} a v_\sigma.$$

Unter Beibehaltung der Bezeichnungen des *Lemmas* setzen wir nun $u_\sigma = i(v_\sigma)$ und betrachten die zu den u_σ gehörenden inneren Automorphismen der Algebra B, definiert durch

$$(27) \qquad b \longmapsto u_\sigma^{-1} b u_\sigma \quad \text{für alle } b \in B.$$

Die Elemente von K bleiben hierbei fest. Für die Elemente a aus A gilt $u_\sigma^{-1} i(a) u_\sigma = i(a^\sigma)$, wie man durch Anwendung von i auf (26) sofort erkennt. Der Körper L wird somit bei (27) auf sich abgebildet, so daß (27) einen K-Automorphismus $\overline{\sigma}$ von L vermittelt. Der Homomorphismus $\sigma \longmapsto \overline{\sigma}$ von $\mathfrak{g}$ in die Gruppe $G(L/K)$ ist injektiv, weil (24) injektiv ist, vgl. (23).

Zur Vereinfachung der Schreibweise wollen wir nun die Gruppe G vermöge i mit einer Untergruppe von $B^\times$ identifizieren. Die zyklische Untergruppe A von G ist dann eine Gruppe von Einheitswurzeln in $L \subseteq B$, und es gilt $L = K(A)$. Vermöge des Monomorphismus $\sigma \longmapsto \overline{\sigma}$ läßt sich die Gruppe $\mathfrak{g}$ als Untergruppe von $G(L/K)$ auffassen. Nun ist $i : KG \longrightarrow B$ surjektiv, daher wird die K-Algebra B erzeugt von den Elementen λ des Körpers $L = K(A)$ und den Elementen $u_\sigma = i(v_\sigma) = v_\sigma$. Es gelten zwischen ihnen wegen (25) und (26) die Relationen

$$u_\sigma u_\tau = u_{\sigma\tau} c_{\sigma,\tau}, \qquad u_\sigma^{-1} \lambda u_\sigma = \lambda^\sigma.$$

Folglich ist B das *verschränkte Produkt* des Körpers $L = K(A)$ mit der Gruppe $\mathfrak{g}$ von Automorphismen von L zum Faktorensystem $c_{\sigma,\tau}$ (bestehend aus Elementen von A), also $B = (L, \mathfrak{g}, c_{\sigma,\tau})$.

Sei F der Fixkörper von $\mathfrak{g}$ in L, also $\mathfrak{g} = G(L/F)$. Dann ist F das Zentrum von B (vgl. §30, Satz 1). Andererseits hat $B = B(\chi, K)$ das Zentrum $K(\chi)$, somit ist $F = K(\chi)$. –

Wir halten das Resultat unserer Betrachtungen in der folgenden Form fest:

F8: *Die Gruppe H sei K-elementar zur Primzahl q. Ist dann der irreduzible $\mathbb{C}$-Charakter ξ von H treu und K-primitiv, so ist $B(\xi, K) = (K(A), \mathfrak{g}, c)$ das verschränkte Produkt eines Körpers $K(A)$, der aus K durch Adjunktion einer Gruppe A von Einheitswurzeln entsteht, mit einer q-Gruppe $\mathfrak{g} = G(K(A)/K(\xi))$ zu einem Faktorensystem c mit Werten in A.*

Mit F7 (nebst zugehörigen Bemerkungen) erhält man aus F8 sofort

F9: *Die Gruppe H sei K-elementar zur Primzahl q. Ist dann ξ ein beliebiger irreduzibler C-Charakter von H, so gilt*

$$(28) \qquad [B(\xi, K)] = [K(A), \mathfrak{g}, c]$$

mit einem verschränkten Produkt $\Gamma = (K(A), \mathfrak{g}, c)$ der in F8 genannten Gestalt. Insbesondere ist daher $s_K(\xi) = s(\Gamma)$ als Teiler der Ordnung von $\mathfrak{g}$ eine q-Potenz.

Man beachte, daß sich die Gleichung (28) als Gleichheit in der *Brauerschen Gruppe* des Körpers $K(\xi)$ versteht. – Aus den bisherigen Betrachtungen dieses Abschnittes läßt sich nun leicht wenigstens das folgende Ergebnis ablesen:

SATZ 4: *Sei q eine gegebene Primzahl. Jedes Element des q-Anteils $S(K)_q$ der Schurgruppe von K hat den gleichen Schurindex wie ein verschränktes Produkt*

$$(29) \qquad \Gamma = (K(A), \mathfrak{g}, c)$$

mit folgenden Eigenschaften: (i) *A ist eine Gruppe von Einheitswurzeln.* (ii) *$\mathfrak{g}$ ist eine q-Gruppe.* (iii) *Die Werte des Faktorensystems c liegen in A.* (iv) *Für den Fixkörper K' von $\mathfrak{g}$ in $K(A)$ gilt $K' : K \not\equiv 0 \bmod q$.*

Beweis: Definitionsgemäß besteht $S(K)_q$ aus allen Elementen von $S(K)$, deren Exponent – oder, was nach §30, F3 auf dasselbe hinausläuft – deren Schurindex eine q-Potenz ist. Sei nun $[B(\chi, K)]$ ein beliebiges Element von $S(K)_q$. Dann ist $K(\chi) = K$, und nach Satz 3 (mit $F = K(\chi) = K$) gibt es einen irreduziblen C-Charakter ξ einer K-elementaren Gruppe H von G mit

$$s_K(\chi) = s_K(\xi) \quad \text{und} \quad K(\xi) : K \not\equiv 0 \bmod q,$$

wobei wir noch benutzt haben, daß nach der letzten Aussage von F9 für $s_K(\xi)$ nur eine q-Potenz in Betracht kommt. Nach F9 ist nun aber $B(\xi, K)$ ähnlich zu einem verschränkten Produkt Γ der genannten Gestalt; hinsichtlich der Eigenschaft (iv) ist dabei nur zu beachten, daß K' mit dem Zentrum von Γ übereinstimmt und daher $K' = K(\xi)$ gilt. $\qquad \square$

Obwohl sich unser Satz 4 nur auf die *Schurindizes* der Elemente von $S(K)$ bezieht, ist er doch schon eine recht kräftige Aussage. Auf ihrer Grundlage wird es uns im nächsten Abschnitt jedenfalls möglich sein, die *Schurgruppe eines lokalen Körpers* zu bestimmen. – Wir wollen nun jedoch nicht versäumen, auch auf den folgenden allgemeinen Sachverhalt einzugehen:

SATZ 5: *Jedes Element* $[B(\chi, K)]$ *der Schurgruppe* $S(K)$ *von* K *läßt sich durch eine Kreisalgebra repräsentieren.*

Beweis: Wir können gleich davon ausgehen, daß das gegebene Element $[B(\chi, K)]$ zum q-Anteil von $S(K)$ gehört für eine Primzahl q. Sei χ Charakter von G und n die Ordnung von G. Es bezeichne ζ eine primitive n-te Einheitswurzel. Der Fixkörper F zur q-Sylowgruppe von $G(K(\zeta)/K)$ hat die folgenden Eigenschaften:

$$(30) \qquad F : K \not\equiv 0 \bmod q\,, \qquad K(\zeta) : F = q\text{-Potenz}\,.$$

Anwendung von Satz 3 auf χ und obiges F liefert eine F-elementare Untergruppe H von G mit irreduziblen C-Charakter ξ, so daß

$$(31) \qquad\qquad <\mathrm{res}_H(\chi), \xi> \not\equiv 0 \bmod q$$

gilt und auch $F(\xi) : F$ teilerfremd zu q ist. Letzteres ist wegen $F(\xi) \subseteq K(\zeta)$ und (30) nur für $F(\xi) = F$ möglich. Da $K(\zeta)$ Zerfällungskörper für ξ wie für χ ist (§33, Satz 15) und $K(\zeta) : F$ eine q-Potenz, folgt unter Beachtung von $F(\xi) = F = F(\chi)$, daß die Schurindizes $s_F(\xi)$ und $s_F(\chi)$ als Teiler von $K(\zeta) : F$ ebenfalls q-Potenzen sind und folglich

$$(32) \qquad\qquad [B(\xi, F)],\ [B(\chi, F)] \in S(F)_q$$

gilt. Wegen $B(\chi \otimes \overline{\chi}, F) \simeq B(\chi, F) \otimes B(\overline{\chi}, F) \sim F$ ist $\chi \otimes \overline{\chi}$ Charakter einer F-Darstellung von $G \times G$. Folglich ist $\mathrm{res}_H(\chi) \otimes \overline{\chi}$ Charakter einer F-Darstellung von $H \times G$. Wie man sofort nachprüft, ist

$$<\xi \otimes \overline{\chi}, \xi \otimes \overline{\chi}> = <\xi, \xi>_H <\overline{\chi}, \overline{\chi}>_G = 1\,,$$

also ist $\xi \otimes \overline{\chi}$ irreduzibler C-Charakter von $H \times G$ mit $F(\xi \otimes \overline{\chi}) = F(\xi, \overline{\chi}) = F$. Man rechnet ferner leicht nach, daß gilt:

$$(33) \qquad\qquad <\mathrm{res}_H(\chi) \otimes \overline{\chi}, \xi \otimes \overline{\chi}> = <\mathrm{res}_H(\chi), \xi>\,.$$

Da nun $\mathrm{res}_H(\chi) \otimes \overline{\chi}$ wie gesagt ein F-Charakter ist, impliziert (33), daß $s_F(\xi \otimes \overline{\chi})$ ein Teiler von $<\mathrm{res}_H(\chi), \xi> =: t$ ist. Doch t ist nach (31) teilerfremd zu q, also muß mit Blick auf (32)

$$[B(\xi \otimes \overline{\chi}, F)] = [B(\xi, F)] \cdot [B(\chi, F)]^{-1} = 1$$

gelten. Man hat demnach $[B(\chi, F)] = [B(\xi, F)]$ in $Br(F)$. Nach F9 wird $[B(\xi, F)]$ durch eine Kreisalgebra $(F(a)/F, c)$ über F repräsentiert, also ist auch

$$(34) \qquad\qquad [B(\chi, F)] = [F(a)/F, c] \ \in S_0(F)\,.$$

Damit ist der Satz aber noch nicht bewiesen, da wir von F wieder zu K herabsteigen müssen. Per Inflation können wir zunächst o.E. annehmen, daß ζ in $<a>$ liegt und sich damit alles im Einheitswurzelkörper $K(a)$ über K abspielt. Wir bedienen uns nun der *Corestriktionsabbildung*

$$\text{cor} = \text{cor}_{F/K} : Br(K(a)/F) \longrightarrow Br(K(a)/K),$$

vgl. §30*, Def. 4. Nach (34) ist dann $\text{cor}[B(\chi, F)] = \text{cor}[K(a)/F, c] = [K(a)/K, \text{cor}(c)] \in S_0(K)$. Andererseits hat man

$$\text{cor}[B(\chi, F)] = \text{cor}(\text{res}[B(\chi, K)]) = [B(\chi, K)]^{F:K},$$

vgl. (5) und §30*, F3. Insgesamt folgt damit $[B(\chi, K)] \in S_0(K)$, denn $S_0(K)$ ist eine Gruppe und $F : K$ ist nach (30) teilerfremd zur Ordnung von $[B(\chi, K)] \in S(K)_q$. □

Als Konsequenz von Satz 5 erhält man mit Satz 2 sofort

SATZ 6: *Enthält $S(K)$ ein Element der Ordnung m, so liegt eine primitive m-te Einheitswurzel in K.*

3. Im letzten Abschnitt wollen wir die Schurgruppe $S(K)$ im Falle eines *lokalen Körpers K* berechnen.

Bezeichnungen: *Im folgenden sei K ein (nicht-archimedischer) lokaler Körper der Charakteristik 0.* Ist p die Charakteristik seines Restklassenkörpers, so ist K also ein Erweiterungskörper des Körpers $\mathbb{Q}_p$ mit

$$K : \mathbb{Q}_p < \infty.$$

Für jede endliche Erweiterung L/K bezeichnen wir mit w_L die normierte Exponentenbewertung des lokalen Körpers L, mit $U(L)$ seine Einheitengruppe, mit $U^1(L)$ den Kern des Restklassenhomomorphismus von $U(L)$ auf die multiplikative Gruppe des Restklassenkörpers von L, und schließlich mit $W(L)$ die Gruppe der in L enthaltenen Einheitswurzeln.
Für jede natürliche Zahl m bezeichne ferner ζ_m eine primitive m-te Einheitswurzel (wie oben alles im algebraischen Abschluß C von K).

Lemma 1: *Ist L/K eine galoissche Erweiterung, deren Galoisgruppe $\mathfrak{g}$ eine zu p teilerfremde Ordnung besitzt, so sind die natürlichen Abbildungen*

$$H^i(\mathfrak{g}, W(L)) \longrightarrow H^i(\mathfrak{g}, U(L))$$

Isomorphien für alle i.

Beweis: Für eine beliebige abelsche Torsionsgruppe M bezeichnen wir wie oben mit M_p den p-Anteil von M und mit $M_{p'}$ den p-regulären Anteil (bestehend aus allen Elementen mit zu p teilerfremder Ordnung). Wegen (ii) von Satz 4 in §24 ist

$$(35) \qquad U(L) = W(L)_{p'} \times U^1(L).$$

Da es sich bei allen Gruppen in (35) um $\mathfrak{g}$-Moduln handelt, erhält man aus (35) offenbar

$$H^i(\mathfrak{g}, U(L)) = H^i(\mathfrak{g}, W(L)_{p'}) \times H^i(\mathfrak{g}, U^1(L)).$$

Nach Voraussetzung ist nun $n := \mathfrak{g} : 1$ teilerfremd zu p, also ist $U^1(L)$ eindeutig dividierbar durch n (vgl. §25, F8). Somit ist $H^i(\mathfrak{g}, U^1(L)) = 1$ für jedes i (vgl. §30*, F3). Da wegen $(\mathfrak{g} : 1, p) = 1$ ferner $H^i(\mathfrak{g}, W(L)) = H^i(\mathfrak{g}, W(L)_{p'})$ gilt, folgt die Behauptung.

Lemma 2: *Sei K wie oben ein Erweiterungskörper endlichen Grades über $\mathbb{Q}_p$, und $\Gamma = (K(\eta)/K, c)$ sei eine Kreisalgebra über K. Im Falle $p \neq 2$ ist dann $s(\Gamma)$ ein Teiler von $p - 1$, und im Falle $p = 2$ ist $s(\Gamma) \leq 2$.*

Beweis: Zunächst sei daran erinnert, daß $s(\Gamma)$ hier mit der Ordnung von $[\Gamma]$ in $Br(K)$ übereinstimmt (vgl. §31, Satz 5). Sei nun K_0 der Fixkörper von $G(K(\eta)/K)$ in $\mathbb{Q}_p(\eta)$. Offenbar genügt es dann, die entsprechende Behauptung für die Kreisalgebra $\Gamma_0 = (\mathbb{Q}_p(\eta)/K_0, c)$ über K_0 zu zeigen (denn Γ entsteht durch Restriktion aus Γ_0). Hierzu ziehen wir die *Corestriktion* $\text{cor} = \text{cor}_{K_0/\mathbb{Q}_p} : Br(K_0) \longrightarrow Br(\mathbb{Q}_p)$ heran (welche nach §31, Satz 10 ein Isomorphismus ist) und betrachten $\text{cor}(\Gamma_0) = [\mathbb{Q}_p(\eta)/\mathbb{Q}_p, \text{cor}(c)]$. Insgesamt genügt es demnach, die Behauptung des Lemmas für den Fall $K = \mathbb{Q}_p$ zu zeigen. Wir setzen $s = s(\Gamma)$. Nach Satz 2 muß dann $K = \mathbb{Q}_p$ eine primitive s-te Einheitswurzel enthalten. Aber wir wissen, daß $W(\mathbb{Q}_p)$ im Falle $p \neq 2$ die Ordnung $p - 1$ besitzt und im Falle $p = 2$ die Ordnung 2 (vgl. §25, F11).

$\square$

Ziehen wir den Satz 5 heran und beachten $Br(K) \simeq \mathbb{Q}/\mathbb{Z}$, so können wir aus Lemma 2 bereits folgende allgemeine Aussage über die Schurgruppe von K ablesen:

F10: *Sei K ein Erweiterungskörper endlichen Grades über $\mathbb{Q}_p$. Dann ist $S(K)$ eine endliche, zyklische Gruppe, deren Ordnung im Falle $p \neq 2$ in $p - 1$ aufgeht und im Falle $p = 2$ höchstens 2 betragen kann.*

Was den Fall $p = 2$ betrifft, so geben wir uns vorerst mit der obigen Auskunft zufrieden, daß $S(K)$ entweder trivial ist oder ein einziges nicht-triviales Element besitzt, welches den Schurindex 2 hat.

Im Falle $p \neq 2$ aber wollen wir jetzt die genaue Ordnung von $S(K)$ bestimmen. Auf F10 (und damit Satz 5) werden wir uns dabei übrigens nicht berufen müssen. – Sei nun $[B]$ ein beliebiges Element von $S(K)$, repräsentiert durch einen einfachen Bestandteil $B = B(\chi, K)$ der Gruppenalgebra KG einer endlichen Gruppe G, wobei χ einen irreduziblen C-Charakter von G mit $\chi(B) \neq 0$ bezeichne. Es ist dann $K(\chi) = K$, denn $K(\chi)$ ist das Zentrum von $B(\chi, K)$. Der Schurindex $s_K(\chi)$ ist gleich der Ordnung von $[B]$ in $Br(K)$, vgl. nochmals §31, Satz 5. Da $Br(K)$ isomorph zu $\mathbb{Q}/\mathbb{Z}$ ist (§31, Satz 4), haben wir zur Bestimmung von $S(K)$ nur zu entscheiden, welche natürlichen Zahlen als *Schurindizes* von irreduziblen C-Charakteren χ endlicher Gruppen mit der Nebenbedingung $K(\chi) = K$ vorkommen.

Wir können ohne Einschränkung annehmen, daß $[B] \in S(K)_q$ im q-Anteil von $S(K)$ liegt, wobei q eine beliebige Primzahl ist. Nach Satz 4 ist $s_K(\chi)$ gleich dem Index eines verschränkten Produktes $\Gamma = (K(A), \mathfrak{g}, c)$ mit den in Satz 4 genannten Eigenschaften (i) - (iv).

Setzen wir nun, wie angekündigt, $p \neq 2$ voraus. Zunächst folgt dann aus Lemma 2 (angewandt auf $K' = \text{Fix}(\mathfrak{g})$ statt K), daß wir

$$q \neq p$$

annehmen dürfen (denn andernfalls ist $s(\Gamma) = 1$). Sei jetzt γ die Klasse von c in $H^2(\mathfrak{g}, L^\times)$, wobei wir $L = K(A)$ gesetzt haben. Es ist $s_K(\chi) = s(\Gamma) = \text{ord}(\gamma)$. Nun ist aber γ enthalten im Bild der natürlichen Abbildung i des folgenden kommutativen Diagramms:

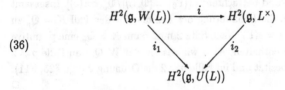

(36)

Nach Lemma 1 ist i_1 ein Isomorphismus, und i_2 ist nach §31, Satz 11 injektiv mit einem Bild, dessen Ordnung mit dem Verzweigungsindex $e(L/K')$ übereinstimmt. Folglich ist $\text{ord}(\gamma)$ ein Teiler von $e(L/K')$, und wir erhalten jedenfalls

(37) $\qquad\qquad s_K(\chi) \quad \text{teilt} \quad e(L/K)$.

Wegen $L = K(A_p)(A_{p'})$ ist $L/K(A_p)$ *unverzweigt*, also $e(L/K) = e(K(A_p)/K)$. Wir können $\zeta_p \in A_p$ voraussetzen (sonst ist $s(\Gamma) = 1$). Nun ist aber $K(A_p)/K(\zeta_p)$ eine p-Potenz, also muß $s(\Gamma)$ als q-Potenz bereits in $e(K(\zeta_p)/K)$ aufgehen:

(38) $\qquad s_K(\chi)$ teilt $e(K(\zeta_p)/K)$.

Wir behaupten jetzt, daß $e(K(\zeta_p)/K)$ die gesuchte Ordnung von $S(K)$ ist:

SATZ 7: *Sei K ein Erweiterungskörper endlichen Grades über $\mathbb{Q}_p$. Ist $p \neq 2$, so ist $S(K)$ eine endliche zyklische Gruppe, deren Ordnung mit dem Verzweigungsindex von $K(\zeta_p)/K$ übereinstimmt.*

Beweis: Sei $e = e(K(\zeta_p)/K)$. Nachdem wir (38) schon bewiesen haben, bleibt noch zu zeigen, daß ein $[\Gamma] \in S(K)$ existiert, welches die Ordnung $s(\Gamma) = e$ besitzt. Hierzu betrachten wir $L = K(\zeta_p)$ und $\mathfrak{g} = G(L/K)$. Wie unter (36) bereits festgestellt, ist die natürliche Abbildung

$$H^2(\mathfrak{g}, W(L)) \longrightarrow H^2(\mathfrak{g}, L^\times)$$

injektiv, und ihr Bild hat die Ordnung e. Sei dann c ein Faktorensystem von $\mathfrak{g}$ mit Werten in $W(L)$, dessen Kohomologieklasse in der zyklischen (!) Gruppe $H^2(\mathfrak{g}, L^\times)$ die Ordnung e besitzt. Dann ist $\Gamma = (L, \mathfrak{g}, c) = (K(\zeta_p)/K, c)$ eine Kreisalgebra, deren Klasse $[\Gamma]$ in $Br(K)$ die Ordnung $s(\Gamma) = e$ hat. Da $[\Gamma]$ zu $S(K)$ gehört (F6), ist damit die Behauptung bewiesen. – Unter Heranziehung der *Hasse-Invarianten* können wir Satz 7 offenbar auch wie folgt aussprechen:

SATZ 7': *Sei $p \neq 2$ und K ein Erweiterungskörper endlichen Grades über $\mathbb{Q}_p$. Dann gilt: Eine zentraleinfache K-Algebra A ist genau dann ähnlich zu einem einfachen Bestandteil der Gruppenalgebra KG einer endlichen Gruppe G, wenn die Hasse-Invariante $\mathrm{inv}_K(A)$ von A die Gestalt*

(39) $\qquad \mathrm{inv}_K(A) = \dfrac{a}{e(K(\zeta_p)/K)} \mod 1$

mit beliebigem $a \in \mathbb{Z}$ besitzt.

Bemerkungen: 1) Sei k ein beliebiger Körper der Charakteristik 0, und bezeichne W die Menge aller Einheitswurzeln im algebraischen Abschluß C von k. Ist K/k eine beliebige endliche Erweiterung (in C/k), so nennen wir $K_0 = K \cap k(W)$ den *größten Kreisteilungskörper von K/k*. Für die Restriktionsabbildung $\mathrm{res}_{K/K_0} : Br(K_0) \longrightarrow Br(K)$ gilt dann

(40) $\qquad S(K) = \mathrm{res}_{K/K_0}(S(K_0))$.

Ist nämlich $[B(\chi, K)] \in S(K)$, so gilt $K(\chi) = K$, und daher enthält K den Kreisteilungskörper $k(\chi)$ über k; es folgt $K_0(\chi) = K_0$ und deshalb $B(\chi, K) = B(\chi, K_0) \otimes_{K_0} K$.

2) Sei jetzt K wieder ein Erweiterungskörper endlichen Grades über $\mathbb{Q}_p$; dabei sei auch $p = 2$ zugelassen. Für den größten Kreisteilungskörper K_0 von $K/\mathbb{Q}_p$ betrachten wir $\mathrm{res}_{K/K_0} : Br(K_0) \longrightarrow Br(K)$. Da diese Abbildung (nach §31, Satz 4) einfach Multiplikation der Hasse-Invarianten mit dem Körpergrad $K : K_0$ bewirkt, gilt aufgrund von (40) für die Ordnungen der endlichen zyklischen Gruppen $S(K)$ und $S(K_0)$ die Gleichung

$$|S(K)| = |S(K_0)|/t \quad \text{mit } t \text{ als dem ggT von } |S(K_0)| \text{ und } K : K_0.$$

Sei nun zunächst wieder $p \neq 2$. Wie man sich leicht überlegt, gilt $e\left(K(\zeta_p)/K\right) = e\left(K_0(\zeta_p)/K_0\right)$. Aus Satz 7 folgt dann aber $S(K) \simeq S(K_0)$ und daher $t = \mathrm{ggT}(K : K_0, |S(K_0)|) = 1$. [1]

3) Man zeigt leicht: *Für einen Kreisteilungskörper K über $\mathbb{Q}_p$ mit $p \neq 2$ hat $S(K)$ die Ordnung $p-1/e_z(K/\mathbb{Q}_p)$, wobei $e_z(K/\mathbb{Q}_p)$ den zahmen, d.h. den p-regulären Teil von $e(K/\mathbb{Q}_p)$ bezeichnet.*

4) Sei K wieder ein beliebiger Erweiterungskörper endlichen Grades über $\mathbb{Q}_p$ mit $p \neq 2$. Als bemerkenswerte Konsequenz aus 2) und 3) notieren wir: *Der Grad $K : K_0$ ist teilerfremd zu $p-1/e_z(K_0/\mathbb{Q}_p)$.* □

Was nun den Fall $p = 2$ betrifft, so hat $S(K)$ nach F10 die Ordnung 1 oder 2. Die Entscheidung aber, welcher der beiden Fälle für K jeweils vorliegt, ist anscheinend recht verwickelt. Die etwas aufwendige Rechnung versagen wir uns hier und teilen nur das Ergebnis in der folgenden Form mit:

SATZ 8: *Die Schurgruppe eines Kreisteilungskörpers K über $\mathbb{Q}_2$ hat die Ordnung 2 oder 1, jenachdem, ob -1 eine Norm bei der Erweiterung $K/\mathbb{Q}_2$ ist oder nicht.*

Bemerkung: Für beliebiges endliches $K/\mathbb{Q}_2$ bleibt Satz 8 in der angegebenen Form *nicht* gültig. Zwar ist -1 Norm bei $K/\mathbb{Q}_2$ genau dann, wenn -1 Norm bei $K_0/\mathbb{Q}_2$ ist (vgl. §32, F8 und Satz 3); gleichzeitig aber kann $K : K_0$ *gerade* sein (und somit $S(K) \neq S(K_0)$, vgl. Bem. 2 zu Satz 7'). Man betrachte zum Beispiel $K = \mathbb{Q}_2(\sqrt[4]{2})$. □

Unter Verwendung der *lokalen Klassenkörpertheorie* (vgl. §32) lassen sich nun unsere beiden Sätze 7 und 8 (mit den dazugehörigen Bemerkungen) wie folgt zusammenfassen:

---

[1] Hierzu und zu allem, was noch folgt, vgl. *F. Lorenz*, Die Schurgruppe eines lokalen Körpers, Sitzungsber. der Math.-Naturw. Klasse, Akad. Wiss. zu Erfurt, Bd. 4, 139–152 (1992).

SATZ 9: *Für jeden lokalen Körper K der Charakteristik 0 ist die Schurgruppe $S(K)$ zum Torsionsbestandteil der Galoisgruppe von $K(W)/K$ isomorph, wobei im 2-adischen Fall jedoch K als Kreisteilungskörper über $\mathbb{Q}_2$ vorausgesetzt werden muß.*

Den Beweis wollen wir dem Leser überlassen; man beachte, daß der Torsionsbestandteil der Gruppe $G(\mathbb{Q}_p(W)/\mathbb{Q}_p) = \widehat{\mathbb{Z}} \times \mathbb{Z}_p^\times$ von $(\zeta_{p-1}, \mathbb{Q}_p(W)/\mathbb{Q}_p)$ bzw. $(-1, \mathbb{Q}_2(W)/\mathbb{Q}_2)$ erzeugt wird. Die Formulierung von Satz 9 geht im übrigen auf *C. Riehm* zurück (vgl. *L'Enseignement Mathématiques* 34, 1988; die Fassung des Satzes ist dort allerdings nicht ganz richtig und seine Begründung unvollständig).

Register [1]

absolut-irreduzible Darstellung   336f, 355

absolut-irreduzibler Charakter   336, 349ff

Absolutbetrag eines Körpers   53ff, 58, 91

Absolutbeträge eines rationalen Funktionenkörpers   82f

Absolutbeträge von $\mathbb{Q}$ 59f

ähnlich (einfache artinsche Algebren)   212

ähnlich (quadratische Räume)   42

Algebra, R-Algebra   173, 176

algebraischer Zahlkörper   22, 51f, 117

Algebrenhomomorphismus   174

algebrentheoretische Corestriktion   293f, 311

Amitsur, S. A.   229

Approximationssatz von Artin   85

äquivalente Absolutbeträge   56

äquivalente Darstellungen   332

äquivalente Faktorensysteme   253

archimedisch geordneter Körper   20ff

archimedischer Betrag   58, 71f

Artin, Emil (1898–1962)   v, vii, 5, 10, 23, 85, 188, 357

Artin-Schreier-Theorie   4ff, 23

Artins Charakterisierung reell abgeschlossener Körper   10

Artins Lösung des 17. Hilbertschen Problems   23ff

artinsch   188ff

Ax, J.   168

Betrag eines Körpers   53ff

Bewertungsideal   60

Bewertungsring   60, 83

Bizentralisator   215, 224

Brauer, Richard (1901–1977)   213, 357, 361, 363, 371

Brauersche Gruppe   213f, 229, 263

Brauersche Gruppe eines lokalen Körpers   298, 307

Brüske, R.   171

Burnside, William (1852–1927)   351, 352

C_i-Körper   159

---

[1]Stichworte aus Band I werden in der Regel hier nicht wiederholt.

Cauchyfolge   62
1-Charakter   334, 335
Charakter einer Darstellung   331, 333, 342
Charaktergruppe   315, 348
'charakteristikgleicher Fall'   133
'charakteristikungleicher Fall'   135
(K-)Charakterring einer Gruppe   335, 347
Chevalley, Claude (1909–1984)   153, 166
Clifford, A. H.   355
Conner, P. E.   51
Corand, Cozykel   285, 286
Corestriktion   289ff, 293f, 311

1-Darstellung   334
Darstellung einer Gruppe   331ff, 342, 343f
Darstellung einer K-Algebra   331, 340ff
Darstellung einer zentraleinf. K-Algebra   232
Darstellung endlichen Grades   331, 341
Darstellungsmodul   331
Dichtesatz   187
diskreter Absolutbetrag   91
Diskriminante eines Polynoms   109
Divisionsalgebra   174
Dreiecksungleichung   53, 58
duale Orthogonalitätsrelationen   347
Dubois   30

eigentlicher Charakter   335
einfache Algebra   204, 211, 239
einfache Bestandteile (einer halbeinfachen Algebra)   205
einfacher Modul   180
Einheitengruppe (eines lokalen Körpers)   123
einhüllende Algebra   214
Einseinheitengruppe   124, 126f, 130
elementare (Unter-)Gruppe   360
Endomorphismenalgebra   175
Epkenhans, M.   51
Erhardt, E.   111
erste Kohomologiegruppe   285
Exponent (einer zentraleinf. K-Algebra)   263
Exponentenbewertung eines Körpers   62, 91

Exponentenbewertung eines Schiefkörpers   295

Faktorensystem   253, 286
Faktorkommutatorgruppe   315
'Faltung von Funktionen'   333
Fixmodul   283, 337f
Form   156
formal reeller Körper   4
formale Laurentreihen   93
Fortsetzung von Beträgen   76ff
Frobenius, Georg (1849–1917)   97, 219, 354
Frobeniusautomorphismus   97, 304, 318
Frobeniusoperator   137ff, 146
Frobenius-Reziprozität   354
Fundamentalideal (des Wittringes)   43
'Fundamentalsatz der Algebra'   9

G-Modul   284
ganze p-adische Zahlen   68, 145
Geisterkomponenten   141
geordneter Körper   4
gewöhnlicher Absolutbetrag   53, 66, 71f
globaler Körper   117, 264, 316
Goethe, Johann Wolfgang (1749–1832)   v
Grad einer Darstellung   331
Grad eines Polynoms   153
Gruppenalgebra   333f, 339, 342ff
gruppentheoretische Corestriktion   294, 322

halbeinfache Algebra   182, 205, 211
halbeinfache Darstellung   332
halbeinfacher Modul   180, 182ff
Hamilton, William Rowan (1805–1865)   219, 270
Hamiltonsche Quaternionenalgebra   270
Harrison, D.   43
Hasse, Helmut (1898–1979)   52, 135, 315
Hasse-Invariante   306ff
Hensel, Kurt (1861–1941)   v, 66, 72
Henselsches Lemma   72ff
17. Hilbertsches Problem   23, 156
Hölder, Otto (1859–1937)   191

homogenes Polynom   153
Huppert, B.   356

Ideal einer Algebra   174
Index (einer zentraleinf. K-Algebra)   218
Induktionssatz von Artin   357
Induktionssatz von Brauer-Witt   361
induzierter Charakter   352, 357
induzierter KG-Modul   352f
Inflation   258, 288
innerer Automorphismus   230
inverse Algebra   176, 218
irreduzible Darstellung   331, 340ff
irreduzibler Charakter   332
irreduzibler Modul   180
Ischebeck, F.   171
isogen, isogene Komponente   184
isomorphe Darstellungen   332
Ito, N.   356

Jacobson   187, 193
Jacobson-Radikal   193
Jordan, Camille (1838–1921)   191

K-Algebra   175
K-Charakter einer Gruppe   333, 335
K-Darstellung einer Gruppe   333
K-elementare (Unter-)Gruppe   360, 374
K-induzierter Charakter   373
K-Klassen   359
K-konjugiert (Elemente einer Gruppe)   359
K-primitiver Charakter   373
kanonische Klasse   310
kanonische Paarung (lokale Klassenkörpertheorie)   316
Kernform   42
Kersten, I.   282
Klassenfunktion   335, 346, 355
Klassenkörper   323
Klassensumme   335
Knebusch, M.   22
Kohomologiegruppe   253, 267, 284ff, 287, 288

komplette Hülle   63, 65
komplette Hülle eines geordneten Körpers   21
ω-komplette Hülle eines geordneten Körpers   20
kompletter Absolutbetrag (Körper)   62
Kompositionsreihe   190
konjugierter Charakter (über K)   367
Konstantenerweiterung   217
Körper der formalen Laurentreihen   93, 115, 133, 135
Körper der p-adischen Zahlen   66, 132
Krasner, M.   117
Kreisalgebra   370f
Krull, Wolfgang (1899–1971)   169, 192, 201
Krüskemper, M.   51
Kummertheorie mit Wittvektoren   149

Lang, S.   159, 161
Länge einer halbeinfachen Algebra   186
Länge einer isogenen Komponente   186
Länge eines artinschen u. noetherschen Moduls   190
Länge eines halbeinfachen Moduls   185f
Legendre, Joseph Louis (1736–1813)   275
Leicht, J.   43
Lemma von Krasner   117f
Lemma von Nakayama   195
Lemma von Schur   182
Linksideal einer Algebra   174
Linksmultiplikation   176f, 331
lokale Klassenkörpertheorie   315ff
lokaler Existenzsatz   327
lokaler Grad   78, 94
lokaler Körper   113ff, 117, 291ff, 316ff
lokales Reziprozitätsgesetz   320
Lorenz, F.   35, 43, 282, 382

Maschke, Heinrich (1853–1907)   339
Matrixalgebra   177
Matrixdarstellung   332
maximale kommutative Teilalgebra   225, 226, 252
maximaler kommutativer Teilkörper   225ff, 242
maximaler Teilmodul   180
Maximumnorm   70

Merkurjew, A. S.   282
Meyer, A.   52, 282
Minkowski, Hermann (1864–1909)   52
Modul einer Darstellung   331
Modul endlicher Länge   190
modulare Darstellungstheorie   340
monomiale Darstellung   356
Multiplikationssatz (für verschränkte Produkte)   254
multiplikative Gruppe eines lokalen Körpers   123ff

n-Einheiten   123
Nagata   161
Nakayama   195
Nebenkomponenten   137, 141
Neukirch, J.   329
Newtonsches Tangentenverfahren   75
nicht-archimedischer Betrag   58, 60ff
Noether, Emmy (1882–1935)   188, 229, 315
noethersch   188ff
Normabbildung   284, 337
Normengruppe   323, 327
Normenrestklassengruppe   266f, 317, 320
Normform   156
normierte Exponentenbewertung   91
normierter Raum   69f
Normrestsymbol   317ff, 323
Nullfolge   55
nullte Kohomologiegruppe   267, 284

Ordnung eines Körpers   1, 22, 43, 45
orthogonale Summe quadratischer Räume   41f
Orthogonalitätsrelationen (für Charaktere)   344, 346f
Ostrowski, Alexander (1893–1987)   72

p-adische Zahlen   66, 68ff
p-adischer Absolutbetrag   55
p-adischer Logarithmus   127ff
p-Betrag   55
p-regulär   360
Perlis, R.   51
Pfister, Albrecht (*1934)   48

positiv definite rationale Funktionen   25ff
Positivbereich   1
Präordnung   2
Prestel   30
Primelement (bzgl. eines diskreten Betrages)   91, 297
primitive zentrale Idempotente   341, 344
Procesi   35
Produktformel für $\mathbb{Q}$ 60
Projektionsformel (für die Corestriktion)   294
pythagoräischer Körper   50f

(quadratische) Präordnung   2
quadratischer Raum   41f
Quadratsummen   2
Quasibetrag   81f
Quaternionenalgebra   268ff, 273f, 282

Radikal einer Algebra   193ff, 196, 197
Radikal eines Moduls   193ff
realisierbar über K 363f, 368
Rechtsmultiplikation   176f
reduzierte Norm   233ff, 304
reduzierte Spur   233ff
reduzierter Grad (einer zentraleinf. K-Algebra)   218
reduziertes charakteristisches Polynom   233ff
reell abgeschlossener Körper   7ff
reelle Nullstellensätze   27ff
reeller Abschluß eines geordneten Körpers   8
reeller Abschluß eines reellen Körpers   8
reeller Körper   4
reeller Nullstellensatz von Dubois   30
reelles Primideal   27
reelles Radikal   30, 38
reguläre Darstellung   332, 341f
regulärer Charakter   332, 324, 342
rein verzweigt   98f, 120
Remak, R. E.   192, 201
Restklassengrad   89
Restklassenkörper   61, 66, 89
Restriktion   219, 260, 288, 307
Riehm, C.   383

Ring der Wittvektoren 141
Roquette, Peter (*1927) 373

Satz 90 von Hilbert 292
Satz vom Zentralisator 224, 231
Satz von Artin 10
Satz von Burnside 352
Satz von Clifford 355
Satz von Euler-Lagrange ('Fundamentalsatz der Algebra') 9
Satz von Frobenius 219, 268
Satz von Hasse-Minkowski 52
Satz von Ito 356
Satz von Jordan-Hölder (für Moduln) 191
Satz von Kronecker-Weber 329
Satz von Krull-Remak-Schmidt 192, 201
Satz von Legendre 275ff
Satz von Maschke 339
Satz von Merkurjew 282
Satz von Meyer 52, 282
Satz von Ostrowski 72
Satz von Rolle 18
Satz von Skolem-Noether 229ff
Satz von Sylvester 12
Satz von Wedderburn 208
Satz von Wedderburn (endl. Schiefkp.) 231, 239, 268, 272
SC_i-Körper 159
Scharlau, W. 51, 52
Schiefkörper 174, 208, 213, 231, 244f, 272, 278f, 295, 299
Schmidt, Friedrich-Karl (1901–1977) 106, 135
Schmidt, Otto 192, 201
Schreier, Otto (1901–1929) v, vii, 5
Schur, Issai (1875–1941) vi, 182, 218, 364
Schuralgebra 369
Schurgruppe 369, 377
Schurgruppe eines lokalen Körpers 378ff
Schurindex einer zentraleinf. K-Algebra 218, 225, 226f
Schurindex eines irreduziblen Charakters 366, 369, 372
semidirektes Produkt 360
separabel 223, 246f
separabel erzeugbar 246
separierende Tranzendenzbasis 246f

Serre, Jean-Pierre (*1926)   291, 340

Signatur einer quadratischen Form, eines quadr. Raumes   12, 43

Signatur eines Körpers   46

Skolem, Albert Thoralf (1887–1963)   229

Spur eines irreduziblen C-Charakters   367, 348

Spurform   12f, 22, 51

Spurformensatz von Epkenhans   51

starke Dreiecksungleichung   58, 60

strikt positiv definit   26, 30, 35, 37

strikter C_i-Körper   159

(direkte) Summe von Darstellungen   332

Suslin, A. A.   282

Swan, R. G.   201

Sylvester, James Joseph (1814–1897)   11f

T_i-Körper   152

Teichmüller, Oswald (1913–1943)   135

Teichmüllersches Restsystem   135

Teilalgebra   174

Teildarstellung   332

Tensorprodukt quadratischer Räume   41f

Tensorprodukt über einer Algebra   201f

total positiv   5

Trägheitsgruppe   103

Trägheitskörper   103

treue Darstellung   350

treuer Charakter   374

triviale Darstellung   334

trivialer Absolutbetrag   54

trivialer G-Modul   283

Tsen, C. (1898–1940)   151f, 160

Tsen-Stufe eines Körpers   152

überauflösbare Gruppe   356

Unabhängigkeitssatz von Artin   85

uniformisiertes Faktorensystem   266f

unverzweigt   95, 97, 103f, 135f

unzerlegbarer Modul   192

Vektorraum über einem Schiefkörper   174

verallgemeinerter K-Charakter   335, 362

Verbindungshomomorphismus   285, 287
Verlagerung   294, 322
Vermutung von Schur   364
Verschiebungsoperator   140
verschränkter Homomorphismus   285
verschränktes Produkt   253f
Verzweigungsgruppen   104
Verzweigungsindex   89, 136
Vogel, F.   171
vollständig reduzible Darstellung   332, 340
vollständig reduzibler Modul   180

Warning, E.   166
van der Waerden, B. L. (*1903)   109
Wedderburn, Joseph Maclagan (1882–1948)   203, 208, 231
Wertegruppe   54, 62, 66
wild verzweigt   120
Witt, Ernst (1911–1991)   vi, vii, 42, 136, 146, 361, 373
Witt-äquivalent   42
Wittindex   42
Wittklasse   42
Wittring   42f
Wittvektoren   141, 146

zahm verzweigt   105, 120
Zariski, Oscar (1899–1986)   134
zentrale Funktion   335
zentrale K-Algebra   213
zentraleinfache K-Algebra   213
Zentralisator   215, 224
Zentrum einer Algebra   173, 180, 205, 206f
Zentrum einer Gruppenalgebra   334f
zerfallender 1-Cozykel   285
zerfallendes Faktorensystem   253, 286
Zerfällungskörper einer Gruppe   337, 343, 345f, 364
Zerfällungskörper einer K-Algebra   337, 343
Zerfällungskörper einer zentraleinf. K-Algebra   219, 225ff, 232
Zusatz zur starken Dreiecksungleichung   60
zweite Kohomologiegruppe   253, 286
Zwischenwertsatz   18
zyklische Algebra   265ff